教育部高等学校地矿学科教学指导委员会
采矿工程专业规划教材

矿井通风与空气调节

MINE VENTILATION AND AIR CONDITIONING

主　　编　吴　超

副 主 编　王文才　王海宁　王从陆

编著人员　吴　超　王文才　王海宁

　　　　　王从陆　段永祥　胡汉华

中南大学出版社

内容简介

本教材是教育部高等学校地矿学科教学指导委员会规划教材。共分15章，分别介绍矿井通风史、矿井空气、矿井空气流动基本理论、矿井空气流动能量方程、矿井通风阻力及其计算、矿井自然通风、矿井主扇与机械通风、矿井通风网络风量分配与调节、掘进工作面通风、矿井通风系统及其设计、矿井通风测定和通风系统管理、矿井热环境调节、矿井防尘与排氡、矿井通风与空气调节的研究展望等。本教材每章都有学习目标、学习方法和练习题，还附有教学大纲、实验指导书、矿井通风中英文专业术语对照表、通风网络分析软件和一些通风计算和设计必需的数据图表等。

本教材侧重于金属和非金属矿山的矿井通风与空气调节，是教育部高等学校地矿学科教学指导委员会指定的采矿工程本科专业教材，也可供采矿、井建和安全类专业的工程师和设计研究人员参考使用。

序

站在21世纪全球发展战略的高度来审视世界矿业，可以清楚地看到，矿业作为国民经济的基础产业，与其他传统产业一样，在现代科学技术突飞猛进的推动下，也正逐步走向现代化。就金属矿床开采领域而言，现今的采矿工程科学技术与20世纪90年代以前的相比，已经不可同日而语。为了适应矿业快速发展的形势，国家需要大批具有现代采矿知识的专业人才，因此，作为优秀专业人才培养的重要基础建设之一——教材建设就显得至关重要。

在2006—2010年地矿学科教学指导委员会(以下简称地矿学科教指委)的成立大会上，委员们一致认为，抓教材建设是本届教学指导委员会的重要任务之一，特别是金属矿采矿工程专业的教材，现在多是20世纪90年代出版的，教材更新已迫在眉睫。2006年10月18～20日在中南大学召开了第一次地矿学科教指委全体会议，会上委员们就开始酝酿采矿工程专业系列教材的编写拟题；之后，中南大学出版社主动承担该系列教材的出版工作，并积极协助地矿学科教指委于2007年6月22～24日在中南大学召开了“全国采矿工程专业学科发展与教材建设研讨会”，来自全国17所院校的金属、非金属矿床采矿工程专业和部分煤矿开采专业的领导及骨干教师代表参加了会议，会议拟定了采矿工程专业系列教材的选题和主编单位；从那以后，地矿学科教指委和中南大学出版社又分别在昆明和长沙召开了两次采矿工程专业系列教材编写大纲的审定工作会议。

本次新规划出版的采矿工程专业系列教材侧重于金属矿

床开采领域。编审委员会通过充分地沟通和研讨，在总结以往教学和教材编撰经验的基础上，以推动新世纪采矿工程专业教学改革和教材建设为宗旨，提出了采矿工程专业系列教材的编写原则和要求：①教材的体系、知识层次和结构要合理，要遵循教学规律，既要有利于组织教学又要有利于学生学习；②教材内容要体现科学性、系统性、新颖性和实用性，并做到有机结合；③要重视基础，又要强调采矿工程专业的实践性和针对性；④要体现时代特性和创新精神，反映采矿工程学科的新技术、新方法、新规范、新标准等。

采矿科学技术在不断发展，采矿工程专业的教材需要不断完善和更新。希望全国参与采矿工程专业教材编写的专家们共同努力，写出更多、更好的采矿工程专业新教材。我们相信，本系列教材的出版对我国采矿工程专业高级人才的培养和采矿工程专业教育事业的发展将起到十分积极的推进作用，对我国矿山安全、经济、高效开采，保障我国矿业持续、健康、快速发展也有着十分重要的意义。

中南大学教授

中国工程院院士

教育部地矿学科教指委主任

古德生

2008 年 8 月

前 言

金属矿、非金属矿地下开采是生产工业原材料的基础工业，它在整个国民经济发展中占有重要地位。矿井通风是矿井安全生产的基本保障。矿井通风指借助于机械或自然风压，向井下各用风点连续输送适量的新鲜空气，供给人员呼吸，稀释并排出各种有害气体和粉尘，创造良好的气候条件。矿井通风与空气调节是保证井下人员安全、健康，促进地下开采高效生产的一个重要方面。随着浅部矿产资源的日渐枯竭，矿产资源开采向纵深发展是必然的趋势，深部开采的突出问题之一就是通风降温，矿井通风与空气调节意义重大。

在构思本教材的内容时，编者系统分析了国内外已往出版的《矿井通风》类教材题目。有的教材把“矿井通风”与“安全”结合起来，编者认为：矿井安全是一个非常广泛的领域，矿井通风仅仅是矿井安全的重要内容之一；如果把大量矿井安全知识结合起来，其知识体系完全不一致，篇幅也过大，而且不易协调。有的教材把“矿井通风”与“环境”结合起来，但环境是一个非常广泛的领域，通风主要是解决空气环境的问题，水、土、噪声等环境问题无法用通风方法解决。有的教材把“矿井通风”与“防尘”结合起来，这是可以相容的，但通风不仅仅起防尘作用，还有其他调节和净化空气的作用。有的教材把“矿井通风”与“空气调节”结合起来，从知识体系的一致性、科学性以及金属矿山深部开采的热问题等考虑，编者比较赞同这一结合，通风调节空气的作用无可置疑，矿井通风与空气调节包含了空气净化、排毒、排烟、排热、排湿、排尘、排氡等作用，而这些问题正是非煤矿山开采环境所需要解决的重要问题，从深部开采的环境问题考虑，空气调节将更显得日益重要，这也是本教材的特色所在。因此，本教材以《矿井通风与空气调节》来命名，并作为教材章节安排的纲领。

本教材共分15章，分别为绪论、矿井空气、矿井空气流动基本理论、矿井空气流动能量方程、矿井通风阻力及其计算、矿井自然通风、矿井主扇与机械通风、矿井通风网络中风量分配与调节、掘进工作面通风、矿井通风系统及其设计、矿井通风测定和通讯系统管理、矿井空气调节、矿井防尘与排氡、矿井通风与空气调节的研究展望等。由于本教材侧重于金属和非金属矿的通风与空气调节，通风排放瓦斯问题没有专门列入。

本教材由中南大学吴超教授担任主编，内蒙古科技大学王文才教授、江西理工大学王海宁教授和湖南科技大学王从陆副教授担任副主编。教材的1～5章基本内容由王海宁编写，由吴超修改、补充，其中1.3和1.4节由王从陆、吴超编写；6～8章和附录1由王文才编写，附录1由吴超删改，其中7.4节和8.5节部分内容由吴超编写；9～10章由昆明冶金专科学校段永祥教授编写，由吴超作部分调整；11章、13章和14章由王从陆、吴超共同编写；12章由中南大学胡汉华教授、王从陆和吴超共同编写；各章学习目标、学习方法、练习题、绪论、前言、致师生、课程教与学参考大纲、主要符号和附录2～11均由吴超编写。本教材的框架和目录拟定、编写风格设计和全书内容统稿由吴超完成。

在本教材编写过程中参考了许多同行的教材、专著和论文，在此编者表示衷心的感谢。高等学校地矿学科教学委员会和本系列教材编审委员会的许多专家教授为本书提出了很多宝贵意见，在此编者也表示衷心的感谢。由于编写时间比较仓促以及编者的水平所限，缺点和错误在所难免，敬请大家批评指正。

吴　超

致 师 生

本教材主要适合于高等院校金属、非金属矿采矿工程本科专业师生使用，同时还可供采矿与安全等专业工程师、采矿与安全的研究人员和相关专业的技术人员参考。《矿井通风与空气调节》是采矿工程专业的一门必修专业课，其目的和任务在于通过理论教学、实验、实践和课程设计，使学生掌握非煤矿山矿井通风与空气调节的基本理论和基础知识，具有矿井通风设计、管理的能力。学生通过本课程的学习，应掌握矿井通风的基本概念、基本原理、基本方法、基本运算、基本设计、基本测定、基本管理这“七基”知识，并使之融会贯通，在此基础上进一步了解矿井通风与降温、防尘、防氡等专题的关系并基本掌握其知识。

《矿井通风与空气调节》涉及《工程流体力学》《空气动力学》《传热传质学》《热力学》《流体机械与设备》《检测技术》《数值方法》《地下开采》《井巷工程》《凿岩爆破》《矿山安全法规》《计算机技术》等基础知识和专业知识，但作为采矿工程专业的本科生，学习《矿井通风与空气调节》的主要相关基础课和专业课是《工程流体力学》《金属矿床地下开采》和《井巷工程》。《工程流体力学》的流体物理性质，流体静、动力学等理论可以进一步阐述空气在矿井中运动的规律；《金属矿床地下开采》介绍的矿井开拓系统、生产系统、采场布置、硐室布置等内容有利于进行风量计算、确定通风系统及通风方式、开展通风系统设计等；《井巷工程》中的巷道掘进方式、支护材料及支护形式、断面形式及断面设计等知识有利于计算矿井通风阻力、压差以及进行局部通风设计等。

教材的编写是一个组合创新过程。《矿井通风与空气调节》编写的指导思想突出科学性、系统性、新颖性和实用性；使其达到内容丰富、知识层次合理；既有利于学生学习，又有利于教师教学，使学生在有限时间内学到更多的知识。为此，教材中精心编写了参考教与学大纲、学习目标、参考学习方法、练习题、实验指导提纲、课程设计实践练习、矿井通风设计参考数据表、网络分析软件、学科发展动态与展望等内容，这些均对教师教学有一定的参考作用，对学生提高学习效率和增强学习效果以及培养创新思维能力等有较大的帮助，该教材对开展有关矿井通风与空气调节设计研究的人员也有实际价值。

《矿井通风与空气调节》的内容非常丰富，理论和实践性很强，与之相适应的教学方法同样可以丰富多彩，教师除安排常规教学形式讲解外，还可安排习题课、实验课、上机解算复杂网络、大型作业、课程设计、课堂提问讨论等多种形式。例如，对于理论性较强、需要推导和计算的内容(如风流流动的基本规律和方程式等)，可采用传统的讲授方法，这种方法有利于引导学生紧随教师思路积极思考、并能让学生有时间记笔记，以便课后复习巩固。对于常用仪器设备(如风表、压力表、测尘仪等)，可将实物带入课堂讲解，便于学生直观理解。在讲课过程中，可多给学生提出问题的机会，培养学生的参与意识。为培养学生积极思考，课后学习的习惯，上课时可安排一次提问或上讲台演练，并对结果点评，督促学生主动学习。可通过采用讲解实际通风系统的改造等实例，丰富教学内容，提高学生学习兴趣以及解决实际问题的能力和信心。实验课可根据实验内容采取先讲后练、边讲边练、先练后讲等方法，增加师生互动性，调动学生的主观能动性。针对疑难和重点问题，可安排习题、讨论课，以保证教学的实际效果。针对较为抽象难懂的理论知识，可应用相关的动画和视频演示等多媒体课件。通过复杂网路上机解算，旨在培养学生计算机技能应用与解决实际问题旨在培养，提供学生的创新思路。

要真正掌握和能够灵活应用《矿井通风与空气调节》的知识并非易事。因此，学生在学习本课程过程中必须能够主动地配合老师的教学活动和参与各种教学环节，积极思考，理论联系实际，认真独立地完成布置的作业，才能够顺利地完成本课程的学习任务，达到预定的教学目标。矿井通风尽管需要做许多精确计算，但当你真正学好本课程时，给出一个正常矿井任何一条风路的名称，你就能说出其风速的大致范围；给出其开采深度和矿山的地理环境及季节，你就可以估计其自然风压的大小；给出一台风机的型号，你就知道其风量和风压值的大致范围；给出一个矿井的开拓方式和采矿方法以及主扇安装地点，你就能够估计到矿井的主要漏风地点；给出一个矿井的开采深度和生产能力，你就能够估计出全矿井的需风量和总阻力；诸如此类的问题如果你可以稍加思索地说出，就证明你学习到家了！如果你掌握了本课程的知识，其他地下工程的通风与空气调节知识你也基本可以融会贯通了。

祝教师同行们工作顺利！祝同学们(读者们)学习愉快！

吴　超

主要符号表

序号	符号	符号意义	序号	符号	符号意义
1	ρ	空气密度(可用下标区分不同状态和性质的气体密度)	31	h_{vd}	通风机装置动压
2	ρ_v,ρ_s	饱和水蒸气含量	32	h_{vf}	通风机动压
3	φ	相对湿度	33	h_l	局部阻力
4	δ	相似比例系数(可用下标表示不同物理量的比例系数)	34	h_f	摩擦阻力
5	γ	重力相对密度,水的汽化潜热	35	H_{sd}	通风机装置静压
6	α	摩擦阻力系数,对流放热系数	36	H_{td}	通风机装置全压
7	μ	动力粘度	37	H_s	通风机静压
8	ν	运动粘度	38	H_t	通风机全压
9	τ	时间	39	H_N	自然风压
10	λ	达西系数,导热系数	40	$\overline{H}$	通风机压力系数
11	ξ	局部阻力系数	41	$\overline{H}_t$	通风机全压系数
12	θ	湿润边界角,叶片安装角	42	$\overline{H}_s$	通风机静压系数
13	c_p	定压比热	43	H	深度
14	c	浓度(可用下标区分各种浓度)	44	Z	高程
15	Δ	差值,增量	45	S	面积
16	A	矿井等积孔,产量	46	D	直径
17	M	质量,质量流量	47	d	含湿量,管道直径
18	m	质量流量	48	d_e	当量直径
19	i	比焓	49	R_w	水力半径
20	V	体积,容积	50	R_f	摩擦风阻
21	v	空气的流速	51	R_l	局部风阻,漏风风阻
22	υ	空气的比容	52	R_m	矿井总风阻
23	g	重力加速度;加下标后表示各种参数增深率	53	R	风阻(下标表示不同类型)
24	G	重量,产尘量	54	T	热力学温度
25	p	压力,绝对静压	55	t	温度
26	h_v	动压	56	Q	体积流量,风量,发热量(可加下标表示不同性质的量)
27	h	相对静压,阻力	57	Q_m	矿井风量
28	h_t	相对全压	58	Q_f	主要通风机工作风量
29	h_{Rd}	通风机装置阻力	59	Q_d	采区总风量
30	h_R	通风阻力	60	Q_l	外部漏风风量
			61	Q_o	其他用风地点风量

续上表

序号	符号	符号意义	序号	符号	符号意义
62	Q_r	独立通风硐室风量	74	n	转速,状态指数
63	Q_a	局部通风机风量	75	F	卡他度常数
64	P	周长	76	Bi	比欧准数
65	L	长度,升	77	F	卡他度常数
66	η_s	静压效率	78	Re	雷诺数
67	η	效率,漏风率	79	Fo	傅立叶准数
68	η_m	电机效率	80	C_{Rn}	氡浓度
69	η_t	风机全压效率	81	Bq	贝可,放射性单位
70	η_{tr}	传动效率	82	Sv	希,有效剂量单位
71	N	功率	83	ppm	百万分之一浓度
72	$\overline{N}$	通风机功率系数	84	HSI	热应力指数
73	E	机械能(下标表示区别类型)			

课程教与学参考大纲

［适用专业］：采矿工程，安全工程的矿山安全方向

［课程类别］：必修课

［开课学期］：48～64（不含课程设计时间。课时安排较少时，教材中的部分内容可少讲或由学生自学）

［实验课时］：8～12（课时安排较少时，实验时数相应缩短，也可以根据实际实验室条件选择实验内容）

［先修课程］：《工程流体力学》《金属矿床地下开采》《井巷工程》等专业基础课和专业课，如果后两门课程不能安排先修，则与本课程同时开出也可

［后续课程］：《矿井通风课程设计》《地下开采设计》

课程教与学参考计划

顺序	授课章节的内容	时数课内/课外	教学方式	考核方式	授课建议	学习建议
1	第0章　绪论——矿井通风史概述 0.1 古希腊和欧洲的矿井通风史概述 0.2 中国的矿井通风史概述 0.3 矿井通风史给我们带来的思考	1/0	讲授	习题	采用讲故事的方式	可从安全史学的高度和视觉审视矿井通风发展史与科学史发展的关系
2	第1章　矿井空气 1.1　矿井空气的主要成分及性质 1.2　矿井空气中常见的有毒有害气体 1.3　矿井放射性元素产生的有害物质 1.4　矿尘的产生及其危害 1.5　矿井气候	2/2	讲授	习题	如果课时较少，放射性元素产生的有害物质少讲	以记忆法为主，通过比较加深理解地面和井下空气的差别，通过一些中毒案例深刻体会矿井有毒有害气体和矿尘的危害性
3	实验1　矿井空气测定（氧气浓度、一氧化碳浓度、相对湿度、卡它度的测定）	2/1	实验	实验报告		
4	第2章　矿井风流的基本特性及其测定 2.1　矿井空气的物理性质 2.2　矿井空气的状态 2.3　矿井空气的压力及其测定 2.4　矿井风速测定和风流结构	2/1	讲授	习题	矿井空气的物理性质及状态在物理学已经学了一些，可以扼要讲授	要尽可能多做练习题，在练习中发现问题，不断总结和提高对理论知识的理解；同时认真参加实验，熟悉有关仪器和测定技术，通过实验加强对理论内容的理解
5	实验2　矿井大气压力测定（压差计使用，空气压力、管内外压差、动压的测定）	2/1	实验	实验报告		

续上表

顺序	授课章节的内容	时数课内/课外	教学方式	考核方式	授课建议	学习建议
6	第3章　矿井风流流动的能量方程及其应用 3.1　矿井风流运动的能量方程式及其应用 3.2　能量方程在分析通风动力与阻力关系上的应用 3.3 有分支风路的能量方程式	2/2	讲授	习题	风流运动的能量方程式与工程流体力学有些交叉，可视学生情况扼要讲授	要尽可能多做练习题，在练习中发现问题，不断总结和提高对理论知识的理解
7	习题课1　矿井通风基本理论及其计算	2/2	讲授	小测试		
8	第4章　矿井通风阻力及其计算 4.1　井巷风流的流态及流速分布 4.2　井巷摩擦风阻与阻力 4.3　井巷局部阻力和正面阻力 4.4　井巷通风阻力定律 4.5　矿井总风阻与矿井等积孔	2/2	讲授	习题	讲授时与工程流体力学的相关内容做适当比较	要与工程流体力学的知识结合起来加深理解；通过观察模型和做实验，进一步了解有关定义的由来；通过做实验和处理数据掌握各项内容
9	实验3　阻力测定（摩擦阻力、局部阻力的测定）	2/1	实验	实验报告	3～5实验可以合并做或选做	
10	实验4　风筒断面的速度场系数测定与风表校正	2/1	实验	实验报告		
11	实验5　风筒风阻特性曲线的实测	2/1	实验	实验报告		
12	第5章　矿井自然通风 5.1　自然风压的概念及其表达 5.2　矿井自然风压计算 5.3　矿井自然风压的测定 5.4　自然风压的影响因素和控制与利用	3/2	讲授	习题	重点把握空气密度变化产生自然风压的主要因素	与空气热力学知识结合起来，并将前面学到的矿井空气测定方法和仪器运用到测定自然风压的实践中，要理论联系实际分析不同情况下的自然风压形成过程
13	第6章　矿井主扇与机械通风 6.1　矿用扇风机的类型、构造及工作原理 6.2　扇风机的特性及其经济运行 6.3　扇风机联合作业 6.4　扇风机特性曲线的数模及其应用 6.5　矿井主扇的选择与应用	4/2	讲授	习题	如果课时有限，扇风机的类型特性曲线就略讲	与实验课结合起来，通过参观实验室不同类型风机的结构构造，并开展扇风机个体特性的测定实验；另外，可以查阅一些扇风机产品个体特性曲线及其风量、压力、转速等参数的范围

续上表

顺序	授课章节的内容	时数 课内/课外	教学方式	考核方式	授课建议	学习建议
14	习题课2　矿井通风动力计算	2/2	讲授	小测试		
15	实验6　扇风机（装置）特性曲线的实测	2/1	实验	实验报告		
16	第7章　矿井通风网络中风量分配与调节及其计算 7.1　矿井风流运动的基本定律 7.2　矿井简单通风网络 7.3　矿井风量调节 7.4　矿井复杂通风网络解算及软件	4/2	讲授	习题	复杂网络分析技术也可以与矿井通风网络计算机分析练习实践课一起讲授	多做计算题；开展有关风量调节的设计要结合矿井生产的通风需要和矿井实际允许的条件展开；学会一套矿井通风网络分析软件，并使用该软件对一个相对简单的复杂通风网络进行分析
17	第8章　掘进工作面通风 8.1　掘进工作面通风方法 8.2　掘进工作面风量计算 8.3　局部通风装备 8.4　局部通风设计 8.5　长巷道和天井及竖井掘进时的局部通风	3/2	讲授	习题	讲授时可拓宽到隧道掘进通风	要理论结合实际，熟悉一些局部通风设备的产品及其技术参数；可结合现场实习过程参观矿井掘进面局部通风的布置并加以评价和讨论，加深对所学知识的理解
18	第9章　矿井通风系统 9.1　矿井通风系统的基本特性 9.2　矿井通风构筑物 9.3　中段通风网路设计及风流控制 9.4　采场通风网路及通风方法 9.5　矿井漏风问题及有效风量率 9.6　矿井风流输送与调控方式的选择	3/2	讲授	习题		必须具有全局思想，从宏观上去系统考虑整个矿井通风系统各部分的作用和运行机制，认识到矿井通风系统是一个动态的有机整体
19	第10章　矿井通风系统设计 10.1　矿井通风设计的内容和原则 10.2　矿井通风系统宏观构建方案的拟定 10.3　矿井进风井与回风井的布置 10.4　矿井通风方式及主扇安装地点的选择 10.5　实际需风量的计算及合理供风量的确定 10.6　矿井风量分配及通风阻力计算 10.7　矿井主要扇风机的选择 10.8　通风井巷经济断面的计算 10.9　矿井通风费用的预算 10.10　矿井通风系统优化	4/2	讲授	习题	有课程设计计划的，可抓要点讲授，详细过程与课程设计一起讲	要把前面所学的各章内容联系起来，根据设计任务确定设计思想、从矿井通风系统特点、结构及设计原则入手，掌握矿井通风系统优化设计的步骤、方法

续上表

顺序	授课章节的内容	时数课内/课外	教学方式	考核方式	授课建议	学习建议
20	习题课 3　矿井通风网络计算机分析练习实践	2/2	讲授	上机		
21	第 11 章　矿井通风测定和通风系统管理 11.1　矿井通风测定 11.2　矿井通风阻力测定 11.3　矿井通风的组织管理 11.4　矿井通风系统的自动化管理 11.5　矿井通风系统评价 11.6　矿井通风系统测定与评价报告编写	3/1	讲授	习题	课时计划较少的，可抓要点讲授	要与前面所学知识和实验课内容综合起来，要熟悉常用通风测定仪器的原理、技术规格和使用方法，最好在现场实习时琢磨如何开展通风测定工作
22	习题课 4　矿井通风课程设计指导	2/1 周	讲授	设计	对于有课时计划的	
23	第 12 章　矿井热环境调节 12.1　矿井主要热源及其散热量 12.2　矿井风流热湿计算 12.3　有热湿交换的风流能量方程 12.4　寒冷地区井口空气加热 12.5　高温矿井降温一般技术措施 12.6　高温矿井制冷空调技术 12.7　矿用换热器	4/2	讲授	习题	课时计划较少的，可抓要点讲授	找一些《传热传质学》《空气热力学》《空气调节》《矿井降温技术》等著作参考，以便加深对本章内容的理解
24	第 13 章　矿井防尘与防辐射 13.1　矿尘计量指标及其性质 13.2　粉尘测定原理与种类 13.3　矿井防尘的一般措施 13.4　矿井综合防尘措施 13.5　氡和氡子体测量方法 13.6　矿井排氡通风 13.7　矿井综合防氡措施 13.8　个体防护	4/2	讲授	习题	课时计划较少的，可抓要点讲授	矿井防尘应该与采矿工艺、凿岩爆破等内容结合起来；还要做一些实验和参考一些防尘专著；矿山防氡综合措施应与采矿工艺等结合起来分析
25	第 14 章　矿井通风与空调的研究展望 14.1　矿井通风与空调的复杂性 14.2　矿井通风的优化研究 14.3　矿井通风自动化的研究 14.4　深井降温技术的研究 14.5　我国矿井通风与空调的经验	1/2	讲授	习题	课时计划较少的，可安排感兴趣的学生自学	可通过有关数据库查阅国内外矿井通风与空调领域的研究论文，阅读这些相关成果和拓宽自己的知识面
26	习题课 5　复习总结	2	讲授			
28	课内课时合计	64				
27	考试	2				

目　录

0　绪论——矿井通风史概述 …… (1)

0.1　古希腊和欧洲的矿井通风史概述 …… (1)

0.2　中国的矿井通风史概述 …… (4)

0.3　矿井通风史给我们带来的思考 …… (5)

本章练习 …… (6)

第1章　矿井空气 …… (7)

1.1　矿井空气的主要成分及性质 …… (7)

1.2　矿井空气中常见的有毒有害气体 …… (9)

1.3　矿井放射性元素产生的有害物质 …… (14)

1.4　矿尘的产生及危害 …… (17)

1.5　矿井气候 …… (19)

本章练习 …… (22)

第2章　矿井风流的基本特性及其测定 …… (24)

2.1　矿井空气的物理性质 …… (24)

2.2　矿井空气的状态 …… (26)

2.3　矿井空气的压力及其测定 …… (33)

2.4　矿井风速测定和风流结构 …… (38)

本章练习 …… (44)

第3章　矿井风流流动的能量方程及其应用 …… (46)

3.1　矿井风流运动的能量方程式及其应用 …… (46)

3.2　能量方程在分析通风动力与阻力关系上的应用 …… (54)

3.3　有分支风路的能量方程式 …… (58)

本章练习 …… (60)

第4章　矿井通风阻力及其计算 …… (63)

4.1　井巷风流的流态及流速分布 …… (63)

4.2　井巷摩擦风阻与阻力 …… (65)

4.3　井巷局部阻力和正面阻力 …… (68)

4.4　井巷通风阻力定律 …… (72)

4.5　矿井总风阻与矿井等积孔 …… (73)

本章练习 …… (74)

第5章　矿井自然通风 …… (76)

5.1　自然风压的概念及其表达 …… (76)

5.2 矿井自然风压计算 …… (79)
5.3 矿井自然风压的测定 …… (85)
5.4 自然风压的影响因素和控制与利用 …… (86)
本章练习 …… (89)

第 6 章 矿井主扇与机械通风 …… (91)
6.1 矿用扇风机的类型、构造及工作原理 …… (91)
6.2 扇风机的特性及其经济运行 …… (93)
6.3 扇风机联合作业 …… (104)
6.4 扇风机特性曲线的数模及其应用 …… (109)
6.5 矿井主扇的选择与应用 …… (111)
本章练习 …… (117)

第 7 章 矿井通风网络中风量分配与调节及其解算 …… (120)
7.1 矿井风流运动的基本定律 …… (120)
7.2 矿井简单通风网络 …… (123)
7.3 矿井风量调节 …… (126)
7.4 矿井复杂通风网络解算及软件 …… (134)
本章练习 …… (140)

第 8 章 掘进工作面通风 …… (144)
8.1 掘进工作面通风方法 …… (144)
8.2 掘进工作面风量计算 …… (150)
8.3 局部通风装备 …… (152)
8.4 局部通风设计 …… (159)
8.5 长巷道和天井及竖井掘进时的局部通风 …… (162)
本章练习 …… (165)

第 9 章 矿井通风系统 …… (167)
9.1 矿井通风系统的基本特性 …… (167)
9.2 矿井通风构筑物 …… (171)
9.3 中段通风网络设计及风流控制 …… (174)
9.4 采场通风网络及通风方法 …… (178)
9.5 矿井漏风问题及有效风量率 …… (180)
9.6 矿井风流输送与调控方式的选择 …… (182)
本章练习 …… (187)

第 10 章 矿井通风系统设计 …… (188)
10.1 矿井通风设计的内容和原则 …… (188)
10.2 矿井通风系统宏观构建方案的拟定 …… (192)
10.3 矿井进风井与回风井的布置 …… (198)
10.4 矿井通风方式及主扇安装地点的选择 …… (200)

10.5　实际需风量的计算及合理供风量的确定 …… (202)
10.6　矿井风量分配及通风阻力计算 …… (206)
10.7　矿井主要扇风机的选择 …… (208)
10.8　通风井巷经济断面的计算 …… (210)
10.9　矿井通风费用的计算 …… (212)
10.10　矿井通风系统优化 …… (214)
本章练习 …… (216)
第11章　矿井通风测定和通风系统管理 …… (217)
11.1　矿井通风测定 …… (217)
11.2　矿井通风阻力测定 …… (223)
11.3　矿井通风的组织管理 …… (227)
11.4　矿井通风系统的自动化管理 …… (228)
11.5　矿井通风系统评价 …… (232)
11.6　矿井通风系统测定与评价报告编写 …… (235)
本章练习 …… (235)
第12章　矿井热环境调节 …… (236)
12.1　矿井主要热源及其散热量 …… (236)
12.2　矿井风流热湿计算 …… (243)
12.3　有热湿交换的风流能量方程 …… (249)
12.4　寒冷地区井口空气加热 …… (251)
12.5　高温矿井降温一般技术措施 …… (256)
12.6　高温矿井制冷空调技术 …… (257)
12.7　矿用换热器 …… (261)
本章练习 …… (268)
第13章　矿井防尘与防辐射 …… (269)
13.1　矿尘计量指标及其性质 …… (269)
13.2　粉尘测定原理与种类 …… (272)
13.3　矿井防尘的一般措施 …… (275)
13.4　矿井综合防尘措施 …… (276)
13.5　氡和氡子体测量方法 …… (283)
13.6　矿井排氡通风 …… (285)
13.7　矿井综合防氡措施 …… (287)
13.8　个体防护 …… (289)
本章练习 …… (290)
第14章　矿井通风与空气调节的研究展望 …… (291)
14.1　矿井通风与空气调节的复杂性 …… (291)
14.2　矿井通风的优化研究 …… (292)
14.3　矿井通风自动化的研究 …… (295)

14.4　深井降温技术的研究 …… (298)
14.5　我国矿井通风与空气调节的经验 …… (300)
本章练习 …… (302)
附录一　课程实验及大纲 …… (303)
实验1　矿井空气测定 …… (303)
实验2　矿井大气压力测定 …… (305)
实验3　阻力测定 …… (311)
实验4　风筒断面的速度场系数测定与风表校正 …… (314)
实验5　风筒风阻特性曲线的实测 …… (317)
实验6　扇风机(装置)特性曲线的实测 …… (319)
附录二　矿井通风网络计算与课程设计练习 …… (321)
附录2.1　矿井通风网络计算机分析练习 …… (321)
附录2.2　矿井通风系统设计练习 …… (322)
附录三　井巷摩擦阻力系数 α 值 …… (326)
附录四　井巷局部阻力系数 ξ 值 …… (330)
附录五　矿井通风常用单位换算 …… (331)
附录六　由风扇湿度计读数查相对湿度 …… (332)
附录七　不同温度下饱和水蒸气分压 …… (333)
附录八　典型系列矿用风机特性曲线 …… (335)
附录九　常用矿井通风与空气调节英语词汇 …… (345)
附录十　多功能矿井通风网络分析软件源程序 …… (350)
参考文献 …… (370)
后　记 …… (372)

0 绪论——矿井通风史概述

学习目标 了解矿井通风知识体系从无到有的发展由来，理解矿井通风学的科学意义和应用价值。

学习方法 可从安全史学的高度和视觉审视矿井通风发展史与科学发展史的关系。

矿井通风的主要任务是向井下连续输送新鲜空气，稀释并排出有毒、有害气体和粉尘等，调节矿内小气候，创造良好的工作环境，保证矿工安全与健康，提高劳动生产率。为了完成这一看似简单的任务，一代接一代矿井通风工作者前仆后继，毕生为之努力。

矿井通风史是一部十分悲壮和感人的历史，可以说，现有的许多矿井通风知识都是无数前人的生命换来的！知道一点矿井通风史，有利于我们更加珍惜已有的矿井通风理论和方法、有利于人们更加重视和传承现有的矿井通风知识、有利于人们从历史经验得到新的启发。

矿井通风史是工业历史研究学者非常关注的领域，它充满着探索和发现，它令人激动和沮丧，它既有许多成就又有不少灾难。国际上许多研究工业历史的论文和专著都以它为题，英国《采矿工程师》杂志在1985—1986年破天荒地连续刊登了8篇萨斯顿(Saxton Irvin)撰写的《煤矿通风——从阿格里科拉(Georgius Agricola)时代到20世纪80年代》的历史回顾文章，这说明国外学术界对矿井通风史给予了充分的重视。

0.1 古希腊和欧洲的矿井通风史概述

在地下巷道中观察空气流动具有悠久的历史。公元前4000—1200年，欧洲采矿古人挖掘巷道到白垩矿床中寻找打火石时，就可能有了观察空气流动的体验。戈拉弗斯(Grimes Graves)在南英格兰的考古调查表明，早期开采打火石的矿工是通过在作业面烧木材，通过热胀冷缩原理破碎岩石，这样一来，我们可以想象那些新石器时代的采矿古人很容易就会观察到火引起空气流动。实际上，火引起空气流动的作用被古希腊人、古罗马人和中古欧洲人以及英国工业革命时期多次发现。

希腊劳临(Laurium)银矿古采矿始于公元前600年，从古矿布局发现，古希腊采矿人已经有意识知道采矿需要通风风路，每个采矿点至少要两条风路，有迹象表明一个挖好的井被分隔成两半，一半用于进风，另一半用于回风到地表。古罗马帝国时代的地下矿通常有两个井筒，朴里尼(Pliny)(公元23—79年)曾描述奴隶们使用棕榈叶引风到巷道中的场景。

尽管在欧洲金属矿古采矿始于公元1500年，但没有留下多少当时记录采矿的文献。阿格里科拉是中欧波希米亚(Bohemia)铁矿开采和冶炼领域的物理学家，他用拉丁文撰写了第一部涉及采矿的不朽巨著《De Re Metallica》(《论冶金》)。该书出版于1556年，对矿井通风有细致的描述，通风方法包括：将地面风流引入井口的引风装置、用人和马驱动木制离心式风机、用于辅助通风的风箱和风门（见图 0－1）。阿格里科拉也知道了矿井有害气体的危险和井下空气的氧含量会减少。该书描述到："矿工有时被呼吸的有害气体毒死了"，这种"有害气体"是甲烷和空气的混合物，具有爆炸危险。

图 0－1　阿格里科拉《论冶金》中描述矿井通风装置示意图

阿格里科拉的《论冶金》在 1912 年由毕业于美国斯坦福大学的青年采矿工程师胡弗（Herbert C. Hoover）和他的妻子娄（Lou）翻译成为英文，胡弗后来当任了 1929—1933 年期间的美国总统。

从 17 世纪以来，英国皇家协会发表了许多关于矿井内爆炸和有毒有害气体性质的论文。工业革命对煤的需求迅速增长，在 18～19 世纪，许多煤矿井的状况对被雇佣的成年男女和童工是十分恐怖的，矿井通风单纯用自然通风，在地表和井下的空气温度接近相等的情况下，风流就处于不流动状态。在那个时代，最早的通风炉是建在地表，后来很快发现将燃烧的煤盛于铁丝做成的篮子中，并将其吊在回风井中对改善通风非常有效，而且，篮子放得越下，通风效果越好。这一发现很快就导致了回风井底炉的构筑。

在 18 世纪早期以前，井下照明的唯一途径是用蜡烛，蜡烛明火引起了无数次瓦斯爆炸灾难，尽管当时人们知道瓦斯的危害和蜡烛是引起瓦斯爆炸的原因，但人们预防瓦斯爆炸的手段非常有限，一个处理瓦斯的普遍方法是在每班下井前，派一个"点火人"先下井引爆瓦斯，"点火人"穿着预先用水泡湿的棉袄，手里拿着一长棍，棍子的一头梆着点燃的蜡烛，他下井的任务是在其他矿工下井前先点燃采煤工作面积聚的瓦斯，使之后短时间内不会再出现瓦斯爆炸事故。

英格兰北部有一位采矿工程师布得勒（John Buddle，1773—1843）在预防瓦斯爆炸方面做了两个重要的改进，首先，他通过引入"盲管"给回风井的炉子底部提供足够的新空气，含有瓦斯的污风绕过炉子被排出地表。从炉子出来的燃烧气体流入回风井中，由于温度不高不至于点燃瓦斯，但此时在回风井中仍然有良好的"烟囱效应"（即自然通风作用）。布得勒的第二个发明是"盘区（即分支）通风"（在那以前，风流是串联流入各个工作面，瓦斯的浓度不断地增大），布得勒将采区划分为若干独立的盘区，他发现如果每个盘区分别有一个进风道和回风道，通风效果有了显著改善并且瓦斯的浓度大幅度下降。他的偶然发现几乎类似于得出并联风路布置比串联风路优越的原理，在那几十年后，阿金森（John Job Atkinson）才从理论上证明了上述原理。

在 18 世纪，人们对矿井的安全照明方法开展了探索，当时一些科学家提出了许多建议，例如，应用很细的蜡烛（今天看起来非常滑稽）。在 1733 年，斯皮丁（Carlisle Spedding）发明了一种用铁砂轮打磨打火石的装置（见图 0－2），将该装置挂在一个童工的胸前，通过用手转动铁砂轮摩擦打火石连续发光，为井下提供照明。该装置虽然比蜡烛较为安全，但它的发光很差，而且仍然能够引爆瓦斯。

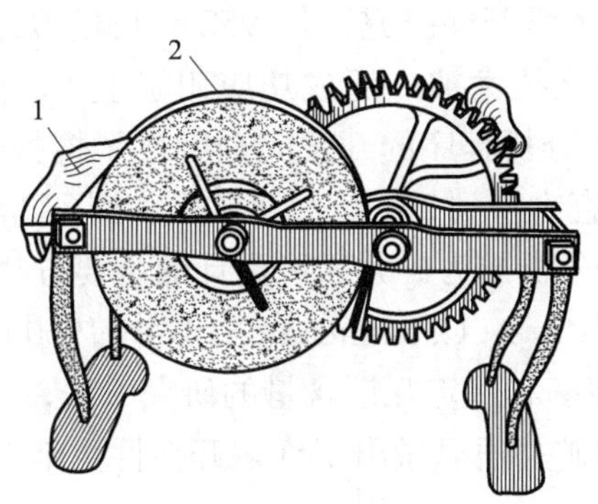

图 0－2　斯皮丁摩擦打火照明机器

1—打火石；2—铁砂轮

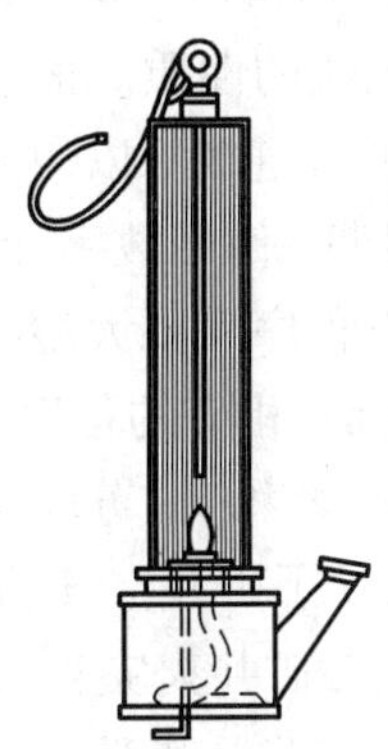

图 0－3　戴维安全矿灯的原始特征

1812 年，在福林(Felling)矿发生一次瓦斯爆炸矿难，有 92 名矿工死亡。当时由地方牧师的帮助，成立了一个预防该类矿难的协会，并与当时的英国皇家协会主席戴维(Humphrey Davy)先生商讨试图开发安全矿灯，戴维访问了布得勒并了解了一些矿井的情况，由于当时电还没有发明，他的研究局限于火焰灯的结构。经过短时间的实验，他发现燃烧瓦斯的火焰不能迅速地通过编织的铁丝笼，从而发明了戴维矿灯(见图 0－3)。这种灯由铁丝笼中的火焰发光，由于在铁丝笼中的瓦斯完全燃烧，然而火焰不会穿过铁丝笼，这样就不会点燃周围的瓦斯。戴维矿灯当时被用于英格兰的矿井之后，迅速推广到其他国家。然而，由于缺乏有效的立法，尽管已经有了较安全的照明方法，在 19 世纪，蜡烛仍然广泛地被用于井下的照明。

在俄罗斯，有一伟大学者 M·B·罗莫诺索夫在1745 年向俄罗斯科学院提出了一篇题为《关于空气在矿井内的自由流动》论文，第一次把空气在矿井内的自然流动的性质与规律加以说明。罗莫诺索夫成为俄罗斯矿井通风理论的奠基者。

最经典的矿井通风论文也许应属北英格兰采矿工程师协会阿金森于 1854 年 12 月发表的题为《关于矿井通风的理论》的论文。阿金森是采矿经理，后来他成为第一批矿井安全监察员。阿金森在数学和语言上受到良好教育，他受法国水利工程师早期著作的影响很大，他撰写的那篇论文长达 154 页以致发表有些困难，经过努力论文还是发表了，并且在当时的皇家协会的一次会议上安排了讨论。在该论文中，阿金森提出和发展的通风原理在现代矿井通风设计中仍然作为基础。阿金森论文的详细数学分析推导对于当时的工程师来说过于复杂，以致他的论文被封存在档案馆里，直到他死后大约 60 年，该论文才重新被发现并应用于实践中。

在阿金森时代，随着蒸汽机的发明，第一台动力驱动的通风机出现了，风机从活塞式或气缸式改成了离心式。到了 19 世纪末，矿井的作业条件开始有了法规约束，井下作业人员必须具备一定的资格，当时矿井经理资格考核主要集中在通风的题目上。

到 20 世纪 20 年代，矿井通风在一些国家得到加速研究，通过使用改进的仪器，可以对矿井风流、压力开展有组织的测量，以便用于矿井通风设计。阿金森的理论在实践中得到验证。1930 年第一台轴流式风机应用于矿井通风。

1943 年，恒斯雷(F. Baden Hinsley)教授发表了一篇经典的论文，该论文通过应用热动力学，分析了风流的性质。恒斯雷同时在英国诺丁汉大学开展研究，于1952 年将模拟计算机第一次应用于矿井通风，以便满足通风设计的需要，该技术被广泛成功应用了上 10 年。20 世纪 60 年代初期，使用数字计算机进行矿井通风网络分析程序的开发完全替代了模拟装置。起先，网络分析程序需要大型的计算机，这种局面一直维持到20 世纪 70 年代。到了 20 世纪 80 年代，台式机及相应的程序出现以后，计算机网络分析成为矿井通风设计的主要方法。

前苏联采矿学家、前苏联科学院院士斯阔成斯基(A. A. Скочинский, 1874—1960)在 20 世纪 40 年代创立了矿井空气动力学，提出了煤层空隙率和测定瓦斯含量的研究方法，并撰著了《矿井大气》、《矿井火灾》、《矿井通风》等著作，为矿井通风做出了许多开拓性贡献。他在 1950 年和 1951 年获前苏联国家奖。

0.2 中国的矿井通风史概述

中国的古代采矿历史悠久，古代采矿成就举世罕见，有关古代矿井通风史也同样闻名于世，但公元前后数百年期间有关采矿与通风的文字记载却非常少见，直到宋代才有了比较详细的文字记载。孔平仲在《读苑》中讲到过铜矿开采过程中防止有害气体的办法。书中记载："役夫云：地中变怪至多，有冷烟气中人即死。役夫掘地而入，必以长竹筒端置火先试之，如火焰青，即冷烟气也，急避之，勿前，乃免。"这里说的冷烟气是有毒有害气体。1637 年宋应星撰著的《天工开物》是对中国古代农业和工业生产技术系统而全面的总结，在科学史中首开先例，足可与阿格里科拉撰写的《论冶金》相媲美。1869 年，《天工开物》有关工业各章的法文摘译，又被集中收入"中华帝国工业之今昔"刊于巴黎。宋应星《天工开物》的《燔石》章所论及的竖井采煤在井下安装大竹筒以排除瓦斯和巷道支护的技术，以及烧砒石时的安全措施，都值得称道。中国古代古采矿与通风史大致可以分为萌芽期(史前时期)、形成期(商代中期)、初步发展期(西周时期)、创新发展期(春秋至战国中期)、充实期(秦汉至元代)、全面发展期(明清时期)。从中国典型古矿遗址中也可以窥见中国古代的矿井通风技术和方法。

1. 江西瑞昌的铜岭古铜矿遗址

位于瑞昌的铜岭古铜矿遗址发掘于 1988 年 3 月，考古发现该古矿距今有着 3300 年历史。整个遗址约有 3 万 m^2，分为采矿区和冶炼区。目前已发掘 3 000 m^2，其中采矿区揭露面积 1 800 m^2，发现古代竖井 103 口，古巷道 19 条，露采坑 7 处，工棚 5 处，选矿场 1 处。冶炼区揭露面积 1 200 m^2，发现炼炉 2 座，储水井 18 口；并出土用木、石、铜、竹、陶等制作的选矿工具与生活用具 600 多件。从该遗址的竖井和平巷结构可以分析得出，当时采矿已经有了完整的自然通风系统。

2. 安徽铜陵的金牛洞古采矿遗址

从位于安徽铜陵市凤凰山下的金牛洞古采矿遗址考古发现，该地区约 3000 年前就形成了初步系统采矿技术，洞内有古代采铜矿竖井、平硐、斜井、支架、出入口等，并形成自然通风系统。铜陵地区从商周至唐宋一直是中国古代的冶铜中心。

3. 湖北大冶的铜绿山古铜矿遗址

铜绿山古铜矿遗址距今已有3000多年的历史，从位于湖北大冶铜绿山古铜矿遗址的考古发现，在7个已清理的古代采矿遗址中，发掘总面积约4 923 m^2，深度40～60 m，清理出竖(盲)井231个，平(斜)巷100余条，竖井和平巷形成了有效的自然通风系统。

4. 甘肃白银的矿山遗迹

从甘肃白银矿山遗迹遗物考证分析，该地区采矿可以追溯到明朝洪武年间，至今已有600多年的历史。20世纪50年代采矿过程中发现了大量前人开凿的坑道和采场，而且规模较大，有记载的古采矿遗迹30多处，包括大小老硐、旧矿堆和淘金用的水井及炼渣。最大的古代采矿遗址主巷道都在100 m以上，坑道延长上千米，并形成了有效的自然通风系统。

我国18世纪至20世纪上半叶对矿井通风的研究几乎为空白，直到新中国成立后才开始有了自己的研究。1951年中央人民政府燃料工业部制订了《改善现有矿井通风的规程》(燃料工业出版社，1951)；一些研究人员开始翻译当时前苏联的矿井通风著作，如斯阔成斯基等著的《矿井通风设计法》(燃料工业出版社，1951)、《矿内通风学》(燃料工业出版社，1954)，科瓦列夫(A. E. Ковалев)等著的《矿井通风》(燃料工业出版社，1955)；与此同时，我国矿井通风界前辈黄元平先生等开始出版自己的研究成果，如《矿井通风计算》(益智书店，1953)、《矿井通风阻力测量》(煤炭工业出版社，1957)、《独头巷道爆破后通风》(冶金工业出版社，1959)；进入20世纪60年代，我国研究人员自己编撰的有关矿井通风领域专著和教材不断出现，迄今已经有100多种。

0.3 矿井通风史给我们带来的思考

从矿井通风史的概述可以看出：①18～19世纪的多次煤矿瓦斯爆炸，使许多下井工作的成人男女和童工死于矿难，这也导致了矿井通风理论和技术成为采矿科学之首。②中国古代和欧洲古代的采矿通风同样有着悠久的历史，同样为采矿安全做出了突出贡献。由于历史原因，到了近代，我国的采矿通风技术落后于西方国家，我国近代再也拿不出类似《天工开物》的巨著可以与西方的科学著作相媲美。③从国外的矿井通风史看出，欧洲人非常注重已有知识和经验的传承和发展，他们重复犯错误的情况不多，到了近代和现代，出现由于通风问题造成大量人员伤亡的事故已经不多见了。但我们国家到现在仍然不时发生由于通风不良而造成的矿难，1960年5月9日山西省大同矿务局老白洞矿发生了世界采矿史上最为惨痛的煤尘和瓦斯大爆炸事故，当时死亡677人，连同被救出的228人中又死亡的5人计算在内，共死亡682人；2004年11月28日，陕西铜川矿务局陈家山煤矿发生瓦斯爆炸事故，166人死亡，41人受伤；2005年2月14日，辽宁省阜新市孙家湾煤矿发生瓦斯爆炸事故，214人死亡，30人受伤。这些震惊世界的现代矿难的确值得让我们深思！④在西方国家，现在矿井通风的研究成就不仅是为了防止瓦斯爆炸等事故，而且是使井下环境条件产生了显著的改善。现在，由于不合理通风造成的人员伤亡事故已经相对罕见了，通风的改善更在于显著提高矿工的劳动生产率。⑤由于非煤矿井基本没有瓦斯问题，矿井通风的主要任务不需要考虑瓦斯排放，与煤矿比较，人们对矿井通风的要求相对放松一些。但矿井通风仍然是非煤矿井安全和环境的重要保障之一，矿井通风工作决不能掉以轻心。⑥如果没有给井下供给新鲜空气，不管最原始和最现代的设备都不能下到矿井中。因此，矿井通风的作用仍然任重而道远，研究矿井通风技术意义重大。

本章练习

(1)矿井通风的主要任务是什么?

(2)仔细分析传统家用“火锅”的自然通风原理和农村家庭火炉烟囱的作用。

(3)古希腊和欧洲的矿井通风史说明了什么?

(4)矿井通风史对我们有什么启迪?

(5)为什么目前我国矿井仍然有很多伤亡事故是由于通风不良造成的?

第1章 矿井空气

学习目标 清楚了解矿井空气成分与地面空气成分的差异，矿井有毒有害气体的来源，CO，CO_2，NO_x，SO_2，H_2S 等有毒有害气体的性质及其允许浓度，矿井辐射的基本概念，氡的性质，氡及其子体的危害，矿井辐射防护剂量限值，矿井中氡的来源，矽尘的特点，矿尘的产生及分类，矿尘的危害，矿井气候对人体的影响，衡量矿井气候条件的指标，矿井气候条件的安全标准。重点掌握矿井内有毒有害气体及矿尘的危害和特征，难点是氡及氡子体和辐射单位的理解。

学习方法 以记忆法为主，通过比较加深理解地面和井下空气的差别，通过一些中毒案例深刻体会矿井有毒有害气体和矿尘的危害性。

生活在地面的人们非常习惯于新鲜空气，但在井下新鲜空气可是来之不易；在开放性的地面一阵自然风就可以把污风吹开，但在井下污风的排放可不是轻而易举。矿井没有空气，矿井就不能下人。矿井空气是关系到矿井人员生命的大事！矿井通风需要从矿井空气说起。

1.1 矿井空气的主要成分及性质

矿井空气是指矿井内各种气体、蒸气和矿尘等混合物的总称。地面空气进入矿井后，由于物质氧化、分解和其他气体与矿尘的混入，成分发生变化，O_2减少，CO_2增加，混入的有毒有害气体通常有 CH_4，CO_2，CO，H_2S，NO_2，SO_2，H_2等，井下有内燃设备的还有内燃机的废气，开采含 U(铀)、Th(钍)等伴生元素的金属矿床时，还将混入放射性气体 Rn(氡)及其子体(RaA ~ RaD)，开采汞、砷的矿井还有可能混入 Hg 和 As 的蒸气。矿内空气的温度和湿度主要决定于矿物与岩层的物理化学性质、开采深度、生产工艺、地理和地质因素。个别矿井气温可达30℃以上，随着开采深度的增加，矿井的空气温度还要增加。煤矿和金属矿内空气的相对湿度一般为80% ~90%，涌水量大的巷道内可达100%。盐类矿涌水量小，盐类吸湿性强，使相对湿度大为降低。水灾、爆炸事故以及大爆破后，矿井空气被进一步毒化。

1.1.1 地面清洁空气的组成

地面清洁空气是由干空气和水蒸气组成的混合气体，亦称为湿空气。

干空气是指完全不含有水蒸气的空气，由氧、氮、二氧化碳、氩、氖和其他一些微量气体所组成的混合气体。干空气的组成成分比较稳定，其主要成分如表1-1。

湿空气中含有水蒸气，但其含量的变化会引起湿空气的物理性质和状态变化。

对于高原地区，大气压力减低，空气密度减小，单位体积空气氧气含量也减小。因此，高原地区矿井单位体积的氧气含量相对较少。

表 1－1　干空气的组成成分

气体成分	按体积计/%	按质量计/%	备注
氧气(O_2)	20.96	23.32	惰性稀有气体氦、氖、氩、氪、氙等计在氮气中
氮气(N_2)	79.0	76.71	
二氧化碳(CO_2)	0.04	0.06	

1.1.2　矿井空气的主要成分及基本性质

当矿井空气的成分与地面清洁空气近似时，称为矿井新鲜空气。具体一点说，矿井新鲜空气是指井巷中用风地点之前、受污染程度较轻但仍然符合安全卫生标准的进风巷道内的空气。矿井污浊空气是指通过用风地点以后、受污染程度较重的回风巷道内的空气。

1. 氧气(O_2)

O_2是无色无味的气体，分子量 32，标准状况下(0℃和 1 atm)的密度 1.428 kg/m^3，是空气密度的1.11 倍。氧是一种非常活泼的元素，能够与很多矿物起氧化反应，氧化反应一般都是放热反应，但许多氧化反应速度很慢，其放出的热量往往被周围物质吸收，而人感觉不出放热的现象。

当空气中的 O_2浓度降低时，人体就可能产生不良的生理反应，出现种种不舒适的症状，严重时可能导致缺氧死亡。当空气中的 O_2减少到 17% 时，人们从事紧张的工作会感到心跳和呼吸困难；减少到 15% 时，会失去劳动力；减少到 10% ~12% 时，会失去理智，时间稍长对生命有严重威胁；减少到 6% ~9% 时，会失去知觉，若不急救就会死亡。

O_2是维持人体正常生理机能所需要的气体，人体维持正常生命过程所需的 O_2量与人的体质、精神状态和劳动强度等有关。一般人体需 O_2量与劳动强度的关系见表 1－2。高原地区空气密度减小，处于高原地区的矿井内单位体积空气 O_2含量也减小，单位时间内人呼吸的空气体积量有所增大。

表 1－2　人体需 O_2量与劳动强度的关系

劳动强度	呼吸空气量/(L·min^{-1})	O_2 消耗量/(L·min^{-1})
休息	6 ~ 15	0.2 ~ 0.4
轻劳动	20 ~ 25	0.6 ~ 1.0
中度劳动	30 ~ 40	1.2 ~ 1.6
重劳动	40 ~ 60	1.8 ~ 2.4
极重劳动	40 ~ 80	2.4 ~ 3.0

矿井空气中 O_2浓度降低的主要原因有：人员呼吸、矿石或煤及其他有机物的缓慢氧化、矿石或煤自燃、井下发生火灾、矿尘爆炸、炸药爆炸等，此外，矿岩和生产过程中产生的各种有害气体也会使空气中的氧浓度相对降低。

我国《金属非金属地下矿山通风安全技术规范》(以下简称《地下矿通风规范》)规定，矿井空气中 O_2含量不低于 20% 。

2. 二氧化碳(CO_2)

CO_2是无色气体，分子量为44，标准状况下的密度为1.96 kg/m^3，是空气密度的1.52倍，CO_2是一种较重的气体；CO_2溶于水呈弱酸性和略带酸味，对眼鼻和喉粘膜有刺激作用；CO_2不助燃，也不能供人呼吸。CO_2密度比空气大，在风速较小巷道的底板附近浓度较大；在风速较大的巷道中，一般能与空气均匀地混合。

矿井空气中CO_2的主要来源于：含碳物质或煤及有机物的氧化或燃烧、人员呼吸、碳酸性岩石分解、炸药爆破、煤炭自燃、瓦斯和煤尘爆炸等。

CO_2对人的呼吸起刺激作用。当肺气泡中CO_2增加2%时，人的呼吸量就增加一倍，人在快步行走和紧张工作时感到喘气和呼吸频率增加，就是因为人体内氧化过程加快，CO_2生成量增加，使血液酸度加大刺激神经中枢，因而引起频繁呼吸。在急救遭CO，H_2S等有毒气体中毒的人员时，可首先让其吸入含5% CO_2的氧气，以增强其肺部的呼吸。

当空气中CO_2浓度过大，造成O_2浓度降低，可以引起缺氧窒息。当空气中CO_2浓度达5%时，人就出现耳鸣、无力、呼吸困难等现象；CO_2达到10%～20%时，人的呼吸处于停顿状态，失去知觉，时间稍长就有生命危险。CO_2对人体的危害例子见表1－3。

表1－3 不同浓度CO_2对人体的危害

CO_2浓度/%	对人体的危害
0.55	接触6h尚无症状
1～2	引起不舒适感
3～4	刺激呼吸中枢，呼吸频率增加，血压升高，脉搏快，头痛，头晕
6	呼吸困难
7～10	几分钟内就意识不清，容易死亡

我国《地下矿通风规范》规定，有人工作或可能到达的井巷，CO_2浓度不得大于0.5%；总回风流中，CO_2浓度不超过1%。

3. 氮气(N_2)

N_2是一种惰性的无色无味气体，分子量28，标准状态下的密度为1.25 kg/m^3，是新鲜空气中的主要成分。N_2本身无毒、不助燃，也不供呼吸。但空气中含N_2量升高，则势必造成O_2含量相对降低，从而也可能造成人员的窒息性伤害。正因为N_2具有的惰性，因此可将其用于井下防火、灭火和防止瓦斯爆炸。

除了空气本身的含N_2量以外，矿井空气中N_2主要来源是井下爆破和生物的腐烂，煤矿中有些煤岩层中也有N_2涌出，但金属、非金属矿床一般没有N_2涌出。

1.2 矿井空气中常见的有毒有害气体

1.2.1 矿井有毒有害气体的来源

非煤矿山矿井开采时多采用凿岩爆破方法进行，而爆破后的炮烟主要由CO和氮氧化物

(NO_x)组成，它们是对人体危害较大的有毒气体。在巷道内作业时，有的采用柴油发动的装运设备，其排出的废气中包括：CO，CO_2，NO_x，SO_2，CH_x，甲醛，丙烯醛等有害气体。此外在掘进井巷中产生大量含游离二氧化硅的粉尘，这些粉尘也是矿内空气的有害物质之一。矿井内的空气是从地面送入的，在环境污染较严重的工业城市和工厂附近的空气中含有大量烟尘，如 SO_2，CO，H_2S 及其他有机物质，若矿井进风口距污染区较近，则其进风中可能含有有毒物质。人排出的二氧化碳气和蛋白质分解、新陈代谢的产物，如臭气、汗味等，也可认为是矿井内空气中的一类有害物质。

1. 爆破时所产生的炮烟

常用矿用炸药的主要成分为硝酸铵(NH_4NO_3)和木粉等。炸药在井下爆炸后，产生大量的有毒有害气体，其种类和数量与炸药的性质、爆炸的条件与介质等有关。在一般情况下，产生的主要成分大部分为 CO 和 NO_x。如果将爆破后产生的二氧化氮(NO_2)按 1 L NO_2 折合 6.5 L CO 计算，则 1 kg 炸药爆破后所产生的有毒气体(相当于 CO)为 80～120 L。

2. 柴油机工作时产生的废气

柴油机的废气成分很复杂，它是柴油机在高温高压下燃烧时所产生的各种有毒有害气体的混合体。柴油机排放的废气量由于受各种因素的影响，变化较大，没有统一的标准。当设备老化和使用管理不善时，柴油机释放的废气往往是井下空气的最大污染源，会严重恶化井下空气。

3. 硫化矿物的氧化

在开采高硫矿床时，由于硫化矿物的缓慢氧化除产生大量的热外(在化学热力学中，放热反应方程式的放热量用“－”表示)，还会产生二氧化硫和硫化氢气体(SO_2，H_2S)，例如：

(1)黄铁矿、胶黄铁矿、白铁矿的化学分子式均为 FeS_2，在井下当这些矿石发生氧化自燃时，其有关氧化反应方程式如式(1－1)和(1－2)：

$$4FeS_2 + 11O_2 = 2Fe_2O_3 + 8SO_2 - 3312.4\ \text{kJ}\ (6902.6\ \text{kJ/kg}\ FeS_2) \quad (1-1)$$

$$FeS_2 + 3O_2 = FeSO_4 + SO_2 - 1047.7\ \text{kJ}\ (8733.0\ \text{kJ/kg}\ FeS_2) \quad (1-2)$$

(2)磁黄铁矿的化学分子式为 FeS，在井下当发生氧化自燃时，其有关氧化反应方程式如式(1－3)：

$$4FeS + 7O_2 = 2Fe_2O_3 + 4SO_2 - 3219.9\ \text{kJ}\ (9145.7\ \text{kJ/kg}\ FeS) \quad (1-3)$$

(3)富硫磁黄铁矿的化学分子式为 Fe_7S_8，在井下当发生氧化自燃时，其有关氧化反应方程式如式(1－4)和(1－5)：

$$4Fe_7S_8 + 53O_2 = 14Fe_2O_3 + 32SO_2 - 18077.4\ \text{kJ}\ (6980.4\ \text{kJ/kg}\ Fe_7S_8) \quad (1-4)$$

$$Fe_7S_8 + 15O_2 = 7FeSO_4 + SO_2 - 489.3\ \text{kJ}\ (755.8\ \text{kJ/kg}\ Fe_7S_8) \quad (1-5)$$

(4)在常温潮湿条件下，黄铁矿(FeS_2)和硫化钙(CaS)矿物可以发生如式(1－6)和(1－7)的反应：

$$FeS_2 + 2H_2O = Fe(OH_2) + H_2S + S \quad (1-6)$$

$$CaS + H_2O + CO_2 = CaCO_3 + H_2S \quad (1-7)$$

在含硫矿岩中进行爆破工作，或硫化物矿尘爆炸、坑木腐烂以及硫化矿物水解都会产生 SO_2 和 H_2S 气体。

4. 井下火灾

当井下失火引起坑木燃烧时，由于井下可供燃烧的氧气有限，为不完全燃烧，会产生大量 CO，如一架棚子（直径为 180 mm，长 2.1 m 的立柱两根和一根长 2.4 m 的横梁，体积为 0.17 m^3）燃烧所产生的 CO 约为 97 m^3，它足以使 2 km 长、断面为 4～5 m^2 的巷道内的空气中 CO 含量达到使人致命的浓度。在煤矿中瓦斯和煤尘爆炸，也会产生大量的一氧化碳，往往成为重大事故的主要原因。

金属非金属矿山井下常见的对安全生产威胁最大的有毒气体有：CO，NO_x，SO_2，H_2S 等。

空气中有害气体的允许浓度常采用 ppm 作单位，它表示按体积比的百万分之几，相当于 1 m^3 空气中有害气体有多少 cm^3 数，ppm 同百分率的关系为 10 000 ppm 相当于 1%。有毒有害气体在空气中的浓度还可以用 mg/m^3 表示。ppm 与 mg/m^3 的关系在标准状况下为式（1－8）和（1－9）：

$$1\ \text{ppm} = 1\ \text{mg/m}^3 \times \frac{22.41}{M} \tag{1-8}$$

$$1\ \text{mg/m}^3 = 1\ \text{ppm} \times \frac{M}{22.41} \tag{1-9}$$

式中：M——物质的分子量。

1.2.2 一氧化碳（CO）

CO 是无色、无味、无臭的气体，标准状况下的密度为 1.25 kg/m^3，是空气密度的 0.97 倍，能够均匀地散布于空气中，不用特殊仪器不易觉察。一氧化碳微溶于水，爆炸界限为 13%～75%。

CO 极毒，在空气中含有 0.4% 时，很短时间内人就会死亡。日常生活中的“煤气中毒”就是 CO 中毒。CO 的毒性是因为：人体血液中的血红蛋白专门在肺部吸收空气中的氧气以维持人体的需要，而血红蛋白与 CO 的亲和力超过它与氧的亲和力 250～300 倍，血红蛋白与 CO 亲和就形成 CO 血红素，妨碍体内的供氧能力，使人体各部分组织和细胞产生缺氧现象，引起一系列血液中毒现象，严重时造成窒息死亡。随 CO 浓度的增加，开始是头昏、剧烈性头痛、恶心，而后是丧失知觉、呼吸停顿而死亡。

CO 的中毒程度和中毒快慢与下列因素有关。

（1）空气中 CO 的浓度。人处于静止状态时，CO 浓度与人中毒程度关系如表 1－4 所示。

表 1－4 CO 浓度与人体中毒程度的关系例子

中毒程度	中毒时间	CO 浓度/（$mg \cdot L^{-1}$）	中 毒 特 征
无征兆或有轻微征兆	数小时	0.2	不明显
轻微中毒	1 h 以内	0.6	耳鸣、心跳、头晕、头痛
严重中毒	0.5～1 h	1.6	头痛、耳鸣、心跳、四肢无力、哭闹、呕吐
致命中毒	短时间	5.0	丧失知觉、呼吸停顿

（2）与含有 CO 的空气接触时间。接触时间愈长，血液内的 CO 量就愈大，中毒就愈深。

（3）呼吸频率与呼吸深度。人在繁重工作或精神紧张时，呼吸急促，频率高，呼吸深度也大，中毒就快。

（4）与人的体质和体格有关。经常处于 CO 略微超过允许浓度条件下工作时，虽然短时间不会发生急性病兆，但由于血液和组织长期轻度缺氧，以及对神经中枢的伤害，会引起头疼，胃口不好，记忆力衰退及失眠等慢性中毒病症。

表1－5列出了接触时间与CO浓度的乘积和症状的关系的一些结果。

表1－5　接触时间与CO浓度的乘积和症状的关系例子

（时间/h）×（CO浓度/ppm）	中毒症状
300	不发生症状
600	开始有轻微症状
900	头痛、恶心
1 500	生命垂危

我国《地下矿通风规范》规定，矿井通风和矿山正常空气中的CO含量不得超过30 mg/m^3（24 ppm）；爆破后，在通风机连续运转的条件下，CO浓度降到0.02%以下，才允许人员进入工作地点，但仍须继续通风，以达到正常安全含量。

1.2.3　氮氧化物（NO_x）

NO_x主要来源于矿井炸药爆破和柴油机工作时的废气。NO_x中的NO极不稳定，与空气中的氧结合生成NO_2。

关于NO对人体的影响，虽还没有得到完全的了解，但如使动物接触浓度非常高的NO时，就可以看到起因于中枢神经系统障碍的麻痹和痉挛。

NO_2是一种红褐色、有强烈窒息性的气体，分子量46，标准状况下的密度为2.05 kg/m^3，是空气密度的1.59倍。NO_2易溶于水，而生成腐蚀性很强的硝酸。所以高浓度的NO_2遇人体粘液膜，如眼、鼻、喉等会引起强烈刺激，导致头晕、头痛、恶心等症状，对人体危害最大的是破坏肺部组织，引起肺水肿。此时显示嘴唇变紫，发生紫癜。吸入大量NO_2，经过5～10 h甚至一天左右才会发生重症状，咳嗽吐黄痰、呼吸困难，以致意识不清，造成死亡，中毒死亡的浓度为0.025%。

表1－6表示不同NO_2的浓度和中毒征兆的例子。

表1－6　不同浓度NO_2对人体的危害例子

NO_2浓度/ppm	对人体的危害
1	仅感到有臭气刺激味
3.5	接触2 h，嘴部细菌感染性增强
5	感到有强烈刺激臭味（类似臭氧）
10～15	刺激眼、鼻、上呼吸道
25	短时间接触的安全限度
50	在一分钟内引起鼻刺激及呼吸不全
80	接触3～5 min，引起胸痛
100～150	接触30～60 min，引起肺水肿，有死亡危险
200以上	瞬时接触，导致生命危险症状，死亡

我国对煤矿和金属矿都规定，NO_x换算为NO_2不得超过5 mg/m^3（2.5ppm）。

1.2.4 二氧化硫（SO_2）

SO_2是一种无色、有强烈硫磺味的气体，易溶于水，分子量为64，标准状况下的密度为2.86 kg/m^3，是空气密度的2.2倍。当空气中SO_2浓度为0.0005%时，嗅觉器官就能闻到硫磺味。它对眼和呼吸器官有强烈的刺激作用。在高浓度下能引起激烈的咳嗽，使喉咙和支气管发炎、反射性支气管狭窄，严重的时候会造成肺水肿、肺心病。

表1－7列出了SO_2浓度及其对人体的危害的例子。

表1－7 不同浓度SO_2对人体的危害

SO_2浓度/ppm	对人体的危害
0.5～1	感到臭味
2～3	变为刺激味，感到不舒服
5～10	刺激鼻、喉、咳嗽
20	眼受刺激，咳嗽激烈
30～40	呼吸困难
50～100	短时间(0.5～1 h)的忍耐界限
400～500	短时间接触，生命危险

我国规定矿井空气中SO_2含量不得超过15 mg/m^3(5 ppm)。

1.2.5 硫化氢（H_2S）

H_2S是一种无色、有臭鸡蛋味的气体，分子量34，标准状况下的密度为1.52 kg/m^3，是空气密度的1.17倍。H_2S易溶于水，有燃烧爆炸性，爆炸浓度下限是6%。H_2S能使血液中毒，刺激眼、鼻、喉和呼吸道的粘膜。H_2S浓度达0.01%时就能嗅到并使人流鼻涕。吸入高浓度时，引起头痛、头晕、步行紊乱、呼吸障碍，严重时引起意识不清、痉挛、呼吸麻痹而造成死亡。

表1－8列出了H_2S对人体的毒性例子。

表1－8 H_2S对人体的危害例子

H_2S浓度/ppm	作用或毒性
0.025	能嗅到刺激味，因人而异
0.3	有明显的臭味
3.5	中等强度不舒适感
10	刺激眼粘膜
20～40	肺粘膜刺激下限，短时尚能忍耐
100	2～15 min嗅觉麻钝，接触1 h刺激眼与呼吸道，8～48 h连续接触往往造成死亡
173～300	接触1 h，不会引起重大的健康损害
400～700	接触30 min至1 h，有生命危险
800～900	迅速丧失意识，呼吸停止、死亡
1 000	立即死亡

我国规定矿井空气中 H_2S 的含量不得超过 10 mg/m³(6.6 ppm)。

1.2.6 甲醛(HCHO)

HCHO 又称蚁醛，是一种无色而具有刺激性气味的气体，易溶于水。HCHO 能刺激皮肤使其硬化，并促成纹理裂开变成溃疡。HCHO 蒸气刺激眼睛，致使人流泪。吸入呼吸道则刺激粘膜、咳嗽不止。在生产环境中，我国规定空气中 HCHO 浓度不得超过 5 mg/m³。矿井通风中有柴油机工作时，美国、德国、日本等国家都规定，在空气中 HCHO 的允许浓度不得超过 5 ppm。

1.3 矿井放射性元素产生的有害物质

开采铀、钍矿床及铀、钍伴生的金属矿床时，必须注意空气中的放射性气体氡。事实上除钍品位甚高的矿山和处理工厂中可能出现浓度超过国家规定的最大允许浓度外，矿内空气一般不会对人体造成伤害性影响。因此矿内空气中对工人造成危害的放射性气体主要是氡及其子体。

1.3.1 矿井辐射的基本概念

(1)放射性与辐射。放射性是一种不稳定的原子核自发衰变的现象，通常伴随发出能导致电离的辐射(电离辐射)。这些不稳定的原子核主要发射三种类型的辐射，即 α, β 和 γ 辐射。放射性是一些物质的特性。而辐射则是在一点发射出并在另一点接收的能量。

(2)α, β 和 γ 辐射。α 辐射是核跃迁时放出的由原子核(α 粒子)组成的。β 辐射是核跃迁时由原子核里发射出来的高速运动的电子(β 粒子)组成。γ 辐射是一种电磁辐射。

(3)放射性衰变。由不稳定的原子组成的物质，它们能自发的转变成稳定的原子。这个转变过程称放射性衰变。描述放射性物质衰变规律的数学方式程式为 $N = N_0 e^{-\lambda t}$, N_0是处于初始状态的原子核数目，经过 t 时间后，原始状态的核数还剩下 N 个，λ 是衰变常数。

(4)天然放射系。天然存在的核素的放射性，称天然放射性。自然界中主要存在三个天然放射系核素，即铀－镭系，锕系和钍系。矿井主要辐射危害物——氡(^{222}Rn)就是铀－镭系的一个衰变产物。

(5)放射性活度。放射性物质单位时间内衰变的原子数。单位贝可(Bq)。

(6)外照射和内照射。外照射是指体外辐射源对人体的照射；内照射是指进入体内的放射性核素作为辐射源对人体的照射。

(7)剂量当量。组织中某点处的剂量当量 $H = DQN$, 其中 D 是吸收剂量(描述一切电离辐射在任何介质中沉积的能量，单位为(J/kg), Q 是品质因素，N 是其他修正因素。目前国际放射防护委员会(ICRP)指定 $N = 1$, 单位希(Sv)。

(8)剂量当量限值。指必须遵守的规定的剂量当量值。其目的在于防止非随机性效应，并将随机性效应限制在可接受的水平。为辐射防护实际工作需要，还规定了相应于剂量当量的数值，称次级限值。内照射的次级限值是年摄入量限值。

(9)有效剂量当量。当所考虑的效应是随机效应时，在全身受到非均匀照射的情况下，受到危害的各组织或器官的剂量当量与相应的权重因子乘积的总和为式(1－10)：

$$H_{\varepsilon}=\sum_{T}W_{T}H_{T} \tag{1-10}$$

式中：H_{ε}——有效剂量当量，Sv；

H_{T}——受到危险的各组织或器官的剂量当量，Sv；

W_{T}——权重因子，由氡子体诱发的肺癌的权重因子为0.12。

1.3.2 氡的性质

氡气(Rn)是一种无色、无味、透明的放射性气体，半衰期为3.825 d。是空气密度的7.525倍，能溶于水，更易溶于油脂，它在油脂中的溶解度为在水中溶解度的125倍，无腐蚀性，不能燃烧，也不能助燃，是一种惰性气体，能被固体物质吸附，吸附力最强的是活性炭。

一般说来，矿井空气中主要的辐射危害来自氡(^{222}Rn)的短寿命衰变产物(氡子体)。另外，从矿岩中发射出的氡(^{220}Rn)也是一个辐射源。氡是钍的一个衰变产物。氡及其短寿命子体的物理性质以及它们在矿体中的行为几乎与氡及其衰变产物完全相似。除了含有高品位钍矿石的矿山，钍的相对重要性低于氡，因为氡的半衰期仅约1 min，同时，矿体中钍的比活度低于铀的比活度。

在铀镭衰变系中，铀衰变到镭，镭又衰变成氡，氡又继续按下述规律衰变：

$$\text{氡}\xrightarrow{3.825\text{天}}\text{镭}_{A}\xrightarrow{3.05\text{分}}\text{镭}_{B}\xrightarrow{26.8\text{分}}\text{镭}_{C}\xrightarrow{19.7\text{分}}\text{镭}'_{C}\xrightarrow{1.6\times10^{-4}\text{秒}}\text{镭}_{D}\xrightarrow{22\text{年}}\text{铅}$$

铀镭$_{A}$到镭$_{D}$半衰期都很短，故称为短寿命子体，这些氡子体具有金属特性，具有荷电性，与物质粘吸附性很强，易与矿尘结合、粘着，形成放射性气溶胶。

1.3.3 氡及其子体的危害

氡子体是微细固体颗粒，粒径为0.001～0.05 μm，它漂浮于矿区内空气中，具有很强的附着能力，能牢固地附着在物体表面上。

放射性物质在衰变过程中，会放出一定量的α，β，γ射线。由于这三种射线的特性不同，对人类的伤害表现也不同。α射线穿透力很小，但电离本领很强，当它从口腔、鼻腔进入体内进行照射时，这种照射称为内照射，其对人组织的危害就较大，这种损伤多表现为呼吸系统的疾病。β，γ射线的穿透力较强，它能穿透人的机体，在体外就能对人体进行照射，这种照射称为外照射。外照射所引起的损伤多表现为神经系统和血压系统的疾病。当γ射线剂量很高时，还会造成死亡，但一般含铀金属矿山的含铀品位低于0.1%。γ射线剂量不会对人体造成明显的危害。因此，对含铀金属矿山来说，外照射不是主要危害，主要放射性危害是内照射。

氡子体对肺部组织的危害，是由于沉积在支气管上的氡子体在很短的时间内把它的α粒子全部潜在能量释放出来，其射程正好可以轰击到支气管上皮基底细胞核上，这正是含铀矿山工人产生肺癌的原因之一。氡和氡子体对人体的危害程度不同，据统计氡子体对人体所贡献的剂量，比氡对人体所贡献的剂量大19.8倍。因此，氡子体的危害是主要的。但氡是氡子体的母体，而没有氡就没有氡子体，从某种意义上说，防氡更有意义。

1.3.4 矿井辐射防护剂量限值

在地下矿山，井下人员受到气载氡及其短寿命子体以及铀矿尘的照射，在铀矿山还受到 γ 和 β 辐射的外照射。一般说来，氡子体是矿山的主要辐射危害因素。某些矿山，一些矿工患肺癌的原因与他们受到高浓度的氡及氡子体的照射有关。早在16世纪就已记录到矿工肺癌发生率高，后来证实其病因多半就是吸入了氡及氡子体。

对氡子体诱发矿工肺癌作用的认识导致照射限制的建立。我国《放射卫生防护基本标准》的规定如下：

(1)放射性工作人员有效剂量当量限值(H_L)为50 $mSv \cdot a^{-1}$。

(2)对空气中短寿命氡子体任何混合物潜能的年摄入量限值(ALI_p)为0.02 J。

假定平均呼吸率 $V = 1.2\ m^3 \cdot h^{-1}$，每年工作2 000 h，由此得出的导出空气浓度(DAC_{1p})为8.3 $\mu J \cdot m^{-3}$。如用平衡当量氡浓度(EC_{Rn})表示为1 500 $Bq \cdot m^{-3}$。

(3)对接受内外混合照射的工作人员，混合照射限值按式(1-11)计算：

$$\frac{H_E}{H_L} + \frac{I_{Rn}}{ALI_p} \leqslant 1 \tag{1-11}$$

式中：H_E——外照射的年有效剂量当量，$mSv \cdot a^{-1}$；

I_{Rn}——氡子体的年摄入量，$J \cdot a^{-1}$；

ALI_p——氡子体年摄入量限值，$J \cdot a^{-1}$；

H_L——年有效剂量当量限值，$mSv \cdot a^{-1}$。

(4)仅暴露于氡本身而不伴有氡子体混合物，或吸入氡子体量极微，可以忽略不计的情况下(例如使用高效滤材做的口罩)，上述年摄入量限值和导出空气浓度可增大100倍。

为了防止氡及其子体的危害，我国《地下矿通风规范》做了如下规定：

氡的浓度：矿山井下工作场所的空气中氡的最大允许浓度为3.7 kBq/m^3。

氡子体的潜能值：矿山井下工作场所氡子体的潜能值不超过6.4 $\mu J/m^3$。

1.3.5 矿井中氡的来源

矿井空气中的氡主要来源于以下几方面。

1. 矿岩壁析出的氡

这是矿井氡的主要来源。氡从矿岩中析出主要含以下两种动力：

(1)在矿体裂隙中的含氡空气，由于裂隙空间与井下的空气存在压差，当裂隙内部压力大于井下空间压力时，则含氡空气缓慢从中流出，虽然流速很低(数厘米/昼夜)，但由于裸露面积大，裂隙多，其析出量是很大的；当井下空间大气压力大于裂隙中大气压力时，析出量显著降低。

(2)在矿岩壁的内部氡浓度分布有一个梯度，造成了氡的扩散，并使氡由矿体表面析出，而逸入井下空气，这是造成井下氡析出的主要动力。

析出到矿井空气中的氡量与矿岩裸露面积和氡析出率成正比，可用式计算：

$$E_1 = \delta \cdot S \tag{1-12}$$

式中：E_1——氡的析出量，居里/s；

δ——氡的析出率，居里/$s \cdot m^2$；

S——矿岩的裸露面积，m^2。

影响氡析出的因素如下：

(1)矿岩的含铀、镭品位的高低，是决定氡析出的主要因素，对一种矿岩来说，氡析出率与含镭品位成正比。

(2)岩石裂隙及孔隙的影响。氡在岩石中的传播，实际上是在岩石的孔隙中进行的，孔隙度和裂隙愈大，氡析出率越大。

(3)矿壁表面覆有水膜时，对氡气析出的影响。因水的扩散系数很小，因而在矿壁表面覆有水膜时，则氡气析出率会有显著降低。

(4)通风方式对氡析出的影响。由于机械通风压差的存在，势必引起岩石裂隙内空气的流动。当井下空气压力相对当地大气压力是负压状态时比呈正压状态时氡析出率大。

(5)大气压力变化对氡气析出的影响。当地表气压降低时，将加速氡气从岩石内部通过裂缝和孔隙向矿井空气析出，根据观察，由于气压改变，空气中含氡量几乎与空气压力成正比。

2. 爆下矿石析出的氡

爆破后，爆下矿石与空气接触面积加大，此时矿石内的氡大量向空间析出，一般情况下，析出的氡数量不大，但使用留矿法和崩落法时，采场内氡析出量主要来源于爆下矿石。

爆下矿石析出量决定于爆下矿石的数量、品位、块度、密度等。可按下式计算：

$$E_2 = 7.14 \times 10^{-11}\, p \cdot u \cdot \eta \quad \text{居里/s} \tag{1-13}$$

式中：p——爆下矿石量，t；

u——矿石的含铀品位，%；

η——系数，%。

3. 地下水析出的氡

由于裂隙中氡浓度较高，使得大量的氡溶解于地下水中，当地下水进入矿井后，由于空气中氡的分压较低，促使氡从水中析出，氡的析出量可按下式计算：

$$E_3 = 0.278B(c_1 - c_2),\ \text{居里/s} \tag{1-14}$$

式中：B——地下水的涌水量，m^3/h；

c_1——涌水中氡的浓度，居里/L；

c_2——排水中氡的浓度，居里/L。

4. 地面空气中的氡随入风风流进入井下

这决定于所处地区的自然本底浓度。一般来说，它在数量上是极微小的，可忽略不计。

以上是矿井空气中氡的来源，在一些老矿山，由于开采面积较大，崩落区多，采空区中积累的氡有时也会成为氡的主要来源。

1.4 矿尘的产生及危害

1.4.1 矽尘

在地下开采过程中，凿岩、爆破、装运、破碎等工序均产生大量含游离 SiO_2 的粉尘。石英的游离 SiO_2 含量在99%以上，并在自然界中分布很广，是酸性火成岩、砂岩、变质岩的组成部分。这些岩尘中的游离 SiO_2是引起矽肺病的主要原因。

矽肺病是因为长期大量吸入含游离 SiO_2粉尘而引起的。矽尘被吸入肺泡后，一部分随呼气排出，一部分被吞噬细胞所包围并能返回呼吸道而排出人体，还有一部分沉积于肺泡内。由于矽尘在肺泡内形成矽酸胶毒，能杀死吞噬细胞而残留于肺组织内，形成纤维性病变和矽尘结节，逐步发展，使肺组织失去弹性而硬化，从而使一部分肺组织失去呼吸作用，致使全肺呼吸功能减退，出现咳嗽、气短、胸痛、无力，严重丧失劳动能力，往往并发矽肺结核而死亡。矽肺病的发病时间因劳动环境、防护状况、个人体质和生活条件而不同，一般 3 ~ 5 年到 20 ~ 30 年不等。

1.4.2 矿尘的产生及分类

粒径大于 10 μm 的粉尘称可见尘粒，0.25 ~ 10 μm 的称显微粒径，小于 0.25 μm 的用超倍显微镜才能观察到，则称超显微尘粒。各种尘粒在粉尘整体中各自所占的百分比称粉尘分散度。

矿尘是指在矿山生产和建设过程中所产生的各种矿、岩微粒的总称。矿尘除按其成分可分为岩尘、煤尘、烟尘、水泥尘等多种有机、无机粉尘外，尚有多种不同的分类方法，下面介绍几种常用的分类方法。

1. 按矿尘粒径划分

(1)粗尘：粒径大于 40 μm，相当于一般筛分的最小颗粒，在空气中极易沉降。

(2)细尘：粒径为 10 ~ 40 μm，肉眼可见，在静止空气中可加速沉降。

(3)微尘：粒径为 0.25 ~ 10 μm，用光学显微镜可以观察到，在静止空气中做等速沉降。

(4)超微尘：粒径小于 0.25 μm，要用电子显微镜才能观察到，在空气中做扩散运动。

2. 按矿尘的存在状态划分

(1)浮游矿尘：悬浮于矿井空气中的矿尘，简称浮尘。

(2)沉积矿尘：从矿井空气中沉降下来的矿尘，简称落尘。

浮尘和落尘在不同环境下可以相互转化。浮尘在空气中飞扬的时间不仅与尘粒的大小、质量、形式等有关，还与空气的湿度、风速等大气参数有关。

3. 按矿尘的粒径组成范围划分

(1)全尘(总粉尘)：各种粒径的矿尘之和。

(2)呼吸性粉尘：主要指粒径在 5 μm 以下的微细尘粒，它能通过人体上呼吸道进入肺区，是导致尘肺病的病因，对人体危害甚大。

1.4.3 矿尘的危害

含游离 SiO_2的粉尘的主要危害是能引起矽肺职业病。矿尘的危害性很大，表现在以下几个方面。

(1)污染工作场所，危害人体健康，引起职业病

工人长期吸入矿尘后，轻者会患呼吸道炎症、皮肤病，重者会患尘肺病，而尘肺病引发的矿工致残和死亡人数在国内外都十分惊人。硫化矿尘落到人的皮肤上，有刺激作用，而引

起皮肤发炎，它进入五官亦会引起炎症。有毒矿尘（铅、砷、汞）进入人体还会引起中毒。矿尘最大危害是当人体长期吸入含有游离二氧化硅的矿尘时，会引起矽肺病，矿尘中游离二氧化矽含量越高，对人体危害越大。

（2）某些矿尘（如煤尘、硫化矿尘）在一定条件下可以爆炸

某些粉尘因其氧化面积增加，在空气中达到一定浓度时有爆炸性。煤尘能够在完全没有瓦斯存在的情况下爆炸，对于瓦斯矿井，煤尘则有可能参与瓦斯同时爆炸。煤尘或瓦斯煤尘爆炸，都将给矿山以突然性的袭击，酿成严重灾害。硫化矿尘爆炸的例子很少，产生爆炸大都在矿山有硫化矿石自燃的情况下。

（3）加速机械磨损，缩短精密仪器使用寿命

随着矿山机械化、电气化、自动化程度的提高，高浓度粉尘能加速机械的磨损，对设备性能及其使用寿命的影响将会越来越突出，应引起高度的重视。

（4）降低工作场所能见度，增加工伤事故的发生

在金属非金属矿井工作面打干钻和没有通风的情况下，粉尘浓度会高出允许浓度数百倍，并造成能见度下降。在煤矿某些综采工作面干割煤时，工作面煤尘浓度更是高达4 000～8 000 mg/m^3，有的甚至更高，这种情况下，工作面能见度极低，往往会导致误操作，造成人员的意外伤亡。在无轨运输频繁的巷道，当巷道内干燥时，行车扬尘同样降低巷道内的能见度，不仅影响行车效率，而且极易导致行车事故。

生产性粉尘的允许浓度，目前各国多以质量法表示，即规定每 m^3 空气中不超过若干 mg。我国规定，含游离 SiO_2 10% 以上的粉尘，每 m^3 空气不得超过 2 mg。一般粉尘不得超过 10 mg/m^3。

1.5 矿井气候

矿井气候即矿井空气的温度、湿度和流速三个参数的综合作用。这三个参数也称为矿井气候条件的三要素。

1.5.1 矿井气候对人体的影响及其评价指标

新陈代谢是人类生命活动的基本过程之一。人体散热主要是通过人体皮肤表面与外界的对流、辐射和汗液蒸发这三种基本形式进行的。对流散热取决于周围空气的温度和流速；辐射散热主要取决于环境温度；蒸发散热取决于周围空气的相对湿度和流速。

温度低时，对流与辐射散热太强，人易感冒。温度适中，人就感到舒适。如超过 25℃时，对流与辐射大为减弱，汗蒸发散热加强。气温达 37℃时，对流与辐射散热停止，唯一散热方式是汗液蒸发。温度超过 37℃时，人将从空气中吸热，而感到烦闷，有时会引起中暑。因此矿井内气温不宜过高或过低。矿井通风作业面的温度不超过 28℃为宜。散热条件的好坏与空气的温度、湿度和风速有关。气候条件是温度、湿度和风速三者的综合作用，单独用某一因素评价气候条件的好坏是不够的。

人体热平衡关系式为：

$$q_m - q_w = q_d + q_z + q_f + q_{ch} \tag{1-15}$$

式中：q_m——人体在新陈代谢中的产热量，取决于人体活动量，J/(m^2·s)；

q_W——人体用于做功而消耗的热量，$q_m - q_w$人体排出的多余热量，J/(m^2·s)；

q_d——人体对流散热量，低于人体表面温度，为负，否则为正，J/(m^2·s)；

q_z——汗液蒸发或呼出水蒸气所带出的热量，J/(m^2·s)；

q_f——人体与周围物体表面的辐射散热量，可正，可负，J/(m^2·s)；

q_{ch}——人体由热量转化而没有排出体外的能量，J/(m^2·s)。人体热平衡时，$q_{ch}=0$；当外界环境影响人体热平衡时，人体温度升高 $q_{ch}>0$；人体温度降低，$q_{ch}<0$。

评价气候条件舒适程度的综合指标有多种，这里介绍两种。

1. 卡它度

卡它度是用模拟的方法度量环境对人体散热率影响的综合指标。测量卡它度的仪器叫卡它温度计。卡它温度计全长 200 mm，下端为长圆形贮液球，长约 40 mm，直径 16 mm，表面积 22.6 cm^2，内装酒精；上端为一长圆形空间，用于容纳加热时上升的酒精，如图 1-1 所示。在卡它计的长杆上刻有 38℃及 35℃两个刻度。

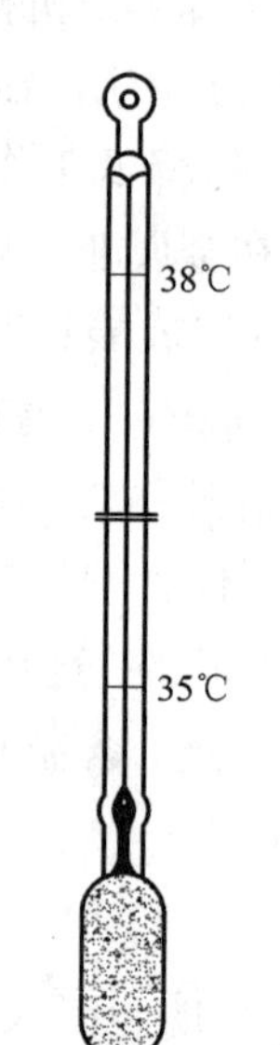

图 1-1　卡它计

每个卡它计有不同的卡它常数 F，它表示贮液球在温度由 38℃降到 35℃时每 cm^2表面上的散热量。测定前，将卡它计放入 60～80℃热水中，使酒精上升到上部空间 1/3 处，取出擦干后即可进行测定。测定时，将卡它计悬挂在测定空间，酒精液面开始下降，记录由 38℃降到 35℃所需的时间 t，按式(1-16)计算出卡它度 H。

$$H = \frac{F}{t} \tag{1-16}$$

卡它度表示贮液球单位表面积、单位时间的散热量。因散热方式不同，卡它度有干、湿两种。干卡它度仅表示以对流和辐射方式的散热效果。湿卡它度则表示对流、辐射和蒸发三者的综合散热效果。测定湿卡它度时。需在卡它计的贮液球上包裹一层浸湿的纱布，测定方法与干卡它度相同。散热条件愈好，卡它度的值越高。不同劳动强度所要求的卡它度，可参考表 1-9。

表 1-9　卡它度与劳动繁重程度的关系

劳动状况	轻微劳动	一般劳动	繁重劳动
干卡它度	>252	>336	>420
湿卡它度	>756	>1050	>1260

2. 热应力指数(*HSI*)

是以热交换值和人体热平衡为计算基础，加入劳动强度因素的一个综合性舒适条件的指标，热应力指数以 *HSI* 表示，它的表达式为：

$$HSI = \frac{E_p}{E_d} \times 100\% \tag{1-17}$$

式中：E_d——人体的排汗量不超过每小时 1 L，人体皮肤温度为 35℃时，由于汗蒸发形成的最大散热率；

E_p——维持人体热平衡所必需的散热率。

HSI 曲线图可表示不同劳动强度所允许的气象条件，如图 1-2 所示。

例如，在湿球温度为 30℃、风速为 1.25 m/s 条件下，可进行中等强度的劳动；在干球温度为 36℃、相对湿度为 45%、风速为 0.5 m/s 条件下，亦可进行中等强度的劳动；当湿球温度超过 32℃，此时，*HSI* 已超过 100，仅能从事轻体力劳动。这个指标（*HSI*）在欧美各国较为常用。

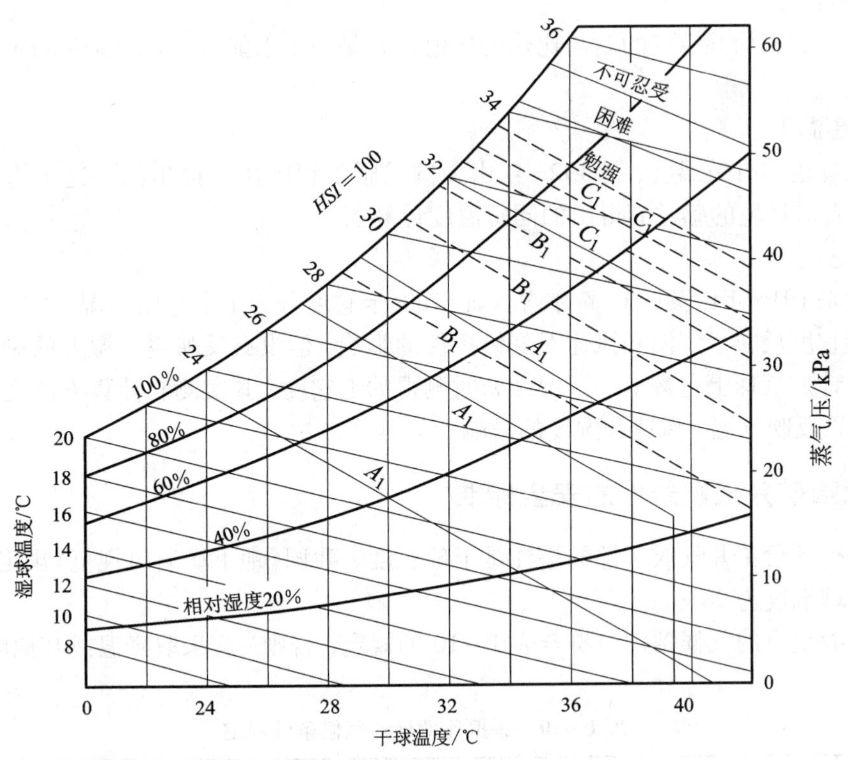

图 1-2 *HSI* 曲线图

A_1—风速 0.5 m/s，重劳动；A_2—风速 1.25 m/s，重劳动；

A_3—风速 2.5 m/s，重劳动；B_1—风速 0.5 m/s，中劳动；

A_2—风速 1.25 m/s，中劳动；B_3—风速 2.5 m/s，中劳动；

C_1—风速 0.5 m/s，轻劳动；C_2—风速 1.25 m/s，轻劳动；C_3—风速 2.5 m/s，轻劳动

空气温度、湿度和风速是矿井气候条件的三要素，它们是影响人体热平衡的主要因素。空气温度对人体对流散热起着主要作用；空气相对湿度影响人体蒸发散热的效果；风速影响人体的对流散热和蒸发散热的效果。对流换热强度随风速增大而增大，同时湿交换效果也随风速增大而加强。

1.5.2 衡量矿井气候条件的指标

衡量矿井气候条件的指标有多种，常用有以下指标。

(1)干球温度

干球温度是我国现行的评价矿井气候条件的指标之一。其特点是在一定程度上直接反映出矿井气候条件的好坏；指标比较简单，使用方便。但这个指标只反映了气温对矿井气候条件的影响，而没有反映出气候条件对人体热平衡的综合作用。

(2)湿球温度

湿球温度指标可以反映空气温度和相对湿度对人体热平衡的影响，比干球温度要合理些。但这个指标仍没有反映风速对人体热平衡的影响。

(3)等效温度

等效温度定义为湿空气的焓与比热的比值。它是一个以能量为基础来评价矿井气候条件的指标。

(4)同感温度

同感温度也称有效温度，是1923年由美国采暖工程师协会提出的。这个指标是通过实验，凭受试者对环境的感觉而得出的同感温度计算图。

(5)卡它度

卡它度是1916年由英国L·希尔等人提出的。卡它度分为干卡它度和湿卡它度，用卡它计测定。干卡它度反映了气温和风速对气候条件的影响，但没有反映空气湿度的影响。湿卡它度是在卡它计贮液球上包裹上一层湿纱布时测得的卡它度，其实测和计算方法完全与干卡它度相同，可以反映气温、风速和湿度的影响。

1.5.3 我国矿井气候条件的安全标准

我国现行评价矿井气候条件的指标是干球温度。我国《地下矿通风规范》规定，矿井空气最高容许干球温度为28℃。

采掘作业地点的气候条件应符合表1－10的规定，否则，应采取降温或其他防护措施。

表1－10　采掘作业地点气候条件规定

干球温度/℃	相对湿度/%	风速/$(m\cdot s^{-1})$	备注
≤28	不规定	0.5～1.0	上限
≤26	不规定	0.3～0.5	至适
≤18	不规定	≤0.3	增加工作服保暖量

本章练习

(1)矿内空气的主要成分是什么？

(2)新鲜空气进入矿井后，受到矿内作业影响，气体成分有哪些变化？

(3)人进入废旧巷道时，应注意什么？

(4)矿内空气中哪一种有毒气体的危害最大？为什么？

(5)供人员呼吸及其他需要所消耗的氧气量可折算成每人30 L/min，求每人所需新鲜空气量为多少？

(6)由于矿井中人员呼吸及其他作业产生的CO_2量为5.52 m^3/min。求稀释CO_2到允许浓度所需的风量。

(7)氡及其子体对人体有哪些危害？

(8)氡及其子体的单位如何表示？

(9)说明井下氡的来源。

(10)什么叫矿尘？空气含尘量如何表示？卫生标准是什么？

(11)影响矽肺发生和发展有哪些因素？主要因素是什么？

(12)填写表1－11，并分析表中所列有害物质的基本特性。

表1－11 几种有害物质的比较

项　　目	CO	NO_2	SO_2	H_2S	矿尘	氡	氡子体
对人的直观感觉							
人体中毒部位							
主要来源							
密度							
能否溶于水							
人体直观感觉的最低浓度							
安全规程允许浓度							
允许浓度与最低感觉浓度之比							
中毒后能否进行人工呼吸							

(13)空气的流动速度为什么会影响人体的散热效果？

(14)为什么要创造良好的矿井气候条件？常用矿井气候条件舒适度的指标是什么？

(15)卡它度高，人感到热还是冷？为什么？

(16)解释卡它度的含义。它反映了哪些因素对气候的影响？

(17)用湿卡它计测定某矿井气候条件，当湿卡它计由38℃冷却到35℃时，所需的时间$t=23$ s，湿卡它计的常数$F=508$。问此种大气条件可适合何种程度的劳动？

第2章 矿井风流的基本特性及其测定

学习目标 ①需要掌握的基本概念有：空气的密度、比容、比热、粘性、绝对湿度、相对湿度、含湿量、焓、绝对压力、相对压力，风速、层流、紊流、风流点压力、风流动压、风流全压、硐室型风流等。②需要掌握的计算方法有：矿井通风的空气温度、湿度、焓的计算，空气压力单位的换算，通风风筒中风流全压、动压和静压三种压力的计算。③需要掌握的测试方法和仪器有：矿井空气压力的测定方法和水银气压计、空盒气压计，矿井风流点压力的测定方法和皮托管与倾斜压差计的使用，补偿式微压计与皮托管配合测量风流的静压、动压和全压的方法，用风表和热电式风速仪测定巷道风速和风量的方法等。本章的难点有：湿空气焓湿图的理解和应用等。

学习方法 学习本章内容除了认真听教师讲解以外，要尽可能多做练习题，在练习中发现问题，不断总结和提高对理论知识的理解；同时认真参加实验，熟悉有关仪器和测定技术，通过实验加强对理论内容的理解。

为了向井下连续输送新鲜空气，使之稀释并排出有毒有害气体和粉尘以及调节矿内小气候，就必须了解矿井空气流动的基本规律，而对空气流动规律的学习首先应从空气的主要物理参数定义、性质、状态分析开始。

2.1 矿井空气的物理性质

正确理解和掌握空气的主要物理性质是学习矿井通风的基础。与矿井通风密切相关的空气物理性质有：密度、重率、比容、比热和粘性等。

1. 密度

空气和其他物质一样具有质量。单位体积空气所具有的质量称为空气的密度，用符号 ρ 表示。空气可以看作是均质流体，故：

$$\rho = \frac{m}{V}, \quad \mathrm{kg/m^3} \tag{2-1}$$

式中：m——空气的质量，kg；

V——空气的体积，m^3。

一般地说，当空气的温度和压力改变时，其体积会发生变化，即空气的密度是随温度、压力而变化的，因此可以得出空气的密度是空间点坐标和时间的函数。如在大气压 p_0 为 101 325 Pa、气温为0℃(273.15 K)时，干空气的密度 ρ_0 为 1.293 $\mathrm{kg/m^3}$。

湿空气的密度是1 m^3空气中所含干空气质量和水蒸气质量之和：

$$\rho = \rho_d + \rho_v \tag{2-2}$$

式中：ρ_d——1 m^3空气中干空气的质量，kg；

ρ_v——1 m^3空气中水蒸气的质量，kg。

由气体状态方程和道尔顿分压定律可以得出湿空气的密度计算公式：

$$\rho = 0.003484 \frac{p}{273 + t}\left(1 - \frac{0.378\varphi p_s}{p}\right) \tag{2-3}$$

式中：p——空气的压力，Pa；

t——空气的温度，℃；

p_s——温度 t 时饱和水蒸气的分压，Pa；

φ——相对湿度，用小数表示。

2. 重率(容重)

单位体积空气所具有的重量称为空气的重率 γ，用式(2-4)计算：

$$\gamma = \frac{G}{V}, \quad \text{kg/m}^2\cdot\text{s}^2 \tag{2-4}$$

3. 比容

空气的比容是指单位质量空气所占有的体积，用符号 υ(m^3/kg)表示，比容和密度互为倒数，它们是一个状态参数的两种表达方式。则，

$$\upsilon = \frac{V}{m} \tag{2-5}$$

在矿井通风中，空气流经复杂的通风网络时，其温度和压力将会发生一系列的变化，这些变化都将引起空气密度的变化。在不同的矿井其变化规律是不同的。在实际应用中，应考虑什么情况下可以忽略密度的这种变化，而在什么条件下是不可忽略的。

4. 比热

使单位质量空气的温度升高1℃所需要的热量称为空气的比热 c，它的计量单位是kJ/(kg·℃)。

空气在不同热力变化过程中的比热是不相同的。等容过程时，单位质量空气温度升高1℃所需要的热量称为等容比热(或定容比热)c_v；等压过程时，空气的比热称为等压比热(或定压比热)c_p。等容比热和等压比热均随温度变化，其变化规律见表2-1。

表2-1 不同温度时空气比热表

温度/℃		-10	0	+15	+30	+80
比热	c_v	0.708	~0.712	~0.712	0.716	0.720
/[kJ·(kg·℃)$^{-1}$]	c_p	0.996	~1.001	~1.001	~1.001	1.009

在进风加热器和井下空气调节计算中都要用到比热。对于一定的气体等压比热和等容比热的比值是个常数，即 $c_p/c_v = K$，空气的 $K = 1.41$。

5. 粘性

当流体层间发生相对运动时，在流体内部两个流体层的接触面上，便产生粘性阻力(内摩擦力)以阻止相对运动，流体具有的这一性质，称作流体的粘性。例如，空气在管道内作层流流动时，管壁附近的流速较小，向管道轴线方向流速逐渐增大，如图2-1所示。

在垂直流动方向上，设有厚度为 dy（m）、速度为 v（m/s）、速度增量 dv（m/s）的分层，在流动方向上的速度梯度为 dy/dv，由牛顿内摩擦定律得：

$$F = \mu S \frac{dy}{dv} \tag{2-6}$$

式中：F——内摩擦力，N；

S——流层之间的接触面积，m^2；

μ——动力粘度（或称绝对粘度），Pa·s。

由上式可知，当流体处于静止状态或流层间无相对运动时，dy/dv =0，则 $F=0$

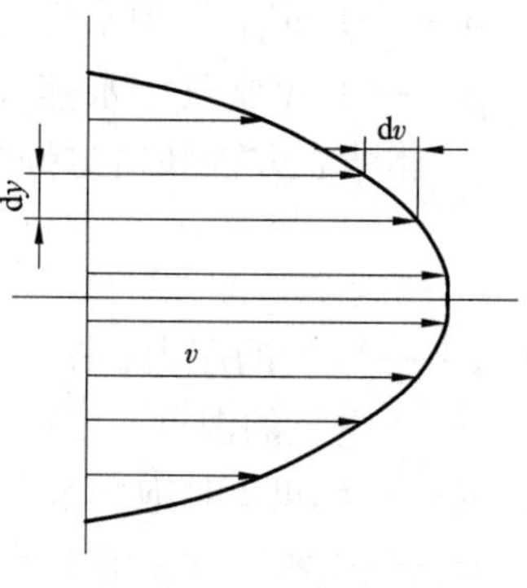

图 2-1　层流流速分布

在矿井通风中还常用运动粘度，用符号 ν（m^2/s）和式（2-7）表示：

$$\nu = \mu / \rho \tag{2-7}$$

温度是影响流体粘性的主要因素之一，但对气体和液体的影响不同。气体的粘性随温度的升高而增大，液体的粘性随温度的升高而减小。

在实际应用中，压力对流体的粘性很小，可以忽略。根据式（2-7）可知，对可压缩流体，运动粘性 ν 和密度 ρ 有关，即 ν 和压力有关，因此在考虑流体的可压缩性时常采用动力粘度 μ 而不用运动粘度 ν。

在矿井条件下（温度为 20℃），湿空气的 $\nu = 15 \times 10^{-6}$ m^2/s，$\mu = 18.3 \times 10^{-6}$ Pa·s。

2.2　矿井空气的状态

2.2.1　温度

温度是描述物体冷热状态的物理量。测量温度的标尺简称温标。热力学绝对温标的单位为 K，用符号 T 表示。热力学温标规定纯水三态点温度（即气、液、固）三相平衡态时的温度为基本定点，定义为 273.15 K，每 1 K 为三相点温度的 1/273.15。

国际单位制还规定摄氏（Celsius）温标为实用温标，用 t 表示，单位为摄氏度℃。

摄氏温标与热力学温标之间的关系为式（2-8）：

$$T = 273.15 + t \tag{2-8}$$

温度是矿井表征气候条件的主要参数之一。

矿井通风一般处于离地表不深的地带，所以矿井通风空气的温度受地面气温的影响较大。

地面空气温度决定于地球的纬度和气候情况，并在一年四季有所不同。我国从北半球亚热带到寒温带，地面气温变化的幅度很大。黄河以北的广大地区一般冬季气温较低，如果对进风不事先加以预热，当地面的冷空气进入矿井，会使进风段的气温下降，以致出现结冻现象。在我国南方，夏季天气炎热，气温较高，当地面的热空气进入地下后，不仅使地下气温增高，而且往往造成进风段巷壁结“露”。这是因为地面的热空气进入地下后，其温度突然下降，达到露点，空气中的水蒸气凝结成水，造成岩壁淋水，增加了矿井通风的潮湿度，这不仅危害人的健康，而且还损坏物质和设备。所以，重要的矿井通风都应当进行空调、除湿，保持气温的稳定和环境的干燥。

矿井通风工程的深度越浅，受地面空气温度的影响越大。随着工程深度的增加，岩石与空气热交换充分，这一影响则逐渐减少。

矿井通风的空气温度除受地表温度影响外，还受如下多种因素的影响。

(1)空气受到压缩或膨胀的影响。当空气沿井巷向下流动时，随着深度的增加，每下降100 m，气温升高1℃左右；当空气向上流动时，则因膨胀而吸热，平均每增高100 m，气温下降0.8~0.9℃。

(2)地下岩石温度的影响。地表以下岩石温度的变化分为三带。

a. 温度变化带。深0~15 m以上，这一带的温度随地面温度的变化而变化。夏天岩石由空气吸热而增温；冬天岩石向空气放热而降低了岩石本身的温度，升高了空气的温度。

b. 恒温带。深20~30 m，它不受地面空气温度的影响，常年稳定不变，其温度约等于或略高于当地的年平均气温。

c. 温度随深度增加的"增温带"。在恒温带以下，由于岩石的性质和种类不同，岩层温度每升高1℃相对应的下降深度(即称为"地温率")的数值也不尽相同。10~15 m/℃，30~35 m/℃，甚至40~50 m/℃者均有之。

若矿井通风距地表的垂深为H(m)，该地岩层的地温率为g_r(m/℃)，恒温带的深度为h(m)，恒温带的温度或该地的年平均温度为t_0(℃)，则深度H处的岩石温度t为：

$$t = t_0 + \frac{H-h}{g_r},\ ℃ \tag{2-9}$$

空气进入矿井后，温度的变化取决于空气与岩层的温差和岩石的热传导系数。岩石与空气的热交换有传导、对流和辐射三种方式，前两者占绝大部分。由于岩壁与空气的换热，岩壁附近的岩石原始温度场受到干扰，干扰的程度取决于岩石原始温度、通风的强度、通风时间、岩石热物理性质等。巷道岩壁附近的岩石原始温度场受通风影响的扰动范围，称为"巷道调温圈"。它的厚度一般可由几米到十几米，最厚可达40 m以上。矿井通风中空气温度变化受许多因素的影响，诸如季节、气温、雨量、地下含水层和地下水位、工程渗水以及矿井通风的部位等。

2.2.2 湿度

(1)绝对湿度

每1 m^{3}的湿空气中所含水蒸气的重量称为绝对湿度g_{js}(kg/m^3)。

绝对湿度只能说明湿空气在某一温度条件下，实际所含水蒸气的重量，但还不能直接说明湿空气的干、湿程度。因为空气的干、湿要视空气的温度而定，即温度低、水蒸气含量容易饱和，显得潮湿；温度高，饱和容量大，显得干燥，因此如采用绝对湿度，只有在相同温度下才能判断潮湿程度，在应用上很不方便。

(2)相对湿度

湿空气的绝对湿度g_{js}与同温度下饱和空气的绝对湿度g_{jb}之比，称为相对湿度φ，即：

$$\varphi = \frac{g_{js}}{g_{jb}} \times 100\% = \frac{p_{sh}}{p_s} \times 100\% \tag{2-10}$$

式中：φ——空气相对湿度，%；

p_s——同温度下的饱和水蒸气分压力，Pa；

p_{sh}——湿空气中水蒸气的分压，Pa。

如上所述，相对湿度反映了空气中所含水蒸气的分量接近饱和程度。当然不论任何温度都可以发生蒸发现象，但不论空气温度如何，由 φ 值的大小，就可直接看出它的干、湿程度。

(3)含湿量

随着风流在地下流动，或通过制冷装置，风流的湿度都会发生一些变化，那么选用怎样的数值来表达风流中水蒸气的含量最为方便呢？如果用绝对湿度，温度变化使风流体积随之变化，绝对湿度值也变化；如果用相对湿度，温度变化，饱和水蒸气含量也变化，则相对湿度也变化，都会给计算带来麻烦。然而无论湿空气的状态如何变化，其中干空气的重量总是不变的。为了计算方便起见，常采用1 kg干空气作为计算标准，引出含湿量的概念。

含湿量可用式(2－11)计算：

$$d = 0.622\frac{p_{sh}}{p - p_{sh}}, \quad \text{kg/kg} \tag{2-11}$$

式中：p——大气压力，Pa；

p_{sh}——湿空气中水蒸气的分压，Pa。

冬天地面空气温度低，相对湿度高，进入矿井后，温度不断升高，相对湿度不断下降，出现进风段干燥现象。夏天则相反，地面空气温度高，相对湿度低，进入矿井后，温度逐渐降低，相对湿度不断升高，可能出现过饱和状态。我国湿度分布是沿海地区相对湿度较高(平均70%～80%)，向内陆逐渐降低，西北地区最低(15%～25%)。

在总回风道和出风井中，相对湿度一般都接近100%，即不管冬夏，回风流中的湿度总大于进风流中的湿度，而且回风流中所含水蒸气量也大于进风井中所含水蒸气量(夏天多雨期例外)。因此，随着矿井排除的污风，每昼夜可以从矿井内带走数吨甚至上百吨的地下水。

空气湿度测量所用的仪器有：毛发湿度计和干、湿球湿度计等，现在还有在毛发湿度计原理的基础上开发的数字式湿度计等新产品。

风扇湿度计由两支温度计组成，有一支温度计的液球上包以纱布。测定时，用水浸湿，上紧风扇的发条，风叶旋转1～2 min，使纱布上的水蒸发，湿球温度下降，读出干湿球温度，再根据两者温度差，由仪器所附的表格直接查出相对湿度。

2.2.3 气体状态方程

空气状态是指某一瞬间空气物理性质，其中最重要的参数是压力、温度和比容。

矿井风流和地面自然界中的空气一样，常混有少量的水蒸气，即：

湿空气＝干空气＋水蒸气

水蒸气混入的比例，对人的寒暖感觉、舒适度，以及对身体机能都有极大的影响。在矿井通风的温度、压力范围内，常将干空气视为理想气体。由于湿空气中的水蒸气分压力很低，比容很大，因此如果水蒸气含量少，可以把它当作理想气体来处理，其状态参数之间的关系，也遵循理想气体状态方程(2－12)，即：

$$p = RT \tag{2-12}$$

对于空气，$R_k = 287\ \text{J/(kg·K)}$；对水蒸气 $R_{sh} = 461.5\ \text{J/(kg·K)}$。

显然，矿井风流同样适用于道尔顿定律，即设干空气分压力和水蒸气分压力分别为 p_k 和 p_{sh}，则有式(2－13)：

$$p = p_k + p_{sh} \tag{2-13}$$

由气体状态方程和道尔顿定律，便很容易得出湿空气密度的计算式。设干空气和水蒸气的密度分别为 ρ_k，ρ_{sh}(kg/m^3)，则有式(2－14)：

$$\rho_k = \frac{\rho_k}{R_k \cdot T} \quad \rho_{sk} = \frac{\rho_{sk}}{R_{sk}\mathrm{T}} \tag{2-14}$$

湿空气密度为式(2－15)：

$$\rho = \rho_k + \rho_{sh} = \frac{1}{T}\left(\frac{\rho_k}{R_k} + \frac{\rho_{sh}}{R_{sh}}\right) \tag{2-15}$$

当温度 $t = 0$℃、压力 $p_0 = 101\ 325$(Pa)时，组成成分正常的干空气密度 $\rho_{sk} = 1.293$ (kg/m^3)。对任意一条件下成分正常的干空气密度 ρ_{sk} 可从气体状态方程式获得，即：

$$\rho_{sh} = 0.001293\,\frac{T_0\rho}{\rho_0 T} \text{或} \rho_{sh} = 0.003484\,\frac{\rho}{T},\ \mathrm{kg/m^3} \tag{2-16}$$

湿空气湿度越大密度越小，如欲精确获知不同湿度条件下空气的密度，则可根据道尔顿定律导出的(2－17)式进行计算，即：

$$\rho_k = 0.00348\,\frac{\rho}{T}\left(1 - 0.378\,\frac{\varphi p_s}{p}\right),\ \mathrm{kg/m^3} \tag{2-17}$$

2.2.4 焓

一定状态下湿空气的内能与流动功之和称焓。含 1 kg 干空气的湿空气的焓称为比焓。

在空调过程中，湿空气的状态经常发生改变，常需要确定此状态变化过程内热量的交换量。例如对空气进行加热或冷却时，常需要确定空气所吸收或放出的热量。从热力学可知，在压力不变的情况下，焓差值等于热交换量，而在空调过程中，湿空气的状态变化过程可以看成是在定压下进行的，所以，可用湿空气状态变化前后的焓差值计算空气得到或失去的热量。

1 kg 干空气的焓和 d kg 水蒸气的焓两者的总和，称为 $(1+d)$ kg 湿空气的焓。如果取 0℃的干空气和 0℃的水的焓值为零，则湿空气的焓表示如式(2－18)：

$$i = i_d + d \cdot i_v,\quad \mathrm{kJ/kg} \tag{2-18}$$

式中：i_d，i_v——1(kg)干空气和 1(kg)水蒸气的焓，kJ/kg，$i_d = c_{pd} \cdot t$，$i_v = 2\ 501 + c_{pv} \cdot t$；

c_{pd}——干空气的定压比热，在常温下 $c_{pd} = 1.01$，kJ/(kg·℃)；

c_{pv}——水蒸气的定压比热，在常温下 $c_{pv} = 1.85$，kJ/(kg·℃)；

t——空气温度，℃；

2 501——0℃时水的汽化潜热，kJ/kg。

将比热值代入，得湿空气焓计算式(2－19)和(2－20)：

$$i = 1.01t + d(2\ 501 + 1.85t),\ \mathrm{kJ/kg} \tag{2-19}$$

$$i = (1.01 + 1.85d)t + 2\ 501d,\ \mathrm{kJ/kg} \tag{2-20}$$

由式(2－20)可看出，$[(1.01 + 1.85d)t]$ 是随温度而变化的热量，称之为“显热”。而 $(2\ 501d)$ 是 0℃时 d kg 水的汽化热，它仅随含湿量变化，而与温度无关，故称为“潜热”。由此可见，湿空气的焓将随着温度和含湿量的升高而加大，随其降低而减小。在使用焓这个参数时必须注意，2 501 较 1.85 和 1.01 大得多，因此在空气温度升高的同时，若含湿量有所下降，结果湿空气的焓不一定会增加。

2.2.5 湿空气的焓湿图

湿空气的主要状态参数之间存在着一定的关系，其中，对应于一个温度 t 值，就有一个饱和压力 p_s 值。当大气压力为一定值时，t，d，i，p_s 四个参数中，只要知任意两个参量，即可计算出其余参数。

上面介绍了湿空气的各特性参数及有关的计算公式。若将这些参数间的关系制成图形，对于湿空气的各种计算甚为方便。现介绍应用较多的焓湿图($i-d$ 图)。

$i-d$ 图不仅可以表示湿空气的状态，确定状态参数，而且可以方便地表示湿空气的状态变化过程。

1. 等焓线和等含湿量线

湿空气的焓湿图是以含 1 kg 干空气的湿空气为基准，在一定的大气压力下，取焓 i 与含湿量 d 为坐标绘图。为使图线清晰，焓坐标与含湿量坐标间成 135°的夹角，如图 2－2 所示。在纵坐标轴上标出零点，令其 $i=0$，$d=0$，则纵坐标轴即为 $d=0$ 的等含湿量线。焓湿图中，自左向右 d 值逐渐增加，自下向上焓值逐渐增加。

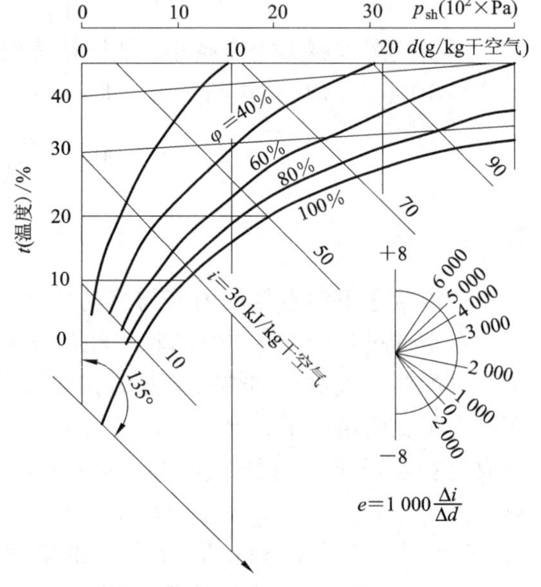

图 2－2 焓湿关系图

2. 等温线

等温线是根据式(2－20)制作而成的。当温度等于常数时，式(2－20)为与 i，d 相对应的直线方程，因此，只须已知两个点，即可绘出等温线。若温度常数值分别为 －10，0，10，20℃时，则得一系列对应的等温线。

显然，等温线为一组不平行的直线。式(2－20)中第一项为截距，第二项系数为斜率，由于 t 值不同，每一等温线的斜率是不相同的。但由于 $1.85t$ 远小于 2 501，温度对斜率的影响并不显著，故可认为等温线近乎平行。

3. 等相对湿度线

根据含湿量的计算公式可以绘制出等相对湿度线。在一定的大气压力 p 下，当相对湿度 φ 为常数时，含湿量 d 值取决于饱和水蒸气分压力 p_s，而 p_s 又是温度 t 的单值函数，其值可由热力学附表查出。因此，根据 t、d 的对应关系就可以在 $i-d$ 图上找到若干点，连接各点即成等 φ 线。当相对湿度常数值分别为 0%，10%，…，100%时，则可得到一组等相对湿度线。

显然，$\varphi=0\%$ 的相对湿度线就是纵轴线，$\varphi=100\%$ 就是饱和湿度线。等 φ 线为曲线，因此对应点取得愈多，曲线愈准确。

以 $\varphi=100\%$ 的相对湿度线为界，以下为过饱和区；由于过饱和状态是不稳定的，通常都有凝结现象，所以又称为“有雾区”；曲线以上为湿空气区，又称“未饱和区”。在湿空气区，水蒸气处于过热状态。

4. 水蒸气的分压力线

含湿量计算公式可变换为 $p_{sh}=\frac{pd}{0.622+d}$。当大气压力 p 为定值时，水蒸气分压力 p_{sh} 仅取决于含湿量 d。因此可在 d 轴的上方设一水平线，标上 d 值所对应的 p_{sh} 值即可。

5. 热湿比

在空调过程中，被处理的空气常常由一个状态变为另一个状态。在整个过程中，如果空气的热、湿变化是同时进行的，那么，在 $i-d$ 图上由状态 A 到状态 B 的直线连线，就应代表空气状态的变化过程，如图 2－3 所示。

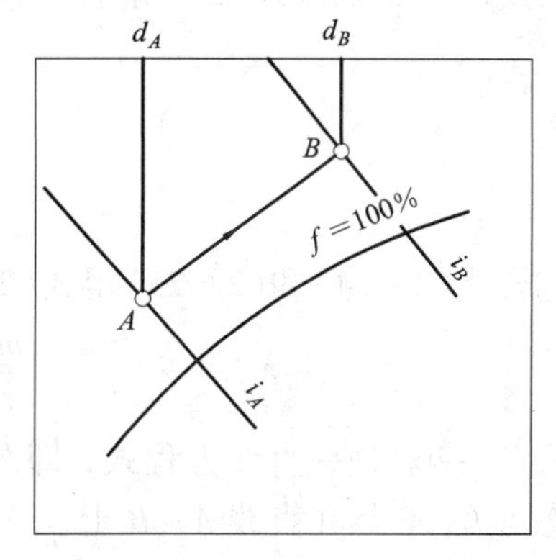

图 2－3 空气状态变化在 $i-d$ 图上的表示

为了说明空气状态变化的方向和特征，常用状态变化前后的焓差和含湿量差的比值来表示，称为热湿比 ε：

$$\varepsilon=\frac{i_B-i_A}{d_B-d_A}=\frac{D_i}{D_d} \qquad (2-21)$$

由式(2－21)可见，ε 就是直线 AB 的斜率，它反映了过程线的倾斜角度，故又称“角系数”。斜率与起始位置无关。因此，起始状态不同的空气只要斜率相同，其变化过程线必定互相平行。根据这一特性，就可以在 $i-d$ 图上以任意点为中心做出一系列不同值的 ε 标尺线。实际应用时，只需把等值的 ε 标尺线平移到空气状态点，就可绘出该空气状态的变化过程。

根据 $\varepsilon=$ 可知，定焓过程 $\Delta i=0$，角系数 $\varepsilon=0$；定湿过程 $\Delta d=0$，角系数 $\varepsilon=\infty$。因此，用定焓线和定含湿量线可将 $i-d$ 图分成四个象限(如图 2－4 所示)，并各具特点，见表 2－2。

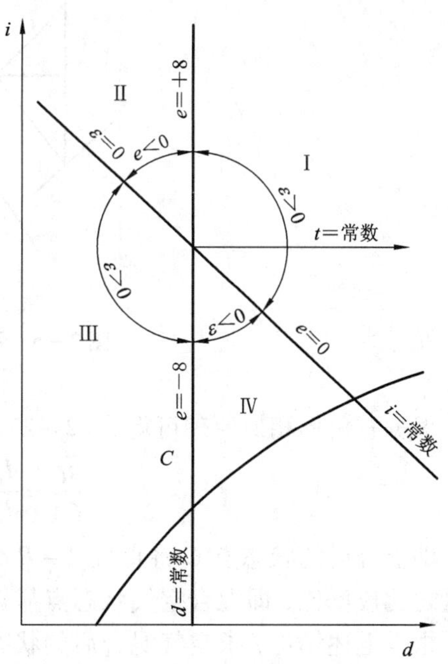

图 2－4 在 $i-d$ 图上四个象限内过程示意图

表 2－2 空气状态变化的四个象限及特征表

象限	热湿比	状态变化
Ⅰ	$\varepsilon>0$	增焓加湿升温(或等温、降温)
Ⅱ	$\varepsilon<0$	增焓减湿升温
Ⅲ	$\varepsilon>0$	减焓减湿降温(或等温、升温)
Ⅳ	$\varepsilon<0$	减焓加湿降温

6. 湿空气的混合

矿井通风和空调工程中，经常遇到不同状态的空气相混合的情况，为此，必须研究空气混合的计算方法。

现有 m_A(kg/h)状态为 i_A，d_A的空气和 m_B(kg/h)状态为 i_B，d_B的空气相混合，混合后空气量为(m_A+m_B)kg/h，现分析混合空气的状态 i_C，d_C。

在混合过程中，如与外界没有热、湿的交换，根据热平衡和湿平衡原理，可以列出方程式(2-22)和(2-23)：

$$m_A \cdot i_A + m_B \cdot i_B = (m_A + m_B) \cdot i_C \tag{2-22}$$

$$m_A \cdot d_A + m_B \cdot d_B = (m_A + m_B) \cdot d_C \tag{2-23}$$

由式(2-22)和(2-23)分别可得式(2-24)和(2-25)：

$$\frac{m_A}{m_B} = \frac{i_B - i_C}{i_C - i_A} \tag{2-24}$$

$$\frac{m_A}{m_B} = \frac{d_B - d_C}{d_C - d_A} \tag{2-25}$$

综合式(2-24)和(2-25)得式(2-26)：

$$\frac{m_A}{m_B} = \frac{i_B - i_C}{i_C - i_A} = \frac{d_B - d_C}{d_C - d_A} \tag{2-26}$$

式(2-26)是一直线方程式，即图2-5上连接状态点 A、B 的直线方程，并可知混合后的状态点 C，必然在直线 $A-B$ 上。

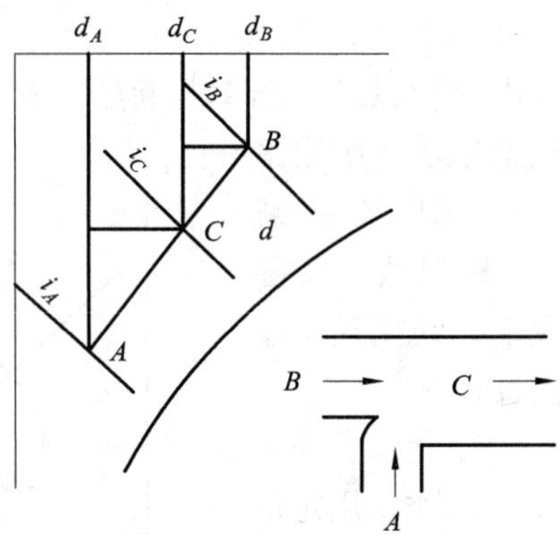

图2-5　两种状态的空气混合过程

根据三角形相似原理可得式(2-27)：

$$\frac{\overline{BC}}{\overline{CA}} = \frac{d_B - d_C}{d_C - d_A} = \frac{i_B - i_C}{d_C - d_A} = \frac{m_A}{m_B} \tag{2-27}$$

即混合后的状态点 C 将直线 $A-B$ 分为两段，这两段线段的长度之比与参加混合的空气质量之比成反比，即混合空气状态点靠近质量较大的一端。

根据上述结论，求空气混合后的状态时，只须在 $i-d$ 图上把参与混合的空气状态点连成直线，并根据与质量成反比的关系，分割该直线，其分割点即为混合后的状态点。反之，也可由已知空气的状态和预定的混合状态，来确定混合时所需保持的质量比$\frac{m_A}{m_B}$。

7．焓湿图

图2-6是用120°的斜坐标绘制的完整的焓湿图。

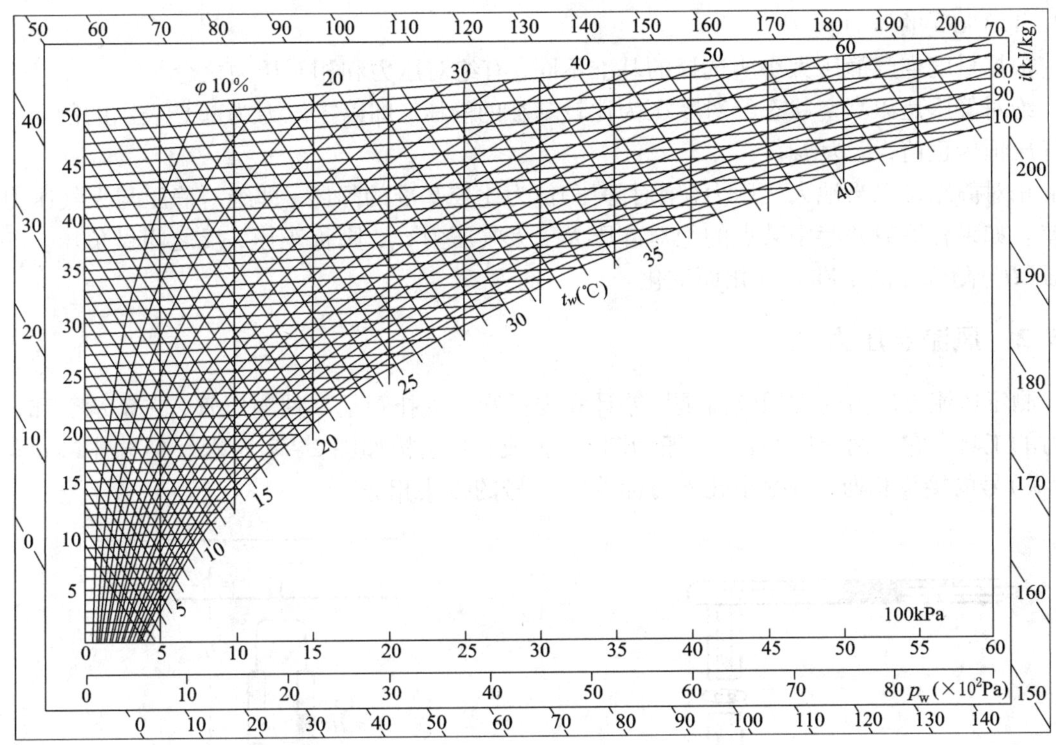

图 2-6 焓湿图

2.3 矿井空气的压力及其测定

2.3.1 空气静压

空气的静压是气体分子间的压力或气体分子对容器壁所施加的压力。空气的静压在各个方向上均相等。空间某一点空气静压的大小，与该点在大气中所处的位置和受扇风机所造成的压力有关。

大气压力是地面静止空气的静压力，它等于单位面积上空气柱的重力。

地球为空气所包围，空气圈的厚度高达 1 000 km。靠近地球表面越远，空气密度越小，不同海拔标高处上部空气柱的重力是不一样的。因此，对不同地区来讲，由于它的海拔标高、地理位置和空气温度不同，其大气压力(空气静压)也不相同。各地大气压力主要随海拔标高而变化，其变化规律如表 2-3 所示。

表 2-3 不同海拔高度的大气压

海拔高度/m	0	100	200	300	500	1 000	1 500	2 000
大气压力/kPa	101.3	100.1	98.9	97.7	95.4	89.8	84.6	79.7

在矿井中，随着深度增加空气静压相应增加。通常垂直深度每增加 100 m 就要增加 1.2～1.3 kPa 的压力。

根据量度空气静压大小所选择的基准不同，有绝对压力和相对压力之分。

绝对静压是以真空状态绝对零压为比较基准的静压，即以零压力为起点表示的静压。绝对静压恒为正值，记为 p_0。

相对静压是以当地大气压力（绝对静压）p_0为比较基准的静压，即绝对静压与大气压力 p_0 之差。如果容器或井巷中某点的绝对静压大于大气压力 p_0，则称正压，反之叫做负压。相对静压（H_s）随选择的基准 p_0变化而变化。

2.3.2 风流点压力

测定风流点压力的常用仪器是压差计和皮托管。皮托管是一种测压管，它是承受和传递压力的工具。它由两个同心管（一般为圆形）组成，其结构如图 2－7 所示。尖端孔口 a 与标着（＋）号的接头相通，侧壁小孔 b 与标着（－）号的接头相通。

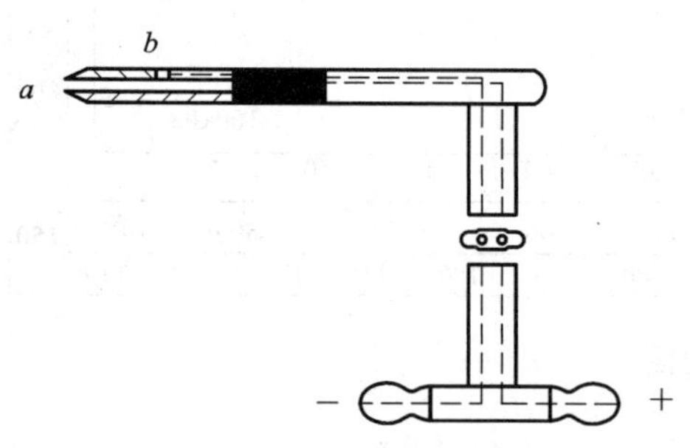

图 2－7　皮托管结构示意图

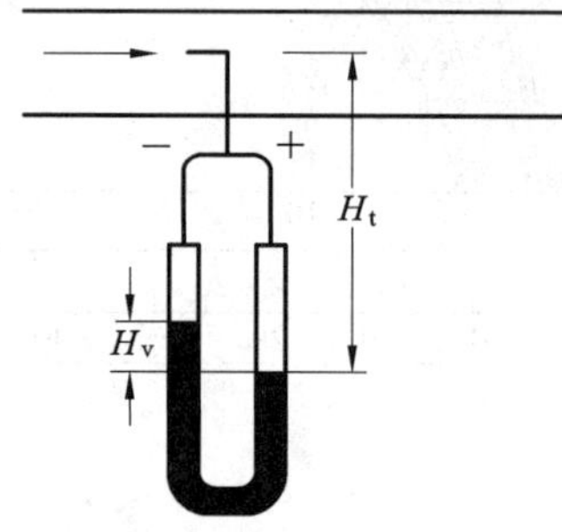

图 2－8　点压力测定

测压时，将皮托管插入风筒，如图 2－8 所示。将皮托管尖端孔口 a 在 i 点正对风流。侧壁孔口 b 平行于风流方向，只感受 i 点的绝对静压 p_i，故称为静压孔；端孔 a 除了感受 p_i 的作用外，还受该点的动压 h_{vi}的作用，即感受 i 点的全压 p_{ti}，因此称之为全压孔。用胶皮管分别将皮托管的（＋）、（－）接头连至压差计上，即可测定 i 点的点压力。如图 2－8 所示的连接，测定的是 i 点的动压；如果将皮托管（＋）接头与压差计断开，这时测定的是 i 点的相对静压；如果将皮托管（－）接头与压差计断开，这时测定的是 i 点的相对全压。

1．动压计算

流动空气具有一定的动能，因此风流中任一点除有静压外还有动压 H_v。动压因空气运动而产生，它恒为正值并具有方向性。当风流速度为 v（m/s），单位体积空气的质量密度为 ρ（kg/m^3），则某点风流的动压为式（2－28）：

$$H_v = \frac{1}{2}\rho v^2, \quad \text{Pa} \tag{2-28}$$

2．全压计算

风流的全压即该点静压和动压之和为式（2－29）。

当静压用绝对压力 p_s表示时，叠加后风流的压力为绝对全压 p_t。绝对全压等于绝对静压与动压 H_v之和，即式（2－29）：

$$p_t = p_s + H_v \tag{2-29}$$

此公式既适用于在管道中造成正压的压入式通风风流，也适用于在管道中造成负压的抽出式通风风流。

如果静压用相对压力 H_s 表示时，叠加后风流的压力就是相对全压 H_t。相对全压等于相对静压与动压 H_v 的代数和，即式(2-30)：

$$H_t = H_s + H_v \tag{2-30}$$

抽出式通风风流中的 H_t 和 H_s 均为负值，压入式通风风流中的 H_t 为正值，H_s 有时为正有时为负。

式(2-30)能够被实验证明。实验布置示意图2-9所示。右图表示抽出式通风风筒，左图表示压入式通风风筒。每种风筒内某点的静压、动压、全压分别用U形管压差计 A, B, C 和 A', B', C' 测量。

测定结果证明，在压入式通风风筒中风流某点三种压力的关系为 $H_t = H_s + H_v$；在抽出式通风风筒中风流某点三种压力的关系为 $|H_t| = |H_s| - H_v$。式(2-30)所反映的关系，还可以用图(2-10)示意。

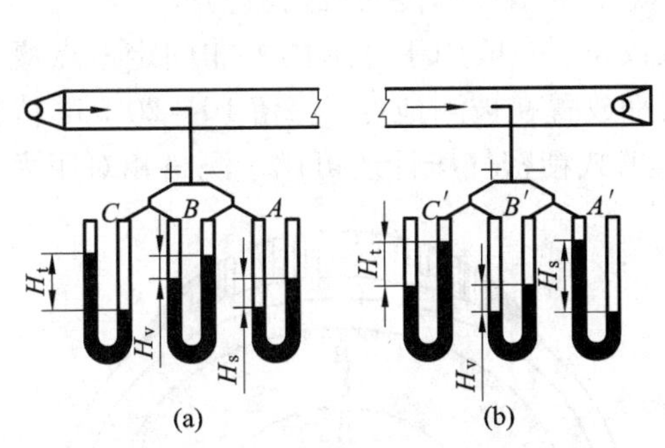

图2-9　风流点压力测定示意图

(a)压入式通风风筒；(b)抽出式通风风筒

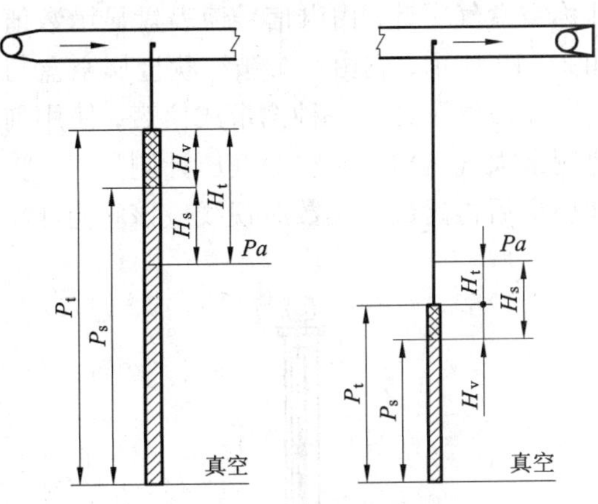

图2-10　点压力关系示意图

3. 空气压力的单位

空气压力的国际标准计量单位为Pascal(帕斯卡)，即 N/m^2，符号为Pa(帕)。

矿井通风工程中各种压力常以工程单位 mmH_2O 表示，这与测压仪表中的 H_2O 高度相一致，十分简明形象。当压力值比较大，譬如评价大气压力时，常用较大的压力单位mm水银柱(或称mmHg)表示，1 mmHg = 13.6 mmH_2O。

因为1 m^3 标准状态水的质量是1 000 kg，故水柱高度 z 等于1 mm时对底面积产生的压力为：

$$p = g \cdot z = 1\ mmH_2O = 1\,000 \times 9.8 \times 0.001 = 9.8\ (Pa 或 N/m^2)$$

工程上还常用到标准大气压的概念。

$$1 个标准大气压 = 760\ mmHg = 10\,336\ mmH_2O = 101.3\ kPa$$。

2.3.3 空气压力的测定

1. 绝对静压的测定

通常使用水银气压计和无液气压计测定矿内外空气绝对静压。

(1)水银气压计

如图 2－11 所示，水银气压计主要由一个水银盛槽与一根玻璃管构成。玻璃管上端封闭，下端插入水银盛槽中，管内上端形成绝对真空，下部充满水银。当盛器里的水银表面受到空气压力时，管内水银柱高度随着空气压力而变化。此管中水银面与盛器里水银面的高差就是所测空气的绝对静压。

水银气压计属固定式装置，一般置于通风机房或硐室壁上以测量大气压力或用以校对其他压力计。

(2)无液气压计

它的传感器是抽成一定真空度的皱纹金属模盒，其测压原理是：由于盒内抽成真空(实际上还有少许余压)，当大气压力作用于盒面上时，盒面被压缩，并带动传动杠杆使指针转动，根据指针转动的幅度即可获得大气压力数值。由机械传动机构带动读数指针的无液气压计称空盒气压计；由电信号使表盘显示数值的无液气压计称数值式精密气压计。空盒气压计如 2－12 所示，它由一个皱纹状金属空盒与连接在盒上带指针的传动机构所构成。

无液气压计是一种携带式仪表，使用前必须经校正，一般用于巷道内外非固定地点概略地测量大气压力。用空盒气压计测量时，将盒面水平放置在被测地点，停留 10～20 min 待指针稳定后再读数。读数时视线应该垂直于盒面。数值式精密气压计还可用于测量相对压力。

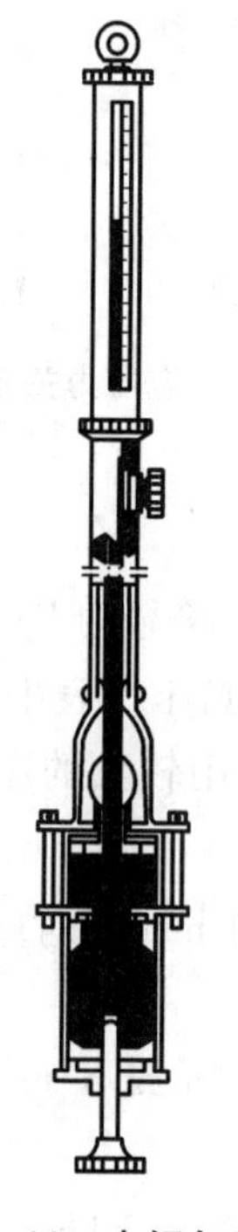

图 2－11 水银气压计

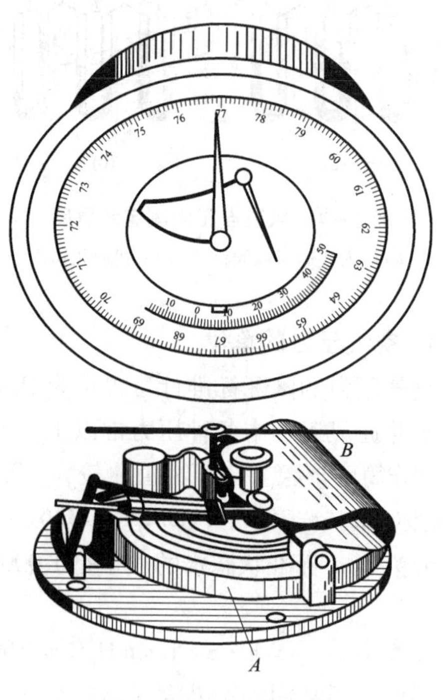

图 2－12 空盒气压计

A—真空金属盒；B—指针

2. 相对压力的测量

压差计是度量压力差或相对压力的仪器。在矿井通风中测定较大压差时，常用U形水柱计；测值较小或要求测定精度较高时，则用各种倾斜压差计或补偿式微压计。现在，一些先进的电子微压计正在通风系统测定中应用。

通常用U形压差计、单管倾斜压差计或补偿式微压计与皮托管配合测量风流的静压、动压和全压。

U形压差计，亦称U形水柱计，有垂直和倾斜两种类型，它们都是由一内径相同、装有蒸馏水或酒精的U形玻璃管与刻度尺所构成。

它的测压原理是，U形管两侧液面承受相同压力时，液面处于同一水平；当两侧压力不同时，压力大的一侧液面下降，另一侧液面上升。对垂直U形水柱计来说，两水面的高差l就是两侧压力差H[$H=l$ (mmH_2O)]。

对倾斜U形压差计来说，两侧施加不同压力后水面错开的距离为l，则两侧的压力差为：

$$H=l\sin\alpha,\quad mmH_2O \tag{2-31}$$

式中：α——U形管倾斜的角度。

垂直U形压差计精度低，多用于测量较大的压差。倾斜U形压差计精度要高一些。

单管倾斜压差计的原理图如图2-13所示，它由一个较大断面的容器A与一个小断面的倾斜管B相互连通而构成。A与B断面积的比例F_1/F_2一般为250~300，其中充有适量的酒精。为便于读数，酒精中注入微量的染色剂使之染色。

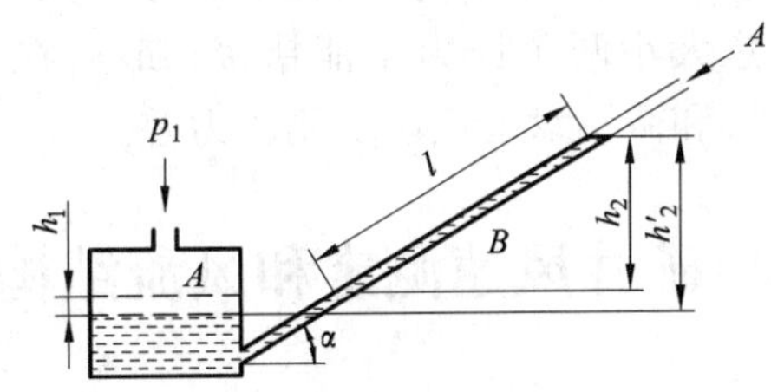

图2-13 单管倾斜压差计

它的测压原理基本上同于U形压差计。当A与B内接受不同压力时(A内引入较大的压力)，A中液面略有下降，B内液面相应上升，则两侧压力差H应按式(2-32)计算：

$$H=Kl,\ mmH_2O \tag{2-32}$$

式中：K——仪器校正系数(包括大断面内的液面下降和倾斜角度以及酒精密度等对读数的校正)，通常用实验方法确定；

l——倾斜管的始末读数差，mm。

单管倾斜压差计的主要部分有盛液容器A、倾斜管B、控制阀门、使容器内液面至零位的调节锤、带密闭盖的酒精注入口以及一个确定倾斜管角度或K值的弧形架。

使用单管倾斜压差计测压时，要先把倾斜玻璃管置于所需的倾角或K值处；把较大的压力p_1用胶管接通容器A，小压力p_2接通倾斜管B；在非工作位置调整水平和对零；然后在工作位置上进行测定。

此类压差计比较结实又具有一定的精度，适于在井下测定压力差。常用的单管倾斜压差计有Y-61型、KSY型和M型。

补偿式微压计。它由盛水容器A和B以胶管连通而成，如图2-14所示。容器B固定不动，B中装有水准头。容器A可以上下移动。这种仪器的测压原理是较大的压力p_1连到“+”接头与B相通，小压力p_2连到“-”接头与A相通，B中水面下降，水准头露出，同时A内液面上升。测定时，旋转螺杆以提高容器A，则B中水面上升，直至B中水面回到水准头所在水平为止。即通过提高容器 A 的位置，用水柱高度来平衡（补偿）压力差造成的 B 中水面下降，使它恢复到原来的位置。此时 A 所上提的高度恰是压力差 $p_1 - p_2$ 造成的水柱高度 H。

为使测量准确，仪器上装有微调装置与水准观察装置。微调装置由刻有 200 等分的微盘构成，将它左右转动一圈，螺杆将带动 A 上下移动 2 mm，其精度能读到 0.01 mmH_2O。水准观察装置根据光学原理使水准头形成倒像。当水准头的尖端和像的尖端恰好接触时，说明 B 中水面已经达到要求的位置。

使用补偿微压计测压时，要整平对零，使 B 中水准头和像的尖端正好相接，并注意大小两个压力不能错接；最后在刻度尺和微调盘上读出所测压力差。

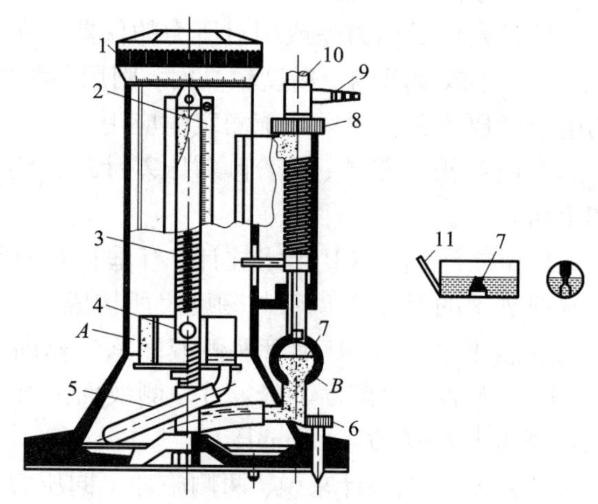

图 2-14　补偿式微压计

A、B—盛水容器；1—微调盘；2—刻度盘；3—螺杆；4—胶管接头“-”；5—连通胶管；6—底座螺钉；7—水准头；8—调节螺母；9—胶管接头“+”；10—密封螺钉；11—反光镜

2.4　矿井风速测定和风流结构

2.4.1　风速

1. 矿井风流的速度分布与平均风速

空气在井巷或管道中流动时，由于空气的粘性和与井巷或管道界壁的摩擦作用，同一横断面上风流的速度是各不相同的。

井巷中的紊流风流在靠近边壁处有一层很薄的层流边层，在此层内，空气流动的速度较低，如图 2-15 所示。

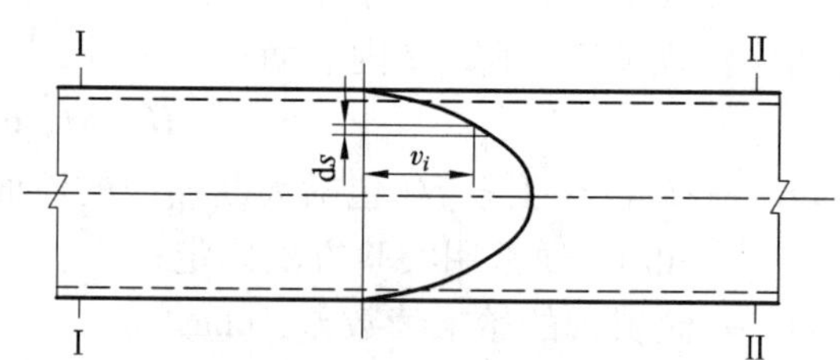

图 2-15　巷道中风流速度分布图

在层流边层以外，即巷道横断面上的绝大部分，充满着紊流风流，它的风速较高，并由巷道壁向轴心方向逐渐增大。如果将巷道横断面上任一点的风速以 v_i 表示，则巷道的平均风速计算为式(2-33)，风量计算为式(2-34)：

$$v = \frac{\int v_i \mathrm{d}s}{S} \tag{2-33}$$

$$Q = vS \tag{2-34}$$

式中：v_i——巷道横断面上任一点的风速，m/s；

$\mathrm{d}s$——巷道横断面积的微元面积，m^2；

S——巷道横断面积，m^2；

Q——该巷道横断面上通过的风量，m^3/s。

巷道横断面平均风速 v 与最大风速 v_{max} 之比值随巷道粗糙度而变化。巷道越光滑，比值 $\frac{v}{v_{max}}$ 越高，反之比值越低，$\frac{v}{v_{max}}$ 值一般为0.75～0.85。

在矿井中，井巷的曲直程度、断面形状及大小均有变化，因此最大风速并不一定在井巷的轴线上，而且风速分布也不一定具有对称性。

2.4.2 风速测定

1. 用风表测定风速

常用风表有翼式风表和杯式风表(见图2－16，图2－17)。

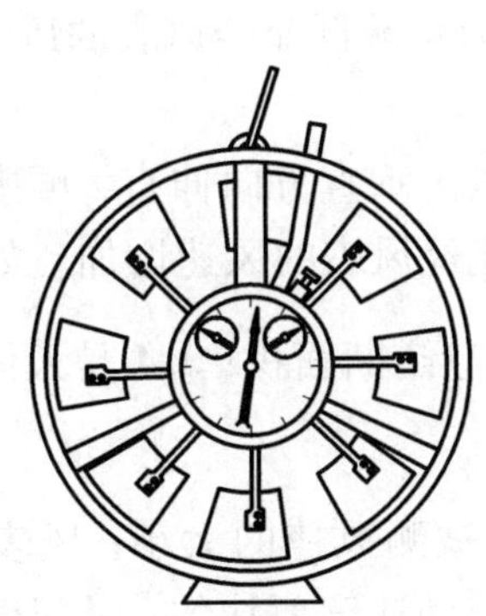

图2－16 翼式风表

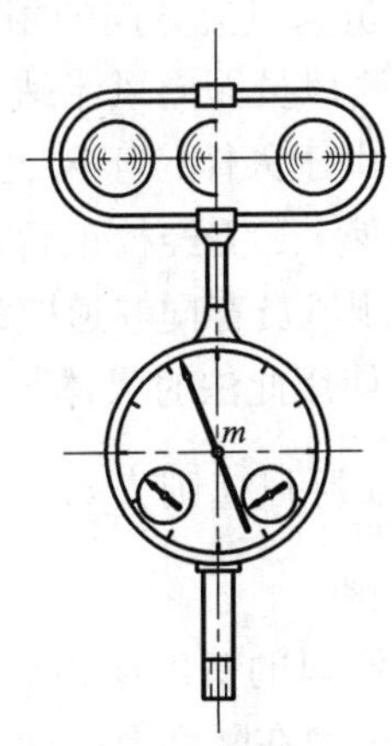

图2－17 杯式风表

翼式风表用于测定0.5～10 m/s的中等风速；具有高灵敏度的翼式风表也可以测定0.1～0.5 m/s低风速。杯式风表用于测定大于10 m/s的高风速。

杯式和翼式风表内部结构相似，是由一套特殊的钟表传动机构、指针和叶轮组成。杯式的叶轮是四个杯状铝勺，翼式则为八张铝片。此外，风表上有一个启动和停止指针转动的小杆，打开时指针随叶轮转动，关闭时叶轮虽转动但指针不动，某些风表还有回零装置，以便从零开始计量表速。测定时，先回零，待叶轮转动稳定后打开开关，则指针随着转动，同时记录时间，经1～2 min，关闭开关。测完后，根据记录的指针读数和指针转动时间，算出风表指示风速(表速)N，再用如图2－18所示的校正曲线换算成真实风速 v。

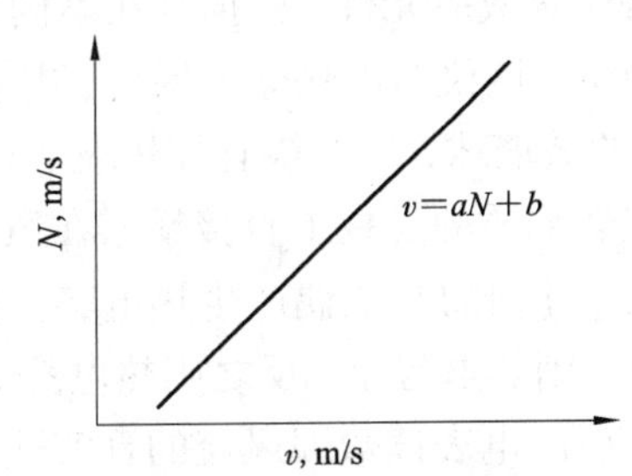

图2－18 风表校正曲线

杯式和翼式风表可以测一点的风速，也可以测量巷道的平均风速。

用风表测定巷道断面平均风速时，测风员应该使风表正对风流，在所测巷道的全断面上按一定的线路均匀移动风表。通常采用的线路有如图 2－19 中表示的三种。

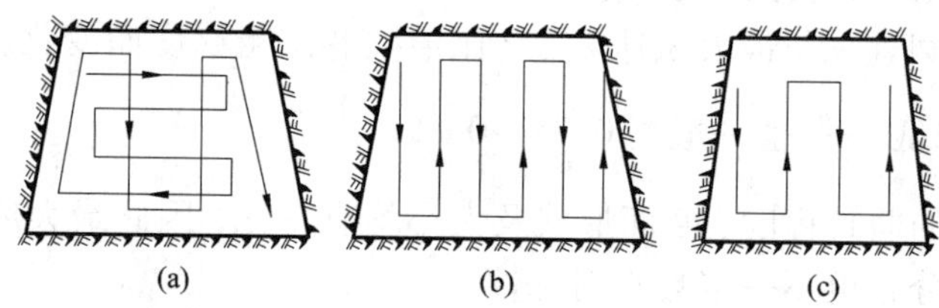

图 2－19　用风表测定断面平均风速的线路

(a)线路比(b)、(c)线路操作复杂，但更准确一些。一般对较大的巷道断面用(b)线路，较小的巷道断面用(c)线路。

根据测风员与风流方向的相对位置，分迎面和侧面两种测风方法。

迎面法：测风员面向风流站立，手持风表手臂向正前方伸直，然后照一定的线路使风表作均匀移动。由于人体位于风表的正后方，人体的正面阻力将减低流经风表的风速，因此用该法测得的风速 v_s，需经校正后才是真实风速 v，$v = 1.14\ v_s$。

侧身法：测风员背向巷道壁站立，手持风表将手臂向风流垂直方向伸直，再按一定线路作均匀移动。使用此法时人体与风表在同一断面内，造成流经风表的风速增加。如果测得风速为 v_s，那么实际风速则为 v，$v = \frac{S-0.4}{S}v_s$。式中 S 是所测巷道断面积；0.4 是人体占据巷道断面的估算面积。

为了保证测风的精度应该做到：风表测量范围要适应被测风速的大小；风表距人体约 0.6～0.8 m；风表在断面上移动时必须与风流方向垂直且移动速度要均匀；时间记录与转数测量务必同步等。此外，同一断面风速测定次数不得少于两次，每次测定的相对误差应在 ±5% 以内，否则需要再次测定。

2. 用热电式风速仪和皮托管压差计测定风速

热电式风速仪有热线式、热球式和热敏电阻式三种，它们分别以金属丝、热电偶和热敏电阻作热效应元件，根据其在不同风速中热损耗量的大小测量风速。以 QDF 型热球式风速仪为例：该仪器由热球式探头、电表和运算放大器等构成。在测杆的端部有一个直径约 0.8 mm 的玻璃球，球内绕有加热玻璃球用的镍铬丝线圈和两个串联的热电偶，热电偶的冷端连接在磷铜质的支柱上直接暴露在风流中。当一定大小的电流通过加热线圈后，玻璃球的温度升高，球内的热电偶产生热电势。热电势的大小和风流的速度有关，风速大时玻璃球温升程度小，则热电势小，反之则热电势大。热电势再经运算放大器后就可以在电表上指示出来。校正后的电表读数即风流的真实速度。

热电式风速仪操作比较方便，但现有的热电式风速仪易于损坏，灰尘和湿度对它都有一定的影响，有待进一步改进以便广泛使用。

3. 高风速测定

皮托管和压差计可用于扇风机风硐或风筒内高风速的测定，它是通过测量测点的动压，然后按式(2－35)换算出测点风速 v_f。

$$v_f = \sqrt{\frac{2H_v}{\rho}},\ \text{m/s} \tag{2-35}$$

式(2-35)中：H_v——测点的动压，Pa；

ρ——测点空气密度，kg/m^3。

风速过低或压差计精度不够时，误差比较大。

现有热电式风速仪和皮托管与压差计都不能连续累计断面内各点的风速，只能孤立的测定某点风速。因此，用这类仪器测定巷道或管道的平均风速时，应该把巷道断面划分成若干个面积大致相等的方格（图2-20），再逐格在其中心测量各点风速 v_1，v_2，…，v_n，最后取平均值得平均风速 v，即

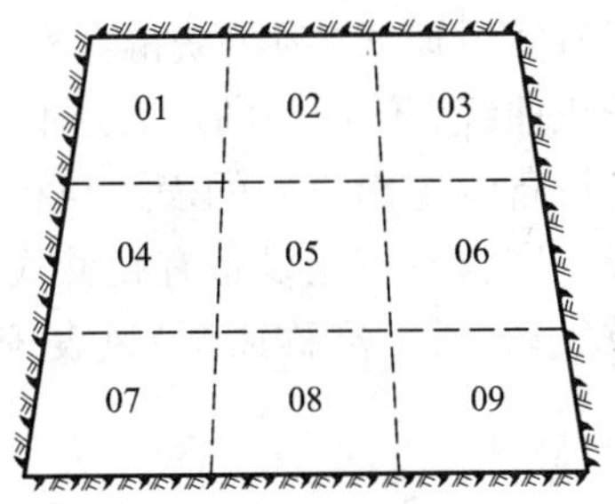

图2-20　巷道断面划分的等面积方格

$$v = \frac{v_1 + v_2 + \cdots + v_n}{n},\quad \text{m/s} \tag{2-36}$$

式(2-36)中：n——划分的等面积方格数。

圆形风筒的横断面应划分成若干个等面积的同心部分（图2-21），每一个等面积里相应的有一个测点圆环。用皮托管压差计测定时，在互相垂直的两个直径上，可以测得每个测点圆环的四个动压值，以此一系列的动压值，就可以计算出风筒全断面的平均风速。

测点圆环的数量 n，根据被测风筒直径确定。一般直径为300～600(mm)时 n 取3，直径为700～1 000 mm时 n 取4。

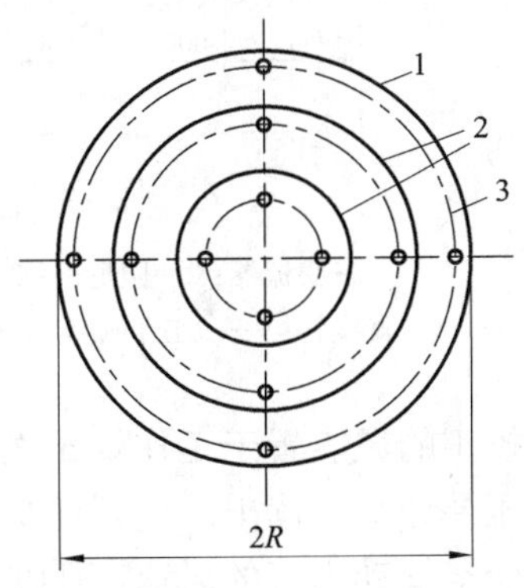

图2-21　圆形风筒划分的等面积同心圆

1—风筒壁；2—等面积同心部分界线；3—测点圆环；R—风筒半径

测点圆环半径 R 通常按下式计算：

$$R_i = R\sqrt{\frac{2i-1}{2n}},\ \text{m} \tag{2-37}$$

式中：R_i——第 i 个测点圆环半径，m；

R——风筒半径，m；

i——从风筒中心算起圆环序号。

风筒全断面的平均动压 H_v 计算式为：

$$H_v = \left(\frac{\sqrt{H_{v1}} + \sqrt{H_{v2}} + \cdots + \sqrt{H_{vm}}}{m}\right)^2,\quad \text{Pa} \tag{2-38}$$

风筒全断面的平均风速即可算出，其式为：

$$v = \sqrt{\frac{2H_v}{\rho}},\quad \text{m/s} \tag{2-39}$$

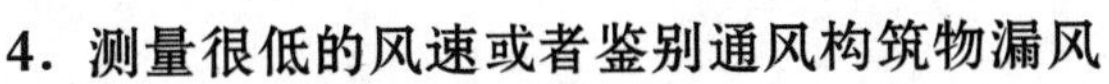

在式(2-38)和(2-39)中：H_{v1}，H_{v2}，…，H_{vm}——测点动压，Pa；

m——测点总数。

4．测量很低的风速或者鉴别通风构筑物漏风

可以采用烟雾法或嗅味法近似测定空气移动速度。

2.4.3 风表校正

由于风表制造上的误差和使用中的磨损以及温度、湿度、风速、粉尘的影响，表速 N 并不等于真实风速 v。为了获得真实风速，必须用实验方法进行风表校正。新风表在出厂时都附有校正曲线，使用中的风表还必须定期校正，绘制出新的校正曲线。所谓风表校正，即用专门的设备测定出不同的表速与相应的真实风速之间的关系，然后在坐标纸上把它们绘成校正曲线。实验室校正设备有旋臂式校正装置和空气动力管等。

空气动力管(亦称风洞)风表校正装置式样很多，图 2－22 所表示的是其中的一种。

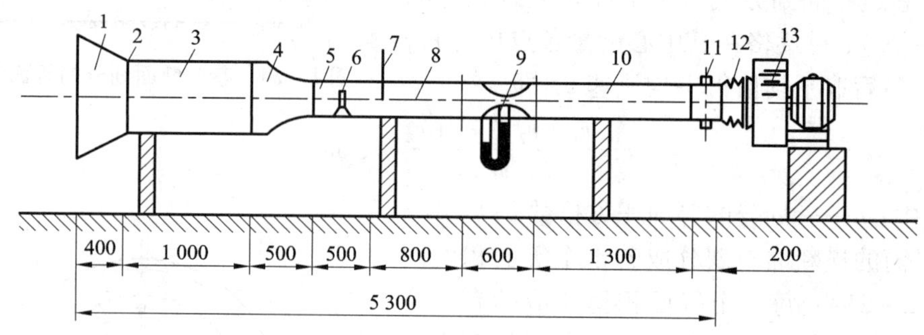

图 2－22 空气动力管式风表校正装置

1—集流器；2—阻尼网；3—稳流管；4—收缩管；5—工作管；6—风表；7—皮托管；8—直线管；9—文丘利喷嘴及压差计；10—直线管；11—调节阀；12—帆布接头；13—扇风机

被校正的风表置于工作管 5 之中，管中的风速用调节阀 11 控制，其大小从连接于文丘利喷嘴的压差计 9 上读出。压差计 9 的刻度用皮托管 7 测算的平均速度校正。

改变空气动力管的风速，可以获得若干组表速 N 与真实风速 v 之对应值，依此能够绘出风表校正曲线。

旋臂式风表校正装置主要由一根 2 m 左右长度、可以旋转的横杆组成。校正风表必须在一个没有空气流动的房间中进行，首先将风表固定在旋臂的一端，转动旋臂，风表就与旋臂一起转动，风表所在点的行走速度根据转速和旋臂直径可以计算出来，该速度即为准确的风速值；同时，记录下风表的指示风速。按照上述步骤，改变旋臂的转速，就可以得出准确风速和指示风速两组数值，从而建立风表校正方程式和校正曲线图。

空气动力管适宜校正中速和高速风表，旋臂式多用于校正中、低速风表。在矿井通风测定工作中，有时也可用已校好的风表粗略地校正其他风表。

2.4.4 风流的运动型式

风流的流动型式有两种，一种是有固定边界的风流，例如井筒、巷道及管道中的风流就属于这一种，其特点是空气受边界的限制而沿风道方向流动。

另一种是没有固定边界的风流即自由风流，或称射流。当空气由巷道流进宽大的硐室，或空气自风筒末端排到巷道时就会出现自由风流。它的特点为，风流的边界不是风道壁，而是与风流同一相态的介质。

自由风流的横断面随流动方向逐渐扩散，形成圆锥形。此圆锥形风流在前进途中如遇界壁时，则为受限自由风流，如图2-23(a)所示；当圆锥形得以充分发展时，即为完全自由风流，如图2-23(b)所示。

矿井通风中，通常把固定边界的风流称巷道型风流，无固定边界的风流称硐室型风流。

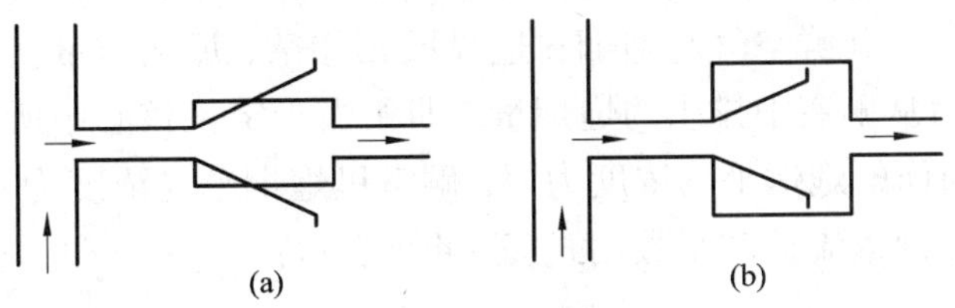

图2-23　自由风流

(a)受限自由风流；(b)完全自由风流

1. 巷道型风流与紊流变形

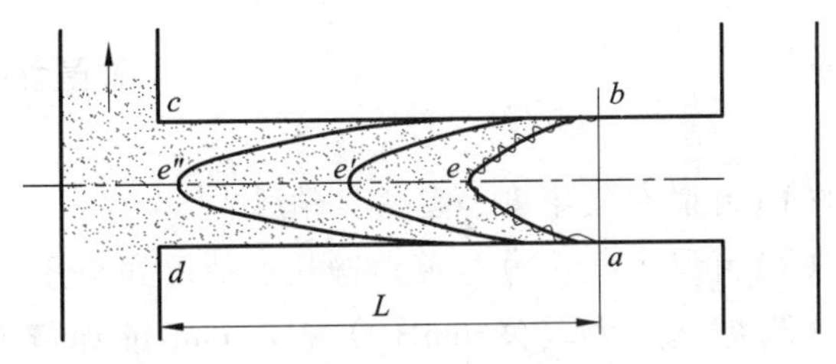

图2-24　紊流变形

图2-24所表示的巷道型风流，右侧和左侧分别为进风道和回风道，爆破后工作场所 *abcd* 中充满炮烟。

欲把 *abcd* 中的炮烟排进回风道，必须源源不断地供给新鲜风流。当风流以紊流运动状态通过巷道型场所时，其排烟的实质是以纵向运移为主、横向扩散为辅的过程。由于作业场所断面上各点风速分布不均匀，在轴心处风速高，炮烟走得快，在靠近作业面边壁处风速低，炮烟走得慢，随着通风时间增加，炮烟区将逐渐变形，形成逐渐伸展的风流波(*aeb*)。与此同时，作业场所任意断面上的炮烟平均浓度发生变化。这种断面上风速分布不均匀，使炮烟区在移动过程中产生变形。断面上炮烟平均浓度逐渐变化的过程，称为紊流变形。

在风流波波面 *aeb* 上，风流和炮烟相接触。因横向脉动速度作用，波面两侧的风流与炮烟相互掺杂，使波面呈不光滑状态。为便于分析，可把它看成光滑的曲面。

在风流的作用下，波面 *aeb* 不断向前移动，经过 $ae'b$、$ae''b$……等位置而达到回风道。可以认为，巷道末端 *cd* 断面上的炮烟平均浓度合乎允许标准时，就算排烟完毕。

2. 硐室型风流与紊流扩散

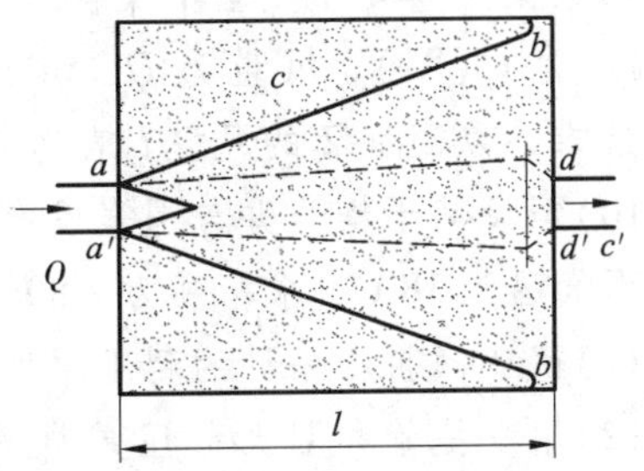

图2-25　具有贯穿风流的硐室中排烟排尘

硐室型风流具有自由风流的特性。在紊流脉动作用下，硐室型风流与周围的空气进行质量交换。流动的质量随距硐室入风口的距离增加而增大，风速则逐渐降低，动量保持不变。

具有贯穿风流的硐室中排烟排尘如图2-25所示。

爆破后硐室中充满炮烟，新鲜风流由进风口 aa' 流入，经硐室后从排风口 dd' 流出。因为进风口流入的风量必然等于排风口流出的风量 Q，故自由风流各横断面通过的风量，只有与进风量相等的那一部分才是被排出的风量。如果把自由风流中等于进出风量的每个横断面连在一起，即形成一个等风量的柱体，这个柱状体内所圈定的风流就叫做自由风流的定量核心。也就是说，定量核心任意横断面通过的风量，均等于流入或排出硐室的风量。

在紊流扩散作用下，新鲜空气与炮烟在边界层相掺杂，那么定量核心中也一定充斥着炮烟。可以认为，通风后从硐室中排出的炮烟量，即相当于定量核心中所含炮烟量。如果靠近出口 dd' 处定量核心断面的炮烟平均浓度为 c'，硐室里炮烟平均浓度为 c，则定义 c' 与 c 的比值为紊流构造系数 a，则紊流扩散系数用式(2－40)表示：

$$K = aSl = \frac{c'}{c}Sl \qquad (2-40)$$

紊流扩散系数 K 越大，排烟越快，反之则越慢。可见，K 值与硐室长度 l，入风口的断面积 S 及入风流的紊流构造系数 a 具有函数关系。

本章练习

(1)何谓空气密度、重度和粘性？

(2)何谓大气压力？何谓静压、动压和全压？它各有什么特性？

(3)空气压力单位 mmH_2O，Pa，mmHg 如何换算？

(4)已知大气压力 $p=101\ 325$(Pa)，相对湿度 $\varphi=80\%$，温度 $t=30$℃，求湿空气的 d、p_{sh}、ρ_{js}和 i。

(5)冬季进风温度＋5℃，相对湿度80%，大气压力101.3 kPa，进入矿井后，空气温度增至＋15℃，大气压力基本不变。若空气的含湿量不变，求矿内空气的相对湿度？

(6)说明影响空气密度大小的主要因素。压力和温度相同的干空气与湿空气相比，哪种空气密度大？为什么？

(7)已知某矿内空气压力 $p=103\ 958$ Pa，空气温度 $t=17$℃，空气的相对湿度60%，求空气的密度。

(8)某矿井总进风量 $Q=2\ 500(m^3/min)$，地表大气压力为101.3(kPa)，进风温度 $t_1=+5$℃，空气相对湿度 $\varphi=70\%$，空气密度 $p=1.267(kg/m^3)$。矿井排风井口气温 $t_2=20$℃，相对湿度 $\varphi_2=90\%$，求每昼夜风流由矿井中带走的水蒸气量。

(9)设某平巷处于完全干燥状态，其中无其他机电设备。已知在风流起点断面1测得的风流温度为 t_1(℃)，风量为 $Q_i(m^3/s)$，空气密度为 $\rho(kg/m^3)$，风流所获得的总热量为 Q(J/s)。求终点断面2的风温 t_2表达式。

(10)假设某干燥竖井与围岩没有热交换，没有其他热源和做功。已知井口标高为＋180 m，地面气温为18℃，求标高为＋80 m处的井底风温。

(11)试述倾斜压差计的测压原理？

(12)用皮托管和U形管压差计测得几种通风管道中压力的结果分别如图2－26所示。问静压、动压和全压各为多少？并判断其通风方式。

(13)简述空盒气压计的基本原理。

(14) 简述单管倾斜压差计的特点。

(15) 简述翼式风表测定巷道平均风速的步骤。

(16) 简述巷道风流排除炮烟的过程。

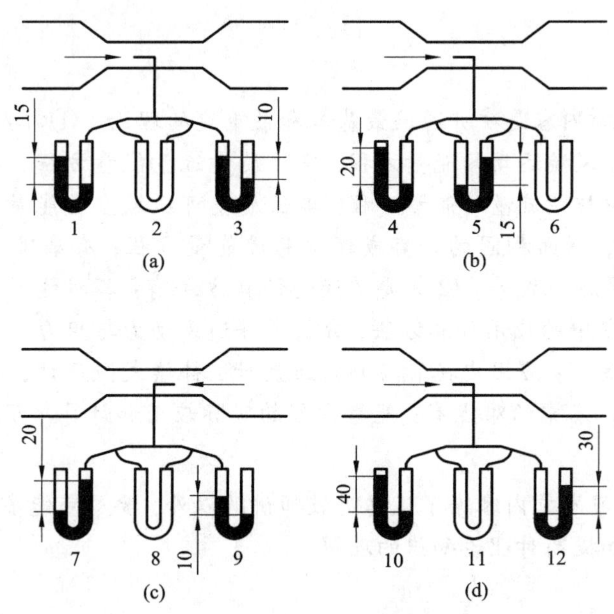

图 2－26　练习(12)题附图

第3章　矿井风流流动的能量方程及其应用

学习目标　本章内容是矿井通风最基本和最重要的理论。①需要掌握的基本理论有：空气流动连续性方程，风流运动的能量方程，单位质量流量能量方程，风流流动过程中能量分析，可压缩空气单位质量流量的能量方程，单位质量可压缩空气能量方程分析，断面不同的水平巷道能量方程，断面相同的垂直或倾斜巷道能量方程，有扇风机工作时的能量方程式，有分支风路的能量方程式等。②需要掌握的计算方法有：各种能量方程的计算方法，能量方程在通风阻力测定中的应用计算方法，分析矿井通风动力与阻力关系的方法等。③需要掌握的测试方法和仪器有：应用皮托管与倾斜压差计、补偿式微压计，结合能量方程测定巷道通风阻力的方法等。本章的难点有：能量方程的实际应用和计算，可压缩空气单位质量流量的能量方程等。

学习方法　学习本章内容除了认真听教师讲解以外，要尽可能多做练习题，在练习中发现问题，不断总结和提高对理论知识的理解。

矿井通风系统风流流动和城市供水管道系统中水流流动、天然气供气管道系统中气体流动等具有一定的相似之处。矿井风流流动规律描述是以工程流体力学作为理论基础，但矿井通风理论并不是全盘照抄工程流体力学的理论，而是结合矿井生产的特点将工程流体力学的理论进行改进和应用到矿井通风中，从而形成矿井通风这一专门学科。工程流体力学的知识，将对学习本章有很大的帮助。

3.1　矿井风流运动的能量方程式及其应用

3.1.1　空气流动连续性方程

1. 连续性方程

质量守恒是自然界中基本的客观规律之一，在矿井巷道中流动的风流是连续不断的介质，充满它所流经的空间。在无点源或点汇存在时，根据质量守恒定律，稳定流（流动参数不随时间变化的流动称之稳定流）流入某空间的流体质量必然等于流出其空间的流体质量。风流在井巷中的流动可以看作是稳定流，因此这里仅讨论稳定流的情况。

空气在图3－1的井巷中从1断面流向2断面，且做定常流动时（即在流动过程中不漏风又无补给），两个过流断面的空气质量流量相等，即有式（3－1）：

$$\rho_1 v_1 S_1 = \rho_2 v_2 S_2 \tag{3-1}$$

式中：ρ_1，ρ_2——1，2断面上空气的平均密度，kg/m^3；

v_1，v_2——1，2断面上空气的平均流速，m/s；

S_1，S_2——1，2断面的断面积，m^2。

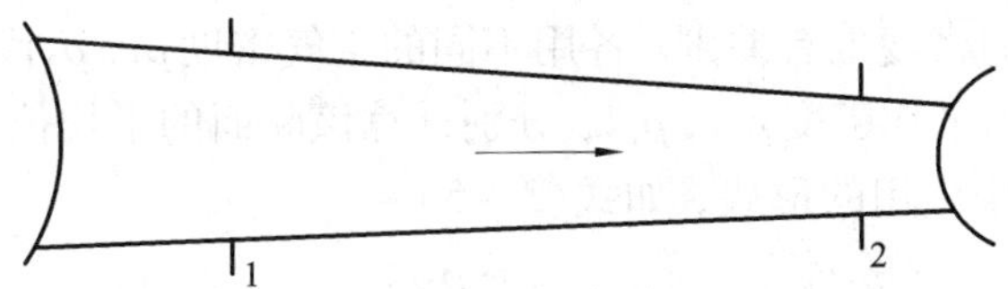

图 3－1　一元稳定流连续性分析图

任一过流断面的质量流量 M_i(kg/s)为常数，即得式(3－2)：

$$M_i = 常数 \tag{3-2}$$

这就是空气流动的连续性方程，它适用于可压缩和不可压缩流体。

对于可压缩流体，根据式(3－1)，当 $S_1 = S_2$ 时，空气的密度与其流速成反比，也就是流速大的断面上的密度比流速小的断面上的密度要小。

对于不可压缩流体(密度为常数)，则通过任一断面的体积流量 Q(m^3/s)相等，即得式(3－3)：

$$Q = v_i S_i = 常数 \tag{3-3}$$

井巷断面上风流的平均流速与过流断面的面积成反比。即在流量一定的条件下，空气在断面大的地方流速小，在断面小的地方流速大。

空气流动的连续性方程为井巷风量的测算提供了理论依据。

以上讨论的是一元稳定流的连续性方程。大多数情况下，空气在矿井巷道中的流动可近似地认为是一元稳定流，这在工程应用中是满足要求的。

2. 风流运动的能量方程

风流运动的能量方程式是研究矿井通风动力与阻力之间的关系以及进行矿井通风阻力测算的基础。如果将矿井通风中空气的流动看作是一种定常流动，即井下空间某点的空气速度、流向不随时间变化，同时将空气看成是不可压缩的，即空气密度不发生变化，而考虑空气流动过程中，由于空气的粘性和管壁的摩擦等形成阻力而引起能量损失。根据能量守恒定律，当空气从第一断面流向第二个断面时(如图 3－2 所示)，列出的能量方程为：

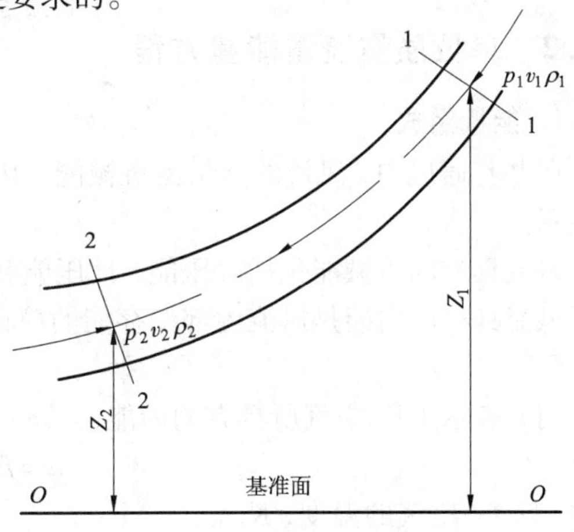

图 3－2　风流的能量关系

$$p_1 + \frac{\rho_1 v_1^2}{2} + \rho_{m1} g Z_1 = p_2 + \frac{\rho_2 v_2^2}{2} + \rho_{m2} g Z_2 + h_{1-2} \tag{3-4}$$

式中：p_1，p_2——断面 1，2 处单位体积风流的静压能，Pa；

v_1，v_2——断面 1，2 处的平均风速，m/s；

Z_1，Z_2——断面 1，2 处距基准面的高度，m；

g——重力加速度，m^2/s；

h_{1-2}——单位体积风流的压力损失，或称阻力，Pa。

由于实际矿井内空气流动时，同一断面上各点的风速不是均匀一致的，通常以断面的平均风速来计算，两断面的密度也有差别，各用不同的空气密度ρ_1，ρ_2代替平均密度ρ，并以1，2断面到基准面空气柱的平均密度ρ_{m1}，ρ_{m2}，分别计算该断面的平均位能，则式(3－4)可改写成适合于矿井通风工程中应用的形式，如式(3－5)：

$$p_1+\frac{\rho_1 v_1^2}{2}+\rho_{m1}gZ_1=p_2+\frac{\rho_2 v_2^2}{2}+\rho_{m2}gZ_2+h_{1-2} \tag{3-5}$$

变换式(3－5)得式(3－6)：

$$h_{1-2}=(p_1-p_2)+\left(\frac{\rho_1 v_1^2}{2}-\frac{\rho_2 v_2^2}{2}\right)+(\rho_{m1}gZ_1-\rho_{m2}gZ_2) \tag{3-6}$$

式中：p_1，p_2——断面1，2处单位流体的压能，表现为静压，Pa；

$\frac{\rho_1 v_1^2}{2}$，$\frac{\rho_2 v_2^2}{2}$——断面1，2处单位体积的动能，Pa；

$\rho_{m1}gZ_1$，$\rho_{m2}gZ_2$——断面1，2处单位体积风流的位能，Pa。

式(3－6)表明，两断面之间的压能、动能与位能之差的总和等于风流由断面1到断面2因克服井巷阻力所损失的能量。风流总是由总能量大的地方流向总能量小的地方。风流的静压和动压可用压力计直接测得，但风流位能却是一种潜在的能量，不能表现为某一压力值，也无法用压力计直接测得其大小，只能根据该断面到基准面的垂直高度，即由该断面到基准面间空气柱的平均密度进行计算。

既然井巷的通风阻力等于风流的总能量损失，那么，井巷阻力的大小就可以通过测定两断面间的总能量损失而获得。

3.1.2　单位质量流量能量方程

1. 能量组成

在井巷通风中，风流的能量由机械能和内能组成，常用1 kg空气或1 m^3空气所具有的能量表示。

风流具有的机械能包括静压能、动压能和位能。

风流具有的内能是风流内部储存能的简称，它是风流内部所具有的分子内动能与分子位能之和。

用u表示1 kg空气所具有的内能(J/kg)，得式(3－7)。

$$u=f(T,\ v) \tag{3-7}$$

式中：T——空气的温度，K；

v——空气的比容，m^3/kg。

根据压力(p)、温度(T)和比容(v)三者之间的关系，空气的内能还可写成式(3－8)：

$$u=f(T,\ p);\ u=f(T,\ v) \tag{3-8}$$

由式(3－7)和式(3－8)可知，空气的内能是空气状态参数的函数。

2. 风流流动过程中能量分析

风流在如图3－3所示的井巷中流动，设1，2断面的参数分别为风流的绝对静压p_1，p_2；风流的平均流速v_1，v_2；内能u_1，u_2；风流的密度ρ_1，ρ_2，距基准面的高程Z_1，Z_2。

下面对风流在1，2断面上及流经1，2断面间时的能量进行分析。

在1断面上，1 kg空气所具有的能量为式(3-9)：

$$\frac{p_1}{\rho_1}+\frac{v_1^2}{2}+gZ_1+u_1 \qquad (3-9)$$

风流流经1→2断面，到达2断面时的能量为式(3-10)：

$$\frac{p_2}{\rho_2}+\frac{v_2^2}{2}+gZ_2+u_2 \qquad (3-10)$$

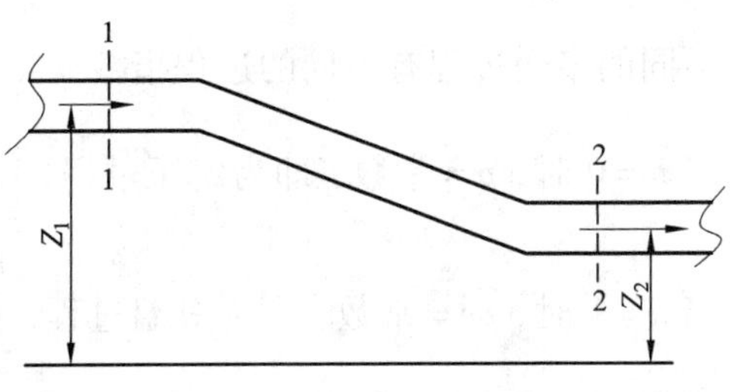

图3-3 井巷中的风流

1 kg空气由1断面流至2断面的过程中，克服流动阻力消耗的能量为L_R(这部分被消耗的能量将转化成热能q_R，仍存在于空气中)。另外还有地温(通过井巷壁面或淋水等其他途径)、机电设备等传给1 kg空气的热量q。这些热量将增加空气的内能并使空气膨胀做功。假设1→2断面间无其他动力源(如局部通风机等)，可推导出单位质量流量的能量方程。

3. 可压缩空气单位质量流量的能量方程

当风流在井巷中做一维稳定流动时，根据能量守恒及转换定律可得式(3-11)：

$$\frac{p_1}{\rho_1}+\frac{v_1^2}{2}+gZ_1+u_1+q_R+q=\frac{p_2}{\rho_2}+\frac{v_2^2}{2}+gZ_2+u_2+L_R \qquad (3-11)$$

根据热力学第一定律，传给空气的热量(q_R+q)，一部分用于增加空气的内能，一部分使空气膨胀对外做功，即得式(3-12)：

$$q_R+q=(u_2-u_1)+\int_1^2 p\mathrm{d}v \qquad (3-12)$$

又因为：

$$\frac{p_2}{\rho_2}-\frac{p_1}{\rho_1}=p_2v_2-p_1v_1=\int_1^2 \mathrm{d}(pv)=\int_1^2 p\mathrm{d}(v)+\int_1^2 v\mathrm{d}(p) \qquad (3-13)$$

将式(3-12)、式(3-13)代入式(3-11)，并整理得：

$$\begin{aligned}L_R &= -\int_1^2 v\mathrm{d}p+\left(\frac{v_1^2}{2}-\frac{v_2^2}{2}\right)+g(Z_1-Z_2)\\ &=\int_2^1 v\mathrm{d}p+\left(\frac{v_1^2}{2}-\frac{v_2^2}{2}\right)+g(Z_1-Z_2)\end{aligned} \qquad (3-14)$$

式(3-14)就是单位质量可压缩空气在无压源的井巷中流动时能量方程的一般形式。1—2断面间有压源(如局部通风机等)L_t存在，则其能量方程为式(3-15)：

$$L_R=\int_2^1 v\mathrm{d}p+\left(\frac{v_1^2}{2}-\frac{v_2^2}{2}\right)+g(Z_1-Z_2)+L_t \qquad (3-15)$$

4. 单位质量可压缩空气能量方程分析

式(3-14)和式(3-15)中，$\int_2^1 v\mathrm{d}p=\int_2^1 \frac{1}{\rho}\mathrm{d}p$称为伯努利积分项，它反映了风流从1断面流至2断面的过程中的静压能变化，它与空气流动过程的状态密切相关。对于不同的状态过程，其积分结果是不同的。

对于多变过程，过程指数为n，其多变过程方程式为式(3-16)：

$$pv^n = 常数 \tag{3-16}$$

不同的多变过程有不同的过程指数 n，n 值可以在 $0 \sim \pm\infty$ 范围内变化。

当 $n=0$ 时，$p=$ 常数，即为定压过程，$\int_2^1 v\mathrm{d}p = 0$；

当 $n=1$ 时，$pv=$ 常数，即为等温过程，$\int_2^1 v\mathrm{d}p = p_1 v_1 \ln \dfrac{p_1}{p_2}$；

当 $n=k=1.41$ 时，$pv^k=$ 常数，即为等熵过程；

当 $n=\pm\infty$ 时，$v=$ 常数，即为等容过程，

$$\int_2^1 v\mathrm{d}p = v(p_1 - p_2) \tag{3-17}$$

实际多变过程中其 n 值是变化的。在深井通风中，如果其 n 值变化较大时，可分成若干段(各段的 n 值均不相等)，在每一段中的 n 值可近似认为不变。当对式(3-16)微分，则有：

$$npv^{n-1}\mathrm{d}v + v^n \mathrm{d}p = 0 \text{ 或} \frac{\mathrm{d}p}{p} + n\frac{\mathrm{d}v}{v} = 0,$$

则：

$$n = -\frac{\mathrm{d}(\ln p)}{\mathrm{d}(\ln v)} = \frac{\ln p_1 - \ln p_2}{\ln \rho_1 - \ln \rho_2} \tag{3-18}$$

按式(3-18)可由邻近的两个实测的状态求得此过程的 n 值。

由式(3-16)和 $v = \dfrac{1}{\rho}$ 得：

$$pv^n = \frac{p}{\rho^n} = \frac{p_1}{\rho_1^n} = \frac{p_2}{\rho_2^n} = \cdots = 常数$$

故得式(3-19)：

$$v = \frac{1}{\rho} = \frac{1}{\rho_1}\left(\frac{p_1}{p}\right)^{\frac{1}{n}} = \frac{1}{\rho_2}\left(\frac{p_2}{p}\right)^{\frac{1}{n}} = \cdots = 常数 \tag{3-19}$$

将式(3-12)代入积分项并由积分公式 $\int x^{\mu}\mathrm{d}x = \dfrac{x^{\mu+1}}{\mu+1} + c$ 积分得：

$$\int_2^1 v\mathrm{d}p = \frac{n}{n-1}\left(\frac{p_1}{\rho_1} - \frac{p_2}{\rho_2}\right)$$

将上式代入式(3-15)和式(3-14)得：

$$L_{\mathrm{R}} = \frac{n}{n-1}\left(\frac{p_1}{\rho_1} - \frac{p_2}{\rho_2}\right) + \left(\frac{v_1^2}{2} - \frac{v_2^2}{2}\right) + g(Z_1 - Z_2) \tag{3-20}$$

$$L_{\mathrm{R}} = \frac{n}{n-1}\left(\frac{p_1}{\rho_1} - \frac{p_2}{\rho_2}\right) + \left(\frac{v_1^2}{2} - \frac{v_2^2}{2}\right) + g(Z_1 - Z_2) + L_{\mathrm{t}} \tag{3-21}$$

令：

$$\frac{n}{n-1}\left(\frac{p_1}{\rho_1} - \frac{p_2}{\rho_2}\right) = \frac{p_1 - p_2}{\rho_{\mathrm{m}}} \tag{3-22}$$

式中：ρ_{m}——1—2 断面间按状态过程考虑的空气平均密度。

由式(3-20)和式(3-21)得：

$$\rho_m = \frac{p_1 - p_2}{\dfrac{n}{n-1}\left(\dfrac{p_1}{\rho_1} - \dfrac{p_2}{\rho_2}\right)} = \frac{p_1 - p_2}{\dfrac{\ln p_1 \ln p_2}{\ln \dfrac{p_1/\rho_1}{p_2/\rho_2}\left(\dfrac{p_1}{\rho_1} - \dfrac{p_2}{\rho_2}\right)}} \tag{3-23}$$

则单位质量流量的能量方程又可表示为式(3-24)和(3-25)：

$$L_R = \frac{p_1 - p_2}{\rho_m} + \left(\frac{v_1^2}{2} - \frac{v_2^2}{2}\right) + g(Z_1 - Z_2) \tag{3-24}$$

$$L_R = \frac{p_1 - p_2}{\rho_m} + \left(\frac{v_1^2}{2} - \frac{v_2^2}{2}\right) + g(Z_1 - Z_2) + L_t \tag{3-25}$$

3.1.3 单位体积流量能量方程

上一节详细讨论了单位质量流体的能量方程，但在我国矿井通风中习惯使用单位体积流体的能量方程。在考虑空气的可压缩性时，那么1 m^3空气流动过程中的能量损失可由1 kg空气流动过程中的能量损失 L_R 乘以按流动过程状态考虑计算的空气密度 ρ_m，即：$h_R = L_R\rho_m$。代入式(3-24)、式(3-25)得：

$$h_R = p_1 - p_2 + \left(\frac{v_1^2}{2} - \frac{v_2^2}{2}\right)\rho_m + g\rho_m(Z_1 - Z_2) \tag{3-26}$$

$$h_R = p_1 - p_2 + \left(\frac{v_1^2}{2} - \frac{v_2^2}{2}\right)\rho_m + g\rho_m(Z_1 - Z_2) + H_t \tag{3-27}$$

式(3-26)和式(3-27)就是单位体积流体的能量方程，其中式(3-27)是有压源 H_t 时的能量方程。

下面就单位体积流体能量方程的使用加以讨论：

(1)1 m^3空气在流动过程中的能量损失(通风阻力)等于两断面间的总能量差。状态过程的影响反映在动压差和位能差中，这是与单位质量流体的能量方程的不同之处，在应用时应给予注意。

(2)$g\rho_m(Z_1 - Z_2)$或写成 $\int_2^1 \rho g \mathrm{d}Z$ 是1—2断面的位能差。当1—2断面的标高差较大的情况下，该项数值在方程中往往占有很大的比重，必须准确测算。需要强调指出的是关于基准面的选择，基准面的选择一般选在所讨论系统的最低水平，也即保证各点位能值均为正。

(3)$\left(\dfrac{v_1^2}{2} - \dfrac{v_2^2}{2}\right)\rho_m$ 是1—2两断面上的动能差。

1)在矿井通风中，因其动能差较小，故在实际应用时，式中 ρ_m 可分别用各自断面上的密度代替来计算其动能差。

2)式(3-26)和式(3-27)中的 v_1，v_2 分别为1—2断面上的平均风速。由于井巷断面上风速分布的不均匀性，用断面平均风速计算出来的断面总动能与断面实际总动能不等，需用动能系数 K_v 加以修正。动能系数是断面实际总动能与用断面平均风速计算出的总动能的比。

$$K_v = \frac{\int_s \rho \dfrac{u^2}{2} u \mathrm{d}s}{\rho \dfrac{v^2}{2} v S} = \frac{\int_s u^3 \mathrm{d}s}{v^3 S} \tag{3-28}$$

式中：u——微小面积 ds 上的风速，其他符号意义同前。

在实际应用时，为了测算动能系数 K_v，把断面分成若干微小面积(分得越小越好)，分别测出每一微小面积上的 u_i 和 s_i，测出断面平均风速 v 和断面积 S，用式(3－29)计算 K_v：

$$K_v = \frac{\sum_{i=1}^{n} u_i^3 s_i}{v^3 S} \tag{3-29}$$

断面上风速分布愈不均匀，K_v 的值愈大。在矿井条件下，K_v 一般为 1.02～1.05。由于动能差项很小，在应用能量方程时，可取 K_v 为 1。

在进行了上述两项简化处理后，单位体积流体的能量方程可近似地写成式(3－30)和式(3－31)：

$$h_R \approx p_1 - p_2 + \left(\frac{v_1^2}{2}\rho_1 - \frac{v_2^2}{2}\rho_2\right) + g(\rho_{m1}Z_1 - \rho_{m2}Z_2) \tag{3-30}$$

$$h_R \approx p_1 - p_2 + \left(\frac{v_1^2}{2}\rho_1 - \frac{v_2^2}{2}\rho_2\right) + g(\rho_{m1}Z_1 - \rho_{m2}Z_2) + H_t \tag{3-31}$$

3.1.4 断面不同的水平巷道能量方程

由于水平巷道中 $Z_1 = Z_2$，空气密度又近似相等，因此，方程式(3－30)可简化为如下形式：

$$h_{1-2} = (p_1 - p_2) + \left(\frac{\rho_1 v_1^2}{2} - \frac{\rho_2 v_2^2}{2}\right) \tag{3-32}$$

式(3－32)表明，断面不同的水平巷道，两断面间的静压差和动压差之和等于这段巷道的通风阻力。如果用精密气压计分别测定断面1、2处的静压 p_1 和 p_2，又用风速计分别测定两断面的平均风速 v_1 和 v_2，并计算出动压，然后按式(3－32)两断面的静压差与动压差之和即为这段巷道的通风阻力。如果用皮托管的静压端和压差计直接测定两断面间的静压差，再加上两断面的动压差，同样可求得这段巷道的通风阻力。

如果是断面积均匀不变的水平巷道，有 $Z_1 = Z_2$，$v_1 = v_2$，则式(3－32)变化为：

$$h_{1-2} = (p_1 - p_2) \tag{3-33}$$

3.1.5 断面相同的垂直或倾斜巷道能量方程及其应用

由于 $v_1 = v_2$，两断面间的动压差为零，此时，式(3－6)可简化成：

$$h_{1-2} = (p_1 - p_2) + (\rho_{m1} g Z_1 - \rho_{m2} g Z_2) \tag{3-34}$$

如果将基准面取在下方的断面上，则有 $Z_1 = 0$，$Z_2 = Z$，式(3－34)变化为：

$$h_{1-2} = (p_1 - p_2) + \rho_m g Z \tag{3-35}$$

式(3－35)表明，在断面相同的垂直或倾斜巷道中，两断面的静压差与位能差之和等于该段井巷的通风阻力。可用精密气压计、温度计测量 p，t，Z，计算得到该段通风阻力。如果用皮托管静压端和压差计直接测定两断面间压差时，压差计上的示度 Δp(图3－4)即为井巷通风阻力，无需再计算两断面的位能差。

如图3－4，压差计左侧承受的压力为 p_L，它等于断面1处风流静压 p_1 与左侧胶皮管中空气柱 $\rho_{m1} g Z_1$ 之和，即：

$$p_L = p_1 + \rho_{m1} g Z_1$$

压差计右侧所承受的压力 p_R，有：

$$p_R = p_2 + \rho_{m2} g Z_2$$

压差计上示度 Δp 为：

$$\Delta p = p_L - p_R = (p_1 - p_2) + (\rho_{m1} g Z_1 - \rho_{m2} g Z_2)$$

这就说明，用此法测得的压差值 Δp，即为该段井巷的通风阻力。

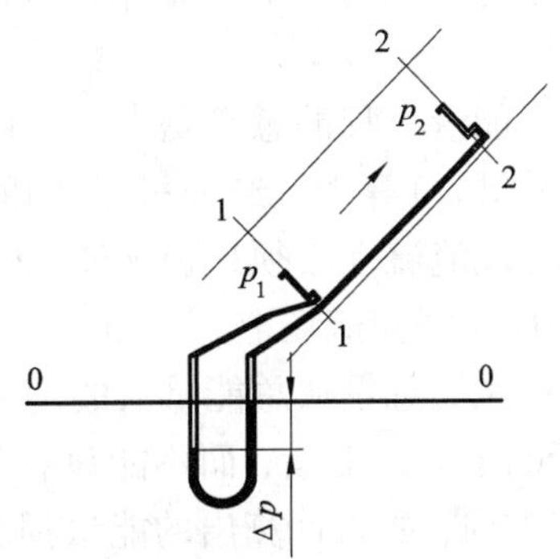

图3-4　用皮压管-压差计测定风流压差

注：一段巷道的通风阻力一般都很小，用U形水柱压差计一般是测不出来的。图中画的U形压差计是为了形象化表示

3.1.6　有扇风机工作时的能量方程式

如图3-5所示，在1—2两断面间如果有扇风机工作，则断面1的全能量加上扇风机的全压应等于断面2的全能量加上1—2两断面间的通风阻力。

此时，单位体积流体的能量方程式可写成式(3-36)：

$$p_1 + \frac{\rho_1 v_1^2}{2} + \rho_{m1} g Z_1 + H_f = p_2 + \frac{\rho_2 v_2^2}{2} + \rho_{m2} g Z_2 + h_{1-2} \tag{3-36}$$

式(3-36)中：H_f——扇风机的全压。

当分析扇风机工作状况时，常在扇风机入口取断面1，出口取断面2，列出能量方程式，若将扇风机内部阻力(断面1—2之间)忽略不计，即 $h_{1-2}=0$，且 $\rho_{m1} g Z_1 = \rho_{m2} g Z_2$，则能量方程式如式(3-37)：

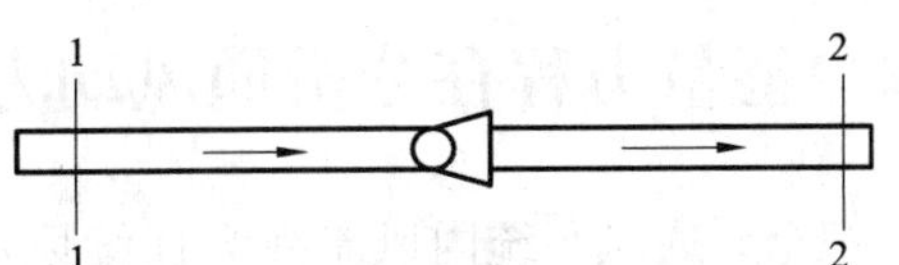

图3-5　有扇风机工作的风路

$$H_f = (p_1 - p_2) + \left(\frac{\rho_1 v_1^2}{2} - \frac{\rho_2 v_2^2}{2}\right) \tag{3-37}$$

式(3-37)表明，扇风机的全压等于扇风机出风口与入风口之间的静压差与动压差之和。

3.1.7　断面变化的垂直或倾斜巷道的能量分耗及其应用

当垂直或倾斜巷道两端断面不相同时，欲测定这段巷道的通风阻力，必须全面测定两断面的静压差、动压差和位能差，然后根据能量方程式的一般形式，计算通风阻力。

如果用皮托管的静压端，压差计上的示度 Δp 等于两面间静压差 $(p_1 - p_2)$ 与位能差 $(Z_1 g\rho_{m1} - Z_2 g\rho_{m2})$ 之和，只要再加上动压差 $\left(\frac{v_1^2}{2}\rho_1 - \frac{v_2^2}{2}\rho_2\right)$，即可求得通风阻力 $h_{1,2}$。

用皮托管和压差计测定通风阻力时，通常不用皮托管的全压端直接测定两断面间的全能量差。因为用皮托管的全压端所测得的是断面上某一点的全压。如果在两不同断面上，由于皮托管所放位置不同，或风速分布不规则，都能使所测得的结果不能反映巷道通风阻力的真实数值。而用皮托管的静压端则无此弊。

3.1.8　关于能量方程运用的几点说明

从能量方程的推导过程可知，方程是在一定条件下导出的，并对它做了适当的简化。因此，在应用能量方程时应根据矿井的实际条件，正确理解能量方程中各参数的物理意义，灵活应用。

(1)能量方程的意义是表示 1 kg(或 1 m^3)空气由 1 断面流向 2 断面的过程中所消耗的能量(通风阻力)等于流经 1—2 断面间空气总能量(静压能、动压能和位能)的变化量。

(2)风流流动必须是稳定流，即断面上的参数不随时间的变化而变化，所研究的始、末断面要放在缓变流场上。

(3)风流总是从总能量大的地方流向总能量小的地方。在判断风流方向时，应用依据始末两断面上的总能量，而不能只看其中的某一项。如不知风流方向，列能量方程时，应先假设风流方向，如果计算出的能量损失(通风阻力)为正，说明风流方向假设正确，如果为负，则风流方向假设错误。

(4)正确选择基准面。

(5)在始、末断面间有压源时，压源的作用方向与风流的方向一致，压源为正，说明压源对风流做功；如果两者方向相反，压源为负，则压源成为通风阻力。

(6)单位质量或单位体积流量的能量方程只适用 1、2 断面间流量不变的条件，对于流动过程中有流量变化的情况，应按总能量的守恒与转换定律列方程。

(7)应用能量方程时要注意各项单位的一致性。

3.2 能量方程在分析通风动力与阻力关系上的应用

把全矿通风系统内风流视为连续风流，可应用能量方程式分析通风动力与阻力之间的关系。

1. 压入式通风

图 3-6 所示为压入式扇风机工作，在风硐内断面 1 出口造成静压 p_1，平均风速 v_1；出风井口断面 2 处的静压等于地表大气压力 p_0，出风口平均风速 v_2，则 1—2 两断面间能量方程式为：

$$(p_1-p_0)+\left(\frac{v_1^2}{2}\rho_1-\frac{v_2^2}{2}\rho_2\right)+(Z_1g\rho_{m1}-Z_2g\rho_{m2})=h_{1-2}$$

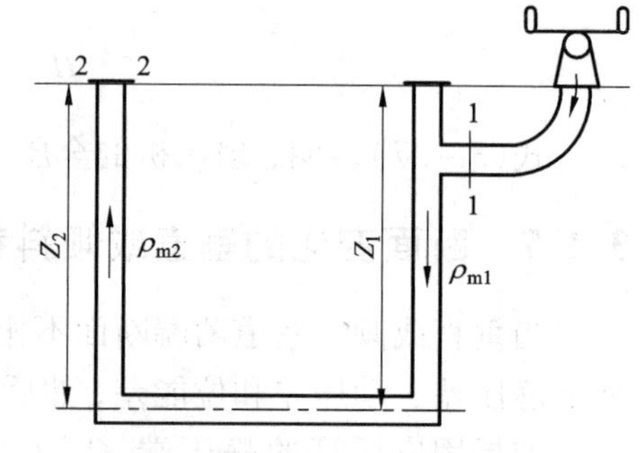

图 3-6 压入式扇风机工作

式中(p_1-p_0)为扇风机在风硐中所造成的相对静压，扇风机房静压水柱计上所测得的压差即为此值，以 H_s表示。$(Z_1g\rho_{m1}-Z_2g\rho_{m2})$为 1—2 两断面间的位能差，它相当于因入、排风井两侧空气柱重量不同而形成的自然风压，以 H_n 表示。h_{1-2}为矿井通风阻力。上式可写成式(3-38)：

$$\left(H_s+\frac{v_1^2}{2}\rho_1\right)+H_n=h_{1-2}+\frac{v_2^2}{2}\rho_2 \tag{3-38}$$

式(3-38)说明，对于压入式通风，扇风机在风硐中所造成的静压与动压之和，与自然风压共同作用，克服了矿井通风阻力，并在出风井口造成动压损失。

为使矿井通风阻力与扇风机全压联系起来，根据式(3-37)，可列出扇风机入口与扇风机风硐间的能量方程式。由于扇风机入口外的静压等于大气压力 p_0，其风速等于零，当忽略这段巷道的通风阻力时，其能量方程式有如下形式：

$$H_f = (p_1 - p_0) + \frac{v_1^2}{2}\rho_1$$

或

$$H_f = H_s + \frac{v_1^2}{2}\rho_1 \tag{3-39}$$

即扇风机的全压等于扇风机在风硐中所造成的静压（即为扇风机的静压）与动压之和。将式（3－39）代入式（3－38）时，即得式（3－40）：

$$H_f + H_n = h_{1-2} + \frac{v_2^2}{2}\rho_2 \tag{3-40}$$

此式表明，扇风机全压与自然风压共同作用，克服了矿井通风阻力，并在出风井口造成动压损失。

扇风机全压与矿井通风阻力的关系，也可用压力分布图来表示。图3－7是沿矿井风路扇风机所造成的压力与矿井通风阻力的变化关系。

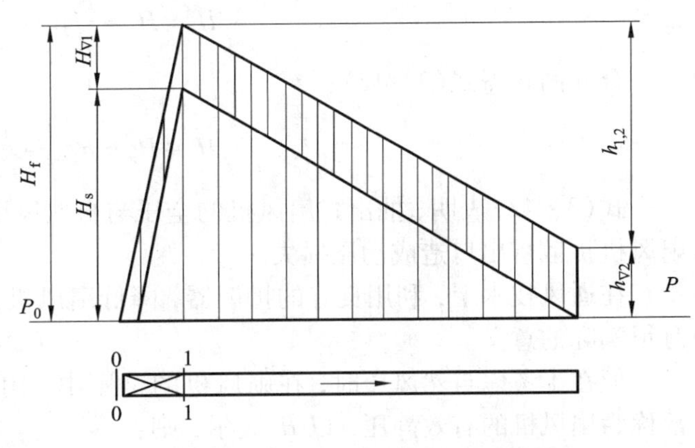

图3－7 压入式通风时的压力分布图

图3－7表明，在压入式扇风机风硐内，扇风机的全压 H_f 等于扇风机静压 H_s 与动压 $\frac{v_1^2}{2}\rho_1$ 之和。随着风流向前流动，由于克服矿井通风阻力，扇风机的全压和静压逐渐被消耗。在矿井出风口，扇风机的全压大部分用于克服矿井通风阻力 h_{1-2}，只剩下一小部分，它等于矿井出风口的动压损失 $\frac{v_2^2}{2}\rho_2$。

2．抽出式通风

如图3－8所示，扇风机安设在出风口作抽出式通风，在风硐中断面2处静压为 p_2，平均风速为 v_2；入风井口断面1处的静压等于地表大气压力 p_0，入风口平均风速为零。则1—2两断面间能量方程式为：

$$(p_0 - p_2) + (Z_1 g\rho_{m1} - Z_2 g\rho_{m2}) - \frac{v_2^2}{2}\rho_2 = h_{1-2}$$

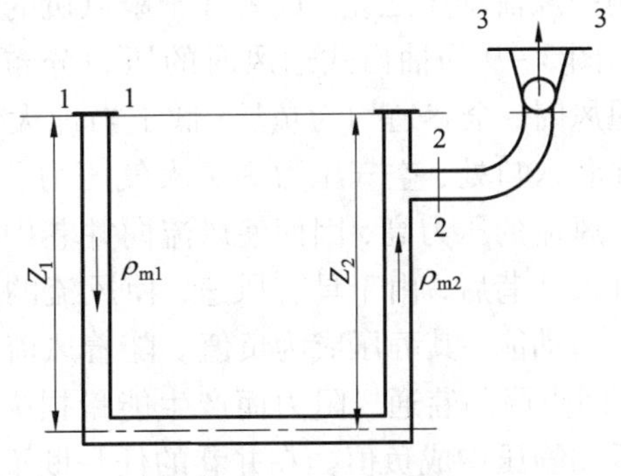

图3－8 抽出式通风

式中 $(p_0 - p_2)$ 是扇风机在风硐中所造成的静压（以绝对值计），以 H_s 表示之。$(Z_1 g\rho_{m1} - Z_2 g\rho_{m2})$ 等于矿井中的自然风压，以 H_n 表示。h_{1-2} 为矿井通风阻力。$\frac{v_2^2}{2}\rho_2$ 为抽出式扇风机在风硐中所造成的动压，此动压对矿井通风而言，没有起到克服矿井通风阻力的作用。上式可改成：

$$H_s + H_n = h_{1-2} + \frac{v_2^2}{2}\rho_2 \tag{3-41}$$

此式表明，抽出式通风时，扇风机在风硐中所造成的静压（绝对值）与自然风压共同作用，克服了矿井通风阻力，并在风硐中造成动压损失。

为了分析扇风机全压与通风阻力的关系，需要列出由扇风机入口 2 到扩散塔出口 3 的能量方程式。这个方程式包括扇风机在内，并忽略这段巷道的通风阻力，则扇风机全压（以绝对值表示）H_f 为：

$$H_f = (p_0 - p_2) + \left(\frac{v_3^2}{2}\rho_3 - \frac{v_2^2}{2}\rho_2\right)$$

或

$$H_f = H_s + \frac{v_3^2}{2}\rho_3 - \frac{v_2^2}{2}\rho_2$$

合并两式得式（3 - 42）：

$$H_f + H_n = h_{1-2} + \frac{v_3^2}{2}\rho_3 \tag{3-42}$$

式（3 - 42）表明，抽出式扇风机的全压与自然风压共同作用，克服了矿井通风阻力，并在扇风机扩散塔出口造成动压损失。

在通风技术上，利用良好的扩散器，降低扇风机出口的动压损失，对提高扇风机的效率有很实际的意义。

但在不考虑自然风压时，在扇风机的全压中，用于克服矿井通风阻力 h_{1-2} 的那一部分，常称为扇风机的有效静压，以 H'_s 表示，则：

$$H'_s = H_s - \frac{v_2^2}{2}\rho_2$$

或

$$H'_s = H_f - \frac{v_3^2}{2}\rho_3 \tag{3-43}$$

上两式说明，在抽出式通风时，扇风机的有效静压等于扇风机在风硐中所造成的静压与风硐中风流动压之差，或者等于扇风机的全压与扩散塔出口的动压之差。

图 3 - 9 为抽出式通风时的压力分布图。抽出式通风时，全巷道均为负压（低于当地大气压力）。在井巷入口处，空气压力等于大气压力，比井下巷道中风流的压力高，因而使风流向井巷中流动。风流进入井巷后，由于具有风速，使风流的部分压能转化为动能，其静压成为负值。随着风流沿井巷流动，因克服井巷通风阻力而产生能量损失，风流的全压和静压均成负值。在井巷的任一断面处，风流的全压均等于其静压与动压的代数和，就压力的绝对值来说，其全压等于静压减去动压，风流的全压等于风流由入风口到该断面的通风阻力。巷道中任一断面处风流的全压和静压都是由扇风机所造成的，但是，其数值并不等于扇风机的全压或静压。如图 3 - 9 所示，扇风机全压 H_f 等于扩散塔出口与扇风机风硐之间的全压差，而不等于扇风机在风硐中所造成的全压。扇风机在风硐中所造成的全压，即该断面风流的全压，等于矿井通风阻力 h_{1-2}。而扇风机的静压 H_s

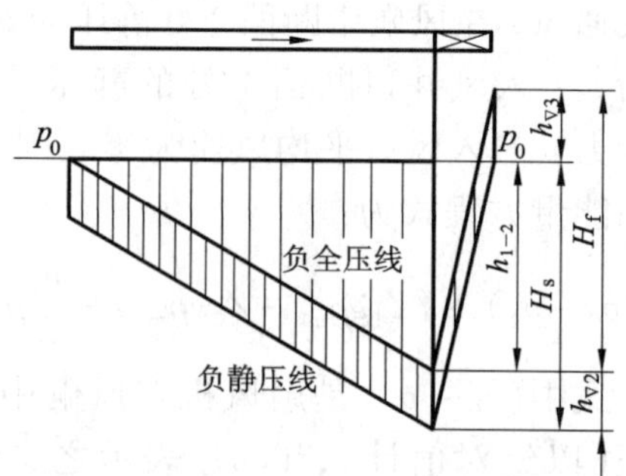

图 3 - 9　抽出式通风时的压力分布图

则等于扇风机在风硐中所造成的静压，即该断面风流的静压。

3. 扇风机安装在井下

扇风机安装在井下时，在扇风机前后都有一段风路，都有通风阻力。如图 3-10 所示，首先列出扇风机入、出风口断面 1—2 的能量方程式，可得扇风机的全压 H_f 为：

$$H_f=(p_2-p_1)+\left(\frac{v_2^2}{2}\rho_2-\frac{v_1^2}{2}\rho_1\right) \tag{3-44}$$

式(3-44)中，$(p_2-p_1)=H_s$(扇风机静压)。若入排风两侧巷道断面十分接近，$S_1\approx S_2$，则 $v_1\approx v_2$，此时，$H_f=H_s$ 即扇风机的全压等于扇风机的静压。

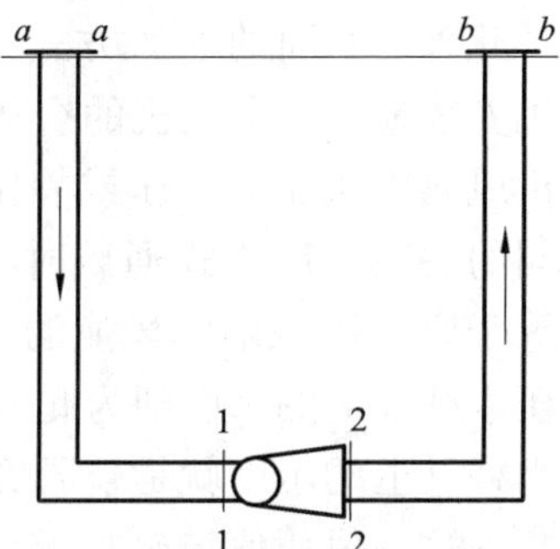

图 3-10 扇风机安装在井下

测定井下扇风机静压时，必须在扇风机入口和出风口两侧均安设皮托管，并将其静压端分别连接在压差计上，所测得的压差值才是扇风机的静压。若计算扇风机的全压，还需测定入、出口的平均风速 v_1，v_2，然后根据全压公式算出全压。

为了分析扇风机风压与井巷通风阻力之间的关系，还需列出由入风井口端面 a 到扇风机入风口断面 1 之间的能量方程式：

$$p_a+\frac{v_a^2}{2}\rho_a+Z_a g\rho_{ma}=p_1+\frac{v_1^2}{2}\rho_1+Z_1 g\rho_{m1}+h_{1,a} \tag{3-45}$$

式(3-45)中：$h_{1,a}$是风流由 a 断面流到 1 断面的通风阻力。由于入风井口处风速为零，即 $v_a=0$。井底断面 1 处距基准面的距离为零，则 $Z_1=0$，上式可化成：

$$h_{1,a}=(p_a-p_1)+Z_a g\rho_{m2}-\frac{v_1^2}{2}\rho_1 \tag{3-46}$$

再列出由扇风机出风口断面 2 到出风井口断面 b 之间的能量方程式：

$$p_2+\frac{v_2^2}{2}\rho_2+Z_2 g\rho_{m2}=p_b+\frac{v_b^2}{2}\rho_b+Z_b g\rho_{mb}+h_{2,b} \tag{3-47}$$

式(3-47)中：$h_{2,b}$是风流由扇风机出口断面 2 到出风井口断面 b 的通风阻力。由于 $Z_2=0$，则得式(3-48)：

$$h_{2,b}=(p_2-p_b)+\left(\frac{v_2^2}{2}\rho_2-\frac{v_b^2}{2}\rho_b\right)-Z_b g\rho_{mb} \tag{3-48}$$

整理上式有，并已知 $p_b=p_a=p_0$(井口处地表大气压力)，则可得式(3-49)：

$$H_f+H_n=h_{a,b}+\frac{v_b^2}{2}\rho_b \tag{3-49}$$

式(3-49)中：$H_n=(Z_a g\rho_{ma}-Z_b g\rho_{mb})$为矿井自然风压，$h_{a,b}=h_{1,a}+h_{2,b}$为矿井通风阻力。

上式表明，当扇风机安装在井下时，扇风机的全压与自然风压之和，用于克服扇风机入风侧与出风侧的阻力之和，并在出风井口造成动压损失。

扇风机安装在井下时，其压力分布如图 3-11，在入风段，全压与静压均为负值；在出风段，全压与静压均为正值。

综上所述，无论压入式、抽出式或扇风机安装在井下，用于克服矿井通风阻力和造成出风井口动压损失的通风动力，均为扇风机的全压与自然风压之总和。因此，不能认为，通风方式不同，或安装地点不同，对扇风机能量的有效利用会产生多大的影响。值得注意的是，无论何种通风方式，或安装地点有何不同，降低出风井口风流的动压损失，对节省扇风机的能量均是非常必要的。此外，不同的通风方式，或不同的扇风机安装地点，扇风机的全压或静压与扇风机风硐中风流的全压或静压之间存在着不同的关系。压入式通风时，扇风机的全压等于扇风机风硐中风流的全压，扇风机全压水柱计上的示度即为此值。扇风机的静压也等于扇风机风硐中风流的静压，扇风机房静压水柱计上的示度就是扇风机的静压。通常以扇风机的全压做为压入式通风时扇风机的风压参数。这一风压值与矿井通风阻力及出风井口风流动压损失之和相对应。因此，在阻力计算时，除计算矿井阻力之外，还应再加上出风井口的动压损失。抽出式通风时则不然，欲求扇风机的全压，还需再加上扩散塔出风口的动压损失。扇风机风硐中风流全压又可称为扇风机的有效静压，它是用以克服矿井通风阻力的有效压力。通常以此扇风机有效静压作为抽出式扇风机的风压参数。当扇风机安装在井下时，排风风硐与入风风硐之间风流的全压差等于扇风机的全压，静压差等于扇风机的静压。通常也是以扇风机的全压作为扇风机的风压参数。阻力计算时，除计算矿井通风阻力外，还要加上出风井口的动压损失。

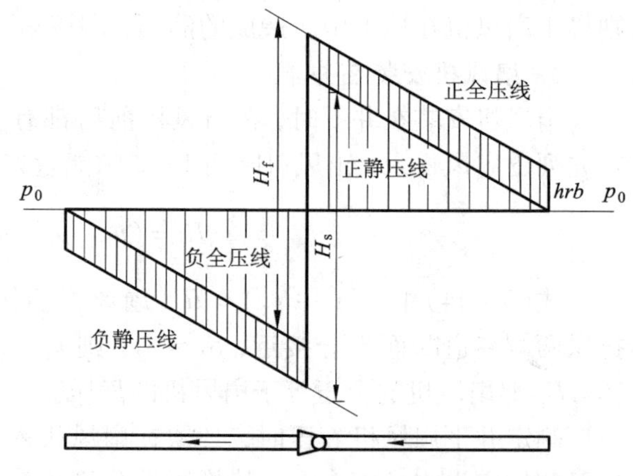

图 3－11　扇风机安装在井下时的压力分布

3.3　有分支风路的能量方程式

前几节所讨论的能量方程式是沿风流流动方向风量保持不变的情况下，单位体积流体的能量方程式。如果巷道有分支，沿风流流动方向风量发生变化，则不用单位体积流体的能量方程式，而应该用全流量能量方程式。

如图 3－12 所示，当风流从断面 0 流出后，分成两个分支，一个分支到断面 1，另一个分支到断面 2，则其全流量能量方程式如下(为分析问题方便起见，位能项忽略不计)：

$$\left(p_0+\frac{v_0^2}{2}\rho_0\right)Q_0=\left(p_1+\frac{v_1^2}{2}\rho_1\right)Q_1+h_{01}Q_1+\left(p_2+\frac{v_2^2}{2}\rho_2\right)Q_2+h_{02}Q_2 \tag{3-50}$$

式中：$h_{0,1}$，$h_{0,2}$——单位体积流体由断面 0 到断面 1，2 的能量损失，Pa；

Q_0，Q_1，Q_2——断面 0，1，2 处的风量，m^3/s。

图 3－13 为中央压入两翼排风的通风系统示意图，当风流由风硐断面 3 流到入风井底 0 断面后，分成两路，分别由两排风井口断面 1，2 流出。以下应用全流量能量方程式分析通风动力与通风阻力间的关系。

首先列出风流由断面 3 到断面 0 的全流量能量方程式：

$$\left(p_3+\frac{v_3^2}{2}\rho_3\right)Q_0=\left(p_0+\frac{v_0^2}{2}\rho_0\right)Q_0+h_{30}Q_0 \tag{3-51}$$

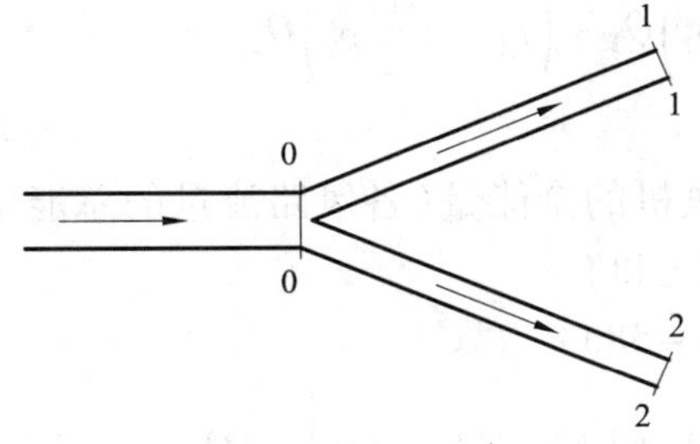

图3-12 风流分支

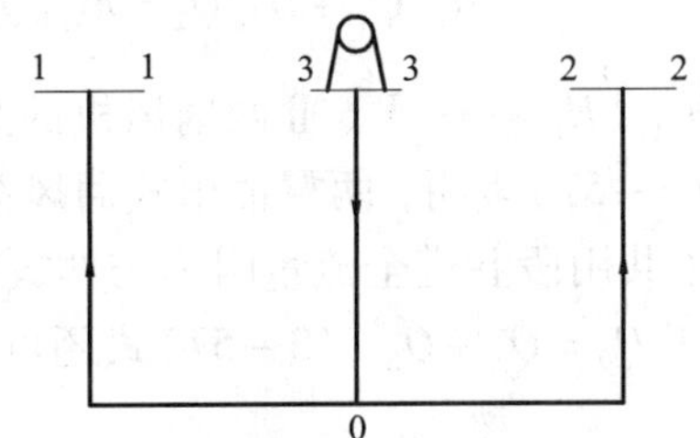

图3-13 中央压入两翼排风的通风系统

再列出由断面0到断面1，2的全流量能量方程式。其形式与(3-50)式相同。将(3-51)与(3-50)两式合并，可得：

$$\left(p_3+\frac{v_3^2}{2}\rho_3\right)Q_0=H_{3,0}Q_0+\left(p_1+\frac{v_1^2}{2}\rho_1\right)Q_1+h_{0,1}Q_1+\left(p_2+\frac{v_2^2}{2}\rho_2\right)Q_2+h_{0,2}Q_2 \quad (3-52)$$

若$p_1=p_2=p_a$(井口处地表大气压力)；则(3-52)式可变换成：

$$H_fQ_0=h_{3,0}Q_0+\left(h_{0,1}+\frac{v_1^2}{2}\rho_1\right)Q_1+\left(h_{0,2}+\frac{v_2^2}{2}\rho_2\right)Q_2 \quad (3-53)$$

式(3-53)中，扇风机的全压$H_f=(p_3-p_a)+\frac{v_3^2}{2}\rho_3$。式(3-53)表明，在中央压入两翼排风的通风系统中，扇风机所造成的全能量(全流量的总能量)等于共用巷道段全流量阻力与各分支风路在各该风量下的总阻力之和(包括出口动能损失)。

由于$Q_0=Q_1+Q_2$，(3-53)式还可以变换成如下形式：

$$H_fQ_1+H_fQ_2=\left(h_{3,0}+h_{0,1}+\frac{v_1^2}{2}\rho_1\right)Q_1+\left(h_{3,0}+h_{0,2}+\frac{v_2^2}{2}\rho_2\right)Q_2 \quad (3-54)$$

由此可得：

$$H_f=h_{3,0}+h_{0,1}+\frac{v_1^2}{2}\rho_1 \quad (3-55)$$

$$H_f=h_{3,0}+h_{0,2}+\frac{v_2^2}{2}\rho_2 \quad (3-56)$$

上两式说明，在中央压入两翼排风的通风系统中，扇风机的全压(以单位体积流体计)等于由扇风机风硐起到各排风风路末端止，各段风路阻力之叠加值与出风井口动压损失之和。这种情况与压入式扇风机在单一风路中工作的情况是一致的。但要注意，每一段风路在计算总阻力时，都要把共用巷道的阻力计算在内。

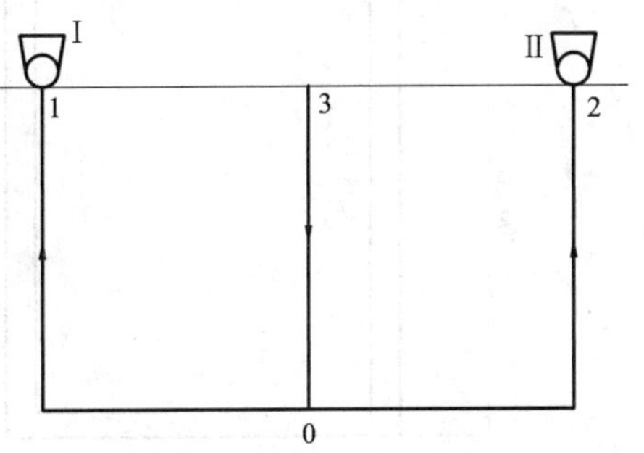

图3-14 两翼抽出式通风系统

对于中央进风两翼排风的通风系统(见图3-14)，两台抽出式扇风机Ⅰ、Ⅱ分别在两排风井口1、2处工作，其通风动力和阻力之间的关系，也可以做类似的分析，所得结果如下：

$$H_{\text{f I}}Q_1 + H_{\text{f II}}Q_2 = h_{3,0}Q_0 + \left(h_{0,1} + \frac{v_1^2}{2}\rho_1\right)Q_1 + \left(h_{0,2} + \frac{v_2^2}{2}\rho_2\right)Q_2 \tag{3-57}$$

式中：$H_{\text{f I}}$、$H_{\text{f II}}$——Ⅰ、Ⅱ两扇风机的全压，Pa。

式(3－57)表明，两翼抽出式通风系统中，两扇风机的全能量(各风路流量的总能量)之和，等于共用段巷道全流量阻力与两翼风路的总阻力之和。

由于 $Q_0 = Q_1 + Q_2$，(3－57)式还可以变换成式(3－58)：

$$H_{\text{f I}}Q_1 + H_{\text{f II}}Q_2 = \left(h_{3,0}Q_0 + h_{0,1} + \frac{v_1^2}{2}\rho_1\right)Q_1 + \left(h_{3,0} + h_{0,2} + \frac{v_2^2}{2}\rho_2\right)Q_2 \tag{3-58}$$

由此可得：

$$H_{\text{f I}} = h_{3,0} + h_{0,1} + \frac{v_1^2}{2}\rho_1 \tag{3-59}$$

$$H_{\text{f II}} = h_{3,0} + h_{0,2} + \frac{v_2^2}{2}\rho_2 \tag{3-60}$$

上两式表明，就单位体积流体的能量变化而言，各扇风机的全压分别等于各风路由入风井口到排风口的总阻力(包括出口动压损失)。计算各条风路总阻力时，每一段风路均应将共用段巷道的阻力计算在内。

本章练习

(1)如图3－15所示矿井，把左侧进口封闭后引出一胶管与水柱计连接。若左侧井内空气平均密度 $\rho_1 = 1.15\ \text{kg/m}^3$，右侧井内空气平均密度 $\rho_2 = 1.25\ \text{kg/m}^3$。试问水柱计哪边水面高？读数是多少？

(2)如图3－16所示。某倾斜巷道面积 $S_1 = 5\ \text{m}^2$，$S_2 = 6\ \text{m}^2$，两断面垂直高差50 m，通过风量为600 m^3/min，巷道内空气平均密度为1.2 kg/m^3，1，2两断面处的绝对静压分别为760 mmHg与763 mmHg (1 mmHg = 133.322 Pa)。求该段巷道的通风阻力。

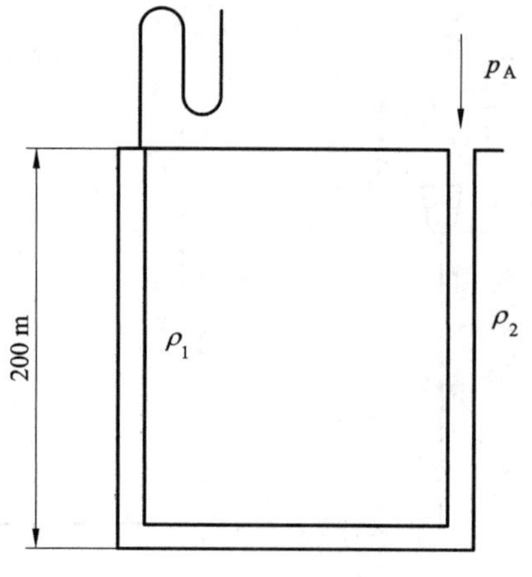

图3－15　练习题(1)附图

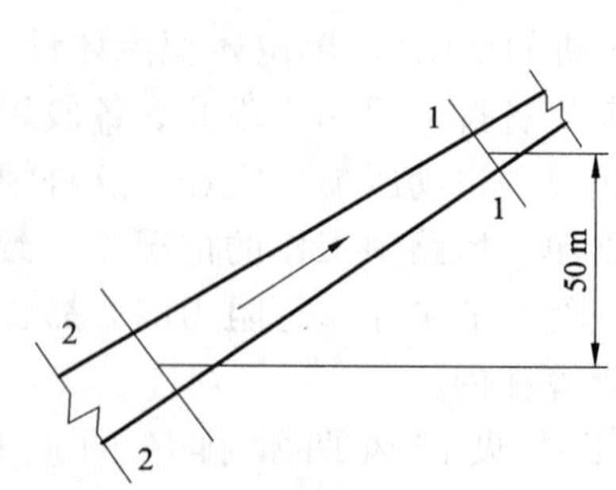

图3－16　练习题(2)附图

(3)某矿井深150 m，用图3－17压入式通风。已知风硐与地表的静压差为1 500 Pa，入风井空气的平均密度为1.25 kg/m³，出风井为1.2 kg/m³，风硐中平均风速为8 m/s，出风口的风速为4 m/s，求矿井通风阻力。

(4)某矿井深200 m，用图3－18抽出式通风。已知风硐与地表的静压差为2 200 Pa，入风井空气的平均密度为1.25 kg/m³，出风井为1.2 kg/m³，风硐中平均风速为8 m/s，扇风机扩散器的平均风速为6 m/s，空气密度为1.25 kg/m³，求矿井通风阻力。

(5)见图3－18，当出风井口的风速没有改变，主扇风机安在井下，其压差是否会减少？为什么？

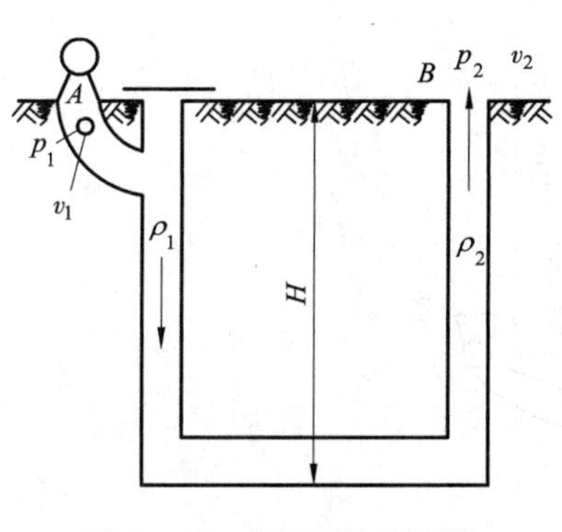

图3－17　练习题(3)附图

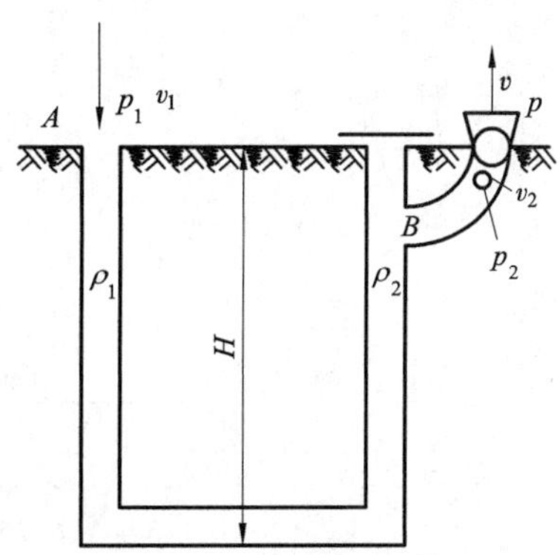

图3－18　练习题(4)附图

(6)如图3－19，U形管内装水，已知风速$v_1=15$ m/s，$v_2=4$ m/s，空气密度$\rho_1=\rho_2=1.2$ kg/m³。问左侧U形管的水面如何变化？其差值为多少？

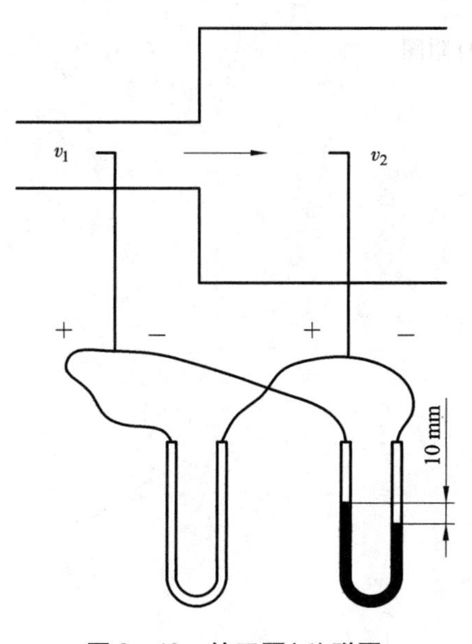

图3－19　练习题(6)附图

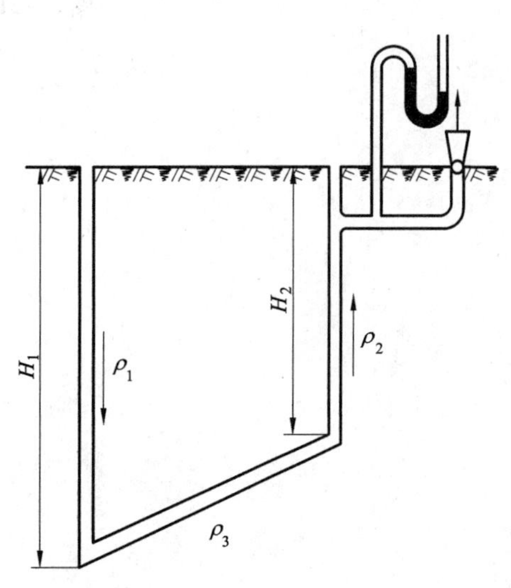

图3－20　练习题(7)附图

(7)某矿井通风系统如图3－20所示，U形管测出风硐内的压差读数为230 mmH₂O，风

硐断面 $S=9\ m^2$，通过风量为 $90\ m^3/s$。入风井深 $H_1=300$ m，其平均空气密度 $\rho_1=1.25\ kg/m^3$，回风井浓度 $H_2=250$ m，其平均空气密度为 $\rho_2=1.15\ kg/m^3$。两井口标高相等，两井筒间巷道中的空气平均密度 $\rho_3=1.23\ kg/m^3$。问矿井的通风总阻力为多少？

(8)在压入式通风管道中，风流的相对静压在什么情况下能出现负值？在抽出式通风管道中，相对静压能否出现正值？

(9)某矿井在标高为 +400 m 处测得风硐 $a-a$ 断面相对静压 $h_s=-226(mmH_2O)$，如图 3-21 所示(风硐距地表很近)，在下部平硐 +253 m 标高处测得大气压力 $p_0=98\ 227$ (Pa)，气温为 $t=25$(℃)。求扇风机风硐内的绝对静压值。

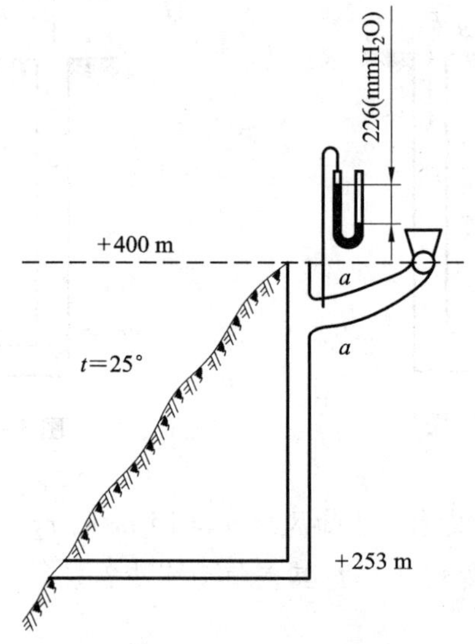

图 3-21　练习题(9)附图

第4章 矿井通风阻力及其计算

学习目标 本章需要掌握的基本概念有：层流流态、紊流流态、临界雷诺数、井巷摩擦阻力、井巷摩擦阻力系数、井巷摩擦风阻、局部阻力、正面阻力、总风阻、矿井等积孔等；需要掌握的计算有：摩擦阻力系数与摩擦风阻计算、井巷摩擦阻力计算、局部阻力计算、矿井总风阻计算、矿井等积孔计算等；需要掌握的测定方法有：风速剖面图测定、井巷摩擦阻力测定、井巷局部阻力测定等。

学习方法 学习本章内容需要与工程流体力学的知识结合起来，了解矿井的实际情况加深理解；有关概念记忆和理解最好与实验课结合起来，通过观察模型和做实验，进一步了解有关定义的由来；井巷阻力测定与计算实际是第3章知识的实际应用，通过做实验和处理数据，真正掌握能量方程的意义以及方程各项内容的大致范围。

矿井通风阻力是进行矿井通风设计、通风系统调整和改造、通风检查与管理等工作的基础，是矿井通风学的重要组成部分。

4.1 井巷风流的流态及流速分布

空气由于具有粘性，当它沿井巷流动时，就受到井巷对它所呈现的阻力的作用，从而导致风流本身机械能的损失。在矿井通风工程中，空气沿井巷流动时，井巷对风流呈现的阻力，统称为井巷的通风阻力。单位体积风流的能量损失简称为风压损失或风压降，单位为 Nm/m^3 或 N/m^2 或 Pa。井巷的通风阻力是引起风压损失的原因，故井巷的通风阻力与风压损失在数值上是相等的，但含义有所不同。井巷的通风阻力计算与风流的流速等有关系。下面先从井巷风流的流态讲起。

4.1.1 风流流态

风流具有层流和紊流两种流动状态，在流动过程中，不同流态的速度分布和阻力损失各不相同。

1. 井巷和管道流

同一流体在同一管道中流动时，不同的流速，会形成不同的流动状态。当流速很低时，流体质点互不混杂，沿着与管轴平行的方向作层状运动，称为层流（或滞流），矿井极少情况下流态为层流。当流速较大时，流体质点的运动速度在大小和方向上都随时发生变化，成为互相混杂的紊乱流动，称为紊流（或湍流），其流态判定表达式如下：

$$Re = \frac{v \times d}{\nu} \tag{4-1}$$

式中：Re——雷诺数；

v——平均流速，m/s；

d——管道直径，m；

ν——流体的运动粘性系数。

在实际工程计算中，为简便起见，通常以 $Re = 2\ 300$ 作为井巷或管道流动流态的判别准数，即层流的 $Re \leqslant 2\ 300$，紊流的 $Re > 2\ 300$。

对于非圆形断面的井巷，Re 中的管道直径 d 应以井巷断面的当量直径 d_e来表示：

$$d_e = 4\frac{S}{P} \tag{4-2}$$

式中：S——井巷断面积，m^2；

P——井巷的周长，m。

因此，非圆形断面井巷的雷诺数可用(4－3)式表示：

$$Re = \frac{4vS}{\nu P} \tag{4-3}$$

对于不同形状的井巷断面，其周长 P 与断面积 S 的关系，可用(4－4)式表示

$$P = C\sqrt{S} \tag{4-4}$$

式中：C——断面形状系数：梯形 $C = 4.16$；三心拱 $C = 3.85$；半圆拱 $C = 3.90$。

假设梯形巷道断面面积为 4 m^2，风流的运动粘性系数取 $\nu = 15 \times 10^{-6}$ m^2/s，以临界雷诺数 2300 和巷道等效直径 $d = 4\frac{S}{P}$代入式(4－1)，即得该巷道风流在临界雷诺数时的速度。其中巷道周边长 $P = 4.16\sqrt{S}$，故

$$\nu = \frac{Rev}{d} = \frac{4.16Re\nu}{4\sqrt{S}} = \frac{4.16 \times 2\ 300 \times 15 \times 10^{-6}}{4 \times \sqrt{4}} = 0.018\ \text{m/s}$$

计算说明，在 4 m^2的巷道里，当风速大于 0.018 m/s 时就成为紊流，绝大多数井巷风流的平均流速都大于上述数值，因此井巷中风流几乎都为紊流。

2. 孔隙介质流

当空气在采空区、岩石裂隙或充填物中流动时，此时的流动状态才多属于层流。在采空区等多孔介质中风流的流态判别准数为：

$$Re = \frac{vK}{l\nu} \tag{4-5}$$

式中：K——冒落带渗流系数，m^2；

l——渗流带粗糙度系数，m。

流态的判定准则为：层流，$Re \leqslant 0.25$；紊流，$Re > 2.5$；过渡流，$2.5 > Re > 0.25$。

4.1.2 井巷断面上风速分布

1. 紊流脉动

实际上，风流中各点的流速、压力等物理参数随时间作不规则变化，这种变化称为紊流脉动。

2. 时均速度

如图 4－1 所示，瞬时速度 v_x随时间 t 虽然不断变化，但在一足够长的时间段 T 内，流速

v_x总是围绕着某一平均值上下波动，该平均值就称为时均速度。

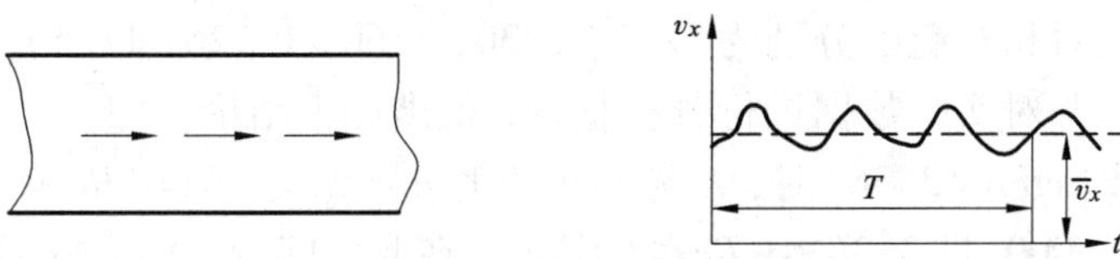

图 4－1　瞬时速度 v_x 随时间 t 的变化图

3. 巷道风速分布

由于空气的粘性和井巷壁面摩擦影响，井巷断面上风速分布是不均匀的，如图 4－2 所示。

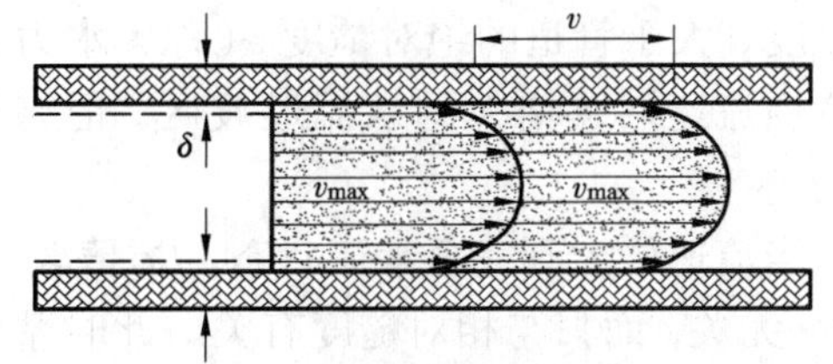

图 4－2　巷道断面速度分布示意图

在贴近壁面处仍存在层流运动薄层，称为层流边层，其厚度 δ 随 Re 增加而变薄，它的存在对流动阻力、传热和传质过程有较大影响。

在层流边层以外，从巷壁向巷道轴心方向，风速逐渐增大，呈抛物线分布，其平均风速为 $v=\frac{1}{S}\int_S v_i \mathrm{d}S$，巷道通过风量 $Q=v\cdot S$。

断面上平均风速 v 与最大风速 v_{max} 的比值称为风速分布系数（速度场系数），用 K_v 表示：$K_v=\frac{v}{v_{max}}$

巷壁愈光滑，K_v 值愈大，即断面上风速分布愈均匀。一般，砌碹巷道，$K_v=0.8\sim0.86$；木棚支护巷道，$K_v=0.68\sim0.82$；无支护巷道，$K_v=0.74\sim0.81$。

4.2　井巷摩擦风阻与阻力

4.2.1　井巷摩擦阻力

风流在井巷中作沿程流动时，由于流体层间的摩擦及流体与井巷壁面之间的摩擦所形成的阻力称为摩擦阻力（也称沿程阻力）。

由工程流体力学可知，无论层流还是紊流，以风流压能损失来反映的摩擦阻力可用（4－6）式来计算：

$$h_f=\lambda\frac{L}{d}\cdot\rho\frac{v^2}{2} \tag{4-6}$$

式中：λ——无因次系数，即达西系数，通过实验求得；

d——圆形风管直径，非圆形管用当量直径，m。

1. 尼古拉兹实验

实际流体在流动过程中，沿程能量损失一方面取决于粘滞力和惯性力的比值，用雷诺数 Re 来衡量；另一方面是固体壁面对流体流动的阻碍作用，与管道长度、断面形状及大小、壁面粗糙度有关。其中壁面粗糙度的影响通过 λ 值来反映。

1932～1933 年间，尼古拉兹把经过筛分、粒径为 ε 的砂粒均匀粘贴于管壁。砂粒的直径 ε 就是管壁凸起的高度，称为绝对糙度；绝对糙度 ε 与管道半径 r 的比值 ε/r 称为相对糙度。以水作为流动介质，对相对糙度分别为 1/15，1/30，1/60，1/126，1/256，1/507 六种不同的管道进行试验研究，并对实验数据进行分析整理，得出如下结论：

当 $Re<2\,320$（即 $\lg Re<3.36$）时，λ 与相对糙度 ε/r 无关，只与 Re 有关，且 $\lambda=64/Re$。

当 $2\,320\leqslant Re\leqslant 4\,000$（即 $3.36\leqslant \lg Re\leqslant 3.6$）时，在此区间内，$\lambda$ 随 Re 增大而增大，与相对糙度无明显关系。

当管内流体虽然都已处于紊流状态（$Re>4\,000$），但未达到完全紊流过渡区，当层流边层的厚度 δ 大于管道的绝对糙度 ε（称为水力光滑管）时，λ 与 ε 仍然无关，而只与 Re 有关。

当流速继续增大到紊流过渡区，但未处于完全紊流状态，λ 值既与 Re 有关，也与 ε/r 有关。

当流速增大到完全紊流状态，Re 值较大（$\lg Re>5$），管内流体的层流边层已变得极薄，λ 与 Re 无关，而只与相对糙度有关。此时摩擦阻力与流速平方成正比，称为阻力平方区，其 λ 可用尼古拉兹公式计算：

$$\lambda=\frac{1}{\left(1.74+2\lg\frac{r}{\varepsilon}\right)^2}$$

2. 层流摩擦阻力

当流体在圆形管道中作层流流动时，从理论上可以导出摩擦阻力计算式：

$$h_f=\frac{32\mu L}{d^2}v,\ \mu=\rho\cdot\nu$$

即

$$h_f=\frac{64}{Re}\cdot\frac{L}{d}\cdot\rho\frac{v^2}{2}$$

于是可得圆管层流时的达西系数：

$$\lambda=\frac{64}{Re} \tag{4-7}$$

尼古拉兹实验所得到的层流时 λ 与 Re 的关系，与理论分析得到的关系完全相同，即理论与实验的正确性得到相互的验证。

3. 紊流摩擦阻力

对于紊流运动，$\lambda=f(Re,\ \varepsilon/r)$，关系比较复杂。用当量直径 $d_e=4S/P$ 代替 d，代入阻力公式，则得到紊流状态下井巷的摩擦阻力计算式：

$$h_f=\frac{\lambda\cdot\rho}{8}\cdot\frac{LP}{S}v^2=\frac{\lambda\cdot\rho}{8}\cdot\frac{LP}{S^3}Q^2 \tag{4-8}$$

4.2.2 摩擦阻力系数与摩擦风阻

1. 摩擦阻力系数 α

矿井中大多数通风井巷风流的 Re 值已进入阻力平方区，λ 值只与相对糙度有关，对于几何尺寸和支护已定型的井巷，相对糙度一定，则 λ 可视为定值。对（4－8）式，令：

$$\alpha=\frac{\lambda\cdot\rho}{8} \tag{4-9}$$

式中：α——摩擦阻力系数，$N \cdot s^2/m^4$。

将式(4-9)代入式(4-8)，则紊流状态下井巷的摩擦阻力计算式为(4-10)：

$$h_f = \alpha \frac{LP}{S^3} Q^2 \tag{4-10}$$

通过大量实验和实测所得的、在标准状态下($\rho_0 = 1.2\ kg/m^3$)的井巷的摩擦阻力系数 α_0 即为标准值，当井巷中空气密度 $\rho \neq 1.2\ kg/m^3$ 时，其 α 值应按下式修正：

$$\alpha = \alpha_0 \frac{\rho}{1.2} \tag{4-11}$$

2. 摩擦风阻 R_f

对于已给定的井巷，L，P，S 都为已知数，故可把式(4-10)中的 α，L，P，S 归结为一个参数 R_f：

$$R_f = \alpha \frac{LP}{S^3} \tag{4-12}$$

式中：R_f——巷道的摩擦风阻，$N \cdot s^2/m^8$，其工程单位为 $kgf \cdot s^2/m^8$，或写成 kμ，$1\ N \cdot s^2/m^8 = 9.8$ kμ。

$R_f = f(\rho, \varepsilon, S, U, L)$。在正常条件下，当某一段井巷中的空气密度 ρ 变化不大时，可将 R_f 看作是反映井巷几何特征的参数。于是得到紊流状态下井巷的摩擦阻力计算式为：

$$h_f = R_f Q^2 \tag{4-13}$$

式(4-13)就是井巷风流进入完全紊流(阻力平方区)下的摩擦阻力定律。

4.2.3 井巷摩擦阻力计算方法

井巷摩擦阻力的计算分两种情况，对于新建矿井，可以依据巷道的通风特性查表得 α_0，计算 α 修正值，再计算风阻 R_f，最后算得巷道的摩擦阻力 h_f，即采用 $\alpha_0 \to \alpha \to R_f \to h_f$ 计算方法；对于生产矿井，测得井巷摩擦阻力 h_f 和井巷的风量 Q 后，可以根据公式计算出 R_f，α 及 α_0，即采用 $h_f \to R_f \to \alpha \to \alpha_0$ 计算方法。

4.2.4 生产矿井巷道阻力测定

1. 压差计法

用压差计法测定井巷通风阻力的实质是测量风流两点间的势能差和动压差后，计算出两测点间的通风阻力。

$$h_R \approx (p_1 - p_2) + \left(\frac{v_1^2}{2}\rho_1 - \frac{v_2^2}{2}\rho_2\right) + (g\rho_{m1} Z_1 - g\rho_{m2} Z_2) \tag{4-14}$$

式(4-14)中，右侧的第二项为动压差，通过测定1，2两断面的风速、大气压、干湿球温度，即可计算出它们的值。第一项和第三项之和称为势能差，需通过实际测定。

(1)布置方式及连接方法

用压差计法测定井巷通风阻力的布置方式及连接方法如图4-3所示。

(2)阻力计算

压差计“+”极感受的压力：$p_1 + \rho_{1m} g (Z_1 + Z_2)$

压差计“-”极感受的压力：$p_1 + \rho_{2m} g Z_2$

故压差计所示测值：

$$h = p_1 + \rho_{1m} g (Z_1 + Z_2) - (p_2 + \rho_{2m} g Z_2) \tag{4-15}$$

设 $\rho_{1m}(Z_1 + Z_2) - \rho_{2m} Z_2 = \rho_m Z_{12}$，且与1，2断面间巷道中空气平均密度相等，则：

$$h = (p_1 - p_2) + Z_{12}\rho_m g \tag{4-16}$$

式中：Z_{12}——1—2断面高差，m；

h——1，2两断面压能与位能和的差值。

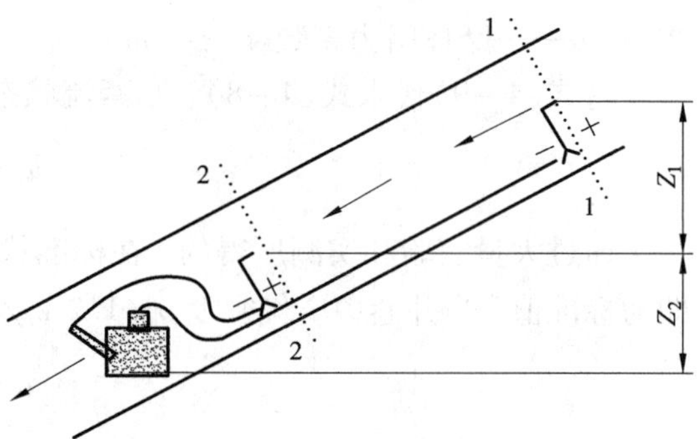

图4-3　井巷通风阻力测定方法图

根据能量方程，则1—2巷道段的通风阻力 h_{R12}为：

$$h_{R12} = h + \frac{\rho_1}{2} v_1^2 - \frac{\rho^2}{2} v_2^2 \tag{4-17}$$

2. 气压计法

依据能量方程：

$$h_{R12} = (p_1 - p_2) + \left(\frac{\rho_1}{2} v_1^2 - \frac{\rho_2}{2} v_2^2\right) + \rho_{m12} g Z_{12} \tag{4-18}$$

用精密气压计分别测得1—2断面的静压 p_1，p_2；用于湿球温度计测得 t_1，t_2，t'_1，t'_2和 φ_1，φ_2，进而计算 ρ_1，ρ_2；用风表测定1—2断面的风速 v_1，v_2。ρ_{m12}为1—2断面的平均密度，若高度差不大，就用算术平均值；若高度大，则用加权平均值。Z_{12}为1—2断面间的高差，可从采掘工程平面图各点的标高查得。

4.3　井巷局部风阻与正面阻力

由于井巷断面、方向变化以及分岔或汇合等原因，使均匀流动在局部地区受到影响而破坏，从而引起风流速度场分布变化和产生涡流等，造成风流的能量损失，这种阻力称为局部阻力。由于局部阻力所产生风流速度场分布的变化比较复杂性，对局部阻力的计算一般采用经验公式。

4.3.1　局部阻力

与摩擦阻力类似，局部阻力 h_j一般也用动压的倍数来表示：

$$h_j = \xi \frac{\rho}{2} v^2 \tag{4-19}$$

式中：ξ——局部阻力系数，无因次。

局部阻力计算的关键是局部阻力系数的确定，因 $v = Q/S$，当 ξ 确定后，便可用下式计算：

$$h_j = \xi \frac{\rho}{2S^2} Q^2 \tag{4-20}$$

下面介绍几种常见的局部阻力产生的类型：

1. 井巷断面突变局部阻力

紊流通过井巷断面突变的部分时，由于惯性作用，出现主流与边壁脱离的现象，在主流与边壁之间形成涡漩区(如图4－4)，从而增加能量损失。

图4－4 巷道断面突变

2. 井巷断面渐变的局部阻力

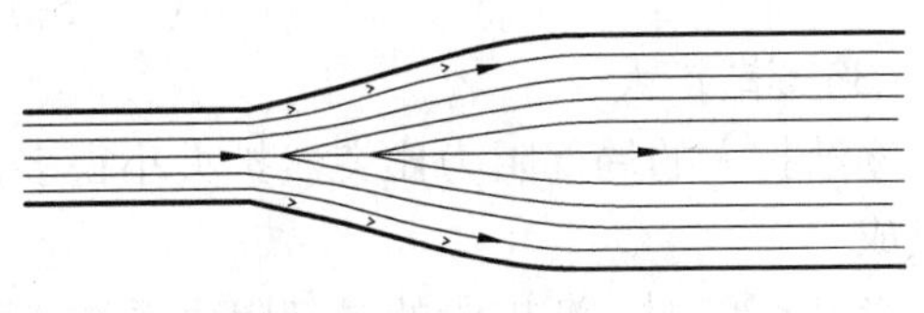

图4－5 巷道断面渐变

如图4－5所示，井巷断面渐变的局部阻力主要是由于沿流动方向出现减速增压现象，在边壁附近产生涡漩。因为压差的作用方向与流动方向相反，使边壁附近本来就小的流速趋于0，导致这些地方的主流与边壁面脱离，出现与主流相反的流动，即面涡漩，从而形成局部阻力。

3. 井巷断面转弯处局部阻力

流体质点在转弯处受到离心力作用，在外侧减速增压，出现涡漩，从而形成局部阻力，如图4－6所示。

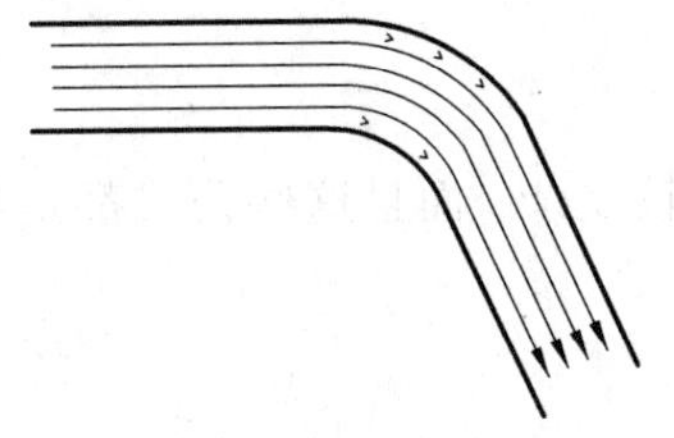

图4－6 巷道断面转弯

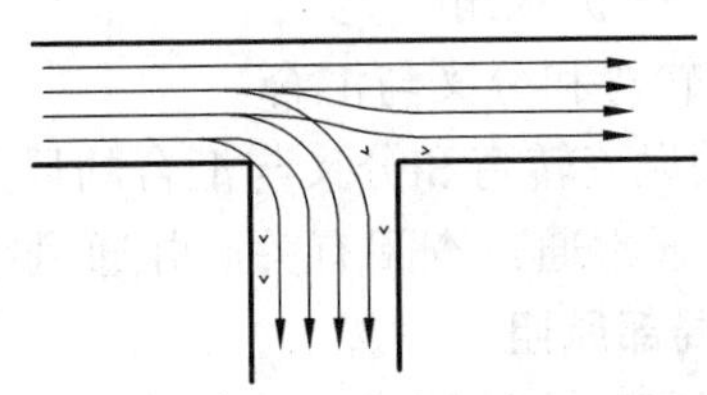

图4－7 巷道断面分岔与汇合

4. 井巷分岔与会合的局部阻力

如图4－7所示，在一条井巷的风流突然分成两股风流，会产生局部阻力损失。同样，两股风流突然汇合成一股风流，也会产生局部阻力损失。

综合上述，局部阻力的产生主要是与涡漩区有关，涡漩区愈大，能量损失愈多，局部阻力愈大。

4.3.2 局部阻力系数和局部风阻

1. 局部阻力系数 ξ

紊流局部阻力系数 ξ 一般取决于局部阻力物的形状，而边壁的粗糙程度为次要因素。

(1)突然扩大

$$h_j = \left(1 - \frac{S_1}{S_2}\right)^2 \frac{\rho v_1^2}{2} = \xi_1 \frac{\rho}{2} v_1^2 = \xi_1 \frac{\rho}{2S_1^2} Q^2 \tag{4-21}$$

$$h_j = \left(\frac{S_2}{S_1} - 1\right)^2 \frac{\rho v_2^2}{2} = \xi_2 \frac{\rho}{2} v_2^2 = \xi_2 \frac{\rho}{2S_2^2} Q^2 \tag{4-22}$$

式中：v_1，v_2——小断面和大断面的平均流速，m/s；

S_1，S_2——小断面和大断面的面积，m；

ρ_m——空气平均密度，kg/m^3。

对于粗糙度较大的井巷，紊流局部阻力系数 ξ 需要用式(4-23)进行修正

$$\xi' = \xi\left(1 + \frac{\alpha}{0.01}\right) \tag{4-23}$$

(2)突然缩小

对应于小断面的动压，ξ 值可按式(4-24)计算：

$$\xi = 0.5\left(1 - \frac{S_2}{S_1}\right),\ \xi' = \xi\left(1 + \frac{\alpha}{0.013}\right) \tag{4-24}$$

(3)逐渐扩大

逐渐扩大的局部阻力比突然扩大小得多，其能量损失可认为由摩擦损失和扩张损失两部分组成。

当 $\theta < 20°$ 时，渐扩段的局部阻力系数 ξ 可用式(4-25)求算：

$$\xi = \frac{\alpha}{\rho\sin\frac{\theta}{2}}\left(1 - \frac{1}{n^2}\right)\sin\theta\left(1 - \frac{1}{n}\right)^2 \tag{4-25}$$

式中：α——巷道的摩擦阻力系数，$N \cdot s^2/m^4$；

n——巷道大、小断面积之比，即 S_2/S_1；

θ——扩张角(°)。

(4)转弯和分叉与汇合

有关风流转弯和分叉与汇合的局部阻力系数计算比较复杂，而且这些公式都是半经验半理论的，通常通过查阅有关矿井通风手册选取确定。

2. 局部风阻

在局部阻力计算式中，有：

$$\xi\frac{\rho}{2S^2} = R_j \tag{4-26}$$

$$h_j = R_j Q^2 \tag{4-27}$$

式中：R_j——局部风阻，$N \cdot s^2/m^8$。

式(4-27)表明，在紊流条件下局部阻力也与风量的平方成正比。

4.3.3 正面阻力

若风流中存在物体，则空气流动时，必然使风速突然重新分布，造成风流分子间的互相冲击而产生的阻力叫正面阻力，由正面阻力所引起的风流能量损失叫正面阻力损失。

矿内产生正面阻力的物体有处于通风井巷内的罐笼、罐道梁、矿车、电机车、坑木堆以及其他器材设备和堆积物。这些对风流产生正面阻力的物体，称为正面阻力物。尽管正面阻力物的形式多种多样，但其产生正面阻力、引起正面损失的本质原因却是相同的：当风流从正面阻力物的周围绕过时，风流速度的方向、大小发生急剧的改变，导致空气微团相互间的激烈冲击和附加摩擦，形成紊乱的涡流现象，从而造成风流能量的损失。正面阻力的计算公式为：

$$h_c = C\frac{S_m}{S-S_m}\times\frac{\rho v_m^2}{2}, \quad \text{Pa} \tag{4-28}$$

式中：S_m——正面阻力物在垂直于风流总方向上的投影面积，m^2；

C——正面阻力系数，无因次；

S——井巷断面面积，m^2；

v_m——风流通过空余断面（$S-S_m$）时的平均风速，m/s；

ρ——风流（空气）的密度，kg/m^3。

因 $v_m = \dfrac{Q}{S-S_m}$

故

$$h_c = \frac{\rho C S_m}{2(S-S_m)^3}Q^2, \quad \text{Pa} \tag{4-29}$$

由于在具体条件下，C，S，S_m，ρ 均为常数，故可令

$$R_c = \frac{\rho C S_m}{2(S-S_m)^3}, \quad \text{N·s}^2/\text{m}^8 \tag{4-30}$$

式中：R_c——正面风阻。

将式（4－30）代入式（4－29），得

$$h_c = R_c Q^2, \quad \text{Pa} \tag{4-31}$$

此式表明；正面阻力等于正面风阻与风量的平方相乘积。

上述式（4－31）和式（4－29）均可用来计算正面阻力，而式（4－30）可用来计算正面风阻，关键在于如何确定正面阻力系数 C 的数值。到目前为止，尚不可能从理论上确定正面阻力系数，实际上都是用实际测定或模型实验方法来确实 C 值。在矿山通风井巷中，实际测定正面阻力物的正面阻力系数的方法、步骤、使用仪表，基本上与测定局部阻力系数相同，这里不再叙述。

通过以上分析可以看出：井巷的摩擦阻力、局部阻力和正面阻力的计算公式具有相似的形式，每种阻力都是等于各自的风阻与风量平方的相乘积。因此，可用下面的通式来表示：

$$h = RQ^2, \quad \text{Pa} \tag{4-32}$$

式（4－32）就是矿井通风阻力定律的数学表达式。它表明，井巷的通风阻力等于井巷的风阻与流过该井巷的风量平方的相乘积。

根据式（4－32）可知：当通过井巷的风量保持恒定时，井巷通风阻力与井巷风阻成正比，即如果井巷的风阻越大，则井巷的通风阻力 h 也越大，这意味着井巷通风较困难，如果井巷的风阻越小，则井巷的通风阻力 h 也越小，这意味着井巷通风较容易。因此，井巷风阻是反映井巷通风难易程度的一个重要指标。

如果同一井巷中既有摩擦阻力，又有局部阻力和正面阻力，则该井巷的总通风阻力就等于井巷所有的摩擦阻力、局部阻力与正面阻力之和，即：

$$h = \sum h_f + \sum h_l + \sum h_c, \quad \text{Pa} \tag{4-33}$$

式（4－33）就是通风阻力叠加原则的数学表达式。

4.3.4 降低井巷通风阻力的方法

当一定数量的空气沿矿山井巷流动时，为使风流能量的损失最少，以便节约通风电能的

消耗，就必须根据矿山具体情况，采取有效措施，降低矿山井巷的通风阻力。

1. 降低摩擦阻力的方法

(1)当通过井巷的风量不变时，由于井巷的摩擦阻力与井巷的摩擦风阻成正比，而井巷的摩擦风阻与井巷的断面积三次方成反比，所以增大井巷的断面积，可以大大降低井巷的摩擦阻力。

(2)由于井巷的摩擦阻力与井巷长度成正比，所以应尽量缩短井下风流的路线，以减小通风阻力，条件适当时采用分区通风效果更好。

(3)由于井巷的摩擦阻力与井巷断面的周界长度成正比，所以在断面积相等而断面形状不同的各种井巷中，以圆形或拱形井巷的摩擦风阻为最小，因此，应尽量采用圆形或拱形断面的井巷。

(4)由于井巷的摩擦阻力与井巷的摩擦阻力系数成正比，所以保证壁面光滑，支架排列整齐可降低井巷的通风阻力。

(5)当井巷情况(L，P、S，α)不变时，由于摩擦阻力与风流的平均速度的平方成正比，所以主要通风井巷的风速不宜过大，也就是说，主要通风井巷的断面积不能太小。

2. 降低局部阻力和正面阻力的方法

(1)尽量避免井巷的突然扩大与突然缩小，将断面大小不同的巷道连接处做成逐渐扩大或逐渐缩小的形状。

(2)当风速不变时，由于局部阻力与局部阻力系数成正比，所以在风速较大的井巷局部区段上，要采取有效措施减小其局部阻力系数，例如在专用回风井与主扇风硐相连接处设置引导风流的导风板。

(3)要尽量避免井巷直角拐弯，拐弯处内外两侧要尽量做成圆弧形，且圆弧的曲率半径应尽量放大。

(4)将永久性的正面阻力物做成流线形，要注意清除井巷内的堆积物，在风速较大的主要通风井巷内尤其重要。

4.4 井巷通风阻力定律

在完全紊流流动的状态下，风流的三种阻力(摩擦阻力、局部阻力、正面阻力)均符合下列关系式：

$$h_m = R_m Q^2 \tag{4-34}$$

所不同的只是三种风阻的关系式。由上式可知，完全紊流状态下的通风阻力就是表示通风阻力和风量平方的依存关系。如果某井巷同时具备三种阻力时，则上式中的h_m和R_m就分别代表该井巷的通风总阻力和总风阻。在层流状态下，通风阻力定律则不能用上式表示。

在层流状态下，摩擦阻力和风量的一次方成正比。由此可知，在层流运动状态下的通风阻力定律，就是表示通风阻力和风量的一次方的依存关系，即$h_m = R_m Q$。

在中间运动状态下的通风阻力定律，则是表示通风阻力和风量x次方的依存关系，x指数大于1而小于2，即$h_m = R_m Q^x$。

对于井下个别风速小、呈层流运动状态的风流，须使用层流运动状态的通风阻力定律；对于呈中间运动状态的风流，须用中间运动状态下的通风阻力定律。

4.5 矿井总风阻与矿井等积孔

4.5.1 井巷阻力特性

在紊流条件下，$h=RQ^2$。

对于特定井巷，R 为定值。用纵坐标表示通风阻力（或压力），横坐标表示通过风量，当风阻为 R 时，则每一风量 Q_i 值，便有一通风阻力 h_i 值与之对应，根据坐标点（Q_i，h_i）即可画出一条抛物线，如图 4-8 所示。这条曲线就叫该井巷的风阻特性曲线。风阻 R 越大，曲线越陡。

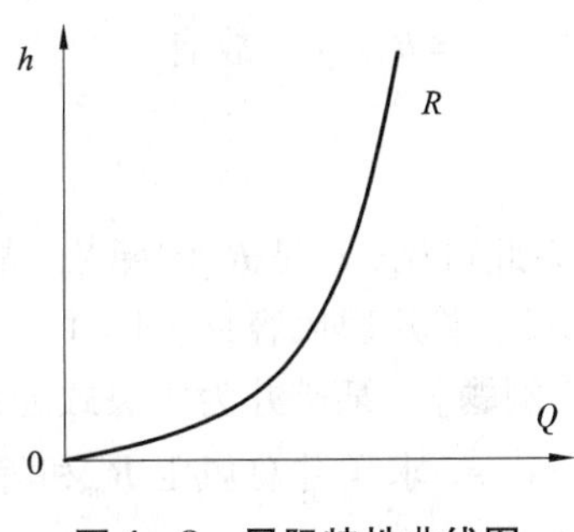

图 4-8 风阻特性曲线图

4.5.2 矿井总风阻

从入风井口到主要通风机入口，把顺序连接的各段井巷的通风阻力累加起来，就得到矿井通风总阻力 h_m，这就是井巷通风阻力的叠加原则。已知矿井通风总阻力 h_m 和矿井总风量 Q，即可求得矿井总风阻：

$$R_m=\frac{h_m}{Q^2} \tag{4-35}$$

式(4-35)中：R_m 是反映矿井通风难易程度的一个指标。R_m 越大，矿井通风越困难，也可以理解为全矿的等效风阻。

4.5.3 矿井等积孔

我国常用矿井等积孔作为衡量矿井通风难易程度的指标。假定在无限空间有一薄壁，在薄壁上开一面积为 A 的孔口。当孔口通过的风量等于矿井风量，而且孔口两侧的风压差等于矿井通风阻力时，则孔口面积 A 称为该矿井的等积孔。

如图 4-9 所示，设风流从Ⅰ流至Ⅱ，且无能量损失，列出能量方程式(4-36)：

$$p_1+\frac{\rho}{2}v_1^2=p_2+\frac{\rho}{2}v_2^2 \tag{4-36}$$

一般，$v_1\approx0$，化简式(4-36)得式(4-37)：

$$p_1-p_2=\frac{\rho}{2}v_2^2=h_m \tag{4-37}$$

式(4-37)中，

$$v_2=\sqrt{2h_m/\rho} \tag{4-38}$$

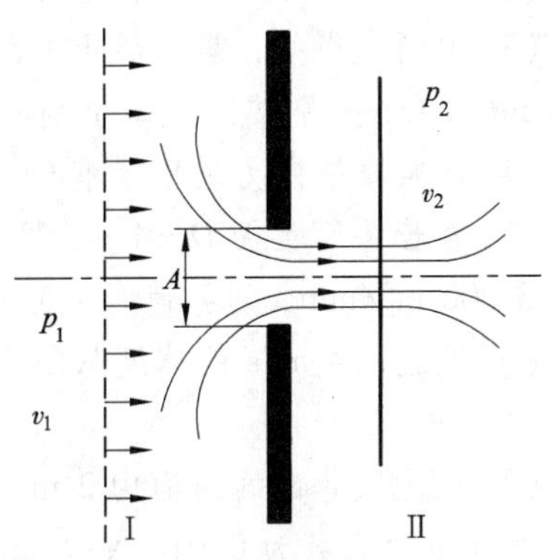

图 4-9 矿井等积孔图

风流收缩处断面面积 A_2 与孔口面积 A 之比称为收缩系数 φ，由工程流体力学可知，一般 $\varphi=0.65$，故 $A_2=0.65A$。则 $v_2=Q/A_2=Q/0.65A$，代入式(4-38)后并整理得：

$$A=\frac{Q}{0.65\ \sqrt{2h_m/\rho}}$$

取 $\rho=1.2\text{kg/m}^3$，则：$A=1.19\dfrac{Q}{\sqrt{h_m}}$。

因 $R_m=h_m/Q^2$，故有

$$A=\frac{1.19}{\sqrt{R_m}} \tag{4-39}$$

由此可见，A 是 R_m的函数，故可以表示矿井通风的难易程度。对于中小矿山，过去认为当 $A>2$，矿井通风容易；$A=1\sim2$，矿井通风中等；$A<1$ 矿井通风困难。

[例题] 某矿井为中央式通风系统，测得矿井通风总阻力 $h_m=2\ 800$ Pa，矿井总风量 $Q=70\ \text{m}^3/\text{s}$，求矿井总风阻 R_m和等积孔 A，评价其通风难易程度。

解：

$$R_m=\frac{h_{Rm}}{Q^2}=\frac{2800}{70^2}=0.571\ \text{Ns}^2/\text{m}^8$$

$$A=\frac{1.19}{\sqrt{R_m}}=1.19/\sqrt{0.571}=1.57\ \text{m}^2$$

可见，该矿通风难易程度属中等。

须指出的是：

(1)对于多风机工作的矿井，应根据各主要通风机工作系统的通风阻力和风量，分别计算各主要通风机所担负系统的等积孔，进行分析评价。

(2)所列衡量矿井通风难易程度的等积孔值仅供参考，对小型矿井还有一定的实际意义，对大型矿井或多风机通风系统的矿井不一定适用。

本章练习

(1)矿井风流以层流为主还是以紊流为主？为什么？

(2)井巷通风阻力和风阻各表示什么？单位是什么？

(3)由测定得知，某梯形巷道断面 5 m^2，长 500 m，当通过的风量为 25 m^3/s 时，压差为 3.75 mmH_2O，分别按工程单位制和国际单位制，求算该巷道的摩擦阻力系数。

(4)影响摩擦阻力的因素有哪些？

(5)假若井筒直径 $D=4$ m，摩擦阻力系数 $\alpha=0.04\ \text{N·s}^2/\text{m}^4$，深度 $L=325$ m，通过的风量为 3 000 m^3/min，问井筒的风阻有多大？阻力有多大？

(6)风流以 4 m/s 的速度从断面为 10 m^{2}的巷道突然进入断面为 4 m^{2}巷道，问引起的能量损失为多少？

(7)某通风巷道的断面由 2 m^2，突然扩大到 10 m^2，若巷道中流过的风量为 20 m^3/s，巷道的摩擦阻力系数为 $0.016\ \text{N·s}^2/\text{m}^4$，求巷道突然扩大处的通风阻力。

(8)为什么要降低矿井风阻？有什么方法？

(9)何谓矿井等积孔？

(10)矿井风阻特性曲线表示什么？作出风阻为 $1.962\ \text{N·s}^2/\text{m}^8$的风阻特性曲线图。

(11)对某巷道经过实测获得如下资料：

1)如图4－10，两支皮托管间距为200 m，倾斜压差计的倾斜系数为0.4，在压差计上的读数为第一次16.5 mm、第二次16.2 mm、第三次16.3 mm。

2)巷道断面如图4－11，$a=3$ m，$b=3.5$ m，$c=2.4$ m，$d=2.3$。

3)用翼式风表测风(侧身法)记录如表4－1。

4)风表按图4－12校正。

5)该巷道的气温为15℃，气压750 mmHg，相对湿度80%。

根据以上数据，求标准状况下该巷道的摩擦阻力系数、摩擦风阻、等积孔，并作出风阻特性曲线图(本题需要应用到前两章的知识)。

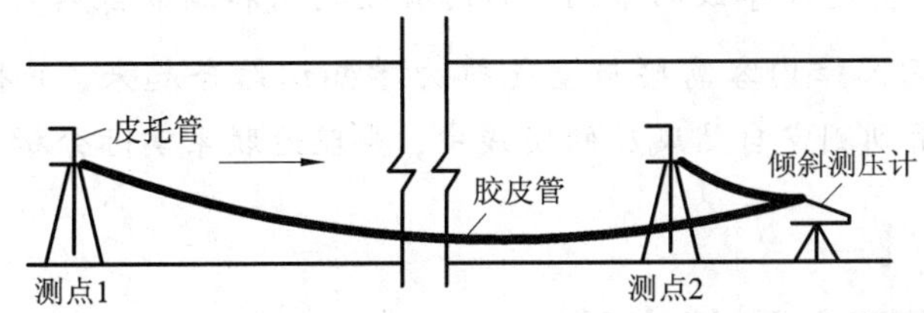

图4－10　用倾斜压差计测压差

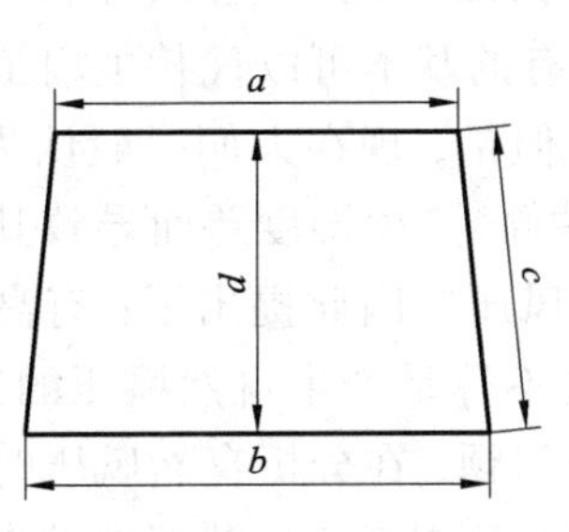

图4－11　巷道断面

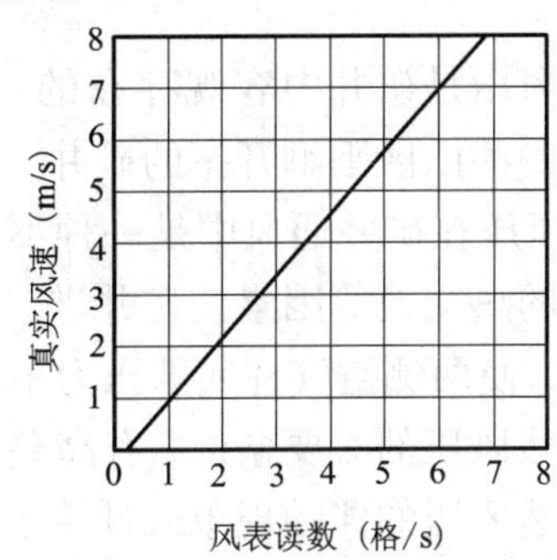

图4－12　风表校正曲线图

表4－1　测风记录

顺　序	风表顺序读数(格)	风表测风时间
零点读数	6 039	－
1	6 545	1 min 55 s
2	7 130	2 min 10 s
3	7 590	1 min 40 s

(12)降低局部阻力有哪些途径？

第5章　矿井自然通风

学习目标　本章需要掌握自然风压的概念，自然风压形成的原因和自然风压的影响因素；新、老矿井自然风压的多种计算方法；学会测定自然风压的几种方法：直接测定法、间接测定法、平均密度测算法；针对具体条件分析什么时候自然风压是矿井通风的动力和什么时候自然风压可能是矿井通风事故的肇因，如何有效利用和调节自然风压等。

学习方法　学习本章内容需要与空气热力学知识结合起来，并将前面学到的矿井空气测定方法和仪器运用到测定自然风压的实践中，要理论联系实际分析不同情况下的自然风压形成过程。

5.1　自然风压的概念及其表达

自然风压是矿井中客观存在的一种自然现象，其作用有时对矿井通风有利，有时却相反。我国一些山区平峒开拓的矿井，冬季自然通风的作用有的基本可以代替主扇工作。这表明，自然风压在矿井通风中是一种不可忽视的重要动力。但是，现在人们一般认为，风流流动所发生的热交换等因素使矿井进、出风侧(或进、出风井筒)产生温度差而导致其平均空气密度不等，使两侧空气柱底部压力不等，其压差就是自然风压。因此提出了：有高差的回路是产生自然风压的必要条件；有高差井巷的空气平均密度不等是产生自然风压的充分条件。这种以自然风压的伴随现象或计算手段来解释自然风压的问题，在分析自然风压时对风流状态的影响方面有时存在着难以克服的困难。实际上，自然风压是井上、井下多种自然因素所造成的促使空气沿井巷流动的一种能量差，这种能量差存在于包括平巷在内的所有井巷中。

5.1.1　自然风压的基本分类

根据矿井的实际情况，由井上、井下自然因素和生产活动的热力效应所产生的自然能量差可概括为三种形式：自然热位差、水平热压差(或称水平气压差)及大气自然风。

1. 自然热位差

如图5-1所示，由地面气温、井下热力因素、含湿量、气体成分等变化所引起的进、回风井筒内空气平均密度不等，密度大的井筒内空气柱压力大于密度小的井筒内空气柱压力。这两井筒中的空气柱压差称做自然热位差。

在机械通风停止后，因自然热位差的作用，在图5-1所示情况下，冬季风流从进风井筒进入，经井底平巷由回风井筒流出；夏季炎热时，其风流方向则相反。在有机械通风的矿井，冬季自然风压与机械风压方向相同，帮助扇风机克服矿井通风阻力；夏天则可能相反，起削弱机械通风压力作用。在垂直坐标向上为正的情况下，图5-1所示通风回路的热位差可用下式表示。

$$p_n = -g\oint \rho \mathrm{d}z = g[(-\int_1^2 \rho_0 d_z - \int_2^3 \rho_1 d_z) - \int_5^4 \rho_2 d_z] = gz(p_{m1} - p_{m2}) \qquad (5-1)$$

以前一些通风书上就把该种形式的热位差叫做自然风压。显然，这种自然风压的概念上是不全面的。

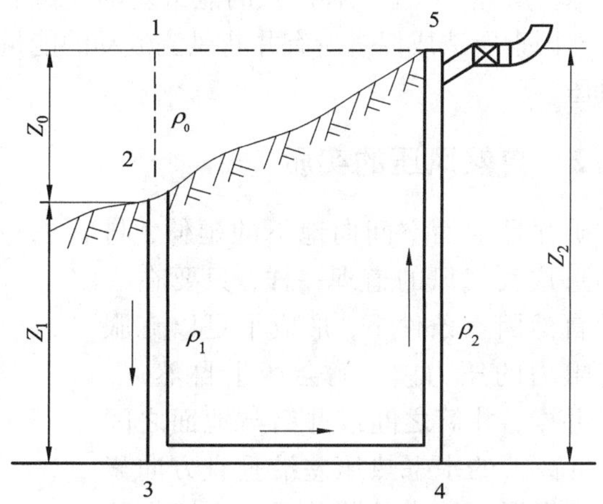

图5-1 矿井通风自然热位差示意图

2. 水平热压差

在地表，由于多种因素造成空气温度、湿度、成分等的差异，同一标高水平上的大气压力也有差别。这种同一标高水平上的气压差，气象上称为气压梯度。由气压梯度所产生的压力称为气压梯度力(N/kg)，可表示为：

$$G_n = -\frac{1}{\rho} \times \frac{\partial p}{\partial n} \qquad (5-2)$$

式(5-2)中，水平气压梯度力的方向是由高指向低，其大小与Δp成正比，与空气密度成反比。在水平气压梯度力的作用下，形成大气风。气压梯度力越大，风速也越大。在矿井水平井巷中也能因温度等自然因素变化导致风流密度上的差异，从而造成同一标高水平上的压力不同。井巷中同一水平上主要因温差而形成的压力差称为水平热压差。这种水平热压差也能促使空气沿井巷流动，形成自然风。一般情况下这种自然风速很小，往往不被注意，但在某些条件下，仍能明显的显现出来。

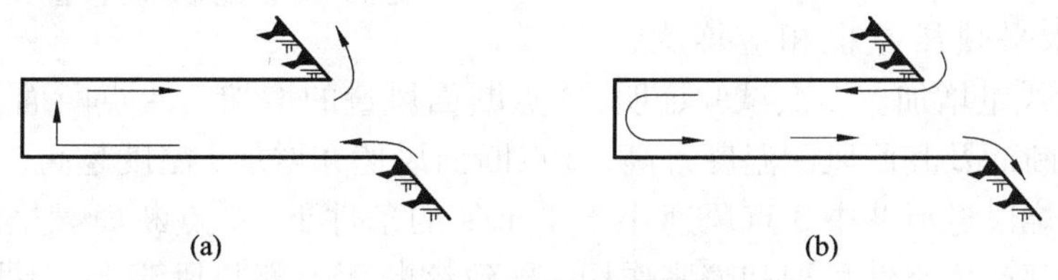

图5-2 水平巷自然通风示意图

图5-2(a)是表示冬季洞内温度比地面温度高，巷道内空气逐渐被加温，热气上升从巷道顶部流出，而地面冷空气从巷道下部进入；图5-2(b)是表示夏季洞内温度比地面温度低，巷道内空气逐渐降温，冷气下降由巷道底部流出，而地面热空气从巷道顶部进入。这是借助自然因素通风的最简单形式。

3. 大气自然风压

地面吹向平峒口的大气风，其动压可转变成静压，形成矿井自然风，影响矿井通风量的大小。该动压p_v的计算方法为：

$$p_v = \frac{\delta \rho v_a^2}{2} \qquad (5-3)$$

式中：δ——系数，由风向、山坡表面形状倾斜度、洞口形状和尺寸等决定；

ρ——大气自然风流密度，kg/m^3；

v_a——大气风速，m/s。

大气自然风对抽出式通风矿井的进风平峒和压入式通风矿井出风平峒的风量影响较显著，能使前者风速明显增加，后者风流停滞甚至反向。

综上所述，以上三种形式的能量差都应属于自然风压的范畴。所以，自然风压是由井内外自然因素所造成促进所有井巷风流流动的能量，而单位体积风流所具有的这种能量称做自然风压。

5.1.2 自然风压的实质

矿井是地面空间向地下的延伸，与地面形成大气风的道理一样，只要在一定的自然因素条件下，形成了足以克服井巷阻力的压力差，就会产生自然风。在矿井中，井筒之间或井筒与地面之间同一标高上的水平热压差沿垂直方向累加的结果形成了自然热位差。由于自然热位差强度较大，易被人注意到；而水平热压差在一些特定条件下也是较明显的。另外，在如图5－3所示的通风火灾试验平巷中进行火灾试验时，随着燃烧平巷4断面上燃烧温度的升高，使回风侧7，8点断面温度也相应增高，风流密度降低；与燃烧段并联平巷中的2点断面与7，8点断面之间的水平热压差也相应增大，而导致2点断面风量增加。多次试验证明，2点断面风量的增加与4点断面及其回风侧的温度同步，即4点断面及其回风侧温度升高，2点断面风速亦增加，温度越高，风速增加越大。

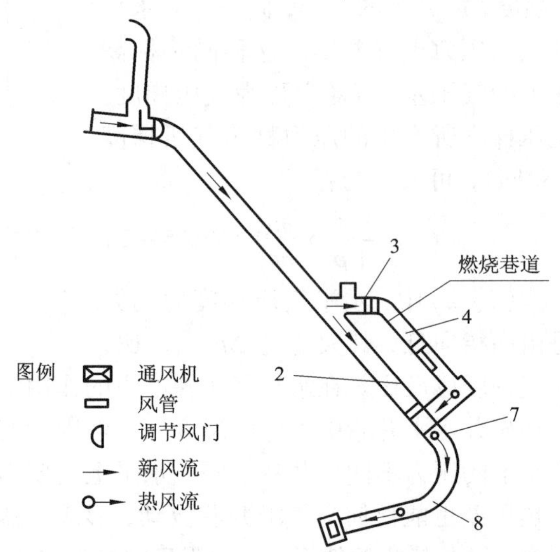

图5－3 燃烧试验巷道示意图

同时，在燃烧段进风巷中3点风速小于1 m/s的条件下，4点断面燃烧时，空气受热上升，使其断面上部产生空气积聚和膨胀作用，导致该断面上部与风流上、下风侧断面上部之间均产生了热压差，促使4点断面上部风流倒向，即所谓“逆流现象”。逆流层长度最长达25.7 m，厚约1.5 m，为巷道高度的1/2，逆流速度为0.15 m/s。无疑在顺风流方向也有一个相同的热压差与机械风压叠加在一起，促使风流顺向流动。这些现象完全可以说明，热压差在一定条件下的平巷中也是存在的，只是平巷中形不成热位差，需要更强的热力效应才能形成明显的水平热压差；而热力效应在垂直井巷中可以通过积蓄而变成热位差，所以只要较小的热力效应就可显现出较大的热位差。

有时即使只有一个出口的正在掘进的井筒或平峒也可以形成自然风。冬天当井筒周壁不淋水就可出现井筒中心处下风和周围上风的现象；夏天，就可能出现相反的方向。大爆破产生大量温度稍高的有毒有害气体以后，特别是当井下发生火灾产生大量温度较高的火烟气体时，就会出现局部自然风压（所谓“火风压”），进而扰乱原来通风系统的风流状况。尽管火风压不能与自然风压混为一谈，其实火灾时只是产生了更强烈的热力效应，使风流超出了不可压缩气体的范畴。但在压差关系方面，火风压与自然风压对风流状态的影响是一样的。另外，自然风压包括热风压对山区和深部矿井以及发生火灾时期矿井的通风状态均有很大的影响。

综上所述，自然风压是井上、井下热力效应等自然因素在矿井中形成的热压差，它存在于包括平巷在内的所有井巷中。大气自然风是地面水平热压差的结果作用于矿井通风的一种自然作用力，是间断性的；自然热位差是井筒间和井筒与地面间水平热压差累加而形成的，是持续性的。所以，水平热压差是其余两种形式自然压差产生的基础，而自然热位差和大气自然风是水平热压差在不同具体条件下的不同表现形式而已。

5.2 矿井自然风压计算

5.2.1 矿井自然风压计算方法

在矿井自然风压计算中，遇到的情况往往比较复杂，既要尽可能反映实际情况，又要便于计算，并以满足矿井主扇风机的选型为最终目标。

对矿井自然风压的影响因素主要有气候变化及矿井开采时期。气候影响最大的是夏、冬两季，开采影响最大的是矿井生产通风最易和最难时期。气候和开采对矿井通风负压影响的极值通常有以下几种：

$$H_{易}+H_{e1},\ H_{易}-H_{e2};\ H_{难}+H_{e3},\ H_{难}-H_{e4} \qquad (5-4)$$

式中：$H_{易}$，$H_{难}$——矿井通风最易、最难（不计自然风压）时的通风计算负压，Pa；

H_{e1}，H_{e2}——矿井通风最易时冬、夏季自然风压的极值，Pa；

H_{e3}，H_{e4}——矿井通风最难时冬、夏季自然风压的极值，Pa。

矿井主扇风机选型参数主要有矿井通风风量、负压。风量一定时，负压主要考虑最大负压、最小负压。此时负压关系为：

$$H_{难}-H_{e4}<H_{难}+H_{e3}<H_{易}-H_{e2}<H_{易}+H_{e1} \qquad (5-5)$$

式中，矿井通风负压的最小为 $H_{易}+H_{e1}$，最大为 $H_{难}-H_{e4}$。

计算自然风压时，需计算矿井通风容易时期冬天和困难时期夏天（极值）的矿井负压，即 $H_{易}+H_{e1}$，$H_{难}-H_{e4}$。几种不同情况的自然风压计算方法归纳如下。

1. 进、回风井井口标高相同的情况

(1)容易时期（冬季）自然风压 H_{e1}

$$H_{e1}=(\rho_{回易}-\rho_{进冬})\times g\times H \qquad (5-6)$$

式中：$\rho_{回易}$——容易时期回风井筒中湿空气的平均密度，kg/m^3；

$\rho_{进冬}$——冬季进风井筒中湿空气的平均密度，kg/m^3；

H——井筒垂深，m 。

(2)困难时期（夏季）自然风压 H_{e4}

$$H_{e4}=(\rho_{回难}-\rho_{进夏})\times g\times H \qquad (5-7)$$

式中：$\rho_{回难}$——困难时期回风井筒中湿空气的平均密度，kg/m^3；

$\rho_{进夏}$——夏季进风井筒中湿空气的平均密度，kg/m^3。

2. 回风井井口高于进风井井口的情况

(1)容易时期（冬季）自然风压 H_{e1}

$$H_{e1}=(\rho_{冬}\times H_{c}+\rho_{进冬}\times H_{j}-\rho_{回易}H_{h})\times g \qquad (5-8)$$

式中：$\rho_{冬}$——冬季进风井筒侧地表湿空气的平均密度，kg/m^3；

$\rho_{进冬}$——冬季进风井筒中湿空气的平均密度，kg/m^3；

$\rho_{回易}$——容易时期回风井筒中湿空气的平均密度，kg/m^3；

H_c——进、回风井井口标高差，m；

H_j——进风井筒的垂深，m；

H_h——回风井筒垂深，m。

（2）困难时期（夏季）自然风压 H_{e4}

$$H_{e4} = (\rho_{夏} \times H_c + \rho_{进夏} \times H_j - \rho_{回难} H_h) \times g \tag{5-9}$$

式中：$\rho_{夏}$——夏季进风井筒侧地表湿空气的平均密度，kg/m^3。

3．回风井井口低于进风井井口的情况

（1）容易时期（冬季）自然风压 H_{e1}。

$$H_{e1} = (\rho_{进冬} \times H_j - \rho_{冬} \times H_c - \rho_{回易} H_h) \times g \tag{5-10}$$

（2）困难时期（夏季）自然风压 H_{e4}。

$$H_{e4} = \rho_{进夏} \times H_j - \rho_{夏} \times H_c - \rho_{回难} H_h) \times g \tag{5-11}$$

5.2.2 矿井自然风压相关参数的计算

1．空气平均密度计算

自然风压计算时，关键是计算各种状态下的空气平均密度。通常按式（5－12）计算空气密度：

$$\rho = 3.484 \times \frac{p - 0.3779\varphi p_s}{273.15 + t} \tag{5-12}$$

式中：ρ——湿空气平均密度，kg/m^3；

p——湿空气绝对静压，kPa；

φ——湿空气相对湿度，%；

t——湿空气温度，℃；

p_s——湿空气中饱和水蒸气绝对分压，kPa。

在许多情况下，矿井湿空气密度也可用 $\rho = 3.45p/(273.15 + t)$ 近似计算。

2．湿空气绝对静压计算

（1）地表的情况。

例如，已知海平面 ±0 m 处的大气静压力 $p_0 = 1.01325 \times 10^5$ Pa，海平面 +1 000 m 处的大气静压力 $p = 0.888\ p_0$，则：

$$p_{表} = \frac{1 - 0.112 H_{表}}{1000} \times 1.01325 \times 10^5 \tag{5-13}$$

式中：$p_{表}$——地表湿空气绝对静压，Pa；

$H_{表}$——计算井筒井口地表标高，m。

（2）进风井筒的情况。

$$p_{进} = p_{表} - 0.5 \times p_h \tag{5-14}$$

式中：$p_{进}$——进风井筒湿空气的绝对静压平均值，Pa；

p_h——进风井筒上、下风压差（通过通风网络计算求得），Pa。

(3)回风井筒的情况。

a. 容易时期： $p_{回易}=p_{表}+p_{f易}+0.5\times p_{h'}$ (5－15)

式中：$p_{回易}$——容易时期回风井筒湿空气的绝对静压平均值，Pa；

$p_{f易}$——容易时期通风网络总负压，Pa；

p_{h}——容易时期回风井筒井口、井底风压差(通过通风网络计算求得)，Pa。

b. 困难时期： $p_{回难}=p_{表}+p_{f难}+0.5p_{h'}$ (5－16)

式中：$p_{回难}$——困难时期回风井筒湿空气的绝对静压平均值，Pa；

$p_{f难}$——容易时期通风网络总负压，Pa；

$p_{h'}$——困难时期回风井筒井口、井底风压差(通过通风网络计算求得)，Pa 。

3. 相对湿度确定

进风井筒风流的相对湿度 φ 一般取60%，回风井筒的一般取100%。

4. 湿空气温度确定

(1)地表湿空气温度确定。夏季以当地记载历年最高气温，℃；冬季以当地记载历年最低气温，℃。

(2)进风井筒湿空气温度确定。通常夏季以当地历年最高气温与井下气温(22 ℃)的平均值，冬季以进风井筒有加温设施时，取2℃与井下气温(22℃)的平均值12℃。

(3)回风井筒湿空气温度确定。据调查，矿井生产过程中回风井筒内空气温度变化很小，计算时可取22℃。

5. 饱和水蒸气的绝对分压确定

饱和水蒸气的绝对分压 p_s 随湿空气温度(t)变化而变化，可在焓湿图表中查得。

5.2.3 自然风压计算实例

如图5－4所示，某矿井为单水平斜井开拓，斜井井口标高为＋1 550 m，回风井井口标高为＋1 700 m。主斜井垂深50 m，回风井井筒垂深200 m。水平运输大巷布置在＋1 500 m水平。夏季最高气温为35.4℃，冬季最低气温为－20℃。矿井总通风量112 m^3/s。

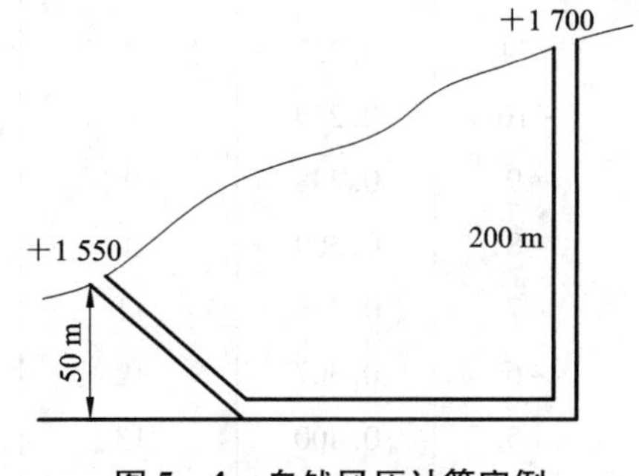

图5－4 自然风压计算实例

通风网络计算结果如下(未计自然风压)。

a. 容易时期通风网络负压：$p_{f易}=-1106.8$ Pa

b. 困难时期通风网络负压：$p_{f难}=-1508.7$ Pa

c. 进风井筒井口、井底风压差：容易时期 $p_j=47.8$ Pa；困难时期 $p_{j'}=47.8$ Pa。

d. 回风井筒井口、井底风压差：容易时期 $p_h=92.6$ Pa；困难时期 $p_{h'}=92.6$ Pa。

1. 计算各种情况下的 *p* 值

$$p_{进表}=\frac{1-0.112\times Z_{进表}}{1000}\times 1.01325\times 10^5=83.7350\ \text{kPa}$$

式中：$Z_{进表}$——进风井口地表标高，＋1550 m。

$$p_{回表}=\frac{1-0.112\times Z_{回表}}{1000}\times 1.01325\times 10^5=82.0327\ \text{kPa}$$

式中：$Z_{回表}$——回风井口地表标高，＋1 700 m。

$$p_{表}=0.5(p_{进表}+p_{回表})=82.9\ \text{kPa}$$

因为 $p_j=p_{j'}$，所以

$$p_{进易}=p_{进难}=p_{进表}-0.5p_j=83.7\ \text{kPa}$$

$$p_{回易}=p_{回表}+p_{f易}+0.5\times p_h=81.0\ \text{kPa}$$

$$p_{回难}=p_{回表}+p_{f难}+0.5\times p_{h'}=80.6\ \text{kPa}$$

2. 饱和水蒸气绝对分压确定

根据进、回风井的通风风流温度，由表 5－1 选取饱和水蒸气绝对分压 p_s。

表 5－1　湿空气温度与饱和水蒸气的绝对分压关系表

湿空气温度 t/℃	饱和水蒸气绝对分压 p_s/kPa	湿空气温度 t/℃	饱和水蒸气绝对分压 p_s/kPa	湿空气温度 t/℃	饱和水蒸气绝对分压 p_s/kPa	湿空气温度 t/℃	饱和水蒸气绝对分压 p_s/kPa
－20	0.102	－2	0.516	16	1.813	34	5.307
－19	0.133	－1	0.561	17	1.932	35	5.610
－18	0.125	0	0.609	18	2.059	36	5.926
－17	0.137	1	0.656	19	2.192	37	6.262
－16	0.150	2	0.704	20	2.331	38	6.609
－15	0.165	3	0.757	21	2.480	39	6.975
－14	0.181	4	0.811	22	2.637	40	7.358
－13	0.198	5	0.870	23	2.802	41	7.759
－12	0.217	6	0.932	24	2.977	42	8.180
－11	0.237	7	0.999	25	3.160	43	8.618
－10	0.259	8	1.070	26	3.353	44	9.079
－9	0.238	9	1.146	27	3.353	44	9.079
－8	0.309	10	1.225	28	3.771	46	10.016
－7	0.336	11	1.309	29	3.995	47	10.587
－6	0.367	12	1.399	30	4.232	48	11.133
－5	0.400	13	1.494	31	4.482	49	11.707
－4	0.436	14	1.595	32	4.743	50	12.304
－3	0.457	15	1.701	33	5.018		

(1)地表

夏季 $t=35.4$ ℃，$p_s=5.736$ kPa；冬季 $t=-20$℃，$p_s=0.102$ kPa。

(2)进风井筒

夏季 $t=28.7$ ℃，$p_s=3.771$ kPa；冬季 $t=12$℃，$p_s=1.399$ kPa。

(3)回风井筒

$t=22$℃，$p_s=2.637$ kPa。

3. 计算空气密度

(1)求进风井口地表湿空气的密度

a. 夏天:

$$\rho_{夏}=3.484\times\frac{p_{表}-0.3779\varphi p_s}{273.15+t}=0.921\ \mathrm{kg/m^3}$$

式中:$\rho_{夏}$——夏天进风井口地表湿空气的密度, $\mathrm{kg/m^3}$;

$p_{表}$——进风井筒侧井口至回风井口标高地表湿空气的绝对静压平均值, 82.9 kPa;

φ——夏天进风井筒侧地表湿空气的相对湿度, 60%;

t——夏天进风井筒侧地表湿空气的温度, 35.4 ℃;

p_s——$t=35.4$ ℃时饱和水蒸气的绝对分压, 5.736 kPa 。

b. 冬天:

$$\rho_{冬}=3.484\times\frac{p_{表}-0.3779\varphi p_s}{273.15+t}=1.140\ \mathrm{kg/m^3}$$

式中:$\rho_{冬}$——冬天进风井口地表湿空气的密度, $\mathrm{kg/m^3}$;

$p_{表}$——进风井筒侧井口至回风井口标高地表湿空气的绝对静压平均值, 82.9 kPa;

φ——冬天进风井筒侧地表湿空气的相对湿度, 60%;

t——冬天进风井筒侧地表湿空气的温度, -20 ℃;

p_s——$t=-20$ ℃时饱和水蒸气的绝对分压, 0.102 kPa。

(2)求进风井筒中湿空气的平均密度

a. 夏天:

$$\rho_{进夏}=3.484\times\frac{p_{进难}-0.3779\varphi p_s}{273.15+t}=0.956\ \mathrm{kg/m^3}$$

式中:$\rho_{进夏}$——困难时期夏天进风井筒中湿空气的平均密度, $\mathrm{kg/m^3}$;

$P_{进难}$——困难时期进风井筒中湿空气的绝对静压平均值, 83.7 kPa;

φ——夏天进风井筒中湿空气的相对湿度, 60%;

t——夏天进风井筒中湿空气温度, 28.7 ℃;

p_s——$t=28.7$ ℃时饱和水蒸气的绝对分压, 3.771 kPa 。

b. 冬天:

$$\rho_{进冬}=3.484\times\frac{p_{进}-0.3779\varphi p_s}{273.15+t}=1.019\ \mathrm{kg/m^3}$$

式中:$\rho_{进冬}$——容易时期冬天进风井筒中湿空气的平均密度, $\mathrm{kg/m^3}$;

$p_{进}$——容易时期进风井筒中湿空气的绝对静压平均值, 83.7 kPa;

φ——冬天进风井筒中湿空气的相对湿度, 60%;

t——冬天进风井筒中湿空气温度, 12 ℃;

p_s——12 ℃时饱和水蒸气的绝对分压, 1.399 kPa。

(3)计算回风井筒中湿空气的平均密度

a. 容易时期:

$$\rho_{回易}=3.484\times\frac{p_{回易}-0.3779\varphi p_s}{273.15+t}=0.944\ \mathrm{kg/m^3}$$

式中：$\rho_{回易}$——容易时期回风井筒中湿空气的平均密度，kg/m³；

$p_{回易}$——容易时期回风井筒中湿空气的绝对静压平均值，81.0 kPa；

φ—— 回风井筒中湿空气的相对湿度，100%；

t——回风井筒中湿空气温度，22 ℃；

p_s——22 ℃时饱和水蒸气的绝对分压，2.6 kPa。

b. 困难时期：

$$\rho_{回难} = 3.484 \times \frac{p_{回难} - 0.3779\varphi p_s}{273.15 + t} = 0.939\ \mathrm{kg/m^3}$$

式中：$\rho_{回难}$——困难时期回风井筒中湿空气的平均密度，kg/m³；

$p_{回难}$——困难时期回风井筒中湿空气的绝对静压平均值，80.6 kPa；

φ——回风井筒中湿空气的相对湿度，100%；

t——回风井筒中湿空气温度，22 ℃；

p_s——22 ℃时饱和水蒸气的绝对分压，2.637 kPa。

4. 计算自然风压

(1)计算容易时期(冬天)自然风压 H_{e1}

$$H_{e1} = (\rho_{冬} \times h + \rho_{进冬} \times Z_j - \rho_{回易} Z_h) \times g = 324.9\ \mathrm{Pa}\ (帮助主扇风机通风)$$

式中：h——进、回风井口之间的高差，150 m；

Z_j——进风井筒的垂直深度，50 m；

Z_h——回风井筒的垂直深度，200 m。

(2)求困难时期(夏天)的自然风压 H_{e4}

$$H_{e4} = (\rho_{夏} \times h + \rho_{进夏} \times Z_j - \rho_{回难} Z_h) \times g = -18.1\ \mathrm{Pa}\ (阻碍主扇风机通风)$$

5. 考虑自然风压，计算主扇风机负压

(1)容易时期(冬天)

$$H_{主易} = H_{f易} + H_{e1} = -781.9\ \mathrm{Pa}$$

式中：$H_{f易}$——容易时期通风网络负压，-1 106.8 Pa。

(2)困难时期(夏天)

$$H_{主难} = H_{f难} + H_{e4} = -1\,508.7 - 18.1 = -1\,526.8\ \mathrm{Pa}$$

式中：$H_{f难}$—— 困难时期通风网络总负压，-1 508.7 Pa。

5.2.4 自然风压简略计算法

对于新设计或延深、扩建矿井的自然风压仍可用式(5-1)计算，但式中两侧空气柱平均密度值需进行估算。由气体状态方程，近似地可得：

$$\rho_{m1} = \frac{p}{RT_{m1}},\ \rho_{m2} = \frac{p}{RT_{m2}} \tag{5-17}$$

式中：p——矿井最高点与最低水平间的平均气压，Pa；

T_{m1}，T_{m2}——分别为进、回风侧空气柱的平均气温，K；

R——空气的气体常数，J/(kg·K)。

将式(5-17)代入式(5-1)，则得

$$H_N = gZ\frac{p}{R}\left(\frac{1}{T_{m1}} - \frac{1}{T_{m2}}\right),\ \mathrm{Pa} \tag{5-18}$$

式中：T_{m1}和T_{m2}可参考矿山或附近矿井的资料确定，也可按下述方法估算：

① 以该地区最冷或最热月份的平均气温作为该矿最冷或最热时期入风井口气温；

② 井底气温可按比该处原岩温度低3～4℃考虑；

③ 回风井风流温度按每上升100 m降低1℃估算平均值。

5.3 矿井自然风压的测定

5.3.1 直接测定法

若井下有扇风机，先停止扇风机的运转，在总风流流过的巷道中任何适当的地点建立临时风墙，隔断风流后，立即用压差计测出风墙两侧的风压差，此值就是自然风压。如果矿井还有其他水平，则应同时将其他所有水平的自然风流用风墙隔断。可见，这个方法在多水平矿井并不简便。

在有主扇通风的矿井，测定全矿自然风压的方法是：首先停止主扇风机的运转，立即将风硐内的闸板放下，隔断自然风流，这时接入风硐内闸板前的压差计的读数就是全矿的自然风压。

5.3.2 间接测定法

在有主扇通风的矿井：首先，当主扇运转时，测出其总风量Q及主扇的有效静压H_s，则可列出能量方程：

$$H_s + H_n = RQ^2 \tag{5-19}$$

然后，停止主扇运转，当仍有自然风流流过全矿时，立即在风硐或其他总风流中测出自然通风量Q_n，则可列出方程：

$$H_n = RQ_n^2 \tag{5-20}$$

联立解(5－19)与(5－20)式，可得自然风压H_n和全矿风阻R。

同理，将主扇转数改变，或者用闸板调整一下风硐的过风面积，使主扇工况改变，测出其参数，列出其他形式的式(5－20)，与式(5－19)联立求解，亦可得自然风压。

在矿井通风设计、日常通风管理和通风系统调整中，为了确切地考虑自然风压的影响，必须对自然风压进行定量分析，为此需要掌握自然风压的测算方法。

5.3.3 平均密度测算法

自然风压可根据(5－1)式进行测算。

为了测定通风系统的自然风压，以最低水平为基准面(线)，将通风系统分为两个高度均为Z的空气柱，一个称之内空气柱的平均密度，应在密度变化较大的地方，如井口、井底、倾斜巷道的上下端及风温变化较大和变坡的地方布置测点，并在较短的时间内测出各点风流的绝对静压力p，干湿球温度t_d和t_w，相对湿度φ。两测点间高差不宜超过100 m(以50 m为宜)。若各测点间高差相等，可用算术平均法求各点密度的平均值，即：

$$\rho_m = \frac{1}{n}\sum_{i=1}^{n}\rho_i \tag{5-21}$$

若高差不等，则按高度加权平均求其平均值，即

$$\rho_m = \frac{1}{Z}\sum_{i=1}^{n} Z_i\rho_i \qquad (5-22)$$

式中：

ρ_i——i 测段的平均空气密度，kg/m³；

Z_i——i 测段高差，m；

Z——总高差，m；

n——测段数。

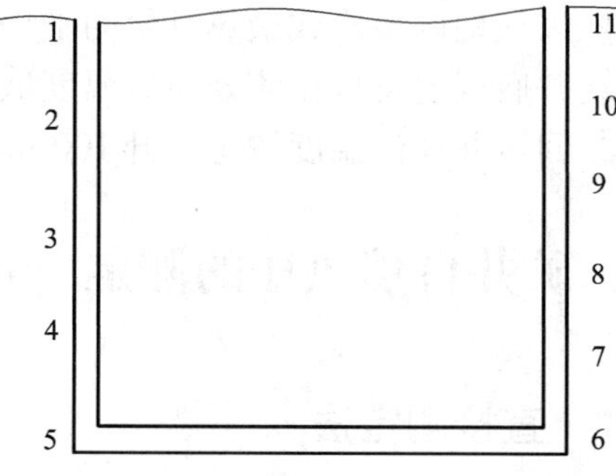

图 5－5　进、回风井湿空气密度测点布置实例

此方法一般配合矿井通风阻力测定进行。也是目前普遍使用的方法。

例如，图 5－5 所示的通风系统，在利用气压计法测定该系统通风阻力的同时，测得了图中各测点的空气密度如表 5－2，求此系统自然风压 H_N。

表 5－2　某通风系统不同标高处空气密度测算结果

测点	1	2	3	4	5	6	7	8	9	10	11
标高/m	+25	－60	－150	－220	－300	－300	－250	－200	－130	－130	+25
密度/kg·m⁻³	1.215	1.229	1.243	1.275	1.299	1.287	2.246	1.231	1.201	1.199	1.177

解　根据(5－22)式，计算进、回风侧平均空气密度 ρ_{m1-5}，ρ_{m6-11}

$$\rho_{m1-5} = \frac{1}{Z}\sum_{i=1}^{5} Z_i\rho_i = \frac{1}{325}\left(85\times\frac{1.215+1.229}{2}+90\times\frac{1.229+1.243}{2}\right.$$

$$\left.+70\times\frac{1.243+1.229}{2}+80\times\frac{1.275+1.299}{2}\right)$$

$$=1.250\ \text{kg/m}^3$$

同理求得 $\rho_{m6-11}=1.213\ \text{kg/m}^3$

由(5－1)式计算出该系统的自然风压 H_N：

$$H_N = gZ(\rho_{m1-5}-\rho_{m6-11}) = 9.8\times325(1.250-1.213) = 117.8\ \text{Pa}。$$

若专门考察矿井的自然风压而进行的测定，其测定时间应选择在冬季最冷或夏季最热以及春、秋有代表性的月份，一个回路的测定时间应尽量短，并选择在地面气温变化较小的时间内进行。

5.4　自然风压的影响因素和控制与利用

5.4.1　影响自然风压的因素

从前面几节分析可知，矿井自然风压在一年之间（甚至一天之间）是不断变化的。从图 5－6 是某铅锌矿自然风压变化规律形曲线，二月份自然风压达到最大为 262.7 Pa，8 月份自然风压最小值为 －118.2 Pa，自然风压波动范围为 380.9 Pa。自然风压作用方向大多数时

间为正，即自然风压方向与风机作用方向一致，有利于矿井通风。在6月至9月中旬期间，自然风压值为负，表示此时段内，自然风压作用方向与风机作用方向相反。对矿井通风系统而言，自然风压起一个阻力作用，不利于矿井通风系统稳定、高效工作。

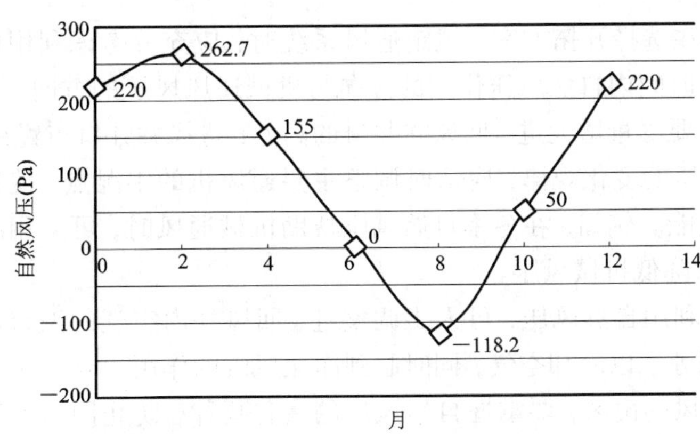

图5－6　矿井自然通风压力一年期间的变化例子

根据矿井自然风压的定义，可以把自然风压看成是空气密度(ρ)和井巷深度(Z)的函数，而空气密度与空气温度、压力、湿度和成分等息息相关。影响矿井自然风压的主要因素包括温度、空气状态、标高、扇风机工作状态、风量大小、矿井的工作水平数、开拓系统布局等，一些具体因素分析如下。

1. 温度

矿井某一回路中两侧空气柱温差是影响自然风压的主要因素。影响气温差的主要因素是地面入风口气温和风流与围岩的热交换。其影响程度随矿井的开拓方式、开采深度、地形和地理位置的不同而有所变化。大陆性气候的山区浅井，自然风压的大小和方向受地面气温的影响较为明显，一年四季，甚至昼夜之间都有明显的变化。由于风流与围岩的热交换作用使机械通风的回风井一年四季中气温变化不大，而地面进风井的气温则随季节变化，两者综合作用的结果，导致一年中自然风压发生周期性变化。但对于深井，其自然风压受围岩热交换的影响很显著，一年四季变化较小。

2. 空气成分和湿度

空气成分和湿度影响空气密度，因而对自然风压也有一定的影响，但影响较小。

3. 井深

当两侧空气柱温差一定时，自然风压与回路中最高与最低点(水平)之间的高差成正比。

4. 风机运转

风机运转对自然风压的大小和方向也有一定的影响。因为矿井主要通风机工作决定了主风流方向，加之风流与围岩之间的热交换，使冬季回风井气温高于进风井，在进风井周围形成了冷却带后，即使风机停转或通风系统改变，两个井筒之间在一定时期内仍有一定的温差，从而仍有一定的自然风压起作用。有时甚至会干扰通风系统改变后的正常通风工作，这在建井时期表现尤为明显。

5.4.2 矿井自然风压的控制与利用

研究自然风压的控制和利用具有重要意义。在生产过程中，自然风压的控制与利用的措施主要有如下几方面。

(1)新设计矿井在选择开拓方案、拟定通风系统时，应充分考虑利用地形和当地气候特点，使在全年大部分时间内自然风压作用的方向与机械通风风压的方向一致，以便利用自然风压。例如，在山区要尽量增大进、回风井井口的高差；进风井井口布置在背阳处等。

(2)根据自然风压的变化规律，应适时调整主要通风机的工况点，使其既能满足矿井通风需要，又可节约电能。例如，在冬季自然风压帮助机械通风时，可采用减小风机叶片安装角度或调低转速方法降低机械风压。

(3)为了控制和利用自然风压，可人工调整进、回风井内空气的温差。有些矿井在进风井巷设置水幕或者淋水，以冷却空气，同时起到净化风流的作用。

(4)在多井口通风的山区，要掌握自然风压的变化规律，防止因自然风压作用造成某些巷道无风或反向而发生事故。

(5)为了防止风流反向，必须做好调查研究和现场实测工作，掌握矿井通风系统和各回路的自然风压和风阻，以便在适当的时候采取相应的措施。

(6)在建井时期，要注意因地制宜和因时制宜利用自然风压通风，如在表土施工阶段可利用自然通风；在主副井与风井贯通之后，有时也可利用自然通风；有条件时还可利用钻孔构成回路，形成自然风压，解决局部地区通风问题。

(7)利用自然风压做好非常时期通风。一旦主要通风机因故遭受破坏时，便可利用自然风压进行通风。这在矿井制定事故预防和处理计划时应予以考虑。

图5－7(a)是某矿因自然风压使风流反向的示意图。该矿为抽出式通风，冬季 ab 平硐和 db 竖井进风，$Q_{ab}=2\ 000\ \text{m}^3/\text{min}$，夏季平硐自然风压作用方向与主要通风机的相反，平硐风流反向，出风量 $Q=300\ \text{m}^3/\text{min}$。如果要防止平硐 ab 风流反向，需要确定以下有关条件和采取预防措施。如图5－7(b)所示，对出风井来说夏季存在两个系统自然风压。

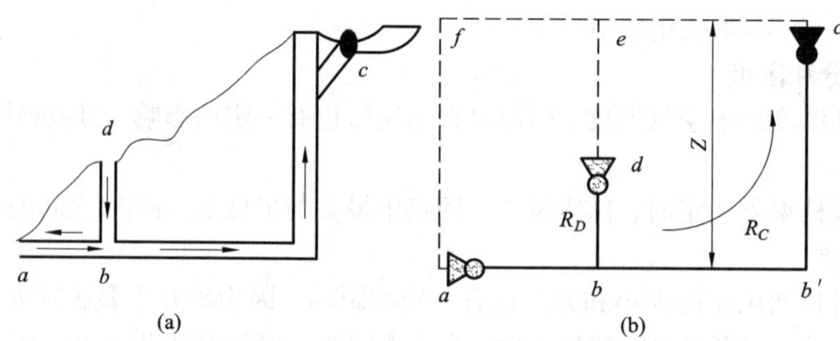

图5－7　自然风压使风流反向示意图

(1) $abb'cefa$ 系统的自然风压为：$H_{na}=Zg(\rho_{cb'}-\rho_{af})$

(2) $dbb'cedb$ 系统的自然风压为：$H_{nd}=Zg(\rho_{cb'}-\rho_{be})$

式中 $\rho_{cb'}$，ρ_{af}和 ρ_{be}分别为 cb'，af 和 be 空气柱的平均密度，kg/m^3。

自然风压与主要通风机作用方向相反，相当于在平硐口 a 和进风竖井口 d 各安装一台抽风机（向外）。设 ab 风流停滞，对回路 $abdefa$ 和 $abb'cefa$ 可分别列出压力平衡方程：

$$H_{na}-H_{nd}=R_DQ^2$$
$$H_s-H_{na}=R_CQ^2 \tag{5-23}$$

式中：H_s——风机静压，Pa；

Q——$dbb'c$ 风路风量，m^3/S；

R_D，R_C——分别为 db 和 $bb'c$ 分支风阻，N·s^2/m^8。

方程组(5－23)中两式相除，得

$$\frac{H_{na}-H_{nd}}{H_s-H_{na}}=\frac{R_D}{R_C} \tag{5-24}$$

式(5－24)即为 ab 段风流停滞条件式。

当式(5－24)变为：

$$\frac{H_{na}-H_{nd}}{H_s-H_{na}}>\frac{R_D}{R_C} \tag{5-25}$$

则 ab 段风流反向。根据式(5－25)，可采用下列措施防止 ab 段风流反向：①加大 R_D；②增大 H_s；③在 a 点安装风机向巷道压风。

本章练习

(1)说明矿井产生自然风流的原因?

(2)影响自然风压大小和方向的因素是什么?

(3)如何测定矿井自然风压?

(3)能否用人为的方法形成或加强自然风压?可否利用与控制自然风压?

(4)说明自然通风的特点?

(5)如图5－8，地表 A 点大气压 $p_0=10^5$Pa，地表气温为0℃，AB 空气柱温度为17℃，已知各段巷道的风阻为 $R_1=0.98$，$R_2=1.47$，$R_3=0.49$ N·s^2/m^8，矿井深度300 m，求自然通风情况下，通过各段巷道的风流方向及风量。

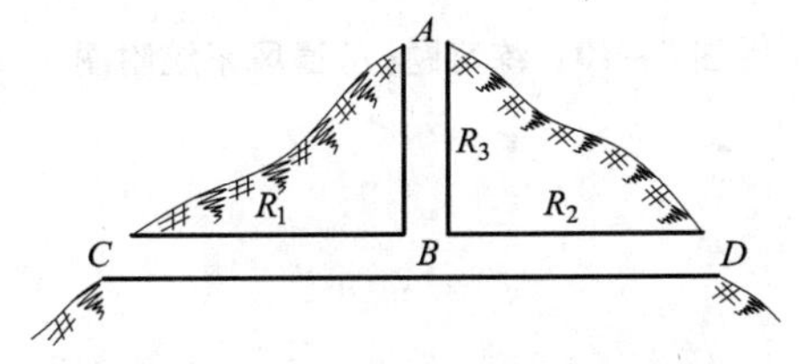

图5－8 练习题(5)通风系统附图

(6)某通风系统如图5－9，地表温度 $t_1=39$℃，坑内气温 $t_2=35$℃，$t_3=26$℃，$t_4=24$℃，A点大气压 $p_0=9.7\times10^4$ Pa，问该矿的自然风压有多少Pa?

提示：①水平风流无自然压差；②进、出风井高度不同，可假设大气中仍然有一定空气柱与矿井内空气柱等高；③倾斜空气柱，应按垂高来计算。

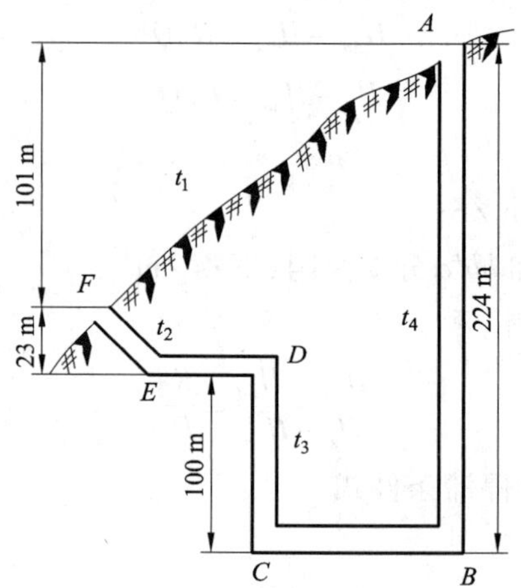

图 5-9　练习题(6)通风系统附图

(7)某矿井通风系统如图 5-10 所示，已知最高水平大气压力 $p_0 = 100\ 062$(Pa)，$t_0 = -10$℃，$t_1 = 12$℃，$t_2 = 12.1$℃，$t_3 = 11.5$℃。试求 *ADEC*，*BEC* 及 *ADEB* 风路的自然风压各是多少？

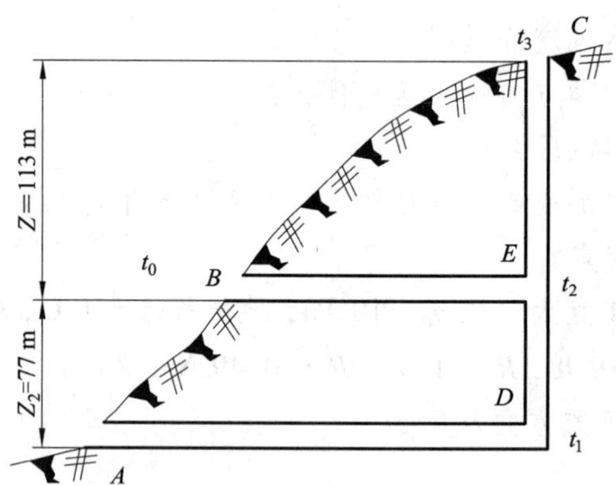

图 5-10　练习题(7)通风系统附图

第6章 矿井主扇与机械通风

学习目标 要求了解轴流式和离心式矿用扇风机类型、构造及工作原理，扇风机型号参数表达的意义；重点掌握扇风机的工作参数及其表示，扇风机房水柱(压差)计示值与全压H_t和静压H_s之间的关系，扇风机工况点的确定方法，扇风机的个体特性曲线，扇风机工况点的合理区域，主要扇风机的工况点调节途径，矿井主扇的选择，扇风机的性能测定；一般了解扇风机的类型特性曲线和比例定律，扇风机串联和并联时联合作业特性曲线合成作图方法，扇风机与自然风压串联作业和对角并联工况分析，扇风机特性曲线的数模及其应用等。

学习方法 本章内容有较大难度，学习时需要与实验课结合起来，通过参观实验室不同类型风机的结构构造，并开展扇风机个体特性的测定实验，联系过去学习的流体机械知识，深入了解扇风机及其应用；另外，可以查阅一些厂家生产的扇风机产品目录和提供的个体特性曲线及其风量、压力、转速等参数的范围，当看到风机的型号时，就可以估计其工作参数的范围。

6.1 矿用扇风机的类型、构造及工作原理

通风用的机械称为扇风机。矿用扇风机按其服务范围可分为主要扇风机(用于全矿井或其一翼通风的扇风机，并且昼夜运转，简称主扇)、辅助扇风机(帮助主扇对矿井一翼或一个较大区域克服通风阻力，增加风量和风压的扇风机，简称辅扇)和局部扇风机(用于矿井下某一局部地点通风用的扇风机，简称局扇)；按其构造原理又可分为离心式与轴流式两大类。

6.1.1 离心式扇风机

如图6－1所示，它主要是由动轮(又名叶轮或工作轮)1、螺旋形机壳5、吸风管6和锥形扩散器7组成。有些离心式扇风机还在动轮前面装设具有叶片的前导器(又称固定叶轮)。前导器的作用是使气流进入动轮入口的速度发生扭曲，以调节扇风机产生的风压和风量。动轮是由固定在主轴3上的轮毂4和其上的叶片2所组成；叶片按其在动轮出口处安装角的不同，分为前倾式、径向式和后倾式三种，见图6－2。

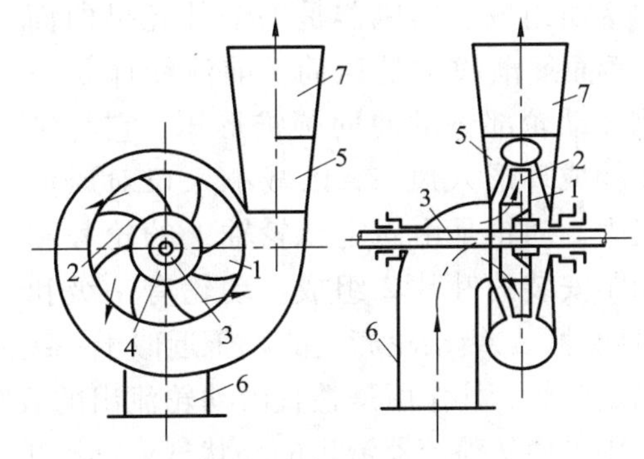

图6－1 离心式扇风机

1—动轮；2—叶片；3—主轴；4—轮毂；5—螺旋形机壳；6—吸风管；7—锥形扩散器

动轮入风口分为单侧吸风和双侧吸风两种，图6－1所示是单侧吸风式。

当电动机带动(或经过传动机构)动轮旋转时，叶道间的空气随叶片的旋转而旋转，获得离心力，经叶端被抛出动轮，流到螺旋状机壳里。在机壳内空气流速逐渐减小，压力升高，然后经扩散器排出。与此同时，由于动轮中气体外流，因而在叶片的入口即叶根处形成负压，使吸风口处的空气自叶根流入叶道，再从叶端流出，如此连续不断形成连续流动。

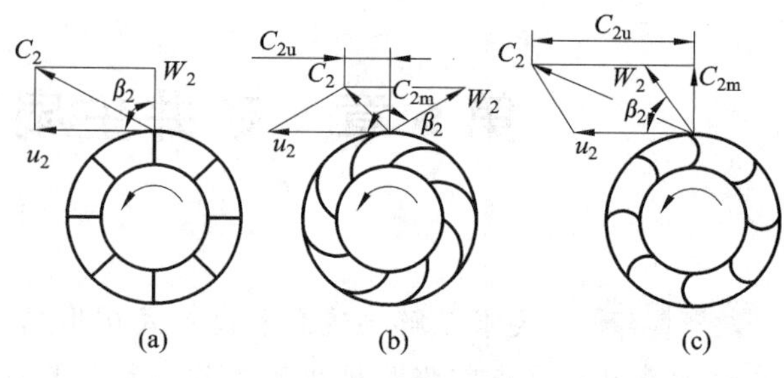

图 6-2 离心式扇风机叶轮

(a)径向式 $\beta_2=90°$；(b)后倾式 $\beta_2>90°$；(c)前倾式 $\beta_2<90°$

W_2空气沿叶片出口的相对速度；u_2—动轮外缘圆周速度；

C_2—合速度；C_{2u}—C_2的切向分量；C_{2m}—C_2的径向分量

空气受到离心力作用离开动轮时获得了能量，以压力形式表达，就是动轮的工作提高了空气的全压。空气经过动轮以后，全压就不再增加了，但是压力的形式却发生转化。空气通过螺壳和扩散器时由于其过风断面不断扩大，空气的动压转化为静压，静压增大，动压减小，直至扩散器出口静压成为大气压，动压则为出流到大气的速度所体现的动压(抽出式工作时)。

我国生产的离心式扇风机较多，如4-72-11型、G4-73-11型、K4-73-01型等。型号参数的含义以K4-73-01№32型为例说明如下：K——矿用；4——效率最高点压力系数的10倍，取整数；73——效率最高点比转速，取整数；0——进风口为双面吸入；1——第一次设计；№32——扇风机机号，为叶轮直径，dm。

6.1.2 轴流式扇风机

如图6-3所示，轴流式扇风机主要由动轮(又名叶轮或工作轮)1、圆筒形外壳3、集风器4、整流器5、前流线体6和环形扩散器7所组成。集风器是一个外壳呈曲面形、断面逐渐收缩的风筒。前流线体是一个遮盖动轮部分的曲面圆锥形罩，它与集风器构成环形入风口，以减小入口对风流的阻力。动轮是由固定在轮轴上的轮毂和等间距安装的叶片2组成。动轮有一级和二级两种，二级动轮产生的风压近似于一级的2倍。整流器(导叶)安装在每一级动轮之后，为固定叶轮；其作用是整直由动轮流出的旋转气流，以减小动能和涡流损失。环形扩散器是的作用是使从整流器流出的环状气流逐渐扩张，过渡到柱状(即风硐或外扩散器内全断面的)空气流，同时减少气流能量的冲击损失；随着断面的扩大，气流的一部分动压转换为静压，使动压逐渐变小。

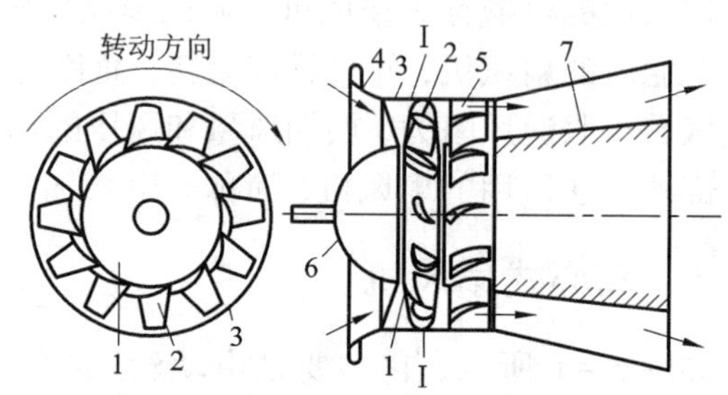

图 6-3 轴流式扇风机

1—动轮；2—叶片；3—圆筒形外壳；4—集风器；5—整流器；6—前流线体；7—环形扩散器

叶片用螺栓固定在轮毂上，横截面和机翼形状相似。在叶片迎风侧作一外切线，称为弦线，弦线与动轮旋转方向的夹角，称为叶片安装角，以θ表示。θ角可以根据需要来调整。因为扇风机的风压、风量的大小与θ角有关，所以工作时可根据需要的风压、风量调节θ角的度数。一级动轮的扇风机 θ 角的调节范围是10°~40°，二级动轮的扇风机 θ 角的调节范围是15°~45°，可按相邻角度差5°或2.5°调节，但每个动轮上的角度必须严格保持一致，参看图6-4。

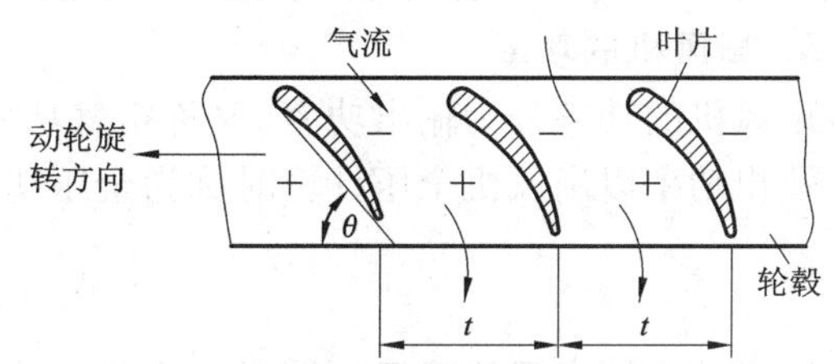

图6-4　轴流式扇风机的叶片安装角

θ—叶片安装角；t—叶片间距

当动轮叶片（机翼）在空气中快速扫过时，由于翼面（叶片的凹面）与空气冲击，给空气以能量，产生了正压力，空气则从叶道流出。翼背牵动背面的空气，而产生负压力，将空气吸入叶道，如此一吸一推造成空气流动。空气经过动轮时获得了能量，即动轮的工作给风流提高了全压。

我国生产的轴流式扇风机有2K60型、GAF型、2K56型、KZS型等。型号参数的含义以2K60-1-№24型为例说明如下：2——双级叶轮；K——矿用；60——轮毂比的100倍；1——结构设计序号；№24——扇风机机号，为叶轮直径，dm。

扇风机除主机之外，还有一些附属装置。扇风机的附属装置有反风装置、防爆门、风硐和外扩散器等。目前，我国生产的轴流式主扇都为卧式，安装风机时需要建筑一段风硐与回风井连接，然后主扇安装在风硐中；而国外有些风机厂生产立式轴流式风机，安装时主扇直接立于回风井上，这样可以省去风硐构筑物和减少该风硐的局部阻力。

6.2　扇风机的特性及其经济运行

6.2.1　扇风机的工作参数

表示扇风机性能的主要工作参数是扇风机的风压 H、风量 Q、功率 N、效率 η 和转速 n 等。

1. 扇风机的（实际）风量 Q

扇风机的实际风量是指单位时间内通过扇风机入口空气的体积，亦称体积流量（无特殊说明时均指在标准状态下），单位为 m^3/s。

2. 扇风机（实际）全压 H_t 与静压 H_s

扇风机的全压 H_t 是指扇风机对空气作功时给予每1 m^3 空气的能量，其值为扇风机出口风流的全压与入口风流全压之差，单位为 $N \cdot m/m^3$ 或Pa。

扇风机的全压 H_t 包括扇风机的静压 H_s 和动压 h_V 两部分，即：

$$H_t = H_S + h_V \tag{6-1}$$

扇风机的动压 h_V 用于克服风流在扇风机扩散器出口断面的局部阻力。①对于抽出式通风矿井，风流从扩散器出口断面直接进到了地表大气，这种突然扩散到大气中的局部阻力系数 $\xi=1$，所以 h_V 就是扇风机扩散器出口断面的动压；②对于压入式通风矿井，风流从扩散器出口断面直接进到了风硐。参照抽出式通风矿井 h_V 的计算方法，压入式通风矿井扇风机动压 h_V 也用扇风机扩散器出口断面的动压来计算。总之，无论是抽出式还是压入式通风的矿井，

扇风机的动压 h_V 就是扇风机扩散器出口断面的动压。

3．扇风机的功率

扇风机的功率分为输出功率（又称空气功率）和输入功率（又称轴功率）。

输出功率以扇风机全压计算时称为全压功率 N_t，单位为 kW。

$$N_t = \frac{H_t Q}{1\ 000} \tag{6-2}$$

输出功率用扇风机静压计算时称为静压功率 N_s，单位为 kW。

$$N_s = \frac{H_s Q}{1\ 000} \tag{6-3}$$

扇风机的轴功率可用全压功率或静压功率计算，单位为 kW。

$$N = \frac{N_t}{\eta_t} = \frac{H_t Q}{1\ 000\eta_t} \tag{6-4}$$

或

$$N = \frac{N_s}{\eta_s} = \frac{H_S Q}{1\ 000\eta_s} \tag{6-5}$$

式中：η_t，η_s——扇风机的全压和静压效率。

设电动机的效率为 η_m，传动效率为 η_{tr}，电动机的输入功率为 N_m，则：

$$N_m = \frac{\mathrm{N}}{\eta_m \eta_{tr}} \tag{6-6}$$

4．扇风机的效率

扇风机的效率是指扇风机的输出功率与输入功率之比。因为扇风机的输出功率有全压输出功率和静压输出功率之分，所以扇风机的效率分全压效率 η_t 和静压效率 η_s。

$$\eta_t = \frac{N_t}{N} \tag{6-7}$$

$$\eta_s = \frac{N_s}{N} \tag{6-8}$$

很显然，扇风机的效率越高，说明扇风机的内部阻力损失越小，性能也越好。

6.2.2　矿井通风系统阻力与扇风机压力的关系以及扇风机房水柱（压差）计示值含义

矿井通风中，要求在主扇风机房内安装水柱（压差）计。安装时，例如，对于抽出式通风系统，在风硐中靠近扇风机入口、风流稳定断面上安设测静压探头（离心式扇风机通风时，测静压探头应安装在立闸门的外侧），通过胶管与扇风机房中水柱（压差）计相连接，从而测得所在断面上风流的相对静压。

有扇风机存在的能量方程在第 3 章虽然做了简单描述，但未详细考虑风硐等细节问题。本节将给予进一步阐述。

1．抽出式通风矿井

（1）水柱（压差）计示值与矿井通风阻力的关系

如图 6－5，水柱（压差）计示值为 4 断面相对静压 h_4，即

$$|h_4| = p_{04} - p_4 \tag{6-9}$$

式中：p_4——4 断面绝对静压，Pa；

p_{04}——与 4 断面同标高的地面大气压力，Pa。

在矿井风流流动的整个路线中，所遇到的通风阻力 h 包括进风井口的局部阻力 h_{e1}（空气由地面大气突然收缩到井筒断面的阻力）与井筒、井下巷道的通风阻力 h_{R14} 之和，即：

$$h = h_{R14} + h_{e1} \qquad (6-10)$$

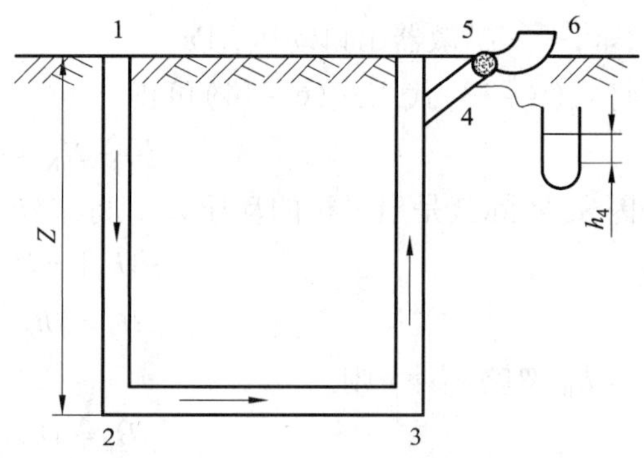

图6-5　抽出式通风矿井

根据能量平衡方程，式(6-10)中 h_{e1} 就是地面大气压与进风井口断面1之间的总压力差（两个断面高差近似为零，地面大气为静止状态）；h_{R14} 为进风井口断面1与主扇风机风硐断面4的总压力差，即：

$$h_{e1} = p_{01} - (p_1 + h_{v1}) \qquad (6-11)$$

$$h_{R14} = (p_1 + h_{v1} + \rho_{m12} g Z_{12}) - (p_4 + h_{v4} + \rho_{m34} g Z_{34}) \qquad (6-12)$$

式中：p_{01}——与1断面同标高的地面大气压力，Pa；

p_1——进风口断面1的绝对静压，Pa；

h_{v1}，h_{v4}——1、4断面的动压，Pa；

Z_{12}，Z_{34}——12、34段高差，m；

ρ_{m12}，ρ_{m34}——12、34段空气柱空气密度平均值，kg/m^3；

g——重力加速度，m/s^2。

将式(6-11)、(6-12)代入式(6-10)，得：

$$h = p_{01} - p_4 - h_{v4} + (\rho_{m12} g Z_{12} - \rho_{m34} g Z_{34})$$

又因1与4断面同标高，故 p_{01} 与同标高的4断面外大气压 p_{04} 相等。又 $(\rho_{m12} g Z_{12} - \rho_{m34} g Z_{34}) = H_N$（$H_N$ 为自然风压），故上式可写为：

$$h = p_{04} - p_4 - h_{v4} + H_N$$

$$h = |h_4| - h_{v4} + H_N$$

即

$$|h_4| = h + h_{v4} - H_N \qquad (6-13)$$

式(6-13)反映了扇风机房水柱（压差）计测值 h_4 与矿井通风系统阻力及自然风压之间的关系。通常 h_{v4} 数值不大，某一段时间内变化较小，H_N 随季节变化，一般矿井，其值不大，因此，$|h_4|$ 基本上反映了矿井通风阻力大小。如果矿井的主要进或回风道发生了冒顶堵塞，则水柱（压差）计读数增大；如果控制通风系统的主要风门开启，风流短路，则水柱（压差）计读数减小。因此，它是矿井通风管理的重要监测手段。

(2) 扇风机房水柱（压差）计示值与全压 H_t 和静压 H_s 之间的关系

5、6断面（扩散器出口）位能差忽略不计，则5、6断面的能量平衡方程，有

$$h_{Rd} = (p_5 + h_{v5}) - (p_6 + h_{v6})$$

上式中：p_5，p_6——5、6断面的绝对静压，Pa；

h_{v5}，h_{v6}——5、6断面的动压，Pa。

又 $p_6 = p_{06} = p_{04}$，故 $h_{Rd} = (p_5 + h_{v5}) - (p_{04} + h_{v6}) = p_{t5} - (p_{04} + h_{v6})$，$p_{t5} = h_{Rd} + p_{04} + h_{v6}$

因 $H_t = p_{t5} - p_{t4} = (h_{Rd} + p_{04} + h_{v6}) - (p_4 + h_{v4}) = |h_4| - h_{v4} + h_{Rd} + h_{v6}$，所以

$$|h_4| = H_t + h_{v4} - h_{Rd} - h_{v6} \qquad (6-14)$$

式中：h_{Rd}——扩散器阻力，Pa；

h_{v6}——扩散器出口动压，Pa。

将式(6－13)代入式(6－14)可得

$$H_t + H_N = h + h_{Rd} + h_{v6} \tag{6-15}$$

因 h_{v6}实际就是扇风机的动压 h_V，将式(6－1)代入式(6－14)可得：

$$|h_4| = H_s + h_{v4} - h_{Rd}$$

$$H_s = |h_4| - h_{v4} + h_{Rd} \tag{6-16}$$

若 h_{Rd}忽略不计，则

$$H_s \approx |h_4| - h_{v4} = h_{t4} \tag{6-17}$$

将式(6－1)代入式(6－15)可得：

$$H_S + H_N = h + h_{Rd} \tag{6-18}$$

式(6－15)说明，抽出式通风的矿井，扇风机全风压与自然风压共同作用来克服风流流动时在矿井的阻力 h、在扩散器阻力 h_{Rd}以及扩散器出口处的动压损失 h_{v6}。式(6－18)说明，抽出式通风的矿井，扇风机静风压与自然风压共同作用来克服风流流动时在矿井的阻力 h 和在扩散器的阻力 h_{Rd}。

2．压入式通风矿井

如图 6－6 所示，水柱(压差)计示值为 1 断面相对静压 h_1，即

$$h_1 = p_1 - p_{01} \tag{6-19}$$

在矿井风流流动的整个路线中，所遇到的通风阻力 h 包括井筒、井下巷道的通风阻力 h_{R12}与出进风井口的局部阻力 h_{e2}(空气由井筒断面突然扩散到地面大气的阻力，由于这种突然扩散到大气中的局部阻力系数 $\xi = 1$，所以 $h_{e2} = h_{v2}$，h_{v2}为 2 断面的动压)之和。即

$$h = h_{R12} + h_{e2} = h_{R12} + h_{v2} \tag{6-20}$$

根据能量平衡方程，式(6－20)中 h_{R12}为主扇风机风硐断面 1 与回风井口断面 2 的总压力差，h_{e2}就是回风井口断面 2 与地面大气压之间的总压力差(两个断面高差近似为零，地面大气为静止状态)。即

$$h_{R12} = (p_1 + h_{v1} + \rho_{m1} g Z_1) - (p_2 + h_{v2} + \rho_{m2} g Z_2) \tag{6-21}$$

$$h_{e2} = (p_2 + h_{v2}) - p_{02} \tag{6-22}$$

式中：p_{02}——与 2 断面同标高的地面大气压力，Pa；

p_2——出风口断面 2 的绝对静压，Pa；

Z_1，Z_2——进风段、回风段空气柱的高度，m；

ρ_{m1}，ρ_{m2}——进风段、回风段空气柱的空气密度平均值，kg/m^3。

将式(6－21)、(6－22)代入式(6－20)，得：

$$h = p_1 - p_{02} + h_{v1} + (\rho_{m1} g Z_1 - \rho_{m2} g Z_2)$$

因 1 与 2 断面同标高，同标高的大气压相等，故 $p_{01} = p_{02}$；又 $(\rho_{m1} g Z_1 - \rho_{m2} g Z_2) = H_N$，故上式可写为

$$h = h_1 + h_{V1} + H_N$$

所以，扇风机房水柱(压差)计值

$$h_1 = h - h_{V1} - H_N \tag{6-23}$$

又

$$H_t = p_{t1} - p_{01} = p_1 + h_{v1} - p_{01} = h_1 + h_{v1} \tag{6-24}$$

因 h_{v1} 为扇风机的动压 h_v，所以

$$H_s = h_1 \tag{6-25}$$

$$H_t + H_N = h \tag{6-26}$$

$$H_s + H_N = h - h_{v1} \tag{6-27}$$

由式(6-26)可见，对于压入式通风的矿井，扇风机全风压与自然风压共同作用来克服风流流动时在矿井的阻力 h。由式(6-27)可知，对于压入式通风的矿井，扇风机静风压与自然风压共同作用来克服风流流动时在矿井的阻力 h 与扇风机速压之差。

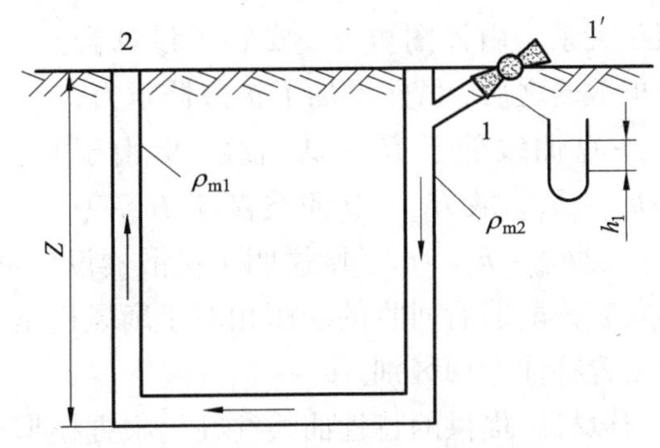

图 6-6　压入式通风矿井

由式(6-15)、(6-20)和(6-26)可以看出，无论扇风机采用抽出式还是压入式，扇风机全压 H_t 和自然风压 H_N 共同作用，克服矿井风道阻力和风流进入大气出口处的动压损失。即

$$H_t + H_N = h_m + h_d + h_{vd} \tag{6-28}$$

式中：h_m——风流流经矿井的阻力，Pa；

h_d——风流流经风硐的阻力，Pa；

h_{vd}——风流进入大气出口处的动压损失，对于抽出式通风矿井为扩散器出口的动压，对于压入式通风矿井为风井出口的动压，Pa。

6.2.3　扇风机的个体特性曲线

当扇风机以某一转速、在风阻 R 的风网上作业时，可测算出一组工作参数风压 H，风量 Q，功率 N 和效率 η，这就是该扇风机在风网风阻为 R 时的工况点。改变风网的风阻，便可得到另一组相应的工作参数，通过多次改变风网风阻，可得到一系列工况参数。将这些参数对应描绘在以 Q 为横坐标，以 H、N 和 η 为纵坐标的直角坐标系上，并用光滑曲线分别把同名参数点连结起来，即得 $H-Q$、$N-Q$ 和 $\eta-Q$ 曲线，这组曲线称为扇风机在该转速条件下的个体特性曲线。

为了减少扇风机的出口动压损失，抽出式通风时主要扇风机的出口均外接扩散器。通常把外接扩散器看作是扇风机的组成部分，并与扇风机一起总称为扇风机装置。扇风机装置的全压 H_{td} 为扩散器出口与扇风机入口风流的全压之差，与扇风机全压 H_t 的关系为

$$H_{td} = H_t - h_{Rd} \tag{6-29}$$

扇风机装置静压 H_{sd} 与扇风机全压 H_t 的关系为

$$H_{sd} = H_t - (h_{Rd} + h_{vd}) \tag{6-30}$$

式中：h_{vd}——扩散器出口动压，Pa。

比较式(6－1)与式(6－30)可见，只有当 $h_{Rd}+h_{vd}<h_V$ 时，才有 $H_{sd}>H_s$，即扇风机装置阻力与其出口动压损失之和小于扇风机出口动压损失时，扇风机装置的静压才会因加扩散器而有所提高，即扩散器起到回收损失动压的作用。

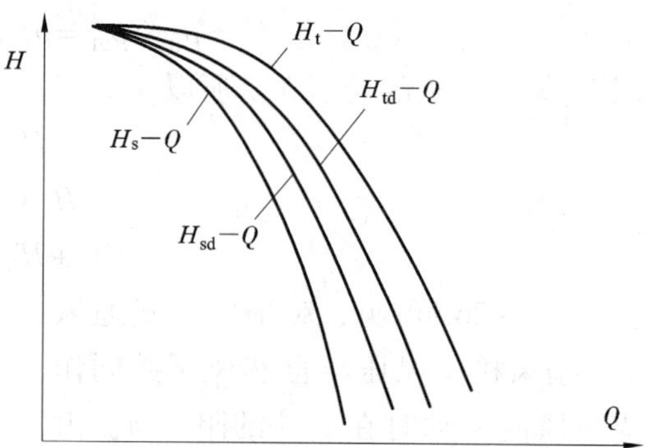

图6－7 H_t，H_{td}，H_s 和 H_{sd} 之间的相互关系图

图6－7表示了 H_t，H_{td}，H_s 和 H_{sd} 之间的相互关系。由该图可见，安装了设计合理的扩散器之后，虽然增加了扩散器阻力，使 $H_{td}-Q$ 曲线低于 H_t-Q 曲线，但由于 $h_{Rd}+h_{vd}<h_V$，故 $H_{sd}-Q$ 曲线高于 H_s-Q 曲线。若 $h_{Rd}+h_{vd}>h_V$，则说明了扩散器设计不合理。

安装扩散器后回收的动压相对于扇风机全压来说很小，所以通常并不把扇风机特性和扇风机装置特性严加区别。

扇风机厂提供的特性曲线往往是根据模型试验资料换算绘制的，一般是未考虑外接扩散器的，而且有的厂方提供全压特性曲线，有的提供静压特性曲线，因此应用时应能根据具体条件进行正确的换算。

图6－8和图6－9分别为轴流式和离心式扇风机的个体特性曲线示例。

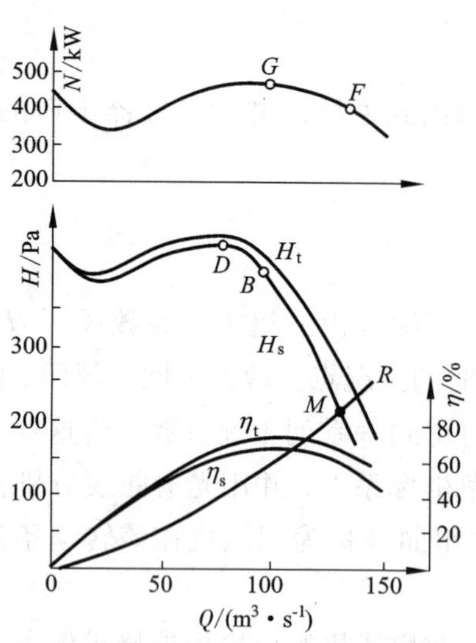

图6－8 轴流式扇风机个体特性曲线

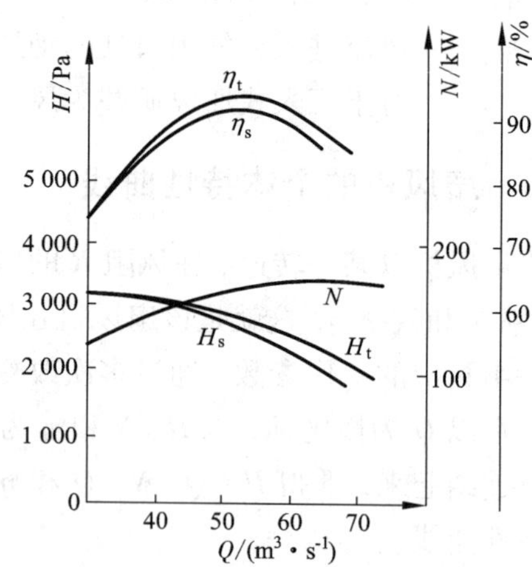

图6－9 离心式扇风机个体特性曲线

轴流式扇风机的风压特性曲线一般都有马鞍形驼峰存在，而且同一台扇风机的驼峰区随叶片装置角度的增大而增大。驼峰点 D 以右的特性曲线为单调下降区段，是稳定工作段；点 D 以左是不稳定工作段，扇风机在该段工作，有时会引起扇风机风量、风压和电动机功率的急剧波动，甚至机体发生震动，发出不正常噪音，产生所谓喘振(或飞动)现象，严重时会损

坏扇风机。离心式扇风机风压曲线驼峰不明显，且随叶片后倾角度增大逐渐减小，其风压曲线工作段较轴流式扇风机平缓；当风网风阻作相同量的变化时，其风量变化比轴流式扇风机要大。

离心式扇风机的轴功率 N 随 Q 增加而增大，只有在接近风流短路时功率才略有下降。因而，为了保证安全启动，避免因启动负荷过大而烧坏电动机，离心式扇风机在启动时应将风硐中的闸门全闭，待其达到正常转速后再将闸门逐渐打开。当供风量超过需风量时，常常利用闸门加阻来减少工作风量，以节省电能。

轴流式扇风机的叶片装置角不太大时，在稳定工作段内，功率 N 随 Q 增加而减小。所以轴流式扇风机应在风阻最小时（如常常打开闸门）启动，以减少启动负荷。

对于叶片安装角度可调的轴流式扇风机，除了绘制效率特性曲线外，常把不同安装角度的特性曲线画在同一坐标上，并把特性曲线上效率相等的点连起来，这就是轴流式扇风机的等效率曲线。

6.2.4 扇风机类型特性参数与类型特性曲线

目前扇风机种类较多，同一系列的产品有许多不同的叶轮直径，同一直径的产品又有不同的转速。如果仅仅用个体特性曲线表示各种扇风机性能，就显得过于复杂。还有，在设计大型扇风机时，首先必须进行模型实验。那么模型和实物之间应保持什么关系？如何把模型的性能参数换算成实物的性能参数？这些问题都涉及到扇风机的类型特性参数与类型特性曲线。

1. 扇风机类型特性参数

(1) 扇风机的相似条件

两个扇风机相似是指气体在扇风机内流动过程相似，或者说它们之间在任一对应点的同名物理量之比保持常数，这些常数叫相似常数或比例系数。两个扇风机相似，其必要条件是彼此的结构几何上相似，其充分条件是扇风机内风流的运动相似和动力相似。同类型扇风机在相应工况点气体的流动过程是彼此相似的，符合扇风机相似的必要和充分条件。

(2) 扇风机类型特性参数

扇风机类型特性参数主要有：

a. 压力系数 $\overline{H}$。同类型扇风机在相似工况点的全压和静压系数均为一常数。可用式（6-31）表示：

$$\frac{H_t}{\rho u_2^2}=\overline{H}_t,\ \frac{H_s}{\rho u_2^2}=\overline{H}_s \tag{6-31}$$

或

$$\frac{H}{\rho u_2^2}=\overline{H}=常数 \tag{6-32}$$

式中：$\overline{H}_t$，$\overline{H}_s$，$\overline{H}$——分别为全压系数、静压系数和压力系数；

u_2——动轮外缘圆周速度，m/s。

b. 流量系数 $\overline{Q}$。由几何相似和运动相似可以推得

$$\frac{Q}{\frac{\pi}{4}D^2u_2}=\overline{Q}=常数 \tag{6-33}$$

式中：D——扇风机动轮外缘直径，m。

式(6－33)表明，同类型扇风机在相似工况点其流量系数 $\overline{Q}$ 为常数。

c. 功率系数 $\overline{N}$。在扇风机轴功率计算公式 $N=\dfrac{HQ}{1\,000\eta}$ 中，将 H 和 Q 分别用式(6－32)和式(6－33)中的 $\overline{H}$ 和 $\overline{Q}$ 代替，得

$$\frac{1\,000N}{\frac{\pi}{4}\rho D^2 u_2^3}=\frac{\overline{H}\,\overline{Q}}{\eta}=\overline{N}=\text{常数} \tag{6－34}$$

式(6－34)表明，同类型扇风机在相似工况点的效率相等，功率系数 $\overline{N}$ 为常数。

$\overline{Q}$，$\overline{H}$ 和 $\overline{N}$ 三个参数就是扇风机的类型特性参数，它们都不含有因次。

2. 扇风机类型特性曲线

$\overline{Q}$，$\overline{H}$，$\overline{N}$ 和 η 可用相似扇风机的模型试验获得，根据扇风机模型的几何尺寸、实验条件及实验时所得的工况参数 Q，H，N 和 η。利用式(6－16)、(6－17)和(6－18)计算出该类型扇风机的 $\overline{Q}$，$\overline{H}$，$\overline{N}$ 和 η。然后以 $\overline{Q}$ 为横坐标，以 $\overline{H}$，$\overline{N}$ 和 η 为纵坐标，绘出 $\overline{H}-\overline{Q}$，$\overline{N}-\overline{Q}$ 和 $\eta-\overline{Q}$ 曲线，此曲线即为该类型扇风机的类型特性曲线。可根据扇风机类型特性曲线和扇风机直径、转速换算得到扇风机个体特性曲线。需要指出的是，对于同一类型扇风机，当几何尺寸(如 D)相差较大时，在加工和制造过程中很难保证流道表面相对粗糙度、叶片厚度以及机壳间隙等参数完全相似，为了避免因尺寸相差较大而造成误差，所以有些扇风机的类型特性曲线有多条，可按不同直径尺寸而选用。

6.2.5 扇风机比例定律与通用特性曲线

1. 扇风机比例定律

由式(6－32)、(6－33)和(6－34)可见，同类型扇风机在相似工况点的无因次系数 $\overline{Q}$，$\overline{H}$，$\overline{N}$ 和 η 是相等的。它们的压力 H，流量 Q 和功率 N 与其转速 n、动轮外缘直径 D 和空气密度 ρ 成一定比例关系，这种比例关系叫比例定律。将动轮外缘圆周速度 $u_2=(\pi Dn)/60$ 代入式(6－32)、(6－33)和(6－34)得：

$$H=0.00274\rho D^2 n^2\overline{H} \tag{6－35}$$

$$Q=0.04108D^3 n\overline{Q} \tag{6－36}$$

$$N=1.127\times10^{-7}\rho D^5 n^3\overline{N} \tag{6－37}$$

对于 1、2 两个相似扇风机而言，$\overline{Q_1}=\overline{Q_2}$、$\overline{H_1}=\overline{H_2}$、$\overline{N_1}=\overline{N_2}$，所以其风压、风量和功率之间关系为：

$$\frac{H_1}{H_2}=\frac{0.00274\rho_1 D_1^2 n_1^2\overline{H_1}}{0.00274\rho_2 D_2^2 n_2^2\overline{H_2}}=\frac{\rho_1}{\rho_2}\cdot\left(\frac{D_1}{D_2}\right)^2\cdot\left(\frac{n_1}{n_2}\right)^2 \tag{6－38}$$

$$\frac{Q_1}{Q_2}=\frac{0.04108D_1^3 n_1\overline{Q_1}}{0.04108D_2^3 n_2\overline{Q_2}}=\left(\frac{D_1}{D_2}\right)^3\cdot\frac{n_1}{n_2} \tag{6－39}$$

$$\frac{N_1}{N_2}=\frac{1.127\times10^{-7}\rho_1 D_1^5 n_1^3\overline{N_1}}{1.127\times10^{-7}\rho_2 D_2^5 n_2^3\overline{N_2}}=\frac{\rho_1}{\rho_2}\cdot\left(\frac{D_1}{D_2}\right)^5\cdot\left(\frac{n_1}{n_2}\right)^3 \tag{6－40}$$

各种情况下相似扇风机的换算公式如表 6－1 所示。

由比例定律知，同类型同直径扇风机的转速变化时，其相似工况点在等风阻曲线上变化。

表 6-1　两台相似扇风机 H, Q 和 N 的换算

换算参数 \ 换算条件	$D_1 \neq D_2$, $n_1 \neq n_2$, $\rho_1 \neq \rho_2$	$D_1 = D_2$, $n_1 = n_2$, $\rho_1 \neq \rho_2$	$D_1 = D_2$, $n_1 \neq n_2$, $\rho_1 = \rho_2$	$D_1 \neq D_2$, $n_1 = n_2$, $\rho_1 = \rho_2$
风压换算	$\frac{H_1}{H_2} = \frac{\rho_1}{\rho_2} \cdot \left(\frac{D_1}{D_2}\right)^2 \cdot \left(\frac{n_1}{n_2}\right)^2$	$\frac{H_1}{H_2} = \frac{\rho_1}{\rho_2}$	$\frac{H_1}{H_2} = \left(\frac{n_1}{n_2}\right)^2$	$\frac{H_1}{H_2} = \left(\frac{D_1}{D_2}\right)^2$
风量换算	$\frac{Q_1}{Q_2} = \left(\frac{D_1}{D_2}\right)^3 \cdot \frac{n_1}{n_2}$	$Q_1 = Q_2$	$\frac{Q_1}{Q_2} = \frac{n_1}{n_2}$	$\frac{Q_1}{Q_2} = \left(\frac{D_1}{D_2}\right)^3$
功率换算	$\frac{N_1}{N_2} = \frac{\rho_1}{\rho_2} \cdot \left(\frac{D_1}{D_2}\right)^5 \cdot \left(\frac{n_1}{n_2}\right)^3$	$\frac{N_1}{N_2} = \frac{\rho_1}{\rho_2}$	$\frac{N_1}{N_2} = \left(\frac{n_1}{n_2}\right)^3$	$\frac{N_1}{N_2} = \left(\frac{D_1}{D_2}\right)^5$
效率换算	$\eta_1 = \eta_2$			

例题 6-1　某矿使用主要扇风机为 4-72-11№20B 离心式扇风机，其特性曲线如图 6-10 所示，图上给出三种不同转速 n 的 $H_t - Q$ 曲线。转速为 $n_1 = 630$ r/min，扇风机工作风阻 $R = 0.63657$ N·s²/m⁸，工况点为 M_0（$Q = 58$ m³/s，$H_t = 1\ 805$ Pa），后来，风阻变为 $R' = 0.7932$ N·s²/m⁸，矿井风量减小不能满足生产要求，拟采用调整转速方法保持风量 $Q = 58$ m³/s，求转速调至多少？

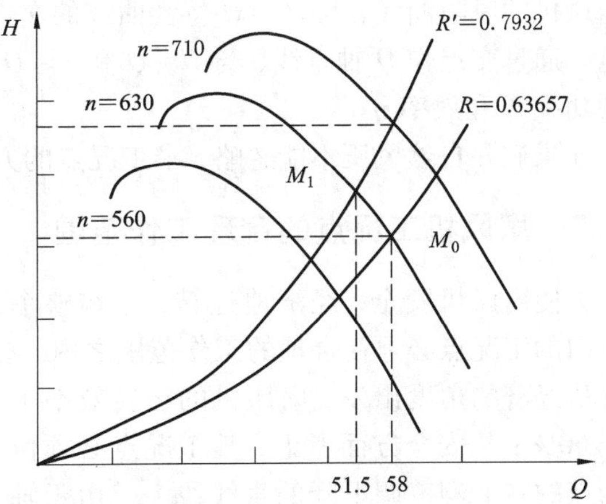

图 6-10　4-72-11№20B 离心式扇风机特性曲线

解：因通风网路风阻已变，故应先将新风阻 $R' = 0.7932$ N·s²/m⁸的曲线绘制在图中，得其与 $n_1 = 630$ r/min 曲线的交点为 M_1，其风量 $Q_1 = 51.5$ m³/s。在此风阻下风量增至 $Q_2 = 58$ m³/s 的转速 n_2，可按下式求得：

$$n_2 = (n_1 Q_2)/Q_1 = 630 \times 58/51.5 = 710 \text{ r/min}$$

即转速应调至 $n_2 = 710$ r/min，可满足供风要求。

2. 通用特性曲线

为了便于使用，根据比例定律，把一个类型扇风机的性能参数，如压力 H，风量 Q，转速 n，动轮外缘直径 D，功率 N 和效率 η 等相互关系同画在一个坐标图上，这种曲线叫做扇风机的通用特性曲线。

6.2.6　工况点的确定方法

所谓工况点，即扇风机在某一特定转速和工作风阻条件下的工作参数，如 Q，H，N 和 η 等，一般是指 H 和 Q 两参数。

当矿井只有一台扇风机工作时，若扇风机风压特性曲线的函数式为 $H_t = F_t(Q)$ 或 $H_s = F_s(Q)$，矿井风阻特性（或称阻力特性）曲线函数式是 $h = RQ^2$，不计自然风压，由式(6-15)、(6-18)和式(6-30)可得抽出式通风矿井 H 和 h 的关系为：

$$H_t = h + h_{Rd} + h_{v6} \tag{6-41}$$

$$H_S = h + h_{Rd} \tag{6-42}$$

$$H_{Sd} = h \tag{6-43}$$

因此，对于抽出式通风矿井，只要根据扇风机的 $H_t - Q$ 特性曲线或 $H_S - Q$ 特性曲线作出扇风机装置 $H_{Sd} - Q$ 特性曲线，然后在 $H_{Sd} - Q$ 曲线的坐标上，按相同比例作出扇风机的风阻曲线与 $H_{Sd} - Q$ 特性曲线的交点之坐标值，即为抽出式扇风机的工作风压和风量。通过交点作 Q 轴垂线与 $N - Q$ 和 $\eta - Q$ 曲线相交，交点的纵坐标即为抽出式扇风机的轴功率 N 和效率 η。

同理，由式(6－26)和(6－27)可得压入式通风矿井 H 和 h 的关系为：

$$H_t = h \tag{6-44}$$

$$H_s = h - h_{v1} \tag{6-45}$$

因此，对于压入式通风矿井，只要在扇风机的 $H_t - Q$ 特性曲线的坐标上，按相同比例作出扇风机的风阻曲线，与 $H_t - Q$ 特性曲线的交点之坐标值，即为压入式扇风机的工作风压和风量。通过交点作 Q 轴垂线，与 $N - Q$ 和 $\eta - Q$ 曲线相交，交点的纵坐标即为压入式扇风机的轴功率 N 和效率 η。

如果矿井自然风压不能忽略，求工况点的方法见 6.3 节中扇风机与自然风压串联作业。

6.2.7　扇风机工况点的合理工作范围

为使扇风机安全、经济地运转，它在整个服务期内的工况点必须在合理的工作范围之内。

从经济的角度出发，扇风机的运转效率不应低于60%；从安全方面考虑，其工况点必须位于驼峰点的右下侧单调下降的直线段上。由于轴流式扇风机的性能曲线存在马鞍形区段，为了防止矿井风阻偶尔增加等原因，使工况点进入不稳定区，一般限定实际工作风压不得超过最高风压的90%，即 $H_S < 0.9H_{Smax}$。

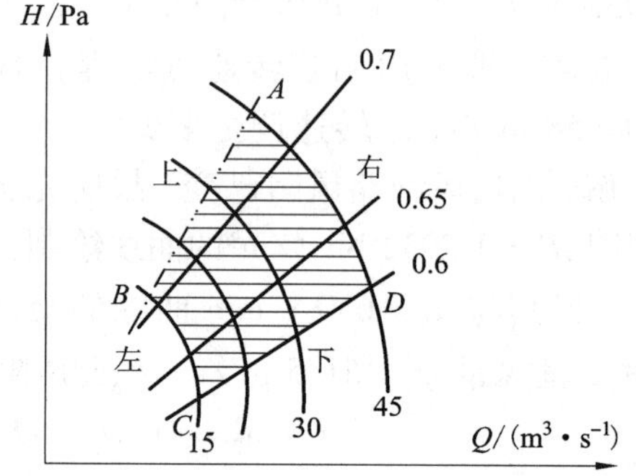

图 6－11　轴流式扇风机的合理工作范围

轴流式扇风机的工作范围如图 6－11 中 $A-B-C-D$ 围成的区域(阴影部分所示)，上限为最大风压 0.9 倍的连线，下限为 $\eta = 0.6$ 的等效率曲线。

6.2.8　主要扇风机的工况点调节

在矿井中，主要扇风机的工况点常因采掘工作面的增减和转移等条件变化和扇风机本身性能变化(如磨损)而改变。为了保证矿井的按需供风和扇风机经济运行，需要适时地进行工况点调节。实质上，工况点调节就是供风量的调节。由于扇风机的工况点是由扇风机风压和矿井风阻两者的特性曲线决定的，所以，欲调节工况点只需改变两者之一或同时改变即可。据此，工况点调节方法主要有改变矿井风阻特性曲线调节法和改变扇风机风压特性曲线调节法。

1. 改变矿井风阻特性曲线调节法

当扇风机风压特性曲线不变时，改变矿井的总风阻，工况点沿扇风机特性曲线移动，见

图6－12。

(1)增加风量的调节。为了增加矿井的供风量，可以采取下列措施：

①减少矿井总风阻。在矿井(或通风系统)的主要进、回风道采取增加并联巷道、缩短风路、扩大巷道断面、更换摩擦阻力系数小的支架(护)、减小局部阻力等措施，均可收到减少矿井总风阻的效果。这种调节措施的优点是主要扇风机的运转费用较低；缺点是工程量和工程费用较大，施工周期也较长。

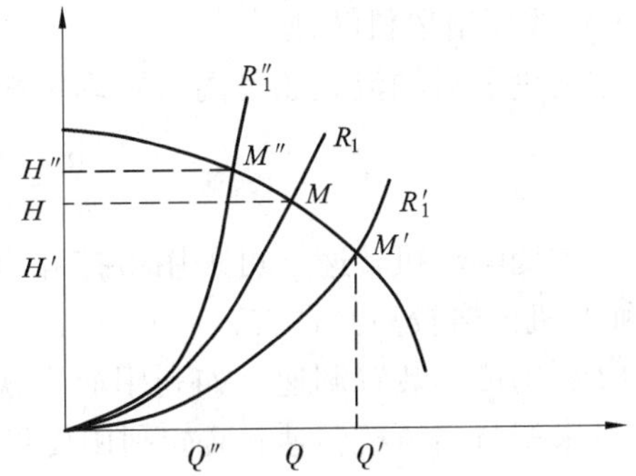

图6－12 改变矿井风阻特性曲线调节法

②当地面外部漏风较大时，可以采取堵塞地面的外部漏风措施。这样做，扇风机的风量虽然因其工作风阻增大而减小，但矿井风量却会因有效风量率的提高而增大。这种方法实施简单，经济效益较好，但调节幅度不大。

(2)减少风量的调节。当矿井风量过大时，应进行减少风量的调节。其方法有：

①增加矿井总风阻。对于离心式扇风机可利用风硐中闸门增加风阻(减小其开度)。这种方法实施较简单，但因增大风阻而增加了附加能量损耗，所以调节时间不宜过长，只能用于一些临时减少风量的调节。

②对于轴流式扇风机，当其 $N-Q$ 曲线在工作段具有单调下降特点时，因种种原因不能实施低转速和减少叶片安装角度 θ 时，可以用增大外部漏风的方法，来减小矿井风量。这种方法比增阻调节要经济，但调节幅度较小。

2. 改变扇风机风压特性曲线调节法

这种调节方法的特点是矿井总风阻不变，改变扇风机风压特性曲线，工况点沿风阻特性曲线移动，见图6－13。调节方法如下。

(1)轴流式风机可采用改变叶安装角度达到增减风量的目的。

对于有些轴流式扇风机还可以改变叶片数改变扇风机的特性。改变叶片数时，应按说明书规定进行。对于能力过大的双级动(叶)轮扇风机，还可以减少动(叶)轮级数，减少供风。目前，有些从国外进口的扇风机能够在运转时自动调节叶片安装角。如德国的GVI轴流式扇风机，自带状态监测和控制计算机，只需向计算机输入要求的扇风机工作风量，计算机就能自动选择并调节到合适的叶片安装角。但要注意的是，防止因增大叶片安装角度而导致扇风机进入不稳定区运行。

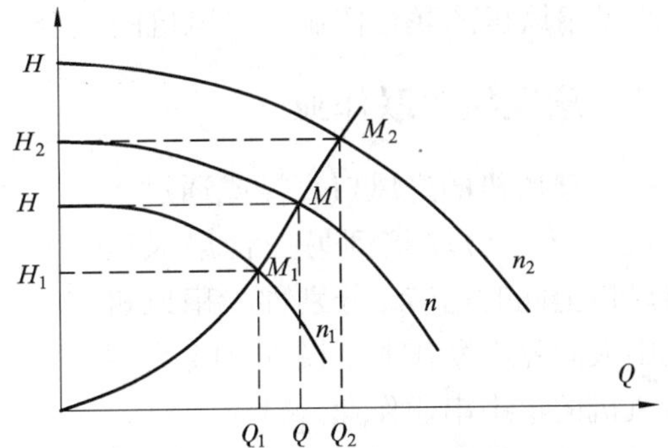

图6－13 改变扇风机风压特性曲线调节法

(2)装有前导器的离心式扇风机，可以改变前导器叶片转角进行风量调节。

风流经过前导器叶片后发生一定预旋，能在很小或没有冲角的情况下进入扇风机。前导叶片角由0°变到90°时，风压曲线降低，扇风机效率也有所降低。而且调节幅度不大(70%以下)时，比增加矿井总风阻调节要经济一些。

(3)改变扇风机转速。

这无论是对轴流式还是离心式扇风机都可采用。调节的理论依据是相似定律，即

$$\frac{n}{n_0}=\frac{Q}{Q_0}=\sqrt{\frac{H}{H_0}}=\sqrt[3]{\frac{N}{N_0}} \tag{6-46}$$

①改变电动机转速。可采用可控硅串级调速；更换合适转速的电动机和采用变速电动机(此种电机价格较高)等方法。

②利用传动装置调速。如利用液压联轴器传动的扇风机，可通过改变联轴器工作室内的液体量来调节扇风机转速；又如利用皮带轮传动的扇风机，可以更换不同直径的皮带轮，改变传动比。这种方法只适用于小型离心式扇风机。

调节转速没有额外的能量损耗，对扇风机的效率影响不大，因此也是一种较经济的调节方法，当调节期长，调节幅度较大时应优先考虑。但要注意，增大转速时可能会使扇风机震动增加、噪音增大、轴承温度升高以及发生电动机超载等问题。

调节方法的选择，取决于调节期长短、调节幅度、投资大小和实施的难易程度。调节之前应拟定多种方案，经过技术和经济比较后择优选用。选用时，还要考虑实施的可能性。有时，可以考虑采用综合措施。

6.3 扇风机联合作业

在矿井生产和建设时期，通风系统的阻力是经常变化的。当矿井通风系统的阻力变大到使一台扇风机不能保证按需供风时，就有必要利用两台或两台以上扇风机进行联合作业，以达到增加风量的目的。两台或两台以上的扇风机同时对一个矿井通风系统或一个风网进行工作，叫做扇风机的联合作业。扇风机的联合作业可分为串联和并联两种。

6.3.1 扇风机串联作业

一台扇风机的进风口直接或通过一段巷道(或管道)联接到另一台扇风机的出风口上同时运转，分别称为扇风机的集中或间隔串联作业。图 6－14 为两台扇风机的集中串联作业。

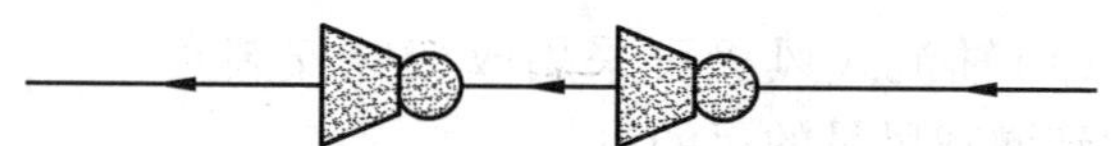

图 6－14　两台扇风机的集中串联作业

扇风机串联作业时，其总风量等于每台扇风机的风量(没有漏风)，其总风压等于每台扇风机的风压之和。根据上述特性，扇风机串联作业时的等效合成特性曲线可按“风量相等，风压相加”的原则绘制。

1. 风压特性曲线不同的扇风机串联作业分析

(1)串联扇风机的等效合成特性曲线

如图 6－15 所示，两台不同型号扇风机的特性曲线分别为 F_1 和 F_2。两台扇风机串联的等效合成特性曲线 F_1+F_2 按风量相等风压相加原则求得，也就是说在两台扇风机的风量范围内，作若干条风量坐标的垂线(等风量线)，在等风量线上将两台扇风机的风压相加，得该风量下串联等效扇风机的风压(点)，将各等效扇风机的风压点连起来，即可得到扇风机串联作业时等效合成特性曲线 F_1+F_2。

(2)扇风机的实际工况点

在风阻为 R 的风网上扇风机串联作业时，各扇风机的实际工况点按下述方法求得：在等效扇风机特性曲线 F_1+F_2 上作风网风阻特性曲线 R_1，两者交点为 M_0，过 M_0 作横坐标垂线，分别与曲线 F_1 和 F_2 相交于 M_1 和 M_2，此两点即是两扇风机的实际工况点。

为了衡量串联作业的效果，可用等效扇风机产生的风量 Q 与能力较大的扇风机 F_2 单独作业时产生的风量 Q_{II} 之差表示。由图6－15可见，当工况点位于合成特性曲线与能力较大扇风机风压特性曲线 F_2 交点 A（通常称为临界工况点）的左上方（如 M_0）时，$\Delta Q=Q-Q_{\text{II}}>0$，则表示串联有效；当工况点 M' 与 A 点重合（即风网风阻 R' 通过 A 点）时，$\Delta Q=Q-Q_{\text{II}}=0$，则串联无增风；当工况点 M'' 位于 A 点右下方（即风网风阻为 R''）时，$\Delta Q=Q-Q_{\text{II}}<0$，则串联不但不能增风，反而有害，即小扇风机成为大扇风机的阻力。这种情况下串联显然是不合理的。

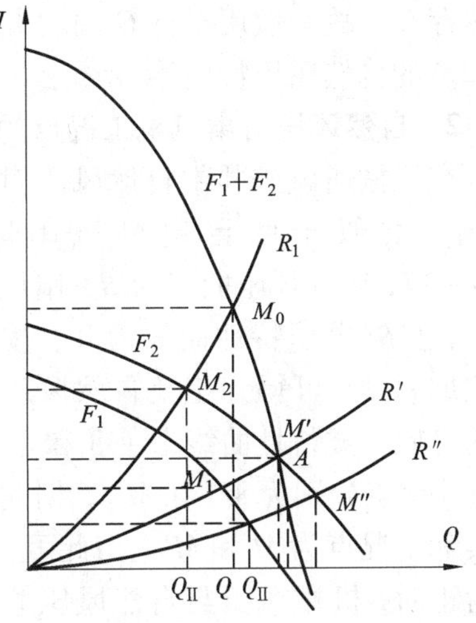

图6－15 风压特性曲线不同的扇风机串联作业时的等效合成特性曲线

通过 A 点的风阻为临界风阻，其值大小取决于两扇风机的特性曲线。欲将两台风压特性曲线不同的扇风机串联工作时，事先应将由两台扇风机所决定的临界风阻 R' 与风网风阻 R 进行比较，当 $R'<R$ 方可应用。还应该指出的是，对于某一形状的合成特性曲线，串联增加的风量取决于风网风阻。

从图6－15可以看出，扇风机串联作业时不能充分发挥每台扇风机的风压作用。风网的风阻越小，串联作业效果越差，尤其当风网的风阻小于临界风阻 R' 时，小能力扇风机对风网通风起负作用。反之，风网的风阻越大，串联作业效果越好。故扇风机串联作业只适用于风网阻力较大而风量不足的情况，而且只有在选择不到高风压的扇风机或矿井扩建时已经有一台风压不能满足要求的扇风机时，才能采用多台扇风机的串联作业。

2. 风压特性曲线相同的扇风机串联作业

图6－16所示的是两台特性曲线相同（性能曲线Ⅰ和Ⅱ重合）的扇风机串联作业。由图可见，临界点 A 位于 Q 轴上。这就意味着在整个合成曲线范围内串联作业都是有效的，只是风网风阻不同增风效果不同而已。可见，风压特性曲线相同的较不相同的扇风机串联作业效果要好。

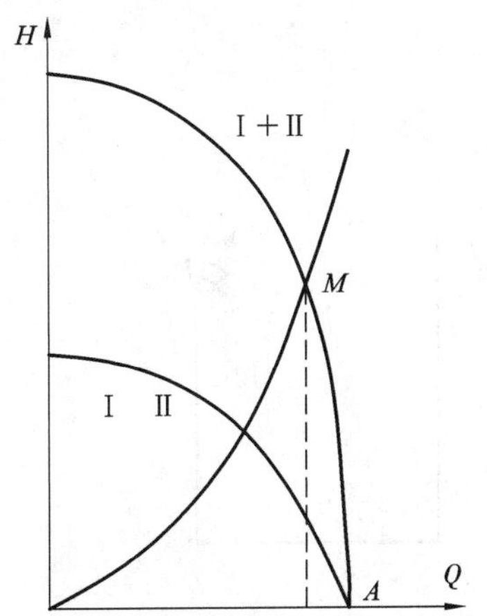

图6－16 风压特性曲线相同的扇风机串联作业时的等效合成特性曲线

6.3.2 扇风机与自然风压串联作业

1. 自然风压特性

自然风压特性是指自然风压与风量之间的关系。在机械通风矿井中，冬季自然风压随风量增大略有增大；夏季，若自然风压为负时，其绝对值亦将随风量增大而增大。扇风机停止作业时自然风压依然存在。故一般用平行 Q 轴的直线表示自然风压的特性。如图 6－17 中Ⅱ和Ⅱ′分别表示正和负的自然风压特性。

2. 自然风压对扇风机工况点的影响

在机械通风矿井中自然风压对机械风压的影响，类似于两台扇风机串联作业。如图 6－17，矿井风阻曲线为 R，扇风机特性曲线为Ⅰ，自然风压特性曲线为Ⅱ，按风量相等风压相加原则，可得到正负自然风压与扇风机风压的等效合成特性曲线Ⅰ＋Ⅱ和Ⅰ＋Ⅱ′。风阻 R 与其交点分别为 M_{I} 和 M'_{I}，据此可得扇风机的实际工况点为 M 和 M'。由此可见，当自然风压为正时，机械风压与自然风压共同作用克服矿井通风阻力，使矿井风量增加；当自然风压为负时，成为矿井通风阻力，使矿井风量减少。

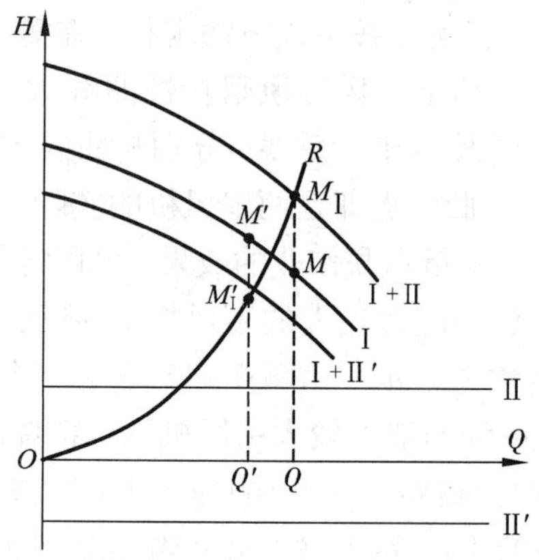

图 6－17 扇风机与自然风压串联作业时的等效合成特性曲线

6.3.3 扇风机并联作业

两台扇风机的进风口直接或通过一段巷道连接在一起作业，叫做扇风机的并联。扇风机并联有集中并联和对角并联之分。图 6－18(a) 为集中并联，图 6－20(a) 叫对角并联。

1. 集中并联

从理论上讲，集中并联时扇风机的进风口(或出风口)可视为连接在同一点。所以扇风机并联作业时，其总风压等于每台扇风机的风压，其总风量等于每台扇风机的风量之和。根据上述特性，扇风机并联作业时的等效合成特性曲线可按“风压相等，风量相加”的原则绘制。

(1) 风压特性曲线不同的扇风机并联作业

①扇风机集中并联作业时的等效合成特性曲线。如图 6－18(b) 所示，两台不同型号扇风机的风压特性曲线分别为Ⅰ、Ⅱ。两台扇风机并联后的等效合成曲线Ⅰ＋Ⅱ可按风压相等风量相加原则求得，换言之在两台扇风机的风压范围内，作若干条等风压线(压力坐标轴的垂线)，在等风

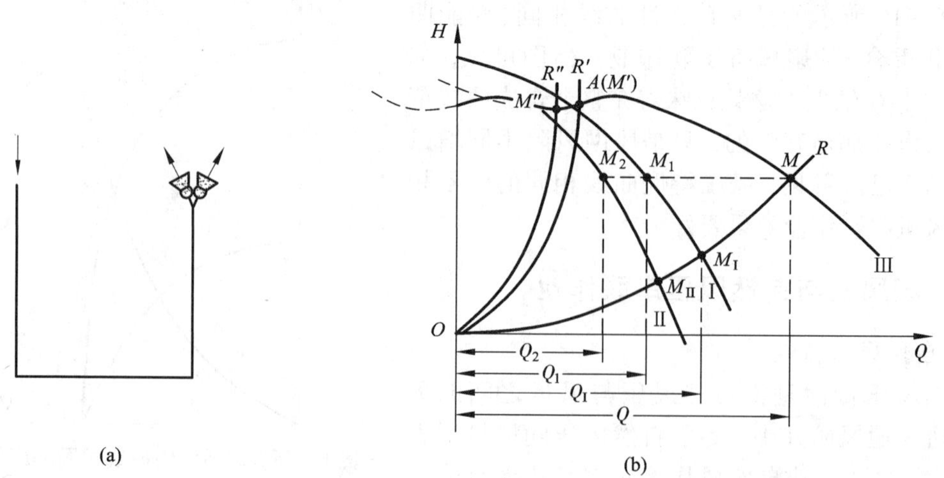

图 6－18 风压特性曲线不同的扇风机集中并联作业时的等效合成特性曲线

压线上把两台扇风机的风量相加，得该风压下并联等效扇风机的风量(点)，将等效扇风机的各个风量点连起来，即可得到扇风机并联作业时的等效合成特性曲线Ⅰ+Ⅱ。

②扇风机的实际工况点。扇风机并联后在风阻为 R 的风网上工作，R 与等效风机的特性曲线Ⅰ+Ⅱ的交点 M，过 M 作纵坐标轴垂线，分别与曲线Ⅰ和Ⅱ相交于 M_1 和 M_2，此两点即是两扇风机的实际工况点。

并联工作的效果，也可用并联等效扇风机产生的风量 Q 与能力较大的扇风机Ⅰ单独工作时产生的风量 Q_1 之差来分析。由图6－18(b)可见，当 $\Delta Q = Q - Q_1 > 0$，即工况点 M 位于合成特性曲线与大扇风机曲线的交点 A(临界点)的右侧时，则并联有效；当风网风阻 R' 通过 A 点时(R' 称为临界风阻)，$\Delta Q = 0$，则并联无增风；当风网风阻 $R'' > R'$ 时，工况点 M'' 位于 A 点左侧时，$\Delta Q < 0$，即小扇风机反向进风，则并联不但不能增风，反而有害。

从图6－18(b)可见，扇风机并联作业时不能充分发挥每台扇风机的风量作用。风网的风阻越大，并联作业效果越差，尤其当风网的风阻大于临界风阻 R' 时，小能力扇风机不但抽不出风量，反而成为进风口；反之，风网的风阻越小，并联作业效果越好；故扇风机并联作业只适用于风网阻力较小而风量不足的情况。

此外，由于轴流式扇风机的风压特性曲线存在马鞍形区段，因而合成特性曲线在小风量时比较复杂。当风网风阻 R 较大时，扇风机可能出现不稳定运行。所以，使用轴流式扇风机并联作业时，除要考虑并联效果外，还要进行稳定性分析。

(2)风压特性曲线相同的扇风机并联作业

图6－19所示的是两台特性曲线Ⅰ(Ⅱ)相同的扇风机并联作业。Ⅰ＋Ⅱ为其合成特性曲线，R 为风网风阻。M 和 M' 为并联的工况点和单独工作的工况点。由 M 作等风压线与曲线Ⅰ(Ⅱ)相交于 M_1，此即扇风机的实际工况点。由图可见，总有 $\Delta Q = Q - Q_1 > 0$，且 R 越小，ΔQ 越大。可见，风压特性曲线相同的较不相同的扇风机并联作业效果要好。

应该指出，两台风压特性相同的扇风机并联作业，同样存在不稳定运转情况。

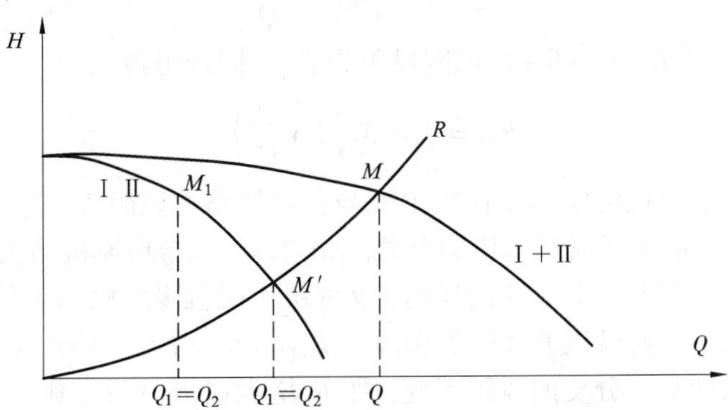

图6－19 风压特性曲线相同的扇风机集中并联作业时的等效合成特性曲线

2. 对角并联工况分析

如图6－20(a)所示的对角并联通风系统，两台不同型号扇风机的特性曲线分别为图6－20(c)中的 F_1 和 F_2，各自单独工作的风网分别为 OA(风阻为 R_1)和 OB(风阻为 R_2)，公共风路 OC(风阻为 R_0)。为了分析对角并联系统的工况点，先将两台风机移至 O 点。方法是，按照等风量条件下把扇风机 F_1 的风压与风路 OA 的阻力相减的原则，求扇风机 F_1 为风路 OA 服务后的剩余

特性曲线 F_1'，即作若干条等风量线，在等风量线上将扇风机 F_1 的风压减去风路 OA 的阻力，得扇风机 F_1 服务风路 OA 后的剩余风压点，将各剩余风压点连起来即得剩余特性曲线 F_1'。按相同方法，在等风量条件下，把扇风机 F_2 的风压与风路 OB 的阻力相减得到风机 F_2 为风路 OB 服务后的剩余特性曲线 F_2'。这样就变成了等效风机 F_1' 和 F_2' 集中并联于 O 点，为公共风路 OC 服务，如图 6－20(b)。按风压相等风量相加原则求得等效扇风机 F_1' 和 F_2' 集中并联的特性曲线 $F_1'+F_2'$，它与风路 OC 的风阻 R_0 曲线交点 M_0，由此可得 OC 风路的风量 Q_0。

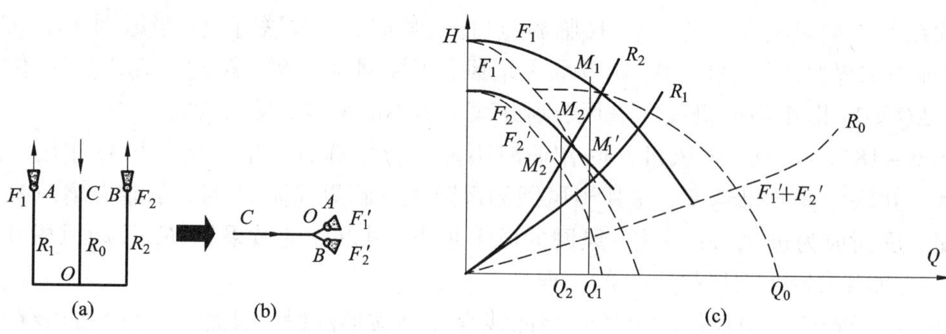

图 6－20　风压特性曲线不同的扇风机对角并联作业时的工况分析

M_0 作 Q 轴平行线与特性曲线 F_1' 和 F_2' 分别相交于 M_1' 和 M_2' 点。再过 M_1' 和 M_2' 点作 Q 轴垂线与曲线 F_1 和 F_2 相交于 M_1 和 M_2，此即为两台扇风机的实际工况点，其风量分别为 Q_1 和 Q_2，显然 $Q_0=Q_1+Q_2$。

若扇风机 F_1 服务的 $C-O-A-C$ 风网风阻为 R_{F1}，根据通风阻力定律有 $R_{F1}Q_1^2=R_1Q_1^2+R_0Q_0^2$，即

$$R_{F1}=R_1+R_0\left(1+\frac{Q_2}{Q_1}\right)^2 \tag{6-47}$$

若扇风机 F_2 服务的 $C-O-B-C$ 风网风阻为 R_{F2}，同理可得

$$R_{F2}=R_2+R_0\left(1+\frac{Q_1}{Q_2}\right)^2 \tag{6-48}$$

由此可见，每台扇风机的实际工作风阻除与各自风路的风阻 R_1 和公共风路的风阻 R_0 有关外，还与两台扇风机的实际风量的比例有关。相应地，每台扇风机的实际工况点 M_1 和 M_2，既取决于各自风路的风阻和公共风路的风阻，又取决于两台扇风机的实际风量的比例。当 R_1 和 R_2 一定时，R_0 增大，两台风机的实际工作风阻 R_{F1} 和 R_{F2} 增大，工况点上移；当 R_0 一定时，某一分支的风阻增大而另一分支的风阻不变，如 R_1 增大而 R_2 不变，则 F_1 扇风机的实际工作风阻 R_{F1} 增大并使其工况点上移，而 F_2 扇风机的实际工作风阻 R_{F2} 减小并使其工况点下移；反之亦然。这说明两台风机的工况点是相互影响的。因此，采用轴流式扇风机并联作业的矿井，要注意和防止一个扇风机工作风阻的减小能导致另一个并联作业扇风机工作风阻的增大，从而造成该并联作业扇风机可能进入不稳定区工作。

6.3.4　并联与串联作业的比较

图 6－21 中为两台型号相同的离心式扇风机的风压特性曲线为Ⅰ，两者串联和并联工作

的特性曲线分别为Ⅱ和Ⅲ，$N-Q$为其功率特性曲线，R_1、R_2和R_3为大小不同的三条风网风阻特性曲线。当风阻为R_2时，正好通过Ⅱ、Ⅲ两曲线的交点B。若并联则扇风机的实际工况点为M_1，而串联则实际工况点为$M_{\text{Ⅱ}}$。显然在这种情况下，串联和并联工作增风效果相同。但从消耗能量(功率)的角度来看，并联的功率为N_P，而串联的功率为N_S，显然$N_S>N_P$，故采用并联是合理的。当扇风机的工作风阻为R_1，并联运行时工况点A的风量比串联运行工况点F时大，而每台扇风机实际功率反而小，故采用并联较合理。当扇风机的工作风阻为R_3，并联运行时工况点E，串联运行工况点为C，则串联比并联增风效果好。对于轴流式扇风机则可根据其风压和功率特性曲线进行类似分析。

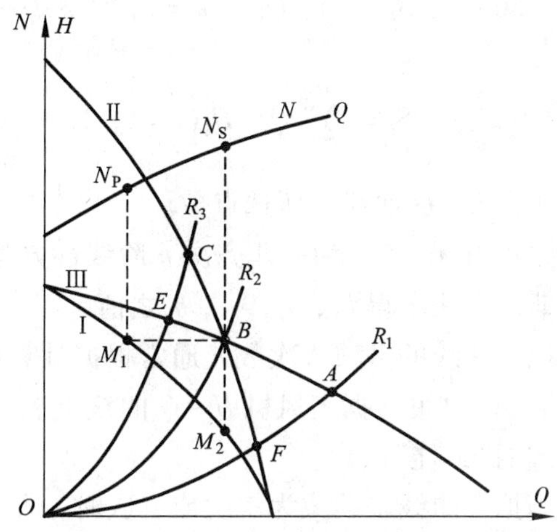

图6－21 扇风机并联与串联作业的比较

多台扇风机联合作业与一台扇风机单独作业有所不同。如果不能掌握扇风机联合作业的特点和技术，将会事与愿违，后果不良，甚至可能损坏扇风机。因此，在选择扇风机联合作业方案时，应从扇风机联合运转的特点、效果、稳定性和合理性出发，在考虑风网风阻对工况点影响的同时，还要考虑运转效率和轴功率大小。在保证增加风量或按需供风后应选择能耗较小的方案。

6.4 扇风机特性曲线的数模及其应用

6.4.1 扇风机风压特性 $H-Q$ 曲线的数学模型

在矿井通风设计和矿井正常生产过程中，复杂的通风网络解算是十分费事和繁琐的，而且容易出错。解决该问题的唯一途径是采用计算机解算通风网络。而建立扇风机风压特性$H-Q$曲线的数学模型$H=F(Q)$，是采用计算机解算通风网络的基础。

采用曲线拟合技术，扇风机风压特性$H-Q$曲线可拟合为下面的多项式：

$$H=b_1+b_2Q+b_3Q^2+b_4Q^3+\cdots+b_nQ^{n-1} \qquad (6-49)$$

式中：b_1，b_2，…，b_n——曲线拟合系数。

根据最小二乘法原理，在$H-Q$曲线上所选各点的H_i值与拟合多项式(6－49)对应点计算的H_i^*值差的平方和为最小。据此，可导出求解拟合多项式(6－49)中系数b_1，b_2，b_n的正态方程组：

$$\begin{cases} S_1b_1+S_2b_2+S_3b_3+\cdots+S_nb_n=t_1 \\ S_2b_1+S_3b_2+S_4b_3+\cdots+S_{n+1}b_n=t_2 \\ S_3b_1+S_4b_2+S_5b_3+\cdots+S_{n+2}b_n=t_3 \\ \cdots\cdots\cdots\cdots\cdots\cdots\cdots\cdots \\ S_nb_1+S_{n+1}b_2+S_{n+2}b_3+\cdots+S_{2n-1}b_n=t_n \end{cases} \qquad (6-50)$$

式(6－50)中：$S_k=\sum_{i=1}^{D}Q_i^{k-1}(k=1,2,3,\cdots,2n-1)$

$$S_l=\sum_{i=1}^{D}Q_i^{l-1}H_i(l=1,2,3,\cdots,n)$$

D 为 $H-Q$ 曲线上所选点数。

方程组(6－50)为一非齐次 n 阶线性方程组，其系数 S_k的矩阵为实系数对称矩阵，可采用高斯消去法求得 b_1，b_2，…，b_n之值。

拟合曲线的多项式次数 n 通常根据计算精度要求确定，一般取 2 或 3，精度要求较高时也可取 5。也可根据扇风机 $H-Q$ 曲线上若干点的值(Q_i，H_i)，让计算机自动选择拟合曲线多项式的“最佳”次数。

当拟合曲线多项式为二次或三次时，所选点数 D 一般取 6 即可。

此外，也可采用下述简便方法求得扇风机风压特性 $H-Q$ 曲线的数学模型及其系数，即把扇风机在正常工作范围内的那段曲线近似地看作是二次抛物线，则其拟合曲线多项式为：

$$H=b_1+b_2Q+b_3Q^2 \tag{6－51}$$

为了求出该式中的三个未知系数 b_1、b_2和 b_3，可以在曲线的正常工作范围内取三点，第一点(Q_1，H_1)为扇风机稳定工作的上限点(即扇风机最高风压 0.9 倍的那点)，第一点(Q_2，H_2)为扇风机最高效率点，第三点(Q_3，H_3)为扇风机稳定工作的下限点(即扇风机最低允许效率对应的那点)。将这三点的坐标值代入(6－51)，可列出三个方程，联立求解这组线性方程，得

$$b_3=\frac{H_3(Q_1-Q_2)+H_1(Q_2-Q_3)+H_2(Q_3-Q_1)}{(Q_1-Q_2)(Q_2-Q_3)(Q_3-Q_1)} \tag{6－52}$$

$$b_2=\frac{H_1-H_2}{Q_1-Q_2}-(Q_1+Q_2) \tag{6－53}$$

$$b_1=H_1-b_3Q_1^2-b_2Q_1 \tag{6－54}$$

这样，只要获得扇风机风压特性 $H-Q$ 曲线上的上述三个点坐标值，就可建立起式(6－51)所示的扇风机风压特性 $H-Q$ 曲线的数学模型。

6.4.2　扇风机风压特性 H－Q 曲线数学模型的应用

1. 计算机解算矿井通风系统扇风机的工况点

对于某一矿井，通风阻力方程为 $h=RQ^2$，由于通风阻力 h 和扇风机风压 H 之间存在着一定的关系，所以借助扇风机风压特性 $H-Q$ 曲线的数学模型 $H=F(Q)$，可方便地采用计算机解算矿井通风系统扇风机的工况点。

2. 计算机解算矿井通风网络各分支的风量

若通风网络解中存在扇风机风压，扇风机风压特性 $H-Q$ 曲线数学模型 $H=F(Q)$的建立，使采用各种迭代法(如斯考德—恒斯雷法)计算机解算通风网络中各分支的风量极为方便和有效。

6.5　矿井主扇的选择与应用

6.5.1　矿井主扇的选择

通风设备选择的主要任务是，根据通风设计参数在已有的扇风机系列产品中，选择适合的扇风机型号、转速和与之相匹配的电动机。所选的扇风机必须具有安全可靠、技术先进和经济技术指标良好等优点。

通风设备选择必备的基础资料有：扇风机的工作方式（是抽出式还是压入式）；矿井瓦斯等级；矿井不同时期的风量；扇风机服务年限内的最大阻力和最小阻力以及风井是否作为提升用等。

通常根据矿井通风系统容易和困难两个时期主扇作业的工况点，用扇风机个体特性曲线来选择主扇。

1．计算扇风机工作风量 Q_f

考虑到外部漏风（即主要扇风机附近的反风门等处的漏风），主要扇风机风量可用下式计算：

$$Q_f = KQ_m \tag{6-55}$$

式中：Q_f——扇风机的工作风量，m^3/s；

Q_m——矿井总需风量，m^3/s；

K——漏风损失系数，风井无提升任务时取1.1，箕斗井兼作回风井时取1.15，回风井兼作升降人员时取1.2（回风井一般不允许兼作升降人员井）。

2．计算扇风机的风压 H_t 或 H_s

依据（6-19）式可知，扇风机全压 H_t 和自然风压 H_N 共同作用，克服风流流经矿井的总阻力矿井 h_m、风流流经风硐的总阻力 h_d 以及风流进入大气出口处的动压损失 h_{vd}（对于抽出式通风系统为扩散器出口的动压，对于压入式通风系统为风井出口的动压）。

风硐的总阻力 h_d 一般不超过100～200 Pa。

通风容易时期，为了使所选的主扇效率不致太低，需要考虑矿井自然风压帮助主扇风压的作用。通风困难时期，为了使所选的主扇风压够用，需要考虑矿井自然风压反对主扇风压的作用。

通常离心式扇风机提供的是全压 H_t-Q 曲线，而轴流式扇风机提供的大多是静压 H_s-Q 曲线。因此，抽出式通风矿井通风容易和困难时期的风压为：

离心式扇风机：

容易时期
$$H_{tmin} = h_{mmin} + h_d + h_{vd} - |H_N| \tag{6-56}$$

困难时期
$$H_{tmax} = h_{mmax} + h_d + h_{vd} + |H_N| \tag{6-57}$$

轴流式扇风机：

容易时期
$$H_{smin} = h_{mmin} + h_d - |H_N| \tag{6-58}$$

困难时期
$$H_{smax} = h_{mmax} + h_d + |H_N| \tag{6-59}$$

同理，式（6-56）和式（6-57）也适用于压入式通风的矿井；当压入式通风的矿井采用静压 H_s-Q 曲线选择主扇时，其通风容易和困难时期的静风压为：

容易时期 $$H_{smin}=h_{mmin}+h_d+h_{vd}-h_v-|H_N| \tag{6-60}$$

困难时期 $$H_{smax}=h_{mmax}+h_d+h_{vd}-h_v+|H_N| \tag{6-61}$$

3. 选择扇风机

根据 Q_f、H_{smax}、H_{smin}（或 H_{tmax}、H_{tmin}），在扇风机的个体特性曲线图表上选择合适的扇风机。判别是否合适，要看上面两组数据所构成的两个时期的工况点，是否都落在扇风机个体特性曲线的合理工作范围内。

扇风机选定以后，即可得出扇风机的型号、动轮直径以及扇风机在两个时期的动轮叶片安装角（指轴流式扇风机）、转速、风压、风量、效率和输入功率等数值，并列表整理。

对于高原矿井，因空气密度 ρ' 较小，在运送相同的风量时，高原矿井的主扇所需的风压 H_t' 和功率 N' 都较小。如果设计所用的扇风机个体特性曲线图表是当空气密度为 1.2 kg/m^3 时测绘出来的，就需先把这种图表的风压特性 H_t-Q 曲线和输入功率特性 $N-Q$ 曲线按下列各式换算成适用于高原矿井的风压特性 $H_t'-Q$ 曲线和输入功率特性 $N'-Q$ 曲线；同时根据效率不变的原则换算出效率特性曲线，然后进行选择。

$$H_t'=H_t\frac{\rho'}{1.2} \tag{6-62}$$

$$N'=N\frac{\rho'}{1.2} \tag{6-63}$$

如果高原矿井通风阻力计算时摩擦阻力系数选用的是空气密度为 1.2 kg/m^3 时的数值，则选择扇风机时，扇风机的风压特性 H_t-Q 曲线就不用转换了，但输入功率特性 $N-Q$ 曲线仍需按上式进行换算。

4. 选择电动机

目前，我国许多风机厂生产扇风机时已经将电动机配备好，购买扇风机时已经包括了电动机，因此也不需要再自己选用电动机了。但从学习的角度，我们仍然需要知道如何选用扇风机的电动机。

（1）计算扇风机输入功率

按通风容易和困难时期，分别计算扇风机的输入功率 N_{min} 和 N_{max}。

$$N_{min}=\frac{H_tQ_f}{1\,000\eta_t} \tag{6-64}$$

$$N_{max}=\frac{H_tQ_f}{1\,000\eta_t} \tag{6-65}$$

或

$$N_{min}=\frac{H_SQ_f}{1\,000\eta_s} \tag{6-66}$$

$$N_{max}=\frac{H_SQ_f}{1\,000\eta_s} \tag{6-67}$$

式中：η_t，η_S——分别为扇风机的全压和静压效率；

N_{min}，N_{max}——分别为矿井通风容易和困难时期扇风机的输入功率，kW。

（2）选择电动机

$$N_{mmin}=\frac{N_{min}K_m}{\eta_m\eta_{tr}} \tag{6-68}$$

$$N_{mmax}=\frac{N_{max}K_m}{\eta_m\eta_{tr}} \tag{6-69}$$

式中：η_m——电动机的效率，$\eta_m=0.92\sim0.94$（大型电动机取较高值）；

η_{tr}——传动效率，电动机与扇风机直联传动时 $\eta_{tr}=1$，皮带传动时 $\eta_{tr}=0.95\sim0.98$，联轴器传动时 $\eta_{tr}=0.98$；

K_m——电动机容量备用系数，$K_m=1.1\sim1.2$。

当电动机功率 $N_{mmax}>500$ kW 时，宜选用同步电机，其功率为 N_{mmax}，其优点是在低负荷运转时，可用来改善电网功率因数，使矿井经济用电；缺点是这种电动机的购置和安装费用较高。

采用异步电机时，当 $N_{mmin}\geqslant0.6$ N mmax时，可选一台电动机，其功率为 N_{mmax}。

当 $N_{mmin}<0.6\ N_{mmax}$时，通风容易和困难时期各选一台电动机。初期电动机功率 N_{mo}为：

$$N_{mo}=\sqrt{N_{mmax}N_{mmin}} \tag{6-70}$$

后期电机功率为 N_{mmax}。

根据计算的 N_{mmax}（或 N_{mo}）及扇风机所要求的转数，在机电设备手册上选择合适的电动机。

5. 其他要求

(1)选择的通风设备应能满足第一开采水平各个时期的工况变化，并使通风设备长期高效运转。当工况变化较大时，应根据矿井分期时间及节能情况，分期选择电动机。

(2)通风能力应留有一定的余量。轴流式扇风机在最大设计负压和风量时，叶轮叶片的安装角应比允许范围小5°；离心式扇风机的选型设计转速不宜大于允许最高转速的90%。

(3)进、出风井口的高差在150 m以上，或进、出风井口标高相同，但井深在400 m以上时，宜计算矿井的自然风压。

(4)主扇要有灵活可靠、合乎要求的反风装置和防爆门，要有规格质量符合要求的风硐和扩散器。

(5)主扇和电动机的机座必须坚固耐用，要设置在不受采动影响的稳定地层上。

6.5.2 扇风机的性能测定

扇风机制造厂提供的通风特性曲线，是根据不带扩散器的模型测定获得的，而实际运行的扇风机都带有扩散器；另外由于安装质量和运转磨损等原因，扇风机的实际运转性能往往与厂方提供的性能曲线不相符合。因此，扇风机在正式运转之前和运转几年后，必须测定其个体特性曲线，以便有效地使用和管理好扇风机。扇风机的测定有专门的国家标准，但在现场测定时通常需要因地制宜的确定具体测定方案。

扇风机性能测定的数据有：扇风机转速 n、扇风机风压 H、扇风机风量 Q、电动机输入功率 N_m、电动机效率 η_m，测出在风网风阻不同条件下上述参数值，即可计算并绘制出扇风机装置的 $H-Q$、$N-Q$ 和 $\eta-Q$ 曲线。

主要扇风机的性能测定，一般在矿井停产检修时进行，其内容包括：①确定扇风机工况调节的位置及方式；②确定风量、风压测定断面的位置及测定方法；③确定扇风机与电动机功率的测定方法；④确定扇风机与电动机转速的测定方法；⑤确定空气密度的测定方法；⑥安排测定前的准备工作与测定中的组织工作；⑦数据的记录、计算及特性曲线的绘制。

1. 扇风机工况调节的位置及方式

用调节风阻的方法来获得扇风机的不同工况。测定前要因地制宜地制定测试方案，其总的要求是要选择风流稳定区作为测量风量和风压的地点，以便测出的数据准确可靠。对于生产矿井，一般都是利用扇风机风硐进行测定，即在风硐的适当位置处设置木框架，用在木框架上敷设木板并靠扇风机吸力将其吸附在木框架上，通过缩小通风有效断面积以改变通风阻力来调节扇风机的工况，然后在木框架后一定距离的风流稳定区，测风速、风量和风压，同时测定电动机的功率及转速。调节工况点的数目不应少于 8 ~ 10 个，以获得完整的特性曲线。在轴流式扇风机风压特性曲线的“驼峰”区，工况点要适当加密，在稳定区测点可疏些。

离心式扇风机还可利用风硐中原有的闸门调节工况。考虑到离心式扇风机与轴流式扇风机功率曲线的不同特点，离心式扇风机一般采用封闭启动，即风网风阻最大时启动（又称关闸门启动），然后逐渐提升闸门降阻调节工况；轴流式扇风机一般采用开路启动，即风网风阻最小时启动（又称开闸门启动），然后逐渐放下闸门增阻调节工况。

2．扇风机风量的测定

扇风机风量测定由式计算：

$$Q'_i = Sv_i \tag{6-71}$$

式中：Q'_i——第 i 工况点实测扇风机的风量，m^3/s；

S——测风地点风流的实测断面积，m^2；

v_i——第 i 工况点测风断面上的实测平均风速，m/s。

在条件允许的情况下，应尽量将测风断面选择在工况点调节处与扇风机入口之间风硐直线段的风流稳定区；如果扇风机扩散器出风断面的速度分布比较均匀，也可在该处测量。

（1）用风表测定风速。条件允许时，可用风表直接测出测风量断面的平均风速 v_i。

（2）用皮托管和微压计测量风流动压，然后计算出平均风速 v_i。为了使测量数据准确可靠，在测量风速的断面上按等面积布置多根皮托管。安装时应将皮托管固定牢靠，使头部正对着风流方向。

①若微压计台数充足时，每支皮托管可配一台微压计，此即各点分别测定法。此时

$$v_i = \sqrt{\frac{2}{\rho_i}}\frac{\sum_{j=1}^{n}\sqrt{h_{vij}}}{n} \tag{6-72}$$

式中：h_{vij}——第 i 工况点第 j 皮托管测点的实测速压，Pa；

n——第 i 工况点的皮托管测点数；

ρ_i——第 i 工况点的空气密度，kg/m^3。

该法易于发现现场测定中常遇到的故障，如皮托管孔口堵塞和移位、胶皮管漏气或不通等，测定精度高。但测定需要使用大量的胶皮管和微压计，读数与计算工作量也较大。

②若微压计台数不足时，可将各支皮托管并联于一台微压计上（即将各支皮托管所有的静压端相联，所有的全压端相联，然后集中联接于一台微压计上测平均速压，其平均速压为 $\frac{1}{n}\sum_{j=1}^{n}h_{vij}$，此即多点联合测定法。此时

$$v'_i = \sqrt{\frac{2}{\rho_i}}\sqrt{\frac{1}{n}\sum_{j=1}^{n}h_{vij}} \tag{6-73}$$

比较式（6-72）和式（6-73），显然 $v'_i > v_i$，即多点联合测定法测值偏大。实测表明，测压断面上风速分布越不均匀，v'_i与 v_i的差值就越大，即此时用多点联合测定法测定出的平均

风速误差越大，这种误差可达5%～10%以上，这样大的误差是不能忽略的；而测压断面上风速分布较均匀时，用多点联合测定法测定出的平均风速误差在5%以内，此时的误差一般在允许的范围内，即这时可直接采用多点联合测定法测定断面的平均风速。

3．扇风机风压的测定

由式(6－16)、(6－29)和(6－30)可知，抽出式通风时扇风机装置第i工况点的实测静压 H'_{sd} 和全压 H'_{td} 分别为

$$H'_{sdi}=|h_{4i}|-h_{v4i} \tag{6-74}$$

$$H'_{tdi}=|h_{4i}|-h_{v4i}+h_{vdi} \tag{6-75}$$

风硐相对静压 $|h_{4i}|$ 的测量位置应在风硐工况调节处与风机入口之间的直线段上、距扇风机入风口2倍叶轮直径以远地方的稳定风流中测量。

测静压断面的动压 h_{v4i} 和扩散器出口动压 h_{vdi} 按测得的风量进行计算。即

$$h_{v4i}=\frac{\rho_i}{2}\left(\frac{Q'_i}{S'}\right)^2 \tag{6-76}$$

$$h_{vdi}=\frac{\rho_i}{2}\left(\frac{Q'_i}{S''}\right)^2 \tag{6-77}$$

式中：S'——风硐内测静压断面的实测面积，m^2；

S''——扩散器出口断面的实测面积，m^2。

4．扇风机输入功率和静压输出功率的测算

$$N'_i=N'_{mi}\eta_m\eta_{tr} \tag{6-78}$$

$$N'_{si}=\frac{H'_{sdi}Q'_i}{1\,000} \tag{6-79}$$

式中：N'_i——扇风机输入功率，kW；

N'_{mi}——电动机输入功率，kW；

N'_{si}——扇风机静压输出功率，kW。

(1)电动机输入功率 N'_{mi} 的测量

可用两个单向瓦特表或一个三相瓦特表测量；还可以用专用仪器测定电动机的输入功率。

也可以用电压表、电流表及功率因数表测出电动机的电流 I_i、电压 U_i 和功率因数 $\cos\varphi_i$，然后用下式计算出电动机的输入功率。主扇机房通常有主扇电动机的电流、电压监测装置，其电流、电压值可以直接从装置显示表中取。

$$N'_{mi}=\sqrt{3}\times10^{-3}I_iU_i\cos\varphi_i \tag{6-80}$$

(2)电动机效率 η_m 的确定

可根据制造厂家的特性曲线选取。对使用时间过久或没有技术文件查询的电动机，可采用间接方法即损耗分析法测定。

5．扇风机静压效率的计算

$$\eta_{si}=\frac{N'_{si}}{N'_i}\times100\% \tag{6-81}$$

6．扇风机与电动机转速的测定

扇风机与电动机直接联接传动时，应测定电动机的转速；如果用皮带轮传动，应分别测

定扇风机和电动机的转速。扇风机与电动机的转速可用转速表或转速测量仪测定。用转速表测定时，用手平托转速表，将顶帽压紧在扇风机或电动机的中心孔内，借助其摩擦力将机轴的转数传递到转速表上，直接记录转速的瞬时值。

近年来我国生产的一种 JXY－3A 型激光转速测量仪，测量转速时在转动轮或轴上贴一个激光定向反射片，然后由激光器发射出亮度较高的激光束直接照射贴着激光定向反射片的转动轮或轴；当转动轮或轴旋转到使激光定向反射片正对着由激光器发射出的激光束时，就由激光定向反射片反射出一定量的激光讯号，该激光讯号经识别后就变成电讯号；转动轮或轴旋转一次，该电讯号就被识别记录一次；一定时间内记录的该电讯号的出现次数，经数字电路处理后就变成单位时间内所测转动轮或轴的转数。该仪器精度为 0.1 r/min，适合于测量扇风机与电动机的转速。

7. 空气密度的测定

用空盒气压计或数字式气压计测定风流的大气压力，用干湿球温度计测量风流的干温度和湿温度。根据风流的干温度和湿温度确定出风流的相对湿度。然后依据上述数据计算出空气的密度。

8. 数据整理与扇风机装置特性曲线的绘制

上面所得的各项数据，应换算为矿井空气密度平均值 ρ_0（对于平原矿井可取 $\rho_0 = 1.2\ \mathrm{kg/m^3}$）和某一固定转速条件下的数值，即需进行以下换算：

（1）扇风机转速校正系数

$$K_{ni} = \frac{n_0}{n_i} \tag{6-82}$$

式中：n_0——扇风机额定转速，r/min；

n_i——第 i 工况点实测的转速，r/min。

（2）空气密度校正系数

$$K_{\rho i} = \frac{\rho_0}{\rho_i} \tag{6-83}$$

式中：ρ_0——井下标准空气密度，一般 $\rho_0 = 1.2\ \mathrm{kg/m^3}$；

ρ_i——第 i 工况点实测的空气密度，$\mathrm{kg/m^3}$。

（3）校正后的扇风机风量

$$Q_i = K_{ni} Q'_i \tag{6-84}$$

（4）校正后的扇风机装置静压

$$H_{\mathrm{sd}i} = K_{ni}^2 K_{\rho i} H'_{\mathrm{sd}i} \tag{6-85}$$

（5）校正后的扇风机输入功率 N 和扇风机装置的静压输出功率 N_s

$$N_i = K_{ni}^3 K_{\rho i} N'_i \tag{6-86}$$

$$N_{si} = K_{ni}^3 K_{\rho i} N'_{si} \tag{6-87}$$

（6）由于静压效率为扇风机的输出功率与输入功率之比，故校正前后静压效率相同

（7）扇风机装置特性曲线的绘制

根据校正后的数据，以 Q 为横坐标，H_{sd}，N 和 η_s 为纵坐标，将与 Q_i 相对应的点 $H_{\mathrm{sd}i}$，N_i 和 η_{si} 描在图上，即可得出若干个点，然后用光滑的曲线将这些点连接起来，便是扇风机装置在矿井标准状态下的实测个体特性曲线。

本章练习

(1)按扇风机构造分类，扇风机有哪几类？各有哪些特点？

(2)扇风机的工作性能由哪些参数表示？表示这些参数的特性曲线有哪些？

(3)什么是扇风机的工况？选择扇风机时对工况有什么要求？

(4)主扇、辅扇、局扇有什么区别？

(5)说明轴流式及离心式扇风机的工作原理？

(6)扇风机并联工作，特性曲线有何变化？在哪种情况下使用？

(7)扇风机串联工作，特性曲线有何变化？在哪种情况下使用？

(8)已知62A14－11No 24型扇风机类型特性曲线，如图6－22所示，分别作出转速500、600、750、1 000 r/min时，扇风机的个体特性曲线。

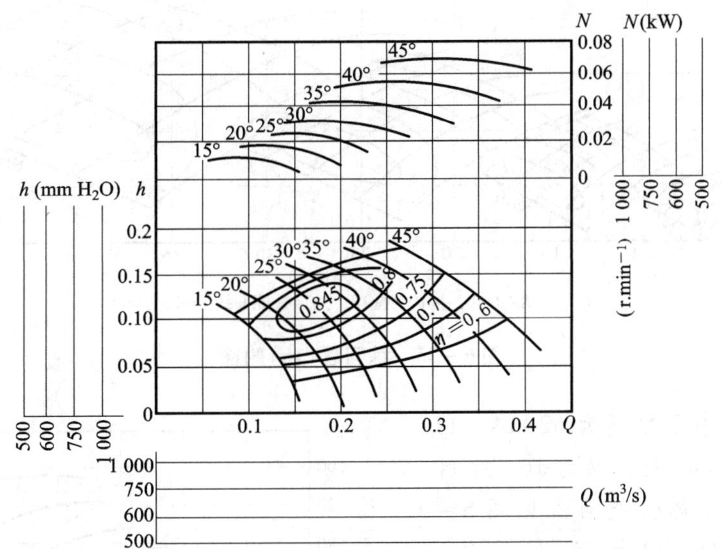

图6－22　62A14－11 No 24矿用轴流风机特性曲线(叶片16)

(9)自然通风对扇风机工作有什么影响？

(10)已知某矿井最小阻力为980 Pa，最大阻力为2 256 Pa，矿井所需风量为30 m^3/s，试选用一种扇风机。

(11)图6－23为某矿通风系统，由扇风机1、2并联工作，扇风机特性曲线如图6－24。已知 $R_{AB}=0.167\ N\cdot s^2/m^8$，$R_{BC}=0.657\ N\cdot s^2/m^8$，$R_{BD}=2.374\ N\cdot s^2/m^8$。求进入矿井的总风量及各台扇风机的实际工作风量，并分析工作点是否合理。

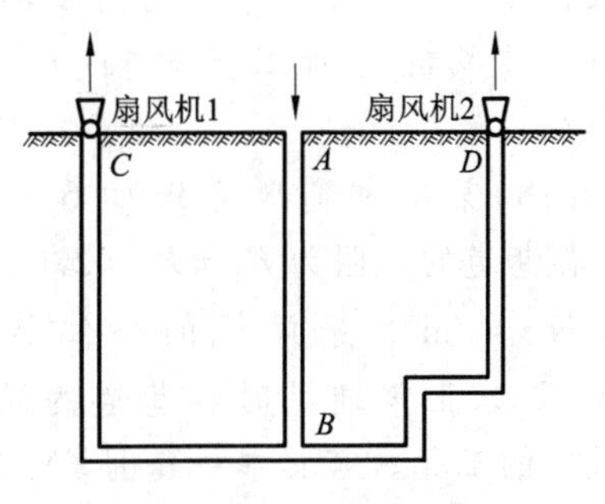

图6－23　某矿通风系统

(12)一台几何尺寸固定的扇风机，其特性曲线是否固定不变？用什么方法可以改变其特性曲线？

(13) 一台几何尺寸和转数固定的扇风机在某通风网路中工作，其风量、风压是否固定不变？在什么条件下可能发生变化？变化趋势如何？

(14) 何谓扇风机非稳定运转？在什么条件下扇风机可能出现非稳定运转？

(15) 同一类型扇风机，转数不同时，其风量、风压、功率和效率有何变化？

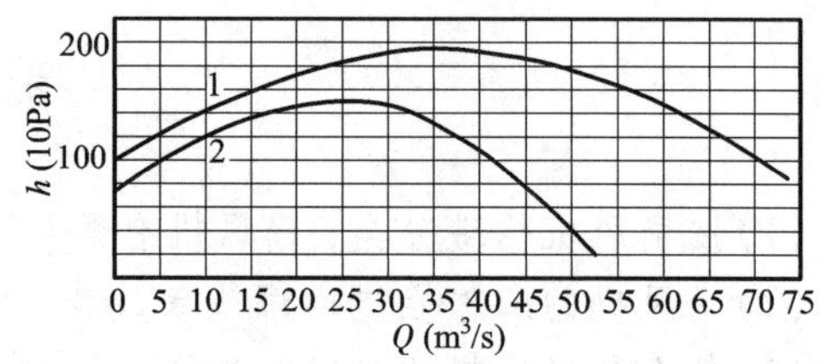

图 6-24　扇风机 1、2 的特性曲线

(16) 已知轴流式风机 K40-№14(A)、$\theta=32°$，$n=1\ 450$ r/min 的性能曲线如图 6-25 所示，试求转数 $n'=980$ r/min 时的性能参数：风压、风量、效率(提示：$n=1\ 450$ r/min 的性能参数可在其性能曲线上取 5 个点的数值)。

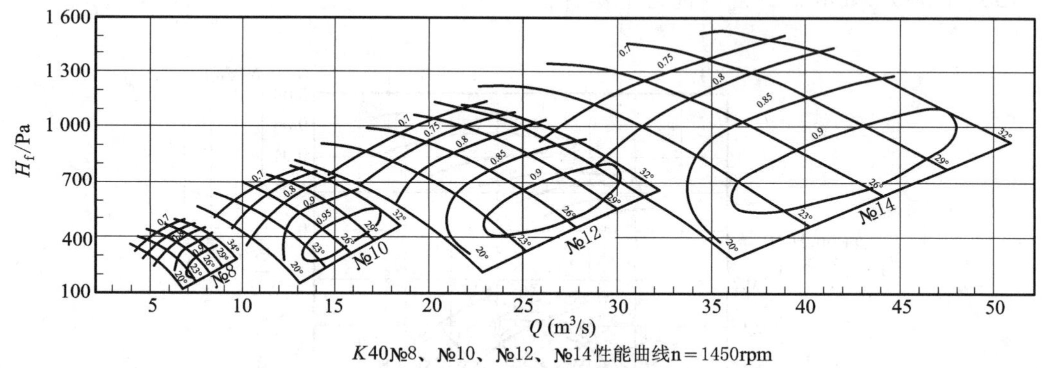

图 6-25　练习题(16)附图

(17) 某矿井所用主扇为 62A14-11 №24，$n=600$ r/min，叶片数为 16 片、叶片角 $\theta=30°$，其个体性能曲线见图 6-26，风机的风量 $Q=80\ m^3/s$，风压 $H=770$ Pa。出于矿井改造的需要增加风量，采取转数不变，而叶片角调到 $\theta=40°$ 的措施。求风机的新工况和轴功率各为多少？

(18) 某矿井通风系统如 6-27 所示，各巷道的风阻为 $R_1=R_2=2.0$、$R_3=0.5\ N\cdot s^2/m^8$，扇风机的个体特性如表 6-2。求正常通风时各巷道的风量及扇风机的工况。若其中一翼因发生事故，全部隔绝，无风流通过，求此时扇风机的工况，并提出改善扇风机工作状况的措施。

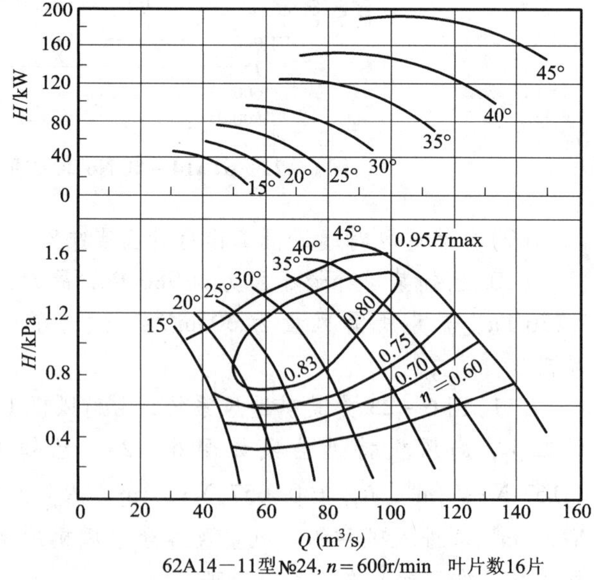

图 6-26　练习题(17)附图

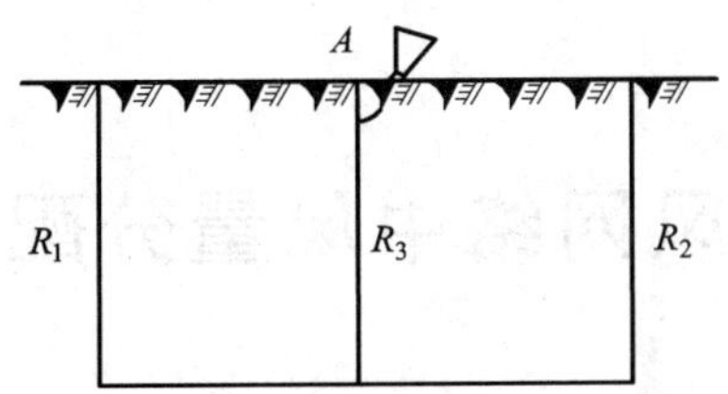

图 6－27　练习题(18)附图

表 6－2　风机性能表(练习题(18)附表)

风量，m^3/s	5	11	20	25	30	35	45	55
风压，Pa	1 000	840	1 000	1 200	1 350	1 250	770	200
效率，%		23	40	50	63	69	52	

(19)某矿井通风系统采用压入－抽出混合式通风系统如图 6－28，两扇风机Ⅰ、Ⅱ特性曲线如表 6－3，总风阻 $R=1.50\ \mathrm{N\cdot s^2/m^8}$，求该矿井的总风量及两风机的风压。

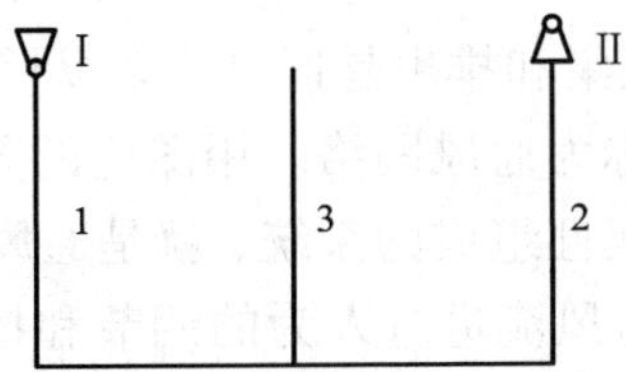

图 6－28　练习题(19)附图

表 6－3　风机性能表(练习题(19)附表)

Q，m^3/s	5	10	20	30	40	50
H_{I}，Pa	1 240	1 270	1 220	1 080	930	760
H_{II}，Pa	1 070	1 120	1 030	850	630	420

第 7 章 矿井通风网络中风量分配与调节及其解算

学习目标 掌握矿井通风网络的边、节点、分支、回路、串联风路、并联风路、简单角联和复杂角联网络的基本定义，了解辅扇、引射器、风窗、空气幕、串并联井巷的风量调节方法；掌握矿井通风网络图的绘制方法，网络中风流流动的基本定律，串联和并联风路的风量和风阻计算方法，简单角联网络的风量计算和风流方向判定，各种风量调节的优缺点，局部风量调节与矿井总风量调节的对全矿风阻的影响程度，复杂通风网络的风流流动基本定律的方向性表达方式，和 Hardy – Cross 迭代法利用计算机解算和矿井复杂通风网络方法等。

学习方法 建议多做计算题；开展有关风量调节的设计要结合矿井生产的通风需要和矿井实际允许的条件展开；学会一套矿井通风网络分析软件，并使用该软件对一个相对简单的复杂通风网络进行分析。

矿井中风流的引入、分配、汇集和排出是通过许多纵横交错、彼此连通的井巷网进行的，风流通过的井巷所构成的网路，称为通风网络。用图论的方法对通风网络进行抽象描述，把通风网络变成一个由线、点及其属性组成的系统，就是通风网络图。矿井的自然分风往往不能满足生产的需要，一般都需要对风流进行人为的调节和控制，才能满足实际的需要，而且该调节工作非常复杂多变，为此必须掌握矿井通风网络的风量与调节和计算方法。

7.1 矿井风流运动的基本定律

7.1.1 矿井通风网络与网络图

如果需要系统掌握矿井通风网络的图论表达，最好先专门学习一些图论的基本知识。

1. 矿井通风网络的基本术语

在矿井通风网络中，常用到以下一些术语。

(1)分支(边、弧)。表示一段通风井巷的有向线段，线段的方向代表井巷中的风流方向。每条分支可有一个编号，称为分支号。图 7 – 1(a)中的每一条线段就代表一条分支。

(2)假分支。它是风阻为零的虚拟分支。如图 7 – 1(a)中，由扇风机出风口到进风口的分支 7 就是假分支。

(3)节点(结点、顶点)。它是两条或两条以上分支的交点。每个节点有唯一的编号，称为节点号。在通风网络图中用圆圈加节点号表示节点，图 7 – 1(a)中的①～⑥均为节点。

(4)路(通路、道路)。这是由若干条方向相同的分支首尾相连而成的线路。如图 7 – 1(a)中，1—2—3、3—4—5 和 1—2—3—4 等均是通路。

(5)回路和网孔。由两条或两条以上方向并不都相同的分支首尾相连形成的闭合线路，

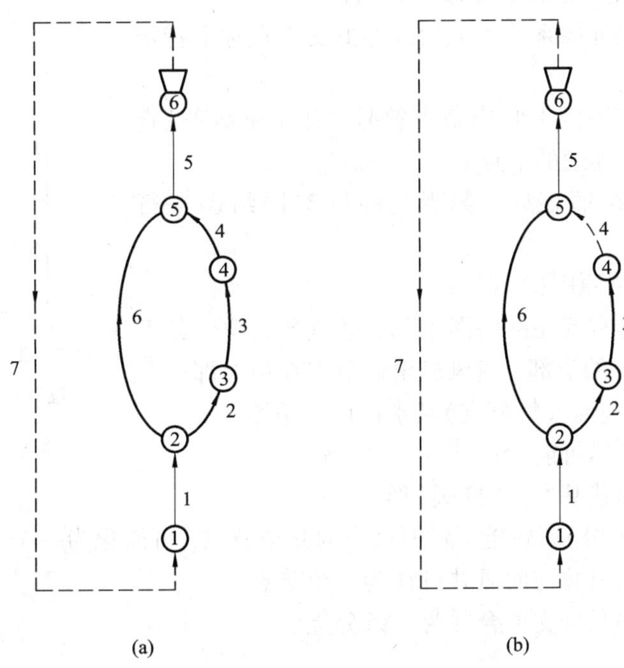

图7－1 曲线通风网络图及其生成树

其中含有分支者称为回路，无分支者称为网孔。图7－1(a)中，1—2—3—4—5—7是一个回路(因为其中含有分支6)，2—3—4—6是一个网孔(因为其中无分支)。

(6)树。任意两节点间至少存在一条通路但不含有回路的一类特殊图，由于这类图的几何形状与树相似，故得名。树中的分支称为树枝。包含通风网络全部节点的树称其为生成树，简称树。每一个通风网络都可选出若干个生成树。图7－1(b)中的实线图就是通风网络图7－1(a)的若干个生成树中的一棵树。从图7－1(b)可以看出，每棵树的节点数J减1就是树枝数，即每棵树的树枝数为$J-1$。如图7－1(b)中的树枝数为$6-1=5$。

(7)弦。在任一通风网络的每棵生成树中，每增加一个分支就构成一个独立回路或网孔，这种分支就叫做弦(又名余数枝)。因此，通风网络中的独立回路或网孔数与弦数相等。如图7－1(b)中，增加弦4和7，就分别构成了2—3—4—6和1—6—5—7两个网孔。

显然，通风网络生成树的弦数(即独立回路或网孔数)M加上通风网络生成树的树枝数$J-1$，就是通风网络的分支数N，即$N=M+J-1$，或$M=N-J+1$。如图7－1(a)的通风网络，其独立回路或网孔数$M=7-6+1=2$个。

2．矿井通风网络图

矿井通风网络图的特点有：①通风网络图只反映风流方向及节点与分支间的相互关系，节点位置与分支线的形状可以任意改变；②能清楚地反映风流的方向和分合关系，并且是进行各种通风计算的基础，因此是矿井通风管理的一种重要图件。

通风网络图有两种类型。一种是与通风系统图形状基本一致的通风网络图，如图7－2所示；另一种是曲线形状的通风网络图，如图7－1(a)所示。图7－1(a)与图7－2所示的是同一个通风网络。一般常用曲线通风网络图。

通风网络图的绘制一般按以下步骤进行。

(1)节点编号。在通风系统图上给井巷的交汇点标上特定的节点号。

(2)绘制草图。在图纸上画出节点符号，并用单线条(直线或弧线)连接有风流连通的节点。

(3)图形整理。按照正确、美观的原则对网络图进行修改。

通风网络图的绘制原则如下。

(1)用风地点并排布置在网络图中部，进风节点位于其下边；回风节点在网络图的上部，扇风机出口节点在最上部；

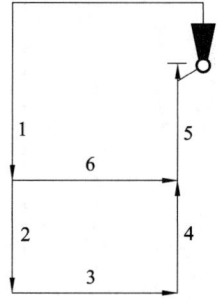

图 7-2　与通风系统图形状基本一致的通风网络图

(2)分支方向(除地面大气分支)基本都应由下至上；

(3)分支间的交叉尽可能少；

(4)网络图总的形状基本为“椭圆”形。

(5)合并节点，某些距离较近、阻力很小的几个节点，可简化为一个节点。

(6)同标高的各进风井与回风井可视为一个节点。

(7)阻力相同的并联分支可合并为一条分支。

7.1.2　网络中风流流动的基本定律

1. 风量平衡定律

风量平衡定律是指在稳态通风条件下，单位时间流入某节点的空气质量等于流出该节点的空气质量；或者说，流入与流出某节点的各分支空气质量流量代数和等于零，即：

$$\sum M_i = 0 \tag{7-1}$$

式中：M_i——通风网络流入(取正号)或流出(取负号)第 i 节点的各分支空气质量流量，kg/s。

若不考虑风流密度的变化，则流入与流出某节点的各分支体积流量(风量)代数和等于零，即

$$\sum Q_i = 0 \tag{7-2}$$

式中：Q_i——通风网络流入(取正号)或流出(取负号)第 i 节点的各分支体积流量，m^3/s。

如图 7-3(a)，节点 4 处的风量平衡方程为 $Q_{1-4} + Q_{2-4} + Q_{3-4} - Q_{4-5} - Q_{4-6} = 0$。

将上述节点扩展为无源回路，则式(7-1)和(7-2)的风量平衡定律依然成立。

如图 7-3(b)所示，回路 2—4—5—7—2 的各邻接分支的风量满足 $Q_{1-2} - Q_{4-3} - Q_{5-6} - Q_{7-8} = 0$。

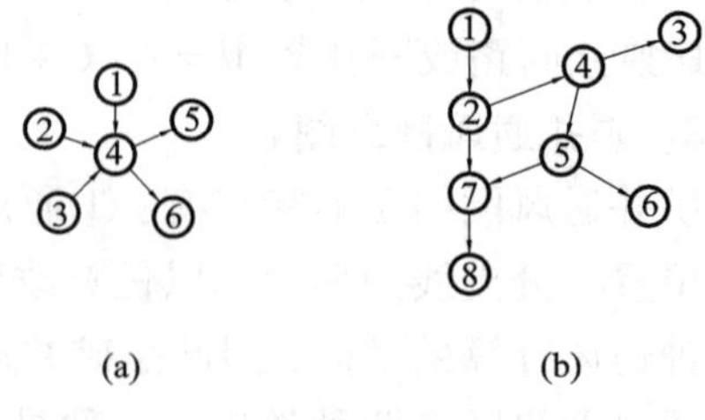

图 7-3　风流流经节点和闭合回路

2. 阻力定律

矿井通风中的风流，绝大多数属于完全紊流状态。因此，对于任一分支或整个通风网路系统，均遵守：

$$h_i = R_i Q_i^2,\ h = RQ^2 \tag{7-3}$$

式中：h_i——通风网络 i 分支的通风阻力，Pa；

R_i——通风网络 i 分支的风阻，$N \cdot s^2/m^8$；

Q_i——通风网络 i 分支的风量，m^3/s；

h——通风网络的通风总阻力，Pa；

R——通风网络的总风阻，$N \cdot s^2/m^8$；

Q——通风网络的总风量，m^3/s。

3. 能量平衡定律

一般地，回路中各分支风流方向为顺时针时，其通风阻力取"+"；逆时针时，其通风阻力取"-"。

(1)无动力源(即不存在扇风机风压 H_f 或自然风压 H_N)。无动力源时，通风网络的任一回路中，各分支阻力的代数和为零。即

$$\sum h_i = 0 \tag{7-4}$$

如图7-2，对回路2—3—4—6中就有 $h_6 - h_3 - h_4 - h_2 = 0$。

(2)有动力源(即存在 H_f 或 H_N)。如图7-2，在回路1—2—3—4—5—1中就有 $H_f + H_N = h_1 + h_2 + h_3 + h_4 + h_5$。

一般表达式为：

$$\sum H_f + \sum H_N = \sum h_i \tag{7-5}$$

即在通风网络的任一闭合回路中，各分支的通风阻力(又称风压降)代数和等于该回路中自然风压与扇风机风压的代数和，这就是能量平衡定律。扇风机风压 H_f 与自然风压 H_N 正负号的取法与分支通风阻力正负号的取法相同。

7.2 矿井简单通风网络

通风网络按其联接形式分为三种基本结构：串联、并联和角联。

所谓串联，就是各条巷道首尾依次联接，串联风路也称"一条龙通风"。

两个或两个以上的巷道在同一节点分开，然后又在另一节点汇集，其中没有交叉巷道，这种通风网络叫做并联通风网络。由两条巷道组成的并联通风网络称为简单并联通风网络，如图7-4所示。两条以上巷道组成的并联通风网络(图7-5)，称为复杂并联通风网络。如图7-6(a)所示，若两巷道在同一地点B分开后不再汇集在一起而是直接与大气联通(C与D点)；或从C、D两地进入后到B点合二而一从A井排出(图7-6(b))，这称之为敞开式并联通风网络。

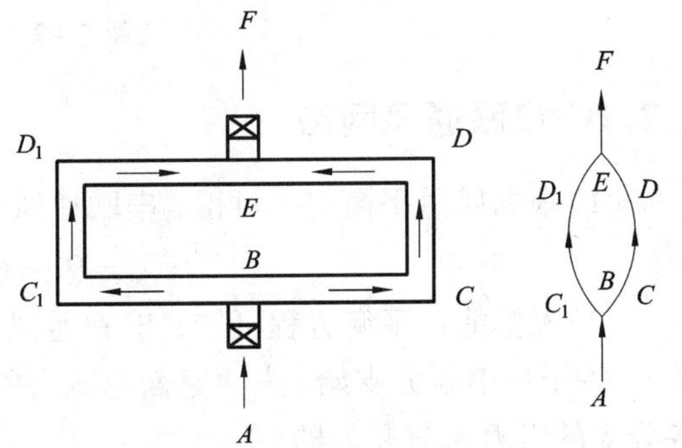

图7-4 简单并联通风网络

若两条并联巷道之间有一条使两并联巷道相通的对角巷道，这种通风网络就称为单角联通风网络，如图7-7所示。有两条以上对角巷道的叫做复杂角联通风网络。

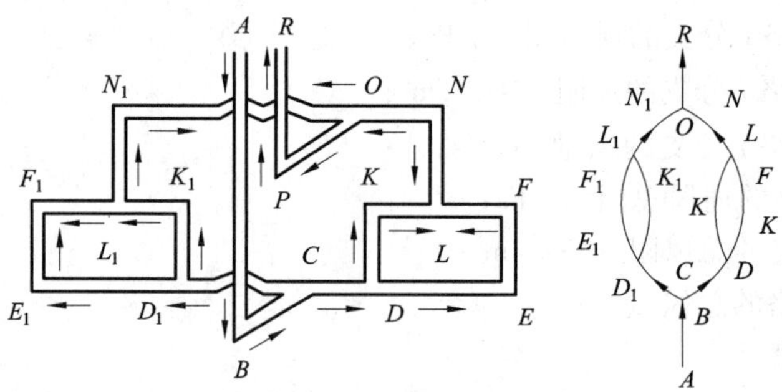

图 7－5　复杂并联通风网络

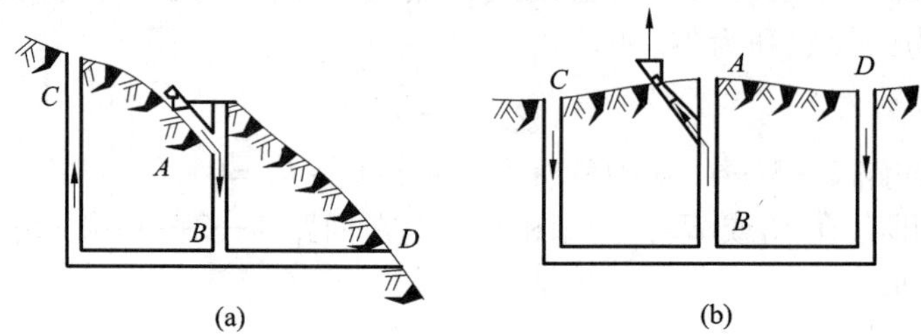

图 7－6　敞开式并联通风网络

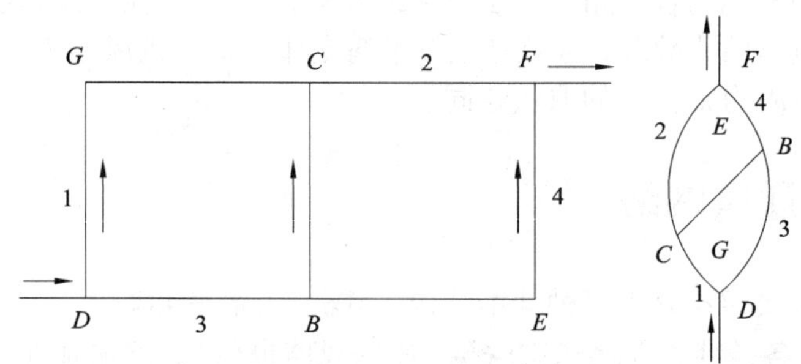

图 7－7　单角联通风网络

7.2.1　串联通风网络

(1)根据风量平衡定律可得，串联通风网络的总风量 Q_c 等于串联各分支的风量 Q_i。即

$$Q_c = Q_1 = Q_2 = Q_3 = \cdots = Q_n \tag{7-6}$$

(2)根据能量平衡方程可知，串联通风网络的总阻力 h_c（即系统始、末两断面的总压力差），等于各串联分支始、末两断面总压力差的迭加，所以串联通风网络的总阻力 h_c 等于串联各分支的阻力 h_i 之和。即

$$h_c = h_1 + h_2 + h_3 + \cdots + h_n \tag{7-7}$$

(3)根据阻力定律，式(7－7)可写为

$$R_c Q_c^2 = R_1 Q_1^2 + R_2 Q_2^2 + R_3 Q_3^2 + \cdots + R_n Q_n^2$$

式中：R_c——串联通风网络的总风阻，$N \cdot s^2/m^8$。

因 $Q_c = Q_1 = Q_2 = Q_3 = \cdots = Q_n$，因而

$$R_c = R_1 + R_2 + R_3 + \cdots + R_n \tag{7-8}$$

所以，串联通风网络的总风阻等于串联各分支风阻之和。

(4)由等积孔计算公式 $A = \frac{1.19}{\sqrt{R}}$，可得 $R = \frac{1.19^2}{A^2}$，将其带入式(7-8)整理得：

$$\frac{1}{A_c^2} = \frac{1}{A_1^2} + \frac{1}{A_2^2} + \frac{1}{A_3^2} + \cdots + \frac{1}{A_n^2} \tag{7-9}$$

或

$$A_c = \frac{1}{\sqrt{\frac{1}{A_1^2} + \frac{1}{A_2^2} + \frac{1}{A_3^2} + \cdots + \frac{1}{A_n^2}}} \tag{7-10}$$

式(7-9)说明，串联通风网络的总等积孔 A_c 平方的倒数等于串联各分支等积孔 A_i 平方倒数之和。

串联通风网路有如下缺点：总风阻大，通风困难；串联风路中各分支的风量不易调节，而且前面工作地点产生污染物直接影响后面的工作场所。因此应尽量避免串联通风，当条件不允许而又必须采用串联时，也应采取相应的风流净化措施。

7.2.2 并联通风网络

(1)根据风量平衡定律，并联通风网络总风量 Q_b 等于并联各分支风量 Q_i 之和，即：

$$Q_b = Q_1 + Q_2 + Q_3 + \cdots + Q_n \tag{7-11}$$

(2)根据能量平衡定律，并联通风网络的总阻力 h_b 与并联各分支的阻力 h_i 相等，即：

$$h_b = h_1 = h_2 = \cdots = h_n \tag{7-12}$$

(3)根据阻力定律 $h = RQ^2$，得 $Q = \frac{\sqrt{h}}{\sqrt{R}}$，将其代入式(7-11)有

$$\frac{\sqrt{h_b}}{\sqrt{R_b}} = \frac{\sqrt{h_1}}{\sqrt{R_1}} + \frac{\sqrt{h_2}}{\sqrt{R_2}} + \frac{\sqrt{h_3}}{\sqrt{R_3}} + \cdots + \frac{\sqrt{h_n}}{\sqrt{R_n}}$$

因 $h_b = h_1 = h_2 = \cdots = h_n$，因而

$$\frac{1}{\sqrt{R_b}} = \frac{1}{\sqrt{R_1}} + \frac{1}{\sqrt{R_2}} + \frac{1}{\sqrt{R_3}} + \cdots + \frac{1}{\sqrt{R_n}} \tag{7-13}$$

或

$$R_b = \frac{1}{\left(\frac{1}{\sqrt{R_1}} + \frac{1}{\sqrt{R_2}} + \cdots + \frac{1}{\sqrt{R_n}}\right)^2} = \frac{R_i}{\left(\sqrt{\frac{R_i}{R_1}} + \sqrt{\frac{R_i}{R_2}} + \cdots + \sqrt{\frac{R_i}{R_{i-1}}} + 1 + \sqrt{\frac{R_i}{R_{i+1}}} + \cdots + \sqrt{\frac{R_i}{R_n}}\right)^2} \tag{7-14}$$

式(7-13)说明，并联通风网络的总风阻平方根的倒数等于并联各分支风阻平方根倒数之和。

由式(7-14)可以看出，并联通风网络并联的风道越多，总风阻就越小，且并联通风网络的总风阻永远小于并联通风网络中任一巷道的风阻。

若 n 条风阻相同的风道并联，则并联后的总风阻为 $R_b = R_i/n^2$。可见并联通风网络的总风阻较并联风道的风阻值降低的幅度是较大的。

(4)由等积孔计算公式 $A = \frac{1.19}{\sqrt{R}}$，可得 $\frac{1}{\sqrt{R}} = \frac{A}{1.19}$，将其带入式(7-13)整理得

$$A_b = A_1 + A_2 + \cdots + A_n \tag{7-15}$$

式(7－15)说明，并联通风网络的总等积孔 A_b等于并联各分支等积孔 A_i之和。

(5)并联通风网络风量的自然分配

因 $h_i = h_b$，即 $R_iQ_i^2 = R_bQ_b^2$，将式(7－14)代入得

$$Q_i = Q_b\sqrt{\frac{R_b}{R_i}} = \frac{Q_b}{\sqrt{\frac{R_i}{R_1}} + \sqrt{\frac{R_i}{R_2}} + \cdots + \sqrt{\frac{R_i}{R_{i-1}}} + 1 + \sqrt{\frac{R_i}{R_{i+1}}} + \cdots + \sqrt{\frac{R_i}{R_n}}} \tag{7-16}$$

特别地，在简单并联通风网络中，有 $Q_1 = \frac{Q_b}{1+\sqrt{\frac{R_1}{R_2}}}$，$Q_2 = \frac{Q_b}{1+\sqrt{\frac{R_2}{R_1}}}$。

并联通风网路与串联通风网路相比较，有很多优点。首先并联通风网络风流的总阻力比任意分支巷道的阻力都小，而且各分流中的空气都是新鲜的，不像串联巷道中的风流，后面受前面的污染。此外，并联通风网络易于人工调节风量，易于控制巷道内的火灾事故。因此，实际工作中应尽量采用并联通风网络。

7.2.3 单角联通风网络中风流的稳定性

如图7－7所示的单角联通风网络，分支1、2、3和4的风阻分别为 R_1、R_2、R_3和 R_4。对角分支 BC 的风流方向是不稳定的，它随着其他四条分支风阻的不同，BC 的风流方向可能出现 $B \to C$、无风和 $C \to B$。

当 BC 的风流方向为 $B \to C$ 时，通风阻力 $h_1 > h_3$，$h_2 < h_4$；风量 $Q_1 < Q_2$，$Q_3 > Q_4$。即

$$R_1Q_1^2 > R_3Q_3^2 > R_3Q_4^2 \tag{7-17}$$

$$R_2Q_1^2 > R_2Q_2^2 > R_4Q_4^2 \tag{7-18}$$

式(7－17)与(7－18)相比，得$\frac{R_1}{R_2} > \frac{R_3}{R_4}$，即

$$\frac{R_1R_4}{R_2R_3} > 1 \tag{7-19}$$

这就是 BC 风流方向为 $B \to C$ 的判别式。令 $K_p = \frac{R_1R_4}{R_2R_3}$，则

当 $K_p > 1$ 时，BC 的风流方向为 $B \to C$。

同理可推得，当 $K_p < 1$ 时，BC 的风流方向为 $C \to B$；当 $K_p = 1$ 时，BC 中无风流。

7.3 矿井风量调节

在矿井生产中，随着巷道的延伸和工作面的推进，矿井的风阻、网络结构及所需要的风量等均在不断地发生变化，因此要求及时地进行风量调节。

从调节设施来看，有扇风机、引射器、风窗、风幕、增加并联井巷和扩大通风断面等。按其调节的范围，可分为局部风量调节与矿井总风量调节。从通风能量的角度看，可分为增能调节、耗能调节和节能调节。

7.3.1 局部风量调节

局部风量调节是指在采区内部各工作面间、采区之间或生产水平之间的风量调节。调节方法有增阻法、减阻法及增能调节法。

1. 增阻调节法

增阻调节法是在并联通风网络中以阻力最大风道的阻力值为依据，在阻力小的风道中增加一个局部阻力，从而降低阻力小的风道中的风量，相应增大与其并联的其他风道上的风量，以实现各风道的风量按需供给。

增阻调节是一种耗能调节法，下面举例说明增阻调节法的基本原理。

(1)通风网络基本情况

在图7－8中所示的并联通风网络中，分支1、2的风阻分别为R_1和R_2，风量分别为Q_1和Q_2，总风量为$Q=Q_1+Q_2$。两分支的阻力分别为$h_1=R_1Q_{12}$，$h_2=R_2Q_{22}$，根据能量平衡定律可知$h_1=h_2$。

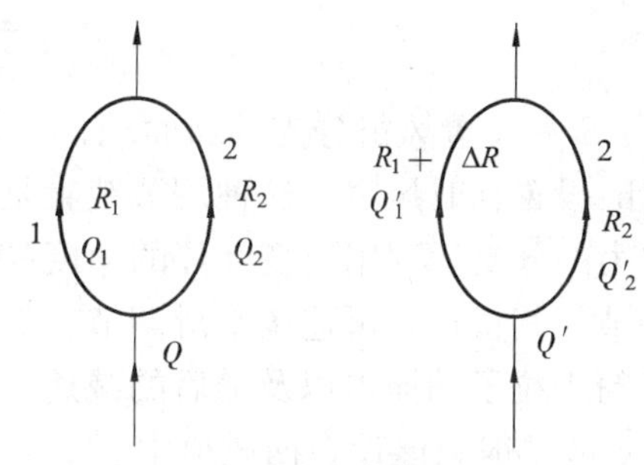

图7－8 增阻调节

(2)风量要按需分配

若由于生产等情况发生变化，风量Q_2要求增大到Q'_2，而分支1的风量Q_1又有富余，即Q_2增大到Q'_2时Q_1可以减小到Q'_1，此时总风量为$Q'=Q'_1+Q'_2$。此时$h'_2=R_2Q_2^{'2}>h'_1=R_1Q_1^{'2}$，显然这是不符合并联通风网络两并联分支通风阻力相等的能量平衡定律的，因此必须进行调节，以使得调整风量后两并联分支的通风阻力相等。

(3)增阻调节

采用增阻调节法，就是以调整风量后阻力大的分支2的阻力h'_2为依据，在阻力小的分支1上增加一项局部阻力h_w，从而使得两并联分支的通风阻力相等(即$h_w+h'_1=h'_2$)，这时进入两分支的风量即为需要的风量。显然

$$h_w=h'_2-h'_1 \tag{7－20}$$

$$\Delta R=\frac{h_w}{Q_1^{'2}} \tag{7－21}$$

式中：ΔR——阻力小的分支1上增加的调节风阻，$N\cdot s^2/m^8$。

增加局部阻力的主要措施是设置：①调节风窗；②临时风帘；③空气幕调节装置等。使用最多的是设置调节风窗。

a. 设置调节风窗。如7－9所示，调节风窗就是在风门或挡风墙上开一个面积可调的小窗口，风流流过窗口时，由于突然收缩和突然扩大而产生一个局部阻力h_w。调节窗口的面积，可使此项局部阻力h_w和该分支所需增加的局部阻力值相等。要求增加的局部阻力值越大，风窗面积越小；反之越大。

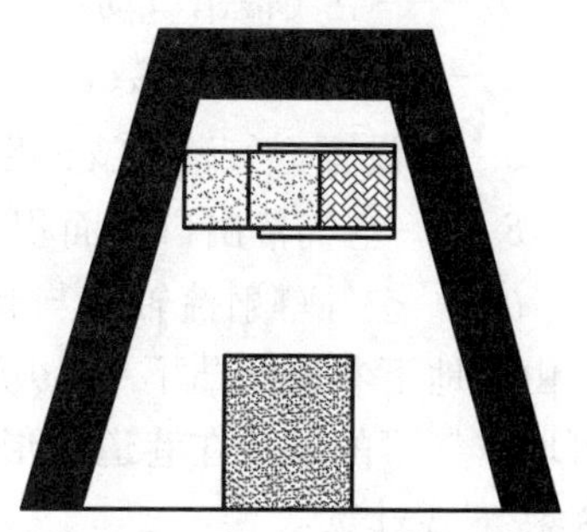

图7－9 调节风窗

调节风窗的开口面积 S_w 计算如下：

当 $S_w/S_1 \leqslant 0.5$ 时，

$$S_w = \frac{Q'_1 S_1}{0.65Q'_1 + 0.84S_1\sqrt{h_w}} \tag{7-22}$$

或

$$S_w = \frac{S_1}{0.65 + 0.84S_1\sqrt{\Delta R}} \tag{7-23}$$

当 $S_w/S_1 > 0.5$ 时，

$$S_w = \frac{Q'_1 S_1}{Q'_1 + 0.759S_1\sqrt{h_w}} \tag{7-24}$$

或

$$S_w = \frac{S_1}{1 + 0.759S_1\sqrt{\Delta R}} \tag{7-25}$$

式中：S_1—设置风窗分支的断面积，m^2。

b. 设置临时风帘。这种调节装置是一个由机翼形叶片组成的百叶帘，悬挂于需要增加局部阻力的分支。利用改变叶片的角度(0～80°)增加或减少其产生的局部阻力，从而实现风量的调节。其特点是可连续平滑调节，调节范围较宽，调节比较均匀；当含尘空气通过叶片时，由于粉尘粒子的撞击以及随后的减速，非常有利于降尘。但这种调节装置不利于人和设备的通行，故一般只能设在回风道中。

c. 空气幕调节。空气幕(亦称气幕)是由扇风机通过供风器以较高的风速按一定方向喷射出来的一股扁平射流，可用于隔断巷道中的风流或调节巷道中的风量。

空气幕由供风器、整流器和风机组成(图7－10)。供风器内可设分流片，以提高出口风速分布的均匀性，但会增加内部阻力；也可不设分流片。

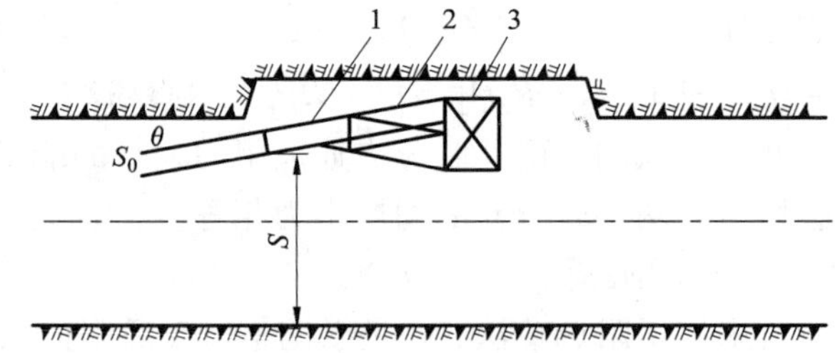

图7－10 矿用空气幕

1—供风器；2—整流器；3—扇风机

当采用宽口大风量循环型矿内空气幕时，其有效压力 ΔH 可按下式计算：

$$\Delta H = \frac{2\cos\theta}{K_s + 0.5\cos\theta} H_{fc} \tag{7-26}$$

式中：ΔH——空气幕的有效压力，等于要求调节的通风阻力差值，Pa；

H_{fc}——空气幕出口动压，Pa；

K_s——断面比例系数，$K_s = S/S_0$；

S——设置空气幕分支的断面积，m^2；

S_0——空气幕出口断面积，m^2；

θ——空气幕射流轴线与巷道轴线夹角，度。

由于地下巷道凹凸不平，θ 角取30°为好。空气幕的供风量受巷道允许风速的限制，设计时可取空气幕的风量在巷道中形成的风速不大于4 m/s。在此条件下，空气幕的断面比例系数 K_s 按下式计算：

$$K_s \geqslant 0.03(\Delta H + \sqrt{\Delta H^2 + 28.8\Delta H}) \tag{7-27}$$

在已知设置空气幕分支的过风断面 S 和所需要的调节风压 ΔH 条件下，空气幕参数的设计程序如下。

(a)由最小通风断面 S_n 和最大允许风速 v_m，确定空气幕的供风量 Q_0，即 $Q_0 = v_m S_n$；

(b)按所需的调节风压确定断面比例系数 K_s；

(c)确定空气幕出口断面，$S_0 = S/K_s$；

(d)计算扇风机全压 H_f，$H_f = 12.5K_s$；

(e)求扇风机功率 N_f，$N_f = Q_0 H_f / 1\,000\eta$，$\eta$ 为扇风机效率。

空气幕在需要增加风量的巷道中，顺巷道风流方向工作，可起增压调节作用；在需要减少风量的巷道中，逆风流方向工作，可起增阻调节作用。空气幕在运输巷道中可代替风门起隔断风流的作用。空气幕还可以用来防止漏风、控制风向、防止平硐口结冻和保护工作地点防止有毒气体侵入。空气幕在运输频繁的巷道中工作不妨碍运输，工作可靠。

(4)增阻调节法的使用条件

增阻分支风量有富余。

(5)增阻调节法的特点

增阻调节法具有简单、方便、易行、见效快等优点，是采区内巷道间的主要调节措施。但增阻调节法会增加矿井总风阻，若主要扇风机风压特性曲线不变，会导致矿井总风量减少；矿井总风量的减少值与主要扇风机风压特性曲线的陡缓有关；若想保持矿井总风量不减少，就得改变主要扇风机风压特性曲线来提高风压，这就增加了通风电力费；此外，增阻调节法是通过减少一个风道的风量来增加另一个风道的风量，其调节的风量有一个最大限制范围，如果调节的风量超出了这个最大限制范围，增阻调节法就不能达到调节的目的。

增阻调节法使用时的注意事项：①调节风窗一般安设在回风巷道中，以免影响运输；②在复杂通风网络中采用增阻法调节时，应按先内后外的顺序逐渐调节，最终使每个回路或网孔的阻力达到平衡；③调节风窗一般安设在风桥之后，以减少风桥的漏风量。

2. 减阻调节法

减阻调节法是在并联通风网络中以阻力最小风道的阻力值为依据，设法降低阻力大的风道的阻力值，从而增加阻力大的风道中的风量，相应减少与其并联的其他风道上的风量，以实现各风道的风量按需供给。

减阻调节是一种节能调节法，下面以图7－8的例子说明减阻调节法的基本原理。

(1)通风网络基本情况

同7.3.1增阻调节法。

(2)风量要按需分配

同7.3.1增阻调节法。

(3)减阻调节

采用减阻调节法，就是以调整风量后阻力最小的分支1的阻力 h_1' 为依据，在阻力大的分支2上通过采取降阻措施使其通风阻力由 h_2' 降低到 h_1'（即 $h_2' = h_1'$），从而达到两并联分支的通风阻力相等，这时进入两并联分支的风量即为需要的风量。显然

$$h_2' = R_2' Q_2'^2 = h_1' \tag{7-28}$$

$$R_2' = \frac{h_1}{Q_2'^2} \tag{7-29}$$

式中：R'_2——分支 2 采取降阻措施后的风阻，$N \cdot s^2/m^8$。

减少阻力的主要措施有：①扩大巷道断面。因摩擦阻力与风道断面积的三次方成反比，因而扩大巷道断面可有效的降低风道的通风阻力。当所降通风阻力值较大时，可考虑采用这种措施；②降低风道的摩擦阻力系数。由于摩擦阻力与摩擦阻力系数成正比，因而可通过改变支架类型(即改变摩擦阻力系数)或风道壁面平滑程度来降低风道的通风阻力，如用混凝土支护代替木支架，或在木支架的棚架间铺以木板等；③清除巷道中的局部阻力物。这种措施减少通风阻力的效果一般很小，但应首先使用，然后在考虑采用其他减少通风阻力的措施；④开掘并联风道。在阻力大的风道旁侧开掘并联风道(可利用废旧巷道)，也可以起到减少通风阻力的作用；⑤缩短风流路线的总长度，因为摩擦阻力与风流路线长度成正比，所以在条件允许时，可采用这种措施来减少风道的通风阻力。

通常，减少阻力采取的主要措施是扩大巷道断面和降低风道的摩擦阻力系数。

①扩大巷道断面。若将分支 2 的断面扩大到 S'_2，根据摩擦风阻计算公式可知

$$R'_2 = \frac{\alpha'_2 L_2 U'_2}{S_2^3} \tag{7-30}$$

式中：α'_2——分支 2 扩大断面后的摩擦阻力系数，$N \cdot s^2/m^4$；

L_2——分支 2 的长度，m；

U'_2——分支 2 扩大断面后的断面周长，m。

$$U'_2 = C\sqrt{S'_2} \tag{7-31}$$

式中：C——常数，梯形断面 $C = 4.03 \sim 4.28$，一般取 4.16；三心拱断面 $C = 3.80 \sim 4.06$，一般取 3.85；半圆拱断面 $C = 3.78 \sim 4.11$，一般取 3.90；圆形断面 $C = 3.54$。

将式(7-31)代入(7-30)，得扩大断面后分支 2 的断面积 S'_2 为

$$S'_2 = \left(\frac{\alpha'_2 C L_2}{R'_2}\right)^{\frac{2}{5}} \tag{7-32}$$

如果分支 2 扩大断面前的摩擦阻力系数 α_2 与扩大断面后的摩擦阻力系数 α'_2 相等(即 $\alpha_2 = \alpha'_2$)，也可按下式计算分支 2 扩大断面后的断面积 S'_2：

$$S'_2 = S_2\left(\frac{R_2}{R'_2}\right)^{\frac{2}{5}} \tag{7-33}$$

式中：S_2——分支 2 扩大断面前的断面积，m^2；

R_2——分支 2 扩大断面前的风阻，$N \cdot s^2/m^8$。

②降低风道的摩擦阻力系数。如果采用降低摩擦阻力系数减少阻力时，降低后的摩擦阻力系数为

$$\alpha'_2 = \frac{R'_2 S_2^3}{L_2 U_2} = \frac{R'_2 S_2^{2.5}}{L_2 C} \tag{7-34}$$

或

$$\alpha'_2 = \alpha_2 \frac{R'_2}{R_2} \tag{7-35}$$

减阻调节法的优点是使矿井总风阻减少，若扇风机性能不变，将增加矿井总风量。它的缺点是工程量大、工期长、投资多，有时需要停产施工，所以一般在对矿井通风系统进行较大的改造时才采用。因此，在采取减阻调节措施之前，应根据具体情况，结合扇风机特性曲

线进行分析和计算，在确认有效及经济合理时，才能确定和采用降阻调节措施。

3. 增能调节法

增能调节法是在并联通风网络中以阻力最小风道的阻力值为依据，在阻力大的风道里通过采取增能措施来提高克服该风道通风阻力的通风压力，从而增加该风道中的风量，以实现各风道的风量按需供给。

增能的主要措施有：①辅助扇风机调节（又称增压调节）；②利用自然风压调节。

(1)辅助扇风机调节法（简称辅扇调节法）

当并联通风网络中两并联分支的阻力相差悬殊，用增阻或减阻调节都不合理或都不经济时，可在风量不足的分支中安设辅扇，以提高克服该分支通风阻力的通风压力，从而达到调节风量的目的。用辅扇调节时，应将辅扇安设在阻力大（风量不足）的分支中。下面以图7－8的例子说明辅助扇风机调节法的基本原理。

通风网络基本情况：同7.3.1增阻调节法。

风量要按需分配：同7.3.1增阻调节法。

辅扇调节：采用辅扇调节法，就是以调整风量后阻力最小的分支1的阻力 h_1' 为依据，在阻力大的分支2上安装辅助扇风机，并使辅助扇风机的风压 H_v 等于调整风量后两并联分支的通风阻力差（$h_2'-h_1'$），即

$$H_b = h_2' - h_1' \tag{7-36}$$

这样达到两并联分支的通风阻力相等，而且进入两并联分支的风量即为需要的风量。显然，辅助扇风机风量 Q_b 为

$$Q_b = Q_2' \tag{7-37}$$

在生产实际中，辅扇调节的方法有两种，即带风墙的辅扇调节法和无风墙的辅扇调节法。

a. 带风墙的辅扇调节法。带风墙的辅扇是在安设辅扇的巷道断面上，除辅扇外其余断面均用风墙密闭，巷道内的风流全部通过辅扇，如图7－11所示。为了检查方便，在风墙上开一个小门，小门一定要严密。

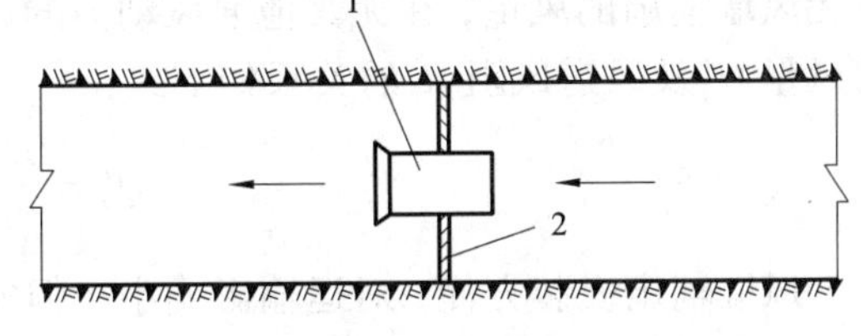

图7－11　有风墙辅扇布置图

1—辅扇；2—风墙

若在运输巷道里安设辅扇时，为了不影响运输，必须在调节风道中掘一绕道，将辅扇安装在绕道中，并在运输巷道的绕道进风口与出风口段中至少要安装两道自动风门，自动风门的间距要大于一列矿车的长度。

带风墙辅扇调节风量时，辅扇的能力必须选择适当才能达到预期效果。如果辅扇能力不足，则不能调节到所需要的风量值；若辅扇能力过大，可能造成与其并联风道风量的大量减少，甚至无风或风流大循环；若安设辅扇的风墙不严密，在辅扇周围出现局部风流循环，将降低辅扇的通风效果。

辅扇可根据式（7－36）和（7－37）计算出的辅扇风压 H_b 和风量 Q_b 进行选择。

带风墙辅扇是靠扇风机的全压做功，能克服较大的通风阻力，可用于需要调节的并联分支通风阻力差较大的区域性风量调节中。

b. 无风墙辅扇调节法。如图7－12所示，无风墙辅扇不带风墙，辅扇安装时无需绕道，也不装风门，它只在辅扇出风侧加装一段截头圆锥形的引射器，由于引射器出风口的面积比

较小(只为辅扇出风口面积的0.2~0.5)，则通过辅扇的风量从引射器出风口射出时速度较大，形成较大的引射器出口动压。引射器出口动压再引射出风侧的风流，同时带动一小部分风量从辅扇以外的风道中流过来，从而使该风道的风量有所提高。

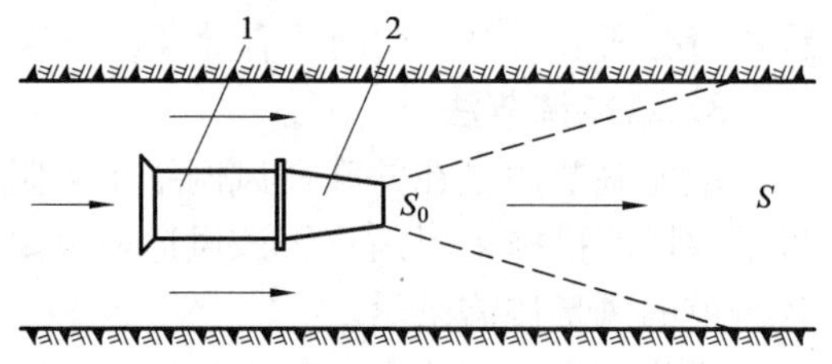

图7-12　无风墙辅扇的布置

1—扇风机；2—引射器

无风墙辅扇在风道中工作时，其出口动压除去由辅扇出口到风道全断面突然扩大的能量损失和风流绕过扇风机的能量损失外，所剩余的能量均用于克服风道阻力。单位体积流体的这部分能量称为无风墙辅扇的有效压力，以 ΔH 表示。无风墙辅扇在巷道中所造成的有效压力可按下式计算：

$$\Delta H = K_b h_b \frac{S_0}{S} \tag{7-38}$$

$$h_b = \frac{\rho_b v_b^2}{2} \tag{7-39}$$

式中：h_b——辅扇出口动压，Pa；

ρ_b——辅扇出口处的空气密度，kg/m^3；

v_b——辅扇出口的风速，m/s；

S_0，S——分别为辅扇出口和安设辅扇巷道的断面积，m^2；

K_b——与辅扇在巷道中安装条件有关的试验系数，$K_b = 1.5 \sim 1.8$，安装条件好时取大值。

无风墙辅扇的风量，在无其他通风动力的风道中单独工作时，辅扇风量 Q_b 与安设辅扇风道的风量 Q'_2 及风道风阻 R_2 的关系如下式：

$$Q'_2 = \frac{0.102 Q_b}{\sqrt{R_2 S_0 S}} \tag{7-40}$$

无风墙辅扇安装方便，对运输影响小。但安装时应注意以下几个问题：

(a)无风墙辅扇的有效风压与辅扇出口动压成正比，故采用大风量中低压扇风机，可提高出风口的总动压，亦即提高通风效果。

(b)辅扇有效风压与安设辅扇巷道的断面成反比，故辅扇应安设在巷道平直、断面较小的地方，且为减少辅扇出口动压损失尽量安在巷道中央。

(c)无风墙辅扇只靠动压做功，能力较小，若巷道风阻较大时，风机附近可能出现循环风。

因此，无风墙辅扇在两并联风道需要调节的阻力差值较小时使用较为适宜。

(2)利用自然风压的调节法

由于通风网络的进风道和回风道不可能全部都分布在同一水平上，因而自然风压的作用在矿井中是普遍存在的。当需要增大一个风道中的风量时，在条件允许时可在进风道中设置水幕或利用井巷淋水冷却空气，以增大进风风流的空气密度；在回风道最低处可利用地面锅炉余热来提高回风流气温，以减小回风井风流的空气密度。这样一来，该风道中的自然风压就增大了，在自然风压帮助下，该风道的风量相应就会增大一些。

当然，自然风压调节风量的作用是很小的。但能在风道实施喷淋和设置水幕净化风流的同时提高该风道中的自然风压，从而提高通过该风道的风量，是值得优先考虑的。

(3)增能调节法特点

增能调节法的优点是使用简便、易行，并能降低矿井总阻力，从而增大了矿井总风量。但管理复杂，安全性差，尤其是使用不当时容易造成循环风流，此时在有爆炸性气体的矿山使用更加不安全；此外，还增加了辅助扇风机的购置费、安装费和电费，带风墙的辅扇调节法还有绕道的开掘费等。因此，增能调节法只有在需要调节的并联风道阻力相差悬殊、矿井主要通风机能力不能满足较大阻力风道用风量要求时才使用。

4. 几种风量调节法调节效果的比较

图7-13表示三种主要风量调节方法的风量变化情况。横坐标表示一条风路风量增加的百分数，纵坐标表示另一风路风量减少的百分数。图中曲线 b 为减阻调节，曲线 c 为辅扇调节，两曲线效果基本相同，其风量增加的百分数大于风量减少的百分数，总风量有所增加，但减阻调节有一定限度。曲线 c 为增阻(风窗)调节的效果，它表明一条风路风量增加不多，而另一条风路风量减少得大，所以风窗调节的效果不如其他两种方法。

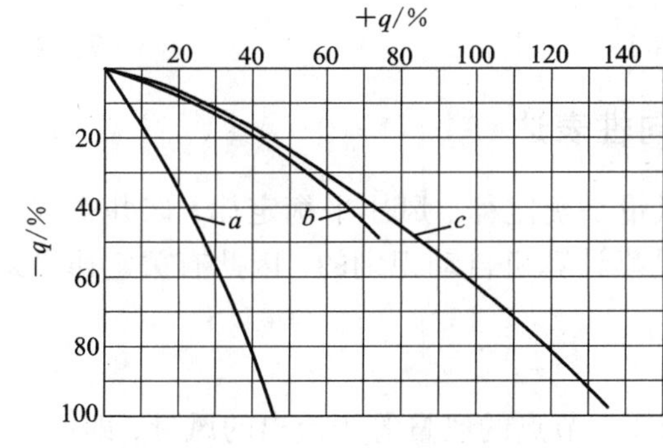

图7-13 三种风量调节的风量变化

a—增阻；b—减阻；c—辅扇

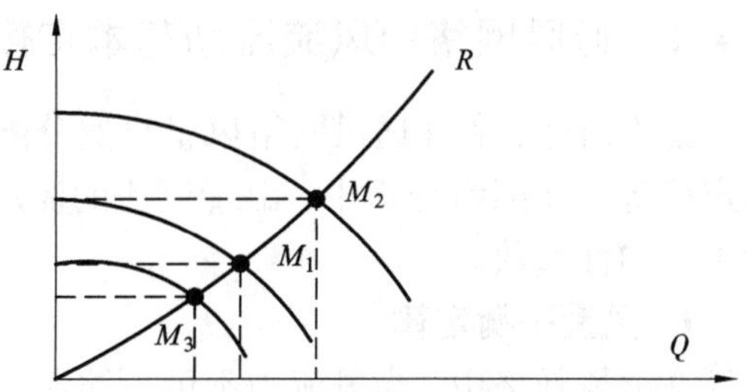

图7-14 改变扇风机的风压特性曲线调节矿井总风量

7.3.2 矿井总风量的调节

当矿井(或一翼)总风量不足或过剩时，需调节总风量，也就是调整主扇风机的工况点。采取的措施是：改变主扇风机的工作特性，或改变矿井通风系统的总风阻。

1. 改变主扇风机的工作特性

通过改变主扇风机的叶轮转速、轴流式扇风机叶片安装角度和离心式风机前导器叶片角度等，可以改变扇风机的风压特性，从而达到调节扇风机所在系统总风量的目的，如图7-14所示。

2. 改变矿井总风阻

(1)风硐闸门调节法。如果在扇风机风硐内安设调节闸门，通过改变闸门的开口大小可以改变扇风机的总工作风阻(如图7-15)，从而可调节扇风机的工作风量。

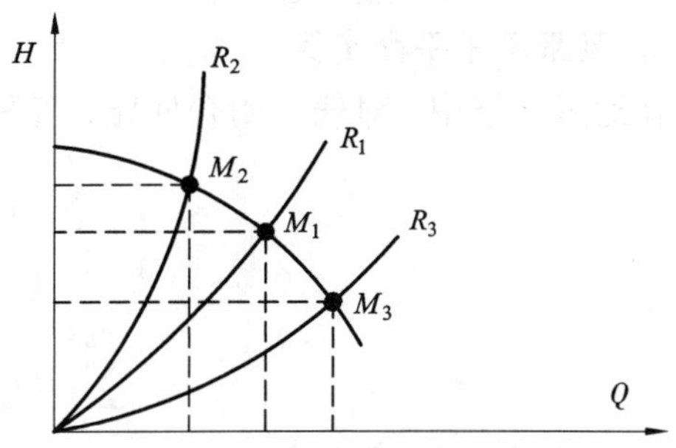

图7-15 改变矿井总风阻调节矿井总风量

(2)降低矿井总风阻。当矿井总风量不足时，如果能降低矿井总风阻，则不仅可增大矿井总风量，而且可以降低矿井总阻力。

7.4 矿井复杂通风网络解算及软件

由串联、并联、角联和更复杂的连接方式所组成的通风网络，统称为复杂通风网络。当通风网络超过两个网孔时，采用解析方法解算网络中风量等参数就出现了困难，当通风网络越复杂时，解析方法几乎不可能进行，此时需要采用数值解算方法，而数值解算需要计算机编程协助才能完成。解算复杂通风网路的方法很多，本节介绍一种应用较广泛的计算方法，这个方法是在每一闭合回路中首先假定一个近似风量值，然后根据回路的风压平衡原理，用逼近法求算风量误差值。通过逐次计算，使风量误差逐渐减小，达到所要求的精度，从而求得真实风量。学习本节的内容将为矿井通风网络分析和系统设计等奠定基础。

任何复杂的通风网路均由 N 条巷道，J 个节点和 M 个回路所构成。由网络图论知它们之间存在如下关系：

$$M = N - J + 1 \tag{7-41}$$

7.4.1 通风网络中风流流动基本定律的方向性表达

如上所述，矿井通风网络风量自然分配遵守风量平衡定律、风压平衡定律、矿井空气流动定律等。在网络分析中，由于风流的流动方向是靠计算机自动识别的，因此有关定律必须赋予方向性参数。

1. 风量平衡定律

在通风网络中，当风流为不可压缩流时，流入任一节点的风量等于流出的风量，即：

$$\sum_{i=1}^{A_1} a_{ki} Q_i = 0 \quad (k = 1, 2, \cdots, A_2) \tag{7-42}$$

式中：a_{ki}——节点流向函数；$a_{ki} = \begin{cases} 0，当支路 i 与 k 节点不相连时； \\ 1，当支路 i 的风流流入节点 k 时； \\ -1，当支路 i 的风流流出节点 k 时； \end{cases}$

A_1——网络中一个节点分支风道总条数；

A_2——网络节点的总数。

2. 风路风压平衡定律

在通风网络中，对任一闭合回路，各种能量的代数和等于零，即：

$$\sum_{i=1}^{MB} h_i - H_f \pm N_{vp} = 0 \tag{7-43}$$

或：

$$\sum_{i=1}^{MB} R_i Q_i |Q_i| = H_f \pm N_{vp} \tag{7-44}$$

式中：h_i——闭合网孔中某一支路的风压值，Pa；

R_i——闭合网孔中某一支路的风阻值，Ns^2/m^8；

Q_i——闭合网孔中某一支路的风量值，m^3/s；

H_f——闭合回路中通风机的风压值，当作用方向逆时针时，取正号，顺时针方向时取负号，Pa；

N_{vp}——闭合回路中自然风压值，Pa；

MB——闭合网孔中所包含最大支路数。

在考虑方向函数时，则(7－44)式可写成：

$$\sum_{i=1}^{MB} b_{ki}R_iQ_i|Q_i| = \sum_{i=1}^{MB} b_{ki}H_{fi} + b_{ki}N_{vpi} \tag{7-45}$$

式中：$b_{ki}=\begin{cases}1，当第 i 条支路属于第 k 个网孔，且风流流向为顺时针方向时；\\ -1，当第 i 条支路属于第 k 个网孔，且风流流向为逆时针方向时；\\ 0，当第 i 条支路不属于第 k 个网孔；\end{cases}$

H_{fi}——回路 k 中支路 i 的风机压力值，Pa；

N_{vpi}——回路 k 中支路 i 的自然压力值，Pa。

在无通风机及自然风压作用的网孔中，回路风压平衡定律可简化为：

$$\sum_{i=1}^{MB} h_i = 0 \tag{7-46}$$

或：

$$\sum_{i=1}^{MB} b_{ki}|h_i| = 0 \quad (k=1,2,\cdots,M) \tag{7-47}$$

式中：M——网络中的独立网孔数。

3. 矿井空气流动定律

在完全紊流状态下，空气在任一巷道中流动时的能量消耗为：

$$h_i = R_i \cdot Q_i^2 \tag{7-48}$$

式中：h_i——第 i 条支路所耗的风压，Pa；

R_i——第 i 条支路所具有的风阻，Ns^2/m^8；

Q_i——经过第 i 条支路的风量值，m^3/s。

7.4.3 网络解算迭代技术

1. 迭代技术

通风网络的解算，以往常采用分析法、图解法、通风模拟法，近年来，由于电子计算机的迅速发展，电算法的使用已趋普遍，利用计算机进行解算的主要依据 Hardy－Cross 迭代法。它最早是用于水分配系统流量解算，后来，做了相应的修改，提高了稳定性和迭代的效率，才用于矿井通风网络的。

采用 Hardy－Cross 迭代法求解通风网络的实质是：根据网络中个分支风道的初拟风量，近似的求出各回路风量的增量 ΔQ_k，并作为校正值，分别对回路中各分支的风量进行校正。迭代计算反复进行，直到校正值 ΔQ_k 满足预先给定的精度为止。为提高迭代的收敛速度，计算时对 Hardy－Cross 迭代法施加 Gausscide 技巧。

各回路风量增量值 ΔQ_k 可由式(7－49)来计算。

$$\Delta Q_k = -\frac{\sum_{i=1}^{b} R_i \times Q_{ai}^2}{\sum_{i=1}^{b} 2R_i \times Q_{ai}} \tag{7-49}$$

或：

$$\Delta Q_k = -\frac{\sum_{i=1}^{b}(R_i \times Q_{ai} \mid Q_{ai} \mid - H_{fk} \pm N_{vpk})}{\sum_{i=1}^{b}(2R_i \times \mid Q_{ai} \mid - a_k)} \qquad (4-50)$$

式中：$k=1, 2, \cdots, M$，M 为独立网孔数；

a_k——风机特征曲线斜率 dH_f/dQ。

式(7－49)适用于网孔中无风机和自然风压作用的情况；式(7－50)适用于网孔中有风机和自然风压作用的情况。

风路风量增量值计算公式推导如下：

设有一风阻为 R 的风道，当流经的真实风量为 Q 时，其阻力消耗可由阻力定律 $h=RQ^2$ 计算，如图 7－16。

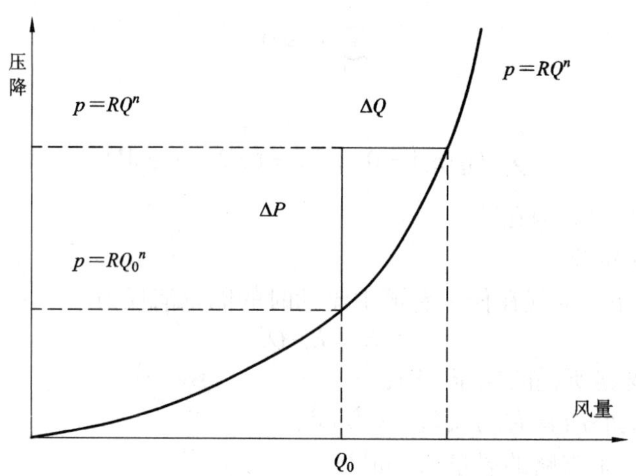

图 7－16　Hardy－Cross 方法中的风量压降关系图

当 Q 值为未知数时，若假定其近似风量为 Q_a，则有：

$$Q = Q_a + \Delta Q \qquad (7-51)$$

式中：ΔQ——初拟风量与真实值的误差。

因此，阻力消耗与风量初拟时的阻力消耗间的差值为：

$$\Delta h = RQ^2 + RQ_a^2 \qquad (7-52)$$

显然，若能求出误差值 ΔQ，并对 Q_a 进行修正，就可以确定真值 Q。由图 7－16 可见，Q_a 与 Q 之间的曲线 $h=RQ^2$ 的斜率可近似的认为是 $\Delta h/\Delta Q$，其极限值为：

$$\lim_{\Delta Q \to 0}\frac{\Delta h}{\Delta Q} = f'(Q_a) = \frac{dh}{dQ} \qquad (7-53)$$

将曲线微分，得：

$$\frac{dh}{dQ} = 2RQ_a \qquad (7-54)$$

$$\frac{\Delta h}{\Delta Q} = 2RQ_a \qquad (7-55)$$

因而：

$$\Delta Q=\frac{\Delta h}{2RQ_a}=\frac{RQ^2-RQ_a^2}{2RQ_a} \tag{7-56}$$

式中：$RQ^2-RQ_a^2$——压降“平衡差”；

$2RQ_a$——曲线斜率。

上述公式考虑的是一条风道的情况，如果一个闭合网孔由 b 条分支风道所组成，则其压降“平衡差”的平均值可由下式给出：

$$\Delta h'=\sum_{i=1}^{b}\frac{(R_iQ_i^2-R_iQ_{ai}^2)}{b} \tag{7-57}$$

而曲线斜率的平均值为：

$$K=\sum_{i=1}^{b}\frac{2R_iQ_{ai}}{b} \tag{7-58}$$

得出：

$$\Delta Q_k=\frac{\sum_{i=1}^{b}(R_iQ_i^2-R_iQ_{ai}^2)}{\sum_{i=1}^{b}2R_iQ_{ai}} \tag{7-59}$$

在分支风路 i 所流经的风量真值为 Q_i时，其压降值为 $R_iQ_i^2$，由风压平衡定律可知，若无风机和自然风压的作用，任一闭合网孔的代数和为零，即：

$$\sum_{i=1}^{b}R_iQ_i^2=0 \tag{7-60}$$

因而，可以简化为：

$$\Delta Q_k=-\frac{\sum_{i=1}^{b}R_iQ_{ai}^2}{\sum_{i=1}^{b}2R_iQ_{ai}} \tag{7-61}$$

若考虑风机和自然风压的作用，则任一闭合网孔压降的代数和为：

$$\sum_{i=1}^{b}R_iQ_i^2=H_{\mathrm{f}k}\pm N_{\mathrm{vp}k} \tag{7-62}$$

显然，此时回路中个分支风道曲线平均斜率为：

$$K'=\sum_{i=1}^{b}\frac{2R_iQ_{ai}-a_k}{b} \tag{7-63}$$

式中：a_k——风机特征曲线斜率 $\mathrm{d}H_{\mathrm{f}}/\mathrm{d}Q$。

于是，对于有自然风压机分机作用的孔网，其风量修正值可用式(7-64)进行计算。

$$\Delta Q_k=-\frac{\sum_{i=1}^{b}(R_i\times Q_{ai}\,|\,Q_{ai}\,|-H_{\mathrm{f}k}\pm N_{\mathrm{vp}k})}{\sum_{i=1}^{b}(2R_i\times|\,Q_{ai}\,|-a_k)} \tag{7-64}$$

2. Hardy－Cross 迭代法解算过程

(1)初拟网络各分支风道的风量，给出通风机所造成的风压和自然风压值，给出各支路的风流方向。

(2)确定网络中的独立网孔数，独立网孔的个数为 M，利用公式求算网孔风量增量值。

(3)利用 ΔQ_k 对每个网孔中的各分支风道进行风量校正，即 $Q_{ki}=Q_{ki}\pm\Delta Q_k$。

(4)判别 $|\Delta Q_k|<=E$($k=1, 2, \cdots, M$；E：精度要求，常在 0.001 ~ 0.0001 间选取)。

(5)当 $|\Delta Q_k|<=E$ 不成立，则重复 3，4 步进行计算，否则结束计算。

3. 网孔选择

用于矿井通风网络解算中的网孔选择方法有多种，这些方法都满足如下三个条件：可以生成 $b-j+1$ 独立网孔；网孔适当分布，包含所有的分支；高风阻分支只在网孔中出现一次。这些条件可以确保网络分析的快速收敛和计算结果的可靠性。

在使用 Hardy - Cross 迭代法时，独立网孔选择的恰当与否，将直接影响迭代的收敛速度。

7.4.4 矿井复杂通风网络解算

迄今，许多研究和设计单位开发了许多功能各异的矿井通风网络计算机分析软件，也有一些成为商业软件。由于 Hardy - Cross 方法具有算法简单，容易学习掌握和易在微机上实现等优点，许多矿井通风网络分析软件都按照该算法编写，其程序编写和计算基本按照以下步骤。

1. 原始数据输入

有关数据的输入，根据所用的开发语言的不同具体确定。由于矿井通风网络解算的原始数据量比较大，为便于管理和输入，一般采用数据库来管理，比如 Micorsoft Access 等。采用表单的形式对不同种类的数据进行分类处理，建立数据之间的关联。

2. 确定网孔个数

网孔个数为：

$$M=N-J+1 \tag{7-65}$$

3. 风机曲线输入

采用二维数组存放相应的 Q_{ij} 与 H_{ij}，下标 i 表示风机特性曲线的编号，下标 j 表示第 i 条曲线上点的编号。

4. 网路节点信息及支路风阻的读入

采用一维数组存放。

5. 风机特性曲线的描述

一般采用拉格朗日插值法求解。采用最小二乘法求解，要求输入六组以上的风机数据。

6. 风阻大小排列

采用沉淀法对各风阻值进行降序排列。在沉淀排序法中，起主导作用的是将两个相邻分支风阻值进行比较和交换，即不断地比较并依据各值的大小交换成相邻的风阻(元素)对，每次比较交换，则可得出一个小的值，直到所有的风阻都被交换到正确的位置为止。值得提出的是，在进行风阻位置的交换时，各所对应的巷道编号也要随之交换。

7. 选择网络最小树

采有破圈法进行最小树的选择。

8. 形成独立网孔

将选出的余树弦一支支地加入于最小树图中，即可构成所求的回路。在具体处理时，从风阻值最大的分支开始，逐一查找能与余树构成回路的分支。回路的方向由余树弦的方向所决定，当回路中的分支与余树弦方向一致时，该分支为正向分支，否则为反向分支。

9. 初拟风量值

用 Hardy - Cross 迭代法解算网孔，事先要求对网络各分支风道初拟出一组风量值。方法常有人工初拟及计算机自动初拟法 2 种。

风量人工初拟时，事先人为定出分支风道的风量值（根据 $\sum Q_i = 0$），并输入计算机。计算机自动拟定时，则初拟风量免于人为事先定出后输入（而是事先按某一约定安排于程序之中）。从理论上讲，初拟风量越接近真值，迭代的收敛速度则越快，但要做到接近真值这点，在实际工作中往往难以达到。由于计算机具有运算速度快的特点，故初拟风量时，要求可适当粗略些。

10. 自然风压处理

矿井开采条件决定了矿井存在着自然风压这一事实，它客观上影响着矿井的通风（好的影响与坏的影响），程序考虑了自然风压，在解算，把气体看成不可压缩流体，即把自然风压看成某一常数值，允许出现在网路中的任一风道中参与运算。

11. 风量迭代计算

风量迭代采用 Hardy - Cross 迭代法。

对于风量迭代过程的控制，通过两种途径来实现，一个是当网孔风量修正量的最大绝对值小于人为事先给定的精度时（精度 $E < 0.001 \sim 0.0001$），迭代过程完毕。一个是当迭代次数超过某个限定值时，不管其精度如何，强行使计算退出迭代过程。

12. 固定风量风道的阻力与风阻处理

矿井生产中，某些地点往往需要按需配给风量。解算中，为满足这一固定所需量的要求，程序采用的方法是：在网孔选择时，把具有固定风量的风道选为独立风道，在迭代过程中它不参加迭代计算，始终保持所需要的固定值，待所有网孔都修正完毕，实现了风压平衡后，再根据以该固定风量分支为独立风道的网孔风压平衡定律进行运算，算出固定风道的阻力与风阻值。

计算过程中，结果可能出现固定分支的风阻小于该分支的实际风阻值或出现负值，此时应认真分析，可采取旁侧分支风阻调整的办法，尔后再行解算，使其大于或等于实际风阻值。

值得注意是网络中的固定风量风道的个数不能超过 M 个，且从网孔选择的角度考虑，不允许去掉风量固定分支后，通风网络图成为不连通图。

13. 数据输出

网络解算的数据可以通过程序制动存储于数据文件中，利用数据库软件输出计算数据。输出的数据主要包括：风机编号及所对应的风量，风压值，巷道编号及其对应的风量值，风阻值与风压值等，节点和自然风压信息等。

14. 闭合差复核

当所求支路风量为完全真值时，风量平衡定律与风压平衡定律中的左右两边应绝对相等，且代数和应为零，然而，由于是近似计算，故风量的代数和与风压的代数和不一定为零，可能存在着一点误差，若其误差值趋近于零，则说明精度满足要求。要求对 $\sum Q_i$ 与 $\sum H_i$。进行校核验算，并把其中两个最大的绝对值 $\mathrm{Max}|\Delta Q_i|$ 和 $\mathrm{Max}|\Delta H_i|$ 输出，其值越小，

说明所求风量 Q_i 越接近真值，效果越好，一般当 $\mathrm{Max}|\Delta Q|<0.001$ 和 $\mathrm{Max}|\Delta H|<0.01$ 时，认为满足精度要求。

目前，一些软件除了具有矿井通风网络分析的功能外，还可以做风温计算、污染模拟和火灾仿真等。矿井通风网络分析软件的发展过程和功能扩展可以用图 7－17 表示。

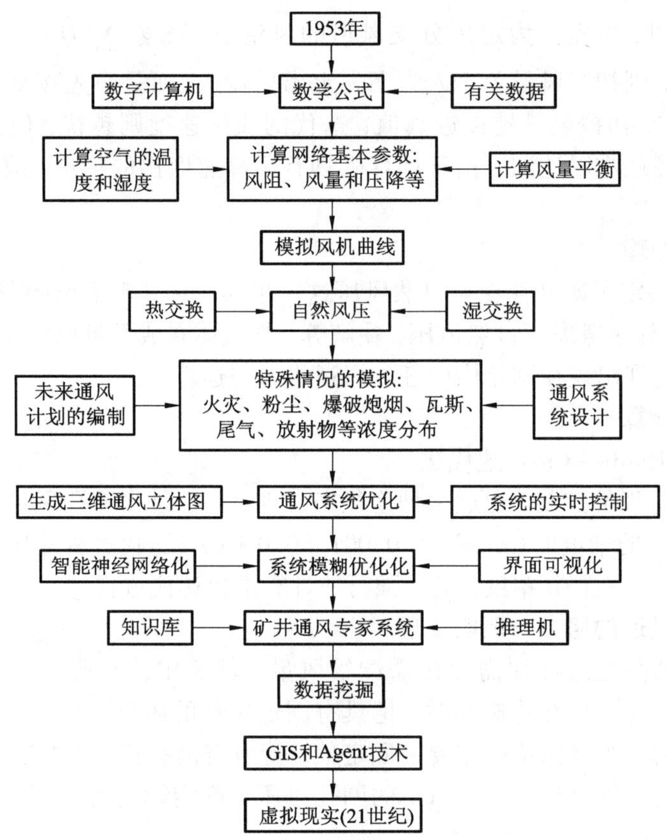

图 7－17　计算机在矿井通风领域应用的历程

本章练习

(1)为什么要对矿井通风网路进行风量调节？有哪几种风量调节法？

(2)风窗调节在什么情况下使用？

(3)要改变整个通风网路的风阻，改变哪一部分容易收效？

(4)说明空气幕的用途。

(5)说明导风板的用途。

(6)风窗调节与辅扇调节两种不同的风量调节法在矿井通风能耗方面有何差别？

(7)有风墙辅扇与无风墙辅扇的工作原理是否相同？试分析其优缺点及适用条件。

(8)无风墙辅扇与空气幕风量调节的工作原理是否相同？试分析其优缺点及适用条件。

(9)如何调节矿井总风量？

(10)根据自己的理解，回答表 7－1 的有关问题。

表7-1 对串、漏、反、循风流的分析

现　　象	危害作用	产生的原因	克服方法
串联风流			
漏　　风			
反转风流			
循环风流			

(11)某巷道长度不变，欲使其风阻值 R 降低到 R'，问 1)若不改变巷道的支护形式，应把巷道断面扩大到多少？2)若不扩大巷造断面，而用改变巷道支护形式的措施，应把摩擦阻力系数降低到多少？

(12)某巷道全长为 L，当将其中 l 段巷道长度上的摩擦阻力系数降到原来的1/4，全巷道的通风阻力降到原来的1/2，求 $\frac{l}{L}$ 等于多少？

(13)有一并联通风系统如图7-18所示。已知 $Q_0=40\ m^3/s$、$R_1=1.21\ N\cdot s^2/m^8$、$R_2=0.81\ N\cdot s^2/m^8$。问：1)巷道1、2中的风量如何分配？2)若巷道1，2所需风量分别为 $10\ m^3/s$ 和 $30\ m^3/s$ 时，如何调节？

(14)在图7-19，设 $R_1=0.23\ N\cdot s^2/m^8$、$R_2=2.80\ N\cdot s^2/m^8$、$R_3=1.80\ N\cdot s^2/m^8$、$R_4=0.41\ N\cdot s^2/m^8$。各巷道要求的风量是 $Q_2=14\ m^3/s$，$Q_3=12\ m^3/s$，拟以辅扇调节。求辅扇和主扇的风压及风量。

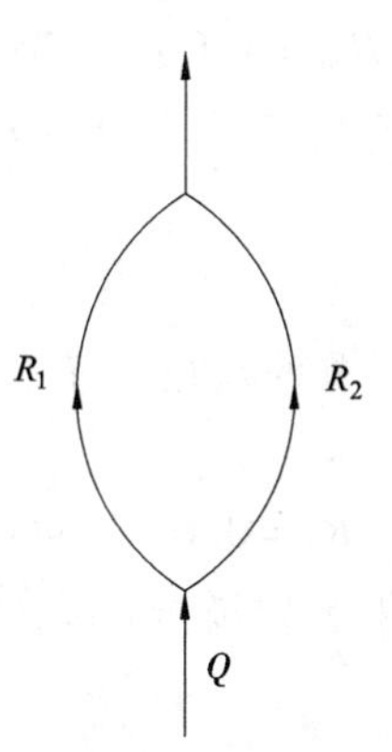

图7-18 练习题(13)附图

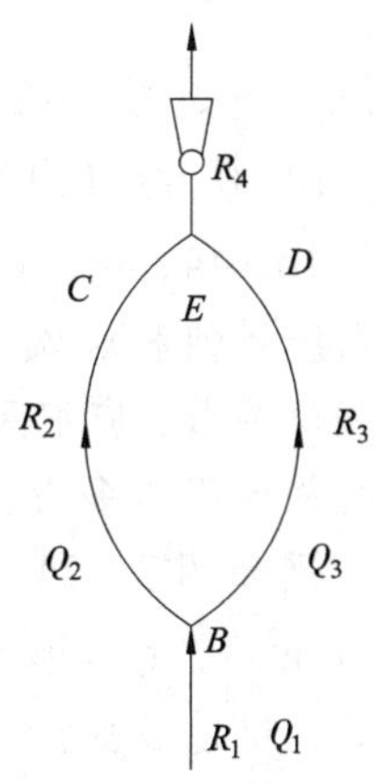

图7-19 练习题(14)附图

(15)某巷道 $ABCD$(图7-20)各段的风阻为 $R_{AB}=0.4$、$R_{BC}=2.0$、$R_{CD}=0.6\ N\cdot s^2/m^8$，巷道风量为 $10\ m^3/s$，欲在 BC 间另开一辅助巷道，使总风量增到 $15\ m^3/s$。若 AD 间风压保持不变，求 BC 间辅助巷道的风阻及该巷道的风量。

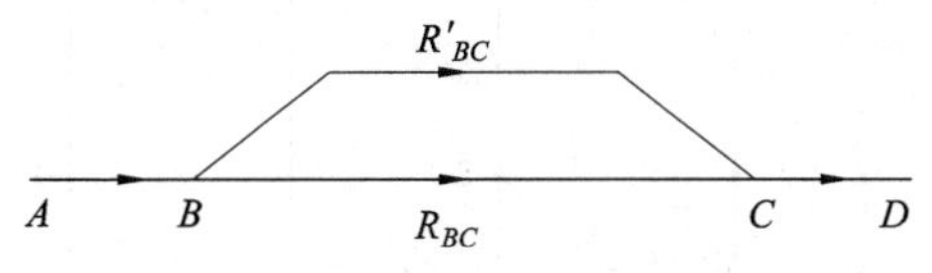

图7-20 练习题(15)附图

(16)有一并联通风系统如图 7－21 所示，各巷道的风阻值为 $R_1=1.2$、$R_2=2.5$、$R_3=3.0$、$R_4=0.6\ \mathrm{N\cdot s^2/m^8}$，各巷道需要的风量为 $Q_1=Q_2=Q_3=10\ \mathrm{m^3/s}$。问应在哪些巷道上加风窗调节？调节的风阻值各为多少？

(17)某通风系统如图 7－22 所示。各巷道的风阻值为 $R_1=0.08\ \mathrm{N\cdot s^2/m^8}$、$R_2=1.60\ \mathrm{N\cdot s^2/m^8}$、$R_3=0.81\ \mathrm{N\cdot s^2/m^8}$、$R_4=1.50\ \mathrm{N\cdot s^2/m^8}$、$R_5=0.13\ \mathrm{N\cdot s^2/m^8}$，系统的总风量 $Q=45\ \mathrm{m^3/s}$，各分支需要的风量为 $Q_2=15$、$Q_3=10$、$Q_4=20\ \mathrm{m^3/s}$。用风窗调节时(设风窗处巷道断面 $S=4\ \mathrm{m^2}$)，求风窗的面积和位置。调节后全系统的总风阻为多少？若用辅扇调节风量，调节后全系统的总风阻为多少？

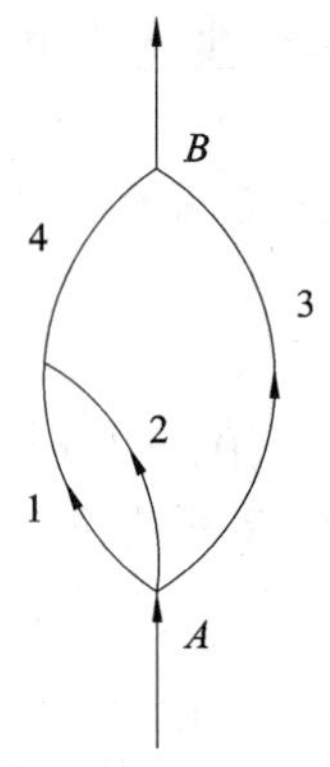

图 7－21 练习题(16)附图

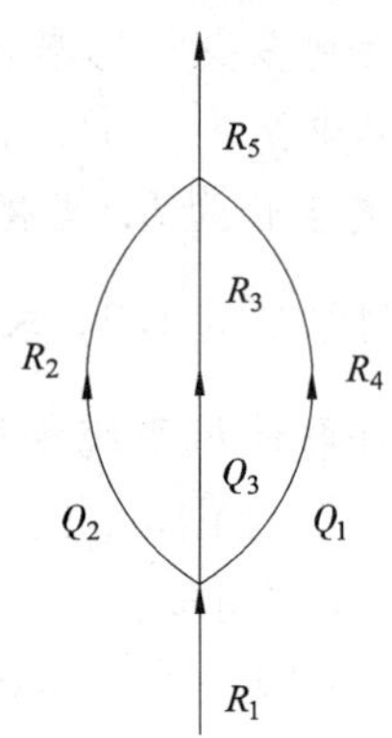

图 7－22 练习题(17)附图

(18)某通风系统如图 7－23 所示。各巷道的风阻为 $R_1\sim R_{10}=1.00$，0.04，1.20，1.00，0.10，0.037，0.10，0.60，0.10，0.14($\mathrm{N\cdot s^2/m^8}$)，各巷道需要的风量为 $Q_1\sim Q_{10}=8$，20，4，12，28，36，32，16，44，44($\mathrm{m^3/s}$)。试问：

1)该通风系统属何种通风网路结构？

2)欲采用风窗调节，应把风窗安设在哪条巷道中？需要调节的风压为多少？

3)调节后的总风阻为多少？

(19)某通风网如图 7－24 所示。已知 $R_1=0.16\ \mathrm{N\cdot s^2/m^8}$、$R_2=0.60\ \mathrm{N\cdot s^2/m^8}$。要求巷道 2 的风量 $Q_2\geqslant 20\ \mathrm{m^3/s}$，总风量 $Q_0=30\ \mathrm{m^3/s}$ 不变。在巷道 2 中加辅扇时，辅扇的风压最小应为多少？最大不能超过多少？

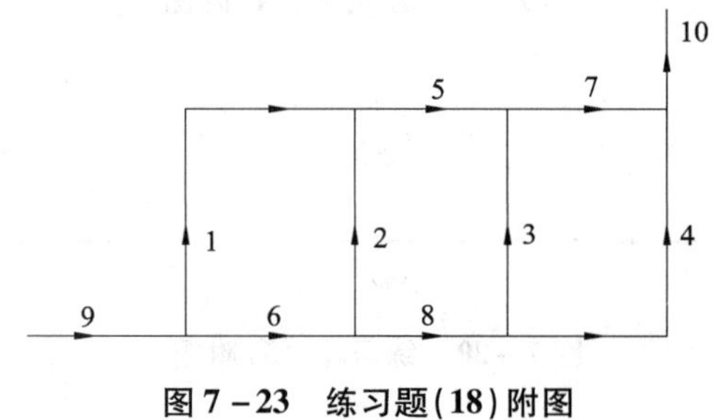

图 7－23 练习题(18)附图

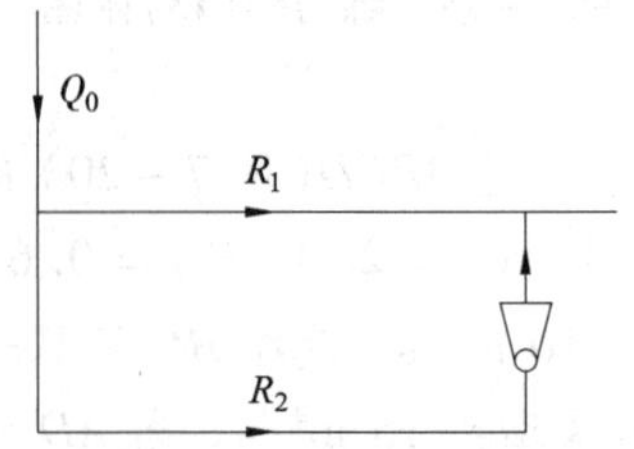

图 7－24 练习题(19)附图

(20)设一通风网路及巷道中的风流方向如图7-25所示。风路 a、b 所需风量为 $Q_a=27$ m^3/s，$Q_b=34.7$ m^3/s，其风阻值 $R_a=0.7$ $N\cdot s^2/m^8$，$R_b=1.3$ $N\cdot s^2/m^8$；总进风段 $R_{1-2}=0.23$ $N\cdot s^2/m^8$，总回风段 $R_{3-4}=0.02$ $N\cdot s^2/m^8$，通过主扇的风量为61.7 m^3/s，扇风机有效静压 $H_s=1\ 550$ Pa。求在不调整主扇工况点的情况下，如何对 a，b 风路进行风量调节。

(21)某通风系统如图7-26所示。已知 $R_1=0.5$ $N\cdot s^2/m^8$，$R_2=1.0$ $N\cdot s^2/m^8$，$R_3=0.2$ $N\cdot s^2/m^8$，$R_r=0.05$ $N\cdot s^2/m^8$。要求 $Q_1=40$，$Q_2=20$ m^3/s，问调节风窗应设在哪条巷道？调节的风阻值为多少？扇风机风压为多少？

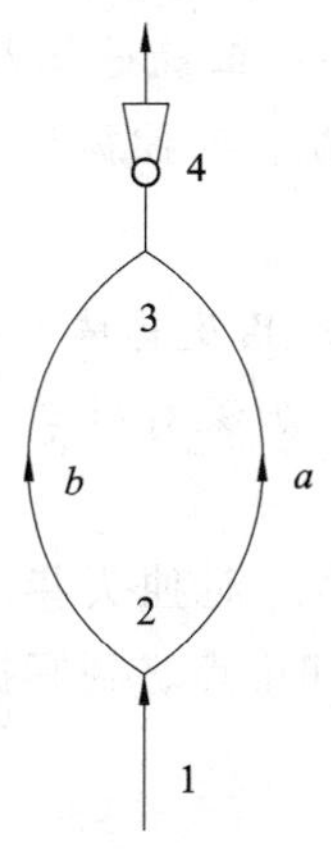

图7-25 练习题(20)附图

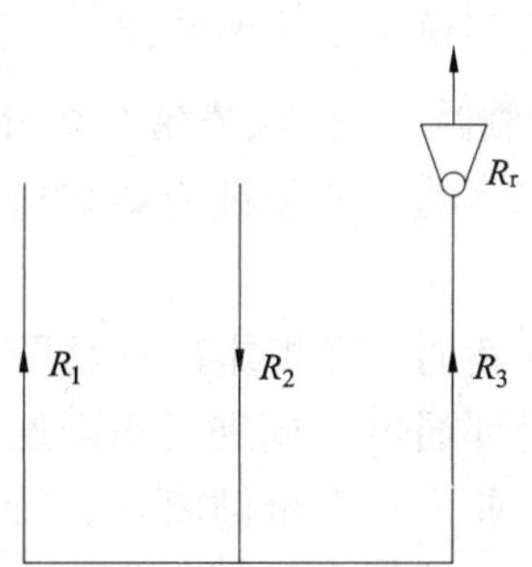

图7-26 练习题(21)附图

(22)有一自然通风的矿井，用无风墙辅扇加强通风。辅扇未开动前测得矿井风量为10 m^3/s，开动辅扇后；风量增加到16 m^3/s。无风墙辅扇的出口风速为50 m/s，出风口断面 $S_0=0.05$ m^2，系数 $K=1.6$，巷道断面 $S=4$ m^2，空气密度 $\rho=1.2$ kg/m^3。求矿井总风阻和自然风压各为多少？

(23)某通风网路如图7-27所示。各风路的风阻值为 $R_{1-2}=0.5$，$R_{2-3}=0.6$，$R_{3-4}=1.0$，$R_{4-5}=R_{5-6}=R_{6-7}=R_{7-10}=R_{2-9}=R_{8-6}=0.1$，$R_{9-7}=1.6$，$R_{4-9}=0.15$，$R_{3-8}=0.16$，$R_{8-5}=0.15$ ($N\cdot s^2/m^8$)，各风路所需风量 $Q_{1-2}=30$，$Q_{2-3}=25$，$Q_{3-4}=15$，$Q_{4-5}=5$，$Q_{5-6}=13$，$Q_{6-7}=15$，$Q_{7-10}=30$，$Q_{2-9}=5$，$Q_{9-7}=15$，$Q_{4-9}=10$，$Q_{3-8}=10$，$Q_{8-5}=8$，$Q_{8-6}=2(m^3/s)$。问在哪些巷道上应加风窗调节？调节的风压应为多少(要求用节点压力法解算)？

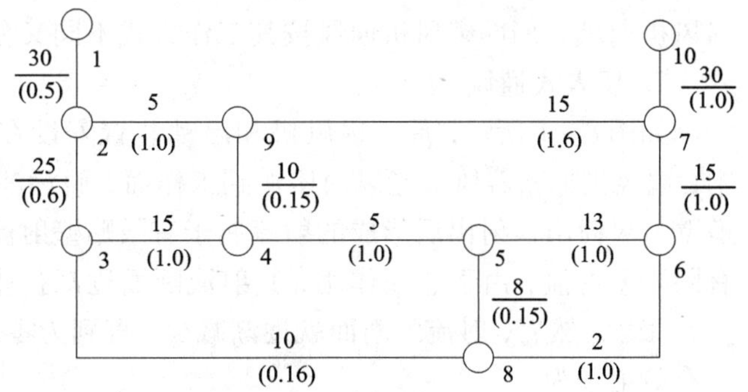

图7-27 练习题(23)附图

第 8 章 掘进工作面通风

学习目标 要求掌握应用局部扇风机、矿井总风压和引射器通风的方法，压入式、抽出式和混合式三种局部通风布置方式的技术要求，压入式与抽出式通风的适用条件；掌握根据不同需要掘进工作面风量的计算方法，风筒风阻的计算方法；正确选择局部扇风机和风筒，保证局部扇风机稳定可靠运转；了解局部扇风机的联合作业，可控循环通风，长距离掘进巷道的局部通风方法和特点。

学习方法 要理论结合实际，熟悉一些局部通风设备的产品及其技术参数；可结合现场实习过程参观矿井掘进面局部通风的布置并加以评价和讨论，加深对所学知识的理解。

掘进井巷时，这些井巷一般只有一个出口，常称为独头巷道。对独头巷道的通风称为掘进通风或局部通风。掘进工作面通风是矿井作业面通风的重点和难点，搞好掘进面通风对保障掘进面作业人员安全健康具有特别重要的意义。

8.1 掘进工作面通风方法

按通风动力形式的不同，掘进通风方法可分为局部扇风机通风、矿井总风压通风和引射器通风三种。其中，局部扇风机通风是最为常用的一种掘进通风方法。

8.1.1 局部扇风机通风

利用局部扇风机作动力，通过风筒导风把新鲜风流送入掘进工作面的通风方法称为局部扇风机通风。局部扇风机通风按其工作方式不同又分为压入式、抽出式和混合式三种。

1. 压入式通风

如图 8－1 所示，局部扇风机和启动装置安设在离掘进巷道口 10 m 以外的进风侧巷道中，扇风机把新鲜风流经风筒压送到工作面，而污浊空气沿巷道排出。通风时，气流贴着巷道壁从风筒出口射出后形成的射流属于有限贴壁射流(如图 8－2 所示)。离开风筒出口后的有限贴壁射流，由于卷吸作用，其射流断面逐渐扩张，直至射流的断面达到最大值，此段称为扩张段；然后，射流的断面就逐渐减少，直到为零，此段称为收缩段。显然，有限贴壁射流的有效射程为

$$L_s = L_e + L_a \tag{8－1}$$

式中：L_s——射流的有效射程，即从风筒出口至射流反向的最远距离，m；

L_e——射流的扩张段距离，m；

L_a——射流的收缩段距离，m。

在巷道边界条件下，L_s一般按下式计算：

$$L_s = (4 \sim 5)\sqrt{S} \tag{8-2}$$

式中：S——掘进巷道的净断面积，m^2。

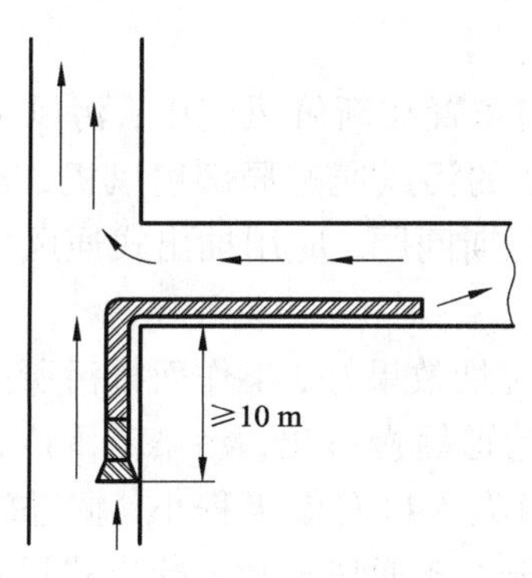

图 8-1 压入式通风

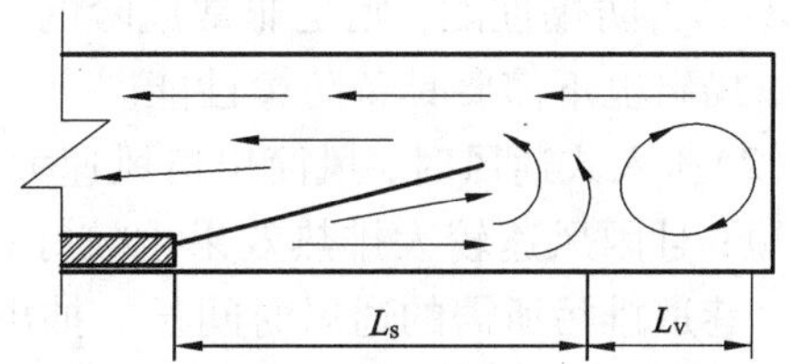

图 8-2 有限贴壁射流的有效射程和涡旋扰动区

在射流的有效射程 L_s 以外，还存在着一个由射流反向流动引起的循环涡流区，以 L_v 表示其长度。在此区域内，大部分空气沿巷道周壁流动，其范围在光滑巷道中 $L_v = 2.5\sqrt{S}$。如果风筒口距工作面更远，还可出现第二个循环涡流区。由于循环涡流区的空气不能被排出，所以，为了有效地排出掘进工作面的粉尘和炮烟等，风筒出口到掘进工作面的距离必须小于 L_S。

此外，压入式通风还要求 $Q_{局} \leqslant 0.7Q_{巷}$（$Q_{局}$，$Q_{巷}$ 分别为局扇和局扇所在巷道的风量），以避免产生循环涡流风。

2. 抽出式通风

如图 8-3 所示，局部扇风机和启动装置安设在离掘进巷道口 10 m 以外的回风侧，新鲜风流沿掘进巷道流入工作面，而污风经风筒由局部扇风机抽出。通风时，在风筒吸入口附近形成一股流入风筒的风流，离风筒口越远风速越小。所以，只有在距风筒口一定距离以内才有吸入炮烟的作用，此段距离称为有效吸程，见图 8-4。

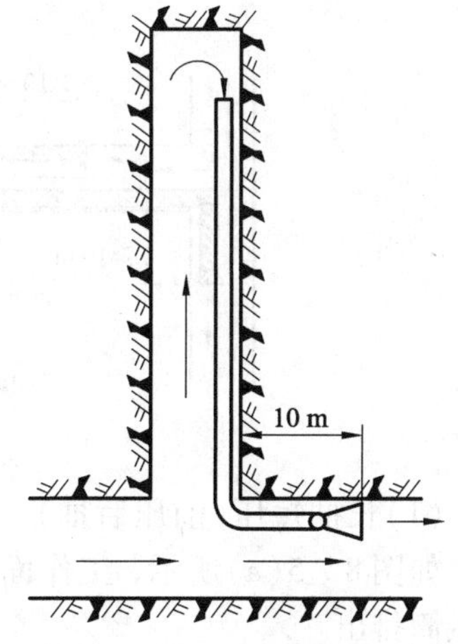

图 8-3 抽出式通风

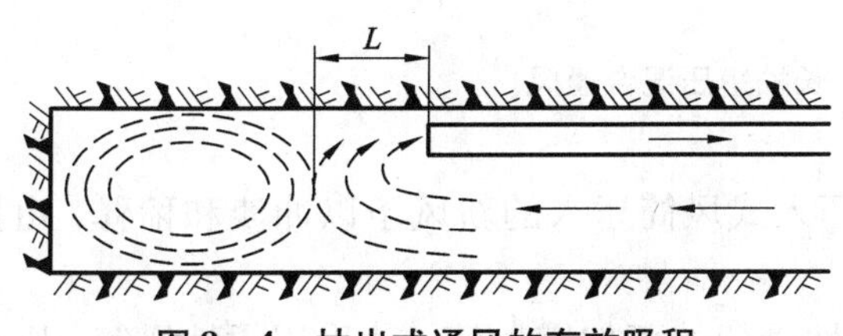

图 8-4 抽出式通风的有效吸程

在巷道边界条件下，有效吸程 L_e 一般计算式为(8-3)：

$$L_e = 1.5\sqrt{S} \tag{8-3}$$

在有效吸程 L_e 以外的区域，空气成为循环涡旋。由于循环涡流区的空气不能被排出，所以，为了有效地排出掘进工作面的粉尘和炮烟等，风筒吸口到掘进工作面的距离必须小于 L_e。

同样，抽出式通风也要求 $Q_{局} \leqslant 0.7Q_{巷}$，以避免产生循环风流。

3. 压入式与抽出式通风的比较及其适用条件

(1)压入式通风时，局部扇风机及其附属电气设备均布置在新鲜风流中，污风不通过局部扇风机，安全性好；而抽出式通风时，对于煤矿含瓦斯的污风通过局部扇风机，若局部扇风机不具备防爆性能，则是非常危险的。非煤矿山没有瓦斯问题，应用抽出式通风方式非常普遍，局扇也不需要具备防爆性能。

(2)压入式通风时，风筒出口风速大，有效射程远，排烟效果好，工作面排污所需的通风时间短；且因风速较大排热效果也较好；但污风沿整个巷道缓慢排出，污染范围广，劳动条件差，巷道排污所需的通风时间长。抽出式通风时，风筒吸入口有效吸程小，掘进施工中难以保证风筒吸入口到工作面的距离在有效吸程之内；与压入式通风相比，抽出式风量小，工作面排污所需的时间长；然而，抽出式通风时新鲜风流沿巷道进入工作面，整个巷道空气清新，劳动环境好，且受污风污染的巷道长度仅为工作面至风筒吸口的长度，污风污染巷道长度短，巷道排污所需的通风时间短。

(3)压入式通风可使用柔性风筒，其成本低、重量轻、安装与运输也方便，且由于 $p_{内} > p_{外}$($p_{内}$、$p_{外}$分别为风筒内和外的静压)，风筒漏风对巷道也有一定的排污作用。而抽出式通风的风筒承受负压作用，必须使用刚性或带刚性骨架的可伸缩风筒，成本高，重量大，安装与运输也不方便。

4. 混合式通风

混合式通风是压入式和抽出式两种通风方式的联合运用，按局部扇风机和风筒的布设位置，分为长压短抽、长抽短压和长抽长压三种。

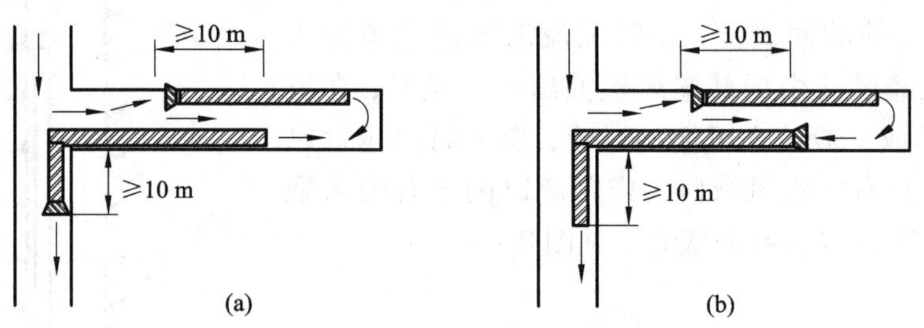

图 8－5　长抽短压混合通风

(1)长抽短压(前压后抽)

如图 8－5(a)所示，工作面的污风由压入式风筒压入的新风予以冲淡和稀释，由抽出式主风筒排出。

其中抽出式风筒须用刚性风筒或带刚性骨架的可伸缩风筒，若采用柔性风筒，则可将抽出式局部扇风机移至风筒入风口，改为压出式，由里向外排出污风，如图 8－5(b)。

(2)长压短抽(前抽后压)

新鲜风流经压入式长风筒送入工作面，工作面污风经抽出式风筒后沿巷道排出，如图 8－6 所示。

混合式通风兼有抽出式与压入式通风的优点，通风效果好，是大断面长距离岩巷掘进的较好通风方式。它的主要缺点一是增加了一套通风设备，电能消耗大，管理比较复杂；二是降低了压入式与抽出式两列风筒重叠段巷道内的风量，当掘进巷道断面大时，风速就更小。

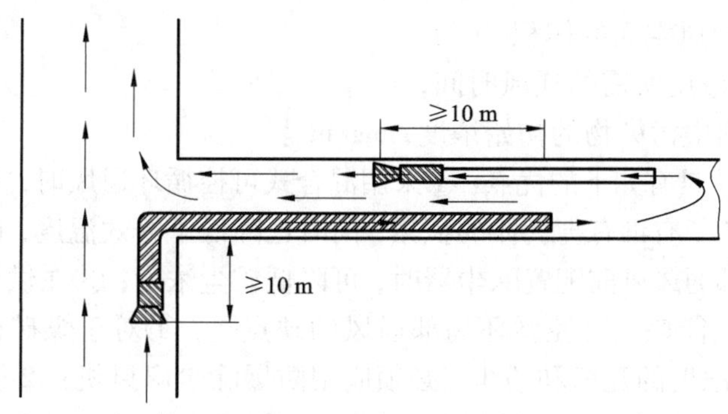

图 8－6　长压短抽混合通风

5．可控循环通风

如图 8－7 所示，当压入式局部扇风机的吸入风量既大于矿井总风压供给设置压入式局扇巷道的风量时，又大于抽出式局部扇风机的风量，则从掘进工作面排出的部分污浊风流，会再次经压入式局部扇风机送往用风地点，故称其为循环风。循环通风按是否掺有适量外界新风又分为可控制循环通风（也称为开路循环通风）和闭路循环通风。掺有适量外界新风的循环通风称为可控制循环通风，而不掺有外界新风的循环通风叫做闭路循环通风。

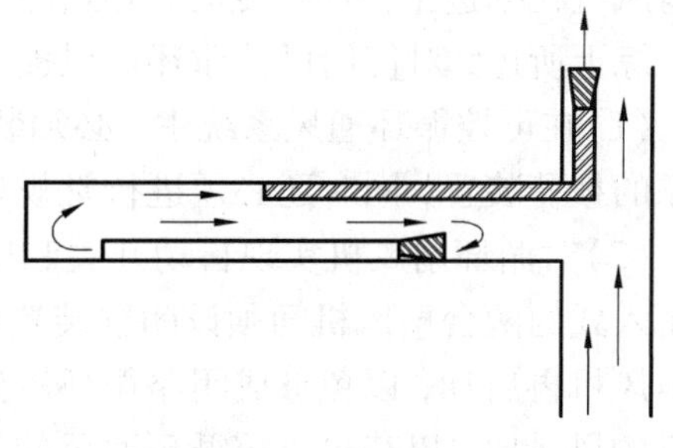

图 8－7　可控循环通风

当使用闭路循环通风系统时，因无任何出口，在封闭的循环区域中的有毒有害物质浓度必然会越来越大。因此，如果没有可靠的气体净化装备，要严禁采用。

如果循环通风是在一个敞开的区域内，且连续不断地有适量的新鲜风流掺入到循环风流中，经理论与实践证明，这部分有控制的循环风流中的污染物浓度仅仅取决于该地区内污染物的产生率及流过该地区的新鲜风量的大小，故循环区域中任何地点的污染物浓度，都不会无限制地增大，而是趋于某一限值。

可控循环局部通风多使用空气净化装置或空气调节装置。根据污染源产生方式的不同，可控循环局部通风所需的风量也不同。对于连续性污染源，可控循环局部通风所需的风量为：

$$Q_k = \frac{G}{[1-\varepsilon_k(1-\eta_k)]K_k c_k - c_p(1-\varepsilon_k)} \tag{8-4}$$

式中：G——污染源强度，mg/s；

K_k——风流掺混系数；

η_k——净化装置的效率；

c_p——污染物的允许浓度，mg/m^3；

ε_k——风流循环系数，等于循环风量与总风量之比；

c_k——新鲜风流中的污染物浓度，mg/m^3。

对于阵发性污染源，可控循环局部通风所需的风量可按下式计算：

$$Q_k = \frac{V_k}{[1-\varepsilon_k(1-\eta_k)]K_k t} \times \ln \frac{c_0[1-\varepsilon_k(1-\eta_k)]K_k - c_p(1-\varepsilon_k)}{c_k[1-\varepsilon_k(1-\eta_k)]K_k - c_p(1-\varepsilon_k)} \tag{8-5}$$

式中：V_k——作业面通风空间的体积，m^3；

t——达到安全浓度所需的通风时间，s；

c_0——通风空间中污染物的初始浓度，mg/m^3。

可控循环局部通风具有如下的优点：①采用混合式可控循环通风时，掘进巷道风流循环区内侧的风速较高，避免了有毒有害气体的积累，同时也降低了等效温度，改善了掘进巷道中的气候条件；②当在局部通风机前配置除尘器时，可降低矿尘浓度；③在供给掘进工作面相同风量条件下，可降低通风能耗。可控循环局部通风的缺点是：①对于煤矿，由于流经局部扇风机的风流中含有一定浓度的瓦斯和粉尘，必须应用防爆除尘扇风机；②循环风流通过运转扇风机后得到了不同程度的加热，再返回掘进工作面，使工作面温度上升；③当工作面附近发生火灾时，烟流会返回掘进工作面，故安全性差，抗灾能力弱。故要求有循环风流通过的局部扇风机在掘进工作面灾变时，必须能及时进行控制，以停止循环通风，恢复常规通风。

综上所述，对使用可控循环通风提出下列要求。

(1)在可控循环通风系统中，必须装有毒有害气体、瓦斯、风量、粉尘等自动监测装置及可靠的报警装置，同时还必须进行常规环境检测分析。

(2)对循环扇风机实现自动开关和风量控制。对使用可控循环风的混合式通风，抽出式与压入式的两台扇风机间须设闭锁装置，保证主要的局部扇风机启动后，有循环风通过的局部扇风机再启动，以免形成闭路循环风流。同时必须适当地控制抽出式与压入式两台局部扇风机的风量比，以获得可控循环通风的最佳除尘和降温效果。

8.1.2 矿井总风压通风

矿井总风压通风是利用矿井主要扇风机的风压，借助导风设施把主导风流的新鲜空气引入掘进工作面。其通风量取决于可利用的风压和风道风阻。按其导风设施不同可分为。

1. 风筒导风

在巷道内设置挡风墙截断主导风流，用风筒把新鲜空气引入掘进工作面，污浊空气从独头掘进巷道中排出，如图8-8所示。

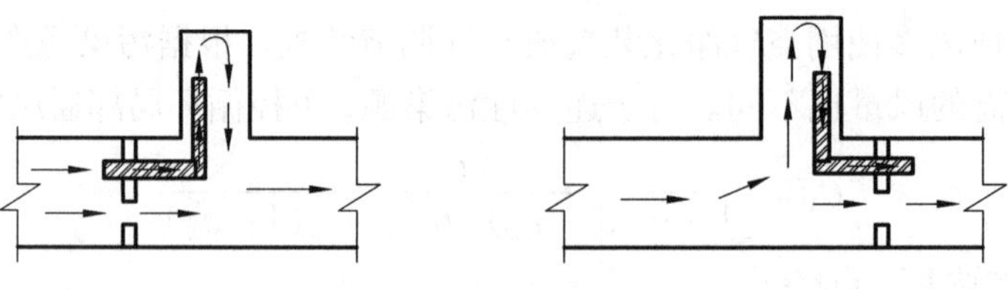

图8-8 风筒导风

此种方法辅助工程量小，风筒安装、拆卸比较方便，通常用于需风量不大的短巷掘进通风中。

2. 平行巷道导风

如图8-9所示，在掘进主巷的同时，在附近与其平行掘一条配风巷，每隔一定距离在主、配巷间开掘联络巷，形成贯穿风流，当新的联络巷沟通后，旧联络巷即封闭。两条平行巷道的独头部分可用风幛或风筒导风，巷道的其余部分用主巷进风，配巷回风。

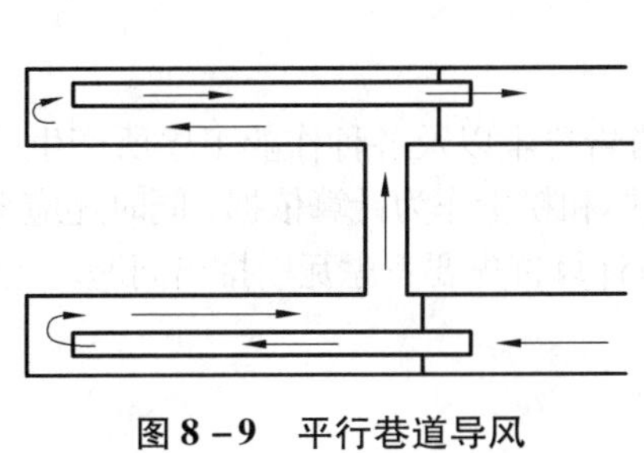

图8－9 平行巷道导风

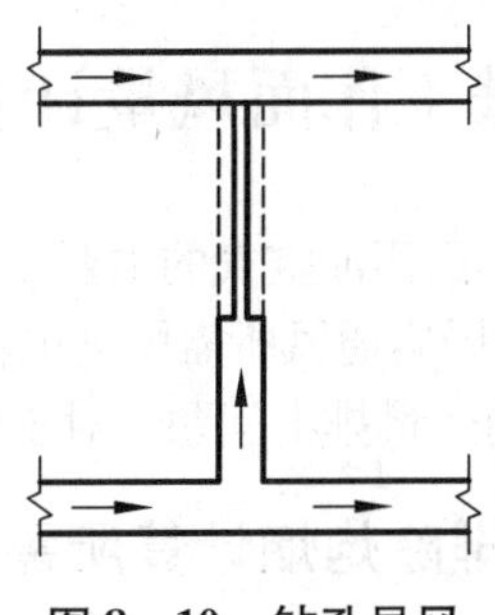

图8－10 钻孔导风

此法常用于当运输、通风等需要开掘双巷时，也常用于解决长距离巷道掘进时通风的困难。

3. 钻孔导风

离地表或邻近水平巷道较近处掘进长距离巷道时，可用钻孔提前将掘进巷道与地表或邻近水平巷道沟通，以便形成贯穿风流。为增大风量，还可利用大直径钻孔或在钻孔口安装扇风机。见图8－10。

4. 风幛导风

如图8－11所示，在巷道内设置纵向风幛，把风幛上游一侧的新风引入掘进工作面，清洗工作面后的污风从风幛下游一侧排出。根据建筑的材料不同，风幛可分为砖风幛、木板风幛和柔性(帆布、塑料布等)风幛等。这种导风方法，构筑和拆除风幛的工程量大。适用于短距离或无其他好方法可用时采用。

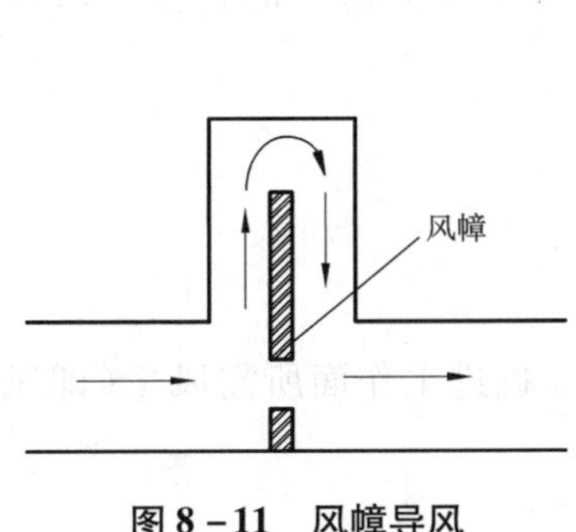

图8－11 风幛导风

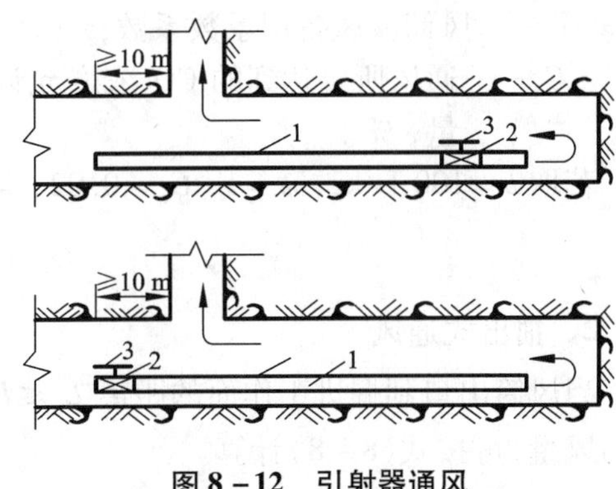

图8－12 引射器通风

1—风筒；2—引射器；3—水管(或风管)

8.1.3 引射器通风

利用引射器产生的通风负压，通过风筒导风的通风方法称引射器通风。引射器通风一般都采用压入式，如图8－12所示。

为了加大供风量和送风距离，除了提高引射器的射流压力外，还可采取多台引射器分散串联作业。两台引射器串联间距至少应大于其引射流场的影响长度。

引射器通风的优点是：无电气设备，无噪音；还具有降温、降尘作用；在煤矿瓦斯突出严重的煤层掘进时，用它代替局部扇风机通风，设备简单，安全性较高。其缺点是：风压低，风量小，效率低，水力引射器还存在巷道积水问题。

8.2 掘进工作面风量计算

掘进工作面污浊空气的主要成分是爆破后的炮烟、凿岩粉尘以及各种作业工序所产生的有毒有害气体，故局扇通风所需风量也就以排出炮烟、有害气体和粉尘作为计算依据，同时还应考虑柴油设备产生的热量排出问题。对于煤矿掘进面，所需风量计算首先要考虑瓦斯排出问题。

8.2.1 按排除炮烟计算所需风量

1. 压入式通风

当风筒出口到掘进工作面的距离 $L_p \leqslant L_s = (4 \sim 5)\sqrt{S}$ 时，掘进工作面所需风量（即风筒出风口的风量）可按式(8－6)计算。

$$Q_p = \frac{0.465}{t}\left(\frac{AbS^2L^2}{\psi^2 C_a}\right)^{1/3} \tag{8-6}$$

式中：Q_p——压入式通风时掘进工作面所需风量，m^3/s；

t——通风时间，s，一般取 1 200 ~ 1 800 s；

A——一次爆破的炸药消耗量，kg；

b——每千克炸药爆破产生的 CO 量，煤巷爆破取 100 L/kg，岩巷爆破取 40 L/kg；

S——巷道断面积，m^2；

L——巷道通风长度，m；

ψ——风筒始端（风筒与扇风机连接端）与末端（风筒靠近工作面的一端）的风量比，即风筒漏风备用系数系数；

C_q——通风所要达到的 CO 浓度允许值，常取 0.02% 作为通风的初步要求以计算风量，%。

若取 $b = 100$ L/kg，$\psi = 1$，$C_q = 0.02$，可得：

$$Q_p = \frac{7.8}{t}\sqrt[3]{AS^2L^2} \tag{8-7}$$

2. 抽出式通风

当风筒出口到掘进工作面的距离 $L_p \leqslant L_e = 1.5\sqrt{S}$ 时，掘进工作面所需风量（即风筒入风口的风量）可按式(8－8)计算。

$$Q_e = \frac{0.254}{t}\sqrt{\frac{AbSL_t}{C_q}} \tag{8-8}$$

式中：Q_e——抽出式通风时掘进工作面所需风量，m^3/s；

L_t——炮烟抛掷带长度，其大小取决于爆破方式及炸药消耗量：电雷管起爆且爆破后立即开始通风时，$L_t = 15 + \frac{A}{5}$；火雷管起爆且爆破后立即开始通风时，$L_t = 15 + A$，m。

若取 $b = 100$ L/kg，$C_q = 0.02$，可得：

$$Q_e = \frac{18}{t}\sqrt{ASL_t} \tag{8-9}$$

3. 混合式通风

在长抽短压混合式布置时，压入式扇风机风筒出口风量 Q_p按(8－6)式计算，计算中 L 取抽出式风筒出风口或压入式局扇入风口到掘进工作面的距离。为了防止循环风和维持风筒重叠段巷道内具有最低的排尘或稀释瓦斯风速，则抽出式风筒吸风口风量 Q_e应大于压入式风筒出风口风量 Q_p，即：

$$Q_e = (1.2 \sim 1.25) Q_p \tag{8-10}$$

$$Q_e = Q_p + 60vS_1 \tag{8-11}$$

式中：v——风筒重叠段巷道的最低排尘风速，一般为0.15～0.25 m/s，稀释沼气的最低风速为0.5 m/s；

S_1——风筒重叠段的巷道面积，m^2。

在长压短抽混合式布置时，抽出式扇风机风筒入口风量 Q_e按(8－8)式计算。为了防止循环风和维持风筒重叠段巷道内具有最低的排尘或稀释瓦斯风速，则压入式风筒的出风口风量 Q_p应大于抽出式风筒吸风口风量 Q_e，即：

$$Q_p = (1.2 \sim 1.25) Q_e \tag{8-12}$$

$$Q_p = Q_e + 60vS_1 \tag{8-13}$$

8.2.2 按排出瓦斯计算所需风量

$$Q_w = \frac{100K_q Q_q}{C_p - C_i} \tag{8-14}$$

式中：Q_w——排出掘进工作面瓦斯所需风量，m^3/s；

Q_q——掘进巷道平均瓦斯涌出量，m^3/s；

K_q——瓦斯涌出不均衡系数，取1.5～2.0；

C_p——掘进井巷回风流中瓦斯最高允许浓度，%；

C_i——掘进井巷进风流中的瓦斯浓度，%。

8.2.3 按矿尘浓度不超过允许浓度计算所需风量

按照风流的稀释作用，风流中保证矿尘浓度不超过允许浓度的风量可按下式计算：

$$Q_d = \frac{E}{G_p - G_i} \tag{8-15}$$

式中：Q_d——稀释掘进工作面粉尘不超过允许浓度所需风量，m^3/s；

E——掘进巷道的产尘量，mg/s；

G_P——最高允许含尘量，当矿尘中含游离 SiO_2达到或超过10%时为2 mg/m^3，当矿尘中含游离 SiO_2小于10%时为10 mg/m^3；

G_i——进风流中含尘量，一般要求不超过0.5 mg/m^3。

8.2.4 按最低排尘或排瓦斯风速计算风量

$$Q_0 = v_0 S \tag{8-16}$$

式中：Q_0——排出掘进工作面粉尘或瓦斯所需风量，m^3/s；

v_0——最低排尘或排瓦斯风速，岩石巷道按排尘确定为0.15 m/s，半煤岩巷或煤巷按不能形成瓦斯层的最低风速确定为0.25 m/s。

8.2.5 按排出柴油机废气中的有害成分和热量计算所需风量

柴油设备具有生产能力大、效率高和机动灵活等优点，在金属矿山得到了广泛的应用。由于柴油设备排出大量的废气和热量，因此矿井通风风量应能满足将柴油设备所排出的废气中有害成分稀释至允许浓度以下、将柴油设备所排出的热量全部带走的要求。

1. 按稀释柴油设备排出的有害成分不超过允许浓度计算所需风量

柴油设备所排放的废气成分很复杂，所包含的有害成分有氮氧化合物、含氧碳氢化合物、低碳化合物、硫的化合物、碳氧化合物、油烟等，其主要成分是一氧化碳和氮氧化合物。按照风流的稀释作用，风流中保证柴油设备所排出的有害成分不超过允许浓度的风量可按式(8－17)计算：

$$Q_c = \frac{E_c}{G_c} \tag{8-17}$$

式中：Q_c——稀释掘进工作面柴油设备所排放的有害成分不超过允许浓度所需的风量，m^3/s；

E_c——柴油设备有害成分的平均排放量，mg/s；

G_c——有害成分的最高允许浓度，一氧化碳的 $G_c = 30\ mg/m^3$，氮氧化合物的 $G_c = 5\ mg/m^3$。

2. 按带走柴油设备所排出的热量计算所需风量

$$Q_r = q_r N_r \tag{8-18}$$

$$N_r = N_1K_1 + N_2K_2 + \cdots + N_nK_n \tag{8-19}$$

式中：Q_r——带走掘进工作面柴油设备所排放的热量所需的风量，m^3/s；

q_r——带走柴油设备单位功率产生的热量所需的风量，$q_r = 0.06 \sim 0.07\ m^3/(s \cdot kW)$；

N_r——所有柴油设备的总功率，kW；

$N_1, N_2, N_3, \cdots, N_n$——各种柴油设备的额定功率，kW；

$K_1, K_2, K_3, \cdots, K_n$——各种柴油设备实际运转时间占总工作时间的比例。

8.2.6 按巷道最高风速进行验算

在岩巷、半煤岩和煤巷中，最高允许风速为4 m/s。因此，早上述各式分别计算出来的 Q_p(或 Q_e)，Q_w，Q_d，Q_0，Q_c和 Q_r中，应选择其中的一个最大者 Q_{max}进行最高风速验算，若符合要求，该 Q_{max}就是井巷掘进工作面的合理需风量；若不符合要求，就要进行重新设计和计算。

8.3 局部通风装备

局部通风装备是由局部通风动力设备(包括局部扇风机、引射器)、风筒及其附属装置组成。

8.3.1 风筒

风筒是最常见的导风装置。对风筒的基本要求是漏风小、风阻小、重量轻、拆装简便。

1. 风筒的种类

风筒按其材料力学性质可分为刚性和柔性两种。刚性风筒是用金属板或玻璃钢制成。常用的铁风筒规格如表8－1所示。玻璃钢风筒比金属风筒轻便、抗酸和碱的腐蚀性强以及摩擦阻力系数小。柔性风筒是应用更广泛的一种风筒，通常用橡胶、塑料制成；常用的胶布风筒规格如表8－2所示；其最大优点是轻便、可伸缩、折装运搬方便。

表8－1 铁风筒规格参数表

风筒直径/mm	风筒节长/m	壁厚/mm	垫圈厚/mm	风筒质量/kg·m^{-1}
400	2，2.5	2	8	23.4
500	2.5，3	2	8	28.3
600	2.5，3	2	8	34.8
700	2.5，3	2.5	8	46.1
800	3	2.5	8	54.5
900	3	2.5	8	60.8
1 000	3	2.5	8	68.0

表8－2 胶布风筒规格参数表

直径/mm	节长/m	壁厚/mm	风筒质量/kg·m^{-1}	风筒断面/m^2
300	10	1.2	1.3	0.071
400	10	1.2	1.6	0.126
500	10	1.2	1.9	0.196
600	10	1.2	2.3	0.283
800	10	1.2	3.2	0.503
1 000	10	1.2	4.0	0.785

随着大断面巷道机械化掘进的增多，混合式通风除尘技术得到了广泛应用，为了满足抽出式通风的要求，目前有用金属螺旋弹簧钢丝为整体骨架的可伸缩风筒，如图8－13所示。它既可承受一定的负压，又具有伸缩的特点，比铁风筒质量轻，使用方便。

矿山常用的风筒直径有300 mm、400 mm、500 mm、600 mm和800 mm等规格。随着开采规模和井巷断面的增大，如果允许，应尽力采用较大直径的风筒，大直径风筒的通风效果好、单位通风量能耗低。

2. 风筒的接头

刚性风筒一般采用法兰盘连接方式。柔性风筒的接头方式有插接[图8－13(b)]、单反边接头(图8－14)、双反边接头(图8－15)、活三环多反边接头、螺圈接头等多种形式。插接方式最简单，但漏风大；反边接头漏风较小，不易胀开，但局部风阻较大；后两种接头漏风小、风阻小，但易胀开，拆装比较麻烦，通常在长距离掘进通风时采用。

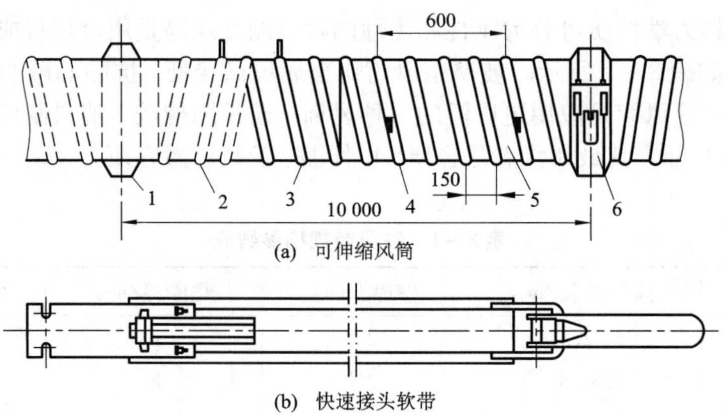

(a) 可伸缩风筒

(b) 快速接头软带

图 8－13 可伸缩风筒

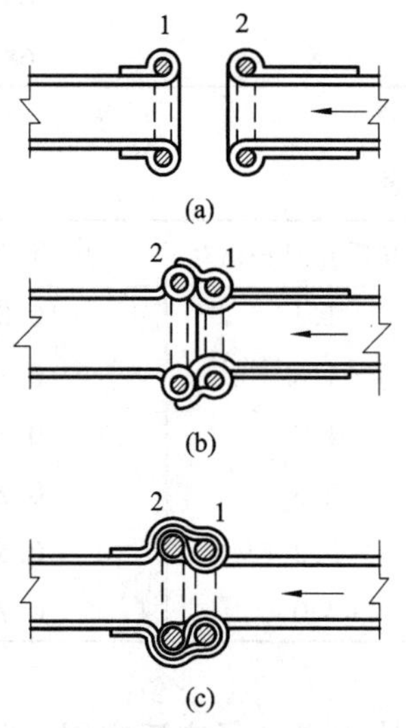

图 8－14 单反边接头

1、2—铁环

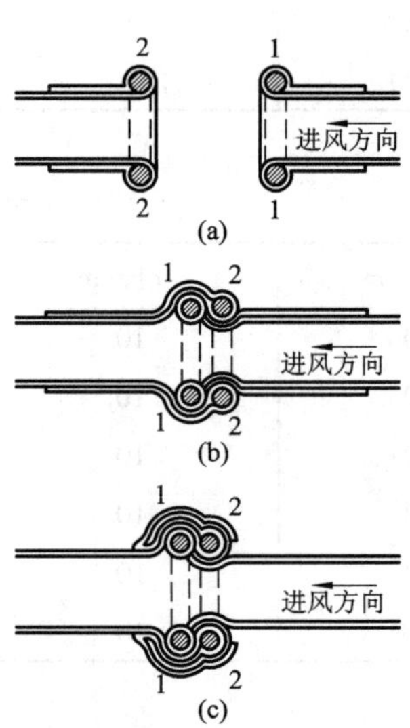

图 8－15 双反边接头

1、2—铁环

3. 风筒的风阻

风筒的风阻由摩擦风阻和局部风阻组成。

$$R = R_f + R_e \tag{8-20}$$

$$R_f = \alpha \frac{L_0 P}{S^3} \tag{8-21}$$

$$R_e = R_a + R_b = \frac{\rho}{2S^2}\left(n\xi_a + \sum_{j=1}^{k}\xi_{bj}\right) \tag{8-22}$$

式中：R——风筒的风阻，N·s²/m⁸；

R_f——风筒的摩擦风阻，N·s²/m⁸；

R_e——风筒的局部风阻，$N \cdot s^2/m^8$；

R_a——风筒所有接头的局部风阻，$N \cdot s^2/m^8$；

R_b——风筒所有弯头的局部风阻，$N \cdot s^2/m^8$；

L_0——风筒的长度，m；

S——风筒的断面积，m^2；

P——风筒的断面周长，m；

α——风筒的摩擦阻力系数，$N \cdot s^2/m^4$；

ρ——空气密度，kg/m^3；

n——风筒的接头数；

ξ_a——风筒的接头局部阻力系数；

ξ_{bj}——风筒第 j 个弯头的局部阻力系数，可按拐弯角度 β 从图 8－16 中查出；

k—风筒的弯头数。

将式(8－21)和(8－22)代入(8－20)得：

$$R = \alpha \frac{L_0 P}{S^3} + \frac{\rho}{2S^2}\left(n\xi_a + \sum_{j=1}^{k} \xi_{bj}\right) \qquad (8-23)$$

对于圆形风筒，$R_f = \alpha \frac{L_0 P}{S^3} = \frac{64\alpha L_0}{\pi^2 D^5}$，因此

$$R = \frac{64\alpha L_0}{\pi^2 D^5} + \frac{\rho}{2S^2}\left(n\xi_a + \sum_{j=1}^{k} \xi_{bj}\right) \qquad (8-24)$$

式中：D——风筒的直径，m。

(1) 风筒的摩擦阻力系数 α

同直径的刚性风筒，α 值可视为常数。金属风筒的 α 值可按表 8－3 选取，玻璃钢风筒的 α 值可按表 8－4 选取。

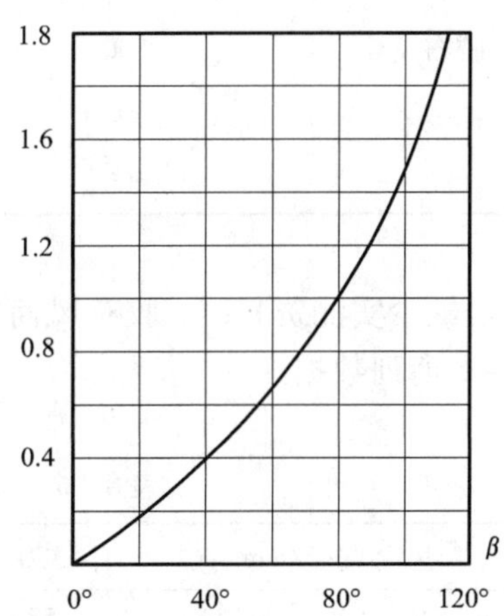

图 8－16　风筒弯头的局部阻力系数

表 8－3　金属风筒摩擦阻力系数

风筒直径	200	300	400	500	600	800
$\alpha \times 10^4/(N \cdot s^2 \cdot m^{-4})$	49	44.1	39.2	34.3	29.4	24.5

表 8－4　JZK 系列玻璃钢风筒摩擦阻力系数

风筒型号	JZK－800－42	JZK－800－50	JZK－700－36
$\alpha \times 10^4/(N \cdot s^2 \cdot m^{-4})$	19.6～21.6	19.6～21.6	19.6～21.6

柔性风筒和带刚性骨架柔性风筒的摩擦阻力系数皆与其壁面承受的风压有关。柔性风筒随压入式通风风压的提高而鼓胀，其 α 值略有减小；对 KSS600－X 型带刚性骨架的塑料风筒的测定表明，带刚性骨架的塑料风筒的 α 值随抽出式通风负压的增大而略有增大。

(2) 风筒的接头局部阻力系数 ξ_a

当金属风筒用法兰盘连接，内壁较光滑时，ξ_a 可以忽略不计。而柔性风筒的接头套圈向

内凸出，风压大，风筒壁鼓胀，则套圈向内凸出就越多，其 ξ_a 也就越大。带刚性骨架的柔性风筒采用图 8－13(b)所示的快速接头软带时，其 ξ_a 随压力增大而略有减少。

在实际应用中，整列风筒风阻除与长度和接头等有关外，还与风筒的吊挂、维护等管理质量密切相关，很难用式(8－23)或(8－24)进行精确计算，一般都根据实测风筒百米风阻(包括摩擦风阻和局部风阻)作为衡量风筒管理质量和设计的数据。表 8－5 是开滦某矿和重庆煤科分院实测的风筒百米风阻值的结果。

表 8－5　开滦某矿和重庆煤科分院实测的风筒百米风阻值

风筒类型	风筒直径/mm	接头方法	百米风阻/($N\cdot s^2\cdot m^{-8}$)	备注
胶布风筒	400	单反边	131.32	10 m 节长
	400	双反边	121.72	10 m 节长
	500	多反边	54.20	50 m 节长
	600	双反边	23.33	10 m 节长
	600	双反边	15.88	30 m 节长

当缺少实测资料时，胶布风筒的摩擦阻力系数 α 与百米风阻(吊挂质量一般)R_{100} 可参用表 8－6 所列数据。

表 8－6　胶布风筒的摩擦阻力系数与百米风阻值

风筒直径/mm	300	400	500	600	700	800	900	1 000
$\alpha\times10^4/(N\cdot s^2\cdot m^{-4})$	53	49	45	41	38	32	30	29
$R_{100}/(N\cdot s^2\cdot m^{-8})$	412	314	94	34	14.7	6.5	3.3	2.0

4. 风筒的漏风

正常情况下，金属和玻璃钢风筒的漏风，主要发生在接头处，胶布风筒不仅在接头处而且在全长的壁面和缝合针眼处都漏风，所以风筒漏风属连续的均匀漏风。漏风使局部扇风机风量 Q_a(即风筒与扇风机连接端风量，又称风筒始端风量)与掘进工作面获得的风量 Q_h(即风筒靠近工作面一端的风量，又称风筒末端风量)不等。因此，用风筒始、末两端风量的几何平均值作为通过风筒的平均风量 Q，即

$$Q=\sqrt{Q_a\cdot Q_h} \tag{8－25}$$

显然 Q_a 与 Q_h 之差就是风筒的漏风量 Q_l，它与风筒种类、接头数目、接头方法和质量、风筒直径以及风压等有关，但更主要的是与风筒的维护和管理密切相关。反映风筒漏风程度的指标参数如下：

(1)风筒的漏风率

风筒的漏风量占局部扇风机工作风量的百分数称为风筒的漏风率，用 η_l 表示。

$$\eta_l=\frac{Q_l}{Q_a}\times100\%=\frac{Q_a-Q_h}{Q_a}\times100\%$$

η_1 虽能反映风筒的漏风情况，但不能作为对比指标，而常用的是风筒的百米漏风率 η_{1100} 这个指标。

$$\eta_{1100} = \frac{\eta_1}{L_0} \times 100 \tag{8-26}$$

表8-7 柔性风筒百米漏风率

风筒接头类型	η_{1100}/%
胶接	0.1~0.4
双反边	0.6~4.4
多层反边	3.05
插接	12.8

一般柔性风筒的百米漏风率可从表8-7的现场实测数据中查取。使用中，一般柔性风筒的百米漏风率应符合表8-8的数值。

表8-8 柔性风筒的百米漏风率应符合的标准

通风距离/m	<200	200~500	500~1 000	1 000~2 000	>2 000
η_{1100}/%	<15	<10	<3	<2	<1.5

(2)风筒的有效风量率

掘进工作面获得的风量 Q_k 占局部扇风机工作风量 Q_a 的百分数，称为风筒的有效风量率 p_e。

$$p_e = \frac{Q_h}{Q_a} \times 100\% = \frac{Q_a - Q_l}{Q_s} \times 100\% = (1-\eta_1) \times 100\% \tag{8-27}$$

(3)风筒漏风的备用系数 ψ。

风筒有效风量率的倒数，称为风筒漏风的备用系数，即：

$$\psi = \frac{Q_a}{Q_k} = \frac{1}{p_e} \tag{8-28}$$

风筒漏风的备用系数 ψ 是大于1的系数，它越大表明风筒漏风越严重。

金属风筒的漏风主要发生在连接处。若把风筒的漏风看成是连续的，且漏风状态是紊流，金属风筒的漏风备用系数 ψ 值可按下式计算：

$$\psi = \left(1 + \frac{1}{3}KD_n\sqrt{R_0L_0}\right)^2 \tag{8-29}$$

式中：K——相当于直径为1 m的金属风筒每个接头的漏风率，与风筒的连接质量和方式有关，如插接时 $\psi = 0.0026 \sim 0.0032\ m^3/s \cdot Pa^{1/2}$，法兰盘连接用草绳垫圈时 $\psi = 0.002 \sim 0.0026\ m^3/s \cdot Pa^{1/2}$，法兰盘连接用胶质垫圈时 $\psi = 0.003 \sim 0.0016\ m^3/s \cdot Pa^{1/2}$；

n——风筒的接头数；

R_0——每米风筒的风阻，$N\cdot s^2/m^8$。

柔性风筒不仅接头漏风，在风筒全长上都有漏风，而漏风量随风筒内风压增大而增大。将式(8-26)和(8-27)代入式(8-28)，得柔性风筒的 ψ 值计算公式为：

$$\psi=\frac{1}{1-\eta_l}=\frac{1}{1-\eta_{l100}\dfrac{L_0}{100}} \tag{8-30}$$

柔性风筒的漏风若仅考虑接头漏风而忽略在风筒全长其他各处的漏风，则 $\eta_l\approx n\eta_j$，将其代入(8-30)得柔性风筒 ψ 值的近似计算公式为

$$\psi\approx\frac{1}{1-n\eta_j} \tag{8-31}$$

式中：η_j——柔性风筒每个接头的漏风率，插接时 $\eta_j=0.01\sim0.02$；螺圈反边接头时 $\eta_j=0.005$。

8.3.2 引射器

引射器是一种输送流体的装置，其原理如图 8-17 所示，由喷管 1、引射管 6、混合管 3 及扩散器 4 所组成。高压流体从喷嘴 2 喷出形成射流，卷吸周围部分空气一起前进，在引射管内形成一个低压区，使被引射的空气连续被吸进，与射流共同进入混合管 3，再经扩散器 4 流出，此过程称为引射作用。显然，引射作用的实质是高压射流将自身的部分能量传递给被引射的流体。

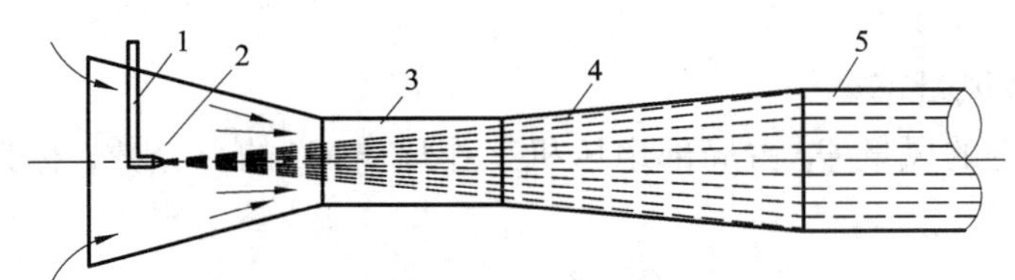

图 8-17 引射器通风原理示意图

1—喷管；2—喷嘴；3—混合管；4—扩散器；5—风筒

引射器有水力引射器和压气引射器两种。水力引射器是以高压水为动力的，即流经喷嘴的是高压水。工作水压一般在 1.5~3.0 MPa，超过 3.0 MPa 时经济效益差，低于 0.5 MPa 时引射效果差。

压气引射器是以压缩空气为动力的，即流经喷嘴的是压缩空气。按照压气喷嘴的形式不同，压气引射器分为两种，一种是中心喷嘴式压气引射器(如图 8-17)，另一种是环隙式压气引射器。

环隙式压气引射器的喷头是一个环缝间隙。在结构上，环隙式压气引射器有一个环形气室，在环形气室上留有环缝间隙，压气经过滤后，由进气管进入环形气室，从环隙喷头喷出，喷出的高压气流沿凸缘表面(相当于压气引射器的混合管)流动，并在凸缘表面附近产生负压区，使外界空气沿集风器(相当于压气引射器的引射管)流入，与高速射流混合后，通过扩散器，使动能大部分转化为压能，用以克服风筒阻力。环隙式引射器的工作气压一般在 0.4~0.5 MPa，环缝间隙宽度为 0.09~0.15mm，引射风量为 40~140 m^3/min，通风压力为 255~

1 080 Pa，耗气量 3～6 m^3/min。

引射器的引射特性与射流的压力及喷口的结构和大小有关。射流压力升高，引射的风量和送风距离均增加，但耗水(气)量也增加。

8.3.3 局部扇风机

井下局部地点通风所用的扇风机称为局部扇风机。掘进工作面通风要求局部扇风机体积小、风压高、效率高、噪声低、性能可靠、坚固防爆。局部扇风机的选择可参阅有关产品目录。

8.4 局部通风设计

局部通风设计是根据开拓、开采巷道布置、掘进区的自然条件以及掘进工艺，确定合理的局部通风方法及其布置方式，选择合适的风筒与局部扇风机。

8.4.1 局部通风系统的设计原则

局部通风是矿井通风系统的一个重要组成部分，其新风取自矿井主风流，其污风又排入矿井主风流。其设计原则可归纳如下：

(1)矿井和采区通风系统设计应为局部通风创造条件；

(2)局部通风系统要安全可靠、经济合理和技术先进；

(3)尽量采用技术先进的低噪音、高效型局部扇风机；

(4)压入式通风宜用柔性风筒，抽出式通风宜用带刚性骨架的可伸缩风筒或完全刚性的风筒。风筒材质应选择阻燃、抗静电型；

(5)当一台扇风机不能满足通风要求时，可考虑选用两台或多台局部扇风机联合运行。

8.4.2 局部通风设计步骤与方法

局部通风设计的步骤如下：

(1)确定局部通风系统，绘制掘进巷道局部通风系统布置图；

(2)按通风方法和最大通风距离，选择风筒类型与直径；

(3)计算局部扇风机风量和风筒出口风量；

(4)按掘进巷道通风长度变化，分阶段计算局部通风系统总阻力；

(5)计算所用局部扇风机设计风量和风压，选择局部扇风机；

(6)按矿井灾害特点，选择配套的安全技术装备。

1. 风筒的选择

选用风筒要与局部扇风机选型一并考虑，其原则如下：

(1)风筒直径能保证最大通风长度时局部扇风机的供风量能满足工作面通风的要求；

(2)在巷道断面容许的条件下，尽可能选择直径较大的风筒，以降低风阻，减少漏风，节约通风电耗；一般来说，竖井凿进时，选用600～1 000 mm 的铁风筒或玻璃钢风筒；通风长度在200 m 以内，宜选用直径为400 mm 的风筒；通风长度200～500 m 时，宜选用直径500 mm 的风筒；通风长度500～1 000 m 时，宜选用直径800～1 000 mm 的风筒。

2. 局部扇风机的选型

已知井巷掘进所需风量和所选用的风筒，即可求算风筒的通风阻力。根据风量和风筒的通风阻力，在可供选择的各种局部扇风机中就可以选择出合适的局部扇风机。

(1)确定局部扇风机的工作参数

根据掘进工作面所需风量 Q_h 和风筒的漏风情况，用式(8－32)计算扇风机的工作风量 Q_a，即

$$Q_a = \psi Q_h \tag{8-32}$$

压入式通风时，设风筒出风口的局部阻力和局部阻力系数分别为 h_{v0} 和 ξ_p，则：

$$h_{v0} = \xi_p \frac{\rho Q_h^2}{2S^2} \tag{8-33}$$

根据风机全压计算公式可得：

$$H_t = RQ^2 + h_{v0} = RQ_a Q_h + \xi_p \frac{\rho Q_h^2}{2S^2} \tag{8-34}$$

式中：H_t——局部扇风机全风压，Pa。

对于圆形风筒，$S = \frac{\pi D^2}{4}$；又压入式通风时风筒的出风口可认为是突然扩散到大气的，其局部阻力系数 $\xi_p = 1$，所以 $h_{v0} = \xi_p \frac{\rho Q_h^2}{2S^2} = \frac{0.811\rho Q_h^2}{D^4}$，将其代入式(8－34)得：

$$H_t = RQ_a Q_h + \frac{0.811\rho Q_h^2}{D^4} \tag{8-35}$$

抽出式通风时，设风筒入风口的局部阻力和局部阻力系数分别为 h_{ei} 和 ξ_e，则：

$$h_{ei} = \xi_e \frac{\rho Q_h^2}{2S^2} \tag{8-36}$$

根据风机静压计算公式可得：

$$H_s = RQ^2 + h_{ei} = R_e Q_a Q_h + \xi_e \frac{\rho Q_h^2}{2S^2} \tag{8-37}$$

式中：H_s——局部扇风机静风压，Pa。

对于圆形风筒，$S = \frac{\pi D^2}{4}$；又抽出式通风时，风筒完全修圆的入风口 $\xi_e = 0.1$，风筒不加修圆的直角入风口 $\xi_e = 0.5 \sim 0.6$。假设风筒入风口 $\xi_e = 0.5$，则 $h_{ei} = \xi_e \frac{\rho Q_h^2}{2S^2} = \frac{0.406\rho Q_h^2}{D^4}$，将其代入式(8－34)得：

$$H_s = RQ_a Q_h + \frac{0.406\rho Q_h^2}{D^4} \tag{8-38}$$

(2)选择局部扇风机

根据需要的 Q_a、H_t(或 H_s)的值，在各类局部扇风机特性曲线的合理工作范围内，选择出长期运行效率较高的局部扇风机。

局扇分轴流式和离心式两种。矿用局扇多为轴流式，这种局扇体积较小，效率也较高，但噪音较大。我国目前生产的轴流式局扇有防爆型系列和非防爆型系列。在实际生产中，通常不进行局扇的选择计算，而是通常根据经验选取局部扇风机。表 8－10 为掘进工作面局部

扇风机与风筒配套使用的经验数据。

表8－10 局部扇风机和风筒配套经验数据

通风距离 /m	掘进工作面有效风量 /($m^3 \cdot min^{-1}$)	选用风筒 /mm	选用局部通风机				备注
			BKJ型	JBT型	功率/kW	台数	
<200 300 <300	60~70 60~70 120	385 385 460~485	BKJ60－No4 BKJ60－No4 BKJ60－No5	JBT－41 JBT－42 JBT－51	2 4 5.5	1 1 1	
300~500	60~70 120 120	460~485 460~485 600	BKJ60－No5 BKJ60－No5 BKJ60－No5	JBT－51 JBT－52 JBT－51	5.5 11 5.5	1 1 1	
500~1 000	60~70 60~70 120	460~485 600 600	BKJ60－No5 BKJ60－No5 BKJ60－No5	JBT－51 JBT－52 JBT－51	11 5.5 11	1 1 1	
>1 000 1 500 2 000	60~70 250 500	600 800 1 000	BKJ60－No5 BKJ60－No5 BKJ60－No5	JBT－52	11 28 28	1 1 1	节长 50 m

注：表中BKJ60系列为防爆局扇，主要应用于煤矿。

8.4.3 局部扇风机的联合作业

如果通风距离较长或工作面需风量较大时，常出现一台局部扇风机工作风压或工作风量不能满足要求的情况，此时可选用两台或两台以上的局部扇风机进行联合作业。局部扇风机联合作业的方式有串联和并联两种。需要注意的是：无论局扇采用哪种联合作业方式都存在一定缺点，所以在一般情况下应尽量不用局扇串联或并联通风，应力求提高风筒制造和安装质量，加强管理，减少漏风，以发挥单台局扇的效能。

1．局部扇风机串联作业

当通风距离长，风筒风阻大，选择不到高风压的局部扇风机，而一台局部扇风机的工作风压又不能保证掘进工作面需风量时，可采用两台或多台局部扇风机串联作业。串联的方式有集中串联和间隔串联。若两台或多台局部扇风机之间仅用较短(1~2 m)的铁风筒连接，称为集中串联，如图8－18(a)所示；若局部扇风机分别布置在风筒的端部和中部，则称为间隔串联，如图8－18(b)所示。

局部扇风机串联的布置方式不同，沿风筒的压力分布也不同。集中串联的风筒全长均应处于正压状态，以防柔性风筒被抽瘪。但靠近扇风机侧的风筒承压较高致使柔性风筒容易胀裂，且漏风较大。间隔串联的风筒承压较低，风筒漏风也较少。但当两台局部扇风机相距过远时，其连接风筒可能出现负压段，如图8－18(c)所示，使柔性风筒被抽瘪而不能正常通风。因此，两台局部扇风机间隔串联时，为保证不出现负压区，两台局部扇风机的串联间距不应超过风筒全长的三分之一，以尽量保证整列风筒均呈如图8－18(b)所示的正压状态。

2．局部扇风机并联

当风筒风阻不大，选择不到大风量的局部扇风机，而用一台局部扇风机又供风不足时，可采用两台或多台局部扇风机进行集中并联作业。

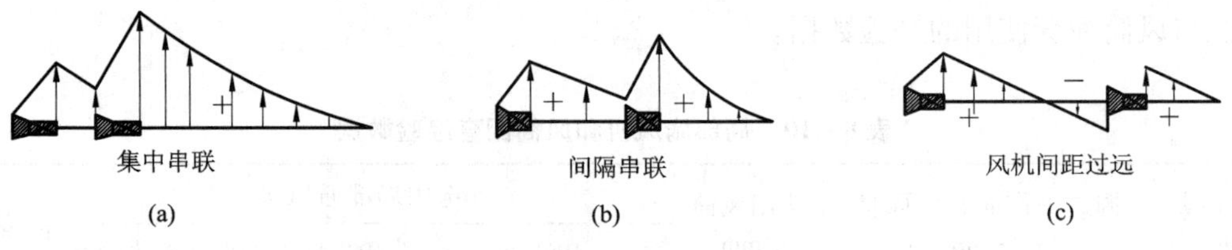

图 8－18　局部扇风机的串联布置

8.5　长巷道和天井及竖井掘进时的局部通风

8.5.1　长距离掘进巷道的局部通风

矿井建设施工中常要掘进长距离的巷道，掘进这类巷道时，多采用局扇通风。为了获得良好的通风效果，需要注意以下几方面的问题：

(1)通风方式要选择得当。长距离巷道掘进时，采用压入式通风，污风在巷道内流动时间长，受污染的范围大。在安全允许的条件下，应尽量采用混合式通风。

(2)采用局部扇风机联合作业。为克服风筒过大的风阻，可采用局扇串联作业。当风筒风阻不大而需风量较大时，也可采用局部扇风机并联通风。并联作业应根据风筒和扇风机的具体条件合理使用。

(3)条件许可时，尽量选用大直径的风筒，以降低风筒风阻，提高有效风量；也可采用单机双风筒并联通风。

(4)增加风筒的节长，改进接头方式，保证风筒的接头质量。减少节头数可减少接头风阻，改进接头方式和保证风筒的接头质量可减少风筒接头处的漏风。

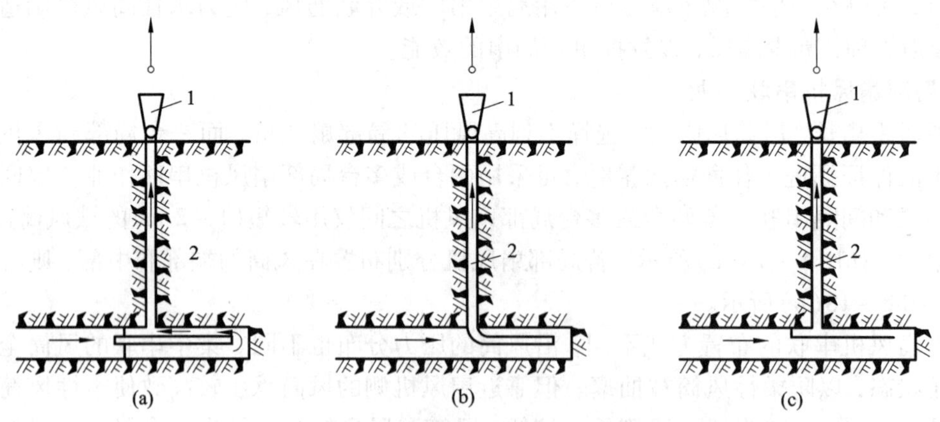

图 8－19　钻孔与局扇配合通风的三种方式

1—局扇；2—钻孔

(5)风筒悬吊力求“平、直、紧”，以减小局部阻力。扇风机与风筒应尽量安装在一条直线上，转弯时应避免急弯；风筒与扇风机直径应相同，不一致时应采用缓变直径的大小接头。

(6)减少风筒漏风。金属风筒接头处要加胶垫，螺栓齐全、拧紧。柔性风筒要粘补所有针眼(吊环鼻、缝线)和破口。

(7)风筒应设放水孔，及时放出风筒中凝集的积水。

(8)加强局扇和风筒的维修和管理，并实行定期巡回检查风筒状况的制度。

有时，还可利用钻孔配合局扇进行长距离巷道掘进时的通风。如图 8－19 所示，当掘进距离地表较近的长巷道时，可以借助钻孔通风，新鲜风由巷道进入，污风由安装在钻孔上的局扇抽至地面。

8.5.2 天井掘进时的局部通风

由于天井断面较小，中间又布置放矿格间、梯子、风水管等，梯子上又有安全棚子，放炮后炮烟多集中在天井最上部，这些都给通风带来困难。图 8－20 所示为掘进高度不大的天井通风方法。

多年来，我国矿山对天井掘进通风方法进行了很多研究，并取得显著成效。这些方法如下。

(1)风筒戴防护帽。如图 8－21 所示，由于风筒末端在安全棚之上，所以能够有效排出炮烟。

(2)风、水(或压气)混合式通风。如图 8－22 所示，在安全棚子上部设风水喷雾器，在安全棚子下部设抽出式风筒，构成混合式通风方式。

(3)用吊罐掘进天井时的通风。如图 8－23 所示，局扇安装在上部阶段水平巷道里，利用吊罐的大眼作抽出式通风，同时在吊罐底座下，面向天井四壁安装数个水喷雾器，在吊罐中冲洗井壁。

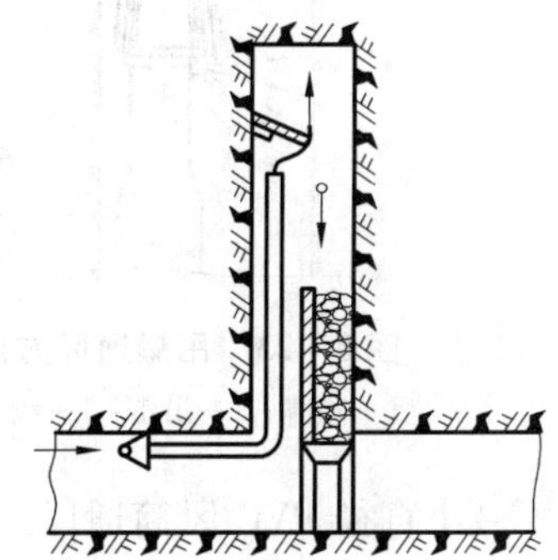

图 8－20　掘进高度不大的天井通风方法

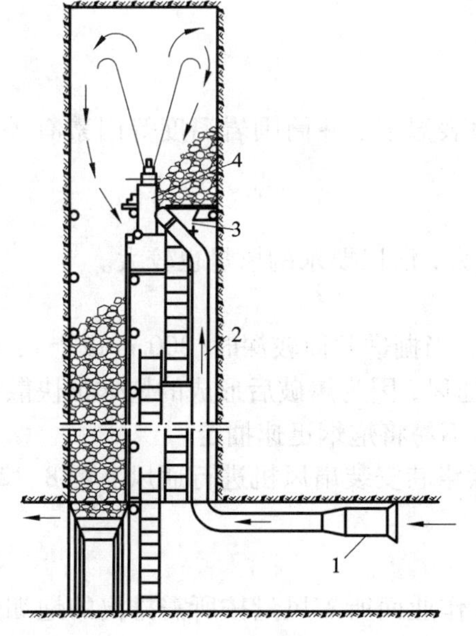

图 8－21　风筒戴防护帽的天井通风

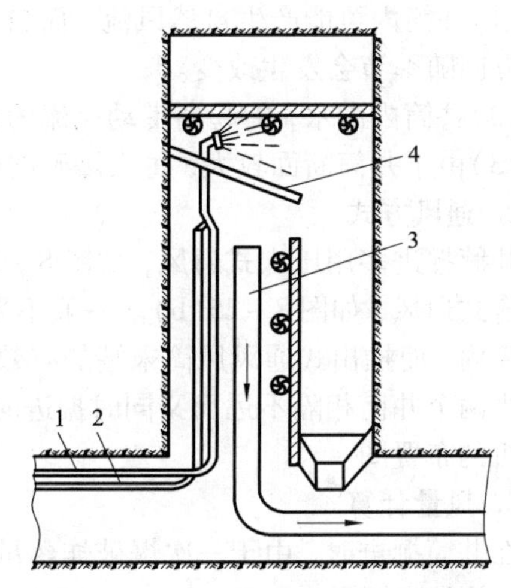

图 8－22　风、水(或压气)混合式通风

1—压气管；2—水绳；3—风筒；4—安全帽

(4)天井钻孔通风。在未掘进天井前先用钻机由下往上打大直径钻孔，将上下阶段贯通。掘进天井时可在上阶段安装局扇抽风，如图 8－24 所示。

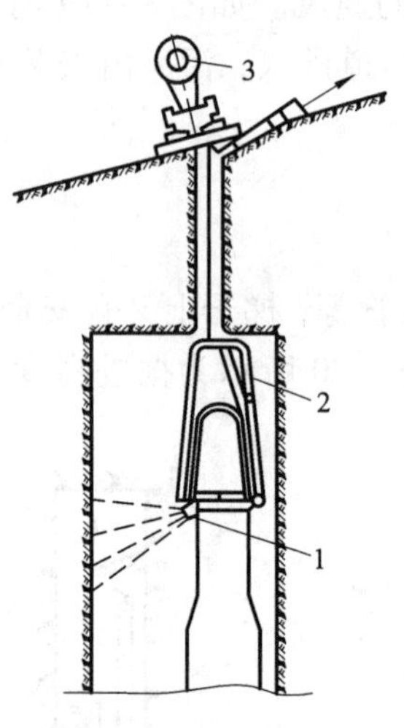

图 8－23　吊罐通风方法

1—喷嘴；2—吊缶；3—绞车

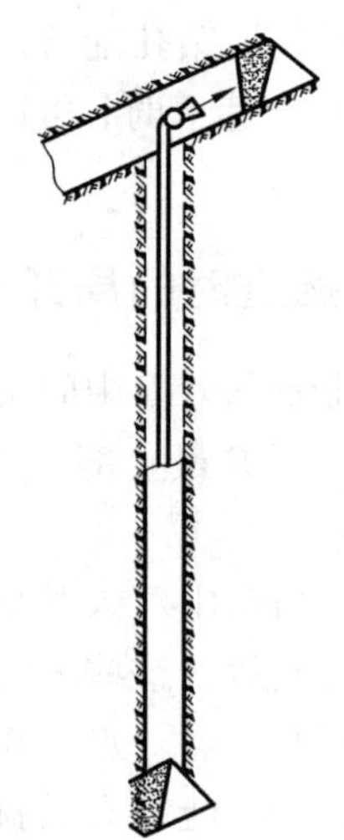

图 8－24　钻孔局部通风

(5)小直径 PVC 风筒通风。如果天井断面较小和不很高，可以用强度较大的小直径 PVC 管作为风筒，将 PVC 管放到天井中，下端接小型鼓风机压风到天井中，排除天井中的污风。由于小直径 PVC 管几乎不占天井断面，强度较大且重量较轻，不易损坏，移动方便。

目前一些矿山采用天井钻机，从根本上改变了传统天井掘进的工艺，因而从根本上改变了天井掘进的通风方式。

8.5.3　竖井掘进时的局部通风

竖井掘进时的通风要注意以下特点。

(1)井筒内可能产生自然风流，而自然风流与地表温度、井筒围岩温度等因素有关，风流的方向随季节会发生改变。

(2)井筒内淋水，能起到带动风流的作用。

(3)由于井筒断面较大，每次爆破的炸药量也较大，所以要求的风量也较大。

1. 通风方式

井筒掘进多用压入式通风，如图 8－25(a)所示。当掘进井筒较深时(300 m 以上)，可采用混合式通风，如图 8－25(b)。一般不采用抽出式通风，因为爆破后形成的炮烟很快散布到全井筒内，而抽出式通风风筒末端的有效吸程很短，不易将炮烟迅速抽走。

当两个井筒相隔不远而又同时掘进时，可以在联络巷安装扇风机进行通风。图 8－26 是扇风机的布置图。

2. 风量计算

在井筒掘进时，由于一次爆破炸药量较多，所以作业面所需风量按所需排出的炮烟计算风量，其公式如下。

压入式通风：

$$Q_p = \frac{19\psi}{t}\sqrt{ALS},\ m^3/s \tag{8-39}$$

式中：Q_p——作业面所需通风风量，m^3/s；

A——一次爆破的消耗的炸药量，kg；

S——井筒断面积，m^2；

L——井筒的深度，m；

t——通风时间，s；

ψ——考虑井筒淋水使炮烟浓度降低的系数，可从表8－11查出。

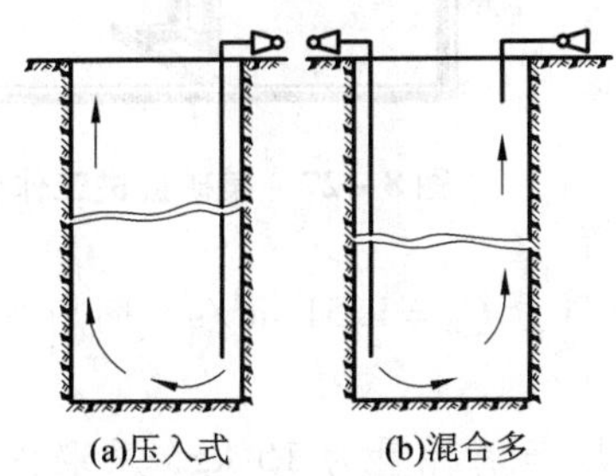

图8－25 井筒掘进的通风方式

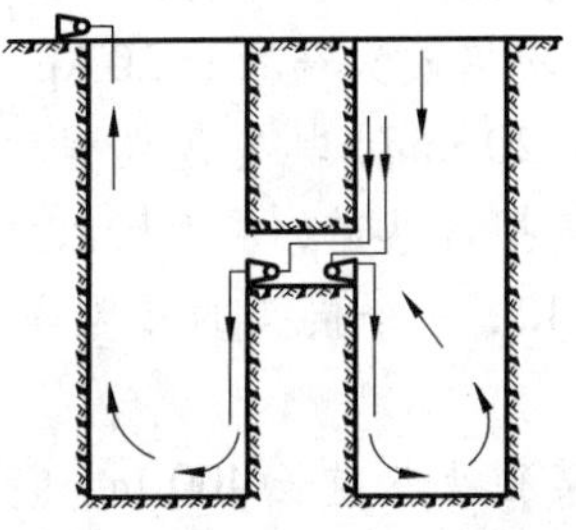

图8－26 双井筒掘进时的通风方法

混合式通风风量的计算公式可参考平巷掘进时混合式通风的风量计算公式。

表8－11

井筒淋水特征	ψ
井筒干燥或有淋水但井深小于200 m	1.00
井筒含水，井深大于200 m，涌水量小于6 m^3/h	0.85
井筒含水，井深大于200 m，降水如雨，涌水量等于6～15 m^3/h	0.67
井筒含水，井深大于200 m，降水如暴雨，涌水量大于15 m^3/h	0.53

3. 风筒

井筒掘进通风所用风筒和平巷掘进通风一样，有柔性的和铁的两种，多用铁风筒；风筒直径多用于500～1 000 mm，视井筒断面大小选用。铁风筒可用钢丝绳吊挂，也可固定于井筒的支架上。前者的优点是放炮时可将风筒提起，风筒的接长的拆短都可在地面进行。后者的优点是不需设置吊挂风筒的设施，如绞车、钢丝绳、滑轮等。

采用铁风筒时，为了缩短风筒末端与作业面的距离，可接一段柔性风筒，爆破时将柔性风筒提起。

本章练习

(1)局部通风的方法有哪几种?

(2)掘进独头巷道时，采用压入式、抽出式、混合式通风方式，应注意哪些事项?

(3)说明引射器通风的原理。

(4)如何搞好风筒的安装和管理工作？

(5)有一条掘进巷道，断面4 m^2，长200 m，每次放炮炸药量10 kg。试做局部通风设计。

(6)有一条掘进巷道，断面为8 m^2，长1 000 m，每次放炮炸药量20 kg。试作局部通风设计。

(7)如图8－27，有三个掘进工作面。试设计一合理的局部通风系统。

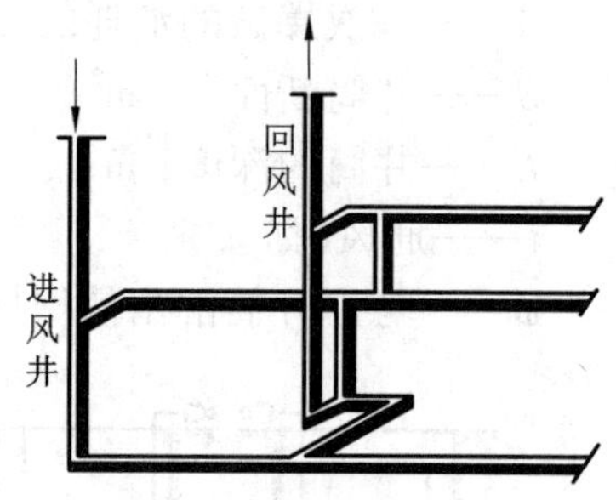

图8－27　某矿掘进工作面

(8)长距离独头巷道掘进时，采用局扇通风应注意哪些问题？

(9)某独头掘进巷道长200 m，断面为6.5 m^2，用火雷管起爆，一次爆破火药量为20 kg。若采用抽出式通风，通风时间限于20 min，其有效吸程和所需风量各为多少？

(10)某掘进巷道，采用压入式通风，其胶皮风筒的接头数目 $n=12$，一个接头的漏风率 $p_1=0.02$，工作面的需风量 $Q_0=1.51\ m^3/s$。问扇风机供风量为多少？

(11)某独头巷道长400 m，断面6 m^2，一次爆破的炸药消耗量为15 kg，采取压入式通风，通风时间 $t=30$ min。试计算工作面所需风量，并选择适当的风筒和局扇。

(12)某独头巷道长700 m，断面6 m^2，一次爆破炸药的消耗量为12 kg，通风时间 $t=20$ min。试选择通风方式，计算工作面所需要的风量，并选择适当的风筒和局扇。

(13)有一掘进工程如图8－28所示。欲使各独头工作面均独立获得新鲜风流，应该如何布置局扇和风筒最为合理？图中1，2，3，4均为工作面。

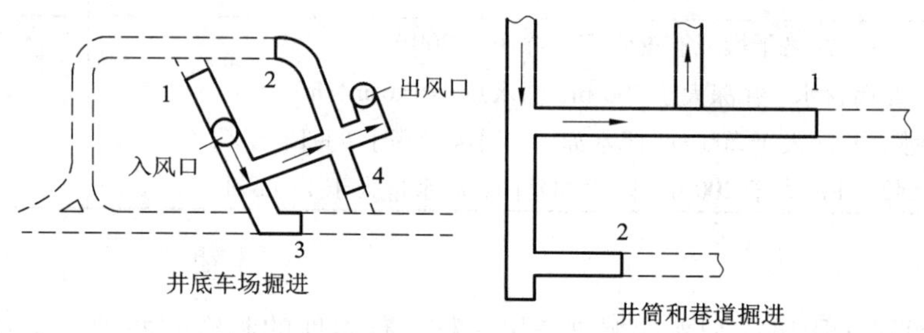

图8－28　练习题(13)附图

(14)某独头巷道利用总风压通风，风筒长100 m(不考虑漏风)，摩擦阻力系数 $\alpha=0.004\ N\cdot s^2/m^4$，直径为0.4 m，贯通风流巷道的风量为 $Q_1=Q_3=10\ m^3/s$，欲使独头工作面的风量为 $Q_2=1\ m^3/s$，用风窗调节。问调节风窗造成的风阻应为多少？(图8－29)。

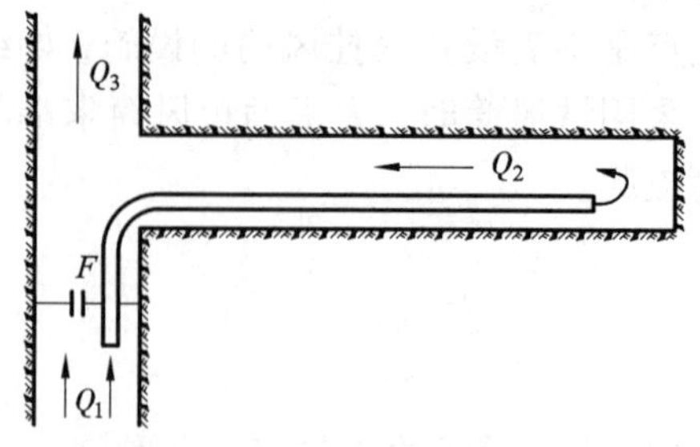

图8－29　练习题(14)附图

第9章 矿井通风系统

学习目标 了解矿井通风系统的作用，矿井通风系统的组成、结构和基本类型，矿井通风系统的复杂性、非线性与多变性，构建合理通风系统的重要性，主扇扩散器、扩散塔和反风装置、风桥、风墙、风门、风窗、空气幕、导风板等的用途；学会利用中段通风网路控制有害风流，各种采场的通风方法；熟悉矿井漏风地点及其控制方法；了解矿井风流输送与调控方式，多级机站，单元调控等内容。

学习方法 学习本章必须具有全局思想，从宏观上去系统考虑整个矿井通风系统各部分的作用和运行机制，认识到矿井通风系统是一个动态的有机整体。

矿井通风系统是由向井下各作业地点供给新鲜空气、排出污染空气的通风网络和通风动力以及通风控制设施等构成的工程体系。矿井通风系统与井下各作业地点相联系，对矿井通风安全状况具有全局性影响，是搞好矿井通风与空调的基础工程。无论新设计的矿井或生产矿井，都应把建立和完善矿井通风系统，做为搞好安全生产，保护矿工安全健康，提高劳动生产率的一项重要措施。

9.1 矿井通风系统的基本特性

9.1.1 矿井通风系统的作用

从井下采掘作业要求、矿内空气成分及气候条件的变化规律、有毒有害气体及粉尘的特性和它们对人体的影响来看，通风换气是最有效的解决途径。一般情况下，自然通风难以持续、稳定、有效地解决上述问题，故地下开采矿山都应该建立和完善保障安全生产的机械通风系统。如图9－1所示是在风机动力的作用和通风设施的控制下，地表新鲜空气由进风井巷进入矿井，经有关井巷供给各个工作面，不断地去稀释和冲淡这些有害物质，使之达到无害程度，污浊空气经回风道从回风井巷排出，这就是矿井通风系统的运转过程。所以，建立矿井通风系统是与矿内空气中有毒有害气体、粉尘作斗争的有效措施，也是改善矿井气候条件，为采矿生产创造安全舒适的工作环境的主要手段。它的任务是：①保证井下工作面有足够氧气；②把井下产生的各种有毒有害气体及矿尘稀释到无害程度并排出矿井之外；③给井下工作面创造良好的小气候条件。

因此，矿井通风系统是矿井开拓、开采系统中为了实现通风目的和任务，向井下各作业地点供给新鲜空气，排出井下产生的污浊空气，调节井下气候条件而专门统筹规划、设计构建的由通风网络、通风动力和通风控制设施组成的工程体系总称。

矿井通风系统按服务范围分为统一通风和分区通风，按进风井与回风井在井田范围内的布局分为中央式、对角式和中央对角混合式，按主扇的工作方式分为压入式、抽出式和压抽混合式。此外，阶段通风网络、采区通风网络和通风构筑物，也是通风系统的重要构成要素。防止漏风，提高有效风量率，是矿井通风系统管理的重要内容。

9.1.2 矿井通风系统的组成和结构

如图 9－1 所示，从系统组成来看，矿井通风系统由通风网络、通风动力和通风控制设施三大部分有机构成。通风网络就是由风流流经的所有井巷构成的、相互关联的、复杂的、网络状的井巷集合体。通风动力即为矿井风流流动提供能量的主扇、辅扇、自然压差等动力源组成的动力结构体系。通风控制设施就是控制有害漏风，并使供入井下的风流按生产需求进行分配的风门、风窗、风墙、风桥、辅扇、空气幕、导风板等一系列调节控制设施。其中，辅扇具有双重功能，既属于通风动力，又属于调控设施。

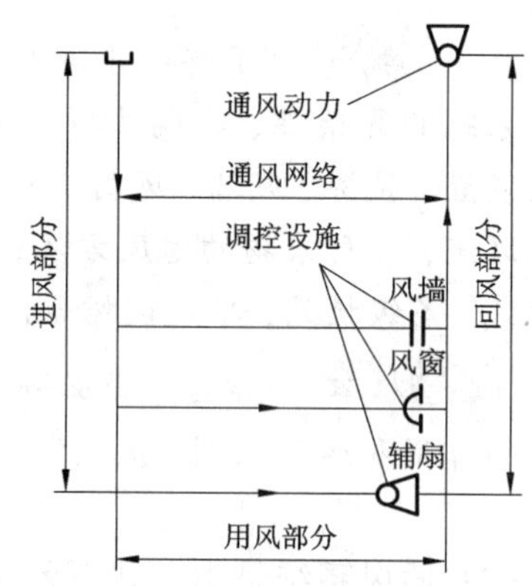

图 9－1 矿井通风系统组成与结构示意图

从系统结构来看，矿井通风系统可以划分成三大部分，即进风部分、出风部分和用风部分，各部分担任着不同的职能。进风部分把地表新风送入用风部分供工作面使用，出风部分负责把用风部分产生的污风排出矿井。位于系统核心部位的用风部分负责调节和分配进风部分送入的新鲜空气，并把工作面产生的炮烟粉尘等有毒有害物质稀释排入出风部分，使作业环境达到安全卫生要求。

一般情况下，矿井的进风部分及出风部分的网络结构相对比较简单，用风部分网络结构普遍比较复杂，其复杂程度与矿井生产规模、采矿方法和开采范围有关。

9.1.3 矿井通风系统的主要类型

矿井通风系统从不同的角度可分为若干种类型。根据系统格局，可分为统一通风、分区通风和单元通风三种类型。根据进风井与回风井的布置方式，可分为中央式、对角式及混合式三种类型。根据主扇的工作方式及井下压力状态，可分为压入式、抽出式、压抽混合式三种类型。根据风流的输送与调控方式，可分为主扇－风窗、主扇－辅扇、多级机站、单元调控、以及上述四种类型的不同组合。

9.1.4 矿井通风系统的复杂性、非线性与多变性

1. 矿井通风系统是一种复杂系统

矿井通风学将风路的结构超出串、并联关系的通风网络统称之为复杂网络。虽然小型矿井往往只有数条井巷，但是其复杂程度普遍超出简单的串、并联关系，实质上大部分已属于复杂通风网络。中型、大型矿井由于井巷数目众多、结构复杂，远远超出并联网络的复杂程度，是典型的复杂通风网络。基于复杂通风网络构建的通风系统亦称为复杂通风系统，通风系统的复杂程度主要取决于通风路的复杂程度。

生产实际中的矿井通风网络复杂程度普遍都超过并联网络，故绝大部分矿井通风系统均

为复杂通风系统。由风量平衡定律、风压平衡定律可知，复杂通风系统风量分配的调节与控制具有一定的复杂性，如何使复杂网络中众多工作面的实得风量实现按需分配是一个难题。

对于大中型矿井来说，由于通风网络比较复杂，通常需要配置较多的通风动力及调控措施才能实现按需分风，这样系统结构与组成更为复杂，其复杂性比中小型更加显著。

2. 矿井通风系统是一种非线性系统

从矿井通风阻力定律、扇风机风量风压数学表达式、理论功率与风量风压的关系，以及矿井通风能量互换关系为：

$$h = RQ^2 \tag{9-1}$$

$$H_f = b_1 + b_2Q + b_3Q^2 + \cdots + b_nQ^{n-1},\ n \geqslant 5 \tag{9-2}$$

$$W_f = H_fQ \tag{9-3}$$

$$H_f + H_n = h + \frac{1}{2}\rho v^2 \tag{9-4}$$

从式(9-1)~式(9-4)可以看出，矿井风压与风量呈2次方关系，扇风机全压与风量呈5次方关系，故矿井通风系统不是简单的线性系统，而是比较复杂的非线性系统，不能用常规的线性思维来处理矿井通风设计与实践中出现的有关问题。

矿井通风系统的非线性特征，可从风量与风机全压及理论功率的关系分析中略见一斑。

(1)当忽略自然压差与出风口动压损失时，矿井风量与扇风机全压之间的关系为如下：

$$Q = \sqrt{\frac{H_f}{R}} \tag{9-5}$$

从式(9-5)看出，扇风机全压与矿井风量之间呈2次方关系，扇风机全压增大1倍，矿井风量并不相应增大1倍，仅增加为原来的1.414倍，即只增加了41.4%，结果大大出乎常人的期望。

(2)当忽略自然压差与出风口动压损失时，主扇理论电耗 W 与风量 Q，风阻 R 之间的关系为：

$$W_f = RQ^3 \tag{9-6}$$

从式(9-6)看出，电耗与风量之间呈三次方的关系，也就是说，在矿井风阻、风机效率、电机效率、传动效率等因素不变的情况下，若把风量增加1倍，电耗将升为原来的8倍，加大风量导致电耗上升的幅度实在惊人，所以设计时应对加大风量的成本要有充分的估计。

3. 矿井通风系统是一种跟随生产发展而变化的动态系统

一般情况，矿井的进风部分及出风部分的网络结构相对来说比较固定，而用风部分网络结构则因生产工作面的不断推移而不断变化。矿井风流的运动每时每刻都遵循着压差平衡与风量平衡两个定律，用风部分通风网络的变化会引起风量大小乃至风流方向的改变。随着生产工作面的不断推移，用风部分的网络结构、风阻大小不断变化，原有的平衡关系经常被改变，导致风量分配和风流方向也随之变化。因此，矿井通风系统是一种跟随生产发展而变化的动态系统。

所以，通风系统在一个时期适应于生产的要求，这只是暂时的现象；随着生产的发展，通风系统就不一定就适应了，必须适时调整。这些都是正常现象，那种认为通风系统一旦搞好了，就可一劳永逸的观点是错误的。所以设计矿井通风系统时，就要根据生产发展规划，深入分析变化情况，提前设计出应变预案。

9.1.5 构建合理通风系统的重要性

1. 合理通风的社会效益

矿井通风系统是矿井开拓系统的重要组成部分，是确保矿井安全开采的重要环节，与井下工人安全和健康息息相关，对矿井的正常生产及资源的安全开采有着极其深远的全局性影响。通风系统与工作面密切关联，通风系统合理与否，对工作面能否实现合理通风具有决定性的影响。

当通风状况不好时，不但影响员工士气，降低劳动生产率，影响经济效益，而且容易发生有毒有害气体中毒的伤亡事故，导致矽肺、肺癌等矿工职业病，严重危害员工本身、家庭和社会。但是，通风过度也会适得其反，太大的风量不仅要增大建设投资，加大运营耗费，而且过高的风速反而会使工人受冷感冒，导致二次扬尘污染。所以，只有合理通风才能有效地改善生产作业环境，保障工人安全与健康，提高员工士气，提高劳动生产率，创造良好的经济效益，做到技术效果与经济效益相互兼顾，创造不可估量的社会效益与经济效益。

所以，对一个具体的工作面来说，供风量过多或者过少都是不合理的。最合理的状态就是供给风量与需求风量基本相符，适当留有余地就行。同样，对整个通风系统来说，最合理的状况就是矿井供风量与全部工作面总需风量基本相等，并使大部分工作面的实得风量，与需求风量基本相符，即从各个微观工作面，以至到整个宏观通风系统，均做到风量供需相当。

2. 合理通风的经济效益

由于矿井通风系统是一种动态的非线性复杂系统，要把质量和数量符合要求的新鲜风流送入井下并按需要分配给每一个工作面，是一项艰难的系统工程，必须投入相当的财力、物力和人力：

(1)必须投资开凿与风量大小相适宜的通风井巷；

(2)必须购置与风量大小及矿井风阻相匹配的通风设备；

(3)必须消耗与风量三次方成正比的电能；

(4)必须投入与风量大小相匹配的管理工作。

所以，矿井通风是一项工程投资、运营费用和管理工作都比较大的服务性工作，送入矿井的风量是要用建设投资、运行费用及有效管理为代价换取的。投产前后综合反映人、财、物耗费的投资和成本，必然成为考核通风系统经济合理性的主要指标。

人们都希望尽可能用较低的成本，安全地采出较多的矿石，争取最好的经济效益。通风费用过高，无疑会直接增加采矿成本，减少利润空间。但是，如果由于舍不得投入导致通风效果欠佳而引发安全事故和矿工职业病，也要付出巨额的善后与治疗费用，既影响矿山效益，又损害社会利益。所以通风系统无论是技术上还是经济上都要做到合理，耗费尽量少，即要尽力使“高效”与“低耗”相互兼顾。

3. 实现合理通风的基础

矿山生产实践证明，通风工作能否有效地开展，能否用较低的通风成本，使大多数工作面都获得较好的通风效果，关键在于设计阶段是否基于矿山实际情况、生产要求及发展规划，研究设计出技术与经济都比较合理的通风系统构建方案。因此，学好基本的设计方法，掌握实用的设计技术，树立正确的设计理念，才能为今后能够设计出合理的通风系统奠定基础。

9.2 矿井通风构筑物

矿井通风构筑物是矿井通风系统中的风流调控设施，用以保证风流按生产需要的路线流动。凡用于引导风流，遮断风流和调节风量的装置，统称为通风构筑物。矿井通风系统要使新风按规定路线送到工作面，污风按规定路线排出矿井，这在很大程度上要由通风构筑物来保证。

合理地安设通风构筑物，并使其经常处于完好状态，是矿井通风设计与管理的一项重要任务。通风构筑物可分为两大类：一类是通过风流的构筑物，包括主扇风硐，反风装置，风桥，导风板，调节风窗和风幛，另一类是遮断风流的构筑物，包括挡风墙和风门等。

9.2.1 主扇扩散器、扩散塔和反风装置

大型主扇安装在地表时，在风机出风口外联接一段断面逐渐扩大的风筒称作扩散器。在扩散器后边还有一段方形风硐和排风扩散塔（如图 9－2 所示）。这些装置的作用都是降低出风口的风速，以减少扇风机的动压损失，提高扇风机的有效静压。轴流式扇风机的扩散器是由圆锥形内筒和内筒构成的环状扩散风筒，外圆锥体的敞开角可取 7°～12°，内圆锥体的收缩角可取 3°～4°。离心式扇风机的扩散器是长方形的，扩散器的敞开角取 8°～15°。排风扩散塔是一段向上弯曲的风道，又称排风弯道。它与水平线所成的倾角可取 45°或 60°。

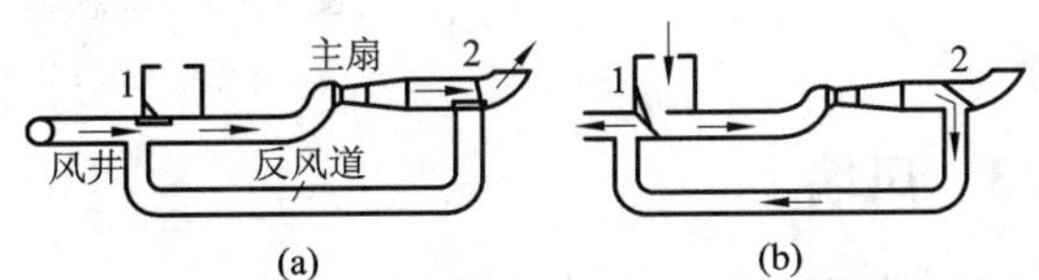

图 9－2　主扇、风硐、扩散塔和反风装置原理图

反风装置用来改变井下风流方向的一种装置，包括反风道和反风闸门等设施。机械通风的矿井，在主扇机房应设置反风装置。当进风井或井底车场附近发生火灾时，为防止有毒有害气体侵袭作业地点及适应救护工作，需要进行反风。反风装置由反风道及闸门等设施构成。正常工作时，如图 9－2(a)所示，废风由风井进入主扇，排往地表；反风时按图 9－2(b)所示，将闸门 1 关闭，闸门 2 将通往地表的出口关闭，此时扇风机由地表进风，从反风道压入井下。

轴流式扇风机还可利用扇风机动轮反转反风。反风时，用电磁接触器调换电动机电源的两相接点，改变电机和扇风机动轮的转动方向，使井下风流反向，但这种方法反风后的风量仅为上一种方法的 40%～60%。

9.2.2 风桥

通风系统中进风道与回风道交叉处，为使新风与污风互相隔开，需构筑风桥。对风桥的要求是，风阻小，漏风少，具有足够的坚固性。主要风桥应开凿立体交叉的绕道或采用砖石或混凝土构筑（图 9－3，图 9－4），塑料管、铁筒风桥可在次要风路中使用（图 9－5）。

混凝土风桥也比较坚固，其结构如图 9－4。铁筒风桥可在次要风路中使用，通过的风量不大于 10 m^3/s。铁筒制成圆形或矩形，铁板厚不小于 5 mm。

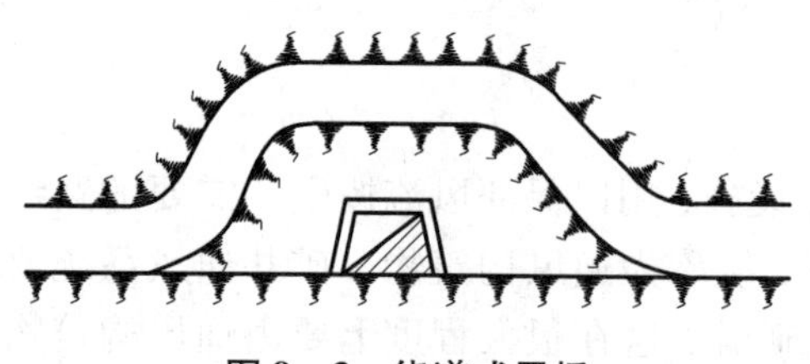
图 9-3　绕道式风桥

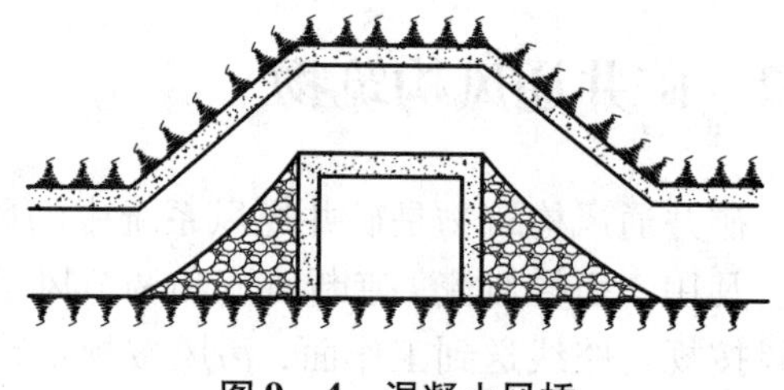
图 9-4　混凝土风桥

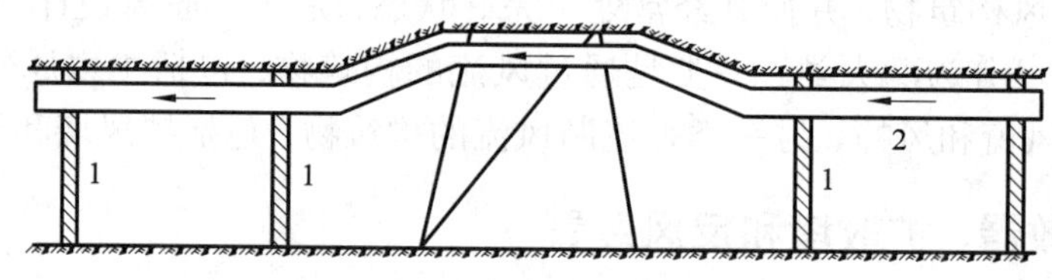

图 9-5　塑料管、铁筒风桥

1—风墙；2—风筒

9.2.3　风墙

不通过风流的废巷道及采空区，需设置风墙。风墙又称密闭。根据使用年限不同，风墙分为永久风墙与临时风墙两种。

在建造永久风墙时，可根据材料来源选用砖或石料建成，也可用混凝土建造。风墙应尽量建在岩石稳固及漏风少的地点。若在巷道周边刻槽使风墙镶入围岩中，并在风墙表面及四周抹水泥砂浆，能有效地提高风墙的严密性。当巷道中有水时，在挡风墙下部应留有放水管。为防止漏风，可把放水管一端做成 U 形，保持水封(图 9-6)。

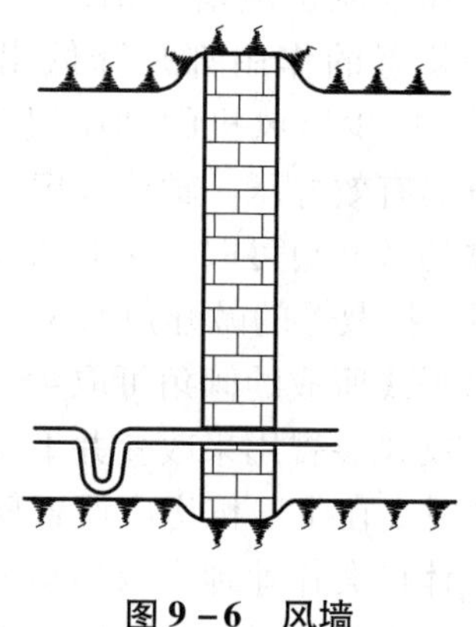
图 9-6　风墙

临时风墙可用木板和废旧风筒布钉成，也可用帆布做成风帘临时遮断风流。

9.2.4　风门

某些巷道既不让风流通过，又要保证人员及车辆通行，就得设置风门。

在主要巷道中，运输频繁时应构筑自动风门。目前广泛使用的风门是光电控制的自动风门。为了使风门启开时不破坏通风系统，必须设置两道风门，人员或矿车通过风门时应使一道风门关闭后，另一道风门才启开，而且两道风门之间要间隔一定的距离。

次要巷道中可修筑简易风门，有手动式及撞杆式，如图 9-7。为了保证风门能自动关闭，风门应沿风流方向略微倾斜。

电动风门是以电动机为动力，经减速后带动联动机构使风门开闭。电机的启动与停止，可借车辆触动电气开关或光电控制器自动控制。电动风门应用较广，适应性较强，但减速和传动机构较复杂。电动风门样式较多，图 9-8 是其中一种。

风门的电气控制方式通常使用辅助滑线(亦称复线)、光电控制器和轨道接点。辅助滑线控制方式是在距风门一定距离的电机车架线旁约0.1 m处，另架设一条长为1.5～2.0 m的滑线(铜线或铁线)。当电机车通过时，靠接电弓子将正线与复线接通，从而使相应的继电器带电，控制风门开闭。滑线控制方式简单实用，动作可靠，但只有电机车通过时才能发出信号，手推车及人员通过时，需另设开关。光电控制方式是将光源和光敏电阻分别布置在距风门一定距离的巷道两侧。当列车或行人通过时，光线受到遮挡，光敏电阻阻值发生变化，使光电控制开关动作，再经其他电控装置使风门启闭。光电控制方式对任何通过物都能起作用，动作比较可靠，但光电元件易受损坏。轨道接点是把电气开关设置在轨道近旁，靠车轮压动开关控制风门。轨道开关只能用于巷道条件较好，行车不太频繁的巷道中。

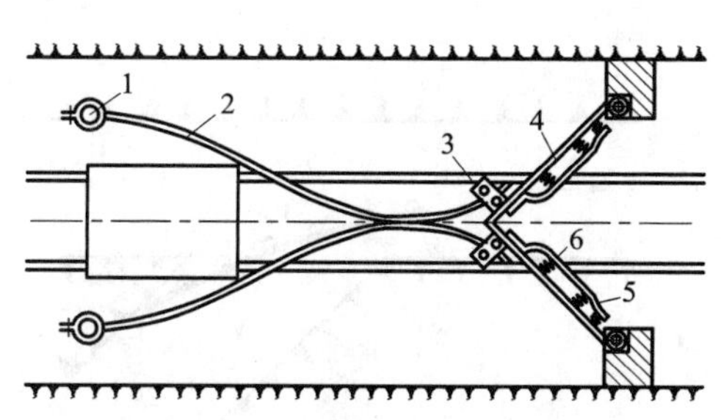

图9－7 碰撞形式自动风门

1—杠杆回转轴；2—碰撞推门杠杆；3—门耳；4—门板；5—推门弓；6—缓冲弹簧

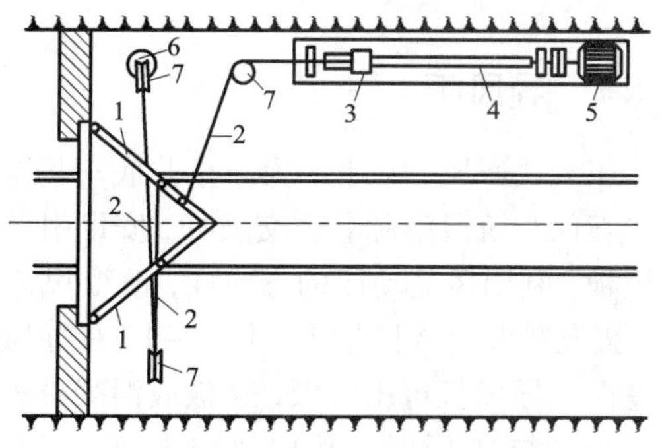

图9－8 电力自动风门

1—门扇；2—牵引绳；3—滑块；4—螺杆；5—电动机；6—配重；7—导向滑轮

9.2.5 风窗

风窗是以增加巷道局部阻力的方式，调节巷道风量的通风构筑物。在挡风墙或风门上留一个可调节其面积大小的窗口，通过改变窗口的面积，控制所通过的风量(见图9－9)。调节风窗多设置在无运输行人或运输行人较少的巷道中。

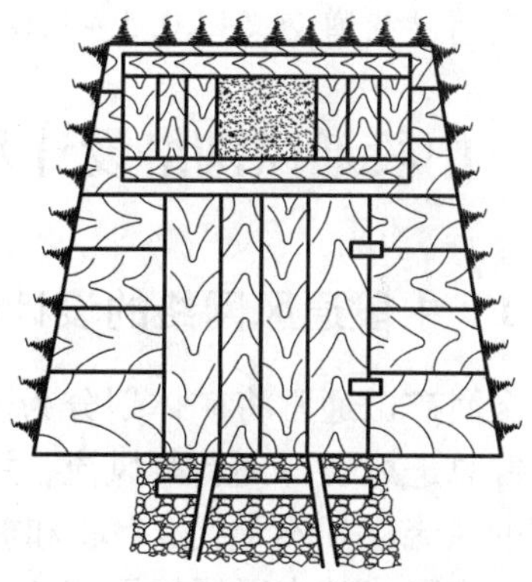

图9－9 带调节风窗的风门

9.2.6 空气幕

利用特制的供风器(包括扇风机)，由巷道的一侧或两侧以很高的风速和一定的方向喷出空气，形成门板式的气流来遮断或减弱巷道中通过的风流，称为空气幕，如图9－10，它可克服使用调节风窗或辅扇时存在的某些不可避免的缺点，特别是在运输巷道中采用空气幕时，既不妨碍运输，工作又可靠。

空气幕布置方式如图9－11。若改变空气幕的喷射方向及出风量，可以调节巷道中的风量。

图 9-10　空气幕

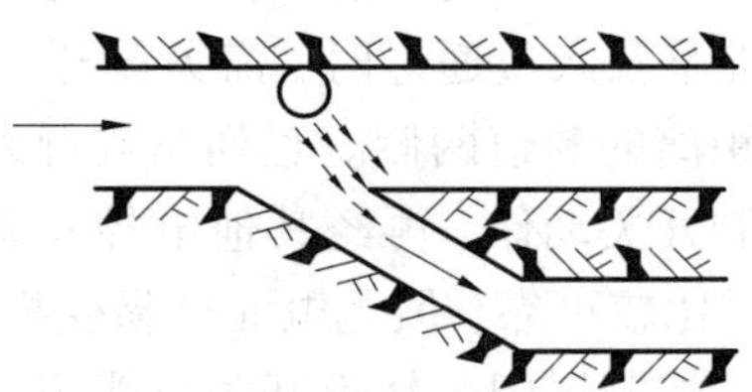

图 9-11　用空气幕遮断风流

9.2.7　导风板

压入式通风的矿井，为防止井底车场漏风，在进风石门与阶段沿脉巷道交叉处，安设引导风流的导风板，利用风流动压的方向性，改变风流分配状况，提高矿井有效风量率。图 9-12 是导风板安装示意图。导风板可用木板，铁板或混凝土板制成。

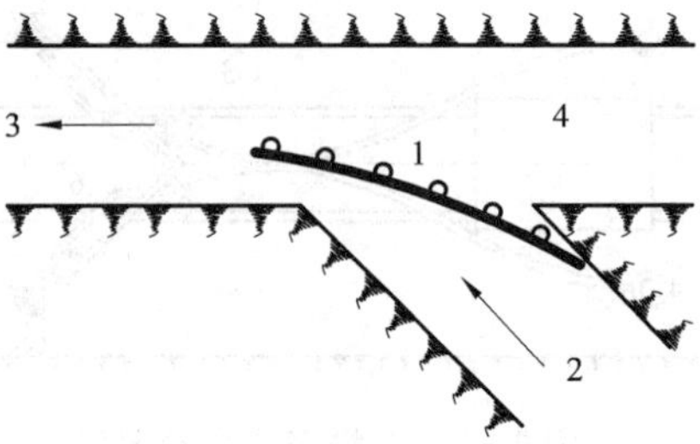

设计导风板时，其出风口断面 S_b 可按下式计算：

$$S_b = \frac{1}{SR},\ m^2 \qquad (9-7)$$

式中：S——巷道断面面积，m^2；

R——通风采区系统的总风阻，$N \cdot s^2/m^8$。

图 9-12　导风板

1—导风板；2—进风石门；3—采区巷道；4—井底车场巷道

进风巷道与沿脉巷道的交叉角可取 45°。巷道转角和导风板都要做成圆弧形。导风板的长度应超过巷道交叉口 0.5～1.0 m。

9.3　中段通风网络设计及风流控制

9.3.1　中段通风网络的设计原则

金属矿山通常将矿体划分为若干中段开采，多中段同时作业。为了使各中段工作面都能从矿井总进风道得到新鲜风流，并将工作面所排出的污风送到矿井总回风道，使得各工作面之间的风流应互不干扰、串联和循环，就必须对各中段的进、回风巷道统一布局，合理规划，构成一定形式的中段通风网络。

中段通风网络由中段进风道、中段回风道和全体工作面所在巷道联结而成。每个中段至少要有一条可靠的进风道和一条可靠的回风道。

中段进风道的作用连通中段生产作业区与矿井总进风道，使本中段工作面都能从矿井总进风道得到新鲜风流。为节省通风井巷工程量，通常以中段人行运输道兼作中段进风道。但是，下列情况下应设计开凿合适的专用进风联道。

(1)中段尚无与矿井总进风道相联的、可用的、可靠的进风巷道；

(2)当中段人行运输道与矿井总进风道不连通，或相距太远，阻力太大；

(3)用人行运输道进风结构不合理，影响工作面风量按需分配；

(4)需采用风机来控制中段进风，避免风机与人行运输的矛盾时；

(5)利用运输道给中段作压入式供风出现漏风严重难以控制时；

(6)运输道中装卸矿作业的产尘量大影响风源质量时。

中段回风道的作用连通中段生产作业区与矿井总回风道，把本中段工作面所产生的污风送到矿井总回风道排出。专用回风道可一个中段设立一条，或两个中段共用一条。由于在回风风流中含有大量有毒有害物质，所以中段回风道一般都是专用的，不能兼作人行及运输。为减少通风井巷工程量，中段回风道通常利用上中段已结束作业的运输道做下中段的回风道。如果没有可供利用的巷道作回风之用，则每个中段至少应开凿一条可靠的专用回风道。

在多中段开采的矿井，如果每一中段都构建直接联通矿井总回风道的中段回风道，可能工程量比较大。为节省工程量，可多个中段共用一条回风道，即在各开采阶段的最上部，维护或开凿一条公用回风道，或者在回风侧开凿一条公用回风井，用来汇集各中段作业面所排出的污风，并将其送到总回风井，此回风道称为采区或矿体回风道。

9.3.2 中段通风网络布局示范

1. 多中段阶梯式进出风

当矿体由边界回风井向中央进风井方向后退回采时，可利用上中段已结束作业的运输道做下中段的回风道，使各中段的风流呈阶梯式互相错开，新风与污风互不串联(图9－13)。这种通风网络结构简单，工程量最少，风流稳定，适用于能严格遵守回采顺序，矿体规整的脉状矿床。其缺点是对开采顺序限制较大，常因不能维持所要求的开采顺序，而造成风流污染。

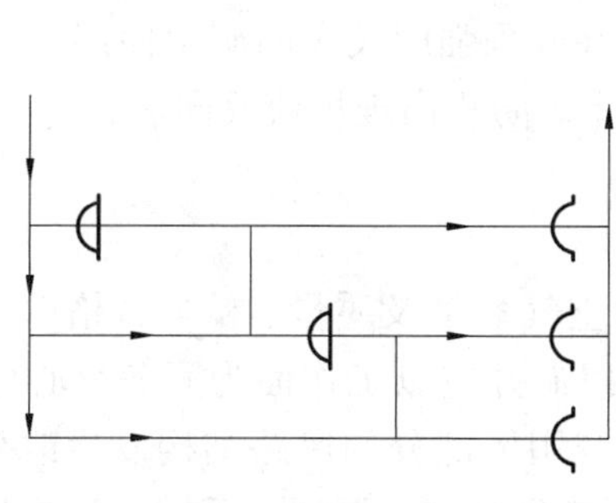

图9－13 多中段阶梯式进出风

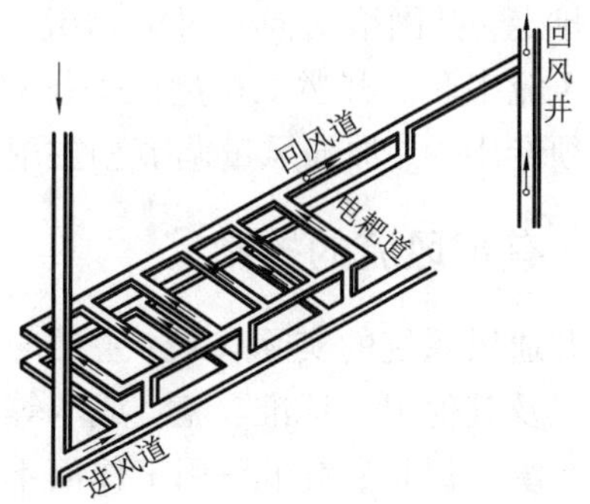

图9－14 本中段平行双巷式进回风

2. 本中段平行双巷式进出风

每个中段开凿两条沿走向互相平行的巷道，其中一条进风，另一条回风，构成平行双巷通风网。各中段采场均由本中段进风道得到新鲜风流，其污风可经本中段的回风道排走(图9－14)。平行双巷通风网的结构简单，能有效地解决风流串联污染。但是开凿工程量较大，适于在矿体较厚，开采强度较大的矿山使用。有些矿山结合探矿工程，只需开凿少量专用通风巷道即可形成平行双巷，也可使用此种通风网络。

3. 跨中段棋盘式进出风

由各中段进风道、集中回风天井和总回风道所构成。通常，在上部已采中段维护或开凿一条总回风道，然后沿矿体走向每隔一定距离(60～120 m)，保留一条贯通上下各中段的回风天井。各天井与中段运输道交叉处用风桥或绕道跨过。另有一分支巷道与采场回风道相沟通。各回风天井均与上部总回风道相连。新鲜风流由各中段运输平巷进入采场，污浊风流通过采场回风道和分支联络巷道引进回风天井，直接进入上部总回风道，其网络结构如图9－15所示。棋盘式通风网能有效地消除多中段作业时，回采作业面间风流串联。但需开凿一定数量的专用回风天井，通风构筑物也较多，通风成本较高。

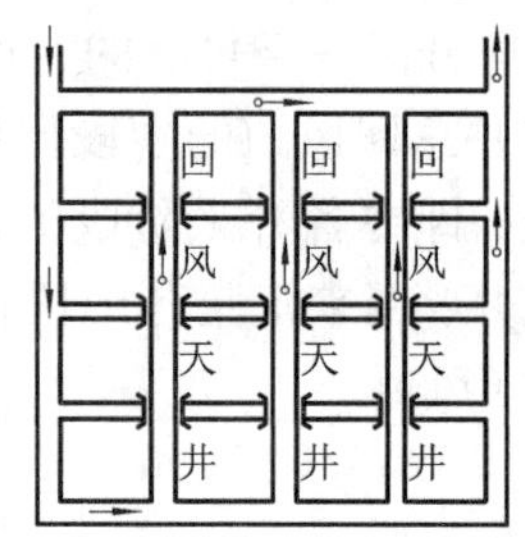

图9－15 跨中段棋盘式通风

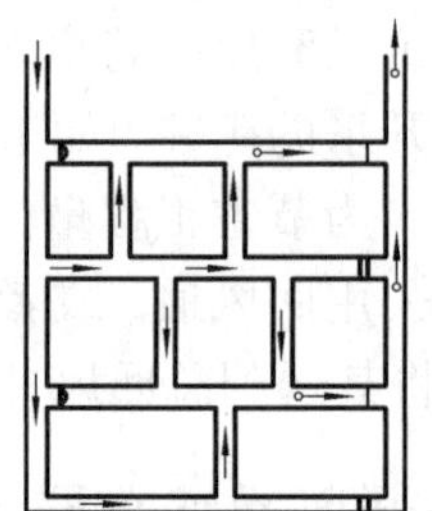

图9－16 上、下中段行间隔式回风

4. 上、下中段间隔式回风

每隔一个中段建立一条脉外集中回风平巷，用来汇集上、下两个中段的污风，然后排到回风井。在回风中段上部的作业面，由上中段运输道进风，风流下行，污风由下部集中由回风平巷排走，在口风中段下部的作业面，由下中段运输道进风，风流上行，污风也汇集由回风平巷排走，其网络结构如图9－16。上、下行间隔式通风网络能有效地解决多中段作业时，作业面风流串联。开凿工程量比平行双巷网路少，适于在开采强度较大的矿山使用。但回风平巷必须专用，并加强风量调节和主扇对回风系统的控制，防止出现风流反向。

9.3.3 有害风流的控制

矿井通风系统的实际效果，主要应从送到工作面的空气数量及质量、粉尘合格率，有效风量率以及其他卫生标准、经济成本等方面来衡量，所以矿井应以工作面为服务核心建立合理通风系统。但是，由于采掘工作面不断变动，通风系统用风部分的风路结构发生改变，工作面的风量和风向也随之变化，往往表现在工作面出现串联风流、漏风、反转风流、循环风流等有害风流，严重影响通风效果。所以，设计中段和采场通风网络时，要注意做好有害风流的控制。

1. 克服工作面串联风流

设计中段和采场通风网络时，首先要考虑克服工作面出现串联风流、串联用风现象。一般来说，单一中段开采的矿井，比较容易克服工作面间的串联风流。多中段开采的矿井，就必须采取一定的措施。如图9－13～图9－16所示，一些矿山根据各自的特点，创造了多中段阶梯式进出风、本中段平行双巷式进出风、跨中段棋盘式进出风、上下中段间隔式回风等一些行之有效的方法，有效地克服了工作面的串联风流。这些例子中包含着一个共同的规律，即为了克服工作面的串联风流，必须根据矿井的具体情况，采取措施，使每个工作面的进风直接与中段进风道相联，出风直接与中段回风道相联。

2．克服内部漏风

矿井内部中段和采场进风道与回风之间，除了工作面所在的需风巷道之外，如果还存在其他通路，就会出现内部漏风现象。这些内部漏风是非常有害的，它会严重削弱工作面的实得风量。这些会引起内部漏风的通道，通常是尚未封的采空区和措施道、尚未开展作业的电耙道、打眼道等等，故设计中段和采场通风网络时，要考虑采用风墙、风门等克服内部漏风的措施。

3．克服反转风流

在中段平行双巷式进回网路里，平行布置的多条需风巷道中，某些巷道的风流会反转，不仅影响本身，还会造成废风串联污染下风侧工作面。这些反转风流一般出现在中段通风网络呈角联状的对角巷道里，原因是平行双巷式进回网路是一种典型的复杂角联网路，其他巷道风阻变化，改变了对角巷道的风向和风量。因此平行双巷式进回网路只适宜于矿体走向短、工作面少的矿井。

当矿体走向长、工作面多、网路较复杂时，应改变进出风井的布置形式，改变中段通风网络的角联状态，从而保证风流的稳定性。大姚铜矿原采用侧翼进风、侧翼出风，网路中央部分的电耙道无风甚至反风(如图9－17所示)。当改为中央进风，两翼回风之后，风流方向均符合要求，风量分配的均衡性提高，通风效果好得多(如图9－18所示)。

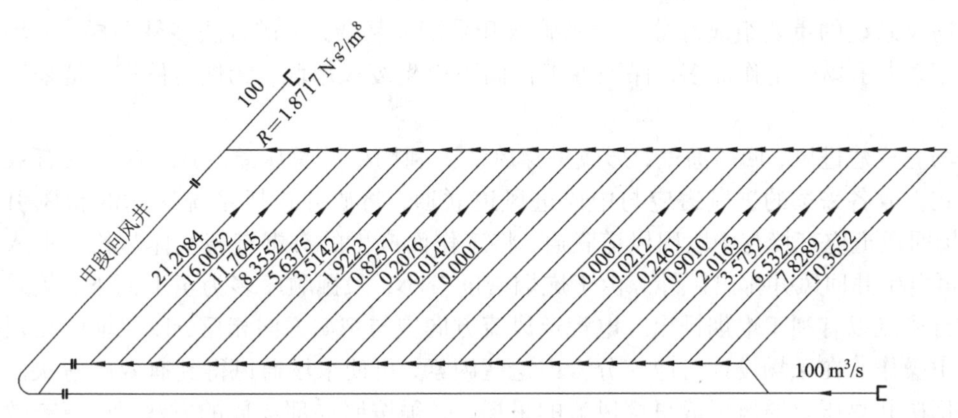

图9－17 侧翼进风、侧翼出风的风量分配情况

4．防止循环风流

在应用辅扇调节中段通风网络中并联工作面的风量分配时，如果使用不当，往往会产生循环风流，不仅导致污风串联，而且污风不能排出矿外。出现循环风流的原因是辅扇风量过大，超出中段总回风量而迫使与它平行的风流反转造成循环(见图9－19)。循环风流一般是在风流的闭合回路中出现了新的通风动力，由于这一动力作用，原有的风量分配被破坏了，造成新的压差分布而出现的。因此除串联外的通风网络，都为循环风流创造了条件，再加上某种通风动力的作用就出现了循环风流。在中段并联工作面风流调节中采用辅扇时，一定要注意调节辅扇风量或改变辅扇位置，防止循环风流的出现。

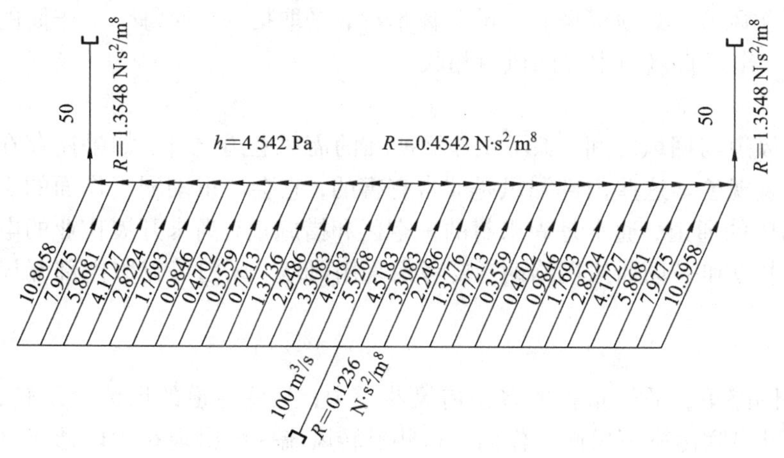

图 9-18　中央进风，两翼回风的风量分配情况

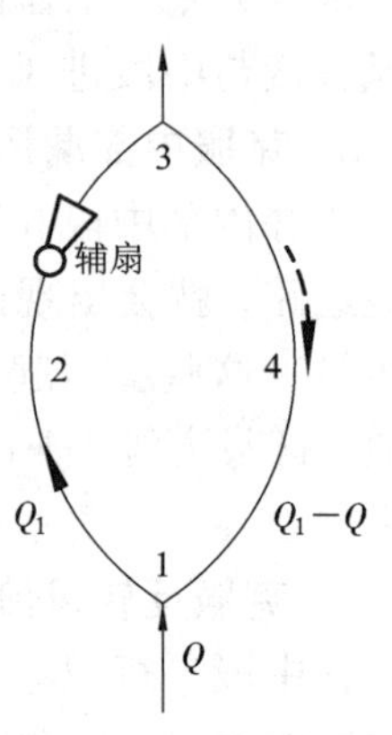

图 9-19　辅扇导致产生循环风流的示意图

9.4　采场通风网络及通风方法

9.4.1　采场通风网络的构建原则

合理的采场通风网络和通风方法，是保证整个通风系统发挥有效通风作用的最终环节，是整个通风系统的重要组成部分。金属矿床开采情况复杂，采矿方法多种多样，采场通风网络类型繁多，采场内工作面多，保证各工作面不产生废风串联，无烟尘停滞，是采场通风的主要任务。

采场应构建进风、回风通道，形成贯穿风流。利用矿井总压差通风，这是最有效的采场通风方式。故各采场的进风道应与中段进风道联通，将矿井进风系统送来的新风引入工作面，采场回风道应直接与中段回风道联通，将工作面产生的有毒有害气体与粉尘汇入中段回风道，再由矿井回风井排出矿外。由于炮烟密度较小，采掘顺序多为至上而下，故采场尽量形成上行风流以有利于炮烟排出。电耙道风流方向应与耙矿方向相反，以保证电耙司机在新鲜风流中操作。在采场设计时应充分考虑这些因素，可使采场通风得到有效的解决。在没有条件利用矿井总压差通风形成贯穿风流的采场，必须按照局部通风的方法，进行有效的局部通风。

按各种采矿方法的结构特点，回采作业面的通风可归纳为：无出矿水平的巷道型或硐室型采场的通风，有出矿水平的采场的通风，无底柱分段崩落采矿法的通风三种类型。

9.4.2　巷道型或硐室型采场的通风

浅孔留矿法、充填法、房住法和壁式崩落法的采场，均属于无出矿水平的巷道型或硐室型采场。这类采场的特点是凿岩、充填和出矿作业都在采场内进行，风路简单，通风较容易，通常均采用主扇的总风压形成贯穿风流通风。

对于作业面较短的采场，可在一端用一条人行天井兼做进风井，另一端设置一条贯通上阶段回风道的回风天井（图 9-20a）。对于作业面较长或开采强度较大的采场，可在两端各设置一条人行进风井，在中部开凿贯通上阶段回风道的回风天井(图9－20b)。这样布置采场进、回风道之后，即可利用主扇的总风压来通风。一般情况下，位于主风路附近的采场都能够获得比较好的通风效果。在远离主风路的边远地区，由于总风压微弱而风量不足时，可在中段回风道中增设辅扇加强通风。

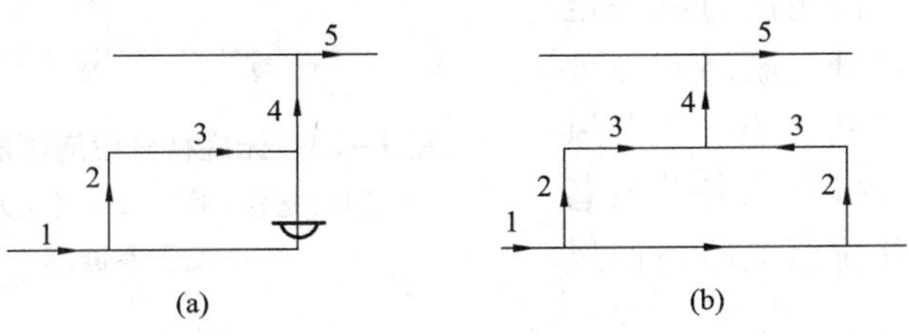

图9－20　巷道型或硐室型采场的通风路线

1—进风平巷；2—进风天井；3—作业面；4—回风天井；5—回风道

对于采场空间较大，同时作业机台数较多的硐室型采场，除合理布置进风井与回风井位置，使采场内风流畅通，不产生风流停滞区以外，还应采取喷雾洒水及其他除尘净化措施。

9.4.3 有底柱采矿方法的通风

在崩落法、分段法、阶段矿房法及留矿法等采矿方法中，广泛使用出矿底部结构。这类结构的出矿能力大，效率高，生产安全。有出矿底部结构时，采场工作面分为两部分：一部分是出矿工作面，另一部分是凿岩工作面。这两部分并各有独立的通风路线，风流互不串联，均应利用贯通风流通风。出矿巷道中作业人员应处于上风侧。各出矿巷道之间构成并联风路，保持风流方向稳定，风量分配均匀。图9－21为有出矿底部结构采矿方法的风流路线图。新鲜风流由进风平巷经人行天井到出矿水平和上部、凿岩作业面。清洗作业面后的污浊风流，由回风天井排到上阶段回风道。凿岩作业面与出矿水平之间风流互不串联，通风效果好。

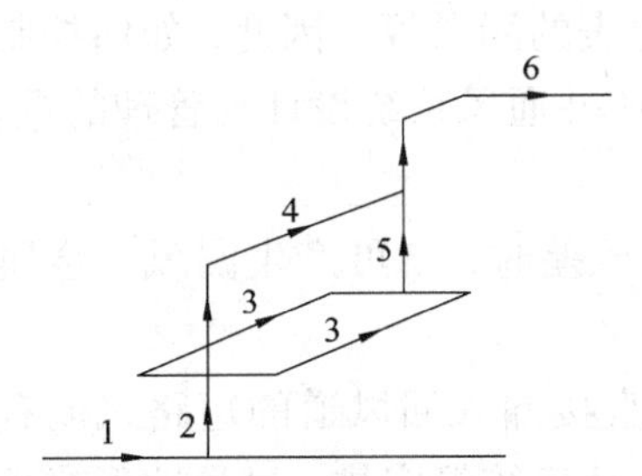

图9－21　有出矿水平采场的通风路线图

1—进风平巷；2—人行天井；3—出矿巷道；4—凿岩作业面；5—回风天井；6—回风平巷

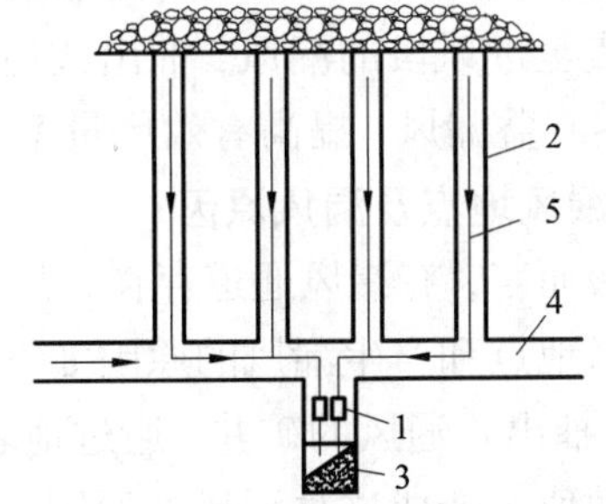

图9－22　无底柱分段崩落采矿法的进路通风

1—局扇；2—风筒；3—回风天井；4—分段巷道；5—回采进路

9.4.4 无底柱分段崩落法的通风

无底柱分段崩落采矿法的采准和回采工作多在独头巷道内进行，通风比较困难，通常采用局部通风方式来解决(如9－22所示)。由于作业区内爆破冲击波较强，应特别注意扇风机和风筒时布置与维护。此时，不仅要合理选择局扇和风筒，还要有一个合理的采区通风路线，以保证在分段巷道中有较强的贯穿风流。一般情况下，分段巷道可布置在下盘脉外，沿走向每隔一定距离设一回风井，通过分支联络巷与分段巷道和上阶段回风平巷相连。新鲜风流由运输平巷和进风天井送入各分段巷道，污风由各回风天井排至上阶段回风道（如图 9－23 所示）。

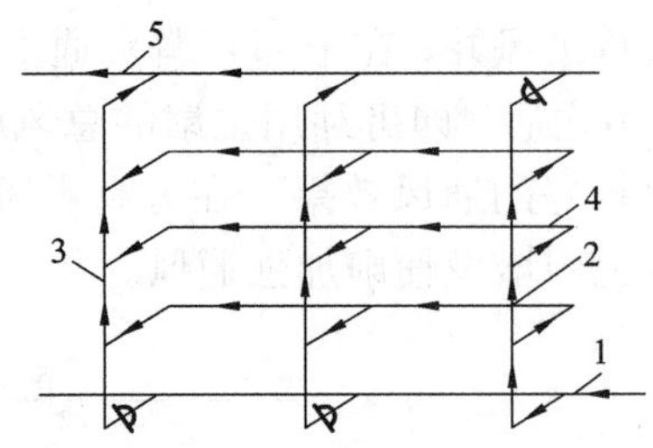

图 9－23　无底柱分段崩落法采区通风网络图

1—进风（运输）平巷；2—进风天井；3—回风天井；4—分段巷道；5—回风道

9.5　矿井漏风问题及有效风量率

9.5.1　矿井漏风及其控制与利用

1. 矿井漏风及其分类

空气进入矿井后，一部分风流未经用风地点而直接进入回风部分或直接流向地表，这种现象称为矿井漏风。地表与矿井之间的漏风称为外部漏风，从进风部分直接漏入回风部分称为内部漏风。

矿井漏风又可分为有害漏风与有益漏风两种。一般把会削弱工作面有效风量的漏风称之为有害漏风，如从矿井进风部分直接漏入回风部分的漏风，主扇安装在地表时，压入式通风矿井进风段至地表的漏风，抽出式通风矿井从地表至回风段的漏风，这些有害漏风会使通风系统的有效性、可靠性和风流的稳定性遭到破坏；与之对应，将能减少矿井通风阻力，降低通风电耗，增大矿井有较风量的漏风称之为有益漏风，如把主扇安装在井下时，压入式通风矿井地表至进风段的漏风，抽出式通风矿井回风段至地表的漏风等。因此，如何控制有害漏风，利用有益漏风，提高有效风量率，降低通风电耗是矿井通风系统设计与管理的重要任务。

2. 漏风地点及漏风原因

一般而言，有漏风通道存在，并在漏风通道两端有压差时，就可产生漏风。金属矿山的主要漏风地点和产生漏风的原因如下。

(1)抽出式通风的矿井，通过地表塌陷区及采空区直接漏入回风道的短路风流有时可达很高的数值。造成这种漏风的原因，首先是由于开采上缺乏统筹安排，过早地形成地表塌陷区，在回风道的上部没有保留必要的隔离矿柱，同时也由于对地表塌陷区和采空区未及时充填或隔离。

(2)压入式通风的矿井，通过井底车场的短路漏风量也很高。这种漏风常常是由于井底车场风门不严密或风门完全失效所致。

(3)作业面分散，废旧巷道及不作业的采场不能及时封闭，造成内部漏风。

(4)井口密闭、反风装置、风门、风桥、风墙等通风构筑物不严密，也能造成较大的漏风。

3．矿井漏风计算

通过漏风通道的漏风量 Q_L 与漏风通道的风阻 R_L 和两端的压差 h 之间存在如下关系：

$$Q_L = \sqrt[n]{\frac{h}{R_L}} \tag{9-8}$$

式中：n——漏风风流的流态指数，其中层流状态 $n=1$，紊流状态 $n=2$，中间流态 $n=1\sim2$。

当漏风风流通过砂层和致密的充填层时，风速很低，属层流状态。当风流通过风门的缝隙，风筒接头，崩落不久的岩石层和溜矿井的矿石层时，一般呈紊流状态，有时也呈过渡的中间状态。由于漏风风流流态变化较大，阻力状况比较复杂，用计算方法确定漏风量比较困难。

4．漏风的控制与利用措施

(1)矿井开拓系统、开采顺序、采矿方法等因素对矿井漏风有很大影响。对角式通风系统，由于进风井与排风井相距较远，风流直向流动的压差较小，比中央并列式通风系统漏风小。后退式开采顺序，采空区由两翼向中央发展，对减少漏风和防止污风串联有利。充填采矿法比其他采矿法漏风少。在巷道布置上，主要运输道和通风巷道应布置在脉外，使其在开采过程中不致过早遭到破坏，对维护正常的通风系统，减少漏风有利。

(2)抽出式通风的矿井，应特别注意地表塌陷区和采空区的漏风。从采矿设计和生产管理上，应尽量避免过早地形成地表塌陷区已形成塌陷区的矿井，在回风道上部应留保护矿柱，并应充填采空区或密闭天井口。压入式通风的矿井，应注意防止进风井底车场的漏风。在进风井与提升井之间至少要建立两道可靠的自动风门。有些矿井在各阶段进风穿脉巷道口试用导风板或空气幕引导风流．防止井底车场漏风。有些矿山由进风井开凿专用进风平巷，避开运输系统，直接将新鲜风疏送到各采区，也可减少井底车场漏风。

(3)提高通风构筑物的质量，加强严密性是防止漏风的基本措施。风墙与风门的面积要尽量小些，风墙四周与岩壁接触处要用混凝土抹缝。风门最好用双层木板，中间夹胶皮或其他致密材料。铁门板四周焊缝要严，门框边缘要钉胶皮或麻布，风门下边要挂胶皮帘并设置门坎，保持严密。

(4)降低风阻、平衡风压也是减少漏风的重要措施。在用风风路中安设辅扇，可降低漏风风路两端的压差，也能减少漏风。采用压抽混合式通风和多级机站通风，可使矿井风压趋于平衡，并在生产区段形成零压区，对防止漏风，提高有效风量十分有利。

(5)主扇可安装在井下进风段(或回风段)内，这样可以将原来有害漏风，转变为有益漏风。

5．漏风的弥补措施

为了弥补漏风，矿井供风量应在需风量基础上留有一定的备用系数，即：

$$Q_G = k \cdot \sum Q_X \tag{9-9}$$

式中：Q_G——矿井设计供风量；

k——漏风备用系数 $k(k\geqslant1)$；

$\sum Q_X$——工作面设计要求的所需风量总和。

从式(9-6)可知，电耗与风量之间呈三次方的关系，加大供风量导致电耗上升、成本增加的幅度实在惊人，所以设计时应根据通风系统漏风状况慎重确定漏风备用系数。

9.5.2 漏风率与有效风量率

从地表进入井下的新风，到达作业地点，达到通风目的风量称为有效风量。各工作面实际得到的有效风量总和与矿井总风量(即主扇风量)之比的百分数，称为通风系统的有效风量率。它反应了矿井总风量的有效利用程度。《地下矿通风规范》要求矿井有效风量率不得小于60%。

在统计有效风量时，只能计算一次用风，不能重复统计。

矿井的总风量由有效风量、内部漏风量及外部漏风量三部分组成。从原则上说，进入用风部分的风量由有效风量及内部漏风量组成，存在如下的关系：

$$Q_Y = \sum Q_{Gi} \tag{9-10}$$

$$Q_{WL} = Q_Z - Q_U \tag{9-11}$$

$$Q_{RL} = Q_U - Q_Y \tag{9-12}$$

式中：Q_Y——矿井有效风量；

Q_{Gi}——各工作面实得风量；

Q_Z——矿井总风量(压入式通风矿井为总进风量，抽出式通风矿井为总排风量)；

Q_U——实际进入需用风部分的风量；

Q_{WL}——外部漏风量；

Q_{RL}——内部漏风量。

三者与总风量之比的百分数分别称为有效风量率、外部漏风率、内部漏风率，即

$$\eta_Y = \frac{Q_Y}{Q_Z} \times 100\% \tag{9-13}$$

$$\eta_{WL} = \frac{Q_{WL}}{Q_Z} \times 100\% \tag{9-14}$$

$$\eta_{RL} = \frac{Q_{RL}}{Q_Z} \times 100\% \tag{9-15}$$

式中：η_Y——有效风量率；

η_{WL}——外部漏风率；

η_{RL}——内部漏风率。

有效风量率、外部漏风率、内部漏风率的关系为式(9-16)。

$$\eta_Y + \eta_{WL} + \eta_{RL} = 100\% \tag{9-16}$$

所以有效风量率不仅能反应风量利用情况，而且能反映漏风大小。

通风系统的评价指标和管理见第11章。

9.6 矿井风流输送与调控方式的选择

一般来说，将地表新风输送至井下并不难，难的是按照生产要求将其分配至各个工作面，实现按需分配。这就不仅要采取一定的调节控制措施，而且还要讲究一定的方式和方法。从我国通风系统建设与变革的过程可以看出，50年来随着技术与装备的发展，逐步出现了多种各具特色的风流输送与调控方式，按照风机布局和调控措施，可分为主扇－风窗、主

扇－辅扇、多级机站和单元调控四种。

9.6.1 主扇－风窗调控

主扇－风窗调控方式依靠主扇的动力将新风送入井下，把污风排出地表，用风部分各中段风量分配则利用风窗进行调节控制，如图9－24所示。

由于风窗是一种被动的调控措施，在简单通风网络中的可行性和有效性较好，而在复杂网络中使用时，风窗过风面积的计算、调节十分困难，而难以在大中型复杂系统中推广应用，仅适用于小型系统一两个中段或少数几个工作面的风流调控。

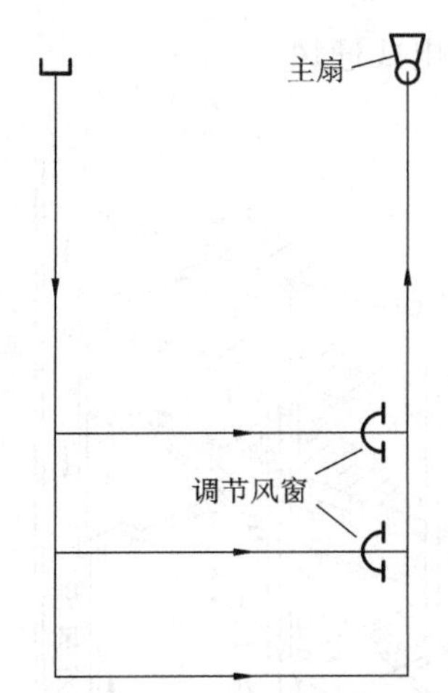

图9－24 主扇－风窗调控示意图

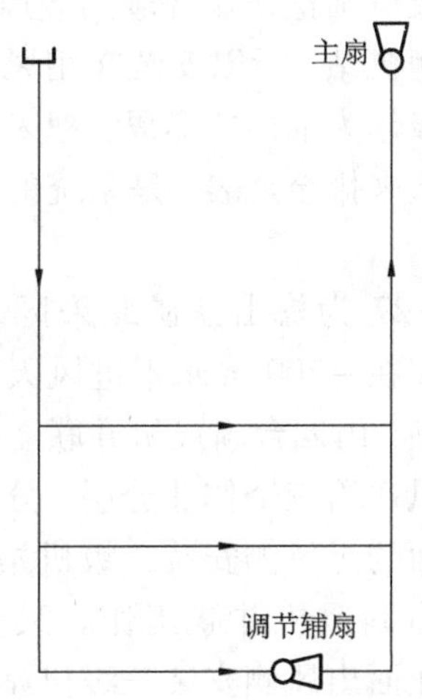

图9－25 主扇－辅扇调控示意图

9.6.2 主扇－辅扇调控

主扇－辅扇调控方式依靠主扇动力将新风送入井下，把污风排出地表，用风部分风量不足的中段分配利用辅扇进行调节，如图9－25所示。

由于辅扇是一种主动的调控措施，辅扇调节比风窗调控简便，可以承担系统内多个中段风量调节任务。但是，由于通风网络的复杂性，这样仅解决了中段的分风问题，中段内部各工作面的风流按需分配仍然是一个难题。辅扇调控不能简单地理解为哪里风量不足就在哪里安装一台辅扇，辅扇安装地点和风量的选择必须统筹考虑，否则会出循环风流、反转风流的危害。

9.6.3 多级机站调控

在一个通风系统中使用一定数量的扇风机，根据需要把扇风机分为若干级机站（每个机视需要由若干台串联或并联的风机构成），由几级进风机站以接力方式将新鲜空气经进风井巷压送到作业区，再由几级回风机站将作业时形成的污浊空气经回风井巷排出矿井，用机站串联工作输送风流，用机站并联解决区域分风。这样的风流输送与调控方式，称为多风机串并联多级机站。

多级机站是主扇压抽混合式通风的扩展，可用三级、四级，甚至五级、六级联合压抽。

一般多采用如图 9－26 所示的四级机站输送和调控风流，各级机站的作用及布置原则是：

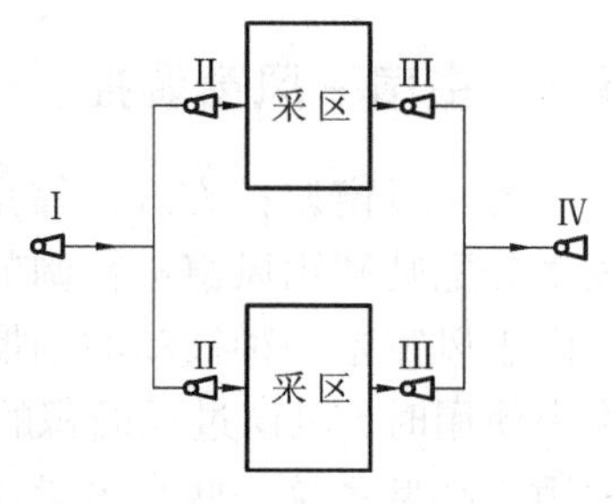

图 9－26　多级机站典型布置模式

第Ⅰ级是系统的进风主导压入式机站，在全系统内起主导作用，由其将新鲜风流压入矿井，它的风量为全矿总进风量。

第Ⅱ级起通风接力及分风的作用，把新鲜风流分配并压入采区，保证作业区域的供风，所以风机应靠近用风段作压入式供风。

第Ⅲ级机站把作业区域的废风直安排至回风道，是采区回风控制机站，所以安装在用风部分靠近回风一侧作抽出式通风。

第Ⅳ级作为抽出式通风，把采区排出的污风集中起来排至地表，是系统的总回风主控机站。

图 9－27 为梅山铁矿北采区多级机站通风系统。在－200 m 水平进风天井底部安装一级机站，由四台扇风机并联工作。由进风天井分风送给三个作业分层，分别在三个分层作业面的进风侧安装二级机站，每一机站都由两台扇风机并联工作。又分别在各分层的作业面出风侧安装三级机站，每一机站也由两台扇风机并联工作。在－140 m 回风平巷安装四级机站，由四台扇风机并联工作。该系统由 20 台扇风机联合工作，比原来使用主扇通风取得了更好的效果。

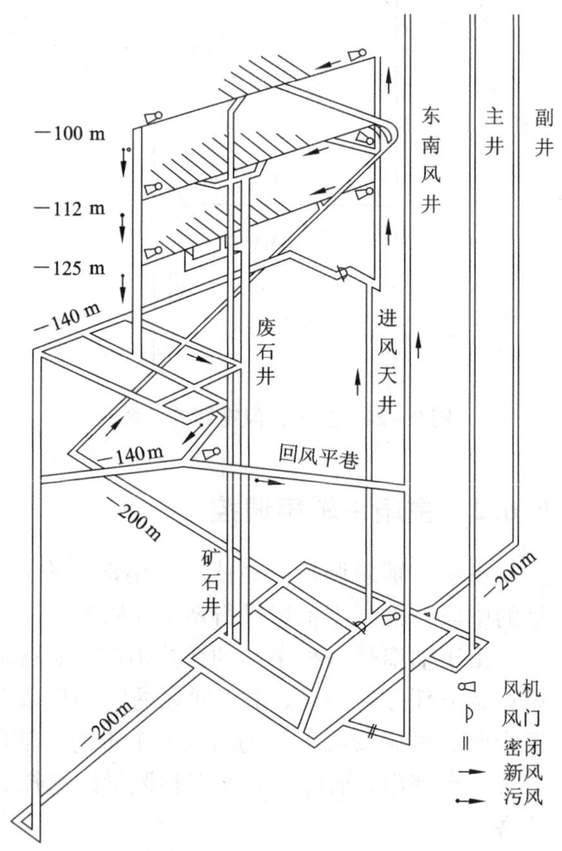

图 9－27　梅山铁矿北采区四级机站通风系统

多级机站由多台风机串、并联工作，对整个通风网络各采区的风流输送与分配用扇风机严加控制，因此，内部、外部漏风少，有效风量率较高，矿井供风量可比主扇－风窗、主扇－辅扇调控方式略有减少，故可取得较好的节能效益。但从图 9－26 也可以看出，多级机站只能对采区的进风量和回风量控制，尚不能细化到控制采区内各工作面的风量分配，大部分工作面处于自然分风状态。

由于安装各级机站需要专用的进风道和回风道，增加了掘进成本。故从各个矿山使用情况调查得知，那些条件适合的矿山取得了良好的通风与节能效果，而条件不适宜的矿山应用效果并不佳。尤其是那些不具备专用进风道的矿山，如放弃了阻力小、电耗低、易管理的人行运输井巷多路进风模式，重新开拓专用进风道设置压入式机站，不仅耗费了大量投资，而且电耗随着阻力而增大。

多级机站风机多、分布散，系统可靠性较低，风机管理是一个难题，要求较高的通风管理水平才能管好、用好。

9.6.4 单元调控

矿井通风系统宏观构建方案拟定为单元通风的矿井，它以工作面为核心建立通风单元，解决用风部分各个工作面的风量按需分配之后，从整个通风系统设计工作来说，就必须以通风单元为基础建立高效低耗通风系统。即在通风单元的基础上，建立与之相宜的进风部分，把将供需相当的新风送入通风单元；组建与其相适的回风部分，将通风单元排出的污风集中起来快捷地排出地表。通风系统的进风部分和排风部分与通风单元之间要相互匹配，即使通风单元内的工作面分风均衡稳定，保证工作面通风效果，又能使通风单元和整个通风系统有机结合。

根据金属矿山变化很大的实际情况，如何以通风单元为基础，建立与之匹配的进风和排风部分，也不应遵循现成的、固定的模式，仍然只有根据各矿具体情况因地制宜地灵活决定，才符合矿山开采的客观条件。

松树脚锡矿分别以矿体和溜井群建立通风单元之后(如图 9－28 所示)，针对原进风系统漏风严重、控氡效能差等诸多问题，开拓了 1720 中段进风平巷至 1540 中段采区中心部位的专用进风斜井，并在其中安装两的压入式主扇，将新风从 1720 坑口直接压入到通风单元，使进风部分处于正压状态，避免了氡对入风的污染。各单元排出的污风，由两台回风主扇经废弃井巷和采空区排出地表。

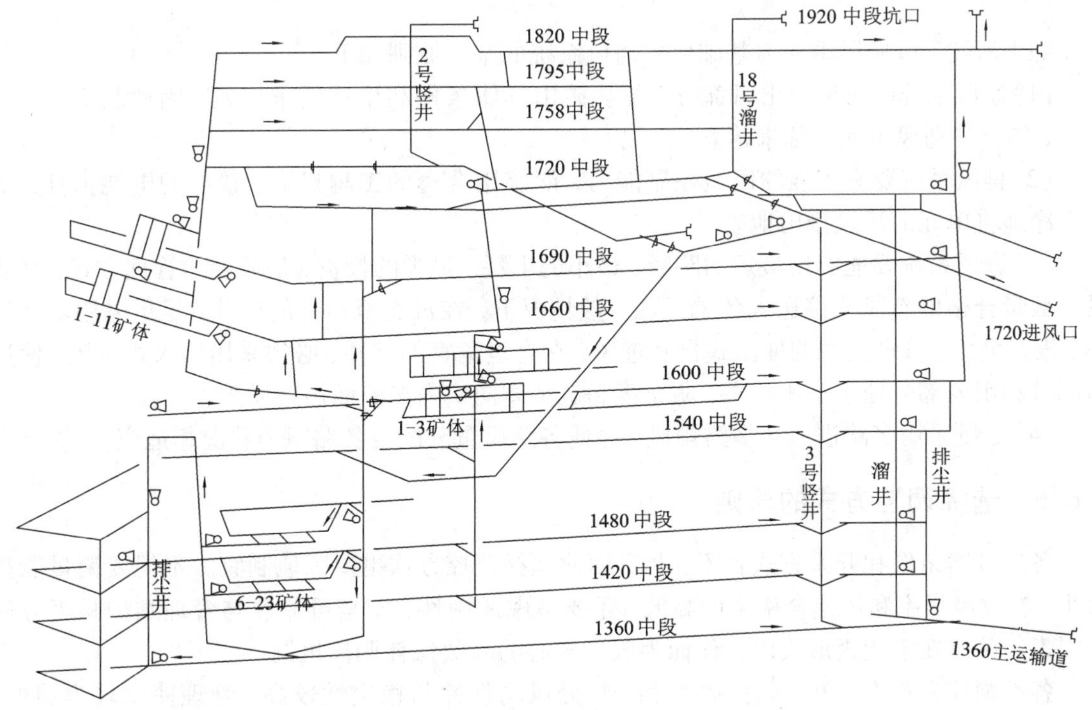

图 9－28 松树脚锡矿以矿体为基础的单元通风示意图

云锡公司塘子凹矿段以空间位置相邻相近、回风能够集中的2~4个矿体，两级抽出组成通风单元以后(如图9-29所示)，在总回风井脚设置抽出式主扇，将污风汇集到总回风井后排至地表。矿井的进风部分根据氡析出程度分成两种情况建设。在采空区小、氡析出少的生产初期，让新风在回风主扇和单元辅扇的负压作用下，由2340进风井、1950和1850平坑自然进入生产单元。到生产后期，随着采空区的增大，氡析出量增多，此时需在2340专用进风井中增设压入式主扇，改变进风方式加以控制。即将上述三路自然进风，改为2340一路压入式供风，将矿井的进风部分和用风部分置于正压状态，方可满足控氡要求。

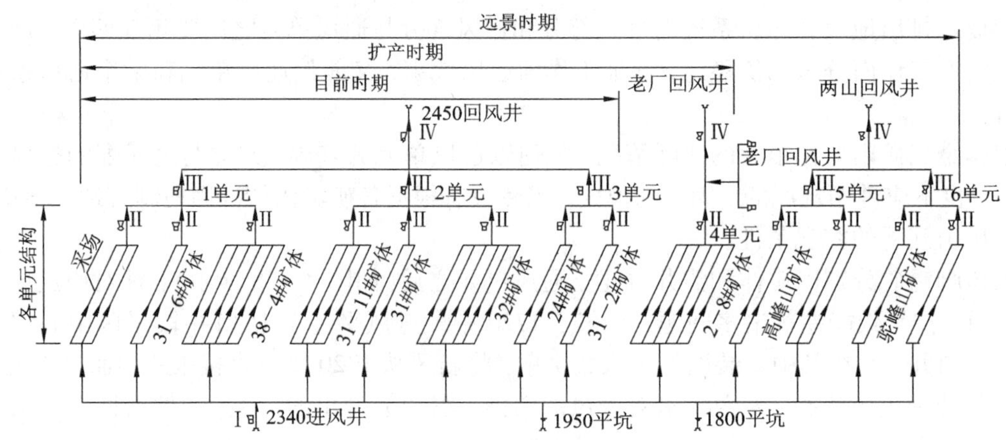

图9-29　塘子凹矿段单元通风示意图

综上所述，以通风单元为基础建立通风系统的基本原则如下：

(1)通风系统的进风与出风部分，要从矿山具体条件和生产要求出发，因地制宜、不拘一格，结合各通风单元实际来建立。

(2)排风系统要有很强的回风控制能力，能够用合理的工程投资、较低的电能消耗，快捷干净地将单元的污风排出地表。

(3)进风系统要能够用最短的路径、最小的电耗、最少的投资、最简便的管理方式，将质量和数量合格的新风直接送入各单元。一般情况下，在没有氡污染的矿井，尽量采用功耗最小、投资最少、管理简便的抽出式自然进风；在有氡危害的矿井，必须采用压入式供风，使进风部分和用风部分处于正压状态，防止氡和氡子体向矿内渗流而污染风源。

(4)尽量采用多路进风和多路排风，并使各路风量分配与各路阻力状况相适应。

9.6.5　选择调控方式的法则

各矿自然条件和开采方式各不相同，因此选择调控方式也要因地制宜。不但要衡量能耗大小、有效风量率和风速合格率的高低，还要考虑适用性、安全可靠性与管理维护是否方便等因素。关键在于能否形成以工作面为服务核心的高效低耗调控机制。

各类调控方式中，单元调控因势利导，分风均衡性与稳定性较高，管理使用较为简便，系统的可控性、有效性、灵活性和经济性较为优越。多级机站压抽结合控制漏风效果较好，但应用条件要求较高。主扇-辅扇调控方式仅解决了中段的分风问题，中段内部各工作面的风流按需分配仍然是一个难题。主扇－风窗调控方式总功耗最高，分风稳定性最差。因此，各种调控方式的选用法则如下：

(1)网路结构比较简单的通风系统，宜选用主—风窗调控。只要在最大阻力线路上不再设置风窗，就符合该种调控方法的最小功耗原则。

(2)网路结构稍微复杂的通风系统，宜选用主扇－辅扇调控。只要在最小阻力线路以外的其余风路设置辅扇，即可达到调控风量的目的，并符合该种调控方法的最小功耗原则。

(3)网路结构较为复杂、有氡危害的通风系统，建议选用多级机站或单元调控方式。

(4)网路结构比较复杂、开采范围较大的通风系统，建议选用单元调控方式或不同类型的组合调控方式。

本章练习

(1)矿井通风系统由哪几部分构成？
(2)矿井通风系统的作用有哪些？
(3)矿井通风系统的主要类型有哪些？
(4)试举例说明构建合理通风系统的重要性。
(5)矿井通风构筑物有哪些？各起什么作用？
(6)中段通风网络的设计原则有哪些？
(7)列举3种中段通风网络布局。
(8)采场通风网络的构建原则有哪些？
(9)巷道型或硐室型采场如何通风？
(10)有底柱采矿方法采场如何通风？
(11)无底柱分段崩落法采场如何通风？
(12)矿井漏风主要出现在何处？如何计算矿井漏风率？
(13)什么是多级机站？
(14)选择调控方式的原则有哪些？

第 10 章 矿井通风系统设计

学习目标 掌握矿井通风设计的内容和原则，矿井通风系统的宏观构建，矿井通风系统的优化选择，矿井进风井与回风井的布置，矿井通风方式及主扇安装地点的确定，矿井需风量及供风量的计算，矿井风量分配及通风阻力计算，主要扇风机的选择，通风井巷经济断面的计算，矿井通风费用的概算等。

学习方法 要把前面所学的各章内容联系起来，根据设计任务确定设计思想，从矿井通风系统的特点、结构及设计原则入手，掌握矿井通风系统优化设计的步骤、方法。

矿井通风设计是矿床开采总体设计的一个不可缺少的组成部分。它的基本任务是：与开拓、采矿方法相配合，建立一个安全可靠、经济合理的矿井通风系统，计算各时期各工作面所需的风量及矿井总风量，计算矿井总阻力，然后以此为依据，选择通风设备。

10.1 矿井通风设计的内容和原则

10.1.1 矿井通风设计的任务和内容

1. 矿井通风设计的任务

矿井通风设计是矿床开采总体设计的一部分。它的主要任务是根据矿床开采要求，基于开拓方案和采矿方法等生产条件，规划设计一个安全可靠、经济合理的矿井通风系统，使通风网路—动力机械—调控设施密切配合，把新风送到井下并分配至每一个工作面，将有毒有害气体与粉尘稀释并排出矿井外，为矿井安全生产提供通风保障。

2. 矿井通风设计的种类

矿井通风系统与矿床开拓、开采系统密切相关、相辅相成。因此，新建矿井在确定开拓方案及采矿方法时，就必须对矿井通风系绕做统一考虑；老矿在改建或者扩建时，也必须相应改造通风系统。所以，矿井通风设计分为新建矿井通风设计和改建或扩建矿井通风设计两种类型。

无论新建矿井通风设计或改建或扩建矿井通风设计，都必须符合高效率、低消耗、易管理的原则，做到经济上合理、技术上可行，有利于通风管理，有利于生产的发展。设计中都必须贯彻国家的技术经济政策，遵照国家颁布的矿山安全法规、技术操作规程和有关的规定。对于新建矿井的通风系统设计，既要考虑当前的需要，又要考虑长远发展与扩建的可能。对于改建或扩建矿井的通风设计，必须对原有的生产与通风情况作详细的调查，分析存在的问题，研究改进的途径，在充分利用原有的井巷与通风设备的基础上，提出更完善、更切合实际的通风系统改造方案。本章主要讲授新建矿井的通风设计，改建或扩建矿井的通风设计可参照进行。

新建矿井从建井到生产，对通风的要求有所不同。因此，通风设计一般分为两个时期，即基建时期与生产时期应分别进行设计。

(1)基建时期的通风设计

矿井基建时期的通风是指基建井巷掘进时的通风，即开凿井筒(或平硐)、井底车场、井下硐室、第一水平运输巷道和通风巷道时的通风。在这个时期中，当还处于独头巷道掘进阶段时，应按局部通风的方法进行局部通风，其局部通风系统设计方法如第8章所述。当进、出风井贯通后，尽快安装主扇，即可用主扇对已开凿的井巷进行总压差通风，从而可缩短其余井巷与硐室掘进时局部通风的距离，改善基建时期的通风困难局面。此时通风设计与生产时期相似，只是规模和对象有所不同，所以应根据基建过程各阶段作出相应的通风设计，并尽量与生产时期通风系统相衔接。

(2)生产时期的通风设计

矿井生产时期的通风是指矿井投产后，包括全矿开拓、采准、切割、回采工作面及其他井巷的通风。这个时期的通风设计，一般说，若矿井服务年限在20年以内时，是选取开采规模最大、产量最高和通风线路最长的时期进行计算。若服务年限超过20年，则分两个时期进行设计。因为通风设备的折旧年限一般定为20年左右，所以，前20年作为第一期进行详细设计，至于以后的时期，由于生产情况和科学技术的发展很难确定，只做一般原则性规划。

3．矿井通风设计所需的原始资料

(1)矿井自然条件

矿山地质地形图，矿岩游离二氧化硅、硫、放射性物质及有害气体的含量，矿岩自然发火倾向，矿区气候条件，包括年最高、最低、平均气温，地温梯度，常年主导风向、矿区有无老窿、旧巷、采空区及其所在地点和存在情形等。

(2)矿井生产条件

中段平面图，矿井年产量、服务年限、开拓系统、开采规划、回采顺序、采矿方法、产量分配和作业面布置、同时作业的工作面数，工作面及各种井巷的规格、支护型式，同时工作的各种型号的凿岩机台数及其分布；同时爆破所用最多炸药量；井下同时工作最多人员数。

4．矿井通风设计基本内容和步骤

(1)拟定通风系统构建方案；

(2)设计矿井及采区的进风、出风方式及通风井巷；

(3)决定矿井通风方式及主要风机安装位置；

(4)拟定风流的输送与调控方案；

(5)计算工作面和全矿需风量；

(6)确定全矿供风量和风量分配；

(7)计算全矿通风阻力；

(8)选择风机及配套电机；

(9)编制通风基建与运营费用预算；

(10)制订通风工程的施工计划；

(11)绘制通风系统平面图、网路图和立体图，编写设计说明书。

10.1.2 矿井通风设计的方法和原则

1. 通风系统的设计方法

在设计通风系统时，为使拟定的矿井通风系统安全可靠、经济合理，必须对矿山作实地考查和对原始条件作细致分析。然后从矿山的具体情况出发，充分考虑矿床的自然条件、开拓、开采等特点，通过调查研究和综合分析，提出几个技术上可行的方案，最后根据安全、可靠和经济的原则，进行技术经济可行性比较，最终优选出合理的通风系统构建方案。

由于矿井生产的特点是工作面不断变化，在不同的生产阶段，随着矿床赋存条件的变化，生产规模、开拓和开采方法变化，矿井通风系统也将随着发生不同程度的变比。因此，设计时要充分预计到这些变化，并提出相应的应变措施，使通风系统今后随着矿井生产的发展稍作调整即可继续发挥作用，即设计方案要有较强的应变能力，虽有固定模式，但可在生产中灵活运用。

2. 通风系统的设计原则

在设计矿井通风系统构建方案时，应严格遵循技术效果良好、运行安全可靠、基建费用和经营费用低以及便于管理的原则，即：

(1)系统宏观构建规划合理，既有利于通风，又与矿井开采规划、开拓方案相辅相成。

(2)通风方式及压力分布合理，有利于有毒有害气体和粉尘排出与控制。

(3)矿井供风量合理，既有一定余量，又不过大浪费。

(4)通风网路结构合理，能将生产要求的风量送到每一个工作面，并将工作面用过的污风快捷地排除地表；井巷工程量少，通风阻力小，污风不串联。

(5)分风调控简便易行，分风均衡性、稳定性、可靠性好，有害漏风少，有效风量率和风速合格率高。

(6)设备选型合理，安装使用简便，购置费低，运行效率高。

(7)通风构筑物和风流调节设施尽量少。

(8)充分利用一切可用于通风的井巷和通道，使专用通风井巷工程量最小。

(9)通风动力消耗少，通风费用低。

(10)适应生产变化的能力强，现场应用和管理的难度不大，能够管好、用好。

3. 以工作面为核心构建高效低耗通风系统的方法

通风系统设计或改造应达到三个目标，一是改善作业环境，提高技术水平；二是节省通风费用，提高经济效益；三是减轻管理难度，提高管理效率。三者相辅相成，必须同时兼顾。如何使进风—用风—出风、通风网路—动力机械—控制设施有机配合，建成高效低耗的通风系统，昆明冶金高等专科学校提出了“以工作面为服务核心构建高效低耗通风系统”的设计方法。

矿井通风系统是由相互关联、相互制约的众多因素构成的动态复杂系统，工作面通风效果与供给风量、通风方式、网路结构、调控格局、管理方法等通风系统构成要素的合理程度密切相关；通风系统效果的优劣、运营电耗的高低、管理难度的大小、井巷工程与设备投资的多少，综合取决于通风方式、供给风量、网路结构、调控格局和管理方法的整体合理程度；并且五个要素的合理性不是孤立的，而是相互关联的(如图 10 - 1 所示)，牵动一点就会影响全局。

工作面既是矿井生产的核心、也是通风系统结构的核心、更是通风系统服务的核心，所以从原则上来说，整个系统都应该积极围绕工作面这个服务核心来构建，只要把核心的问题解决了，其他问题才能迎刃而解。因此，建立高效低耗通风系统的有效途径，是以工作面为服务核心，综合考虑构建规划、通风方式、供需风量、网路结构、调控方案、通风设备和管理制度的合理程度，充分考虑服务年限内工程投资、运行耗费、管理难度与通风效果之间的合理匹配问题，即：

(1)根据工作面布局拟定合理的构建规划；
(2)参照工作面性质核定合理的需求风量；
(3)按照工作面需求选择合理的通风方式；
(4)围绕工作面要求构建合理的风路结构；
(5)适应工作面变化设计合理的调控方案；
(6)依据调控管理效能确定合理的供风量；
(7)根据工作面要求选用合适的通风设备；
(8)针对工作面特点设计合理的管理制度。

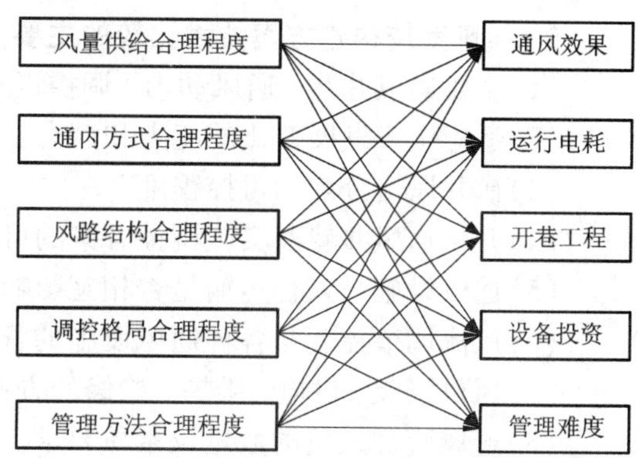

图10-1 通风系统构成要素合理性与投资、耗费、效果之间的关系

按照上述方法与步骤，根据矿床开拓、采矿方法、生产布局以及矿体赋存条件等客观因素，充分考虑服务年限内井巷工程、设备投资、运行耗费、管理难度与通风效果之间的合理匹配问题，围绕工作面来建立合理的通风系统，才能针对工作面跟随采区推移而变化的特点，拟定合理的构建规划、确立适用的通风方式、确定合理的供给风量、建成合理的风路结构、采用高效的调控方法、选用合适的通风设备、采取相适的应变措施，不断地使通风系统适应工作面的推进与变化，可靠地向变化之中的采掘工作面送入供需相当的新鲜空气，有效地应对工作面产生的炮烟、粉尘、氡、高温等问题。

这样构建通风系统，可在确保工作面通风"高效"的同时，适当降低矿井风量供需比。随着供风量的减少，以及通风方式、风路结构、调控格局和管理方式的优化改进，工程投资、运行电费和管理费用将大幅度下降，通风系统"低耗"自然实现。

4. 通风系统设计应遵守的规定

(1)每个通风系统必须构建一条以上与地表连通的进风道、一条以上与地表连通的回风道。同样，每个采区必须构建一条以上与矿井进风部分相连的进风联道、有一条以上与矿井回风部分相连的回风联道。

(2)矿井进风部分不得受矿尘和有毒有害气体污染，风流的含尘浓度不得大于0.5 mg/m^3，氡浓度应小于3.7 kBq/m^3，氡子体潜能应小于6.4 $\mu J/m^3$，超过时应采取降尘、降氡措施。其他有毒有害气体浓度亦不能超过《地下矿通风规范》允许的范围。

(3)产尘量较大的箕斗井和混合井应禁止作为进风井，已经作为通风井的箕斗井或混合井，必须采取净化措施，使风源含尘量达到上述要求。

(4)主要回风井不得作为人行道，排出的污风不得造成公害。

(5)采场、二次破碎巷道应有正向贯穿风流，电耙司机应位于上风侧，避免污风串联。

(6)井下炸药库、油库、充电硐室及破碎硐室等高危硐室必须设有直通矿井回风部分的独立回风道。

(7)不用的井巷及采空区，必须及时封闭。风墙闭、风门、风桥、风窗等通风构筑物，必须严密和完好。

(8)有效风量率、风速合格率应在60%以上。

(9)《地下矿通风规范》要求主扇应有反风装置，并保证发生火灾时在10 min内改变风向。可是从金属矿实际来看，火灾的性质与煤矿截然不同，盲目反风可能会扩大火灾的范围和危害，故应具体问题具体分析，慎重处理。

5. 通风系统构建方案技术比较的主要内容

(1)主要通风井巷、通风动力、调控设施的安全可靠程度。

(2)适应生产发展变化的能力和潜力。

(3)矿井风流分配的可控程度。

(4)开拓通风井巷及实施调控方案的可行程度。

(5)通风设施与人行运输是否相互影响，干扰程度大小。

(6)风流调节控制与各种通风设施的管理难度。

(7)风机安装、供电、维护、检修的方便程度。

(8)通风管理人员的数量及素质要求。

(9)矿井进风质量的好坏。

(10)有害漏风的影响程度，有益漏风的利用程度。

(11)有效风量率。

(12)风速合格率。

(13)风量供需比。

(14)主要扇风机装置效率。

6. 通风系统构建方案经济比较的主要内容

(1)通风井巷、井下构筑物的开挖工程量、地面构筑物的工程量。

(2)矿井通风设备数量及购置费和安装费。

(3)矿井通风系统基建总投资。

(4)风机装机容量及预计电耗。

(5)年经营费(电力、工资、材料、大修、折旧等费用之总和)。

(6)单位采掘矿石量的通风电耗。

(7)单位采掘矿石量的通风费用。

10.2 矿井通风系统宏观构建方案的拟定

矿井通风设计的第一步，就是要拟定矿井通风系统的宏观构建方案。矿井通风系统宏观构建方案，根据系统结构可分为统一通风、分区通风和单元通风三种类型。三种类型各有优点和缺点，适用条件各不尽相同，故在拟定通风系统宏观构建方案时，采用统一通风系统、分区通风系统还是单元通风，应当通过调查研究，从矿山的具体情况出发来慎重选用。

10.2.1 统一通风

一个矿井构建成一个整体通风系统的格局称为统一通风，如图10－2所示。

统一通风具有进风井、回风井数量少，投资小，使用的主扇少，便于管理等优点，比较适合于难以增加进、出风井的矿井采用。特别是深矿井，因开拓风井的工程量较大，采用全矿统一通风比较合理。但是，在生产实践中也不同程度地存在下列问题：

(1)由于网路结构复杂，漏风多，分风不均衡，分风调控困难；

(2)为弥补漏风和不不均衡分风，普遍加大了矿井风量供需比例；

(3)进风、回风口少，矿井风阻大；

(4)由于矿井风阻大，供风量偏大，通风电耗必然比较高。

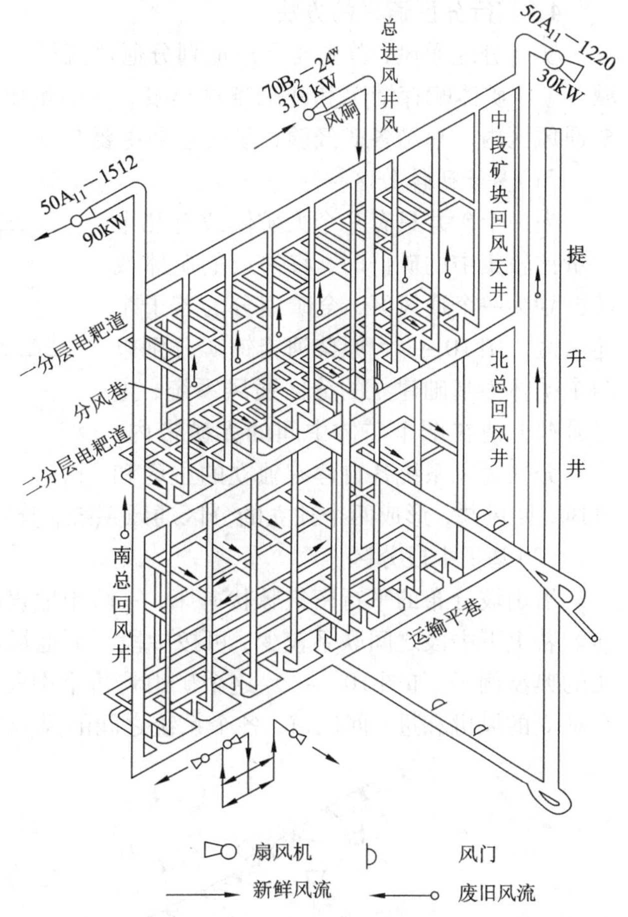

图10－2　易门铜矿狮山坑统一通风系统

10.2.2　分区通风

1. 分区通风的原理

一个矿井分别建立若干个通风网络、通风动力及调控设施均绝对独立的、风流互不连通的通风系统的格局称为分区通风。也就是说，将一个矿井划分成若干个区域，每个分区均独自构建专用的进风、用风和回风井巷，拥有一套专为本分区服务的通风动力与调控设施，使得各分区独立进风、独立回风、独立用风，各分区之间风流互不联通，避免相互干扰。

2. 分区通风的特点

20世纪50年代后期，我国出现了分区通风方式。以原西华山为代表的一些矿山，将集中通风效果不佳的矿井，在有条件的情况下，划分成若干个独立的通风系统，实行分区通风。这样做以后，风流互不干扰，缩短了风路，分散了风量，降低了风压，减少了漏风，减小了电耗，取得了较好的增效节能效果。所以，分区通风与统一通风相比，具有以下优点。

(1)通风网络结构简单，风流易于调节控制，通风效果容易得到保障；

(2)进、出风口增多，风路长度缩短，通风阻力减小，通风电耗随之减少；

(3)风阻减小，风压降低，漏风减少，有效风量增多。

3. 分区通风的适用条件

因此，分区通风在一些矿体埋藏浅而分散的矿山得到了应用。但是，由于每个分区都要具备独立的进风和回风井巷，它的使用就受到了较大的限制。是否适合采用分区通风，主要看开凿通达地表的通风井巷工程量大小，或者有无现成的井巷可以利用。一般来说，在下述条件下，采用分区通风比较有利：

(1)矿体埋藏较浅而分散，有现成的井巷可供利用，或者开凿通达地表的通风井巷工程量较小。

(2)矿体埋藏浅，走向长，产量大，若构成一个统一通风系统，风路长，漏风大，网路复杂，管理困难。

4. 实行分区通风的方法

实行分区通风，首先要合理地划分通风区域，以防各系统间风流互相干扰。划分通风区域，应从矿体赋存情况和开采条件出发，将矿量比较集中、生产上密切相关的地段，划在一个通风区内。总结各矿经验，概括起来主要有以下几种分区方法。

(1)基于矿体分区

当一个矿井只有几个大矿体或有几个矿量比较集中的矿群时，将邻近的矿体或矿群划为一个通风区，全矿划分为若干个通风区。图 10－3 为原柴河铅锌矿分别以两个矿体为基础建立的分区通风系统，主提升井开凿在两个矿体中间的无矿带内，每个分区通风系统各自建有独立的主扇和进风、回风井，形成两个独立的分区通风系统，分别为提升井两翼的两个矿体服务。

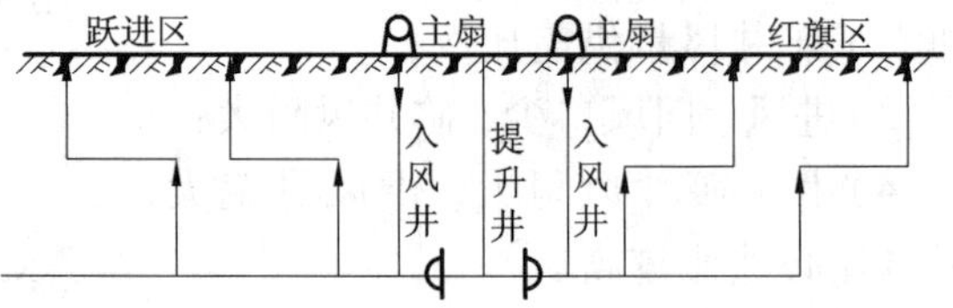

图 10－3　原柴河铅锌矿基于两个矿体构建的分区通风系统

(2)基于中段分区

沿山坡分布的平行密集脉状矿床，一般距地表较近，开采时常有旧巷或采空区与地表贯通。若上下中段之间联系较少，可按中段划分通风区域。原西华山钨矿就是这种分区通风方法的典型例子(如图 10－4)。这个矿山将每个中段划分为一个或两个通风区，每个通风区都有独立的风机和进、回风道，各个系统之间的风流互相不干扰。

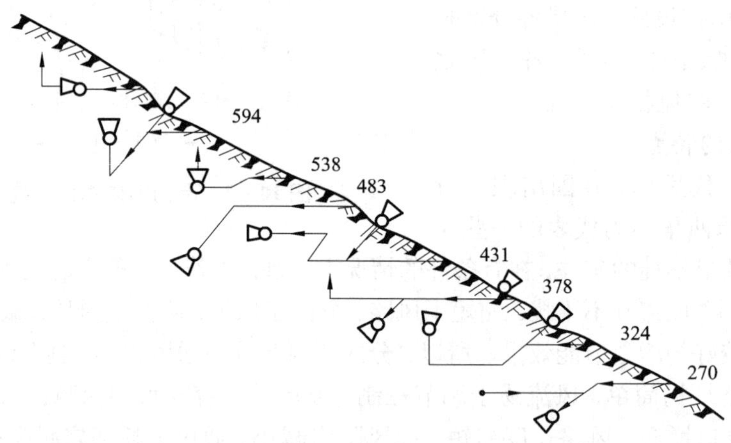

图 10－4　原西华区钨矿基于中段建立的分区通风系统示意图

(3)基于采区分区

矿体走向特长，开采范围很大的矿井，可沿走向划分成若干个采区，每个采区建立一个独立的通风系统。如龙烟庞家堡矿，矿体走向长 9 000～12 000 m，共分五个回采区，各区之间联系甚少，每一个采区构成一个独立通风系统，如图 10－5。

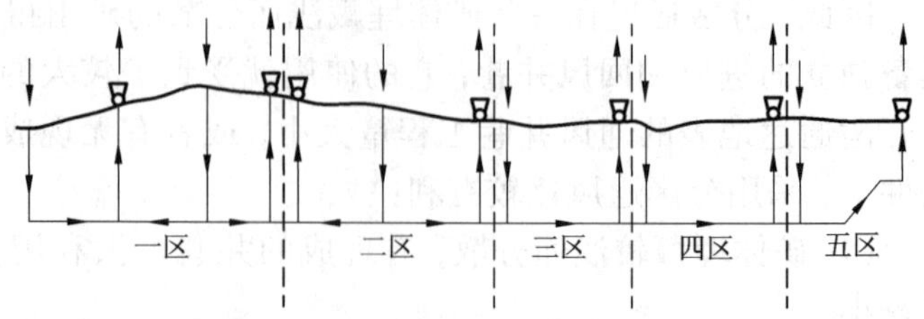

图 10－5　原庞家堡铁矿基于采区构建的分区通风系统示意图

10.2.3 单元通风

1. 单元通风的产生背景

从分区通风的上述特点中可以看出，由于每个分区都要具备独立的进风和回风井巷，做到“绝对独立”很困难，因此它的使用就受到了较大的限制。对于矿体埋藏比较深、开采范围不太大的矿井来说，要让每个分区都花费巨资构建专用进风、回风井巷，配置专用的通风动力与调控设施，形成绝对独立的分区通风系统比较难做到，仅开凿专用进、回风井巷的巨大工程和投资，就使该法难以在大部分矿山推广应用，故统一通风仍然是适用于大部分矿山的通风方式。针对统一通风因网路结构复杂而导致漏风多，分风调控困难，分风均衡性差，风量供需比偏大，通风电耗高等一系列问题，昆明冶金高等专科学校长期的通风科研与生产实践中总结提出了单元通风方式。

2. 单元通风的原理

所谓单元通风方式，针对用风部分网络结构复杂、又经常随生产变化而导致的分风调控难题，而提出的一种“将复杂系统单元式简化”新型调控方式。即依据用风部分通风网络结构和采掘规划布局，以工作面为服务核心，将用风部分复杂的通风网络，划分建设成若干个相互独立、相对简单、现有手段可以调控、分风稳定性能够适应生产工作面变化的通风单元，在其中用风机等调控措施控制风流按需分配。各通风单元由各自独立的工作面通风网络、自成体系的通风动力和调控设施有机组合构成，相对通风系统自成一体，故对应称之为通风单元。为便于管理和应用，各矿通风单元结构模式既相对固定，又可随采区推移灵活调整运用。

将复杂系统单元化后，通风单元结构比通风系统结构简单，风流调控相对容易，可将复杂而困难的系统调控工作，简化为比较简便的单元设置管理，减轻了通风系统管理难度，提高了风流的可控性，故可在提升有效风量率和风速合格率的同时，适当降低了风量供需比，减少矿井通风电耗。

3. 单元通风与分区通风的区别

单元通风与分区通风有本质不同，它是将一个统一通风系统的用风部分划分成若干个单元，虽然单元之间相对独立，风流互不联通，每个单元配置一套专为本单元服务的通风动力与调控设施，但是所有单元共用矿井的进风部分和回风部分，不必独自构建专用的进风和回风井巷，这样可比分区通风节省大量的井巷工程费用。

4. 单元通风的特点

单元通风这种“将复杂系统单元式简化”的方法，既有原则性，又有灵活性，不仅使统一通风系统复杂性降低，而且不用像分区通风那样需要独立的进风和回风井巷，具有工程投资少、分风调控简便、风量供需比小，通风电耗少等特点，具有良好的可控性、有效性和经济性。

因此，单元通风可使各有优缺点的统一通风和分区通风实现了有机结合，发扬了两者的优点，避免了两者的缺点，不但可以减小分风难度，改善通风效果，而且可以节省电耗和井巷投资，降低通风成本，提高通风效益，为矿山建立高效、低耗、合理通风系统提供了新的参考模式，具有广泛的应用前景。

5．通风单元的构建方法

构建通风单元没有现成的模式，需根据各矿具体情况而定。以狮子山铜矿为例，其五～十五中段都在生产，但每个中段的工作面不多，网路结构比较简单，故在每个中段回风道中布置一台抽出式风机，以中段为基础建立通风单元。其中，十二～十五中段采区分布在东翼，根据回风条件每个中段以采区为基础分别组建通风单元(见图10－6)。

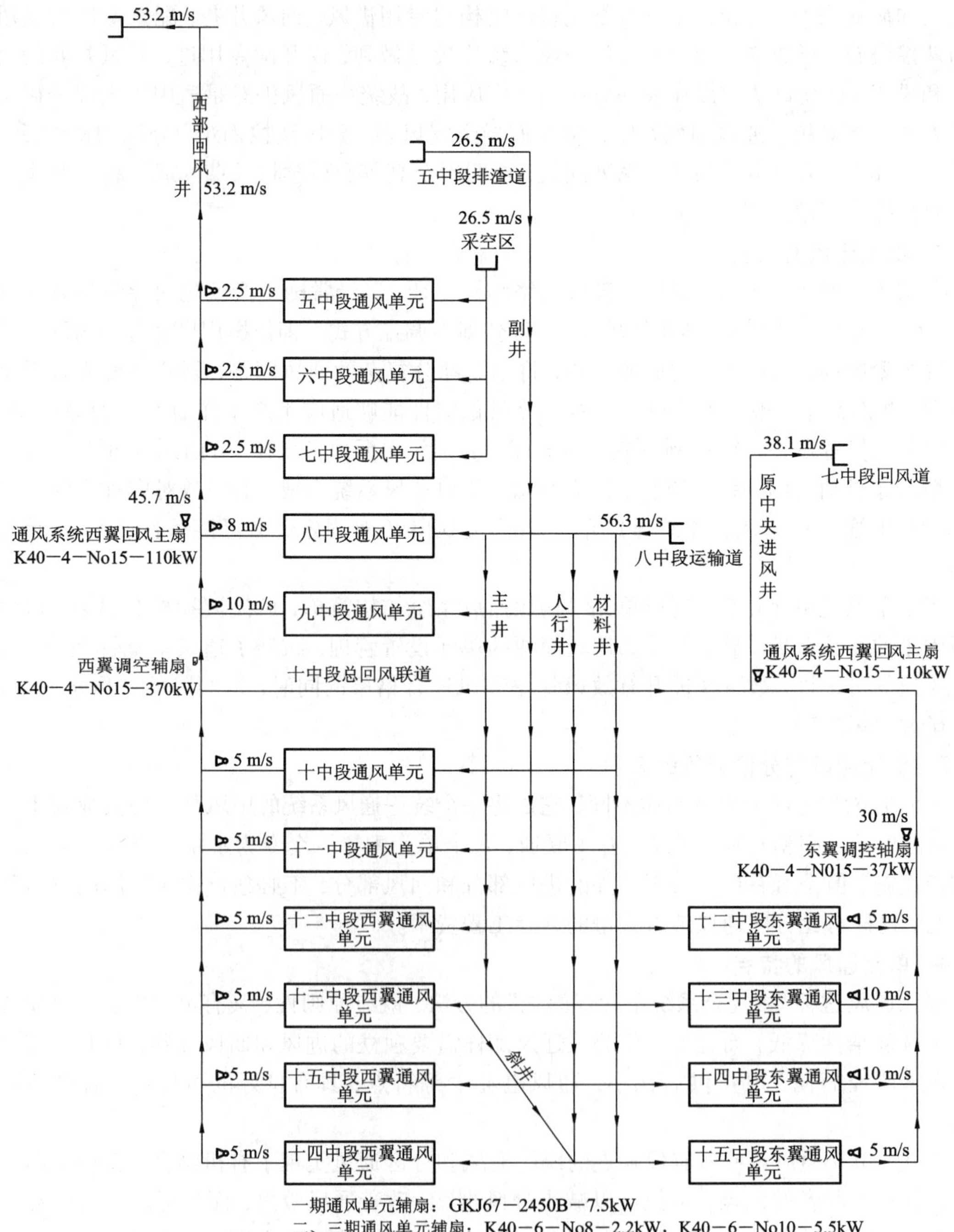

图10－6　狮子山铜矿以中段为基础的单元通风示意图

又如大姚铜矿，它分为4个采区开采同一个缓倾斜中厚矿体，故以采区为基础建立4个相对独立的通风单元，在其进风和回风道中各装两台风机，形成压抽结合二级调控，即可满足9~12个平行工作面分风稳定性和均衡性要求(见图10-7)。

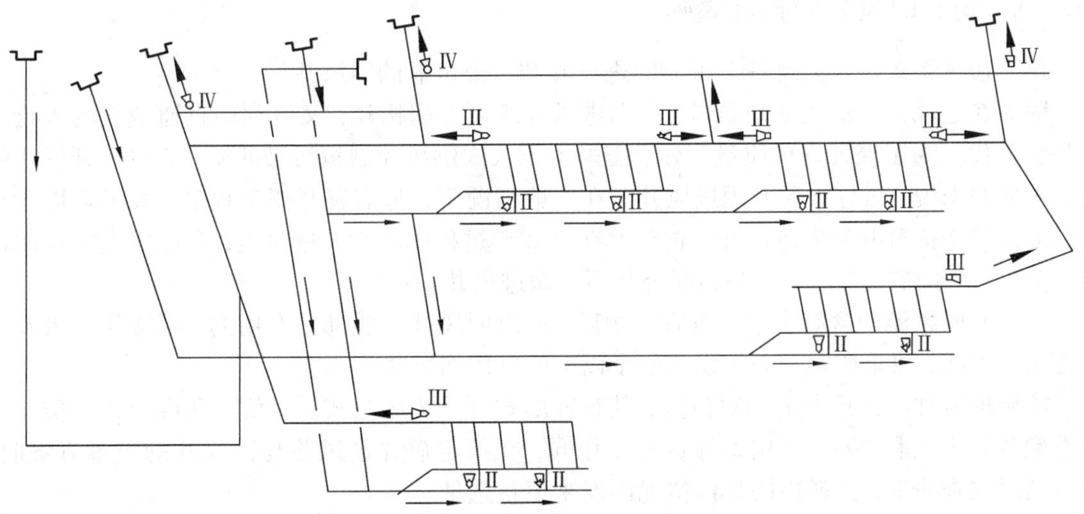

图10-7 大姚铜矿以采区为基础的单元通风示意图

凤山铜矿、松树脚锡矿是分散开采的几个中小型矿体，故都以矿体为基础建立通风单元。但凤山因矿体小、工作面少，网路结构简单，在每个矿体总回风道中布置一台抽出式风机，一级调控即可满足分风要求。松树脚需要控制氡的析出，矿体略大，两个中段同时作业，工作面较多，网路结构比较复杂，要在中段进风道、回风道和矿体回风道中各安装一台抽出式风机，四台风机联合工作、形成三级调控方可满足分风要求。

再如云南锡业公司塘子凹矿段同时开采十多个中小矿体，通风单元由空间位置相邻相近、回风能够集中的2~4个矿体组成，在单元回风道和每个矿体回风道中各装1台风机二级联合抽出。

构建立通风单元的原则，是看其结构是否有利于调节控制、是否能够适应生产变化，是否便于现场应用与日常管理，分风可控性、均衡性和有效性究竟如何。因此通风系统设计或改造的关键，在于能否建立有着良好可控性、有效性和灵活性的若干个通风单元。

上述各矿工作面分风采用单元调控后，有效地解决了控制内部漏风的难题。有效风量率从30%左右提高至70%以上，风量供需比从1.4~1.8降低至1.1~1.2，减少矿井供风量14.3%~38.9%，降低电耗37.1%~77.25%，节电效益十分可观。同时，进、出风井个数和断面也随矿井总风量减小而减少，风机型号也可减小，风道掘进投资和风机购置费用也随之大幅度减少。所以，用单元方式强化用风调控，减小了分风难度，提高了管理效能；改善了作业环境，提高了技术效果；节省了能耗投资，提高了经济效益。

10.3 矿井进风井与回风井的布置

10.3.1 进、回风井的布置原则

每个通风系统至少要有一个可靠的进风井和一个可靠的回风井。

因为在进风井中输送的是新风，所以进风井既可专门构建，又可利用直通地表的人行运输井巷替代。为了保证进风质量，对于需采用压入式供风控制氡污染的矿井，以及开凿工程量不大矿井来说，最好设置专用进风井。在一般情况下，为节省开拓工程量，大都均以人行运输道或罐笼提升井兼做进风井。由于箕斗在卸矿过程中产生大量粉尘，会造成进风风源污染，故在无净化措施时，箕斗井和混合井不宜做进风井。

矿井回风风流中含有大量有毒有害物质，所以回风井一般都是专用的，不能作行人及运输之用。因此，每个矿井都必须设置一个以上的专用回风井。

按照进风井与回风井的相对位置，其布置形式可分为中央式、对角式和混合式三类。三种类型各有优点和缺点，适用条件各不尽相同，在拟定矿井进风井与回风井的布置方案时，应当通过调查研究，从矿山的具体情况出发来慎重选址。

10.3.2 中央式布置进、回风井

进风井与排风井均布置在井田走向的中央，风流在井下的流动路线呈折返式如图 10－8 所示。

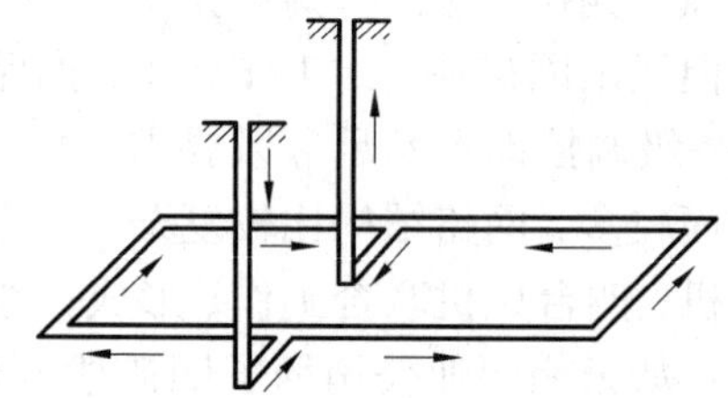

图 10－8 中央式布置进、回风井

中央式布置的优点是基建费用少，投产快，地面建筑物集中，便于管理，井筒延深方便。缺点是进、回风井比较邻近，两者间压差较大，故进、回风井之间，以及井底车场漏风较大，特别是前进式开采时漏风更为严重；风流线路为折返式，风流路线长，且变化大，这样不仅压差大，而且在整个矿井服务期间，压差变化范围较大。中央式布置多用于开采层状矿床。金属矿山矿体走向不太长，要求早期投产，或受地形地质条件限制、两翼不宜开掘风井时，可采用中央式布置进、回风井。

10.3.3 对角式布置进、回风井

根据矿体埋藏条件和开拓方式的不同，对角式布置有多种不同的形式。如果矿体走向较短，矿量集中，整个开采范围不大，可将进风井布置在矿体一端，排风井在另一端，构成侧翼对角式布置形式，如图 10－9(a)所示。假若矿体走向较长且规整，采用中央开拓，可将进风井布置在中央，两翼各设一个回风井，构成两翼对角式，如图 10－9(b)所示。

对角式布置的优点是风流路线是直向式，路线比较短，长度变化不大，因此不仅压差小，而且在整个矿井服务期间压差变化范围较小，漏风少，污风出口距工业场地较远。缺点是投产慢，地面建筑物不集中，不利于管理。金属矿山多用对角式布置，除上述典型布置外，平硐开拓矿山常使用如图 10－10 所示的进风、回风方式。

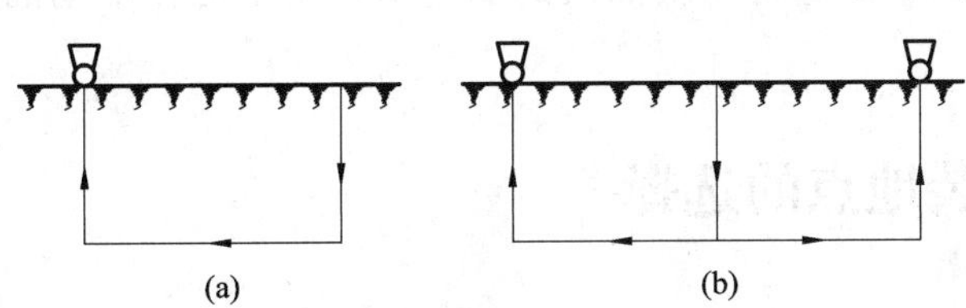

图10－9 进回风井布置的侧翼对角式(a)和中央对角式(b)

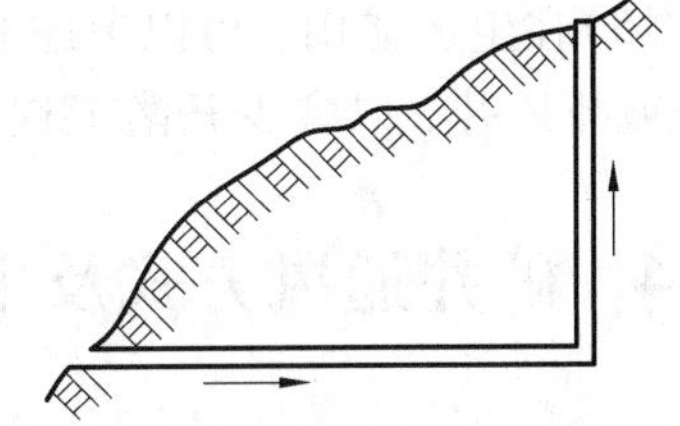

图10－10 平硐开拓矿山的进风与回风

10.3.4 混合式布置进、回风井

当矿体走向长，开采范围广，采用中央式开拓，可在井田中部布置进风井和回风井，用于解决中部矿体开采时通风；同时在矿井两翼另开掘回风井，解决边远矿体开采时的通风。整个矿井进风井与回风井由三个以上井筒按中央式与对角式混合组成，既有中央式又有对角式，形成混合式进风和回风，如图10－11所示。

有些矿井，在中部井底车场附近有破碎硐室，主溜矿井和炸药库等需要独立通风的井下硐室，此时也可在中央建立回风系统，而在两翼另设回风井，解决矿体开采过程中的通风。

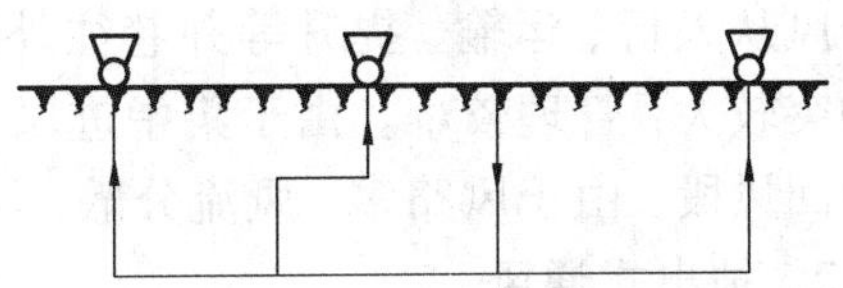

图10－11 混合式布置进回风井

混合式的特点是进、回风井数量较多，通风能力大，布置比较灵活，适应于井田范围大，开采多个分散矿体，地表地形复杂，生产规模较大的矿井。

10.3.5 进、回风井的布置方法

进风井与回风井的布置形式，虽可归纳为上述几类，但由于矿体赋存条件复杂，开拓、开采方式多种多样，在矿井设计和生产实践中，要结合各矿具体条件，因地制宜，灵活运用，而不要受上述类别的局限。确定进风井与回风井布置方式时，还应注意以下影响因素：

(1)当矿体埋藏较浅且分散时，开凿通达地表的井巷工程量较小，而开凿贯通各矿体的通风联络巷道较长，工程量较大时，则可多开几个进、回风井，分散布置，还可降低通风阻力。反之，当矿体埋藏较深且集中，开凿通风井的工程量大，而开凿各矿体间的通风联络巷道工程量较小，就应少开进、回风井，集中通风。在矿井浅部开采时期，由于距地表较近，可分散布置，到深部开采时，再适当集中，也是合理的。

(2)要求早期投产的矿井，特别是矿体边界尚未探清的情况下，暂时采用中央式布置，使井下很快构成贯穿风流，有利于早期投产。随着两翼矿体勘探情况的不断进展，再考虑开凿边界风井。

(3)当矿体走向特别长或特别分散，矿井开采范围广，生产能力大，所需风量较多时，采用多井口，多扇风机分散布置的方式，对降低通风阻力，减少漏风十分有益。

(4)主通风井应避免开凿在含水层，受地质破坏或不稳定的岩层中。井筒要在围岩崩落带以外，井口应高出历年最高洪水位。进风井周围风质要好，排风井不应对周围环境造成污染。

(5)在生产矿山，可以考虑利用稳固的，无毒害物质涌出的旧巷道或采空区作辅助的进风井或排风井，以减少开凿工程量。

10.4 矿井通风方式及主扇安装地点的选择

10.4.1 典型通风方式及特点

矿井通风方式及井下压力状态，取决于主扇安装地点与工作方式，最典型的通风方式有压入式、抽出式、压抽混合式三种。

1. 压入式通风

把主扇安装在矿井总进风井巷中，将地表新风压入井下，在压入式工作的主扇作用下，整个通风系统形成高于当地大气压力的“正压状态”。

压入式通风的优点是采用专用进风井压入新风，风流不受污染，风质好；在北方寒冷地区，可使主提升井处于出风状态，温暖的上行漏风对提升井冬季防冻有益。缺点是为止压入的新风从人行、运输、提升等井巷往外漏出，需在这些井巷中安装风门诸漏，风门与人行运输冲突较大，管理较难。由于集中进风，进风段阻力大、电耗大、风压高、漏风多。而在用风段和回风段，由于风路多，风流分散，压力梯度较小，易受自然风流时干扰而发生风流反向。

2. 抽出式通风

把主扇安装在矿井总回风井巷中，将井下空气抽出地表，在抽出式工作的主扇作用下，整个通风系统形成低于当地大气压力的“负压状态”。

抽出式通风的优点是回风段负压梯度高，可使各作业面的污浊风流迅速向回风道集中，烟尘不易向其他巷道扩散，排出速度快。由于风流调控设施均安装于回风道中，不妨碍运输、行人，管理方便，控制可靠。缺点是当回风系统不严密时，容易造成短路吸风，特别是当采用崩落法开采，地表有塌陷区与采空区相连通的情况下更为严重。实践经验表明，在回风道上部采取严密的隔离密闭堵漏措施，将回风系统与上部采空区隔开，是防止短路吸风，保证抽出式通风发挥良好作用的重要条件。抽出式通风使矿井主提升井处于进风状态，进风段、用风段和回风段均处于负压状态，采空区和岩石裂隙中析出的氡会渗入井下，风流易受氡和提升运输产尘的污染，寒冷地区的矿山还应考虑冬季提升井防冻问题。一般来说，只要能够维护一个比较完整的回风系统，使之在回采过程中不致遭到破坏，采用抽出式通风比较有利，故金属矿山大部分采用抽出式通风。

3. 压抽混合式通风

进风井安装压入式的主扇，回风井安装抽出式的主扇，联合对矿井通风，使井下空气压力，在整个通风线路上，不同的地点形成不同的压力状态，如图 10－12 所示。

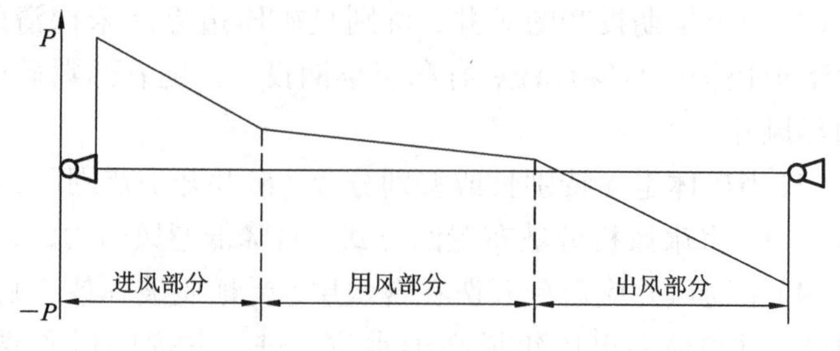

图 10－12 压抽混合式通风系统的压力分布

压抽混合式通风的优点是在进风段和回风段均利用主扇

控制风流，使整个通风系统在较高的压力梯度作用下，驱使风流沿指定路线流动，故排烟快，漏风少，也不易受自然风流干扰而造成风流反向。对于采用崩法开采的矿井，漏风情况比较复杂，单纯地采用压入式或抽出式，大多不能有效地解决漏风问题，而采用压抽混合式通风可将漏风严重的用风部分置于零压区附近，让漏风随着压差的降低而减少，使通过采区的有效风量少受外部漏风影响，只有将有效风量率提高了，风速合格率才有可能相应提高。因此，压抽混合式通风方式兼有压入式与抽出式两种通风方式的优点，是提高矿井通风效果的重要途径。当然，压抽混合式通风的缺点是所需通风设备较多，管理较复杂。

10.4.2　选择通风方式的规则

由于主扇安装地点与工作方式不同，使矿井通风方式及井下压力分布具有不同的状态，从而在进回风量、漏风量、风质和受自然风流干扰的程度等方面也就出现不同的通风效果。所以在确定矿井通风方式时，应根据矿床赋存条件和开采特点而定。若进风井沟通地面的老硐和裂缝多时，则宜采用抽出式，这样既减少密闭工程量，又自然形成多井口进风，从而增加矿井的总进风量；反之，回风井位于通地面的老硐和裂缝多的区域，或矿岩氡析出量较大的矿井，则宜采用压入式。

在一般情况下，抽出式通风应用广泛，其优点主要是无需在主要进风道安设控制风流的通风构筑物，便于运输、行人和通风管理工作，采场炮烟也易于排出。但是下列情况适于采用压入式通风：

(1)在回采过程中，回风系统易受破坏难于维护。

(2)矿井有专用进风井巷，能将新鲜风流直接送往工作面。

(3)当用崩落法采矿而覆盖岩层透气性很强，构成大量漏风，从而减少工作面实得风量时。

(4)岩石裂隙及采空区中的氡对进风部分造成污染。

采用压抽混合通风时，进风段及回风段都安装主扇，用风部分的空气压力与它同标高的气压较靠近，漏风较少，风流流动方向稳定，排烟快、漏风少，也不易受自然风流干扰而造成风流反向；其缺点是管理不便。下列情况适于采用压抽混合式。

(1)采场距地表近，漏风大，采用压抽混合可平衡坑内外压差，控制漏风量。

(2)具有自燃危险的矿井，为了防止大量风流漏入采空区引起自燃。

(3)开采具有放射体气体危害的矿井时，压入式主扇的正压控制进风和整个作业区段，以控制氡的渗流方向，减少氡的析出；抽出式主扇控制回风段，以使废风迅速排出地表。

(4)利用地层的调温作用解决提升井防冻的矿井，可在预热区安设压入式扇风机送风，与抽出式主扇相配合，形成压抽混合式。

10.4.3　主扇的安装地点的选择

矿井大型主要扇风机一般安在地表，这样地表安装、检修和管理都比较方便；当井下发生火灾时，便于采取停风、反风或控制风量等通风措施；井下发生灾变事故时，地面主扇比较安全可靠，不易受到损害。其缺点是井口密闭、反风装置和风硐的短路漏风较大；当矿井较深，工作面距主扇较远，沿途漏风量较大时，在下列情况下，主扇可安装于井下：

(1)在采用压入式(或抽出式)通风的矿井，但专用进风井(或专用回风井)附近地表漏风较大，为了减少密闭工程和提高有效风量率，主扇可安装在井下进风段(或回风段)内，这样可以充分利用漏风通风降低通风阻力，增大矿井进风量(或出风量)，将原来有害漏风，转变为有益漏风。

(2)在某些情况下，建筑坑内扇风机房可能比地表扇风机房经济，特别是小型矿井或分区通风风量较小时，所需扇风机较小，可以将扇风机放在巷道中，而不需开凿硐室。

(3)有山崩、滚石、雪崩危险的地区布置风井，地表无适当位置或地基不宜建筑扇风机房时。

有自燃发火危险和进行大爆破的矿井，在井下安装扇风机时，应有可靠的安全措施并经主管部门批准。

主要扇风机无论安设在地面或井下，都应考虑在安全和不受地压及其他灾害威胁的条件下，扇风机的安装位置尽可能地靠近矿体，以提高有效风量率。此外在井下安设时，还应考虑到扇风机的噪音不致影响井底车场工作人员的工作。

10.5 实际需风量的计算及合理供风量的确定

矿井通风系统的作用，在于供给井下工作面必要数量的新鲜空气，以稀释并排除有毒有害气体和粉尘，创造良好的劳动条件，保证井下人员的身体健康，提高劳动生产率。因此，正确计算需风量、合理确定供风量是矿井通风系统设计的主要环节，是进一步计算矿井通风阻力、选择通风设备的重要基础。

10.5.1 回采工作面需风量计算

矿井中需要通风系统供给新鲜风流的场所，主要是回采、掘进、装矿、卸矿等各种工作面，以及炸药库等各种硐室。工作面的需风量是指正常作业时，能够满足人员呼吸，稀释、排出有毒有害气体和粉尘，调节气候所需求的风量。

回采工作面的需风量，按照《地下矿通风规范》规定，按下列要求分别计算，取其中最大值：

(1)按同时工作的最多人数计算，供风量应不少于每人4 m^3/min。即：

$$Q = 4\sum n\text{ , m}^3/\text{min} \tag{10-1}$$

式中：$\sum n$——工作面同时工作的最多人数。

(2)按排尘风速计算：

$$Q = Sv\text{, m}^3/\text{s} \tag{10-2}$$

式中：S——工作面过风面积，m^2；

v——要求的排尘风速，m/s；硐室型采场最低风速应不小于0.15 m/s，巷道型采场、凿岩巷道和掘进巷道应不小于0.25 m/s；电耙道、二次破碎巷道和溜井卸矿口应不小于0.5 m/s；无底柱崩落法的进路，应不小于0.25 m/s。

(3)有柴油设备运行的矿井，按同时作业机台数每千瓦每分钟供风量4 m^3计算。

$$Q = 4\sum N\text{, m}^3/\text{min} \tag{10-3}$$

式中：$\sum N$——同时作业的柴油设备功率，kW。

在回采作业中，炮烟与粉尘的产生特点各不相同，产生炮烟的时间短，产生粉尘的时间长。炮烟只在爆破后形成，并且产生的数量已定，只要有一定的风速将其持续地排出，一段时间后有毒有害气体的浓度就可达到卫生标准。故爆破时只要工人等待一定时间排烟后再进入工作面，即可免受炮烟危害。而粉尘是凿岩、耙矿、铲运等作业的伴生物，边作业边产生，所以通风的任务就是在作业同时不断将其排走。也就是边作业、边产尘、边排出，随时让工作面保持良好的卫生环境。

过去曾有资料介绍按照排出炮烟计量回采工作面的需风量，这在产尘少，通风系统以排烟为主要目的的矿井是可行的。近年来随着采矿技术进步，矿山普遍使用高效率采掘设备，使产尘强度随着生产能力成倍增长，防尘和调节气候在通风中占了显著地位。故回采工作面的需风量通常按排尘要求计算，大爆破时只需适当延长通风时间即可满足排烟要求。

风流对采场中炮烟的作用过程，既不像活塞排气那样是进行单纯的排出运动，也不像在密闭空间那样进行单纯的稀释作用，而是稀释、排出两种作用都有，并且是边稀释、边排出。而且排烟速度、排烟效果与通风方式有关系。抽出式通风以排出为主，稀释为辅，排烟效果好，通风时间短；压入式通风以稀释为主，炮烟浓度下降慢，排烟时间长。故工作面所产生的炮烟和粉尘浓度，对于采用稀释型的压入式通风时有一定影响，但在采用排出型的抽出式通风时作用就显得次要得多。

回采工作面形状对风流排出烟尘也有一定影响。巷道型工作面，由于风速在巷道横截面上分布不均匀，使含有烟尘的风流产生纵向的运移和横向的扩散，并逐渐被稀释和排出。故风流对于炮烟及粉尘的作用是以排出为主稀释为辅，但并不是在工作面空间稀释到一定程度后再排出，而是一边排出，一边稀释。硐室型工作面的风流是一种紊流射流，其主风流只通过硐室的部分空间，而其余空间则借助紊流扩散作用，使烟尘逐渐被稀释和排出。实践证明不管是工作面是巷道型还是硐室型，只要风速达到0.15 m/s以上，风流就能在全断面上稳定地流动，就起到了排出烟尘的作用，风速大、排出快。因此，《地下矿通风规范》根据排尘、排烟需要，以及我国矿山生产作业实际情况，规定了上述最低风速要求。生产实践证明，工作面实际风速如能达到这一要求，那么排尘、排烟效果均比较好。

除了通风方式以外，排尘、排烟效果还与采场密闭状况及漏风程度有关。一般来说，漏风少的采场排烟效果好、速度快；漏风多的采场，由于漏风的影响，排烟效果要差一些，通风时间就要长一些。因此，要准确计算排烟所需时间是比较困难的，生产实践中只有利用排尘风量对爆后采场进行连续的通风换气，直至将炮烟排至允许浓度才恢复作业。进入采场作业之前，要检测一氧化碳和氮氧化物的浓度，如不合格时应继续通风，直至合格才能进入作业。

总之，各矿应根据不同采场实际情况，逐步摸索能将炮烟排干净的实际换气次数，以供后期排烟通风参考。

采用抽出式通风的密闭采场，换气一次所需的时间可按下式估算：

$$t=\frac{V}{Q} \tag{10-4}$$

式中：t——采场换气一次所需的时间，s；

V——采场通风空间体积，m^3；

Q——采场通风量，m^3/s。

10.5.2 掘进工作面需风量计算

掘进工作面包括开拓、采准和切割工作面。各工作面的需风量，可按第8章的风量计算方法计算。

10.5.3 硐室需风量计算

1. 炸药库

炸药库是井下主要危险源，为防止其自燃、自爆和氧化分解时产生的有毒气体会污染井下风流，故必须构建通达总回风系统的专用回风道，并形成独立的贯穿风流通风，需风量可取 1 ~2 m^3/s。

2. 破碎硐室

井下破碎硐室是重大产尘点，为防止其产尘污染井下风流，应当有联通总回风系统的排尘回风道，形成独立的贯穿风流通风，确定的排尘风速应不小于 0.25 m/s。

3. 装卸矿硐室

装矿、卸矿硐室也是井下主要产尘点，确定的排尘风速应不小于 0.25 m/s，产尘较大的溜井卸矿口应不小于 0.5 m/s。主溜井使用过的含尘污风，原则上应排入矿井回风系统。

4. 变电室、绞车房、水泵站

变电室、绞车房、水泵站机电设备散热需要的风量，按下式计算：

$$Q = 0.008 \sum N,\ m^3/s \tag{10-5}$$

式中：$\sum N$——同时工作的电动机额定功率之和，kW。

5. 空压机硐室

井下空压机降温所需风量，按下式计算：

$$Q = 0.04 \sum N,\ m^3/s \tag{10-6}$$

式中：$\sum N$——同时工作的空压机的电动机额定功率之和，kW。

6. 机修硐室

机修硐室经常进行电焊、氧焊、气割等作业，一般保持 1 ~1.5 m^3/s 的通过风量。

10.5.4 总需风量的计算

一个通风单元，乃至整个通风系统的总需风量，是指达到预期生产能力时，一个单元或整个系统内各类工作面与需要独立通风的硐室的需风量之总和，即：

$$Q_x = \sum Q_s + \sum Q'_s + \sum Q_d + \sum Q_r + \sum Q_H \tag{10-7}$$

式中：Q_x——通风单元或通风系统的需风量，m^3/s；

Q_s——回采工作面所需风量，m^3/s；

Q'_s——难于密闭的备用回采工作面所需风量，如备用电耙道和凿岩道等，其风量应与作业工作面相同；能够临时密闭的备用工作面如采场的通风天井或平巷等，可用盖板、风门等临时密闭者，其风量可取作业工作面风量的一半，即 $Q'_s = 0.5Q_s$；

Q_d——掘进工作面（包括开拓、采准和切割）所需风量，m^3/s；

Q_r——炸药库、破碎硐室等要求独立风流通风的硐室所需风量（m^3/s），但变电室、绞车房、水泵站、空压机硐室的降温问题要用过路风流解决，故在计算矿井总需风量时，这类硐室所需风量不应纳入总风量来计算，只需在设计风流的输送与调控方案时，考虑如何使其风量分配达到设计要求即可；

Q_H——其他需风点的需风量，如主溜井装卸矿点、穿脉装矿点及主风流中的装卸矿点等所需风量，视对主风流的污染程度而考虑全部计入、部分计入或不计入。

10.5.5 合理供风量的确定

矿井通风系统是由相互关联、相互制约的众多因素构成的动态复杂系统，存在内外漏风、分风不均衡、服务对象变化等多种不可准确估计的因素，为了应对这些问题，使大部分工作面实得风量都达到设计要求，通风单元和整个系统的供风量，应在需风量基础上留有一定的富余量。

在通风系统诸多设计要素中，矿井供风量是一个与通风效果、建设投资、运营费用密切相关的重要参数。一般来说，供风量的大小，决定了通风井巷断面大小、通风设备投资多少、通风运行电耗高低等一系列问题。通风系统技术经济合理性，很大程度上取决于供风量的合理性。但是，工作面通风效果却不一定与供风量大小成正比，在供风量大于工作面需风量之后，还要取决于通风系统控制漏风与调节众多工作面风量按需分配的能力。这就是生产实践中许多供风量偏大的通风系统尚未取得预期良好通风效果的主要原因。因此，应当按照生产工作面总需风量及系统调控效能综合考虑慎重决定矿井供风量，这样才经济、合理，才合乎生产实际要求，或者说，在确定矿井供风量时，应当首先弄清工作面总需风量，然后再根据漏风情况、网路结构、调控性能及管理水平来考虑一定的备用系数，即

$$Q_G = K \cdot \sum Q_X \tag{10-8}$$

式中：Q_G——通风单元或整个系统的设计供风量；

k——风量备用系数 $k(k \geqslant 1)$；

$\sum Q_X$——通风单元或整个系统需风量。

按照《地下矿通风规范》要求有效风量率不低于60%计算，风量备用系数K在1～1.67之间都是允许的。但是，这个取值范围比较大，实在难以准确选取。传统设计资料介绍，一般矿井K=1.3～1.5，漏风容易控制的矿井K=1.25～1.40，漏风难以控制的矿井K=1.35～1.5。

由于电耗与风量之间呈三次方的关系，增大备用系数，加大供风量导致电耗上升，通风成本增加的幅度实在惊人。盲目加大矿井供风量，不但不一定能达到预期的通风效果，而且会造成投资与电能的浪费。如何确定合理的风量备用系数，使各个微观工作面、各个通风单元乃至到整个宏观通风系统，均做到风量供需相当，是矿井通风设计中需要综合研究的重要课题。

目前通风技术和通风设备比20世纪有了较大进步。编者从近来承担的25个通风系统改造中发现，仍按上述范围粗放地选取风量备用系数已不合适，以工作面为服务核心构建合理的风路结构与调控方式，降低有害漏风率，提高分风可控性与均衡性，可将漏风备用系数和分风不均衡系数均控制在1.05～1.1之间，即总的风量备用系数控制在1.1～1.21之间。将风量备用系数从传统的1.25～1.5降低至1.1～1.21，节能幅度可达31.9%～47.5%，节电效益非常可观。虽然矿井供风量略有减少，但是通风电耗大幅下降，有效风量率和风速合格率反而提高，仍然可以取得优良的通风效果，实现高效低耗的合理通风。

10.6 矿井风量分配及通风阻力计算

通风单元或整个系统的供风量确定后，应按各工作地点实际所需要的风量并考虑漏风系数，进行风量分配。求得各井巷通过风量值后以此为依据，再根据风阻计算出通风系统的阻力，以此作为选择风机的依据。

10.6.1 风量分配的原则

(1)采掘工作面、井下硐室、主溜井等需风点的供风量，应按照计算的需风量并考虑备用系数进行分配。为保证风流质量，应避免各采掘工作面串联通风。

(2)井下炸药库，破碎硐室和主溜井处应独立通风，回风流应直接导入总回风道或直通地表，否则必须采取净化措施。

(3)各风路分配的风量，应与该风路中阻力大小相吻合，否则应采取措施进行调节。

(4)多路进风、多路排风的通风系统，各路进风、各路排风的风量应与各路的风阻相适应。否则，会因分风不合理而产生附加功耗。解决的方法是按风量自然分配的规律进行解算，求出各路最合理的风量。

(5)在所有需风点和有风流通过的井巷中，最大风速必须符合《地下矿通风规范》的规定。

10.6.2 风量分配的方法

通过矿井各井巷的风量，原则上应根据矿井各需风点的风量、在通风系统中所处的位置、漏风地点和漏风量来确定。为此必须详细分析矿井的漏风状况，力求使所确定的各巷道风量值接近实际。进行风量分配时，应将各井巷的风量值一一标在通风系统图和通风网络结构示意图上。漏风风路可用一条通大气的插入线来表示。压入式通风时，在进风段的终点上画一漏风风路引到地表，抽出式通风时，在回风段的始点上画一漏风风路连通地表大气，并标出漏风量，使网路保持风量平衡。

在设计工作中，具体漏风地点和漏风量的判定是非常困难的。因此，风量分配的方法，可按照是否具体考虑漏风情况分为以下两种：

1. 不考虑具体漏风情况的风量分配

这种方法不具体计算通风网络内的漏风量，而在风量备用系数 K 中加以考虑，即按所需风量乘以备用系数 K 进行分配。这种分配方法一般在新设计矿井时使用。

2. 考虑具体漏风情况的风量分配

当通风网络中具体漏风情况可以根据公式计算或实测时，可采用此法。分配方法是按实际所需风量分配到各工作面，在自工作面起沿逆风方向在应到达工作面的风量上加以需要补偿的漏风风量值，即为该巷道所需通过的风量。

新建矿井考虑具体漏风情况的风量分配，可根据矿井主要漏风地点的位置、对通风系统的进风段，需风段和回风段的影响，而考虑在需风量的基础上分别乘以风量备用系数的全部、部分或不乘。一般来说，压入式通风系统中，主要漏风地点在进风段，抽出式通风系统中，主要漏风地点在回风段。考虑到这种情况，在风量分配时，可按下述简单处理方法进行计算：压入式通风系统的进风段，应在设计计算的需风量的基础上乘以风量备用系数，作为进风段各井巷份分配风量，而在需风段和回风段则可不考虑备用风量，只按设计计算的需风量进行分配，抽出式通风系统的回风段，应在设计计算的需风量基础上乘以风量备用系数，作为回风段各巷道分配的风量，而进风段和需风段则可以不考虑备用风量，只按设计计算的需风量进行分配。

改、扩建矿井考虑具体漏风情况的风量分配，需要实测矿井漏风地点的漏风量，再按照实测资料和经验确定各地点的漏风量。根据各作业点的需风量和各漏风点的漏风量，依风量平衡原理，沿通风网络结构图确定各井巷的分配风量。对于新开拓的阶段，可参照上阶段的情况，只考虑主要漏风地点进行风量分配。

10.6.3　风量的按需分配与调控

一个通风网络，如果不采取任何风量调节措施而能实现所需的风量分配，是最经济和最有效的办法。因为在这种情况下总风阻最小，电耗最少，而且通风管理方便，是最理想不过的。但是实际上这样的巧合很少。所以应先根据通风网络结构情况、风阻及总风量，用计算机算出风量分配的情况。若与需要风量基本相符，就不必再采取风量调节措施，否则应根据具体情况进行风量调节。

风量调控方法，可根据矿井实际情况，在主扇－风窗、主扇－辅扇、多级机站和单元调控等模式中创造性地灵活选用。

目前，计算机的应用逐步得到普及，在矿井通风设计中使用计算机计算给设计工作带来很多方便。根据通风网络的实际情况，把有关数据输给计算机，它已能自动解答应采取的风量调节措施，以及风量分配等情况。

10.6.4　矿井通风阻力的计算

当风量调节措施决定后，就可进行全矿通风阻力的计算。所谓全矿通风阻力，就是进风井巷口至出风井巷口的风流路线上压力损失的总和。

对于抽出式矿井来说，矿井通风总阻力就是从入风井口到扇风机风硐之间风流的全压差值；对于压入式矿井来说，矿井通风总阻力就是从扇风机风硐到出风井口所发生的风流能量损失值。

应用计算机解算的通风网络风量分配结果中，通常都可知每一条巷道的风量与风压。只需将任何一条风路从进风口到出风口，把沿程的压差叠加起来即为矿井总通风阻力。

在手工计算全矿通风阻力时，因人工分配的风量并不一定能使网路实现风量平衡与风压平衡，为稳妥起见，通常按风量理想分配时的最大阻力计算。即在通风系统图上找出风路最长、风量最大的一条线路作为阻力最大的线路。如系统较复杂，难以判断阻力最大的线路时，则需选择几条线路，通过计算比较，选出压力损失最大的线路。

在进行阻力计算之前，为计算方便，先绘制通风系统示意图(10－13a)，并在节点处顺序标上序号，再绘制成通风网络示意图(10－13b)。然后将各巷道的风量及原始参数填入表10－2中。

然后沿选定的路线分段计算摩擦阻力，其总和即为矿井总摩擦阻力：

$$h_f = h_{1-2} + h_{2-3} + h_{3-4} + \cdots + h_{n-1\sim n} \tag{10-9}$$

式中：h_f——总摩擦阻力，Pa；

h_{1-2}，h_{2-3}，⋯——各段摩擦阻力，用下式计算：

$$h = \alpha \frac{LP}{S^3} Q^2 \tag{10-10}$$

各条风路摩擦阻力的计算参数，填写在表 10－2 中，以便核对。

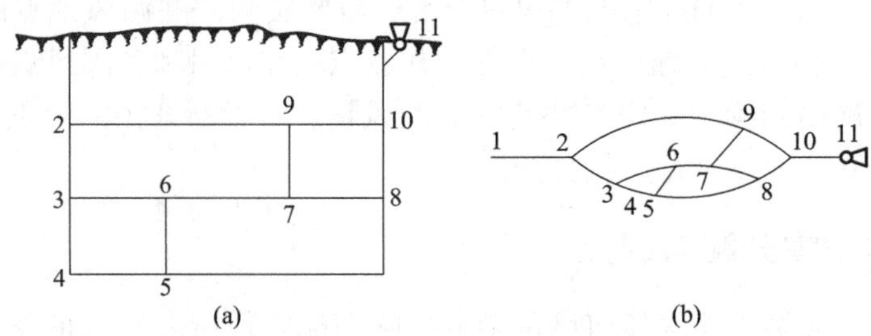

图 10－13　通风系统图与网络示意图

表 10－2　摩擦阻力计算表

始节点	末节点	巷道名称	支护形式	摩擦阻力系数 /$(N \cdot s^2 \cdot m^{-4})$	巷道形状	巷道面积 /(m^{-2})	巷道周长 /m	巷道长度 /m	摩擦风阻 /$(N \cdot s^2 \cdot m^{-8})$	风量 /$(m^3 \cdot s^{-1})$	摩擦阻力 /Pa
1	2										
2	3										
3	4										

根据有关设计资料介绍，全矿的局部阻力可根据总摩擦阻力进行估算。一般认为，总局部阻力大致等于总摩擦阻力的 10% ~20%，即 $h_1 = (0.1 \sim 0.2) h_f$。

因此矿井总阻力

$$h_t = h_f + h_1 = (1.1 \sim 1.2) h_f \tag{10-11}$$

实际上，除了风量特别集中的大型矿井之外，局部阻力并不像上式计算的那么大。因为矿井存在难以完全纳入计算范围的风路，按照常规方法计算的摩擦阻力，通常会略大于实际摩擦阻力，这部分误差恰好可以弥补忽略的局部阻力。因此，编者认为在矿井通风阻力计算中，除了风量特别集中的大型矿井及特殊风道，需要按第 4 章介绍的方法认真计算局部阻力之外，一般矿井，尤其是多路进风、多路回风的矿井，通常不必计算局部阻力，矿井通风阻力仅按摩擦阻力计算即可。但对于主扇风硐，局部阻力是不能忽略的。

10.7　矿井主要扇风机的选择

10.7.1　扇风机的选择

在通风设计中，通常利用厂家提供的风机个体曲线产品样本来选择矿井主要扇风机，在具体选型时，必须计算通风系统要求扇风机提供的风量和风压。

1. 扇风机的风量 Q_f(m^3/s)

$$Q_f = \rho Q_t \tag{10-12}$$

式中：ρ——扇风机装置的风量备用系数（包括井口、反风装置和绕道等处的漏风），一般取 $\rho=1.1$ 当风井有提升任务时 $\rho=1.2$；当风机性能可靠、风墙不漏风时可取1。

Q_t——矿井要求的总风量，m^3/s。

2. 扇风机的风压 H_f

扇风机产生的风压不仅用于克服矿井总阻力，同时还要克服反向的矿井自然风压、扇风机装置的通风阻力以及矿井出口动压损失。扇风机的标准风压（Pa）可按下式计算：

$$H_f=h_t+H_n+h_r+h_v,\ \text{Pa} \tag{10-13}$$

式中：h_t——矿井总阻力，分别以容易和困难两个时期的阻力值代入，Pa；

H_n——与扇风机通风方向相反的自然风压，Pa；

h_r——扇风机装置阻力，包括风机风硐、扩散器和消音器的阻力之和，一般取 $h_r=150\sim200$ Pa；

h_v——出口动压损失，Pa，抽出式为扩散器出口动压损失，压入式为出风井口动压损失；若用扇风机静压特性曲线，则可不必计入此项阻力。

为了使所选风机能够适应矿井通风容易时期和困难时期，应分别计算出两个时期的两组风量 Q_f 与风压 H_f 数据。在扇风机个体特性曲线上找出相应的工况点，并要求这两个工况点均能落在某一扇风机特性曲线的合理工作范围内，即风机工况点应处于风机性能；曲线峰点的右侧。轴流式风机工况点的风压不得超过风机性能曲线上最大风压的90%～95%，风机效率 $\eta\geqslant60\%$。判断所选主扇是否合适，要看上面两组数据所构成的两个时期的工作点，是否都在扇风机个体特性曲线上的合理工作范围内。

目前在金属矿山普遍推广使用的K系列新型矿用风机，叶片有多个档次的安装角，对应的个体特性曲线也是多个安装角的一组性曲线（如图10－14所示）。选型时建议按照叶片安装角中间角度选用，将来要求增大风量、风压时，调大叶片安装角即可达到；若要降低风量、风压，调小叶片安装角即可实现，为风量、风压的调节留下了一定余地。另外，要注意有些风机厂家夸大其风机个体特性曲线的工作参数，而实际风机的性能并没有那么好，选用风机时必须把这些因素加以考虑，否则达不设计的效果。

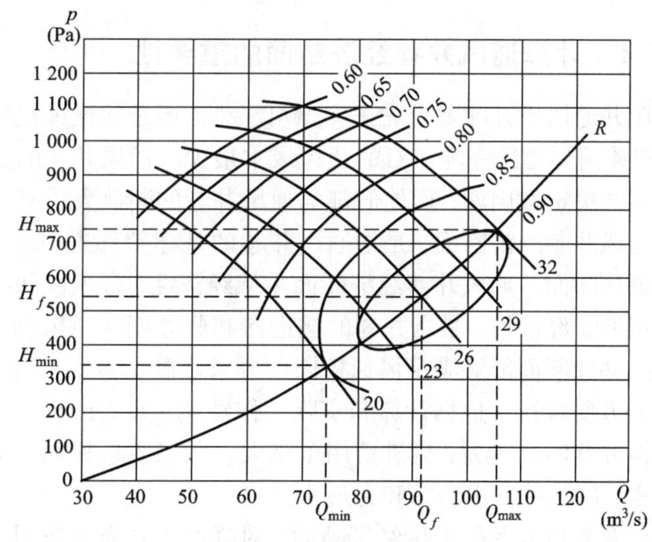

图10－14 K40－№23型风机风量－风压－效率曲线

根据风机工况点的 H_f 和 Q_f 以及在扇风机特性曲线上查出的相应的效率 η_f，即可根据式（10－14）计算扇风机的轴功率 N_f：

$$N_f=\frac{H_fQ_f}{1\,000\eta_f},\ \text{kW} \tag{10-14}$$

10.7.2 电动机的选择

目前在金属矿山普遍推广使用的新型矿用风机，是以 K 系列为代表的风机与电机一体化的组合装置，出厂时厂家已配置有匹配的电动机，通风设计时一般不必再选择电动机。

如果风机没有配套电机，则需进行电动机额定功率的选择计算。通常根据通风容易与困难两个时期主扇风机的轴功率 N_f，计算出电动机的额定功率 N_e

$$N_e = K\frac{N_f}{\eta_m \eta_e},\ \text{kW} \tag{10-15}$$

式中：K——电动机的容量备用系数，轴流风速取 $K=1.1\sim1.2$，离心风机取 $K=1.2\sim1.3$；

η_m——传动效率，直联传动 $\eta_m=1$，皮带传动取 $\eta=0.95$；

η_e——电动机效率，根据电动机产品目录查询，一般 $\eta_e=0.85\sim0.95$。

按计算出的电动机额定功率及主扇要求的转速，从产品目录中选取电动机类型及容量。当扇风机功率不大，可选用异步电动机；若功率较大时，为了调整电网功率因数，宜选用同步电动机。

一般来说，所选电动机最好在通风容易时期与困难时期均能够满足要求。但是如果两个时期相差较大，而且服务期均比较长时，为使电机具有较高的运行效率，建议通风容易时期选用较小的电动机，在困难时期再换用较大的电机。

10.8 通风井巷经济断面的计算

10.8.1 计算通风井巷经济断面的重要性

矿井通风设计除要求先进安全可靠外，还必须论证经济上的合理性，使矿井通风费用最低，即摊销到每采一吨矿石的通风成本最少。通风井巷的开拓投资和通风系统运行电费是通风成本的决定性因素，而他们都与通风井巷的断面大小有关。

通风井巷经济断面，是指通风井巷的基建费和通风动力费之和为最小的井巷断面面积，也叫最佳断面。通风井巷经济断面是从经济性、合理性和施工技术上的可能性等因素综合分析确定的。经济性，是指井巷的掘进费和服务期间通风动力费的总和最小。合理性，是指所确定的井巷断面能够满足风速极限的要求。施工技术上的可能性，是指所确定的断面在掘进技术上方便可行。根据计算和实际工作经验，井巷断面越大，通风阻力越小，通风费用也越少。但井巷断面越大，掘进费用也越大。所以在选择通风井巷断面时，应全面考虑这些方面的因素，使各种费用的总和为最小。

计算通风井巷的最优经济断面，对降低矿井通风费用有极其重要的作用。但不是凡组成通风系统的井巷都需要进行计算。矿井通风系统压力损失主要消耗在风量集中的进风井巷或回风井巷。压入式通风系统为进风段，抽出式通风的系统为回风段，对采用集中进风、集中回风的混合式通风系统，则进风段和回风段均应考虑计算其最优经济断面。

通风井巷的基建费用一般是随着通风井巷断面的加大而增加的。但由于通风井巷断面的加大，使矿井总风压降低，因而主扇的动力费减少。因此，要使矿井通风费用达到最小值，就通风井巷基建费折旧和主扇动力费而言，既不能只以满足运输设备的要求和以规程的极限风速为依据，使井巷基建费为最小值，也不能任意加大井巷断面来降低矿井总风压，使动力费为最小值，而应通过计算，求出通风井巷的最优经济断面，使井巷基建费折旧与动力费之和为最小值。

10.8.2 用作图法计算通风井巷的经济断面

将井巷的掘进费及通风动力费与井巷断面面积之间的关系用描点法绘在图10－15上，可得出年经营费随断面面积变化的曲线（年经营费＝年均掘进费＋每年动力费）。年经营费曲线最低点所对应的断面面积，即为最经济断面。

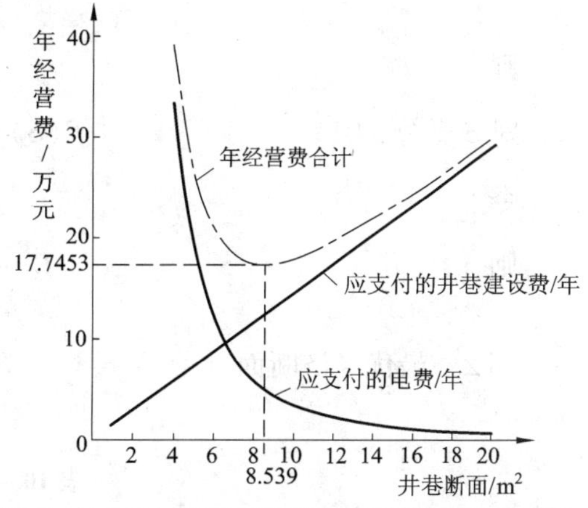

图10－15 通风井巷经济断面作图法计算

10.8.3 用计算法确定通风井巷的经济断面

通风井巷最优经济断面可按以下方法计算。

每年支付井巷建设资金的百分比为：

$$M_C = i\frac{(1+i)^n}{(1+i)^n-1} \quad (10-16)$$

式中：M_C——每年支付井巷建设资金的百分比；

i——年利率，用小数表示；

n——井巷服务年限。

在服务年限内每年应支付的井巷建设费用为：

$$y_1 = M_C u_1 LS \quad (10-17)$$

式中：u_1——掘进成本，元/m^3；

L——井巷长度，m；

S——井巷断面，m^2；

y_1——每年应支付的费用，元。

每年应支付的电费为：

$$y_2 = \frac{d_1 h_1 u_2 \alpha LkQ^3}{1\,000\eta S^{\frac{5}{2}}} \quad (10-18)$$

式中：d_1——每年工作天数；

h_1——扇风机每天运转小时数；

u_2——电费单价，元/kW·h；

α——摩擦阻力系数，Ns^2/m^4；

$k=P/\sqrt{S}$：方形断面 $k=4$；

梯形断面 $k=4.16$；

圆形断面 $k=3.5449$；

拱形断面的 k 值查表10－3；

P——巷道断面周长，m；

Q——风量，m^3/s；

η——风机效率；

y_2——每年应支付的电费，元。

每年应支付的通风费用为：

$$y = y_1 + y_2 \tag{10-19}$$

设

$$C_1 = M_C u_1 L \tag{10-20}$$

$$C_2 = \frac{d_1 h_1 u_2 \alpha L k Q^3}{1\,000\eta} \tag{10-21}$$

则

$$y = C_1 S + C_2 S^{-\frac{5}{2}} \tag{10-22}$$

对 S 微分，则

$$f'(S) = C_1 - \frac{5}{2} C_2 S^{-\frac{7}{2}}$$

令

$$f'(S) = 0$$

则

$$C_1 - \frac{5}{2} C_2 S^{-\frac{7}{2}} = 0$$

那么，最优经济断面

$$S = \left(\frac{2C_1}{SC_2}\right)^{\frac{2}{7}} \tag{10-23}$$

表 10-3　拱形断面 k 值

巷道宽：墙高 $B_0 : h_2$	系数 k					
	三心拱			半圆拱	圆弧拱	
	1/3	1/4	1/5		1/3	1/4
0.8	3.9280	3.9581	3.9738	3.9557	3.9097	3.9033
1.0	3.8544	3.8978	3.9213	3.8725	3.8366	3.8373
1.1	3.8332	3.8834	3.9110	3.8460	3.8158	3.8203
1.2	3.8188	3.8760	3.9076	3.8262	3.8019	3.8104
1.3	3.8094	3.8736	3.9093	3.8114	3.7931	3.8057
1.4	3.8040	3.8751	3.9150	3.8004	3.7882	3.8050
1.5	3.8014	3.8795	3.9238	3.7924	3.7864	3.8074
1.6	3.8012	3.8863	3.9348	3.7866	3.7868	3.8121
1.7	3.8028	3.8948	3.9475	3.7827	3.7891	3.8187
1.8	3.8057	3.9046	3.9617	3.7802	3.7928	3.8267
1.9	3.8098	3.9155	3.9769	3.7789	3.7977	3.8359
2.0	3.8148	3.9272	3.9929	3.7785	3.8034	3.8459
2.1	3.8204	3.9395	4.0095	3.7788	3.8098	3.8566
2.2	3.8265	3.9522	4.0265	3.7797	3.8167	3.8677
2.3	3.8330	3.9652	4.0439	3.7812	3.8240	3.8793
2.4	3.8399	3.9785	4.0614	3.7830	3.8316	3.8912

10.9　矿井通风费用的计算

矿井通风费用由设备折旧费、通风动力费、材料消耗费、通风人员工资、通风井巷折旧费和维护费、仪表的购置费等组成，具体计算方法如下。

1. 设备折旧费

通风设备的折旧费与设备的数量及服务年限有关，按表 10-4 计算。

表 10-4 通风设备的折旧费与设备的数量及服务年限关系列表

序号	设备名称	计算单位	数量	单位成本	总成本(元)			服务年限	每年折旧费(元)	
					设备费	运输及安装费	总计		基建投资(d_1)	大修理(d_2)

回采每吨矿石的折旧费 M_1 为:

$$M_1 = \frac{d_1 + d_2}{T}, \text{元/t} \tag{10-24}$$

式中:T——年产矿石量,t。

2. 通风动力费

主扇年耗电量 W_1(kW·h)为:

$$W_1 = \frac{N_e t_1 t_2}{\eta_e \eta_t \eta_n} \tag{10-25}$$

式中:N_e——电动机输出功率;

t_1,t_2——扇风机每年的工作天数及每天的工作小时数;

η_e,η_t,η_n——电动机、变压器、电网输电效率。

局扇和辅扇的年耗电量 W_2,kW·h

回采每吨矿石的通风动力费 M_2(元/t)为:

$$M_2 = \frac{W_1 + W_2}{T} u \tag{10-26}$$

式中:u——电费单价,元/kW·h。

3. 材料费

材料费,包括各种通风构筑物(风桥、风门、风墙、风窗等)的材料费,扇风机和电动机的润滑材料等的费用。每吨矿石的通风材料费 M_3(元/t)为:

$$M_3 = \frac{m}{T} \tag{10-27}$$

4. 人员工资

每吨矿石的通风防尘人员的工资费用 M_4(元/t)为:

$$M_4 = \frac{w}{T} \tag{10-28}$$

式中:w——矿井通风工作人员年工资总额,元。

5. 专用通风井巷折旧费和维护费

分摊到每回采一吨矿石的专用通风井巷工程折旧费和维护费 M_5(元/t)。

6. 通风仪表的购置费和维修费

分摊到每回采一吨矿石的通风仪表的购置费和维修费 M_6(元/t)。

矿井生产每吨矿石的通风总费用 M(元/t)为:

$$M = M_1 + M_2 + M_3 + M_4 + M_5 + M_6 \tag{10-29}$$

10.10 矿井通风系统优化

10.10.1 优化分风调控方式

通风网络最优调控模式是：需分风网络按所需风量用扇风机控制，自然分风网络按自然分配的风量调配。这样，可使全网络达到功耗最少、可控性最强、有效性最好的优化调节控制目的。

调控方式优化要解决的最大难题，是通风系统用风部分复杂网路自然分配所不能解决的动态工作面风量供需矛盾，探讨用风部分调控体系如何使用最经济、最简便的调控手段，使工作面风量按排尘排烟和安全生产的需求分配。即研究用风部分通风网络，在主及辅、风窗、风门等调控装置的共同作用下，如何使工作面风量按需分配的规律。

因此，要在因地制宜灵活选用调控方式的基础上，充分利用计算机模拟分析手段，通过定性定量地分析按需分风问题，对设计方案的效果、能耗、管理进行全面的衡量，实现对调控方式和调控装置的位置、大小及能耗的优化选择。优化目标不仅要求工作面分风符合安全可靠、技术合理的原则，而且要求能耗投资最低、实施管理容易，尽量不与运输、人行等冲突。

10.10.2 优化风路结构

对于通风系统进风、用风和回风三大部分来说，要优化风路结构，保证进风部分要能将数量足够、质量合格的新鲜风流送入用风部分，然后由用风部分能够将新风按照生产需要稳定地分配给各个工作面，出风部分能将工作面产生的污风快捷地排出矿井。

10.10.3 抓好减阻降耗

从矿井通风能耗与风量 Q，风阻 R，风机，电机效率 η 的关系

$$N = R\frac{Q_{扇}^3}{1\ 000 \times \eta_{风机} \times \eta_{电机}} \tag{10-30}$$

可以看出：$N \propto R$，即通风阻力与通风电耗成正比，减少阻力可以取得明显的节电效益，尤其是在风量越大的井巷，减少阻力的节能效果更为明显，故减少阻力也是通风系统增效降耗改造的重要措施。

通风系统进风和出风部分阻力，通常占全系统的80%左右，故降耗的重点应该着眼于进出两头的减阻工作，具体措施如下。

(1)尽量采用多路进风、多路排风，可显著地降低进风和出风部分的阻力，获得较高的节能效益。

(2)如果进风道和回风道周边存在采空区、发育裂隙或废旧井巷时，在不影响风源质量的前提下，尽量将进风和排风主扇靠近采区工作面安装，充分利用这些与进出风并联的通道，把有害漏风转化为有益漏风，可明显地减少进出风部分的阻力与能耗。

(3)在氡污染得到控制的前提下，尽量不在进风部分安装风机等调控设施，让其处于功耗最小的自然进风状态。

(4)在最大阻力线路上的高阻力区段，采取喷浆砌筑支护、刷大井巷断面或开凿并联井巷等减阻措施，也可取得明显的减阻降耗效果。

(5)对于矿井的出风部分来说，有些矿井回风道出现垮塌现象未及时清理、或把杂物堆放在回风道中，致使风阻增加。尤其是安装抽出式风机的主要回风道，其阻力占矿井总阻力的比重相当大。因此，在排风部分要注意抓好清障减阻工作。

10.10.4 优化多路排风

多路排风的通风系统，按照通风网络最优调控模式，各风路的排风量应与该风路风阻大小相适应，这是确定各路排风量与井巷断面及风机选型时应当遵循的基本原则。风阻小，通过能力强的风路，应多排风；风阻大，通过能力弱的风路，则应少排风。这样，可减少由于分风量与风阻状况不相适应而产生的附加能量损失。

多路并联排风最优分风方案，是按各风路的风阻大小自然分风，使各支路的风压相等，这样分风就不会产生附加能耗。

10.10.5 优化风道条数及断面

要使矿井通风费用达到最小值，应求出通风井巷的最优条数和经济断面，使井巷基建费折旧与动力费之和为最小值。同时，还应考虑位置、断面及其支护形式，使其更趋完善。

10.10.6 优化支护形式

由于井巷的摩擦阻力与井巷的摩擦阻力系数成正比，所以对单进单出的主风井，或某些阻力较大的井巷，进行支护形式的优化，降低摩擦阻力系数，也是减阻降耗的有效途径。比如将原来不支护的井巷，优化为混凝土砌筑后，减阻幅度达到75%，电耗降至原来的1/4，减阻降耗效果十分显著，相当于新增一条同样的风道与之并联。

10.10.7 优化风机、电机选型

矿井通风能耗与风量、风阻、风机效率的关系如下：

$$N \propto \frac{1}{\eta_{风机} \times \eta_{电机}} \tag{10-31}$$

即通风能耗与风机效率、电机效率成反比，故选用质量可靠、高效适用的风机和电机，是建成高效低耗通风系统的重要环节。

现已普遍推广应用的K系列矿用节能风机，具有性能与金属矿井阻力相匹配、运转效率高、结构简单、安装方便、易于检修等优点，应该按照以下优选原则选择使用。

(1)风机性能要与通风网络匹配，工况处于高效运行状态，风量、压风可调范围满足服务区域或生产变化的通风要求。

(2)风机之间要相互匹配，动力性能满足联合工作的要求。

(3)尽量用稳定可靠的单机独立工作方式，少用稳定性和可靠性较差的多机串联、并联工作方式。

(4)风机出厂时要按国家标准进行气动性能和机械质量的测试验收，确保选用合格产品。

10.10.8 优选设计方案

矿井通风系统是由相互关联、相互制约的众多元素构成的动态复杂系统，对有关因素不同角度的考虑，导致产生多个设计方案。通风系统优化的主要内容之一，就是要应用模糊评判、层次分析和多目标决策等多种科学的决策方法，从众多的设计方案中筛选出可靠性高、通风效果好、经营费用低的综合最优方案。

矿井通风系统有多个评判指标，有些指标没有统一度量标准、难于进行单一比较，只能根据多个目标所产生的综合效果去估量；另一些有度量标准的指标之间，存在当某一个指标改善时，相关指标就要恶化的矛盾性(如风量、阻力与电耗、投资之间的矛盾)。由于多个指标之间存在矛盾性，故方案决策时不能简单地把多个指标归并为单个指标求解，而必须选用多目标法进行科学决策。

模糊评判法可将通风系统可靠性、工作面分风的稳定性和有效性等在质上没有确切含义、量上没有明确界线的定性类模糊因素，转化成定量类确定因素进行评判，从而使综评指数的大小反映全面评价的高低。

层次分析法可综合处理方案优选决策中的定性与定量因素，把方案优选问题表示为目标层—准则层—方案层的有序递阶层次结构，用1~9比率标度法，对评判准则的重要程度和所有方案相同因素的优劣进行量化排序，并构成评判矩阵。通过计算评判矩阵的最大特征根及其对应的特征向量，计算出某一层元素相对于上一层元素的相对重要性权值。在计算出方案层相对于准则层的单排序权值后，用准则层本身的权值加权综合，即可计算出方案层相对于目标层的相对重要性权值，即各方案按某种评判准则重要性顺序评出的优劣次序排序值，以此选出最优方案。

本章练习

(1)矿井通风设计的内容有哪些?

(2)矿井通风设计的原则有哪些?

(3)什么是统一通风、分区通风、单元通风?

(4)矿井进风井与回风井的布置原则是什么?

(5)什么是中央式通风系统、对角式通风系统、混合式通风系统?

(6)进、回风井的布置原则有哪些?

(7)矿井通风主扇安装地点如何选择?

(8)列举几种典型通风方式并简述它们的特点。

(9)如何计算矿井需风量?

(10)矿井风量分配有哪几种?

(11)如何计算通风阻力?简述其计算步骤。

(12)如何选择主扇?

(13)矿井通风费用的预算包括哪些?

第 11 章　矿井通风测定和通风系统管理

学习目标　*矿井通风检查与管理的主要内容，矿井通风系统测定的程序，矿井通风测定前的准备工作，测风点布置要求，通风测定的主要仪器设备和用具，主扇装置性能测定方法，井巷最高风速规定，摩擦阻力系数和局部阻力系数测定，竖井通风阻力测定，矿井通风的组织管理，矿井通风系统的自动化管理，矿井通风系统评价指标：风量(风速)合格率、风质合格率、有效风量率、主扇装置效率、风量供需比、综合指标的定义，矿井通风系统测定与评价报告的编制等。*

学习方法　*学习本章内容要与前面所学知识和实验课内容综合起来，要熟悉常用通风测定仪器的原理、技术规格和使用方法，最好在现场实习时琢磨如何开展通风测定工作。*

矿井通风受矿井生产、气候条件等因素的影响，是一个动态的系统，影响矿井通风及其系统稳定性的因素包括：矿井采掘工作面的位置和数量的变化，开采中段的变化，开采深度的变化；巷道风阻变化，运输提升设备状态变化，通风调节控制装置工作状态，爆破作业，通风动力，放矿作业，自然风压变化等。因此，一个好的通风系统需要日常不断的检测、维护和管理。

矿井通风常用的检测仪器有几类，常用的风速测量仪器仪表有：叶轮式风表、数字风表和超声波风速仪表；矿井中常用的测压仪器主要有：空盒气压计、精密气压计、各类压差计；常用的粉尘采样器有：滤膜采样测尘仪器、快速测尘仪(直读式测尘仪)等；常用的温、湿度测定仪器有：温度、湿度检测仪表、红外温度探测仪等。上述大多数仪器在前面的有关章节已经分别做了介绍。

矿井通风检查与管理的主要内容有：

(1)矿井空气成分(包括各种有毒有害气体)与矿内气候条件的检查；

(2)全矿风量和风速的检查；

(3)全矿通风阻力的检查；

(4)矿井空气含尘量的检查；

(5)矿井主扇工况的检查和辅扇、局扇工作情况的检查；

(6)根据生产情况的发展和变化，确定各个时期内全矿所需风量，并将风量合理分配到各需风地点；

(7)通风构筑物和主要通风井巷的检查和维护；

(8)有自燃发火矿井的火区密闭检查及全矿消防火的检查与处理等。

11.1　矿井通风测定

1. 矿井通风系统测定与评价的目的

矿井通风系统测定与评价的目的是贯彻“安全第一、预防为主、综合治理”方针，对矿井通风系统各项技术经济指标进行测定，充分掌握矿井通风的第一手资料，客观、科学地对矿井通风系统管理现状和运行效果进行评价，为完善矿井通风系统提供科学依据，以利于提高矿井安全生产程度，改善井下作业面的工作环境。

2. 矿井通风系统测定与评价周期

地下矿山随着开采作业的不断进行，作业环境始终处于动态之中，只有定期地对矿井通风系统进行全面的测定与评价，才能发现矿井通风系统中存在的问题，挖掘通风潜力，有效地提出改善矿井通风系统的措施和对策。矿山企业要根据本矿山的实际情况，应定期对井下风速、粉尘浓度、有毒有害气体等进行自检，其测定与评价结果作为申报安全生产许可证的材料之一。

3. 矿井通风系统测定与评价主要内容与程序

矿井通风系统测定与评价程序包括：准备阶段；通风系统技术指标的测定；资料整理分析与计算；通风系统技术指标的定量评价；提出完善通风系统的对策与措施；评价结论；编制矿井通风系统测定与评价报告。

11.1.1 测定前的准备工作

1. 图纸及有关技术资料的准备和收集

(1)矿山生产概况。主要收集包括矿山的年产量、采矿方法、开拓系统和通风系统情况、采场作业面的分布及数量、掘进工作面的分布及数量等。

(2)通风系统服务范围内的各中段平面图。中段平面图主要用以指导通风系统调查和布置测点。在中段平面图上必须标明该中段所有作业面的位置、主要通风构筑物位置、主扇、局扇和辅扇的安装位置、与邻中段有联系的井筒及专用通风井巷的位置等。

(3)通风系统立体图。通风系统立体图应标有系统中所有通地表的井口、风机位置、通风构筑物位置、上下中段相联系的位置及系统内所有井巷中的风向等情况。

(4)通风系统管理制度和措施。收集和了解矿井通风系统的管理制度和采取的相关安全技术措施。

2. 通风系统调查

矿井通风系统调查是进行通风系统测定与评价的基础和前提，主要包括如下内容。

(1)扇风机。主扇：型号、工作制度(运行时间)、工作方式、风量与风压、进风侧巷道长度、排风侧巷道长度、风机安装位置的标高、出风口标高、风机的电机功率、电压、电流及控制电机的仪表设施。辅扇：安装位置、工作方式、电机功率、有无密闭。局扇：安装位置、工作方式、电机功率等。

(2)通风构筑物。通风系统服务范围内所有构筑物的位置、种类、结构、质量等。

(3)井下作业面。井下作业面包括采场作业面、掘进工作面。

(4)矿井井巷风流。所有进风口、出风口的位置，井下所有井巷的风向及漏风情况等。

(5)通风网路。包括中段通风网路、采场(区)通风网路、角联风路、循环风路等。

(6)井下有毒有害物质。了解在井下生产过程中产生有毒有害物质的主要设备、场所和可能产生的有毒有害物质名称。

3. 测风点布置

测风点布置合理与否将直接关系到测定的成败，因此在测定前必须对通风系统进行周密的实地调查，全面地掌握情况，才能达到合理布置测点的目的。布置测点时，为了保证测点处的风流稳定，测点应布置在前后断面形状变化不大或比较均匀的直巷，其长度为：在测点前约等于3倍巷道直径，在测点后约等于2倍巷道直径。同时，测点布置还应满足以下要求：

(1)必须控制所有的进风口所进入的风量，以便控制全矿总进风量；

(2)必须控制所有出风口的排风量，以便计算全矿总排风量；

(3)必须控制各中段所有进风点，以掌握中段风量分配情况；

(4)必须控制各中段内主要分风点的风量；

(5)必须控制各作业面(采场、掘进工作面)所得到的新鲜风量，以掌握矿井主扇风量的利用和分配情况；

(6)必须控制全矿主要漏风点和循环风的风量情况。

4. 仪器仪表、测定用具与记录表格的准备

矿井通风系统测定中需要使用的仪器仪表很多，必须事先准备并校正。在测定与分析中要使用的主要仪器设备和用具见表11-1。

表11-1　主要仪器设备和用具

序号	名称	用途
1	复合智能气体检测仪	井下空气中 O_2，CO，SO_2，H_2S 等的测定
2	粉尘采样器	粉尘样品制备
3	气体采样器	气体样品制备
4	高、中、低风速测定仪	风量(风速)的测定
5	热球风速仪	微风速的测定
6	红外分光光度计	粉尘中 SiO_2 测定
7	精密电子天平	粉尘浓度测定
8	补偿压差计	压差测定
9	空盒气压计	大气压和温度的测定
10	皮托管	主扇装置压力的测定
11	钳形电流表	主扇电机电流测定
12	钳形电压表	主扇电机电压测定
13	功率因素表	主扇电机功率因素测定
14	滑尺、皮尺、钢卷尺	断面测定
15	秒表	风速测定

11.1.2　大气压力与温度的测定

大气压力 p 的测定一般采用空盒气压计在测点位置静置10 min后直接读取。空气温度 t 一般由水银温度计读取，也可在空盒气压计上读取。由大气压力和空气温度近似计算出空气密度 ρ(精确计算见第1章)，即：

$$\rho_{测}=3.458\times10^{-3}\times p/(273+t) \tag{11-1}$$

式中：p——大气压力，Pa；

t——空气温度，℃。

11.1.3 风量测定与计算

通过某一巷道断面的风量为该断面平均风速与断面面积的乘积，即：

$$Q = v \times S \tag{11-2}$$

式中：Q——风量，m^3/s；

v——测点实际风速，m/s；

S——测点的断面积，m^2。

为了对测定结果进行统一比较，一般将实际风量换算成$\rho_{测} = 1.2\ kg/m^3$状态下的标准风量，即：

$$Q_{标} = Q_{测} \times \rho_{测} / \rho_{标} \tag{11-3}$$

式中：$Q_{测}$——测定的实际风量，m^3/s；

$\rho_{标}$——标准空气密度，$\rho_{标} = 1.2\ kg/m^3$；

$\rho_{测}$——测定的实际空气密度，kg/m^3。

11.1.4 井下空气质量的测定

井下空气质量测定包括含O_2，CO_2，SO_2，CO，H_2S，NO_2，风源含尘量和其他产生的有毒有害物质。

其中含O_2，CO_2，SO_2，CO，H_2S，NO_2，放射性等用仪器在现场直接测定；粉尘和其他有毒有害物质使用粉尘采样器和气体采样器采样，结合实验室仪器进行分析计算。

11.1.5 主扇装置性能测定与计算

主扇装置性能包括主扇风量、风压、主扇电机功率和主扇效率的计算(具体见第6章)。

1. 主扇风量的测定

主扇风量通常在风硐内预先选定的适当断面上进行测定。由于通过风硐的风量和风速较大，一般使用高速风表测定断面上的平均风速；或者将该断面分成若干等分，用皮托管、压差计和胶皮管测定每个等分中心的动压，然后将动压换算成相应的速度，即 $v = \sqrt{H_v \times 2 \times g/\rho}$，再计算出若干个速度的算术平均值作为断面的平均风速。断面平均风速与风硐断面面积的乘积等于通过风硐的风量，也就是主扇的风量。

2. 主扇风压的测定

主扇风压的测定通常也是在风硐内测定风速的断面上进行。先在该断面上设置皮托管，再用胶皮管将皮托管的静压端与安设在主扇房内的压差计连接起来，当胶皮管无堵塞和漏气时，即可在压差计上读数，此读数为风硐内该断面上的相对静压$H_{扇}$。

3. 主扇功率的测定

为了计算主扇效率，应将拖动主扇的电动机输入功率测定出来。三相交流电机的功率通常采用钳形电流表、钳形电流表和功率因素表进行测定，并按下式计算：

$$N = \sqrt{3} \times U \times I \times \cos\varphi \tag{11-4}$$

式中：I——线电流，A；

U——线电压，kV；

$\cos\varphi$——电机功率因素；

N——电机输入功率，kW。

4. 单台主扇效率计算

主扇风量、风压、功率等数据测定计算出来后，按式(11－5)计算主扇效率：

$$\eta_{扇}=\frac{Q\times H}{1\,000\times N\times\eta_{e}\times\eta_{d}}100\% \tag{11－5}$$

式中：$\eta_{扇}$——主扇效率；

Q——主扇风量，kg/m^3；

H——主扇风压，Pa；

N——拖动主扇电机的输入功率，kW；

η_d——主扇电机传动效率，直联取100%，其他取85%；

η_e——主扇电机效率，参考表11－2取值。

表11－2　电机效率选取参考表

电机额定功率/kW	<50	50～100	>100
电机效率/%	85	88	89

5. 全矿主扇总效率计算

全矿多台主扇同时运行时，其总效率按式(11－6)计算：

$$\eta_{总}=\frac{\sum_{i=1}^{n}H_i\times Q_i}{1\,000\sum_{i=1}^{n}N_{fi}}\times100\% \tag{11－6}$$

式中：H_i——第i台主扇装置的实测风压，Pa；

n——主扇总台数；

Q_i——第i台主扇装置的实测风量，单位，kg/m^3；

N_{fi}——第i台主扇风机的输入轴功率，单位，kW；

$$N_{fi}=N_{电i}\cdot\eta_{电i}\cdot\eta_{传i}$$

$N_{电i}$——第i台主扇电机输入功率，单位，kW；

$\eta_{电i}$——第i台电机的效率，取值见表11－2；

$\eta_{传i}$——第i台主扇装置的传动效率，直联取1，其他取0.85。

11.1.6　矿井自然风压测定

为了测定通风系统自然风压，以最低水平为基准面(线)，将通风系统分为两个高度均为Z的空气柱，一个称之内空气柱的平均密度，应在密度变化较大的地方，如井口、井底、倾斜巷道的上下端及风温变化较大和变坡的地方布置测点，并在较短的时间内测出各点风流的绝对静压力p，干湿球温度t_d，t_w，湿度φ。两测点间高差不宜超过100 m(以50 m为宜)。若各测点间高差相等，可用算术平均法求各点密度的平均值。具体见第5章。

11.1.7 利用风表或利用皮托管配合压差计测量漏风

如图 11－1 所示，井巷 AB 段中间有风漏入。用风表分别测量 A，B 断面的平均风速和断面积，并计算 A，B 断面风量断面的风量之差，即为漏入巷道 AB 内的漏风量。也可以利用皮托管配合压差计测算出断面平均风速，进而算出漏风量。此种方法适用于漏风量较大且 A，B 断面风速也较大($v>5$ m/s)的条件下。

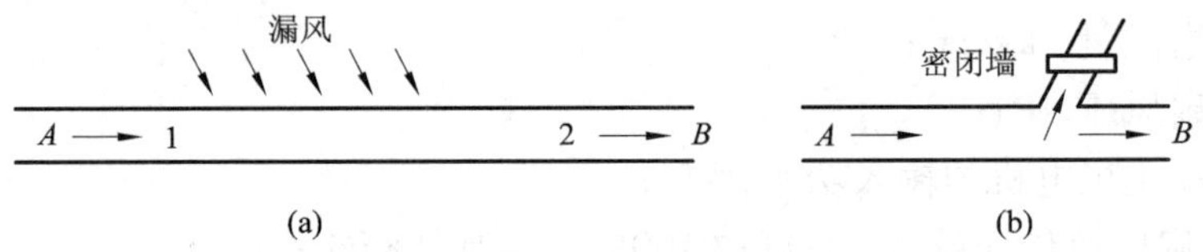

图 11－1　巷道漏风测算原理

11.1.8 通风系统单项指标标准

矿井通风系统单项指标评价标准参照《地下矿通风规范》的相关要求。

1. 井下空气质量标准

井下采掘工作面进风流中的空气成分(按体积计算)，O_2不得低于 20%(高原地区除外)，CO_2不得高于 0.5%；入风井巷和采掘工作面的风源含尘量不得超过 0.5 mg/m^3。井下作业地点的空气中有害物质的接触限值规定见第 1 章。

2. 井下风速(风量)要求

(1)按排尘风速计算，硐室型采场最低风速应不小于 0.15 m/s，巷道型采场和掘进巷道应不小于 0.25 m/s，电耙道和二次破碎巷道应不小于 0.5 m/s。

(2)井巷断面平均最高风速规定见表 11－3。

表 11－3　井巷断面平均最高风速规定表

序号	井 巷 名 称	最高风速/($m \cdot s^{-1}$)
1	专用风井，专用总进、回风道	15
2	专用物料提升井	12
3	风桥	10
4	提升人员和物料的井筒，中段主要进、回风道，修理中的井筒，主要斜坡道	8
5	运输巷道，采区进风道	6
6	采场	4

3. 有效风量率

矿井通风系统的有效风量率不得低于 60%。

4. 主扇装置效率

主扇装置效率要求不低于 60%。

11.2　矿井通风阻力测定

矿井阻力测定是矿井通风测定的内容之一，由于矿井通风阻力测定比较复杂，本章专门安排一节加以讨论。矿井通风阻力测定的目的主要有：了解通风系统中阻力分布情况，以便降阻增风；提供实际的井巷摩擦阻力系数和风阻值，为通风设计、网络解算、通风系统改造、调节风压法控制火灾提供可靠的基础资料等。

11.2.1　测定路线选择和测点布置

如果测定目的是了解通风系统的阻力分布，其测定路线必须选择通风系统的最大阻力路线，因为最大阻力路线决定通风系统的阻力。不过，当通风系统处于平衡状态下，从地表入风口到地表排风口(中间不论经过那些风路)，风路的阻力总是一样大的。如果路线上有难以通过的巷道，可选择其并联分支进行测量。

如果测定目的是获得摩擦阻力系数和分支风阻，则应选择不同支护形式、不同类型的典型巷道，如平巷、竖井、工作面等进行测量。除此之外，还应该考虑选择风量较大、人员易于通过的井巷。测定的结果应能满足网络解算要求。

测点布置应考虑测点是的压差不小于10～20 Pa，应尽量避免靠近井筒和风门，选择在风流比较稳定的巷道内。在进行井巷通风阻力系数测定时，要求测段内无风流汇合、分岔点，测点前后3 m的地段内巷道支护完好，没有堆积物。

11.2.2　一段巷道的通风阻力 h_R 测算

1. 压差计法

用压差计法测定通风阻力的实质是测量风流两点间的势能差和动压差，计算出两测点间的通风阻力。

在进行通风阻力测定时，巷道断面的平均风速常用风表测定。井下通风阻力测定的具体做法是：从第1个测点开始，在1、2两个测点处各置一个皮托管(或静压管)。在2测点的下侧6～8 m处安设压差计。皮托管应设置在风流正常稳定的地点，其尖端正对风流。两测点压差测定后，为节省时间，可以把2测点的皮托管(或静压管)和压差计暂时不动，只将1测点的皮托管连同胶皮管移动3测点，就可以进行第二段的测量。这时仪器位于两测点之间，为减少人体挡风对测值的影响，只需一人测压读数。依次顺序前进，进到全部路线测定完毕。

一条通风系统路线的通风阻力要一次性测完全程，对于通风路线较长的系统，可分两组同时测定，一般测进风路线为一组，从进风井口开始向回风系统测定；另一组测回风路线，从回风井口(或井底)开始向进风系统测定。直到两组相遇为止。

在进行通风系统阻力测定同时，每隔一定时间(一般10～20 min)读取该系统通风机房水柱计的示数一次。

2. 气压计法

用气压法测定通风阻力，是用精密气压计测出测点间的绝对静压差，再加上动压差和位能差，以计算出通风阻力。

对于1，2两断面，用一台精密气压计分别测出其绝对静压 p_1，p_2；用风表测出平均风速

v_1，v_2；用干、湿温度计测气温 t_1，t_2和相对湿度 φ_1，φ_2。然后根据各断面 p，t，φ 值求出各断面的空气密度 ρ。若两断面标高差不大，式中 1、2 两断面间空气柱的平均密度 ρ_m 可近似取为$\frac{\rho_1+\rho_2}{2}$；若两断面高差很大，则应分段测算空气密度，精确求出两断面的位能差。能量方程右面各基础数据测得后即可求出测段的通风阻力。

若用一台精密气压计分别测定 p_1，p_2时，由于两点测定不同时，在这一段时间内，在地面大气压力可能发生变化，通风系统中由于风门的开启也可能使各地点的风压发生变化，这些因素会严重影响测值精度。目前，通常使用两台温度漂移特性基本一致的精密气压计，采用逐点测定法或双测点同时测定法测定，可以基本上消除上述因素的影响。

双测点同时测定法的测定步骤如下。

(1)将№1、№2 两台仪器放在测点 1，待仪器读值稳定后同时读数，分别记为 $p_{1,1}$，$p_{1,2}$；

(2)№1 仪器原地不动，作为基点气压变化监测仪，将№2 仪器移置测点 2，约定时间在 1、2 测点分别读取两台仪器的读数，读值为 $p'_{1,1}$，$p'_{2,2}$；

(3)按式(11－7)算两测点的绝对静压差(p_1-p_2)：

$$p_1-p_2=(p_{1,2}-p'_{2,2})-(p_{1,1}-p'_{1,1}) \tag{11-7}$$

式(11－7)中右端第一项为№2 仪器在 1、2 测点测值差；第二项为№1 仪器在 1 测点不同时间的测差，它是前后两次读数时地面大气压变化(认为基点的气压变化与地面大气压变化是同步而且同幅度的)和通风系统内风压变化的修正值。如果此修正值很大，说明测定时通风系统不正常(风量也发生了变化)，测定无效。如果修正值很小，可认为是地面大气压力的影响，予以修正。

设在测点 1，№1、№2 两台仪器测出的相对气压分别为 $\Delta p_{1,1}$和 $\Delta p_{1,2}$；以№1 仪器为监测仪，将№2 仪器移置测点 2 后，同时测出在测点 1 的№1 仪器的读值 $\Delta p'_{1,1}$和在测点 2 的№2 仪器的读值 $\Delta p'_{2,2}$，则两测点的静压差 p_1-p_2可按式(11－8)计算：

$$p_1-p_2=(\Delta p_{1,2}-\Delta p'_{2,2})-(\Delta p_{1,1}-\Delta p'_{1,1}) \tag{11-8}$$

将(11－8)式代入(11－7)式，即可求算测段通风阻力。

11.2.3 摩擦阻力系数 α 值测算

根据通风阻力定律，若已测得巷道的摩擦阻力 h_f、风量 Q 和该段巷道的几何参数，参阅第 4 章有关公式，即可求得巷道的摩擦阻力系数 α。现场测定时应注意以下几点。

(1)必须选择支护形式一致、巷道断面不变和方向不变(不存在局部阻力)的巷道。

(2)准确测算 R_f和摩擦阻力系数 α 值的关键是要测准 h_f和 Q 值。测定断面应选择在风流较稳定的区段。在局部阻力物前布置测点，距离不得小于巷宽的 3 倍；在局部阻力物后布置测点，不得小于巷宽的 8～12 倍。测段距离和风量均较大，压差不低于 20 Pa。

(3)用风表测断面平均风速时应和测压同步进行，防止由于各种原因(风门开闭、车辆通过等)使测段风量变化产生的影响。

一般用压差计法测定 R_f和 α 值。

11.2.4 局部通风阻力 h_1，风阻 R_1和阻力系数 ξ 测定

现以测算转弯的局部阻力参数 h_1，R_1和 ξ 值为例说明局部阻力测定方法。

如图 11－2，用压差计法测出 1－2 段摩擦阻力 h_{R12}和 1－3 段的通风阻力 h_{R13}。h_{R13}中包

括1－3段的摩擦阻力是与测段长度成正比的，故可按式(11－9)求出单纯巷道拐弯的局部阻力。

$$h_1 = h_{R13} - h_{R12}\frac{L_{13}}{L_{12}} \quad (11-9)$$

式中：L_{12}，L_{13}——1—2、1—3两测段长度。

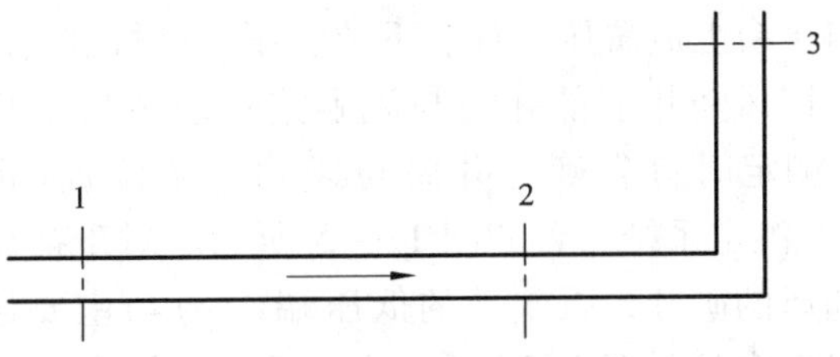

图11－2　转弯的局部阻力参数测定模型

由式(11－9)，拐弯的局部风阻R_1和阻力系数ξ为：

$$R_1 = \frac{h_1}{Q^2} \quad (11-10)$$

$$\xi = \frac{2S^2}{\rho}R_1 = \frac{2S^2 h_1}{\rho Q^2} \quad (11-11)$$

11.2.5　竖井通风阻力测定

竖井通风测定原理和井下水平或倾斜巷道一样，测定法可用压差计法，也可以用气压计法。

1. 压差计法

(1)进风竖井通风阻力测定

整个井筒的通风阻力包括井口、井底局部阻力和井筒全长的摩擦阻力三部分。当井筒较深且不能下人铺设胶管时，可采用吊测法测定，其方法是：

a. 测定系统。由压差计、胶皮管、静压管和测绳等部件组成。其布置如图11－3所示。静压管是特制的，是感受风流的绝对静压的探头。一般要求具有一定质量(约2 kg)，防止风流吹动，同时又要防止淋水堵塞静压孔，其结构如图11－4所示。

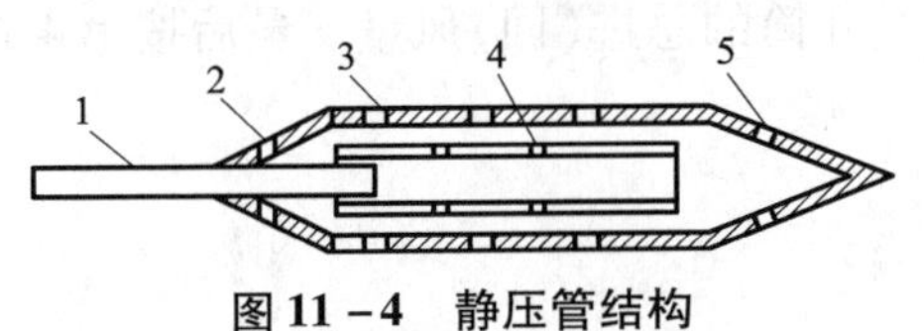

图11－4　静压管结构

1—接管；2—系绳孔；3—外传压孔；4—内传压孔；5—排水孔

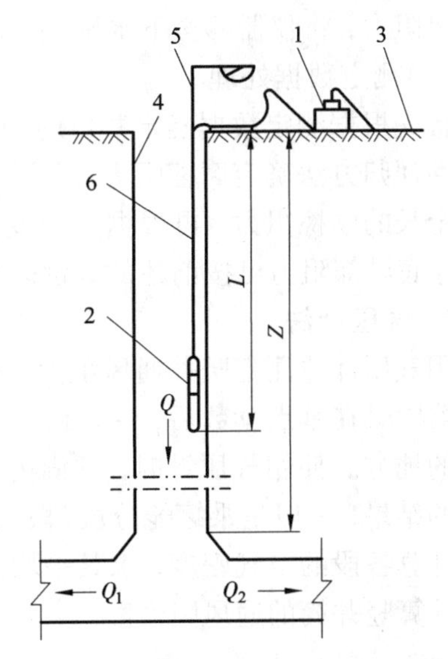

图11－3　进风竖井通风阻力测定测点布置

1—单管压差计；2、3—静压管；4—井筒；5—测绳；6—胶皮管

b. 测定方法。为了缩短测定时间，测定前应根据测定深度，预先将胶皮管与测绳绑扎好。连接好胶皮管、静压探头和压差计后，将静压管缓慢放入井筒中，开始每隔5～10 m作为一个测点，读一次压差计示值，放下30 m后，每20～30 m读一次压差计示值，直至放到预定深度为止。测定各断面与地面的势能差的同时，还应测定井筒的进风量。此外，测试人员还应乘罐笼测定井筒内空气压力和干、湿温度，以便计算井筒内的空气密度。

(2)回风井通风阻力测定

测定系统有两种方式，一是在井盖上开个孔，供下放静压管；另一种方法是在风硐内的井口平台上放置压差计和下放静压管进行测定。

回风竖井上部井筒与风硐连接段风流不稳定，测定时首先确定井筒与风硐连接位置(标高)。测定系统布置如图 11－5 所示。对于抽出式通风的矿井，压差计的低压端(－)与主要通风机房水柱计传压管相连接；压差计的高压端(＋)与连接静压管的胶皮管相接。测定时静压管穿过井盖放入井筒，慢慢下放静压管，记录其下的放的深度，同时观察压差计液面变化，当静压管下放至风硐口处即可开始读数，以后每下放 20～30 m 读取一次压差计的示数。一般静压管下放深度 100～150 m，即可推算出回风井和风硐的通风阻力。

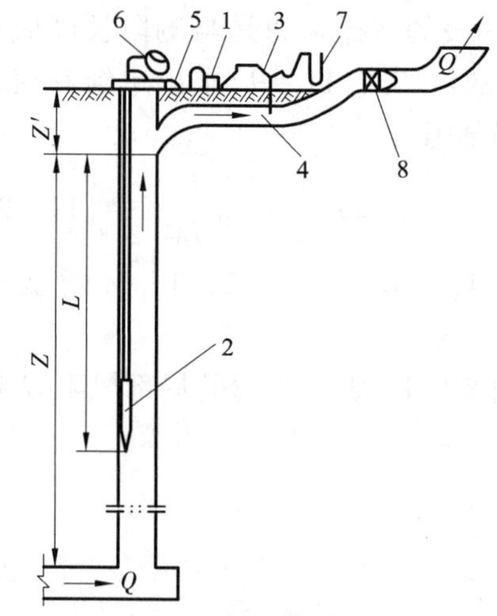

图 11－5　回风立井通风阻力测定测点布置

1—单管压差计；2—静压管；3—三通管；4—风硐；5—胶皮管；6—测绳；7—U 形水柱计；8—风机

当一个井筒担负多水平通风任务时，可采用上述方法分水平测定。即先测算第一水平的井筒通风阻力，将仪器移至下水平进行测定。这样即可测算整个井筒的通风阻力。

(3)测定数据处理

首先根据测定数据确定井口的局部阻力影响范围，在局部阻力影响区间以外的数据，采用线性回归方法确定摩擦阻力计算式 $h_{Rt}=a+bH$ 式中的系数 a 和 b(H 为井深)，然后计算出井筒全长的摩擦阻力，再根据井口受局部阻力影响段的吊测数据即可确定井口的局部阻力 h_1。井底局部阻力可按前述的局部阻力测定方法进行。

2. 气压计法

用气压计法测定竖井通风阻力一般采用基点法。基点设在井口外无风流动的地方。用两台仪器同时在基点读数后，一台留在基点(图 11－3 中压差计处)，另一台移至井底风流比较稳定的地方。使用气压计时，井筒内的空气密度的测量精度对测量结果影响甚大，为了获得准确的结果，一般是乘罐笼分段(段长 50 m 左右)测量井筒内的大气压 p 和干、湿度度 t_d，t_w，然后计算各段的空气密度，求其平均值。同时测量井筒的总进(回)风量。最后按第 4 章有关公式计算竖井筒的通风阻力。

11.2.6　测定结果可靠性检查

由于仪表精度、测定技术的熟练程度以及风流状态的变化等因素的影响，测定结果不免会产生一些误差。如果相对误差在允许范围之内，那么测定结果可以应用；否则进行检查，必要时进行局部重测。通风系统阻力测定的相对误差(检验精度)可按式(11－12)计算：

$$e=\left|\frac{h_{Rs}-h_{Rm}}{h_{Rm}}\right|\times 100\% \tag{11-12}$$

式中：e——测定结果的相对误差，当 $e\leqslant 5\%$ 时，结果可以应用，否则应检查原因或局部重测；

h_{Rs}——全系统测定阻力累计值，Pa；

h_{Rm}——全系统计算阻力值，Pa，h_{Rm} 由下式(11－13)求得：

$$h_{Rm} = h_w - \frac{\rho}{2}v^2 \pm H_N \tag{11-13}$$

式中：h_w——风机房水柱计读数，Pa，取该系统整个测定过程中读数的平均值；

v——风硐内安装水柱计感压孔断面的平均风速，m/s；

H_N——测定系统自然风压（测算方法参见本章和第5章），Pa；自然风压与风流同向取"+"，反之取"-"；

ρ——风硐内风流的空气密度，kg/m^3。

在一个系统中若测量两条并联路线，结果可互相检验。如果通风状态没有大的变化，并联路线的测定结果则应相近。

在测定的过程中，应及时对风量进行闭合检查，在无分岔的线路上，各测点的风量误差不应超过5%。

11.3 矿井通风的组织管理

11.3.1 矿井通风安全管理的基本任务

通风安全管理是目标管理，即根据《地下矿通风规范》等有关规定，结合矿井的实际情况制订安全管理目标，各项管理工作紧紧围绕这个目标进行，并在充分调查研究的基础上制定实现目标的保证措施。保证措施的内容包括组织保证、制度保证、安全教育、监督检查和技术措施等。

通风安全管理是动态管理。矿井生产场所经常变化，不安全因素不可能完全预见。因此，在施工和落实措施的过程中，应及时收集和处理信息，并根据获得的知识、经验、数据及时（重新）对生产环境的不安全因素进行分析、评价，不断充实完善技术措施和管理制度，直至实现安全生产目标。

由于矿井生产条件经常处于变化之中（如开采深度的增加、作业地点的改变、工作面的推移、巷道的贯通或堵塞等），要使矿井通风不断适应生产的变化，经常保持良好的作业环境，设立专业性的通风管理机构和制定规章制度是必不可少的。

11.3.2 矿井通风组织机构

我国矿山的通风组织机构虽各矿不尽相同，但大中型矿山大体上按如下模式设置：通风防尘业务由安全防尘（或安全环保）部门负责。各级安全防尘部门都设有通风防尘工程师。矿安全防尘部门，还设有通风防尘化验室，坑口设有通风防尘工区（段）。

矿山的通风防尘专职人员，按照矿山接触粉尘人数的3%～7%配备。

11.3.3 通风规章制度

金属非金属矿山通风除必须执行《地下矿通风规范》等行业标准外，还应建立以下各项制度。

（1）计划和设计会审制度。无论矿山的长远规划或近期的生产计划，都必须包括改善矿井通风防尘条件的内容。计划和设计的会审都应邀请安全防尘部门参加，在取得他们同意的情况下才能交付实施。

（2）通风防尘检查测定制度。必须经常对通风系统状况、通风防尘设备状况、通风建筑物使用情况、工作面通风防尘条件等进行检查，并定期检查通风防尘措施执行情况，发现问题及时处理。每月或每季应测定矿井风量和风量分配以及风源质量。通风系统改变前后，应进行矿井通风阻力的测量。

(4)井下作业人员通风防尘守则。凡矿山作业人员都有爱护通风防尘设施，保持良好作业环境的义务；要自觉遵守安全规程和岗位操作规程的有关规定，配带好个人劳动保护用品。坚决制止和拒绝违章作业。

(5)通风防尘奖惩制度。对执行通风防尘制度特别好，在改善矿井通风防尘条件上有突出贡献或做出了显著成绩的单位和个人应给予奖励。对那些一贯不认真执行通风防尘制度，或破坏通风防尘设施、设备以及严重违章者应给予严肃惩处。

11.3.4 通风安全管理体系的管理原则

为了使通风安全管理组织高效运行，通风安全管理体系必须遵守下列原则：

(1)层级原则。这要求各层管理机构要分工和责任明确，即体系中每个人员应明确自己的岗位、任务、职责和权限，上级是谁，对谁负责，自己的工作程序和信息渠道，如何取得需要的决策和指令，从何处取得需要的合作。层级原则是管理体系高效运行的基础。

(2)统一指挥原则。一个工作人员只能接受同一指令或指挥，如果需要两个以上部门或领导人同时指挥时，在下达命令之前这些部门或领导人应相互沟通，这样才不会让下级无所适从。如果一个领导在下达命令时由于情况紧急，来不及同其他领导人沟通，事后必须及时把情况向其他领导讲清楚，以形成统一意见，避免出现多头指挥；当下级发现指挥矛盾时，应及时向上级反映，要求协调与更正，同时下级也要增强适应性，善于将不同的要求协调起来。

(3)责权一致原则。在委以责任的同时，必须同时委以完成任务所需要的相应的权力。有责无权不能充分发挥管理人员的积极性和主动性，使责任制形同虚设，无法完成任务，有权无责必然助长官僚主义和瞎指挥。

(4)分工与协作原则。为了提高工作效率，必须把通风管理工作中的各项任务和目标分配给各层机构和各个人。通过分工可使人们专心从事某一方面的工作，对工作的程序、方式、方法更加熟练，有利于提高工作效率，协作是与分工相联系的，是体系完成目标所必须的一种工作方式，两者是相辅相成的。

(5)动态组织原则。组织的形式应能根据安全条件的变化及时做相应的改变，以适应安全生产发展的需要。

11.4 矿井通风系统的自动化管理

通风系统自动化管理的目的，在于借助各种自动化手段(包括计算机)，及时了解通风系统状况，迅速做出反应，合理地调节风流，达到既能随时满足生产对通风的要求，又能减少风流浪费，节约电力消耗的目的。通风系统的自动化管理通常包括以下内容：①井下大气环境的自动检测；②通风系统状况的自动监视；③按照需要(或最佳方案)自动调节和分配分量。

生产调度室将当日的生产作业地点和作业量通知通风控制室，按照实际的作业地点，启动掘进工作面的风扇并打开回采工作面的调节风门，进行送风。不作业的工作面则关闭通风设备停止送风。主扇和各个支路的实际风量、主风道中的 CO 浓度以及主扇的风压、电流、电压、电机及轴承温度等都通过相应的传感器测出，并将信号发回控制室输入计算机。计算机对发回的信号进行处理后，在荧光屏上显示检测结果，并按时打印平均值，同时进行分析判断。一旦检测结果异常，则发现警报或做出相应处理。例如风流中 CO 浓度超过正常值，表明爆破作业已经开始，需要较大风量，于是控制风流调节机构动作，按爆破后通风所需的大风量进行通风。当风流中 CO 浓度恢复正常，表明爆破后通风过程已经结束，再控制风量调节机构，恢复正常通风。井下各通风设施、设备(如风门、扇风机等)的工作状况也有信号发往控制室，也可通过工业电视直接观察。

如上所述，在一个通风自动化管理系统中，必须解决遥控、遥测和风量的自动调节等问题，以及编制计算机控制软件。

11.4.1　遥控与遥测

遥控过程中传送的指令信号有多个，多路信号的传输方式通常有频分制和时分制两类。频分制是将各路信号按照不同的频率发送和接收。时分制是按照时间的先后次序依次传送各种信号。

频分制的电路简单，故障较少，应用较广，但其交叉干扰比较严重。

在频分制系统中，最简单的是采用单频信号，即用单一的频率信号代表一个控制指令。频率的发送和接收可采用定型生产的载频器来进行。信号通过专用传输线或 500 V 以下的动力线来传递，如图 11－6。

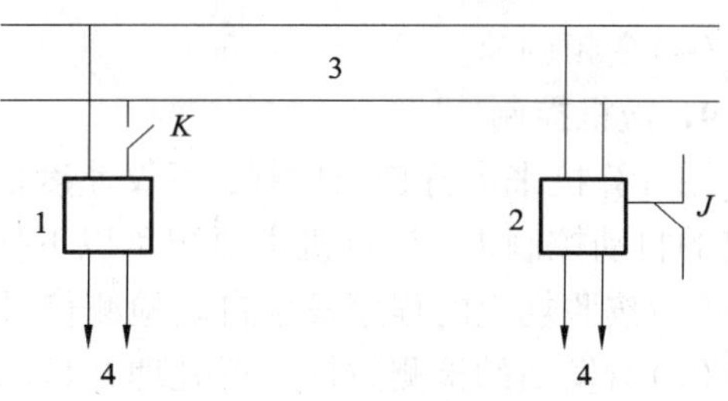

图 11－6　频率信号的传递

K—开关；*J*—继电器；1—频率发送器；2—频率接收器；3—信号传输线；4—工作电源

当需要进行某项控制时，由人或计算机发出命令使开关 *K*(或继电器)闭合，频率发送器所发生的信号通过传输线被相应频率的接收器所接收，频率接收器收到信号后使继电器 *J* 接通，于是控制各种执行机构(如风门、风机等)按要求动作。

在通风自动化管理系统中，需要检测风量、风压、温度、有毒气体浓度等。这些参量都是非电量，为了进行遥测，必须把它们变换成某种电量，然后加以传输。

1. 风压的遥测

可用差压变送器将压差转换成电流输出。

2. 风量的遥测

在固定断面中安装风速检测元件，并将测定值变换成电流(或电压)进行输出。

遥测风速的检测元件有以下类型。

(1)动轮式风速计。动轮为一组风叶或风杯，由风流推动旋转。根据它变换成电能的方式不同有接近开关式、电容式、光电式、发电机式等几种。

(2)热效式风速计。它利用热电效应的原理来测量风速，如热球(热线)式风速计。

(3)皮托管测风。将皮托管测得的动压接入差压变送器，转换成电流进行风速的遥测。

(4)超声涡流风速计。当风流进入探测空间，由于涡流杆的作用，在超声通道上产生对称的涡流来调制超声频率，涡流的个数与风速成线性关系。不同的风速使触发器产生不同的输出信号，从而可进行风速的遥测。

(5)温度的遥测。最简单的温度传感元件是热电阻和其他热敏元件，也有采用红外线辐射技术的。

(6)CO 气体浓度的遥测。可采用红外线吸收、光干涉、光谱法及定电位电解法等。我国生产的 DCO 一氧化碳检测仪是通过 CO 在电解池中的氧化还原反应过程，使工作极和补偿极之间产生电流，电流与 CO 含量成正比，根据电流值确定 CO 浓度。

3. 风量调节执行机构

通风支路的风量调节机构，通常采用一种可以改变开启角度的百叶窗或风门。叶片或风门的状态，由频率发送器将讯号发送到地面控制室显示，地面控制室可根据需要发出信号，使叶片或风门转动。有一种调节风量的风门设有位置信号，其开启角度根据该支路中的风量检测结果由计算机自动控制。

扇风机风量的调节，可通过改变叶片安装角或扇风机转速来实现。扇风机的调速有以下几种方案。

(1)在绕线式电机转子内串电阻；

(3)利用电磁转差离合器(滑差调速)或液压联轴器；

(3)串级调速；

(4)变频调速。

4. 微机控制

用计算机来进行自动控制，不仅速度快，精度高，而且能对控制过程进行优化。在通风系统的自动控制中，计算机主要担负以下任务。

(1)按照规定的程序发生自动检测信号。

(2)对发回的检测数据进行处理并显示和打印检测结果。

(3)根据检测结果进行判断、运算，选定控制方案。

(4)根据选定的控制方案，发出相应的控制信号使执行机构动作。

(5)监视通风设备的工作状况，一旦异常，则启动相应的处理程序进行处理或报警。

图 11－7 是某矿山通风自动化管理系统示意图，计算机的控制过程简述如下。

(1)将当前的作业地点输入计算机，计算机分别计算出各通风支路的风量和矿井总风量。

(2)将当前时间输入计算机，启动程序后进行时间显示，并每隔 1 h 在打印检测结果时同时打印时间，因故障停车时也要打印出停车时间。

(3)每隔 1/16 s，将所有参量全部检测一遍进行累计，每秒钟求平均值。

(4)为了防止执行机构动作过于频繁，规定每 12 s 进行一次风量调节。首先根据风流中的 CO 浓度，判断井下爆破作业是否已经开始。如果已经开始爆破，选择爆破后通风方案进行通风，即以爆破后通风的风量作为给定值来进行控制。当风量小于给定值时，使风量调了执行机构动作，将风量加大，直至满足爆破后通风的要求为止。

(5)如果根据 CO 浓度判断，爆破后通风过程已经结束，则选择正常通风方案进行控制。该矿有三台主扇在一个系统中的不同井口上并联工作。正常通风方案是以保证各台主扇的风压相等且风量之和等于矿井需风量为原则，使全矿总的动力消耗最小，如果不满足这一条件，则控制调节机构动作，直至满足该条件为止。

(6)如果检测结果出现异常情况，则接通报警装置发出报警信号，或者自动停车，同时打印停车时间及当时各参量的检测结果。

(7)在正常情况下每隔1 min将检测结果在荧光屏上显示一次，每隔1 h将检测结果打印一次，同时打印时间备查。

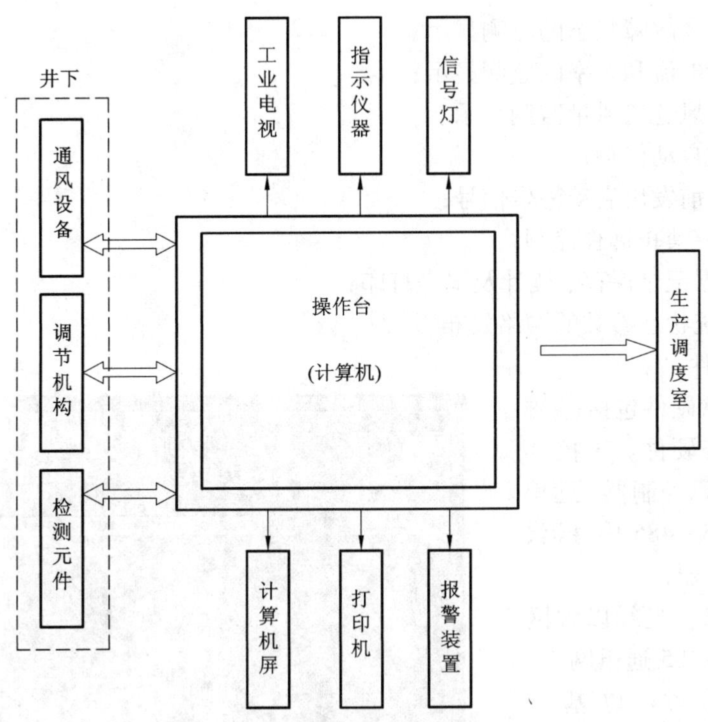

图11-7　通风自动化管理系统结构例子

11.4.2　安徽铜陵冬瓜山铜矿矿井通风系统自动化管理

冬瓜山铜矿是千米深井、高温、大型(开采规模300万吨/年)铜矿床，为了保证深井开采通风降温与节能，矿井通风系统通过加大系统通风量(600 m^3/s)，采用多级机站通风技术，系统Ⅰ级机站控制系统进风量并克服进风段通风阻力，Ⅱ、Ⅲ级机站采用风机两两串并联形式控制系统总风量并克服采区及回风段通风阻力。将计算机网络通讯及变频驱动技术用于井下多级机站通风系统，实现远程集中监控，不仅可以解决多级机站通风系统控制和管理上的难题，也使多级机站通风系统成为名副其实的可控式通风系统，而且具有显著的节能效果。

1. 系统监控范围

(1)监控的机站有12个，共有风机26台(总装机容量为3 527 kW)，其中有25台风机采用变频器进行启停和调速控制。

(2)风量监测的地点共有11处。

(3)监控系统通过通讯网络将位于地表调度室的主控计算机与置于井下的Ethernet通讯控制柜、远程I/O控制柜以及变频器相连，形成计算机通讯网络，从而通过主控计算机对每一台风机进行远程集中启停及调速控制，对风机运行状态和风机电流、运行频率、主要巷道风量等参数进行监控。

2. 具体监控功能

(1)风机的远程启停控制和反转控制;

(2)风机的远程调速控制;

(3)风机的本地控制;

(4)风机开停及故障状态的监测显示;

(5)风机运行电流和频率的监测显示;

(6)主要进回风巷道风量监测显示。

(7)风机过载自动保护;

(8)风机启动前发出启动警告信号;

(9)机站允许/禁止远程控制;

(10)监测数据记录保存、统计及报表打印;

(11)通风系统状态参数的网络发布。

3. 系统软硬件

整个系统的软硬件包括:

(1)监控系统硬件。工控计算机、Ethernet 通讯控制器、远程 I/O 智能模块、RS-485 中继器、变频器、风速传感器;

(2)通讯网络。光纤以太网(Ethernet)和 RS-485 通讯网络;

(3)监控软件。以基于 Windows XP 操作系统的工控组态软件,具有丰富的画面显示组态功能,使用图形化的控制按钮及动画显示,可清晰、准确、直观地进行控制操作和描述机站风机工作状态及工作参数。

该系统控制界面见图 11-8。

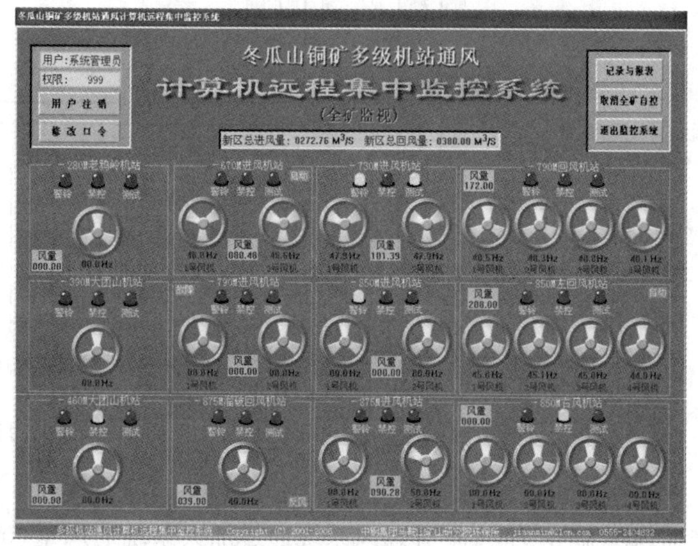

图 11-8 冬瓜山铜矿矿井通风系统自动化管理控制板

11.5 矿井通风系统评价

矿井通风系统的评价在矿井通风管理中是一项很重要的工作,只有对矿井通风系统的状况作出准确的评价,才能对系统的调节做出正确决策。对矿井通风系统进行全面评价应包括两个主要方面的内容:一是通风系统的安全性,二是通风系统的经济性。

通风系统的安全性指的工作面风量是否满足生产需要,风质是否符合标准,风流是否稳定,对灾变的抵抗能力如何,系统是否易于管理(包括自动化程度),调节的灵活性如何等等。而通风系统的经济性则包括通风成本、能源消耗、风量的合理利用等。

为了提高矿井通风技术经济效果,《地下矿通风规范》中有定量评价矿井通风状况的鉴定指标,包括基本指标、综合指标和辅助指标。

11.5.1　基本指标

以下五项作为鉴定矿井通风系统的基本指标，用以评价矿井通风系统的基本状况。

1. 风量(风速)合格率 η_v

风量或风速合格率，为风量或风速符合《地下矿通风规范》要求的需风点数与需风点总数的百分比。它反映需风点的风量或风速是否满足需要，以及风量的分配是否合理。

计算公式：

$$\eta_v = \frac{n}{z} \times 100\% \tag{11-14}$$

式中：z——同时工作的需风点总数，它包括凿岩、耙矿、装岩等作业点和工作硐室，即在通风设计中要进行风量计算及分配的各需风地点；

n——风量或风速符合要求的需风点数。

2. 风质合格率 η_c

风质合格率为风源质量符合《地下矿通风规范》要求的需风点数与需风点总数的百分比，它反映风源的质量及其污染状况。

计算公式：

$$\eta_c = \frac{m}{z} \times 100\% \tag{11-15}$$

式中：m——风源质量符合要求的需风点数。

3. 有效风量率 η_u

有效风量率为矿井通风系统中的有效风量与主扇装置风量的百分之比，它反映主扇装置风量供利用的程度。

计算公式：

$$\eta_u = \frac{\sum Q_u}{\sum Q_f} \times 100\% \tag{11-16}$$

式中：$\sum Q_u$——各需风点的有效风量之和，即到达各需风点的新风量之和；

$\sum Q_f$——主扇装置的风量。多台主扇并联时，为其风量之和；风机串联工作时，取其风量之大者。

4. 主扇装置效率 η_f

主扇装置效率为该装置的输出功率与输入的功率的百分比，它反映主扇装置的工况、性能及其与矿井通风网路的匹配是否适当。

计算公式：

$$\eta_f = \frac{H_f Q_u}{1\,000\eta_e \eta_d N} \times 100\% \tag{11-17}$$

式中：H_f——主扇装置风压，Pa；

Q_f——主扇装置风量，m^3/s；

N——主扇电机输入功率，kW；

η_e——主扇电机效率，其值应实测，如无条件实测，可参考表 11-2 取值；

η_d——传动效率，直联取 100%，其他取 85%。

5. 风量供需比 β

风量供需比为实测的主扇装置风量与计算的需风量的比值，它反映风量的供需关系。

计算公式：

$$\beta = \frac{\sum Q_f}{\sum Q_r} \tag{11-18}$$

式中，$\sum Q_r$——按设计定额计算的同时工作各作业点需风量的风量之和，m^3/s。

11.5.2 综合指标 c

通风系统综合指标，是以上五项基本指标的综合反映，用以直观地衡量通风系统总的技术经济状况。

计算公式：

$$c = \sqrt{\eta_v \eta_c \eta_u \eta_f \beta'} \tag{11-19}$$

式中：β'——风量供需指数。

当 $1 \leqslant \beta' \leqslant 1.67$ 时，取 $\beta' = 100\%$；

$\beta' > 1.67$ 时，取 $\beta' = \dfrac{1.67}{\beta} \times 100\%$；

$\beta' < 1.00$ 时，取 $\beta' = \beta \times 100\%$。

11.5.3 辅助指标

以下四项作为鉴定矿井通风系统的辅助指标，主要用以衡量矿井通风系统的经济及能耗情况。

1. 单位有效风量所需功率 B

单位有效风量所需功率，为每立方米有效风量通过单位长度的主风路的能耗，它反映单位风量的能耗状况。

计算公式：

$$B = \frac{\sum N_f}{\sum Q_u \cdot L} \tag{11-20}$$

式中：$\sum N_f$——矿井主扇、辅扇和局扇所需功率之和，它按实测的电机输入功率计算，kW；

L——以百米为单位长度的主风流线路的总长度，100 m。

2. 单位采掘矿石量的通风费 I

单位采掘矿石量的通风费用，为矿井通风总费用与年采掘矿石量之比。

计算公式：

$$I = \frac{\sum F}{1\ 000T} \tag{11-21}$$

式中：I——单位采掘矿石量的通风费用，元/t；

$\sum F$——每年用于矿井通风的总费用，它包括电费、设备折旧费、工程摊提费、材料消耗、维修费以及工资等，元/年；

T——该通风系统内的年采掘矿石量，万吨/年。

3. 年产万吨耗风量 Y

年产万吨耗风量，为主扇风量与年采掘矿石量的比值，用以直观地衡量单位产量所需的风量。

计算公式：

$$Y = \frac{\sum Q_f}{T} \tag{11-22}$$

式中：Y——单位采掘矿石量的通风电耗，kW·h/t；

t——扇风机每班工作的时数，时/班。按工作制度主、辅扇按7、5时/班，局扇按6时/班计算；

f——扇风机每昼运转的班数，班/昼夜。按矿山的实际工作制度确定；

D——每年工作天数，日/年。

11.6 矿井通风系统测定与评价报告编写

通过对矿井通风系统各项技术经济指标现场测定数据的计算与分析，结合相关法律法规、技术标准，编制矿井通风系统测定与评价报告。其报告应包括以下重点内容。

(1)概述，它包括：前言，测定与评价的依据，单位概况。

(2)矿井通风系统现状，它包括：矿山概况，中段平面图，开拓系统和通风系统图，通风管理制度，通风系统的设计与改造资料，主扇、辅扇和局扇的技术参数，历史性检测数据和资料，其他用于评价的资料。

(3)通风系统测定与计算，包括：测定准备与组织，通风系统的测定，资料整理与计算等。

(4)通风系统评价，包括：单项技术指标的评价，通风系统的综合评价，评价结果分析等。

(5)提出改善通风系统的对策和措施，包括：管理措施及建议，技术措施及建议等。

(6)通风系统评价结论。

(7)附录，包括：各种测试数据和图纸资料等。

本章练习

(1)说明矿井通风检查的目的。

(2)简述矿井通风系统测定与评价的基本步骤。

(3)衡量一个通风系统好坏的主要指标及辅助指标有哪些？这些指标是如何定义的？

(4)举例说明测定巷道阻力的方法和步骤。

(5)举例说明测定罐笼竖井的通风阻力的方法和步骤。

(6)举例说明如何实测矿井扇风机特性。

(7)矿井通风系统测定报告应主要包括哪些内容？

第12章 矿井热环境调节

学习目标 学会计算地温率、地温梯度，围岩与风流间传热量，机电设备等放热量，井筒风流的热交换，巷道风流的热交换；掌握热湿交换的风流能量方程，寒冷地区井口空气加热，高温矿井降温一般技术措施，矿井空调系统设计的依据，矿井空调系统设计的主要内容和步骤，矿井空调系统的基本类型，表面式空气冷却器，喷雾式空气冷却器，高压水的减压装置等。

学习方法 可以找一些《传热传质学》、《空气热力学》、《空气调节》、《矿井降温技术》等著作参考，以便加深对本章内容的理解；另外，可以分析自己居住或熟悉的建筑物内外一年四季出现的温度、湿度变化现象，并联系本章的有关内容。

随着矿井和采掘工作的不断延伸，矿井岩温不断增高，矿井通风也更加困难，矿井热害成为深部开采的重要灾害之一，矿内热环境控制日趋重要。因此，本章介绍一些矿井空气调节的理论和技术及常用的降温装备。

12.1 矿井主要热源及其散热量

要进行矿井空调设计，首先就必须了解引起矿井高温热害的主要影响因素。能引起矿井气温值升高的环境因素统称为矿井热源。造成矿内热环境的原因包括地表大气温度、空气的自压缩、围岩传热、机电设备放热、氧化热、内燃机械废气排热、爆破热、人体散热等。本节将重点讨论这些矿井主要热源及其散热量的计算方法。

12.1.1 地表大气状态的变化

井下的风流是自地表流入矿井的，因而地表大气温度、湿度的日变化与季节变化必然要影响到井下。

地表大气温度在一昼夜内的波动称之为气温的日变化，它是由地球每天接受太阳辐射热和散发的热量变化造成的。白天，地球吸收太阳的辐射热，使靠近地表大气的温度升高，下午2~3点钟气温达到全天的最高值；到夜晚，地面将吸收到的太阳辐射热向大气散发，黎明前是地表散热的最后阶段，故一般凌晨4~5点钟气温最低。地表气温的日变化是以24 h为周期的。各地的气温虽然都是以24 h为周期的周期性波动，但不全是谐波，因为全日最低温度与最高温度间的间隔小时数，不一定等于下一个最高温度与最低温度间的间隔小时数。

气温的季节性变化也是周期性的，我国最热的时间一般在7~8月，最冷的时间一般在元月，且也不是谐波，但在实际计算中，将它们的周期性变化近似地看作是正弦曲线或是余弦曲线都是可以的。

图 12 - 1 描绘了气温的日变化与年变化之间的关系。

空气的相对湿度取决于空气的干球温度和含湿量，如果空气的含湿量保持不变，则空气的相对湿度就和它的干球温度成反比，干球温度高时相对湿度低，干球温度低时相对湿度高。就地表大气而言，其含湿量一昼夜内的变化基本不大，而其干球温度却是正午高、夜晚低，因而大气的相对湿度是中午低，夜晚高。

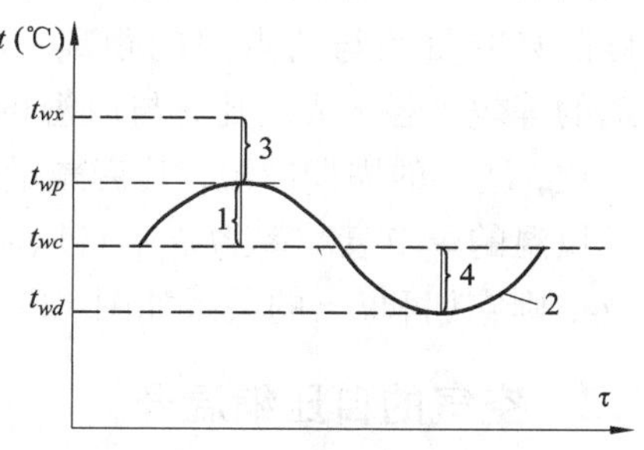

图 12 - 1　气温的周期变化曲线

1—温度日波动曲线；2—温度年波动曲线；

3—温度日波幅 θ_2，$\theta_2 = t_{wx} - t_{wp}$；

4—温度年波幅 θ_1，$\theta_1 = (t_{wp} - t_{wd})/2$

虽然地表大气温度的日变化幅度很大，但当它流入井下时，井巷围岩将产生吸热或散热作用。使风温和巷壁温度达到平衡，井下空气温度变化的幅度就逐渐地衰减。因此，在采掘工作面上；基本上觉察不到风温的日变化情况。据测定，有一进风井，进风量为 87(m^3/s)，早晨 7 时许，地表进风温度为最低，为 -3.1℃，17 时左右为最高，达 12.0℃，而在距地面 1 000(m) 的井底车场里，其风温仅从 11.9℃ 升到 13.4℃。当风量降为 30(m^3/s) 并流经一条长度为 1 200 m 的运输平巷后，日风温波动的幅度衰减到了 0.2℃ 以下。

当地表大气温度突然发生了持续多天甚至数星期的变化时，这种变化还是能在采掘工作面上觉察到的。例如有一矿井，地表大气平均温度在一星期内自 -6℃ 升到了 +8℃，在井底车场的风温也自 8℃ 升到 16℃，距井底车场 1 200 m 处测到的风温自 22℃ 升到 23℃，即上升 1℃。图 12 - 2 描绘的是某矿井在 12 天内井上下风温变化的情况。

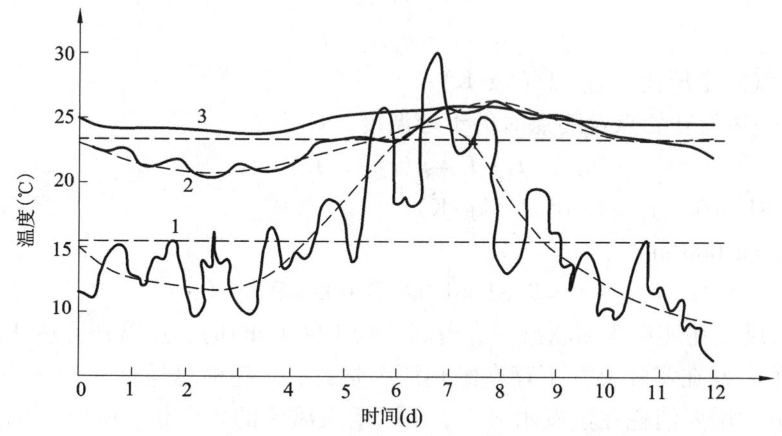

图 12 - 2　在 12 天内地表风温的变化曲线及在井下衰减情况

1—地表风温变化曲线，2—井底车场风温变化曲线，3—采区进口处的风温变化曲线

地表大气的温度与湿度的季节性变化对井下气候的影响要比日变化深远得多，甚至在回采工作面的出口处也能测量到这种变化。

对于矿井的气候条件来说，风流含湿量的年变化要比温度的年变化重要得多，这是由于水的汽化潜热远比空气的比热大得多造成的。

研究表明，风流沿井巷流动时，其温度波动幅度的衰减量约与两点间的距离 l 成正比，与巷道的等效半径 r 成反比，与风温的波动周期成反比，波动的周期越短，其衰减量越大。

令风温的季节衰减率为 ψ_1，日风温的衰减率为 ψ_2，则它们和 l/r 的关系如图 12－3 所示。

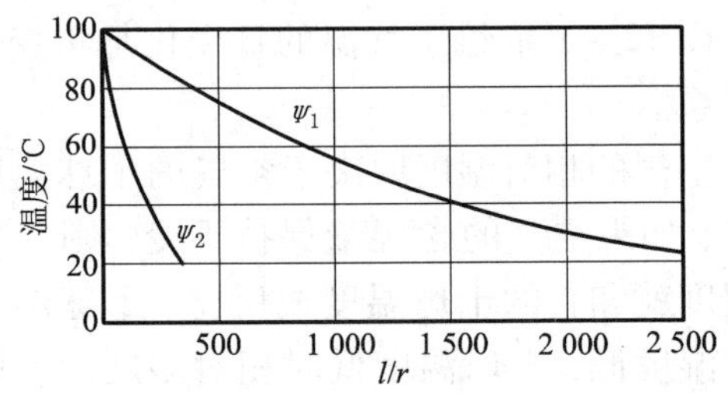

图 12－3　ψ_1 及 ψ_2 与 l/r 的关系

12.1.2　空气的自压缩温升

前面已提及空气自压缩并不是热源。因为在重力场作用下，空气绝热地沿井巷向下流动时，其温升是由于位能转换为焓的结果，而不是由外部热源输入热流造成的。但对深矿井来说，自压缩引起风流的温升在矿井的通风与空调中所占的比重很大，所以一般将它归在热源中进行讨论。

当可压缩的气体(空气)沿着井巷向下流动时，其压力与温度都要有所上升，这样的过程称之为“自压缩”过程，在自压缩过程中，如果气体同外界不发生换热、换湿，而且气体流速也没有发生变化，此过程称之为“纯自压缩”或“绝热自压缩”过程。根据能量守恒定律，风流在纯自压缩过程中的焓增与风流前后状态的高差成正比，即：

$$i_2 - i_1 = g(z_2 - z_1) \tag{12-1}$$

式中：i_1 与 i_2——风流在始点与终点时的焓值，J/kg；

z_1 与 z_2——风流在始点与终点状态下的标高，m；

g——重力加速度，m/s^2。

对于理想气体来说，在任意压力下：

$$di = c_p dt \tag{12-2}$$

即：

$$i_2 - i_1 = c_p(t_2 - t_1) \tag{12-3}$$

式中：c_p——空气的定压比热容，J/(kg·K)；

t_1 与 t_2——风流在始点及终点时的干球温度，℃。

从而

$$t_2 - t_1 = g(z_2 - z_1)/c_p \tag{12-4}$$

因为 $g = 9.81\ m/s^2$，$c_p = 1\ 005$ J/(kg·K)，

则当 $z_2 - z_1 = 1\ 000$ m 时，

$$t_2 - t_1 = 9.81 \times 1\ 000/1\ 005 = 9.76\ (K)$$

也就是说，风流在纯自压缩状态下，当高差为 1 000(m)时，其温升可达 9.76℃，这是一个相当大的数值。好在实际上并不存在绝热压缩过程，井巷里总是存在着一些水分，因而风流自压缩的部分焓增要消耗在蒸发水分上，用以增大风流的含湿量，所以风流实际的年平均温升没有理论计算值那么大。此外，由于井巷的吸热和散热作用也抵消了部分风流自压缩温升。例如在夏天，由于围岩吸热，风流的温升要比平均值低，而在冬天，由于围岩放热，风流的温升要比平均值高。一般说来，如果年平均的温升为 10℃的话，则冬天可能是 13℃，夏天可能是 7℃。

对采深已超过 3 800 m 的南非部分金矿来说，如果井巷围岩干燥，且不与风流换热、换湿。则风流流入井下后，因自压缩引起的温升可达 38℃，即可从 12℃增到 50℃。风流温升 38℃约相当于焓增 38 kJ/kg，如果进风量为 200 m^3/s，则意味着风流的热量增量可达 9 MW，

这是一个相当可观的热负荷。

同其他的热源相比，在进风井筒里，自压缩是个最主要的热源，由于它所引起的焓增同风量无关，所以往往成为唯一有意义的热源。在其余的倾斜巷道里，特别是在回采工作面上，自压缩只是诸热源之一，而且一般是个不重要的热源。

同理，风流沿井筒或倾斜巷道向上流动时，风流因减压而膨胀，焓值要减少，风温要下降，其数值同自压缩增温一样，不过符号相反而已。

实际上，风流沿井筒向下流动时，其湿球温度要比干球温度重要得多，因为湿球温升和井巷的潮湿程度没有多大关系，但它和入风井大气的湿球温度，关系却非常密切。

实测表明，在1 000 m深的井筒里，绝热、无摩擦的风流自压缩引起的湿球温升和地表大气的湿球温度间的关系如图12－4。

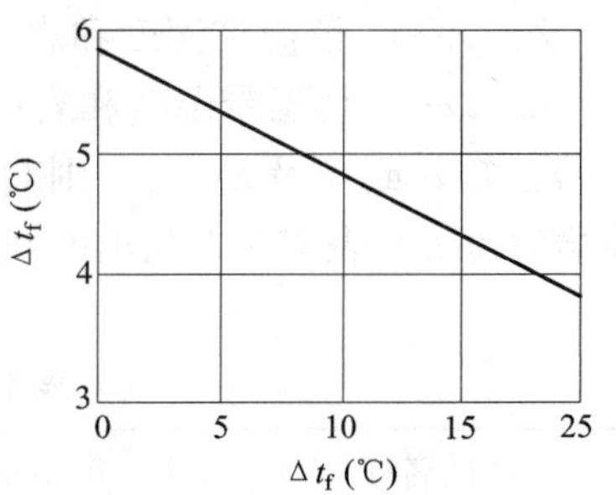

图12－4　1 000 m井筒中湿球温升

Δt_f与大气湿球温度t_f间的关系

自压缩这个热源是无法消除的，而且随着采深的增加还相应地增大。虽然风流在回风巷里向上流动时，可因膨胀而得到相应的降温效果，但由于受到自然负压的干扰和巷道里水气的冷凝作用，实际冷却效果甚微。

水在管道中沿井筒向下流动时，其焓增也是每千米9.81 kJ/kg。若水一直处在水管中，水压将随着井深的增加而增大。如果摩擦阻力不大且可忽略不计的话，则水压的增值是9.81 MPa/1 000 m，这时水温的增值取决于进水的温度。如进水温度为3℃以下时，其温升可略而不计，当进水温度为30℃时，其温升约为0.22 ℃/1 000 m。

水要是不能持续地维持在高压下，其情况将会有所不同。如果让水自由地从管端外流或经减压阀外泄，其温升则可依下式来进行计算，

$$\Delta t = 9.81/4.187 = 2.34\ ℃/1\ 000\ \text{m}$$

如果让水做些有用功，则这个温升是可以降低的。目前美国，南非以及德国等一些矿内空调量较大、技术较发达的国家，已采用水轮机使输往井下的冷水去扬水或发电，以减少自压缩温升。

12.1.3　井巷围岩传热

1. 围岩原始温度的测算

围岩原始温度是指井巷周围未被通风冷却的原始岩层温度。在许多深矿井中，围岩原始温度高，往往是造成矿井高温的主要原因。

由于在地表大气和大地热流场的共同作用下，岩层原始温度沿垂直方向上大致可划分为三个层带。在地表浅部由于受地表大气的影响，岩层原始温度随地表大气温度的变化而呈周期性地变化，这一层带称为变温带。随着深度的增加，岩层原始温度受地表大气的影响逐渐减弱，而受大地热流场的影响逐渐增强，当到达某一深度处时，两者趋于平衡，岩温常年基本保持不变，这一层带称为恒温带，恒温带的温度约比当地年平均气温高1～2℃。在恒温带以下，由于受大地热流场的影响，在一定的区域范围内，岩层原始温度随深度的增加而增加，大致呈线性的变化规律，这一层带称为增温带。在增温带内，岩层原始温度随深度的变化规

律可用地温率或地温梯度来表示。地温率是指恒温带以下岩层温度每增加1℃，所增加的垂直深度，即：

$$g_r = \frac{Z - Z_0}{t_r - t_{r0}}, \text{ m/℃} \tag{12-5}$$

地温梯度是指恒温带以下，垂直深度每增加100 m时，原始岩温的升高值，它与地温率之间的关系为：

$$G_r = 100/g_r, \text{ ℃/100 m} \tag{12-6}$$

式中：g_r——地温率，m/℃；

G_r——地温梯度，℃/100 m；

Z_0，Z——恒温带深度和岩层温度测算处的深度，m；

t_{r0}，t_r——恒温带温度和岩层原始温度，℃。

若已知g_r或G_r及Z_0，t_{r0}，则对式(12-5)、式(12-6)进行变形后，即可计算出深度为Z_m的原岩温度t_r。表12-1列出的我国部分矿区恒温带参数和地温率数值，仅供参考。

表12-1 我国部分矿区恒温带参数

矿区名称	恒温带深度 Z_0/m	恒温带温度 t_{y0}/℃	地温率 g_r/(m·℃$^{-1}$)
辽宁抚顺	25~30	10.5	30
山东枣庄	40	17.0	45
平顶山矿区	25	17.2	31~21
罗河铁矿区	25	18.9	59~25
安徽淮南潘集	25	16.8	33.7
辽宁北票台吉	27	10.6	40~37
广西合山	20	23.1	40
浙江长广	31	18.9	44
湖北黄石	31	18.8	43.3~39.8

2. 围岩与风流间传热量

井巷围岩与风流间的传热是一个复杂的不稳定传热过程。井巷开掘后，随着时间的推移，围岩被冷却的范围逐渐扩大，其所向风流传递的热量逐渐减少，而且在传热过程中由于井巷表面水分蒸发或凝结，还伴随着传质过程发生。为简化研究，常将这些复杂的影响因素都归结到传热系数中去讨论。因此，井巷围岩与风流间的传热量可按下式来计算：

$$Q_r = K_\tau PL(t_{rm} - t) \tag{12-7}$$

式中：Q_r——井巷围岩传热量，kW；

K_τ——围岩与风流间的不稳定换热系数，kW/(m^2·℃)；

P——井巷周长，m；

L——井巷长度，m；

t_{rm}——平均原始岩温，℃；

t——井巷中平均风温，℃。

围岩与风流间的不稳定传热系数K_τ是指井巷围岩深部未被冷却的岩体与空气间温差为

1℃时，单位时间内从每 m^2 巷道壁面上向空气放出(或吸收)的热量。它是围岩的热物理性质、井巷形状尺寸、通风强度及通风时间等的函数。由于不稳定传热系数的解析解相当复杂，在矿井空调设计中大多采用简化公式或统计公式计算。应用时，请参阅有关专著或手册。

12.1.4 机电设备放热

在现代矿井中，由于机械化水平不断提高，尤其是采掘工作面的装机容量急剧增大，机电设备放热已成为这些矿井中不容忽视的主要热源。

1. 采掘设备放热

采掘设备运转所消耗的电能最终都将转化为热能，其中大部分将被采掘工作面风流所吸收。风流所吸收的热能中小部分能引起风流的温升，其中大部分转化成汽化潜热引起焓增。采掘设备运转放热一般可按式(12-8)计算：

$$Q_c = \psi N \tag{12-8}$$

式中：Q_c——风流所吸收的热量，kW；

ψ——采掘设备运转放热中风流的吸热比例系数，ψ 值可通过实测统计来确定；

N——采掘设备实耗功率，kW。

2. 其他电动设备放热

电动设备放热量一般可按下式计算：

$$Q_e = (1-\eta_t)\eta_m N \tag{12-9}$$

式中：Q_e——电动设备放热量，kW；

N——电动机的额定功率，kW；

η_t——提升设备的机械效率，非提升设备或下放物料 $\eta_t=0$；

η_m——电动机的综合效率，包括负荷率、每日运转时间和电动机效率等因素。

12.1.5 运输中矿石的放热

在以运输机巷作为进风巷的采区通风系统中，运输中矿石的放热是一种比较重要的热源。运输中矿石的放热量一般可用下式近似计算：

$$Q_K = mC_m\Delta t \tag{12-10}$$

式中：Q_K——运输中矿石的放热量；

m——矿石的运输量，kg/s；

C_m——矿石的比热，kJ/(kg·℃)；

Δt——矿石与空气温差，℃。可由实测确定，也可用式(12-11)估算：

$$\Delta t = 0.0024L^{0.8}(t_r - t_{wm}),\ ℃ \tag{12-11}$$

L——运输距离，m；

t_r——运输中矿石的平均温度，一般较回采工作面的原始岩温低4～8℃；

t_{wm}——运输巷道中风流的平均湿球温度，℃。

12.1.6 矿物及其他有机物的氧化放热

井下矿物及其他有机物的氧化放热是一个十分复杂的过程，很难将它与其他热源分离开来单独计算，现一般采用式(12－12)估算：

$$Q_0 = q_0 v^{0.8} pL,\ \mathrm{kW} \tag{12-12}$$

式中：Q_0——氧化放热量，kW；

v——巷道中平均风速，m/s；

q_0——$v=1$ m/s 时单位面积氧化放热量，$\mathrm{kW/m^2}$；在无实测资料时，可取 $3\sim4.6\times10^{-3}\ \mathrm{kW/m^2}$。

其余符号意义同前。

12.1.7 热水放热

井下热水放热主要取决于水温、水量和排水方式。当采用有盖水沟或管道排水时，其传热量可按式(12－13)计算：

$$Q_w = K_w S(t_w - t) \tag{12-13}$$

式中：Q_w——热水传热量，kW；

K_w——水沟盖板或管道的传热系数，$\mathrm{kW/(m^2\cdot ℃)}$；

S——水与空气间的传热面积，其中水沟排水：$S=B_w L$，$\mathrm{m^2}$；管道排水：$S=\pi D_2 L$，$\mathrm{m^2}$；

B_w——水沟宽度，m；

D_2——管道外径，m；

L——水沟长度，m；

t_w——水沟或管道中水的平均温度，℃；

t——巷道中风流的平均温度，℃。

水沟盖板的传热系数可按式(12－14)确定：

$$K_w = 1\Big/\left(\frac{1}{\alpha_1} + \frac{\delta}{\lambda} + \frac{1}{\alpha_2}\right) \tag{12-14}$$

管道传热系数可按式(12－15)确定：

$$K_w = 1\Big/\left(\frac{d_2}{\alpha_1 d_1} + \frac{d_2}{2\lambda}\ln\frac{d_2}{d_1} + \frac{1}{\alpha_2}\right) \tag{12-15}$$

式中：α_1——水与水沟盖板或管道内壁的对流换热系数，$\mathrm{kW/(m^2\cdot ℃)}$；

α_2——水沟盖板或管道外壁与巷道空气的对流换热系数，$\mathrm{kW/(m^2\cdot ℃)}$；

δ——盖板厚度，m；

λ——盖板或管壁材料的导热系数，$\mathrm{kW/(m\cdot ℃)}$；

D_1——管道内径，m；

D_2——管道外径，m。

12.1.8 人员放热

在人员比较集中的采掘工作面，人员放热对工作面的气候条件也有一定的影响。人员放热与劳动强度和个人体质有关，现一般按式(12－16)进行计算：

$$Q_{w0} = nq \tag{12-16}$$

式中：Q_{w0}——人员放热量，kW；

n——工作面总人数；

q——每人发热量，一般参考以下数据取值：静止状态时取0.09～0.12 kW；轻度体力劳动时取0.2 kW；中等体力劳动时取0.275 kW；繁重体力劳动时取0.47 kW。

12.2 矿井风流热湿计算

矿井风流热湿计算是矿井空调设计的基础，是采取合理的空调技术措施的依据。一般计算的范围是从井筒入风口至采掘工作面的回风口。本节主要依据矿井风流热湿交换的基本原理，着重阐述矿井风流热湿计算的基本方法及其应用。

12.2.1 地表大气状态参数的确定

在矿井空调设计中，地表大气状态参数一般按下述原则确定：地表大气的温度采用历年最热月月平均温度的平均值；地表大气的相对湿度采用历年最热月月平均相对湿度的平均值；地表大气的含湿量采用历年最热月月平均含湿量的平均值。这些数值均可从当地气象台、站的气象统计资料中获得。

12.2.2 井筒风流的热交换和风温计算

研究表明，在井筒通过风量较大的情况下，井筒围岩对风流的热状态影响较小，决定井筒风流热状态的主要因素是地表大气条件和风流在井筒内的加湿压缩过程。根据热力学第一定律，井筒风流的热平衡方程式为(12－17)：

$$c_p(t_2-t_1)+\gamma(d_2-d_1)=g(z_1-z_2) \tag{12-17}$$

式中：c_p——空气的定压质量比热，kJ/(kg·℃)；

γ——水蒸气的汽化潜热，kg/kJ；

t_1，t_2——井口、井底的风温，℃；

d_1，d_2——井口、井底风流的含湿量，g/kg；

z_1，z_2——井口、井底的标高，m。

在一定的大气压力下，风流的含湿量与风温呈近似的线性关系：

$$d=622\frac{\varphi \mathrm{b}(t+\varepsilon')}{p-p_{\mathrm{m}}} \tag{12-18}$$

式中：φ——风流的相对湿度，%；

t——风流温度，℃；

p——大气压力，Pa；

b，ε'，p_{m}——与风温有关的常数，由表12－2确定。

令：

$$A=622\frac{b}{p-p_{\mathrm{m}}} \tag{12-19}$$

则：

$$d=A\varphi(t+\varepsilon') \tag{12-20}$$

将式(12－19)代入式(12－20)可解得式(12－21)：

$$t_2=\frac{(1+E_1\varphi_1)t_1+F}{(1+E_2\varphi_2)} \tag{12-21}$$

式(12－21)中组合参数只是为了简化公式而设的，没有任何物理意义。其表达式如下：

$E_1=2.4876A_1$；$E_2=2.4876A_2$；$A_1=622b/(p_1-p_m)$；$A_2=622b/(p_2-p_m)$；$F=(z_1-z_2)/102.5-(E_2\varphi_2-E_1\varphi_1)\varepsilon'$。

上面参数计算式中：p_1，p_2——井口、井底的大气压力，对于井底大气压力可近似按公式 $p_2=p_1+g_p(Z_1-Z_2)$ 推算。其中 g_p 为压力梯度，其值为 11.3～12.6，Pa/m；φ_1，φ_2 分别为井口、井底空气的相对湿度，%。式(12－21)即为井底风温计算式。

表 12－2　b，ε'，p_m 参数取值表

风温/℃	b	ε'	p_m	
			井下	地面
1～10	61.978	9.324	1 016.12	734.16
11～17	50.274	19.979	1 459.01	1 053.36
17～23	144.305	－3.770	2 108.05	1 522.08
23～29	197.838	－8.988	3 028.41	2 187.85
29～35	268.328	－14.288	4 281.27	3 105.55
35～45	393.015	－22.958	6 497.05	4 692.24

当井筒中存在水分蒸发时，由于水分蒸发吸收的热量来源于风流下行压缩热和风流本身，这部分热量将转化为气化潜热，所以当风流沿井筒向下流动时，有时井底风温不仅不会升高，反而还可能有所降低。

12.2.3　巷道风流的热交换和风温计算

风流经过巷道时，由于与巷道环境间发生热湿交换，使风温随距离逐渐上升。其热平衡方程式为：

$$M_b c_p(t_2-t_1)+M_b\gamma(d_2-d_1)$$
$$=[K_\tau P(t_r-t)+K_\tau P_t(t_t-\mathrm{t})-K_x P_x(\mathrm{t}-t_x)+K_w B_w(t_w-t)]L+\sum Q_m \tag{12-22}$$

式中：M_b——风流的质量流量，kg/s；

K_τ——风流与围岩间的不稳定换热系数，kW/(m²·℃)；

P——巷道周长，m；

t_r——原始岩温，℃；

K_t，K_x——分别为热、冷管道的传热系数，kW/(m²·℃)；

P_t，P_x——分别为热、冷管道的周长，m；

t_t，t_x——分别为热、冷管道内流体的平均温度，℃；

K_w——巷道中水沟盖板的传热系数，kW/(m²·℃)；

B_w——水沟宽度，m；

t_w——水沟中水的平均温度，℃；

$\sum Q_m$——巷道中各种绝对热源的放热量之和，kW；

L——巷道的长度，m。

式(12－22)通过变换整理可改写成：

$$(R+E\varphi_2)t_2=(R+E\varphi_1-N)t_1+M+F \tag{12-23}$$

由式(12－23)可解得：

$$t_2=\frac{(R+E\varphi_1-N)t_1+M+F}{(R+E\varphi_2)},\ ℃ \tag{12-24}$$

其中组合参数：

$$E=2.4876A;$$

$$N_\tau=\frac{K_\tau PL}{M_b c_p};\ N_t=\frac{K_t P_t L}{M_b c_p};\ N_x=\frac{K_x P_x L}{M_b c_p};$$

$$N_w=\frac{K_w B_w L}{M_b c_p};\ N=N_\tau+N_t+N_x+N_w;\ R=1+0.5N;$$

$$M=N_\tau t_r+N_t t_t+N_x t_x+N_w t_w;\ \Delta\varphi=\varphi_2-\varphi_1;$$

$$F=\frac{\sum Q_m}{M_b c_p}-E\Delta\varphi\varepsilon'。$$

上面参数中：φ_1，φ_2——巷道始末端风流的相对湿度，%。

式(12－24)即为巷道末端的风温计算式。

如果巷道中的相对热源只有围岩放热，则式(12－24)还可简化为式(12－25)：

$$t_2=\frac{(R+E\varphi_1-N)t_1+Nt_r+F}{(R+E\varphi_2)},\ ℃ \tag{12-25}$$

12.2.4 采掘工作面风流热交换与风温计算

1. 采矿工作面

风流通过采矿工作面时的热平衡方程式可表示为：

$$M_b c_p(t_2-t_1)+M_b\gamma(d_2-d_1)=K_\tau PL(t_r-t)+(Q_k+\sum Q_m) \tag{12-26}$$

式中：Q_k——运输中矿石放热量，kW；其余符合意义同前。

将式(12－21)和式(12－18)代入式(12－26)，经整理即可得出采矿工作面末端的风温计算式，其形式和式(12－24)完全一样，只是其中的组合参数略有不同。

对于采矿工作面：

$$N=\frac{K_\tau PL+6.67\times10^{-4}c_m mL^{0.8}}{M_b c_p} \tag{12-27}$$

$$F=\frac{\sum Q_m-2.33\times10^{-3}c_m mL^{0.8}}{M_b c_p}-E\Delta\varphi\varepsilon' \tag{12-28}$$

式中：m——每小时矿石运输量，$m=\frac{A}{\tau}$，t/h；

A——工作面日产量，t；

τ——每日运矿时数，h。

当要求采矿工作面出口风温不超过规定时，其入口风温可按式(12－29)确定：

$$t_1=\frac{(R+E\varphi_2)t_2-Nt_r-F}{R+E\varphi_1-N},\ ℃ \tag{12-29}$$

2. 掘进工作面

风流在掘进工作面的热交换主要是通过风筒进行的，其热交换过程一般可视为等湿加热过程。现以如图 12－5 所示的压入式通风为例进行讨论。

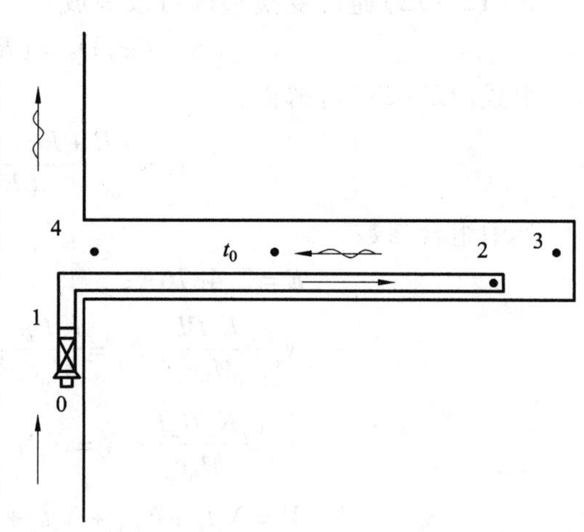

图 12－5　风流在掘进工作面的热交换分析图

(1)局部通风机出口风温确定

风流通过局部通风机后，其出口风温一般可按下式确定：

$$t_1 = t_0 + K_b \frac{N_e}{M_{b1}} \tag{12-30}$$

式中：K_b——局部通风机放热系数，可取0.55～0.7；

t_0——局部通风机入口处巷道中的风温；℃；

N_e——局部通风机额定功率，kW；

M_{b1}——局部通风机的吸风量，kg/s。

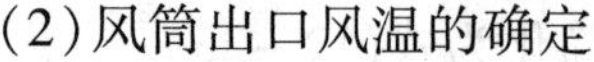

(2)风筒出口风温的确定

根据热平衡方程式，风流通过风筒时，其出口风温可按式(12－31)确定：

$$t_2 = \frac{2N_t t_b + (1-N_t)t_1 + 0.01(z_1 - z_2)}{1+N_t},\ ℃ \tag{12-31}$$

其中：$N_t = \dfrac{K_t F_t}{(K+1)M_{b1}c_p}$

对于单层风筒：

$$K_t = \left(\frac{1}{\alpha_1} + \frac{1}{\alpha_2}\right)^{-1} \tag{12-32}$$

对于隔热风筒：

$$K_t = \left(\frac{1}{\alpha_2} + \frac{1}{\alpha_1}\frac{D_2}{D_1} + \frac{D_2}{2\lambda}\ln\frac{D_1}{D_2}\right)^{-1} \tag{12-33}$$

式中：t_b——风筒外平均风温，℃；

z_1——风筒入口处标高，m；

z_2——风筒出口处标高，m；

K_t——风筒的传热系数，kW/(m^2·℃)；

S_t——风筒的传热面积，m^2；

ρ——风筒的有效风量率，$\rho = \dfrac{M_{b2}}{M_{b1}}$；

M_{b2}——风筒出口的有效风量，kg/s；

α_1——风筒外对流换热系数，kW/(m^2·℃)；

$$\alpha_1 = 0.006(1 + 1.471\sqrt{0.6615 v_b^{1.6} + D_1^{-0.5}}) \tag{12-34}$$

α_2——风筒内对流换热系数，kW/(m^2·℃)；

$$\alpha_2 = 0.00712 D_2^{-0.25} v_m^{0.75} \tag{12-35}$$

D_1——隔热风筒外径，m；

D_2——风筒内径，m；

λ——隔热层的导热系数，kW/(m·℃)；

v_b——巷道中平均风速；

$$v_b = 0.4167(K+1)M_{b1}/S, \text{ m/s} \tag{12-36}$$

v_m——风筒内平均风速；

$$v_m = 0.5308(K+1)M_{b1}/D_2^2, \text{ m/s} \tag{12-37}$$

S——掘进巷道的断面积，m^2。

(3)掘进头风温确定

风流从风筒口射出后，与掘进头近区围岩发生热交换，根据热平衡方程式，掘进头风温可按下式确定：

$$t_3 = \frac{1}{R}[(1+E\varphi_2 - M)t_2 + 2Mt_r + F], \text{ ℃} \tag{12-38}$$

其中：$M = zK_{\tau3}S_3$；$z = (2KM_{b1}c_p)^{-1}$；$R = 1 + M + E\varphi_s$；$F = z\sum Q_{m3} - E\Delta\varphi\varepsilon'$

式中：$K_{\tau3}$——掘进头近区围岩不稳定换热系数，kW/(m²·℃)；

S_3——掘进头近区围岩散热面积，m^2；

$\sum Q_{m3}$——掘进头近区局部热源散热量之和，kW；

其余符号意义同前。

掘进头近区围岩不稳定换热系数可按下式确定：

$$K = \frac{\lambda\Phi}{1.77R_3\sqrt{F_{03}}}, \text{ kW/(m}^2\cdot\text{℃)} \tag{12-40}$$

其中：$\Phi = \sqrt{1 + 1.77\sqrt{F_{03}}}$；

$R_3 = \sqrt{R_0 l_3 + R_0^2}$；

$R_0 = 0.564\sqrt{S}$；

$F_{03} = \frac{a\tau_3}{R_0^2}$。

式中：λ——岩石的导热系数，kW/(m·℃)；

a——岩石的导温系数，m²/h；

τ_3——掘进头平均通风时间，h；

l_3——掘进头近区长度，m。

12.2.5 矿井风流湿交换

当矿井风流流经潮湿的井巷壁面时，由于井巷表面水分的蒸发或凝结，将产生矿井风流的湿交换。根据湿交换理论，经推导可得出井巷壁面水分蒸发量的计算公式为：

$$W_{max} = \frac{\alpha}{\gamma}(t - t_s)PL\frac{p}{p_0}, \text{ kg/s} \tag{12-40}$$

式(11－40)中：α——井巷壁面与风流的对流换热系数；

$$\alpha = 2.728 \times 10^{-3} \varepsilon_m v_b^{0.8}, \text{ kW/(m}^2 \cdot ℃) \tag{12-41}$$

γ——水蒸气的汽化潜热，2500 kJ/kg；

t——巷道中风流的平均温度，℃；

t_s——巷道中风流的平均湿球温度，℃；

P——巷道周长，m；

L——巷道长度，m；

p——风流的压力，Pa；

p_0——标准大气压力，101 325 Pa；

v_b——巷道中平均风速，m/s；

ε_m——巷道壁面粗糙度系数，其中光滑壁面 $\varepsilon_m = 1$，主要运输大巷 $\varepsilon_m = 1.00 \sim 1.65$，运输平巷 $\varepsilon_m = 1.65 \sim 2.5$，工作面 $\varepsilon_m = 2.5 \sim 3.1$。

由湿交换引起潜热交换，其潜热交换量为：

$$Q_q = W_{max}\gamma = \alpha(t - t_s)PL\frac{p}{p_0}, \text{ kW} \tag{12-42}$$

式中符号意义同前。

必须指出：式(12－42)是在井巷壁面完全潮湿的条件下导出的，所以由该式计算出的是井巷壁面理论水分蒸发量。实际上，由于井巷壁面的潮湿程度不同，其湿交换量也有所不同，故在实际应用中应乘以一个考虑井巷壁面潮湿程度的系数，称为井巷壁面潮湿度系数，其定义为：井巷壁面实际的水分蒸发量与理论水分蒸发量的比值，用 f 表示，即：

$$f = \frac{M_b \Delta d}{W_{max}} \tag{12-43}$$

该值可通过实验或实测得到。求得井巷壁面的潮湿度系数后，即可求得风流通过该段井巷时的含湿量增量：

$$\Delta d = \frac{f W_{max}}{M_b} \tag{12-44}$$

由含湿量增量，即可求得该段井巷末端风流的含湿量和相对湿度：

$$d_2 = d_1 + \Delta d \tag{12-45}$$

$$\varphi_2 = \frac{p_v}{p_s} \times 100\% \tag{12-46}$$

式中：p_v——水蒸气分压力，可用下式计算：

$$p_v = \frac{p_2 d_2}{622 + d_2}, \text{ Pa} \tag{12-47}$$

p_s——饱和水蒸气分压力，可用式(12－48)计算：

$$p_s = 610.6\exp\left(\frac{17.27t_2}{237.3 + t_2}\right), \text{ Pa} \tag{12-48}$$

本节介绍了矿井风流热湿计算的基本公式，根据这些公式即可逐段地计算出井巷末端风流的温度和相对湿度。

12.3 有热湿交换的风流能量方程

12.3.1 流动体系的能量方程

空气一经在地下巷道中流动，温度、湿度就会发生变化，现讨论引起这种变化的原因。

取一段在重力作用下不可压缩的非粘性流体稳定流动体系作为研究对象，如图12-6。

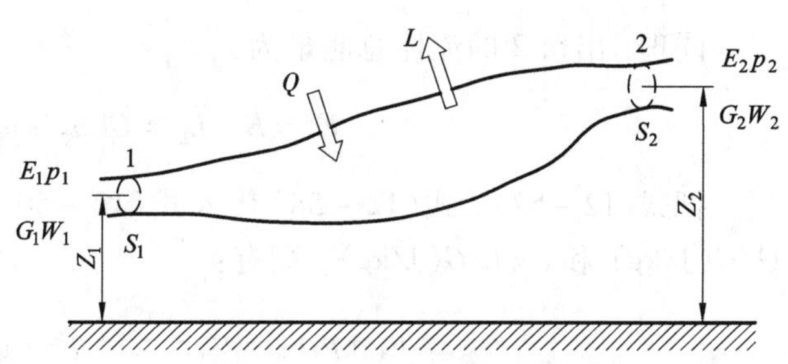

图12-6 稳定流动体系的能量

图12-6体系中流体所保有的全能量E(kJ/s)，为内能U(kJ/s)，位能E_w(kJ/s)，动能E_d(kJ/s)之和，即：

$$E = U + E_w + E_d \quad (12-49)$$

设通过体系边界给予流动体系的外热能用热量表示为Q(kJ/s)，体系向外输出的能量为L(kJ/s)。在流动体系入口1处，通过流体从入口左方对流体施加的能量为E_1(kJ/s)，在体系出口2处，从流体带出的能量为E_2(kJ/s)，则根据热力学第一定律得：

$$E_1 + Q = E_2 + L \quad (12-50)$$

先来讨论E_1。E_1虽为通过入口1的能量，但和式(12-49)表示的体系中流体本身保有的全能量E不同。这是因为流体在入口1处受到左方p_1的压力压入流体，换言之，入口1左方的流体对体系流体作了功(流动功)，相对应为流体接受了同样大小的能量，此能量和流体本身所保有的能量之和，才是流体流过1处的能量E_1，下面来求E_1。

设流量为G(kg/s)，流速为v(m/s)，单位重量流体的内能为u(J/kg)，离基准面高度为Z(m)，重力加速度为g(m/s^2)，则流体流过入口1时，重量为G的流体所具有的内能、位能、动能分别为：

$$U = Gu \quad (12-51)$$

$$E_w = GgZ \quad (12-52)$$

$$E_d = \frac{G}{2}v^2 \quad (12-53)$$

则重量G流体所保有的全能量为：

$$E = G\left(u + gZ + \frac{v^2}{2}\right) \quad (12-54)$$

再来讨论流动功，设入口1处流体的有效断面积为S_1(m^2)，当流体向右流动时，一边受p_1S_1的力作用，一边以速度v位移，所以在断面1处流体具有的压能L_{l1}(J/s)应为：

$$L_{l1} = p_1S_1v_1 \quad (12-55)$$

则单位重量的压能为：

$$w_{l1} = \frac{L_{l1}}{G_1} = \frac{p_1S_1v_1}{\frac{S_1v_1}{\nu_1}} = p_1\nu_1 \quad (12-56)$$

式中：ν_1——流体在断面 1 处的比容，m^3/kg。

式(12－56)表明：1 kg 状态为(p_1, ν_1)的流体，必须对体系内的流体作$p_1\nu_1$(J)的推动功才能进入体系，这项功是外界给予体系的能量；反之，1 kg 状态为(p_2, ν_2)的流体从体系中流出，也必须对外界流体作$p_2\nu_2$的推动功，这项功是体系给外界的能量，则单位时间流过入口 1 的流体总能量可用式(12－57)表示：

$$E_1 = E + L_{l1} = G\left(u_1 + p_1\nu_1 + gZ_1 + \frac{v_1^2}{2}\right) \tag{12-57}$$

同理，出口 2 的流体总能量为：

$$E_2 = E + L_{l2} = G\left(u_2 + p_2\nu_2 + gZ_2 + \frac{v_2^2}{2}\right) \tag{12-58}$$

把式(12－57)、式(12－58)代入式(12－50)，式两边消去 G，并令单位重量热能 $q = Q/G$(J/kg) 和 $l = L/G$(J/kg)，则有：

$$u_1 + p_1\nu_1 + gz_1 + \frac{v_1^2}{2} + q = u_2 + p_2\nu_2 + Z_2 + \frac{v_2^2}{2} + l \tag{12-59}$$

移项整理成：

$$q = (u_2 + p_2\nu_2) - (u_1 + p_1\nu_1) + \frac{1}{2}(v_2^2 - v_1^2) + g(Z_2 - Z_1) + l \tag{12-60}$$

如把 $i = u + p$ 定义为单位重量流体的焓，则式(12－60)变成：

$$q = (i_2 - i_1) + \frac{1}{2}(v_1^2 - v_2^2) + g(Z_2 - Z_1) + l = \Delta i + \frac{1}{2}\Delta v^2 + g\Delta Z + l \tag{12-61}$$

对于微元过程，有：

$$\mathrm{d}q = \mathrm{d}i + \frac{1}{2}\mathrm{d}v^2 + g\mathrm{d}Z + \mathrm{d}l \tag{12-62}$$

式(12－61)、式(12－62)称为稳定流动的基本能量方程式，是热学上流动体系的能量守恒表达式。因为流速 $v < 30$ m/s 时，$\frac{v^2}{2}$相对非常小，而矿井通风中风速很少大于 30 m/s，所以，$\frac{v^2}{2}$在工程上常忽略不计，这时式(12－62)可简化为：

$$\mathrm{d}q = \mathrm{d}i + \mathrm{d}Z + \mathrm{d}l \tag{12-63}$$

必须注意，式(12－61)、式(12－62)中的每一项，根据不同情况，都可以是正值、负值或零。如 q 为正值，表示外界对流体体系加热；q 为负值，表示流体体系对外界放热。l 为正值，表示对外界做功，反之表示外界对体系做功，Δv^2 为正值，表示体系流体的动能增加，反之表示流体的动能减少。基本能量方程式是研究风温预测，制冷计算等实际问题的基础。

12.3.2 风流温度变化的基本方程

推导了流动体系中没有物质发生的能量基本方程，然而，随着地下风流的流动，有水蒸气加入，精确地说，不能把通风量视为定量。如考虑到这一状况，忽略动能一项，则对应于式(12－50)有：

$$G_1(u_1 + p_1\nu_1 + gz_1) + Q = G_2(u_2 + p_2\nu_2 + gz_2) + L \tag{12-64}$$

严密地说，加入的水分原保有的能量也需考虑，但此能量往往很小，可以忽略。那么，若把式(12-64)湿空气的流量 G 换写成含湿量和干空气量 G'(kg/s)，由于 G' 为一定，则有：

$$G'(1+d_1)(u_1+p_1\nu_1+gz_1)+Q=G'(1+d_2)(u_2+p_2\nu_2+gz_2)+L \quad (12-65)$$

所以：

$$(u_1+p_1\nu_1)(1+d_1)+gz_1(1+d_1)+\frac{Q}{G'}=(u_2+p_2\nu_2)(1+d_2)+gz_2(1+d_2)+\frac{L}{G'} \quad (12-66)$$

式(12-66)中，$(u+p\nu)(1+d)$ 为每 $(1+d)$ kg 湿空气的焓，即每 kg 干空气的焓用 $i[J/(1+d)\text{kg}$ 或 $J/\text{kg}]$ 表示，则式(12-66)变化为：

$$i_1+gz_1(1+d_1)+\frac{Q}{G'}=i_2+gz_2(1+d_2)+\frac{L}{G'} \quad (12-67)$$

在式(12-67)中，一般 d 远小于1，如将其忽略，并近似看成 $G=G'$，就可在上式中用 G 代换 G'，则有：

$$\frac{Q}{G}=\Delta i+g\Delta z+\frac{L}{G} \quad (12-68)$$

把焓的表达式代入式(12-68)，有：

$$\frac{Q}{G}=c_{pk}\Delta t+\gamma\Delta d+g\Delta z+\frac{L}{G} \quad (12-69)$$

或：

$$q=c_{pk}\Delta t+\gamma\Delta d+g\Delta z+\frac{L}{G} \quad (12-70)$$

式(12-70)虽为近似式，但误差很小，能满足工程计算的要求。

式(12-70)说明：在连续的地下风流中，热源供给每 kg 风流的热量，等于每 kg 风流的风温、含湿量、位能变化引起的热量变化，及做功的变化之和，式(12-70)可作为地下风流温度变化的基本方程式。

将式(12-70)加以推演，因为位能变化量 $g\Delta z$、功 l 都可以用热的形式表示，故可认为一切热源发出的总单位热量 $\sum q$，可等于 $q-g\Delta z-l$ 的和，式(12-70)则变成：

$$\sum q=c_{pk}\Delta t+\gamma\Delta d \quad (12-71)$$

式(12-71)中，等式右边第一项，是造成风流温度升高的热量，称为显热；第二项是巷壁或水沟上的水分因蒸发成同温度蒸汽时所需的汽化热，称为潜热，即有：井巷中各热源给予风流的总热量=显热+潜热。

12.4 寒冷地区井口空气加热

12.4.1 井口空气加热方式

井口一般采用空气加热器对冷空气进行加热，其加热方式有两种。

1. 井口房不密闭的加热方式

当井口房不宜密闭时，被加热的空气需设置专用的通风机送入井筒或井口房。这种方式按冷、热风混合的地点不同，又分以下三种情况：

(1)冷、热风在井筒内混合

这种布置方式是将被加热的空气通过专用通风机和热风道送入井口以下 2 m 处，在井筒内进行热风和冷风的混合，如图 12－7 所示。

(2)冷、热风在井口房内混合

这种布置方式是将热风直接送入井口房内进行混合，使混合后的空气温度达到 2℃以上后再进入井筒，如图 12－8 所示。

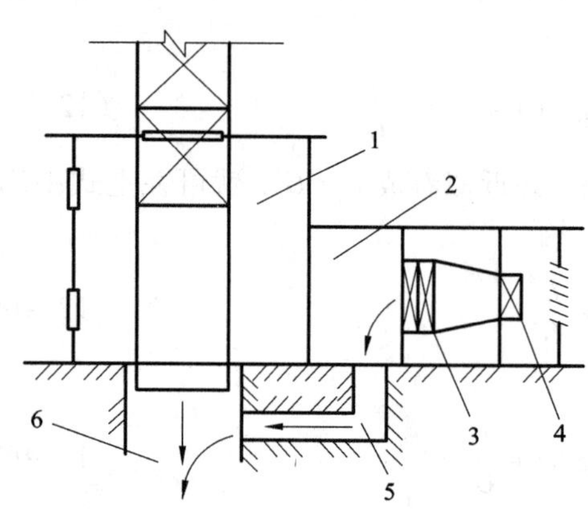

图 12－7　空气通过专用通风机和热风道送入井口示意图

1—通风机房；2—空气加热室；3—空气加热器；4—通风机；5—热风道；6—井筒

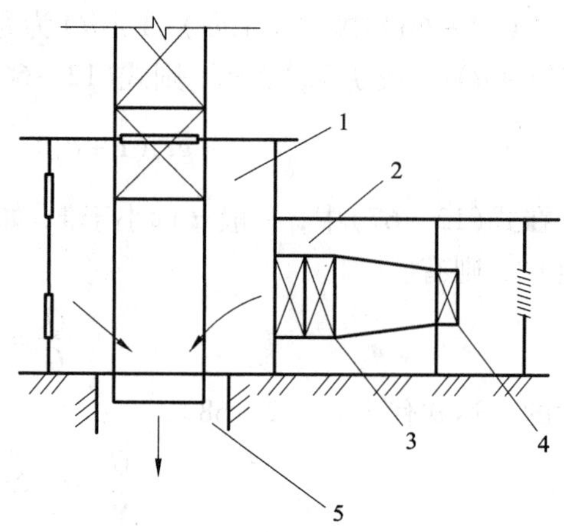

图 12－8　将热风直接送入井口房内进行混合示意图

1—通风机房；2—空气加热室；3—空气加热器；4—通风机；5—井筒

(3)冷、热风在井口房和井筒内同时混合

这种布置方式是前两种方式的结合，它将大部分热风送入井筒内混合，而将小部分热风送入井口房内混合，其布置方式如图 12－9 所示。

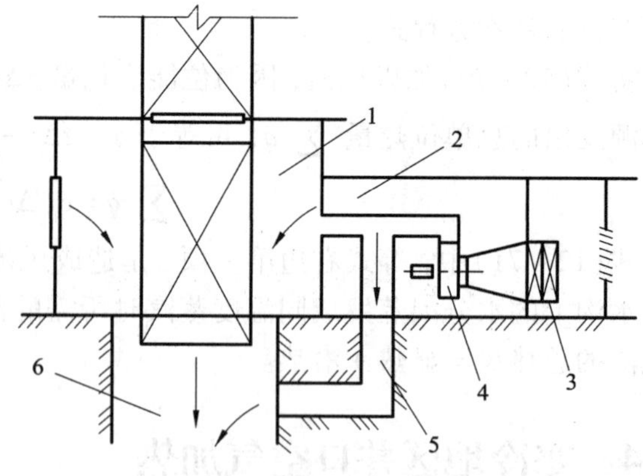

图 12－9　冷、热风在井口房和井筒内同时混合

1—通风机房；2—空气加热室；3—空气加热器；4—通风机；5—热风道；6—井筒

以上三种方式相比较，第一种方式冷、热风混合效果较好，通风机噪声对井口房的影响相对较小，但井口房风速大、风温低，井口作业人员的工作条件差，而且井筒热风口对面井壁、上部罐座和罐顶保险装置有冻冰危险；第二种方式井口房工作条件有所改善，上部罐座和罐顶保险装置冻冰危险减少，但冷、热风的混合效果不如前者，而且井口房内风速较大，尤其是通风机的噪声对井口的通讯信号影响较大；第三种方式综合了前两种的优点，而避免了其缺点，但管理较为复杂。

2．井口房密闭的加热方式

当井口房有条件密闭时，热风可依靠矿井主要通风机的负压作用而进入井口房和井筒，而不需设置专用的通风机送风。采用这种方式，大多是在井口房内直接设置空气加热器，让冷、热风在井口房内进行混合。

对于大型矿井，当井筒进风量较大时，为了使井口房风速不超限，可在井口房外建立冷风塔和冷风道，让一部分冷风先经过冷风道直接进入井筒，使冷、热风即在井口房混合又在井筒内混合。采用这种方式时，应注意防止冷风道与井筒联接处结冰。

井口房不密闭与井口房密闭这两种井口空气加热方式相比，其优缺点见表 12－3。

表 12－3　井口空气加热方式的优缺点比较表

井口空气加热方式	优 点	缺 点
井口房不密闭时	1. 井口房不要求密闭 2. 可建立独立的空气加热室，布置较为灵活 3. 在相同风量下，所需空气加热器的片数少	1. 井口房风速大、风温低，井口作业人员工作条件差 2. 通风机运行噪声对井口房通讯有影响 3. 设备投资大，管理复杂
井口房密闭时	1. 井口房工作条件好 2. 不需设置专用通风机，设备投资少	1. 井口房密闭增加矿井通风阻力 2. 井口房漏风管理较为麻烦

12.4.2　空气加热量的计算

1. 计算参数的确定

(1)室外冷风计算温度的确定。井口空气防冻加热的室外冷风计算温度，通常按下述原则确定：立井和斜井采用历年极端最低温度的平均值；平硐采用历年极端最低温度平均值与采暖室外计算温度二者的平均值。

(2)空气加热器出口热风温度的确定。通过空气加热器后的热风温度，根据井口空气加热方式按表 12－4 确定。

表 12－4　空气加热器后热风温度的确定

送风地点	热风温度/℃	送风地点	热风温度/℃
竖井井筒	60～70	正压进入井口房	20～30
斜井或平硐	40～50	负压进入井口房	10～20

2. 空气加热量的计算

井口空气加热量包括基本加热量和附加热损失两部分，其中附加热损失包括热风道、通风机壳及井口房外围护结构的热损失等。基本加热量即为加热冷风所需的热量，在设计中，一般附加热损失可不单独计算，总加热量可按基本加热量乘以一个系数求得。即总加热量 Q，可按公式(12－72)计算：

$$Q = \alpha M c_p (t_h - t_l) \tag{12-72}$$

式中：M——井筒进风量，kg/s；

α——热量损失系数，井口房不密闭时 $\alpha = 1.05 \sim 1.10$，密闭时 $\alpha = 1.10 \sim 1.15$；

t_h——冷、热风混合后空气温度，可取 2℃；

t_1——室外冷风温度，℃；

c_P——空气定压比热，$c_p=1.01\ kJ/(kg\cdot K)$。

12.4.3 空气加热器的选择计算

1. 基本计算公式

(1)通过空气加热器的风量计算。

$$M_1=\alpha\cdot M\frac{t_h-t_1}{t_{h0}-t_1},\ kg/s \tag{12-73}$$

式中：M_1——通过空气加热器的风量，kg/s；

t_{h0}——加热后加热器出口热风温度，℃；

其余符号意义同前。

(2)空气加热器能够供给的热量计算。

$$Q'=kS\Delta t_p,\ kW \tag{12-74}$$

式中：Q'——空气加热器能够供给的热量，kW；

K——空气加热器的传热系数，$kW/(m^2\cdot K)$；

S——空气加热器的散热面积，m^2；

Δt_p——热媒与空气间的平均温差，℃。

当热媒为蒸汽时：

$$\Delta t_p=t_v-(t_1+t_{h0})/2,\ ℃ \tag{12-75}$$

当热媒为热水时：

$$\Delta t_p=(t_{w1}+t_{w2})/2-(t_e+t_{ho})/2,\ ℃ \tag{12-76}$$

式中：t_v——饱和蒸汽温度，℃；

t_{w1}，t_{w2}——热水供水和回水温度，℃；

其余符号意义同前。

空气加热器常用的在不同压力下的饱和蒸汽温度，见表12－5。

表12－5 不同压力下的饱和蒸汽温度

蒸汽压力/kPa	≤30	98	196	245	294	343	392
饱和蒸汽温度/℃	100	119.6	132.8	138.2	142.9	147.2	151

2. 选择计算步骤

空气加热器的选择计算可按下述方法和步骤进行。

(1)初选加热器的型号

初选加热器的型号首先应假定通过空气加热器的质量流速$(v_\rho)'$，一般井口房不密闭时$(v_\rho)'$可选4～8 $kg/(m^2\cdot s)$，井口房密闭时$(v_\rho)'$可选2～4 $kg/(m^2\cdot s)$。然后按式(12－77)求出加热器所需的有效通风截面积S'：

$$S'=M_1/(v_\rho)',\ m^2 \tag{12-77}$$

在加热器的型号初步选定之后，即可根据加热器实际的有效通风截面积，算出实际的(v_ρ)值。

(2)计算加热器的传热系数

如果有的产品在整理传热系数实验公式时，用的不是质量流速(v_ρ)，而是迎面风速 v_y，则应根据加热器有效截面积与迎风面积之比 α 值(α 称为有效截面系数)，使用关系式 $v_y = \frac{\alpha(v_\rho)}{\rho}$，由 v_ρ 求出 v_y 后，再计算传热系数。

如果热媒为热水，则在传热系数的计算公式中还要用到管内水流速 v_W。加热器管内水流速可按式(12－78)计算：

$$v_W = \frac{M_1 c_p (t_{h0} - t_1)}{S_w c(t_{w1} - t_{w2}) \times 10^3},\ \mathrm{m/s} \tag{12-78}$$

式中：v_W——加热器管内水的实际流速，m/s；

S_w——空气加热器热媒通过的截面积，m^2；

c——水的比热，$c = 4.1868$ kJ/(kg·K)；

其余符号意义同前。

(3)计算所需的空气加热器面积和加热器台数。

空气加热器所需的加热面积可按下式计算：

$$S_1 = \frac{Q_1}{K \cdot \Delta t_p},\ \mathrm{m^2} \tag{12-79}$$

式(12－79)中符号意义同前。

计算出所需加热面积后，可根据每台加热器的实际加热面积确定所需加热器的排数和台数。

(4)检查空气加热器的富余系数，一般取1.15～1.25。

(5)计算空气加热器的空气阻力 ΔH，计算公式也见表12－6。

(6)计算空气加热器管内水阻力 Δh，计算公式也见表12－6。

表12－6 部分国产空气加热器的传热系数和阻力计算公式表

加热器型号	热媒	传热系数 $K/(\mathrm{W \cdot m^{-2} \cdot K^{-1}})$	空气阻力 ΔH/Pa	热水阻力 Δh/kPa
5，6，10D	蒸汽	$14.6(v_\rho)^{0.49}$	$1.76(v_\rho)^{1.998}$	D型： $15.2v_{W1.96}$ Z，X型： $15.2v_{W1.96}$
5，6，10Z		$14.6(v_\rho)^{0.49}$	$1.47(v_\rho)^{1.98}$	
SRZ型5，6，10X		$14.5(v_\rho)^{0.532}$	$0.88(v_\rho)^{2.12}$	
7D		$14.3(v_\rho)^{0.51}$	$2.06(v_\rho)^{1.17}$	
7Z		$14.6(v_\rho)^{0.49}$	$2.94(v_\rho)^{1.52}$	
7X		$15.1(v_\rho)^{0.571}$	$1.37(v_\rho)^{1.917}$	
B×A/2 SRL型	蒸汽	$15.2(v_\rho)^{0.50}$	$1.71(v_\rho)^{1.67}$	
B×A/3		$15.1(v_\rho)^{0.43}$	$3.03(v_\rho)^{1.62}$	
B×A/2	热水	$16.5(v_\rho)^{0.24}$	$1.5(v_\rho)^{1.58}$	
B×A/3		$14.5(v_\rho)^{0.29}$	$2.9(v_\rho)^{1.58}$	

注：v_ρ——空气质量流速，kg/(m^2·s)；v_w——水流速，m/s。

12.5 高温矿井降温一般技术措施

当矿井气候值超过标准而出现热害时，就必须采取降温措施加以改善。矿井降温的一般技术措施是指除了矿井空调技术外，其他各种用于调节和改善矿井气候条件的措施。它主要包括：通风降温、隔热疏导、个体防护等，本节仅介绍其中几种主要措施。

12.5.1 通风降温

加强通风是矿井降温的主要技术途径。通风降温的主要措施就是加大矿井风量和选择合理的矿井通风系统。

1. 加大风量

实践证明，在一定的条件下(如原风量较小)，增加风量是高温矿井最经济的降温手段之一。加大风量不仅可以排出热量、降低风温，而且还可以有效地改善人体的散热条件，增加人体舒适感。所以在高温矿井采用通风降温是矿井降温的基本措施之一。

但增风降温并不总是有效的。当风量增加到一定程度时，增风降温的效果就会减弱。同时增风降温还受到井巷断面和通风机能力等各种因素的制约，有一定的应用范围。

2. 选择合理的矿井通风系统

从降温角度出发，确定矿井通风系统时，一般应考虑下列原则：

(1)尽可能减少进风路线的长度

在井巷热环境条件和风量不变的情况下，井巷进风的温升是随其流程加长而增大，风路越长，风流沿途吸热量越大，温升也越大。所以，在高温矿井应尽量缩短进风路线的长度。同时在进行开拓系统设计时，要注意与通风系统相结合，避免进风巷布置在高温岩层中和不必要地加长进风路线的长度，以增加其温升。

(2)尽量避免煤流与风流反向运行

对于煤矿井，在选择采区通风系统时，尽量采用轨道上山进风方案，避免因煤流与风流方向相反，将煤炭在运输过程中的散热和设备散热带进工作面。根据原西德的经验采用轨道上山(平巷)进风与运输上山(平巷)进风相比，回采工作面进风流的同感温度可降低4～5℃。

(3)回采工作面采用下行风

对于煤矿井，在条件许可时，回采工作面可采用下行风。因为回采工作面采用下行风时，风流是从路程较短的上部巷道进入工作面，且减少煤炭放热影响，故可降低工作面的进风温度。

12.5.2 隔热疏导

所谓隔热疏导就是采取各种有效措施将矿井热源与风流隔离开来，或将热流直接引入矿井回风流中，避免矿井热源对风流的直接加热，从而达到矿井降温的目的。隔热疏导的措施主要有：

1. 巷道隔热

巷道隔热主要用于矿井局部地温异常的区段。目前较为可行的方法是，在高温岩壁与巷道支架之间充填隔热材料，如高炉或锅炉炉渣等。近年来，我国煤矿还试验用聚氨酯泡沫塑料喷涂岩壁，喷涂厚度为10 mm时，就能产生较好的隔热效果；国外有些国家也曾采用聚乙烯泡沫塑料、硬质氨基甲酸泡沫、膨胀珍珠岩等隔热材料喷涂岩壁，也取得较好效果。但因巷道隔热费用较高；而且隔热层的时效性较差，随着时间的推移，隔热层的作用将变小；同时还必须注意防火、防毒等安全问题。由于这些原因限制了这种方法的应用。今后应当重视开发和研究高效、无毒、时效性长，而且廉价的巷道隔热材料。

2. 管道和水沟隔热

对高温矿井，温度高的压气管道和排热水管应尽量设在回风流中，如果必须设在进风流中时应采取隔热措施。尤其是对热水型高温矿井，对排热水管进行隔热，应防止热水对风流的增温增湿作用。

对热水涌出量大的矿井可超前将热水疏干，将水位降低到开采深度以下。对局部地点涌出的高温热水，可在出水点附近打排水钻孔，将热水用隔热管道直接排至地面。

3. 井下发热量大的大型机电硐室应独立回风

现代矿井井下大型机电硐室的发热量很大，如果这些设备的散热直接进入进风流，将引起矿井风流较大的温升。所以对高温矿井，井下大型机电硐室(如中央变电所、泵房和绞车房等)应建立独立的回风系统。

12.5.3 个体防护

对个别气候条件恶劣的地点，由于技术或经济上的原因，如不能采取其他降温措施时，对矿工进行个体防护也是一种有效的方法。矿工个体防护的主要措施就是让矿工穿戴轻便、冷却背心或冷却帽，其作用是防止环境热对流和热辐射对人体的侵害；同时使人体自身的产热量传给冷却服或冷却帽中的冷媒。国外一些国家已研制出了许多种适合井下使用的矿工冷却服和冷却帽，例如南非加尔德－来特公司研制生产的一种干冰冷却背心，干冰用量为4 kg，冷却功率为80～106 W，冷却时间可达6～8 h。近年国内一些科研单位也研制出了同类产品，在煤矿井下试用也取得较好效果。

除了上述措施之外，还有其他一些措施诸如煤层注水预冷煤体、在进风巷道放置冰块、利用调热圈巷道进风等都可起到一定的降温作用。

由于矿井的高温原因各不相同，热害程度也轻重不一。因此，在作矿井降温设计时，应对具体问题作具体分析，要因地制宜、有针对性地采取降温措施，才能收到良好效果。

12.6 高温矿井制冷空调技术

当采用一般的矿井降温措施，不能有效地解决采掘工作面的高温问题时，就必须采用矿井空调技术。所谓矿井空调技术就是应用各种空气热湿处理手段，来调节和改善井下作业地点的气候条件，使之达到规定标准的一门综合性技术。本节将简单介绍矿井空调系统设计的基本原理和一般方法。

12.6.1 矿井空调系统设计的依据

矿井空调系统设计的主要依据是行业标准等和上级主管部门的书面批示。此外还必须收集下列资料或数据。

(1)矿区常年气候条件，如地表大气的月平均温度、月平均相对湿度和大气压力等；

(2)矿井各生产水平的地温资料和等地温线图；

(3)矿井设计生产能力、服务年限、开拓方式、采区布置和年度计划等；

(4)采掘工程平(剖)面图、通风系统图和通风网路图；

(5)矿井通风系统阻力测定与分析数据，如井巷通风阻力、风阻、风量等；

(6)井巷所穿过各岩层的岩石热物理性质，如导热系数、导温系数、比热和密度等；

(7)矿井水温和水量。

12.6.2 设计的主要内容与步骤

矿井空调系统设计是一项非常复杂的工作，其主要设计内容和步骤如下。

(1)矿井热源调查与分析，查明矿井高温的主要原因及热害程度，并对矿井空调系统设计的必要性作出评价；

(2)根据实测或预测的风温，确定采掘工作面的合理配风量，并计算出采掘工作面的需冷量，做到风量与冷量的最优匹配，以减少矿井空调系统的负荷；

(3)根据采掘工作面的需冷量、已采取的一般矿井降温措施及生产的发展情况，确定全矿井所需的制冷量，并报请有关部门核准；

(4)根据矿井具体条件，拟定矿井空调系统方案，包括制冷站位置、供冷排热方式、管道布置、风流冷却地点的选择等，并进行技术经济比较，确定最佳方案；

(5)根据拟定的矿井空调系统方案，进行供冷、排热设计，并进行设备选型；

(6)进行制冷机站(硐室)的土建设计，选取合理的布置方式；

(7)制冷机站(硐室)内自动监控与安全防护设施的设计，制定设备运行、维护的管理机制；

(8)概算矿井空调的吨煤成本和其他经济性指标。

上述设计内容非常广泛，它涉及到采矿、通风、空调、制冷、土建等相关学科。设计中即要注意采用先进的技术和设备，又不能忽视实际经验，更要适合当前我国的技术经济条件和可能的发展趋势，只有这样才能做好一个大型的矿井空调系统设计。

12.6.3 矿井空调系统的基本类型

目前国内外常见的冷冻水供冷、空冷器冷却风流的矿井集中空调系统的基本结构模式如图 12 - 10 所示。它是由制冷、输冷、传冷和排热四个环节所组成。由这四个环节的不同组合，便构成了不同的矿井空调系统。这种矿井空调系统，若按制冷站所处的位置不同来分，可以分为以下三种基本类型：

1. 地面集中式空调系统

它将制冷站设置在地面，冷凝热也在地面排放，而在井下设置高低压换热器将一次高压冷冻水转换成二次低压冷冻水，最后在用风地点上用空冷器冷却风流。其结构如图 12 - 11 所示。这种空调系统还可有另外两种形式，一种是集中冷却矿井总进风，这种形式，在用风地点上空调效果不好，而且经济性较差；另一种是在用风地点上采用高压空冷器，这种形式安全性较差。实际上后两种形式在深井中都不可采用。

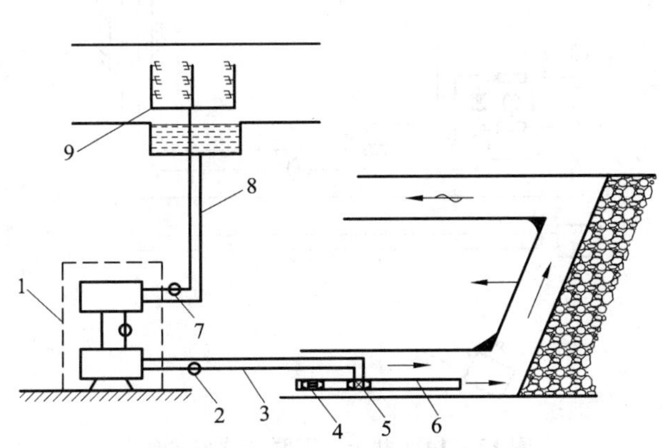

图12－10　矿井空调系统结构模式

1—制冷站；2—冷水泵；3—冷水管；4—局部通风机；5—空冷器；6—风筒；7—冷却水泵；8—冷却水管；9—冷却塔

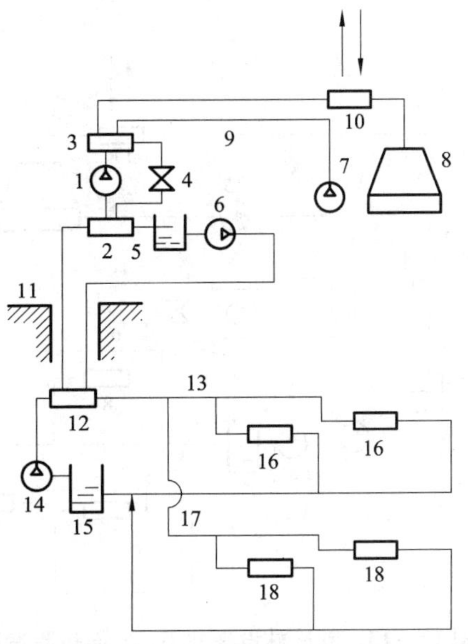

图12－11　地面集中空调系统

1—压缩机；2—蒸发机；3—冷凝器；4—节流阀；5、15—水池；6、7、14 —水泵；8—冷却塔；9—冷却水管；10—热交换器；11、13、17—冷水管；12—高低压换热器；16、18—空冷器

2. 井下集中式空调系统

井下集中式空调系统如按冷凝热排放地点不同来分，又有两种不同的布置形式：

一是制冷站设置在井下，并利用井下回风流排热，如图12－12所示。

这种布置形式具有系统比较简单，冷量调节方便，供冷管道短，无高压冷水系统等优点，我国孙村煤矿曾采用这种布置方式。但由于井下回风量有限，当矿井需冷量较大时，井下有限的回风量就无法将制冷机排出的冷凝热全部带走，致使冷凝热排放困难，冷凝温度上升，制冷机效率降低，制约了矿井制冷能力的提高，所以这种布置形式只适用于需冷量不太大的矿井；

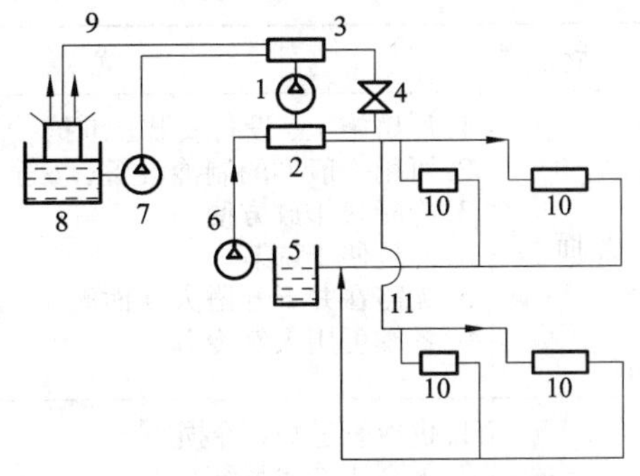

图12－12　制冷站设在井下，井下排除冷凝热

1—压缩机；2—蒸发机；3—冷凝器；4—节流阀；5—水池；6—冷水泵；7—冷却水泵；9—冷却塔；10—空冷器

二是制冷站设置在井下，但冷凝热在地面排放，如图12－13所示。这种布置形式虽可提高冷凝热的排放能力，但需在冷却水系统增设一个高低压换热器，系统比较复杂。

3. 井上、下联合式空调系统

这种布置形式是在地面、井下同时设置制冷站，冷凝热在地面集中排放，如图12－14所示。它实际上相当于两级制冷，井下制冷机的冷凝热是借助于地面制冷机冷水系统冷却。

上述三种集中式矿井空调系统相比，在技术上的优缺点见表12－7，设计时究竟采用何种型式应根据矿井的具体条件而定。

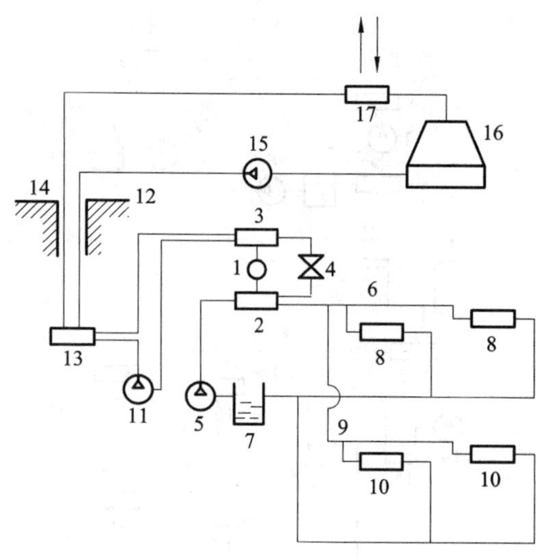

图 12－13　制冷站设在井下，地面排除冷凝热

1—压缩机；2—蒸发机；3—冷凝器；4—节流阀；
5、11—冷水泵；6、9、12—冷水管；
7—冷水池；8、10—空冷器；13—高低压换热器；
14—冷却水管；15—冷却水泵；16—冷却塔；17—换热器

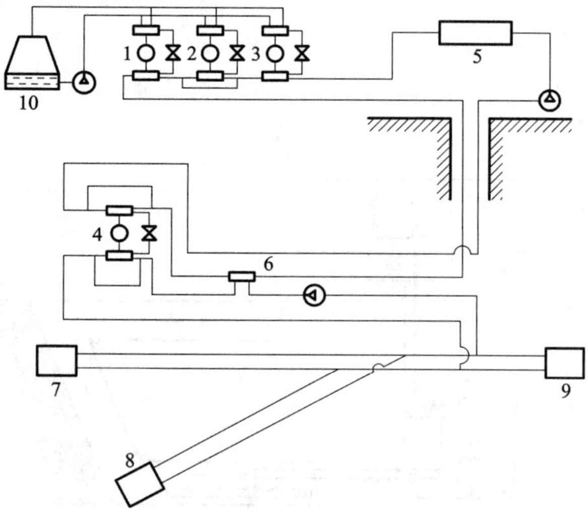

图 12－14　井上、下联合式空调系统

1～4—制冷机；5—空气预冷器；
6—高低压换热器；7～9—空冷器；10—冷却塔

表 12－7　矿井集中式空调系统技术比较表

制冷站位置	优 点	缺 点
地 面	1. 厂房施工、设备安装、维护、管理方便 2. 可用一般型的制冷设备，安全可靠 3. 冷凝热排放方便 4. 冷量便于调节 5. 无需在井下开凿大断面硐室 6. 冬季可用天然冷源	1. 高压载冷剂处理困难 2. 供冷管道长，冷损大 3. 需在井筒中安装大直径管道 4. 空调系统复杂
井 下	1. 供冷管道短，冷损小 2. 无高压冷水系统 3. 可利用矿井水或回风流排热 4. 供冷系统简单，冷量调节方便	1. 井下要开凿大断面的硐室 2. 对制冷设备要求严格 3. 设备安装、管理和维护不方便
联 合	1. 可提高一次载冷剂回水温度，减少冷损 2. 可利用一次载冷剂将井下制冷 机的冷凝热带到地面排放	1. 系统复杂 2. 设备分散，不便管理

此外，对不具备建立集中式空调系统条件的矿井，在个别热害严重的地点也可采用局部移动式空调机组。我国安徽淮南、浙江长广、江苏三河尖、山东新汶等矿都先后在掘进工作面使用过局部空调机组。但若将这种方式在矿井较大范围内使用，显然在技术和经济上都不合理。

12.7 矿用换热器

在矿井降温工程中，对风流进行热、湿处理，使采掘工作面或其他处所达到规定的气候条件，是通过各种换热器来实现的。对空气进行热湿处理的换热器称为空气冷却器。根据它的工作特点的不同，可以分为两大类，直接接触式和表面式。所谓直接接触式空气冷却器，是指与空气进行热、湿交换时，其冷却介质直接与被冷却的空气接触，即用冷水喷淋降温，冷却水直接和空气接触，这种冷却方式的空气冷却器通常又称喷雾式空气冷却器。所谓表面式空气冷却器，是指与空气进行热湿交换时，其冷却介质不和被冷却的空气接触而是通过冷却器的金属表面来进行交换的，它具有使用方便、不妨碍井下作业和不污染井下作业环境等优点而被广泛使用。但在设计与选用时，必须考虑矿井内空气含有粉尘量大、巷道空间狭窄的特点，所以要求空气冷却器的结构表面应不易积垢而易于清洗；其外形尺寸要小，特别是要求其横断面积要尽量地小，而且要便于拆卸和搬运。此外还要拥有足够大的换热面积和良好的换热性能，并配有必要的计量指示仪表。

由于经济上的原因，有时要将制冷站设于地面，此时必须向矿井深部输送载冷剂。为克服深部载冷剂回路中的高压。通常采用高低压换热装置，使从地面来的高压回路载冷剂通过它来冷却从工作面空气冷却器来的低压回路中的载冷剂，这样可以有效地避免矿井深部管道存在的高压危险。另外有时即使制冷站设于井下，但仍需要利用地面供水排热；也需要高低压换热装置来对冷凝器的回水排热。所以高低压换热装置也是矿井降温中的重要设备。此外，对管道进行隔热以减少沿途冷损也是不容忽视的。

12.7.1 表面式空气冷却器

1. 表面式空气冷却器的构造

在矿用空气冷却器中有光管和肋管之分。光管表面式空气冷却器构造简单、粉尘不易沉积，但传热性能不好，金属消耗量较多，故采用者少。肋片管表面式空气冷却器又有横向肋管和纵向肋管之分，在横向肋管中因制造方法不同，而分有皱绕片、无皱绕片和套片，如图 12－15 所示。在纵向肋管中，也因制造方法不同而有板管式和带管式等。

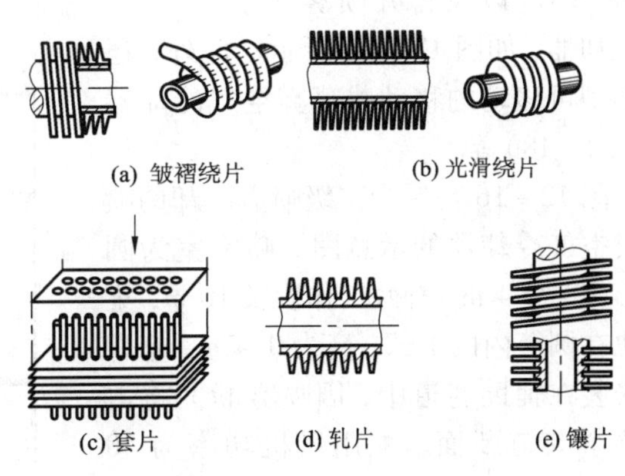

图 12－15 各种肋片管构造图

由传热学理论得知，空气侧的换热系数较水侧的换热系数低得多。因此，采用在空气侧加肋的方法增加换热面积以增强其传热性能，既可以节约金属消耗量，又可以使空气冷却器的整体尺寸减小。但矿尘容易沉积，造成传热性能不稳定。

2. 表面式空气冷却器的热工计算和阻力计算

在矿井条件下，表面式空气冷却器起到减焓降湿的作用，它使空气的温度和湿度同时发生变化。

表面式空气冷却器有几种计算方法，如“$\varepsilon_1-\varepsilon_2$”法(称热交换效率系数—接触系数法；或称干球温度效率法)；“$\varepsilon_1-\xi$”法(称热交换效率—析湿系数法)，还有“$\varepsilon_{1(s)}-\xi$”法(用干球温度表示的湿工况的热交换效率系数—析湿系数法)和“$\xi_{(s)}-BF$”法(用湿球温度表示的湿工况的热交换效率系数—旁通系数法)等，实际上，它们的计算结果都很接近。各种方法的具体计算过程请参考有关设计手册。

12.7.2 喷雾式空气冷却器

喷雾式空气冷却器又称直接接触式空气冷却器。因为它结构简单，制造非常容易，没有表面式空气冷却器那种因粉尘沉积而使热效率不稳定的缺点，阻力很小，有的甚至不需要附加风机就可以工作。所以在矿井降温中，有广泛前途。如果要对需冷量很大的区域降温，喷雾式空气冷却器是一种较好的措施。当然它也有缺点，如水回路为开式，容易使水污染，甚至使管道、喷嘴堵塞和泄漏，影响劳动环境，回水的回收也较困难等。不过有时采用它，却正是由于不需回收水的缘故。

近几年国外采用喷雾式空气冷却器的渐多，其中有大型并固定安装的平巷喷雾式空气冷却器(如图12-16所示。它的技术数据是，换热量800 kW，风量2 000 m^3/min，进风温度29℃/24℃(干球/湿球)，出风温度19.5℃/18.4℃，水量69 m^3/h，进水温度8.9℃，出水温度18.9℃)以及盲井喷雾式空气冷却器，如图12-17所示。此外，还有小型可移动的移动式喷雾空气冷却器(图12-18)等。

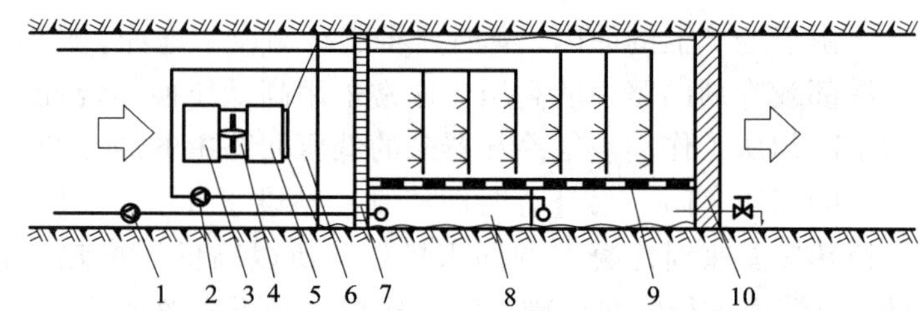

图12-16 平巷喷雾式空气冷却器示意图

1—回水泵；2—第二级喷水泵；3—消音器；4—风机；5—消音器；6—接头；7—整流器；8—外壳；9—滤水层；10—挡水板

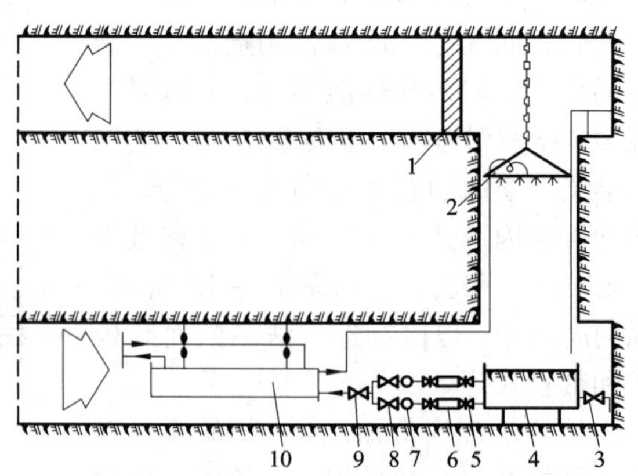

图12-17 盲井喷雾式空气冷却器示意图

1—挡水扳；2—喷头；3—排污阀；4—集水池；5—楔形阀；6—过滤器；7—冷水泵；8—逆止阀；9—截止阀；10—高低压换热器

图12-16是一台二级喷雾冷却的喷雾式空气冷却器的示意图。喷雾室为圆筒形，直径4 m，有效工作段长10 m，集水池在圆筒内的下部，高为0.4 m，它只能安装在辅助巷道中，因喷雾断面将占用整个巷道断面。配用风机功率为40 kW，风量为2 000 m^3/min，每一级的冷水喷水量为70 m^3/h，每一级为三排，每一排10个喷嘴，第一级冷水进水温度为8.9℃时，冷却能力可达800 kW。第二级喷水配15 kW水泵，回水泵根据回水的距离，高差配泵。喷水压力为380 kPa。

当使用的条件为：第一级喷水量 76 m^3/h，第二级喷水量 82 m^3/h，主巷道进风干球温度为 25℃，湿球温度为 22℃，第一级进水温度为 11.4℃，第二级进水温度为 15.2℃，主巷道进风量为 1 630 m^3/min 时，这台空气冷却器的实际效果是：主巷道出风干球温度为 17.5℃，湿球温度为 17.0℃。

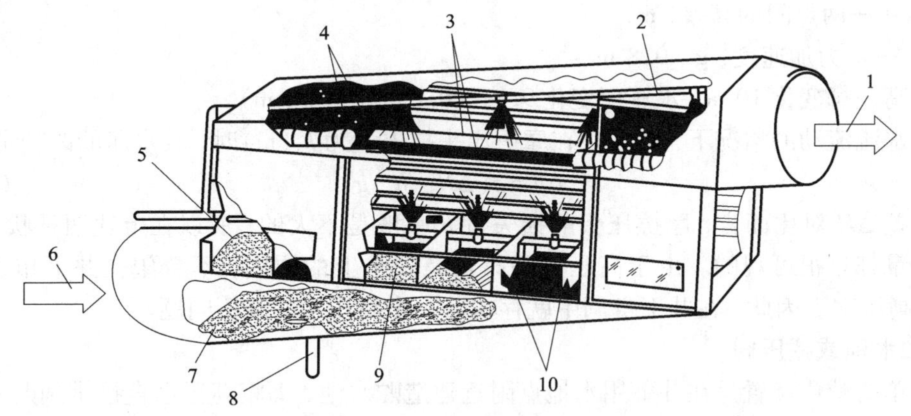

图 12-18 移动式喷雾空气冷却器

1—冷风出口；2—除尘管；3—水滴肋条；4—水滴分离器（层）；5—塑料网垫；6—热风进口；7—栅格扳；8—排水管（热水）；9—冷水管；10—风导流板

图 12-17 是一台盲井喷雾式空气冷却器的示意图。井筒为水泥构筑，直径 4.5 m，高 20 m。风流从下部向上流动，冷水以逆流方式自上向下喷淋，整个断面布置一排喷嘴，共 76 个，喷水量为 84 m^3/h；进水温度为 7℃时，最大冷却效果可达 1 300 kW，最大风阻为 100 Pa，因此不需要附加风机。

图 12-18 是移动式喷雾空气冷却器，外形尺寸较小。长度为 3 050 mm，高度为 1 680 mm，宽度为 406 mm。当风量为 141.6 m^3/min，风温为 29.44℃/26.67℃（干球/湿球），水量 45.6 L/min，水温为 10℃时，冷却能力可达 46 kW。

实践表明，喷雾式空气冷却器虽为开式回水，易受污染，但维护工作量很少，所以受现场的欢迎。此种冷却器结构简单，材料消耗极少，尤其是可以不用贵重的钢材，再加上维护简单，因此很适合我国国情，应逐步开展试制研究，生产出适合我国矿井条件各式喷雾式空气冷却器，以适应生产的需要。

喷雾式空气冷却器的热工计算方法与地面空调的喷水室计算相同，但要根据其结构特性来确定自己的实验系数和指数，不能简单套用地面的数据（表面式空气冷却器也是一样）。应在广泛的实验基础上，结合经验公式才能进行设计计算。此处不作具体介绍。

12.7.3 高压水的减压装置

随着井下空调需冷量的日益增大，井下制冷机的排热也日趋困难，因此近一些年来，迫使国外一些大型的空调矿井将制冷机安设在井上，用管道将其制出的冷水送到井下的需冷地点，而且这种空调方式有可能成为今后热害严重矿井的主要空调方式。因而，对于此种空调方式中存在的高压水减压问题，应予以研究分析。

在无摩擦或静止的状态下，水压的上升是由供水地点和用水地点间的高差所决定的，即：

$$\Delta p=\rho\Delta H\cdot g/1\ 000 \tag{12-80}$$

式中：Δp——水压的增量，kPa；

ρ——水的密度，$\rho=1\ 000\ \mathrm{kg/m^3}$；

ΔH——两点间的高差，m；

g——重力加速度，$g=9.8\ \mathrm{m/s^2}$。

所以高差每变化 10 m，水压便变化 9.81 kPa（约等于 1 atm）。

但在水流流动的情况下，即在存在摩擦压头损失量为 h_f（m）时，其水压的改变量为：

$$\Delta p=\rho(\Delta H-h_f)g \tag{12-81}$$

同高差 ΔH 对比而言，摩擦压头的损失量 h_f 一般是不大的，所以在上述两种状态下，水压的改变量都是很可观的。由于高压管路昂贵及安全上的原因，不希望在井下布设高压管路、使用高压水。因此，在井下空调中就存在着一个高压水的减压问题。

1. 贮水池或减压阀

最简单的减压装置是在井下用水地点附近建造贮水池，即将高压水直接排到贮水池以卸压，然后根据用水地点的具体条件，采用泵排或自流的方式将水输送到用水地点上去。用贮水池的主要缺点是它的开凿量大，而且经常清洗很费工。

另一个较简单的减压装置是采用减压阀。不管进水量与水压如何变化，减压阀可自动、可靠地将高压进水减压为所需的低压出水，压力的调节可借控制膜片上的压力来实现。当进水压力上升时，其所增大的压力则会将膜片压入到膜片槽里去，从而保持出水压力固定在预定的数值上。

当水流向下流动时，要损失位能，如这部分能量不对外做功，就要全部转换为热能，水温就要上升。温升的幅度可用下式来进行计算：

$$g\Delta H=c_p\Delta t \tag{12-82}$$

式中：c_p——水的比热容，$c_p=4.19\ \mathrm{kJ/(kg\cdot K)}$；

Δt——水的温升，℃。

即当水位每下降 1 000 m 时，水的温升为：$\Delta t=9.81/4.19=2.34$℃。

这是一个相当大的数字，而在采用贮水池或减压阀减压时，都存在着这个温升问题，所以有待解决。

2. 高低压换热器

当水流在水管里处于有压状态下流动时，其温升只和进水温度有关。当进水的温度为 30℃水位下降为 1 000 m 时，温升仅约 0.2℃，如进水温度约在 3℃以下，则其温升可忽略不计。据此，设计出了高低压换热器，借它来将高压水和低压水进行热交换，以消除冷水显著的温升。常用的高低压换热器多为圆筒管束型，低压水在管束内流动，高压水在圆筒内，管束外流动。这样的布置使薄管外壁可承受较大的压力，且便于对管内进行清扫。常用的高低压换热器如图 12－19 所示。

本高低压换热器的技术特征是：

（1）壳体为单流程，管内为双流程；

（2）最大的工作压力为 8 600 kPa；

（3）浮动管头板可抵偿换热管束冷缩热胀的压力，并便于对管束进行清洗；

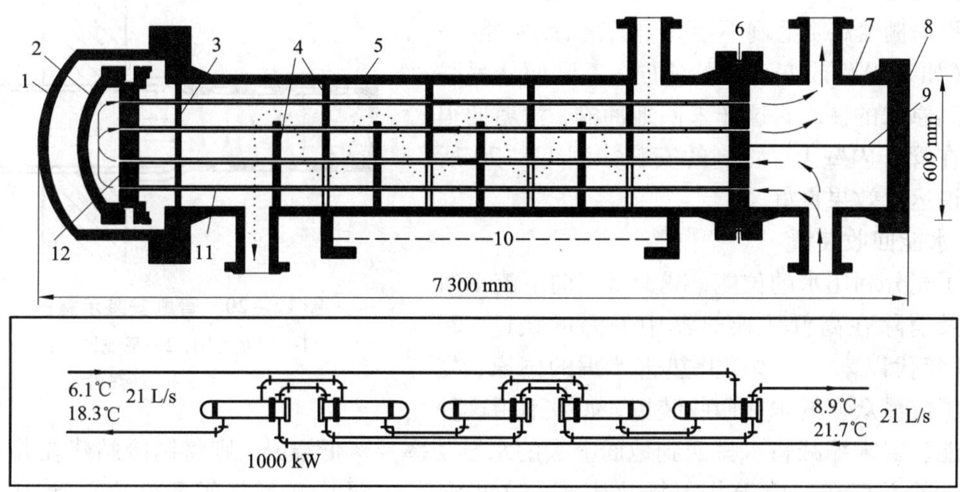

图12－19　高低压换热器图

1—筒体顶盖；2—管头板盖；3—支撑板；4—转向隔板；5—筒体；6—固定的管头板；7—集水箱；8—集水箱盖；9—流程隔板；10—支座；11—换热管束；12—浮动管头板

(4)集水箱便于观察及清洗管束内侧；

(5)管束的管子数为201根。

图12－19的下半部为由五台高低压换热器组成的换热器组，高压的冷水从图的左侧进出换热器，进水量力21 L/s，其流程如图所示，进水温度为6.1℃，出水温度为18.3℃。被冷却的冷水从图的右侧进出换热器组，其流程也如图所示，进水量为20 L/s，进水温度为21.7℃，回水温度为8.9℃，总换热量可达1 000 kW。

这种高低压换热器的优点是：

(1)高压水是有压循环，所以温升很小。

(2)由于低压水一般易受污染，需在管子内流动，便于清洗。

(3)高压水为闭路循环，所以将它泵回地面所需的动力最小，费用也最低。

(4)二次低压水的水压可根据需要，借泵输送出去。

(5)蒸发器系统得以保持清洁。

它的缺点是：

(1)在高压进出水和低压进出水间存在着温度跃迁，在图12－19上为2.8℃及3.4℃，所以未能充分利用制冷站输送出来的冷量，为了缩小温度跃迁，换热器就需要做得很大。

(2)整套装置非常昂贵，一般可达同容量制冷机组费用的60%～70%。

(3)需要开凿相当大的硐室。

(4)管理与维护的工作量很大。

(5)整套装置很难移动。

因而在进行设计与建造前，需依据具体条件对其优缺点进行详细的分析，以免造成浪费。

为了能及时和有效地清洗低压水管内壁上的积垢，目前设计并采用了一种特制的毛刷，利用水流将毛刷从管子的一端带到另一端，在管子的端部设一栅套，使毛刷不会完全脱离管端。隔一定时间（如 2 h）后改变水流的流向，毛刷便从另一端冲回到原来的一端，这样来回地冲刷，污垢便很难淤积在管子内壁上，管刷的安装如图 12－20 所示。据说运行效果良好。

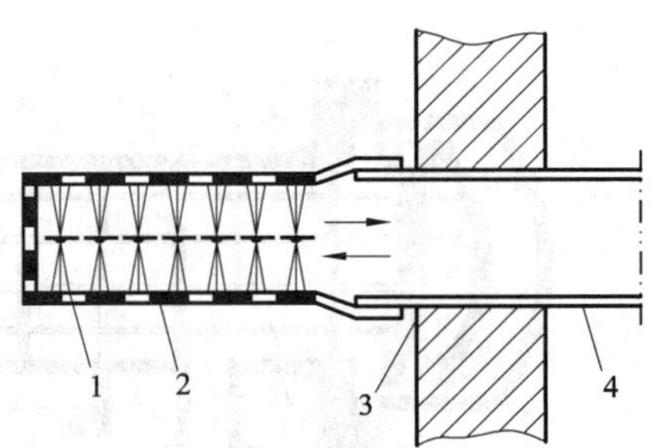

图 12－20　管刷安装示意图

1—尼龙毛刷；2—尼龙栅套；3—管头板；4—换热管子

3．水能回收装置

为了充分利用水的位能，减少水流向下流动时的温升及消除在高低压换热器中的温度跃迁，20 世纪 80 年代以来，一些矿井热害严重的国家，先后采用了数量众多的水能回收装置，如果不用这种回收水能装置来缩减将水排回到地面上去的水泵功率及降低温升，则将制冷站建在井上的经济合理性就不存在。由于井下排热困难，这些国家的深井井下气候条件将要比现在困难得多。

水能回收装置一般被用来协助水泵将水排回到地面上去，所采用的机械多为斗轮式水轮机，水轮机可直接与水泵联结，用它带动水泵排水也可将它和发电机联接，其所发出来的电能则输送到馈电电网上。发电的效率要比水轮机低 15% 左右，但其管理与监控要比前者简易得多，所以采用的较多。它们所能回收的能量可按下式进行计算：

$$W=(\Delta H-h_f)g\cdot Q\cdot\eta_t/1\ 000 \tag{12-83}$$

式中：W——回收的能量值，kW；

Q——水量，L/s；

η_t——水轮机的效率。

例如，当流量为 $Q=100$ L/s 的水，经 $\phi250$ mm 的管道沿 1 500 m 井筒垂直向下流动时，如其摩擦水力损失 $h_f=25.5$ m，水轮机的效率 $\eta_t=0.75$，则其回收的能量为：

$$W=(1\ 500+22.5)\times9.81\times100\times0.75/1\ 000=1\ 087\ (\text{kW})$$

设水泵的效率 $\eta_p=0.75$，电机效率 $\eta_m=0.95$，则将水排回到地面上去时水泵所需的功率 N 为：

$$N=(1\ 500+22.5)\times9.81\times100/(1\ 000\times0.75)=1\ 991\ (\text{kW})$$

由于采用了水能回收装置—水轮机，其回收的功率为 1 087 kW，则水泵实际上所需的功率为（1 991－1 087）/0.95＝952 kW，则水能回收的效率 N 为：

$$N=[(1\ 991-952)/1\ 991]\times100\%=52.2\%$$

如前所述，如不采用水能回收装置，水温要上升 1.5×2.34＝3.51℃，如不计及水管同外界的换热，则水在井底车场里的总能量增量为 1 500×9.81×100/1 000＝1 471.5 kW，今回收能量为 1 087 kW，则实际用于温升的能量为 1 471.5－1 087＝385 kW，则其温升为 385/（4.19×100）＝0.92℃，所以可减少水温上升的幅度为：3.51－0.92＝2.59（℃）。

4．高低压转换器

最近国外研制出一种新型的水能回收装置—高低压转换器。它的长度为 2.6 m，宽为 1.6 m，高为 4.4 m，其温度跃迁一般可降到 0.2℃，所以它是一种很有前途的降压装置。

高低压转换器的工作原理如图 12－21 所示。在一个缸体里，用可以自由移动的活塞将冷水和热水隔离开来。图 12－21(a)描述的是从井下低压冷却循环回路中的热水流进缸体的上部，使活塞向下移动，从而将原先处于活塞下部的冷水排到井下的冷水回路中去，当活塞移动到缸体的下端时，转动三通阀，将它和井下的低压冷却循环回路断开，同时将缸体和井上的高压循环回路连通，如图 12－21(b)所示，这时，处于缸体中的水便处于高压状态。当通向井上高压循环回路的单向阀打开时，自井上来的冷水便进入缸体，推动活塞向上移动，从而将位于缸体上部的热水排到通往井上的高压循环回路中去。即将热水排到井上去。当活塞移动到缸体的上端时，三通阀再一次发生转动，重新进行上述的低压水转换行程。这样便依次地交换着高压水与低压水的转换行程。为了能使水流连续地流动，需要有三套这种按预定行程交替工作的转换器。这种高低压转换器结构简单，主要是由一个缸体，一只三通阀和两只单向阀组成。在其低压行程中，高压水被暂时地贮存起来，而在高压行程中，低压水被暂时地贮存起来。

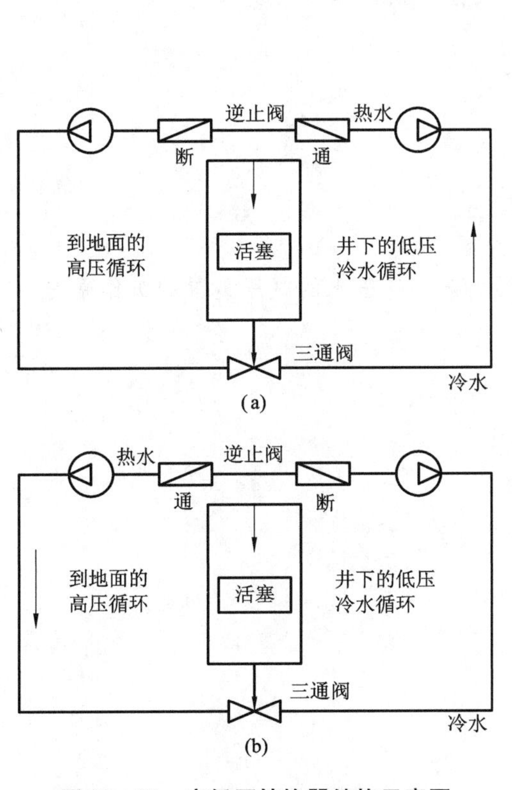

图 12－21 高低压转换器结构示意图

(a)低压转换行程；(b)高压转换行程

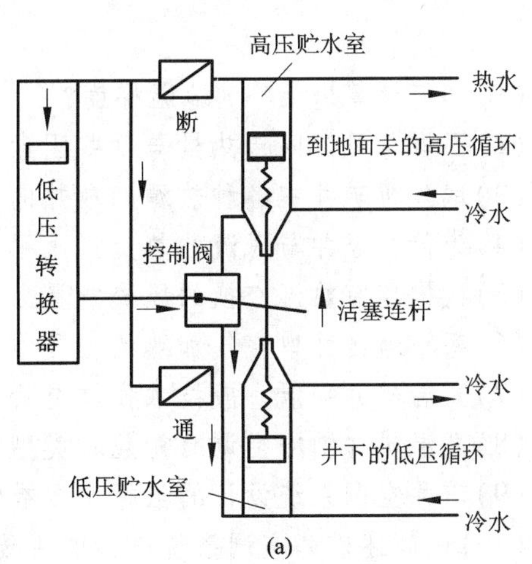

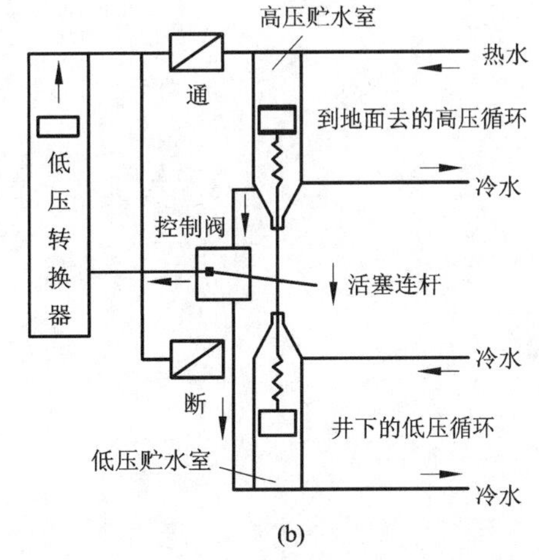

图 12－22 同步行程高低压转换器结构示意图

(a)低压转换行程；(b)压转换行程

另一种带有贮水室的同步行程高低压转换器的工作原理如图 12－22 所示。图 12－22(a)描述的是低压水转换行程，这时高压逆止阀和流向转换器的控制器处于断开位置，高压循环回路和低压循环回路形成为附加的贮水室。在低压转换行程里，高压水流向高压贮水室，使活塞和活寨连杆向上移动，低压贮水室里的活塞也向上移动。这样，原来位于高压贮水室上部的热水便被排送到地面上去，而从地面来的冷水便被吸入到高压贮水室的下部，而井下低压回路的热水便被吸入到低压转换器的上部，原来位于低压转换器下部的冷水便部分地被输送到井下低压回路中去，另一部分则被吸进低压贮水室的下部，原来位于低压贮水室上部的热水便被排到低压转换器的上部。当活塞移动到其终点时，控制器便转换了位置，低压水转换行程便告结束，高压水转换行程宣告开始，如图 12 – 22（b）所示。这时高压贮水室和低压贮水室里的活塞便向下移动，将冷水输送到井下低压回路并将热水排送到地面上去，在这种高低压转换器里，转换时间约为 3 s。

本章练习

(1) 如何计算地温率、地温梯度？

(2) 围岩与风流间传热量与哪些因素有关系？如何用公式表达？

(3) 试分析矿井中各种热源的放热的方式和放热量的大小。

(4) 为什么竖井与风流的热交换比平巷与风流的热交换计算更加复杂？

(5) 试推导有热湿交换的风流能量方程。

(6) 寒冷地区井口空气加热的主要作用有哪些？

(7) 高温矿井降温一般技术措施有哪些？

(8) 高温矿井制冷空调有哪几种类型？

(9) 矿井空调系统设计的依据主要有哪些？

(10) 试简述矿井空调系统设计的主要内容和步骤。

(11) 试说明表面式空气冷却器、喷雾式空气冷却器、高压水的减压装置的工作原理。

第13章 矿井防尘与防辐射

学习目标 掌握矿尘性质，粉尘质量浓度测定方法，空气中粉尘浓度滤膜采样测定方法，矽肺预防的一般原则，防止矽尘危害的组织措施、综合防尘措施，采矿工艺防尘等。了解氡和氡子体测量方法，矿井氡析出量计算方法，排氡和氡子体需风量计算方法，矿井综合防氡措施等。

学习方法 矿井防尘应该与采矿工艺、凿岩爆破等内容结合起来；学习此章内容可以与矿山环境工程课程的相关内容做比较；如果要加深学习效果，还要做一些实验和参考一些防尘专著。要结合有色金属矿床成因理解非铀矿山存在辐射危害的现象；并与以前学习的有关物理学知识点做对比；矿山防氡综合措施应与采矿工艺等结合起来分析。

粉尘是危害井下工人的主要污染源。由于目前矿井粉尘污染的控制方法主要是依靠通风，而且空气调节也包含了净化的内容，因此，本书列入了防尘内容。

由于许多有色金属矿山都有某种程度的辐射危害，特别是在含有铀成分的矿段和通风不良的状况下，其辐射的主要来源是有氡及其子体的释放。目前，金属和有色金属矿山控制辐射污染的主要方法是通风排氡，因此，本书列入了矿山辐射防护内容。

13.1 矿尘计量指标及其性质

矿尘的产生及危害在1.4节已经做了简述。

13.1.1 含尘量的计量指标

1. 矿尘浓度

单位体积矿内空气中所含浮尘的数量称为矿尘浓度，其表示方法有两种：

(1)质量法。每立方米空气中所含浮尘的毫克数，单位为mg/m^3。

(2)计数法。每立方厘米空气中所含浮尘的颗粒数，单位为粒/cm^3。

我国规定采用质量法来计量矿尘浓度。《工业企业设计卫生标准》对井下有人工作的地点和人行道的空气中粉尘(总粉尘、呼吸性粉尘)浓度标准作了明确规定，见表13-1，同时还规定作业地点的粉尘浓度、井下每月测定2次，井上每月测定1次。

2. 产尘强度

指生产过程中，凿岩或装矿等工艺单位时间产生的粉尘量，常用的单位为g/t。

3. 相对产尘强度

指每采掘1 t或1 m^3矿岩所产生的矿尘量，常用的单位为mg/t或mg/m^3。凿岩或井巷掘进工作面的相对产尘强度可按每钻进1 m钻孔或掘进1 m巷道计算。相对产尘强度使产尘量与生产强度联系起来，便于比较不同生产情况下的产尘量。

4. 矿尘沉积量

单位时间在巷道表面单位面积上所沉积的矿尘量，单位为 $g/(m^2 \cdot d)$。这一指标用来表示巷道中沉积粉尘的强度，是确定岩粉撒布周期的重要依据。

表 13－1　粉尘浓度标准

粉尘中游离 SiO_2 含量/%	最高容许浓度/$(mg \cdot m^{-3})$	
	总粉尘	呼吸性粉尘
(1) <5	20.0	6.0
(2)5～<10	10.0	3.5
(3)10～<25	6.0	2.5
(4)25～<50	4.0	1.5
(5) ≥50	2.0	1.0
(6) <10 的水泥粉尘	6	

13.1.2　矿尘性质

1. 矿尘的粒径

矿尘的粒径是表示单一矿尘颗粒大小的尺度，单位为 μm。矿尘形状不一，需用代表粒径表示。由于我国矿山多用显微镜测定矿尘的粒径，所以采用定向粒径为代表粒径。按粒径，矿尘可划分为粗尘、细尘、微尘和超微尘。矿尘粒径的大小，直接影响其物理、化学性质。矿山防尘的重点是微尘。

2. 矿尘的分散度

矿尘是由粒径不同的颗粒组成的群体，为表明其颗粒组成分布状况，采用分散度。分散度有两种表示方法。

(1)数量分散度。它以某一粒级范围的颗粒数占所计测颗粒总数的百分数表示，即：

$$p_i = n_i / \sum_{i=1}^{k} n_i \times 100\% \tag{13-1}$$

式中：p_i——某粒级颗粒占总颗粒数的百分比，%；

n_i——在 1 m^3空气中某粒级的颗粒数。

(2)质量分散度。它以某一粒级范围的尘粒质量占所计划尘粒总质量的百分比表示，即：

$$P'_i = m_i / \sum_{i=1}^{k} m_i \times 100\% \tag{13-2}$$

式中：P'_i——某粒级范围的尘粒质量占所计划测尘粒总质量的百分比，%；

m_i——某粒级的尘粒质量，mg/m^3。

对同一矿尘，其数量分散度与质量分散度相差很大，必须注明。我国现行的《作业场所空气中粉尘测定方法》中规定采用数量分散度。

计测分散度粒级范围的划分，应根据矿尘的情况确定。我国矿山一般可划分为四个粒级范围，即：小于 2 μm，2～5 μm，5～10 μm，大于 10 μm。

矿尘的分散度因生产工艺、设备及防尘措施不同而差别很大，数量分散度的一般范围为：

<2 μm	46.5% ~65%
2 ~5 μm	25.5% ~35%
5 ~10 μm	4% ~11.5%
>10 μm	2.5% ~7%

3. 矿尘中游离 SiO_2的含量

游离二氧化硅普遍存在于矿岩中，其含量对矽肺病的发生和发展起着重要作用。一般来说，矿尘中游离二氧化硅的含量越高，危害性越大。游离 SiO_2是许多矿岩的组成成分，如矿井常见的页岩、砂岩、砾岩和石灰岩等中游离 SiO_2的含量通常多在 20% ~50%，煤尘中的含量一般不超过 5%。

4. 矿尘的密度

单位体积矿尘的质量称为矿尘密度，其单位为 kg/m^3或 g/cm^3。用排除矿尘间空隙的纯矿尘体积计量的称为真密度，用包括矿尘空隙在内的体积计量的称为假密度或堆积密度。真密度是一定的，假密度则与堆积状态有关。

矿尘密度对其在空气中的运动和沉降很有影响。

5. 矿尘的比表面积

矿尘的比表面积是指单位质量矿尘的总表面积，单位为 m^2/kg，或 cm^2/g。矿尘的比表面积与粒度成反比，粒度越小，比表面积越大，因而这两个指标都可以用来衡量矿尘颗粒的大小。矿岩破碎成微细的尘粒后，首先是其比表面积增加，其化学活性、溶解性和呼附能力明显增加；其次是更容易悬浮于空气中，表 13 -2 所示为在静止空气中不同粒度的尘粒从 1 m 高处降落到底板所需的时间；再次是粒度减小容易进入人体呼吸系统。据研究，只有 5 μm 以下粒径的矿尘才能进入人的肺内，是矿井防尘的重点对象。

表 13 -2 尘粒沉降时间

粒度/μm	100	10	1	0.5	0.2
沉降时间/min	0.043	4.0	420	1 320	5 520

6. 矿尘的湿润性

当水和矿尘接触时，如果水分子间的吸引力大小水与尘粒分子间的吸引力，则矿尘能被水所湿润；反之，则不易被湿润。矿尘的湿润性是指矿尘与液体亲和的能力。湿润性决定采用液体除尘的效果，容易被水湿润的矿尘称为亲水性矿尘，不容易被水湿润的矿尘称为疏水性矿尘，对于亲水性矿尘，当尘粒被湿润后，尘粒间相互凝聚，尘粒逐渐增大、增重，其沉降速度加速，矿尘能从气流中分离出来，可达到除尘目的。

7. 矿尘的电性质

(1)荷电性。矿尘是一种微小粒子，因空气的电离以及尘粒之间的碰撞、摩擦、放射性照射、电晕放电等原因作用，常使尘粒带有电荷。其电荷可能是正电荷，也可是负电荷。带有相同的电荷的尘粒，互相排斥，不易凝聚沉降；带有异电荷时，则相互吸引，加速沉降。电除尘器即利用尘粒的荷电性而设计的。

(2)电阻率。表面积为 1 cm^2，高为 1 cm 粉尘层的电阻，叫电阻率。它是评价粉尘导电性能的一个指标。粉尘的电阻率可按式(13－3)计算：

$$\rho = \frac{V}{I} \times \frac{A}{d} \tag{13-3}$$

式中：ρ——电阻率，Ω·cm；

V——通过粉尘层的电压降，V；

I——通过粉尘的电流，A；

A——粉尘层的横截面积，cm^2；

d——粉尘层厚，cm。

粉尘电阻率在 $10^4 \sim 10^{11}$ Ω·cm 范围内，电除尘的效果较好。

8. 矿尘的光学特性

矿尘的光学特性包括矿尘对光的反射、吸收和透光强度等性能。在测尘技术中，常常用到这一特性。

9. 矿尘的爆炸性

有些矿尘(主要是煤尘和硫化矿尘)在空气中达到一定浓度时，外界明火、电火花、高温等作用，能引起矿尘爆炸。煤尘的爆炸下限约 30 g/m^3；硫化矿尘的爆炸下限约为 250 g/m^3。爆炸是急剧的氧化燃烧现象，会产生高温、高压，同时生成大量的有毒有害气体，对安全生产有极大的危害。

13.2 粉尘测定原理与种类

13.2.1 粉尘质量浓度测定方法

1. 原理

采集一定体积的含尘空气，使之通过粉尘捕集装置，由捕集装置所捕集的粉尘质量，计算出单位体积空气中粉尘的质量浓度(mg/m^3)。

2. 测定方法的种类

按照采集的粉尘粒径范围和采样持续时间等因素，其测定方法可分为以下几种：

(1) 总粉尘浓度测定方法
- 定点短时间测定方法
- 定点工班测定方法

(2) 呼吸性粉尘浓度测定方法
- 定点短时间测定方法
- 工班测定方法
  - 定点工班测定方法
  - 个体工班测定方法

近 10 年多来，煤炭、冶金、化工等系统的矿山企业逐步推行个体工班呼吸性粉尘测定方法。该方法大体步骤是；根据接尘工人的劳动强度、接尘浓度、粉尘游离二氧化硅含量、作业时间等接尘特征，将矿山企业的接尘工人划分为若干个接尘工人群，从每个接尘工人群中选出3~5名工人作为采样人员，佩戴个体呼吸性粉尘采样器，边作业边采样，采样持续时间为一个工班，每季度采样一次，然后将样品传递给粉尘监测分析机构进行呼吸性粉尘浓度和粉尘游离二氧化硅含量测定分析，对照呼吸性粉尘浓度管理标准划分每个接尘工人群和整个矿山企业的呼吸粉尘危害程度级别。

13.2.2　粉尘游离二氧化硅含量测定方法

目前我国制定的粉尘中游离二氧化硅含量的测定标准方法有三种，即焦磷酸质量法、红外分光光度法和X射线衍射法。随着我国呼吸性粉尘测定方法的推广实施，后两种方法得到广泛应用。

1. 焦磷酸质量法

该法是我国沿用多年的粉尘游离二氧化硅定量方法。其原理是：在245~250℃的温度下，焦磷酸能溶解硅酸盐、金属氧化物和有机物等，而对游离二氧化硅几乎不溶，通过过滤所得沉渣的质量除以样品质量，计算出粉尘样品中游离二氧化硅百分含量。

游离二氧化硅不溶于焦磷酸是本测定方法的基础。但不溶解是相对的、有条件的，只是与粉尘试样中的其他成分比较，溶解速度极为缓慢而已。因此用本法测定时，游离二氧化硅难免有一定的溶解损失。实验表明，溶解损失量与粒度呈函数关系，粒度越小，损失量越大。如粒度20~10 μm，石英损失量3.1%；10~5 μm，为3.8%；2~1 μm，为12.6%；<1 μm，则高达19.9%。

由此可见，用本法测定游离二氧化硅时，试样不宜研磨得过细。若试样粒子较大（如沉积尘等），研至手捻有滑感即可。

2. 红外分光光度法

本法对定量分析粉尘中游离二氧化硅的检测下限可达5μg，具有所需样品量少、快速、简便和灵敏度高等优点，尤其适用于悬浮粉尘样品的分析。其原理是：石英在红外吸收光谱图的800 cm^{-1}，780 cm^{-1}和695 cm^{-1}处有特征吸收峰，吸收峰强度（吸光度）与石英含量之间的关系符合比尔－朗伯定律，采用其线法测得分析波数的吸光度，用工作曲线求得石英的质量，以石英质量计算样品的石英百分含量。

用红外分光光度法测定粉尘中游离二氧化硅含量，大体分为现场采样和实验室分析两个步骤，每个步骤又可分为若干个环节，因此影响测定结果准确性的因素比较多，主要有：

（1）滤膜的装卸。测定悬浮粉尘游离二氧化硅含量，一般属于委托检测，即委托单位用实验室称量好的空白滤膜在现场采样后送检样品。现场采样时如果发生装错或卸错滤膜，就会产生粉尘增量的错误数据，使测定结果偏高或偏低。这种过失误差不易被发现。

（2）样品量。采集的样品量要合适。一般来说，岩尘1~3 mg比较合适。样品量过小或过大，都会增大测定误差。

（3）粉尘粒度。粉尘粒度越大，对红外光散射越强烈，当粒度远大于入射光波长时，每个粒子都将强烈地散射入射光，因此样品的粒度要小于所有红外入射光的波长。呼吸性粉尘粒径小于5 μm者几乎达到100%，其颗粒大小对测定结果影响可忽略不计。

（4）实验室操作中样品的损失。本法测定所需样品量甚微，样品稍有损失，就会对测定结果有较大影响，因此应规范操作，使样品损失量控制在最小范围内。

3. X 射线衍射法

本法原理是：单一波长的 X 射线，以某一固定的衍射角(2θ)投射结晶型粉尘样品时，相应产生该物质的特异性 X 线衍射图谱，其相对衍射强度在一定范围内与该结晶物质的质量呈线性关系。该法的最低检出限，在滤膜采尘量为 0.5 mg 时，α－石英含量可达 1%。滤膜采尘量在 5 mg 以下时，石英标准曲线呈良好的线性关系。影响测定结果准确性的主要因素有以下几个。

①样品量。滤膜上采集的粉尘量一般控制在 1～5 mg 范围内为宜。如果滤膜上粉尘过厚，会有部分脱落或因磨损致使采尘表面不平，影响定量的准确性。

②粉尘粒度。据文献报道，石英粒径接近 2 μm 的粉尘，X 线衍射强度最大，粒径更大或更小的，衍射强度将逐渐降低。

③重金属元素的影响。含有重金属元素如铁、锰等的粉尘，具有 X 线质量吸收作用，因此对含重金属的混合性粉尘进行石英含量测定时，应注意质量吸收的影响。

13.2.3 空气中粉尘浓度测定

1. 所需器材

①滤膜(合成纤维滤膜，两面夹有光滑的衬纸)，测尘地点的粉尘浓度小于 200 mg/m^3 时用直径 40 mm 滤膜，大于 200 mg/m^3 时，用直径 75 mm 的滤膜。②采样器。③天平：感量万分之一克分析天平或扭力天平。④流量为 10～30 L/min 的孔口流量计或转子流量计。⑤抽气机：电动抽气机，抽气泵或引射器。⑥秒表。⑦橡皮管。⑧螺旋夹。⑨三通管。⑩采样箱。⑪三脚架。⑫镊子。⑬样品盒。⑭干燥器。⑮记录器。

2. 操作步骤

(1)滤膜的准备

a. 用镊子取下滤膜两面的夹衬纸，置于万分之一天平或扭力天平上称量，并记录重量。

b. 将滤膜固定在滤膜圈内，放入样品盒中备用。(直径 75 mm 滤膜的固定方法，将滤膜折成 90 度扇形，然后张开成漏斗状，置于固定盖内，使滤膜紧贴固定盖内的锥面)

(2)现场采样

a. 将滤膜固定圈装入采样器中，架于 1.5 m 左右高处，采样口迎向风流。

b. 用橡皮管将抽气机与流量计和采样器连接，并检查是否严密。

c. 采样流量是为 10～30 L/min，每次用相同流量平行采样品两个。

d. 采集在滤膜上的粉尘重量不应少于 1 mg，平面滤膜采集的最大粉尘量不应大于 20 mg，而锥形滤膜不受此限。

e. 采样的持续时间，应根据作业场所的粉尘浓度估计，滤膜上所需的粉尘的增重及流量而定。

f. 采样开始的时间，对连续产生粉尘的作业点，应在作业开始半小时后进行，对阵发性的产生粉尘的作业点，应在工人工作时进行。

g. 采样时，开动抽气装置，迅速调整至所需的流量，并计算时间，在整个采样的过程中，应注意经常保持流量的稳定。

h. 采样时应记录采样的日期、地点、生产及防尘措施情况，滤膜号、采样流量及采样时间等。

i. 采样完后将滤膜固定圈取出，受尘面向上，装入样品盒内，带回室内分析。

(3)称量滤膜的增重。

a. 用镊子将滤膜固定圈中小心取出，使粉尘面向内，对折2～3次，放入与滤膜号相同的纸包或纸袋中。

b. 采样的作业场所没有水雾时，可直接进行称量，并记录结果。有水雾或发现滤膜表面有小水珠出现时，应放入干燥器干燥30 min再称；以后每30 min称一次，称至相邻两次的重量不超过0.2 mg为止。

c. 称量采样前后的滤膜，使用的天平与砝码均应相同。

d. 粉尘浓度的计算按式(13－4)：

$$粉尘浓度(mg/m^2)=\frac{采样后滤膜重量(mg)-采样前滤膜重量(mg)}{流量(L/min)\times 时间(min)}\times 1\,000 \quad (13-4)$$

两个平行样品间的浓度偏差小于20%时，为有效样品，并取平均值为该点的粉尘浓度。

目前，市场上也有多种数字式呼吸性粉尘浓度检测仪器，这类仪器测定呼吸性粉尘时非常快速方便，而且可以连续测定和自动记录。

13.3　矿井防尘的一般措施

13.3.1　矿工矽肺的一般预防原则

通过近几十年来实践证明，矽肺的防治需采取综合措施，从组织管理、技术措施、个人防护和卫生保健的等方面采取防范措施。

(1)积极贯彻党和国家发布了一系列防尘的规范和管理办法，改善劳动条件，切实保障职工的安全和健康，防止职业病的发生。

(2)要有计划地改善劳动条件，国家规定在设备更新、技术改造资金中安排一部分用于劳动保护措施的经费，不得挪作他用。

(3)防尘设施要与主体工程同时设计、同时施工、同时投产；劳动、卫生、环保等部门和工会组织要参加设计审查和竣工验收。

(4)有粉尘飞扬的作业，应尽可能采用湿式作业。

(5)加工有粉尘产生的物料时，必须搞好设备密闭、吸尘回收和物料输送机械化，防止粉尘与工人接触。

(6)粉尘作业要坚持轻倒、轻放、轻拌、轻筛、轻扫的“五轻”操作制度，并及时清扫积尘，消除二次污染源。

(7)密闭尘源，就是将产生粉尘的设备密闭起来，或者尽可能减少开口面积，以防粉尘外通扩散。

(8)除尘器的集尘装置是通风系统的重要部分，必须定期清理，防止堵塞。

(9)防尘设施要加强管理，通风管道要经常维修，集尘装置要定期清理。

(10)加强尘毒监测，可及时了解尘毒浓度的变化情况，鉴定防尘防毒措施的效果，以便采取相应的切实措施。

13.3.2 卫生保健措施

预防矽肺必须在组织领导下，通过发动群众，实施防尘技术措施，此外，还要采取必要的卫生保健措施，进一步保护工人身体健康。

(1)建立测尘制度，定期在各操作点或在不同工序中测定灰尘浓度，应对空气中灰尘没有达到标准的作业地带，继续努力改进。在测定空气中灰尘浓度的同时，有时还须进行分散度和游离二氧化硅含量的测定。

(2)就业前及定期健康检查。矿山企业对准备参加的矽尘作业工人进行就业健康检查；未经就业健康检查和不满 18 岁的未成年工不得录用；在就业健康检查中发现有下列疾患者，不得从事矽尘作业。

①各型活动性肺结核。

②活动性肺外结核，如肠结核，骨关节结核等。

③严重的上呼吸道及支气管疾病，如萎缩性鼻炎，鼻腔肿瘤，支气管喘息，支气管扩张等。

④显著影响肺功能的肺脏或胸膜病变，如肺硬化、肺气肿、严重的胸膜肥厚与粘连等。

⑤心脏血管系统的疾病，如动脉硬化症、高血压、器质性心脏病等。

为了掌握矽尘作业工人的健康情况，早期发现矽肺患者，必须对从事矽尘作业的在职工人进行定期健康检查。检查的期限根据作业场所空气中灰尘浓度及游离二氧化硅的含量而作出具体的规定，如粉尘浓度大、游离二氧化硅含量高，矽肺发展较快，且情况严重的应 6 ~ 12 月检查一次，可疑矽肺应每 6 个月检查一次。灰尘浓度大，游离二氧化硅含量低，矽肺发展慢，发病情况轻者，如陶瓷、铸造、矽酸盐作业等经常密切接触粉尘的工人，每 12 ~ 24 个月检查一次。如灰尘浓度已降至国家标准以下者，可每 24 ~ 36 个月检查一次，疑似矽肺每 12 个月检查一次。矽肺合并结核者，应 3 个月一次。在实际工作中鉴于有的耐火材料厂灰尘浓度与游离二氧化硅含量均较高，一年检查一次太长，应改为半年一次；对于可疑矽肺和晚发矽肺应追查 8 年以上。因此动态观察很重要。

13.3.3 防止矽尘危害的组织措施

矽肺防治工作是一项涉及多方面的系统工作，必须通过各项组织措施，充分发挥群众的积极性、创造性，及时总结先进经验，建立合理的规章制度，把矽肺防治工作经常放到议事日程上。对所存在的问题要及时讨论和解决，对防止矽尘危害的各项措施(如技术措施、工艺操作、管理制度等)要不断巩固和提高。这样，才能达到防治矽肺的效果。

13.4 矿井综合防尘措施

矿井或个别尘源都不能靠单一的防尘措施达到合格的良好的劳动环境，地面、井下所有产生粉尘的作业，都应当采取综合防尘措施。这是我国多年防尘工作经济总结。综合防尘措施包括以下技术、组织与环境保健措施：①通风除尘；②湿式作业；③密闭和抽尘、净化空气；④改革生产工艺；⑤个体防护；⑥科学管理；⑦经常测尘，定期体检；⑧宣传教育。

我国许多矿山采取综合防尘措施，在防止矽肺病的发生和发展方面，取得了良好的效果。

13.4.1 通风除尘

用通风方法稀释和排出矿内产生的粉尘是矿井防尘的基本措施。所有矿井均应采用机械通风，必须建立完善的通风系统。

13.4.2 密闭、抽尘、净化

矿内许多产尘地点（采掘工作面、溜矿井等）和产尘设备（如破碎机、输送机、装运机、掘进机、锚喷机等）产尘量大而集中，采取密闭抽尘净化措施，就地控制矿尘，常是有效而经济的办法。密闭抽尘净化系统是由密闭吸尘罩、排尘风筒、除尘器和风机等部分组成。

1. 密闭和吸尘罩

密闭和吸尘罩是限制矿尘飞扬扩散于周围空间的设备。

（1）密闭罩

密闭罩将尘源完全包围起来，只留必要的操作口与检查孔。它分为局部密闭、整体密闭和密闭室三种型式。

为控制矿尘从罩内外逸，须从罩内抽出一定量的空气。抽风量主要包括两部分：罩内形成负压的风量和诱导空气量。

罩内形成负压的风量（Q_1）按式（13－5）计算

$$Q_1 = \sum Fv \tag{13-5}$$

式中：Q_1——罩内形成负压的风量，m^3/s；

$\sum F$——密闭罩孔隙面积总和，m^2；

v——通过孔隙的气流速度，m/s，一般取 1～3 m/s，密闭容积小，产尘量大时，取大值。

诱导空气量（Q_2）。当物料由一定高度经溜槽下滑到密闭罩中时，将带来一定量空气进入罩中，称为诱导空气量。它与物料量、下落高度，粒度及溜槽的倾角、断面积、上下部密闭程度等因素有关。实用上，采用定型设备给出的设计参考数值，表 13－3 为带式输送机转载点密闭罩抽气量参考值，其中 Q_2 值，对条件相近的溜槽（如破碎机），亦可参考使用。

密闭罩总抽风量根据式（13－6）计算：

$$Q = Q_1 + Q_2 \tag{13-6}$$

（2）外部吸尘罩

尘源位于吸尘罩口的外侧，靠吸入风速的作用吸捕矿尘。其抽风量般按式（13－7）计算：

$$Q = (10x^2 + A)v_a \tag{13-7}$$

式中：Q——抽风量，m^3/s；

x——尘源距罩口的距离，m；

A——吸尘罩口面积，m^2；

v_a——吸捕矿尘的风速，m/s，其值与产尘条件，环境风速等有关，矿内可取 1～2 m/s；因罩口外的吸入风速随距离的平方而衰减，吸尘罩应尽量靠近尘源。

表 13-3　带式输送转载点抽风量

溜槽角度(°)	高差(m)	物料末速(m/s)	不同胶带宽度(mm)下的抽风量(m^3/h)								
			500			1 000			1 400		
			Q_1	Q_2	Q_1+Q_2	Q_1	Q_2	Q_1+Q_2	Q_1	Q_2	Q_1+Q_2
45	1.0	2.1	50	750	800	200	1 100	1 300	400	1 300	1 700
	2.0	2.9	100	100	1 100	400	1 500	1 900	750	1 800	2 550
	3.0	3.6	150	1 300	1 300	600	1 800	2 400	1 100	2 300	3 400
	4.0	4.2	200	1 500	1 500	800	2 100	2 900	1500	2600	4100
	5.0	4.7	250	1 700	1 700	1 000	2 400	3 400	1 900	2 900	4 800
50	1.0	2.4	50	850	900	250	1 200	1 450	500	1 500	2 000
	2.0	3.3	150	1 200	1 350	500	1 700	2 200	1 000	2 100	3 100
	3.0	4.1	200	1 400	1 600	700	2 100	2 800	1 500	2 600	4 100
	4.0	4.7	250	1 700	1 950	1 000	2 400	3 400	1 900	2 900	4 800
	5.0	5.3	300	2 900	2 200	1 300	2 700	4 000	2 500	3 300	5 800
60	1.0	3.3	150	1 200	1 350	500	1 700	2 200	1 000	2 100	3 100
	2.0	4.6	250	1 600	1 850	950	2 300	3 250	1 900	2 900	4 800
	3.0	5.6	350	2 000	2 350	1 400	2 800	4 200	2 800	3 500	6 300
	4.0	6.5	500	2 300	2 800	1 900	3 300	5 200	3 700	4 100	7 800
	5.0	7.3	600	2 600	3 200	2 400	3 700	6 100	4 700	4 600	9 300

2. 除尘器

从密闭罩中抽出的含尘空气，如不能经风筒将它直接排到回风道，则必须安设除尘器，将它净化到规定浓度，再排到巷道中，选择除尘器要考虑它的除尘效率、阻力、处理风量、占用空间和费用等。

矿内井巷空间有限，有些产尘设备经常移动，作业环境潮湿，净化后的空气要排到入风井巷，选用除尘器时要注意适用这些工作条件。干燥井巷可选用袋式过滤除尘器或电除尘器，潮湿井巷多选用湿式过滤除尘器或湿式旋流除尘器。大型产尘设备可选用标准产品，也可根据尘源条件设计制作非标准简易除尘器。

3. 矿井风源净化

入风井巷和采掘工作面的风源含尘量不得超过 0.5 mg/m^3，否则需要采取净化除尘措施。净化方法主要有喷雾水幕和湿式过滤除尘两种。

水幕的净化效率较低，一般为 50% ~60%，需进一步研究提高。

4. 湿式过滤除尘

湿式过滤除尘是在巷道中安设化学纤维过滤层或金属网过滤层，连续不断地向过滤层喷雾，在过滤层中形成水膜、水珠。当含尘气流通过过滤层时，粉尘被水膜、水珠所捕获，并被过滤层内的下降水流所清洗。为增加过滤面积，减小过滤风速，过滤层在巷道中可安装成 V 字形。当过滤风速为 0.7 ~1.0 m/s，阻力为 300 ~500 Pa，喷水量为 3 ~5 $L/(m^2 \cdot min)$（按过滤面积计算）时，湿式过滤除尘的效率大于 90%。

湿式过滤除尘安装简便，净化效率较高，但在车辆通行的巷道需另设净化巷道，一般还需要设置净化通风辅扇。

13.4.3 湿式作业

湿式作业是矿山的基本防尘措施之一。它的作用是湿润抑制尘源和捕集悬浮矿尘。属于前者的有湿式凿岩、水封爆破、作业点洗壁、喷雾洒水等，属于后者的有巷道水幕等。

1. 喷雾器

喷雾器是把水雾化成微细水滴的工具，也叫喷嘴。矿山应用较多的是涡流冲击式喷雾器和风水喷雾器。

(1)涡流冲击式喷雾器。压力水通过喷雾器时产生旋转和冲击等作用，形成雾状水滴喷射出去，适于向各尘源喷雾洒水和组成水幕。

(2)风水喷雾器。风水喷雾器是借压气的作用，使压力水分散成雾状水滴。其特点是射程远、水雾细、速度高、扩张角小，但消耗压气，且耗水量大。风水喷雾器多用于掘进巷道、电耙巷道爆破后降尘。

2. 湿润剂

水的表面张力较大，矿尘又有一定的疏水性，影响水对矿尘的湿润。在水中加入表面活性物质构成的湿润剂，可降低水的表面张力，提高湿润作用。对湿式凿岩，喷雾洒水等湿式作业的除尘效果，都有较明显的提高。

湿润剂使用时采用定量、连续、自动添加方法。在单一工作面可用计算泵直接注入供水管；全矿使用时，可加入集中贮水池中。

3. 防尘供水

防尘供水应用集中供水方式。贮水池容量不应小于每班的耗水量。水质要符合要求，水中固体悬浮物不大于100 mg/L，pH值为6.5~8.5，对分散作业点和边远地段当耗水量小于10 m^3/h时，可采用压气动力的移动式水箱供水。

13.4.4 凿岩防尘

凿岩产尘的特点是长时间连续的，而且大部分尘粒的粒径小于5 μm，是矿内微细矿尘主要来源之一。凿岩产尘的来源有：①从钻孔逸出的矿尘；②从钻孔中逸出的岩浆为压气所雾化形成的矿尘；③被压气吹扬起已沉降的矿尘。凿岩时影响微细粉尘产生量的因素有：岩石硬度、钻头构造及钎头尖锐程度、孔底岩碴排出速度、钻孔深度、压气压力、凿岩方式等。

1. 湿式凿岩

一切有条件的矿山都应采取湿式凿岩，并遵守湿式凿岩标准化的要求。

(1)中心供水凿岩

中心供水对水针及钎尾的规格要求比较严格，但加工制造简单，不易断钎，故大部分矿山都使用中心供水凿岩机。中心供水凿岩，并遵守湿式凿岩标准化的要求。

a. 冲洗水倒灌机膛。如果水压高于压气压力或水针不严，清洗水会倒入机膛，破坏机器的正常润滑，影响凿岩机工作，并且使钻孔中供水量减少，降低防尘效果。为此，要求水压要小于风压0.05~0.1 MPa。

b. 冲洗水气化。由于水针不合格，破损、断裂、或插入钎层深度不够，接触不严，以及机件磨损等原因，使压气进入冲洗水中。一方面压气携带润滑油随冲洗水进入孔底，使矿尘吸附含油碰运气，表面形成气膜或油膜，不易被水湿润，另一方面碰运气在冲洗水中形成大量气泡，矿尘附着于气泡而排出孔外，防尘效果显著降低。因此，必须严格要求水针和钎尾的质量，并在凿岩机机头开池气孔，使压气在到达钎尾之前，由池气孔排出。并在凿岩机机头开池气孔，使压气在到达钎尾之前，由池气孔排出。

(2)旁侧供水凿岩。

压力水从供水套与钎杆侧孔进入，经钎杆中心孔到达孔底。由于冲洗水不经机膛而避免了中心供水存在的问题，可提高除尘效率和凿岩速度。旁侧供水的缺点是容易断钎、胶圈容易磨损、漏水、换钎不方便等。

湿式凿岩的供水量对保证防尘效果是很重要的。水量不足则钻孔不能充满水，矿尘生成后可能接触空气而吸附气膜，或沿孔壁间空隙逸出。

凿岩机废气排出方向对岩浆雾化及吹扬沉积粉尘很有影响，应将废气导向背离工作面的方向。

2. 干式凿岩捕尘

在不能采用湿式凿岩时，干式凿岩必须配有捕尘装置。捕尘方式有孔口捕尘和孔底捕尘两种。

孔口捕尘是不改变凿岩机结构，利用孔口捕尘罩捕集由钻孔排出的矿尘。

孔底捕尘是采用专用干式捕尘凿岩机，从孔底经钎杆中心孔将矿尘抽出，抽尘方式有中心抽尘和旁侧抽尘两种。

干式捕尘系统由吸尘器、除尘器和输尘管组成。吸尘器多用压气引射器，要求形成 30 ~ 50 kPa 的负压。除尘器多采用简易袋式除尘器。选用涤纶绒布或针刺滤气毡作过滤材料，除尘效率在 99% 以上。辅尘管连接捕尘罩或钎杆以及吸尘器和除尘器，一般采用内径 20 mm 左右内壁光滑的软管。

3. 岩浆防护罩

为防止凿岩时，特别是上向凿岩时岩浆飞溅、雾化，可采用岩浆防护罩，岩浆防护率可达 70% ~90%，降尘效率为 15% ~45%。

13.4.5 爆破防尘

1. 减少爆破产尘量

爆破前彻底清洗距工作面 10 m 内的巷道周壁，防止爆破波扬起积尘，并使部分新产生的矿尘粘在湿润面上。

水封爆破的防尘效果已为国内外大量实践所证明。用水袋装满水代替炮泥作填塞物，只在孔口用炮泥或木楔填塞，防止水袋滑出。水袋用无毒、具有一定强度的塑料做成，直径比钻孔直径小 1 ~4 mm，长度为 200 ~500 mm。简易的水袋注水后扎口即可，自动封口式的专用水袋，靠注水的压力将伸入到水袋内的注水管压紧自动封口。

根据实验资料，水封爆破较泥封爆破工作面的矿尘浓度可低 40% ~80%，对 5 μm 以下粉尘的降尘效果很好；同时，对抑制有毒气体也有一定的作用，可使二氧化氮降低 40% ~60%，一氧化碳降低 30% ~60%。

2. 喷雾洒水与通风

在炮烟抛掷区内设置水幕，同时利用风水喷雾器迎着炮烟抛掷方向喷射，形成水雾带，能有效地降尘和控制矿尘扩散，并能降低氮氧化物的浓度。利用环隙式压气引射器，在其供风胶管上设风水混合器，使压气与水同时作用于引射器，既引射风流又形成水雾带，其作用范围为20～40 m，可代替风水喷雾器，并能加强工作面通风。可利用爆破波、光电等作用自动启动喷雾装置，使爆破后立即喷雾。

爆破后的矿尘及炮烟的浓度都很高，必须立即通风排除烟尘。对于掘进巷道，多采用混合式局部通风系统，并保持规定的距离，增强对工作面的冲洗作用。矿尘和炮烟应直接排到回风道，如无条件，应安排好爆破时间，使炮烟通过的区域无人员工作，或采用局部净化措施。

13.4.6 装载及运输工作防尘

1. 装岩防尘

向矿岩堆喷雾洒水是防止粉尘飞扬的有效措施，但需用喷雾器分散成水雾连续或多层次反复喷雾，才能取得好的防尘效果。

装岩机、装运机工作时，对铲装与卸装两个产尘点，都要进行喷雾。可将喷雾器悬挂在两帮，调整好喷雾方向与位置；固定喷雾；亦可将喷雾器安设在装岩机上，并使其开关阀门与铲臂运动联动，对准铲斗，自动控制喷雾。

对于大型铲运机可设置密封净化驾驶室。

2. 带式输送机防尘

带式输送机装矿、卸矿和转载处，散发出大量粉尘，是主要产尘点；同时，粘附在胶带上的粉尘，在回程中受振动下落并飞散到空气中。

在装卸或转载处设置倾斜导向板或溜槽，减少矿石下落高度和降落速度，是减少产尘量的有效方法。

喷雾洒水是防止矿尘飞扬的有效措施，产尘量小的场所，可单独使用。但喷水量过多时，容易导致皮带打滑。自动喷雾装置可在皮带空载或停转时自动停止喷雾。

密闭抽尘净化是带式输送机普遍采用的防尘措施。在许多情况下密闭全部胶带是不切实际的，一般只对机头与机尾进行密闭。密闭罩应结合实际设计，即要坚固、严密，又要便于拆卸、安装、不妨碍生产。密闭罩体积应尽量大些，抽风口要避开冲击气流，使粗尘粒能在罩内沉降，不致被抽走。

为防止粘附在胶带上的矿尘被带走并沿途飞扬，可在尾轮下部设刮片或刷子，将矿尘刷落于集尘箱中。

13.4.7 溜井防尘

1. 溜井卸矿口防尘

向卸落矿石喷雾洒水，是简单经济的防尘措施。设计有车压、电动、气动等作用的自动喷雾装置可供选用。要注意，某些含泥量高、粘结性大的矿石，喷水后易造成溜井堵塞和粘结。对于干选、干磨的矿石，其含水量不宜超过5%。

溜井口密闭配合喷雾洒水，适于卸矿量不大，卸矿次数不频繁的溜井。矿山设计有多种密闭形式。

从溜井中抽出含尘空气，由井口向内漏风，以控制矿尘外逸的方法，适用于卸矿量大而频繁的溜井。一般设专用排尘巷道与溜井连通。吸风口多设在溜井上部，能减少粗粒矿尘吸入量。抽出的含尘气流，如不能直接排到回风道，则需设除尘器，净化后排到巷道中去。

2. 溜井下部卸矿口防尘

溜矿井，特别是多阶段溜井的高度较大，在下部放矿口能形成较高的冲击风速，带出大量粉尘，严重污染放矿硐室及其附近巷道。

考虑到防尘的要求，在溜井设计时，尽量避免采用多阶段共用的长溜井；如必须采用，最好各阶段溜井错开一段水平距离。使上阶段卸落的矿石通过一段斜坡道溜入下阶段溜井，以减小矿石的下落速度。

溜井断面不宜太小，特别是高溜井，要适当加大。溜井的位置应设在离开主要入风巷道的绕道中，并有一定的距离，以减缓含尘冲击气浪的直接污染。

控制一次卸矿量，延长卸矿时间，保持贮矿高度，都可以减少冲击风量。在卸矿道上加设铁链子、胶带帘子等，将一次下落的矿石分散开来，也有一定效果。

溜井口密闭是减少冲击风量的有效措施，并可为抽尘净化创造条件。

溜井抽尘是从溜井中抽出一定的空气量，使溜井处于负压状态，防止冲击风流外逸。溜井抽尘必须与井口密闭相配合，使抽出的风量大于冲击风量，才能取得良好效果。抽风口设于溜井上部，施工方便；设于溜井下部，有利于控制冲击风流，但容易抽出粗粒粉尘，磨损风机。抽出的含尘气流如不能直接排到回风道中，要安装除尘器。

红透山铜矿使主溜井上口与地表连通，在地表设排尘风机，直接抽出溜井的空气，并配合井口密闭和溜井绕道风门，对防止冲击风流取得较好的效果。

不能完全防止冲击风流时，对放矿硐室采取抽尘净化措施，对控制污染有良好的作用。

13.4.8 破碎硐室防尘

井下破碎硐室必须建立良好的通风换气系统，对破碎机系统要采取有效的密闭防尘措施。

井下多用颚式破碎机。要把溜槽、破碎机机体及矿石通道全部密闭起来，只留必要的观察和检修口。密闭抽风量可按所有孔隙吸入风速为 2 ~ 3 m/s 计算。含尘风流最好直接排至回风井巷或地表；如不能时，应采用除尘器净化。

13.4.9 锚喷支护防尘

锚喷支护防尘的基本措施如下。

(1)改干料为潮料。要求含水率为 5% ~7%，可使备料、运料、卸料和上料各工序的粉尘浓度明显降低，喷射时的粉尘浓度和回弹率也降低。

(2)改进喷嘴结构。采用双水环或三水环供水方式，使喷射物料充分润湿，能收到良好的防尘效果。

(3)低风压近距离喷射。试验表明，产尘量及回弹率都随喷射气压和喷射距离的增加而增加，应采用低气压(118 ~147 kPa)和近距离(0.4 ~0.8 m)喷射。

(4)局部除尘净化。对作业中的上料、拌料和喷射机的上料口与排气口都应采取局部密闭抽尘净化系统，控制粉尘飞扬扩散。

(5)加强通风。对锚喷作业巷道或硐室，要加强通风，稀释和排出粉尘。

13.4.10　应用化学抑尘新方法

化学抑尘是有效防治粉尘污染的新方法。按照化学抑尘剂的抑尘机理分类，化学抑尘剂可以分为粉尘湿润剂、粘结剂和凝聚剂三大类。矿井主要的抑尘剂为湿润剂，湿润剂用于提高水对粉尘的湿润能力和抑尘效果，它特别适合于疏水性的呼吸性粉尘。组成抑尘剂的各种化学材料很多。湿润剂主要由表面活性剂和某些无机盐、卤化物组成，其中硫化物或盐作为电解质以提高表面活性剂的作用效果和控制水中的有害离子。在组成湿润剂的表面活性剂中，大约56%的表面活性剂为非离子型，35%为阴离子型。

13.5　氡和氡子体测量方法

有关矿井放射性元素产生的有害物质在1.3节已经做了介绍，本节不予重复。

13.5.1　氡的测量

1. 电离电流法

用电离室取样，3 h 后测电离电流引起的静电计的石英丝偏转格数。氡浓度 c_{Rn} 按式（13－8）计算

$$c_{\mathrm{Rn}} = K_{\mathrm{e}} \frac{n - n_{\mathrm{o}}}{V} \tag{13-8}$$

式中：c_{Rn}——氡浓度，Bq/L；

n，n_{o}——待测氡与本底引起的读数，格/min；

V——电离室体积，L；

K_{e}——仪器刻度系数，Bq/L×(格/min)，其中静电计的刻度系数需用 10^{-8}～10^{-9} g 液体镭标准源标定。

2. 闪烁法

利用 α 粒子撞击 ZnS(Ag)涂层产生光子，再给光电倍增管放大并转换成电信号进行测量。闪烁法可实现快速地读数。闪烁法快速测氡需事先将氡子体滤掉，测量1～5 min计数，取样一般为1 min。氡浓度按式(13－9)计算：

$$c_{\mathrm{Rn}} = K_i (n - n_{\mathrm{o}}) \tag{13-9}$$

式中：c_{Rn}——氡浓度，Bq/L；

n——取样后测得的计数率，计数/min；

n_{o}——闪烁室的本底计数率，计数/min。

K_i——仪器的刻度系数，Bq/L×(计数/min)。

3. 气球法

将过滤掉氡子体的矿井空气，按固定流量(如30 L/min)向气球(容积为20～25 L)充气，充气时间固定(约50 s)，等待3 min，再以固定流量(如40 L/min)放气，此时球内新产生的氡子体的气载部分被收集在取样头的滤膜上。将取样后的滤膜同取样头一起放在测量仪上，在4～7 min时间内测量 α 计数。氡浓度按式(13－10)计算：

$$c_{\mathrm{Rn}} = K_{\mathrm{b}} n_{4,7} \tag{13-10}$$

式中：c_{Rn}——氡浓度，Bq/L；

$n_{(4,7)}$——4～7 min 时间的 a 净计数；

K_b——仪器刻度系数，Bq/L×计数。仪器的刻度系数采用间接刻度。要注意，当相对湿度小于95%时，刻度系数将随相对湿度的变化而变化。所以，应对不同的相对湿度范围分别标定刻度系数。

13.5.2 氡子体测量

1. 测量 α 潜能的库斯涅兹法

用微孔滤膜以选定的流量(2～10 L/min)取样 5 min，等待 40～90 min 后，测量滤膜的 α 计数 1～4 min，记下取样到测量时间中点之间的时间间隔了，以及测量时间间隔 t。氡子体 α 潜能浓度 c_p 按式(13－11)计算：

$$c_p = K_k n \tag{13-11}$$

式中：c_p——氡子体 α 潜能浓度，J/m³；

n——t 时间内测得的 α 计数；

K_k——库斯涅茨法的刻度系数，J/m³×计数。

其中

$$K_k = 4.16 \times 10^{-6} / \eta\beta\varepsilon V t F,\ \mathrm{J/m^3} \times 计数$$

η——仪器对样品所放出的 α 粒子的探测效率，%；

β——滤膜对 α 粒子的自吸收因子，%；

ε——滤膜的过滤效率，%；

V——取样流量，L/min；

t——测量的时间间隔，min；

F——与 T 有关的一个因子，其值按下式确定：

当 $40 \leqslant T \leqslant 70$ 时，$F = 230 - 2\ T$；

当 $70 \leqslant T \leqslant 70$ 时，$F = 195 - 1.5\ T$。

上述 T 参数的确定，参考有关辐射监测手册。

2. 测量 α 潜能的马尔柯夫法

用 1[#] 合成纤维滤膜以选定的流量(如 20 L/min)取样 5 min，在取样后 7～10 min 测定滤膜的 α 计数率，氡子体 α 潜能浓度 c_p 按式(13－12)计算：

$$c_p = K_m n_{7,\,10} \tag{13-12}$$

式中：c_p——氡子体 α 潜能浓度，J/m³；

K_m——马尔柯夫法的刻度系数，J/m³×计数；

$n_{7,10}$——取样 5 min 后，7～10 min 时间内的 α 净计数。

13.5.3 其他辐射的测量方法

γ 辐射可采用矿用 γ 辐射测量。铀矿中的长寿命 α 气溶胶测量，可用滤膜取样，直接在低本底装置上计数。放射性表面污染可用表面污染监测仪直接测量，也可用控试法间接测量。

13.6 矿井排氡通风

这里指的有辐射危害矿山是非铀矿山，泛指所有不以生产铀为主要目的的各种含有微量铀的矿山。实践表明，非铀矿山不仅存在氡的危害，而且还相当严重。研究非铀矿山排氡通风的特点是搞好矿井防氡的关键。为了推进排氡通风工作，保护矿工的身体健康，必须掌握非铀矿山矿井氡析出的规律以及降低井下氡及其氡子体浓度的有效方法。

13.6.1 基本要求

矿山开采实践证明，通风是保证矿井大气放射性污染（氡、氡子体、铀矿尘）不超过国家标准要求的主要措施。排除矿井大气中的氡和增长着的氡子体的矿井通风，同排除其他污染物的矿井通风相比，有一个特殊要求，就是要求尽量缩短风流在井下停留的时间，以减少风流中氡子体的浓度。

13.6.2 氡气析出率及其测定方法

氡析出率是指单位射气面积在单位时间内析出的氡量。如将射气面积的实际铀品位和铀镭平衡系数折合到铀品位为1%，铀镭平衡系数为1的折算面积，称为当量射气面积。在折算射气面积中单位时间内析出的氡量，称为当量氡析出率，一般都由地质报告提供，也可参照类似条件的生产矿山测定资料选取，或在生产现场测定。全巷动态法和局部静态法是常用的两种测定氡析出率的方法。

1. 全巷动态法

在长度为40 m左右、中间没有其他巷道和天井相交的一段水平巷道，巷道通风风速为0.5～1 m/s，通过测定该段巷道进风口和出风口的氡浓度、风量和当量射气面积 S_d，当量氡析出率 δ_d 可按式（13－13）计算：

$$\delta_d = (c_2 - c_1)Q/S_d \tag{13-13}$$

式中：δ_d——当量氡析出率，$kBq/(s \cdot m^2)(1\% U)$；

c_2 和 c_1——巷道出风口和进风口的氡浓度，kBq/m^3；

Q——巷道通风风量，m^3/s；

S_d——当量射气面积，$m^2(1\% U)$。

其中

$$S_d = \sum_{i=1}^{n} S_i a_i \eta_i K_p, \ m^2(1\% U)$$

S_i——同一品位的矿壁面积，m^2；

a_i——矿石与围岩的铀品位，%；

η_i——矿石与围岩的射气系数，相对单位；

K_p——铀镭平衡系数，相对单位，由地质报告提供，一般在0.95～1.15之间。

2. 局部静态法

将积累箱固定于含矿岩壁表面，测量箱内氡浓度的增大，则氡析出率 δ 可按式（13－14）计算：

$$\delta = KV(c_2^2 - c_3 c_1)/S(c_2 - c_1) \tag{13-14}$$

式中：δ——氡析出率，$kBq/(S \cdot m^2)$；

V——积累空间体积，m^3；

S——被测射气介质的表面积，m^2；

c_1——积累空间的初始氡浓度，kBq/m^3；

c_2——经过 t 间隔时间后积累空间的氡浓度，kBq/m^3；

c_3——经过 $2t$ 间隔时间后积累空间的氡浓度，kBq/m^3；

K——与岩石条件、密封质量和取样间隔时间有关的常数，s^{-1}。在仔细密封条件下，岩石由致密到松散，K 值的变化为：

$1.1\times10^{-3} \sim 1.4\times10^{-3}$（$t=15$ min）；

$2.8\times10^{-4} \sim 6.0\times10^{-4}$（$t=60$ min）。

由于氡析出率并非一个常量，它受到通风风速变化和大气压波动的影响，所以要采取多次测量，用回归法取值。而局部静态法求得的 δ 值只适于研究各种射气介质的氡析出率，如要作为通风设计参数，则要进行修正。

13.6.3 矿井氡析出量计算

1. 矿岩壁表面氡析出量 R_1

$$R_1 = \sum_{i=1}^{n} \delta_{di} S_{di} \tag{13-15}$$

式中：R_1——矿岩壁表面氡析出量，kBq/s；

δ_{di}——当量氡析出率，$kBq/(s \cdot m^2)$（1% U）；

S_{di}——当量射气面积，m^2（1% U）。

2. 崩落矿岩堆的氡析出量 R_2

$$R_2 = 0.258 W a \eta K_p K' \tag{13-16}$$

式中：R_2——崩落矿岩堆的氡析出量，kBq/s；

W——矿堆矿量，t；

a——矿石铀品位，%；

η——岩石射气系数，相对单位；

K_p——铀镭平衡系数，相对单位；

K'——氡从矿堆析出后的衰变系数，相对单位，其值见表 13-4。

表 13-4 K'数值表

岩石孔隙度，P	矿岩块加权平衡直径/cm						
	5	10	20	40	60	80	100
>0.4	1.0	1.0	1.0	0.99	0.98	0.97	0.96
0.2~0.4	1.0	1.0	0.99	0.96	0.92	0.86	0.81
0.1~0.2	1.0	0.99	0.96	0.86	0.74	0.65	0.56
0.05~0.1	0.99	0.98	0.94	0.81	0.67	0.56	0.48
<0.05	0.96	0.88	0.67	0.42	0.30	0.23	0.19

3．矿井水氡析出量 R_3

$$R_3=(c_1-c_2)q/3\ 600 \tag{13-17}$$

式中：R_3——矿井水氡析出量，kBq/s；

c_1——矿井涌出水氡浓度，kBq/m^3；

c_2——井口排出水氡浓度，kBq/m^3；

q——矿井涌水量，m^3/h。

4．全矿总的氡析出量

$$R=R_1+R_2+R_3,\ \text{kBq/s} \tag{13-18}$$

13.6.4　风量计算方法

1．排氡风量计算公式

$$Q=R/(c-c_0) \tag{13-19}$$

式中：Q——风量，m^3/s；

R——氡析出量，kBq/s；

c——国家标准的氡浓度限值，kBq/m^3；

c_0——进风流氡浓度，kBq/m^3。

式(13－19)可作为通风风量校核时的参考。

2．排氡子体风量计算公式

(1)进风未污染时，

$$Q=1.10(RV/E)^{0.5} \tag{13-20}$$

式中：Q——风量，m^3/s；

R——氡析出量，kBq/s；

V——通风体积，m^3；

E——氡子体 α 潜能浓度限值，μJ/m^3。$E=8.3$ μJ/m^3。

(2)进风污染时，

$$Q=1.32(RV/E-E_0)^{0.5} \tag{13-21}$$

式中：Q——风量，m^3/s；

E_0——进风流氡子体浓度，μJ/m^3；

R，V，E 意义同公式(13－20)。

13.7　矿井综合防氡措施

矿山井下氡的来源是从采空区、废旧巷道、矿岩裂隙、矿岩表面以及地下水中析出的。井下空气中氡及其氡子体都是放射性物质。氡的产生地点分散，氡在井下停留的时间越长，氡子体的浓度就会越高。氡的析出量与矿井通风有密切的关系。影响氡析出量的因素有矿井通风压力、通风压力的分布、风速等。这一点是氡有别于其他有害物的重要特征之一。

由于氡和氡子体是矿山辐射危害的主要因素，所以，本节介绍的辐射防护措施都是针对氡和氡子体的。

13.7.1 特殊防氡除氡方法

1. 压力阻止氡气析出

利用矿井空气压力把氡阻止在裂隙中，加压后，由于氡在裂隙中迁移速度小，氡析出量相应降低。实践证明：压力为 +1.33 kPa 时，风量不变，氡析出量可降低到 5 分之一，氡子体潜能降低至约 10 分之一。

2. 抽排采空区的氡

利用专门风机或全矿负压，经巷道或钻孔将采空区的氡直接排出地表有良好防氡作用。经验证明：可以使进风污染降低。例如，有实践表明，应用该原理在留矿法采场中，用通风抽排矿堆内氡的办法将采场氡浓度由 33 Bq/L 降到 3.7 Bq/L。

3. 防氡密闭及覆盖层

防氡密闭分临时及永久密闭。永久密闭用砖、混凝土砖构筑，水泥浆抹面，然后喷涂防氡覆盖层。覆盖层一般为气密性好，无毒无臭，不易燃，耐腐蚀和老化，可喷涂，价廉的物质制备。如氯乙烯偏氯乙烯乳剂的防氡效果为 63.9% ~89%，氢化环氧物的防氡效果可达 80% ~94%。

4. 喷淋脱氡

在水量不大，含氡很高或者要利用井下氡水时，可用喷淋脱氡的方法使氡从水中排出。一般做法是把 0.2 MPa 的压气通入喷淋器，产生大量气泡而达到此目的。可排出 56% 以上的水中氡。

13.7.2 氡子体清除法

1. 织物过滤器

织物过滤器粉尘负荷小，易粘结，阻力大，只宜用在粉尘浓度低，干燥，风量小的地方。

2. 静电除尘器

除尘器主要工作原理是在除尘时把附着在尘粒上的氡子体也清除掉。

13.7.3 通风排氡例子

以云锡矿山为例，其井下氡的来源主要是采空区，通风不良和采空区对进风的严重污染是井下氡浓度增高的主要原因，地下水中一般都含有氡，当它流入巷道时就会放出溶解其中的氡，地下水氡的析出量取决于地下水中的氡浓度与涌水量的乘积。在云锡矿山地下水氡的析出有时也会成为矿井的主要氡源。

非铀矿山排氡通风管理是通过合理应用排氡通风技术实现的。排氡通风方式应根据矿山的具体情况确定，其主要任务是保证通风系统的完善并不断加以改进，主要内容是以降低井下工作面空气中的氡及其氡子体浓度为目的的矿井通风技术，利用通风压力防止来自采空区及矿岩裂隙的污染目前是最为有效的方法。排氡通风与一般通风的区别主要是利用通风压力进行排氡通风，防止氡及其氡子体的积聚以及进风风源的污染，选择合理的排氡通风方式，正确选择扇风机安装位置，建立和完善排氡通风系统，合理利用排氡通风技术，加强排氡通风措施，充分发挥防氡措施的作用，才能保证矿山井下职工的身体不受伤害。

云南省个旧地区的金属矿山大都属于非铀矿山，但井下氡浓度普遍较高，存在着防氡降氡的问题，在排氡通风方面应按排氡通风技术管理的方式方法进行井下排氡通风。

(1)云锡矿井传统排氡通风方式。云锡矿山井下氡的问题，研究确定了云锡通风防护方法。通风方式应以压入式为主，当采用压抽混合式通风时，必须使进风段和用风段都处于正压控制之下。如果在进风段和用风段必须出现负压时，则应尽量缩小负压区的作用范围。采空区决不能处于负压区内。

(2)风机的选用。风机安装位置的选择以及通风网路的规划都必须注意保持井下压力分布的均匀，防止出现内部漏风和系统内部的渗流。

(3)严格密闭采空区。当进风段的高负压区出现了较高的污染时，应对整个巷道壁实行封闭，可采用喷射水泥沙浆等措施。

云锡各矿山矿井通风系统的建立大都是按照以压为主、压抽结合的通风方式，扩大正压作用范围，合理调整通风压力的压差，正确选择扇风机位置的通风方式来考虑的。这是云锡矿井排氡通风方面取得良好效果的重要依据。

13.8 个体防护

个体防护是指通过佩戴各种防护面具以减少吸入人体粉尘的一项补救措施，个体防护措施对防氡及其氡子体危害也有一定的作用。

个体防护的用具主要有防尘口罩、防尘风罩、防尘帽、防尘呼吸器等，但要使佩戴者既能呼吸净化后的清洁空气又不影响正常工作。

13.8.1 防尘口罩

矿井要求所有接触粉尘作业人员必须佩戴防尘口罩，对防尘口罩的基本要求是：阻尘率高，呼吸阻力和有害空间小，佩戴舒适，不妨碍视野，普通纱布口罩阻尘率低，呼吸阻力大，潮湿后有不舒适的感觉，应避免使用。

防尘口罩的作用是非常有限的，不能认为佩带了防尘口罩就万事大吉了。一些防尘口罩的性能如表13－1所示。

表13－1 防尘口罩性能

类型	纱布口罩	泡沫塑料型防尘口罩	滤纸或纤维滤料型防尘口罩	静电防尘口罩
结构	用12层或16层纱布制成	用聚氨酯泡沫塑料作滤料	主要部件用塑料制成，采用滤纸及超细纤维滤膜作滤料	用纱布及超细纤维滤膜制成
滤尘率(%)	54～70	85～88	99.4	99.6～99.9
特点	1. 对纤维状颗粒、较大粉尘有效 2. 清洗方便 3. 阻力小	1. 容易清洗 2. 装卸方便 3. 气密性好 4. 质轻，佩戴舒适 5. 经化学溶解处理滤料后，可防止有害气体	1. 阻尘率高 2. 阻力小 3. 装由呼气和吸气两个单项瓣膜阀，防止呼气水凝结在滤料上而增加阻力	1. 阻尘效率高，对细小及呈气溶胶状尘粒效果显著 2. 化学纤维容易折断，故不能清洗后反复使用

13.8.2 防尘安全帽(头盔)

煤科总院重庆分院研制出 AFm－1 型防尘安全帽(头盔)，在该头盔间隔中，安装有微型轴流风机过滤器和预过滤器，面罩可自由开启，由透明有机玻璃制成，送风头盔进入工作状态时，环境含尘空气被微型风机吸入，预过滤器可截留 80% ~90% 的粉尘，主过滤器可截留 99% 以上的粉尘。经主过滤器排出的清洁空气，一部分供呼吸，剩余气流带走使用者头部散发的部分热量，由出口排出。其优点是与安全帽一体化，减少佩戴口罩的憋气感，

13.8.3 压风呼吸器

压风呼吸是一种隔绝式的新型个人和集体呼吸防护装置。它利用矿井压缩空气在经离心脱去油雾，活性炭吸附等净化过程中，经减压阀同时向多人均衡配气供呼吸。

本章练习

(1)常用含尘量的计量指标有哪些？

(2)矿尘有哪些主要性质？

(3)粉尘质量浓度测定方法有哪些？

(4)试叙述空气中粉尘浓度的滤膜测定法步骤。

(5)试举例说明矿井综合防尘措施：通风除尘，湿式作业，密闭和抽尘、净化空气，改革生产工艺，个体防护，科学管理，经常测尘、定期体检，宣传教育的科学意义和作用。

(6)试说明凿岩防尘的具体方法。

(7)试说明爆破防尘的具体方法。

(8)试说明装载及运输工作防尘的具体方法。

(9)试说明溜井防尘的具体方法。

(10)如何按矿尘粒度的大小进行矿尘分级？矿尘粒度大小与矿尘的危害有何关系？

(11)亲水性粉尘和疏水性粉尘有何区别？粉尘的润湿性与尘粉的大小有何关系？说明其原因。

(12)粉尘的荷电性对防尘有何利弊？对人体有何危害？

(13)试分析为了排出和稀释工作面的矿尘，是否供风量越大越好？

(14)密闭抽尘系统一般由哪几部分组成？用在何处？

(15)试说明喷雾洒水降尘的原理及要求。

(16)喷锚支护作业时，有何防尘措施？

(17)简述氡和氡子体测量方法。

(18)矿井氡析出量如何计算？

(19)排氡和氡子体需风量如何计算？与排烟排尘需风量计算有什么不同？

(20)矿井综合防氡措施有哪些？并简述如何应用于实际。

(21)为什么佩戴防尘口罩不能完全防尘？

第14章　矿井通风与空气调节的研究展望

学习目标　主要了解矿井通风与空气调节任务的复杂性，矿井通风优化、矿井通风自动化和深井降温技术的研究内容，我国矿井通风与空气调节的经验等，并了解一些矿井通风与空气调节的发展趋势和关键技术。

学习方法　可通过有关数据库查阅国内外矿井通风与空气调节领域的研究论文，阅读这些相关成果和拓宽自己的知识面。

前面介绍的各章内容主要是矿井通风与空气调节这门课程的基本知识。随着科技水平的不断发展和矿井开采强度、深度、难度的不断提高，矿井通风与空气调节这门古老的学科也得到日益完善和发展，新理论、新方法、新技术也不断涌现。作为本课程的补充和总结，本章扼要介绍矿井通风与空气调节的现状与展望，使读者了解更多矿井通风与空气调节的发展前沿和动态。

14.1　矿井通风与空气调节的复杂性

众所周知，采矿工业是工业生产所需原料和能源的基础工业，在国家现代化建设的进程中，占有极其重要的地位。与其他工业部门相比较，矿山生产的安全问题历来就显得非常突出。尤其是地下开采的矿山，由于矿床类型和性质的不同，地质情况千差万别，开采技术条件千变万化，无一固定生产模式，随着井下客观条件的变化，在生产过程中会不断出现新情况。因此，特殊的生产条件使采掘中的不安全因素增多，带来了矿山安全的特殊性，其主要表现如下：

(1)工作面空间狭小。地下巷道采掘时，既要进行凿岩、爆破、支护、转载、运输等作业，又要进行钉道、铺轨、通风、排水、供风、供电等辅助工作。此外，各种生产设备还要求一定的生产空间，许多管线要沿巷道通向各工作面。于是，使井下有限空间显得更狭小，给安全管理增加了更大的难度。

(2)工作面不断变化。在井下，随着采掘工作面的推进，作业场所在时间和空间上是经常发生变化的，因而工人、设备和各种管线也要随着工作面不断移动。这一特点同样潜伏着许多不安全因素。

(3)工作面环境差。矿井通往地表的出口较少，空间有限，生产中产生的有毒有害气体、粉尘、噪声、污水及阴暗潮湿，使得作业环境差，不但易引发事故，而且对工人的身体健康造成极大的危害，易导致工人患职业病。

(4)矿井生产过程中产生的沼气、氢气、一氧化碳、硫化氢等气体和煤尘、硫化矿尘均具有爆炸性，也易引起火灾；炸药和爆破器材在使用、运输和管理中也易爆炸。

(5)在掘进和回采过程中，岩石的完整性及原岩内的应力平衡关系被破坏，在强大的地压作用下，可能导致冒顶、片帮、底鼓、支架变形，甚至大面积塌落、地表移动以及煤和瓦斯喷出等一系列事故。

为此，矿山必须坚持安全第一、预防为主的生产方针，加强对矿内风流流动及风流控制的研究，加强安全管理和安全措施，积极采用现代化的管理模式和安全技术装备，力争控制和减少甚至避免事故的发生。

矿井通风就是向井下供氧、排除有毒有害物质、排热和除湿、为寒冷矿井供暖等。矿井污染物超标都充分反映出通风不足的问题；不存在通风问题的矿山，可能通风过度，能耗会额外增加。一般地，其预防方法是根据矿山通风系统的复杂性情况，合理使用辅扇。对于生产中的矿井，其通风网络已经形成，主扇已定型，因此，若通风系统存在问题，一般靠加强通风构筑物及辅扇对风流的调控，达到完善通风系统的目的。可见，矿山通风工作是矿山安全管理的重中之重。因为，矿山生产中的凿岩、爆破、放矿、装运、破碎等环节会产生大量的粉尘，其中凿岩生产是主要的产尘源之一，作业区的粉尘浓度随凿岩时间的增长而升高，一般作业半小时后，矿尘浓度可达250 $mg \cdot m^{-3}$，3 h达800 $mg \cdot m^{-3}$。而爆破作业的产尘量虽最大且飘散距离远，但含高浓度粉尘空气的持续时间较短。当然，若不及时采取有效的通风防尘措施，爆破数小时后，巷道内空气粉尘浓度仍比正常时高10～20倍。装运作业同样是重要的产尘源，一般地，人工装岩时的粉尘浓度可达700～800 $mg \cdot m^{-3}$，机械装岩时可高于1 000 $mg \cdot m^{-3}$。此外，矿内爆破炮烟、柴油机尾气、火灾、硫化物的燃烧等产生的大量有毒有害气体CO，H_2S，SO_2，NO_x等；开采铀矿床及含铀、钍伴生的金属矿床时产生的氡等放射性气体污染；深井开采矿山井下地热等对风流温度的影响，等等，均对井下作业人员、机械设备、安全生产以及巷道围岩的稳定性造成极大的危害。所以，矿山井下需要一完善的通风系统，源源不断地将地表的新鲜空气需送到井下的每一个作业面，排出污浊的空气。

与国外许多矿山比较，我国矿井通风网络比国外复杂。由于我国矿山机械化程度较低，阻碍矿山规模的扩大，而矿石品位不高，又要求有一定的生产规模才能保证矿山的经济效益，维持矿山的简单再生产。这就形成了我国矿山作业面多，作业面生产能力低，井下作业工人多的现状。所以，我国许多矿山的矿井通风网络远比国外矿山复杂。

14.2 矿井通风的优化研究

矿井通风的优化研究离不开计算机。1953年，Scott和Hinsley首先使用计算机来解决矿井通风网络问题。1967年Wang和Hartman开发出计算包含多风机和自然通风的立体矿井通风网络程序。该软件表明用于解决矿井通风基本参数的应用程序走向一个成熟阶段。之后，世界上很多通风研究人员开发出大量的用于更加复杂的矿井通风系统分析软件。矿井通风软件的功能越来越多：能够确定矿井通风系统的最优布局；评判矿井通风网络中风流稳定性和矿井通风网络调节；分析和估计矿井通风网络参数，如阻力，风量，温度，湿度，主、局扇参数，粉尘，爆破炮烟，柴油机排放废气浓度等；对通风系统进行实时控制，制定未来通风计划；用计算机数值模拟矿井火灾的发生、发展过程，解算火灾时期矿井通风系统的风流状态，从而对火灾的救灾、避灾进行决策。总结了国内近年有关矿井通风网络分析方面的文献，可以看出矿井通风网络模拟作为分析矿井通风系统的有力工具，得到了很好发展，使矿井通风技术得到新的发展。

矿井中风流的引进、分布、汇集和排出是通过许多纵横交错、彼此连通的井巷网进行的，风流通过的井巷所构成的网路，称为通风网络。用图论的方法对通风网络进行抽象描述，把通风网络变成一个由线、点及其属性组成的系统，就是通风网络图。矿井的自然分风往往不能满足生产的需要，一般都需要对风流进行人为的调节和控制，才能满足实际的需要，而且该调节工作非常复杂多变。为此，必须掌握矿井通风网络的风量调节和计算方法。

矿井通风系统优化是从系统分析开始到给出最优矿井通风系统为止的一系列工作的总称。其工作步骤是：矿井通风系统分析(对改扩建矿井通风系统，应进行系统现状调查测定)，拟定系统优化改造(或建设)方案，各拟定方案的风量计算，各拟定方案的网络调节优化，最优矿井通风系统方案选择及技术经济效果评价等。由此可知，矿井通风系统优化分为两个类型，第一是矿井通风网络内部调节最优化，其目标是对拟定的各系统方案得出一个最优的技术经济参数方案；第二是在网络内部优化调节的基础上，在各拟定的系统方案之间选择最优矿井通风系统。

14.2.1　基于最小能量原理的矿井通风网络优化

设分析一个有 F 台风机的矿井通风网络，第 i 号风机的风量是 Q_{fi}，风压是 H_{fi}，那么，这 F 台风机提供给该通风网络的总能量为：

$$E = \sum_{i=1}^{F} Q_{fi}H_{fi} \tag{14-1}$$

设分支 i 风量是 Q_i，通风阻力是 H_i。节点 j 处的漏风为 q_j，压力为 h_j，将第 m 个节点(即大气节点)作为参考节点。在风流流动过程中，由于分支的阻力所损失的能量为：

$$E_1 = \sum_{i=1}^{n} Q_iH_i \tag{14-2}$$

式中：n——网络分支数，其节点漏风而损失的能量为：

$$E_2 = \sum_{j=1}^{m} q_jh_j \tag{14-3}$$

式中：m——网络节点数。

根据能量守恒定律，当矿井通风网络处于平衡状态时，得到：

$$E = E_1 + E_2 \tag{14-4}$$

由式(14－4)知，F 台机提供给该网络的总能量是由两部分组成的，一部分是用于克服分支风路阻力的，另一部分是由于诸如分支裂隙、采空区以及崩落区的存在所损失的。

当采用节点压力法解算矿井通风网络时，即采用节点压力法来校正独立回路的风量闭合差，从而使网络由不平衡达到平衡状态时，矿井通风网络平衡方程的解将使 $E_1 + (1 + c)E_2$ 为最小。

14.2.2　矿井通风系统测量平差优化

矿井通风测量是矿井通风安全技术管理工作的一项重要内容。矿山安全规程规定各矿井要定期组织通风测量和风机性能鉴定，其目的在于：①了解矿井通风系统的阻力分布情况，为系统优化改造提供技术依据；②为生产矿井改、扩建提供基础资料和参数；③为矿井调节风量提供必要的基础资料；④为计算机解算矿井通风网络和矿井通风自动化提供原始资料等。

矿井通风测量的内容广泛，计算工作量大，数据整理方法的好坏直接关系到测量的成败。优化选择测量路线的目的，一是为了降低测量人员的体力消耗，避免重复劳动或遗漏；二是为了加快测量速度以减少影响测量结果的不利因素，提高测量精度。因此，实测前利用已有的设计图纸及资料，统筹规划，择优选取测量路线，对提高测量效率的精度是十分有益的。

通常，最优测量路线的选取，是以一个测定小组能在一段时间内连续地测量完一个系统为前提，其优化目标是使测量完该系统的总行程或所花总时间最短。在择优选取测量路线前，可对矿井通风网络图的分支所对应巷道的实际长度或所需行走时间赋权。因此，标明分支长度和时间的矿井通风网络图实际上是一个非负的赋权图。

14.2.3 矿井通风系统监测点的优化布局

针对复杂的矿井通风系统，如何尽量少布置测点，而又能较准确地通过这些测点的数据信息更多地反映整个系统的状况，是一个具有理论意义和实用价值的研究课题。目前，矿井通风系统的测量都还是人工进行的，要全面测定一个矿井通风系统，都需花费很大的人力、物力和时间等。所以测点布置问题似小实大。

实现矿井通风系统的优化管理和自动监控，在矿井通风系统的适当位置上布置一定数量的监测点，提供必要的数量信息，以反映和估计系统的运行状态，是计算机在线优化管理的一个重要环节。对大规模的复杂系统，确定监测点的数量和位置，既与优化管理有关，又与投资费用有关。一般常见的矿井通风文献中分析了测点设置问题，不仅是定性，而且主要靠经验，往往难以达到最优设置的目的。

利用矿井通风网络的集结原理，监测点的设置问题就转化为网络的分解问题。网络分解后，整个网络可能产生的最大误差与测点数目、位置、分解方法都有关系。如果设网络在任何情况下都处于最优分解状态，就可以对不同的测点数目和位置引起的最大误差进行比较。

14.2.4 矿井通风系统的模糊优化

矿井通风系统是复杂的大系统，尤其是多风机通风系统，影响这一系统的因素众多。矿井通风系统与矿井开拓、提升运输、采矿方法、开采顺序、采准布置方案关系十分密切。矿井通风系统环境，与下列因素有关。

(1)矿体在平面上的分布范围大小，在垂直方向上的延伸深度以及在空间上的集中与分散程度等；

(2)矿岩中游离二氧化硅含量的高低，自燃性，含铀高低，热水和地温异常等；

(3)矿井海拔高度、总图布置、地表地形条件、工业场地位置等；

(4)开拓方案、开拓井巷布置、井下炸药库、溜井位置、采准布置开式等；

(5)矿井设计规模、同时回采的阶段数、回采高峰期生产能力等；

(6)矿井自然风量的大小和有无利用的可能；

(7)对于改扩建矿井，还应对现有矿井通风系统进行全面的技术测定和调查，明确系统的现状和存在的问题。

可见，矿井通风系统环境具有很强的随机性，受众多不确定因素的影响，从更为广泛的意义上来说，矿井通风系统具有很强的模糊性。

在矿井通风系统分析中，常常碰到大量的模糊变量。例如，井巷实测断面积、井巷壁面光滑程度、断面形状、摩擦阻力系数、风速的确定、风量的计算；通风系统的布局和通风方式的选择；技术合理性和可行性、风流稳定性和安全可靠性，等等。经典数学的系统优化，往往把它们当作确定性变量处理，在系统严格满足一定约束条件下求系统目标函数的最优解。对于一个复杂的实际问题，要使系统严格满足约束条件，往往是难以做到的，而且也未必是合理的。一方面由于很多变量的数值是预测的，难免因原始数据及预测方法的误差带来模糊性；另一方面，以经典数学的精确性来规划一个模糊系统，总是与实际情况存在一定的差距。例如，在矿井通风系统优化中，按排尘风量计算回采工作面风量，最低排尘风速（指巷道的平均风速）定为0.15 m/s，则在优化过程中哪怕是只比这个风速稍小，如0.149 m/s，将因不满足约束而被否定。但在实际中，0.149 m/s与0.15 m/s并没有什么实质差别，可见这种强制性的严格约束不见得十分合理。而模糊数学则为解决实际问题提供了一个途径。

14.3 矿井通风自动化的研究

14.3.1 智能化矿井通风优化设计系统

智能化矿井通风优化设计系统应是实际矿井通风设计的一个模拟系统，它应包含矿井通风设计的基本内容，与设计人员进行有机地配合，有效地辅助、支持设计人员进行矿井通风设计，成为设计人员的有利工具。所以，智能化矿井通风优化设计系统的功能应由矿井通风设计的内容、要求及特点来确定。

（1）信息管理功能

矿井通风设计首先要明确它的外部环境（诸如矿石和围岩的含硅量、放射性物质含量、矿岩自然发火性等）、矿床地质条件和开采技术条件，掌握有关的安全规程及有关的技术经济参数等。这些内容数据量大，准备工作繁琐，而计算机的数据库及其管理系统能够方便地存储、管理、查询和提取矿井通风设计所需的数据和资料。

（2）图形处理功能

矿井通风系统立体图和网络图是通风设计最有用的语言之一，从简单的系统布局表示到设计结果的表达都离不开图。AutoCAD系统是这一功能的基础，而且矿井通风图应是矿床开拓模型和采矿方法模型的组成部分。

（3）科学计算及灾变过程模拟功能

矿井通风设计中有大量的测定数据需统计处理、指标计算、设备选型计算、网络参数解算以及对不确定性的灾变过程进行计算机模拟，以获得为决策服务的数量概念。

（4）知识库的管理及推理功能

矿井通风设计中有许多定性问题不能用数学模型进行分析，设计过程又有较强的经验性和艺术性，要靠设计人员的经验、知识和智慧来把握和处理。这些不良结构特点正适合用人工智能的专家系统技术来解决。但是，矿井通风设计系统不同于诊断咨询型专家系统，它既要大量的推理判断，又要复杂的数值计算，两者往往交织在一起；同时，矿井通风设计的经验知识具有一定的结构性，所以知识的表示应有一定的结构，推理中的知识抽取、组织则根据问题及上下文的不同而变化。

(5)决策模型、方法及决策内容的选择功能

能根据给定的前提条件完成系统的局部设计，也可以组织协调各设计子系统进行整个系统的设计，设计内容可以灵活选择。根据解决的问题，可选择不同的模型、方法进行处理，如线性规划、非线性规划、目标规划、计算机模拟、网络方法、单目标决策、多目标决策、模糊数学、层次分析法、灰色系统理论等。

(6)友好、灵活的人－机会话处理功能

众所周知，目前人工智能在知识表达、认识过程及推理能力还存在一定的困难和局限性。设计系统不能完全代替人进行矿井通风设计，而只能作为辅助的支持工具，人和计算机相互补充、共同作用是比较现实而可行的。发挥人和计算机各自的优势，就必须进行人－机交流。友好的人－机配合的基础。通过人－机会话设计，人员可以控制设计的内容及进程，得到设计说明和图表的中间结果和最终结果，能对矿井通风的基本问题给出回答、评价和解释。

14.3.2 矿井通风优化决策的集成化与智能化

矿井通风系统是一个开放的复杂大系统。当前，矿井通风系统优化决策技术计算机方法的研究前沿在于多种方法的从定性到定量的综合集成方面，并获得了一些进展，有的方法已得到实际应用，但还远不成熟；智能矿井通风框架、综合集成方法的研究本身还存在着大量的困难。因此，矿井通风系统优化决策技术综合集成研究的宗旨在于实用性，辅助解决实际矿井通风系统建设中的决策问题。

(1)矿井通风安全管理计算机系统的功能集成化

目前矿井通风安全管理采用传统方法，即以人力为主，检查、测定和分析问题，依此作出判断指挥生产，缺乏现代化管理方法和手段，难以发现问题防止事故，所以远远不能满足生产的需要。针对此问题，在实际的管理实践中，用户的需求往往是综合性的，矿井通风安全管理系统的智能化应该具有多层次、多方面、多阶段的全方位服务功能。为此，应将矿井通风安全智能办公信息系统、智能管理系统和智能决策支持系统的功能加以集成，使其具有综合性功能。

(2)矿井通风安全管理智能系统的技术集成化

矿井通风安全管理智能系统采用常规管理方法与现代科学方法相结合的集成方法，矿井通风安全管理智能系统的集成模型由数学模型、知识模型、网络模型等进行集成，以适用于各种矿井通风安全实际问题的描述。

从发展远景看，矿井通风安全管理智能系统的管理软件，也为多库协同软件。由数据库、知识库、模型库、方法库、图形库等进行集成。

14.3.3 矿井监测与控制自动化

矿井通风控制的三个主要组成部分：①矿井通风网络状态的监测与模拟；②控制方案的决策；③控制方案的实施。对矿井通风控制的大量研究也都可以归结为对这三个方面的研究。

国外早已实现井下风量、粉尘、有害气体、温度、湿度的自动检测，并已形成计算机管理系统，在矿井通风自动化上已取得可喜的成果。相比之下，我国矿井通风系统的自动化水平较低，目前我国大多数矿井的通风控制仍主要是由人工进行的。有些矿井安装了遥控风门，可远距离控制风门的开与关。现有的矿井自动风门主要是相对于行车与行人而言的，并不是根据通风控制的要求进行自动控制。风机与风窗的调节也主要靠人工完成。

矿井通风的全自动控制是科学技术发展的目标。但由于自动控制系统的高昂代价和技术上还有许多问题没有解决，因此，矿井通风自动控制系统在实际矿井获得应用还有很大困难。一方面，进行全自动控制，应具备三个条件：①完善的风流状态监测系统；②性能完善的通风控制方案决策软件和计算机系统；③可自动控制的调节设施及控制执行系统。由于矿井生产条件复杂，作业地点分散，情况变化频繁，使通风系统不断变化，其控制系统也要随之改变。这样复杂的一个系统，不仅设备的安装、维护和管理很费钱、费力，而且系统的可靠性也难以保证。另一方面，对矿井正常通风来说，人工设置一些简单的通风构筑物，一般就可以满足工作地点的风量要求，因此建立自动的通风控制系统，对大多数矿井来说并不是十分迫切的；对矿井灾变通风来说，由于灾变可能由许多偶然因素引起，即使建立了通风自动控制系统，也很难保证不发生事故；而且灾变对通风控制系统还有较大的破坏性，一旦控制系统受到破坏，也不能对风流状态进行有效的控制。由此看来，矿井通风的全自动控制系统在可预见的一个时期内仍将处于试验研究阶段。

14.3.4 矿井风流调节技术

在许多地下开采的矿山，尤其是大型机械化或井下地质条件不太好的矿山，多年来，井下的通风过程中一直存在着风流控制的难题，如新鲜风流短路或漏风、无风死角、风流反向、污风循环等，特别是在主要的运输巷道中，此类问题解决的难度更加突出，常常出现井下作业面风量不足、污风不能及时排出等问题，这无疑对井下通风的有效风量率、风流的分配等影响很大，直接威胁到矿山井下的安全生产。因此，在矿山井下生产过程中加强风流调节和通风管理工作就显得十分重要。

矿井通风过程中，虽然风流调节与控制的方法及技术措施很多，但有时也受到一定条件的制约，如在主要运输和行人巷道内实施增阻调节风流、隔断风流、辅扇通风或引射风流、在易变形巷道内安装风门控制风流、在作业中段的运输巷道内设置风机机站分配风流等。一般，用常规的方法均难以实现调控风流的目的，因而，常常出现影响运输和行人、设备或设施被破坏、效果不理想、管理麻烦等问题。因此，研究能在主要运输巷道或易变形巷道内实现风流调节与控制的技术就显得十分必要和有意义。

目前，在国内对于在主扇的作用下新鲜风流不能达到工作地点或通风网络中出现漏风、风流短路、风流循环等问题时，一般是人工采取措施对风流的大小和方向进行调控。控制风流的措施主要有通风构筑物、辅扇、引射器等。

在发达国家，矿井风流的自动控制系统研究与应用情况较好，但在国内矿山仍处于试验研究阶段，受矿山条件的影响，对井下风流大多是采用传统的人工调控方法，因而，矿井通风的全自动控制系统在可预见的一个时期内仍将处于试验研究阶段。20世纪60年代，虽然有人将空气幕应用于地下矿山的风流控制—阻隔风流，但其主要是在巷道断面较小、需隔断的风流阻力较小的巷道中应用单机空气幕来实现，且隔断风流的效率难以适应环境条件的变化，空气幕的作用比较单一，对于大断面大压差巷道一般不易满足要求。研究与应用的大门空气幕技术及理论不能直接应用于井下的风流控制，尤其是在大断面、大压差的井下运输巷道内不能简单引用。

14.3.5 矿井通风系统可靠性

矿井通风系统是一个特殊的系统，其可靠度的定义和计算都应在充分考虑系统的以下特点的基础上进行。

(1)矿井通风系统是风机、巷道和通风构筑物三者组成的有机整体，其中风机和通风构筑物是相互独立的单元，而某分支与风机和通风构筑物以及其他分支是密切相关的。在讨论矿井通风系统及其各单元可靠性的定义和计算方法时，应充分考虑各单元的特点以及各单元的相互联系、相互制约。

(2)各通风构筑物单元在使用过程中的可靠性是相对的、动态变化的，其在某一时刻的可靠度不仅依赖于当时构筑物所处的状态，也与预计的剩余服役期有关。而对整体构筑物子系统，其可靠度只能通过其对矿井通风系统的影响来体现。

(3)各分支的风量在系统结构不变时，不仅与风阻和风压和有关，而且与风机和通风构筑物当时所处的状态有关。

14.4 深井降温技术的研究

对于深热矿井，为了改善其热环境，依其热害严重程度，一般按如下顺序来考虑治理措施：矿井通风、隔绝热源、个体防护、局部制冷、集中制冷。在我国金属矿山，目前开采深度才接近千米，热害尚不十分严重，一般不需要集中制冷降温。

13.4.1 通风措施

(1)开拓通风方式

分区开拓方式可以有效地缩短矿井入风流线路长度，有热害的矿井开拓设计应充分考虑到这一有利降温条件。开拓储量大，生产能力大的矿床时，确定通风方式和选定风井位置要尽可能缩短入风风流线路的长度，达到降低入风风流的目的。一般而言，中央式通风方式入风线路较长，对降低风温是不利的。

(2)开采顺序

巷道中的风流温度与通风时间有关。采准巷道存在时间长短取决于采用何种开采方式，后退式开采布置方式的采准巷道维护时间较长，初期入风线路也较长，回采工作面的入风温度比前进式布置为高，另一方面，漏风对风流温度有一定的影响，后退式开采的漏风较少，前进式开采的漏网量大，有时漏风量可达入风量的20% ~30%。漏风把采空区中岩石散热和矿岩氧化生热带出来，使回采工作面入风温度升高。为了满足降温要求，确定开采顺序时，要权衡具体情况而定。

(3)通风方式

对于采区通风，通常认为不宜采用下行通风方式，因为下行存在下列缺点：风流通过井下巷道被加热，产生向上的自然风压，采用下行通风，扇风机风压和自然风压相反，从而导致下行通风工作面的风量相对减少，特别是当扇风机发生故障时，由于扇风机风压降低，下行通风工作面风量将大大减少，或者停风，甚至反风。如果井下某处发生火灾，火风压使风流不稳定，甚至会出现反风。

(4)加大风量通风

风量不仅是影响矿内气候条件的一个重要的、起决定性作用的因素，而且是通过适当手段就能奏效的少数措施之一，有时费用也比较低。提高通风效率是改善矿井气温条件的又一有效途径，而提高通风构筑物的密闭性是提高通风效率的重要措施。据报道，由于井下通风设施漏风所损失的风量可达矿井总风量的37%以上。

(5)其他措施

①减少采区漏风：由于从采空区漏入回采工作面和回风道中的风流带进大量的热量，所以它也是一个较大的热源。②采用压气动力：由于压缩空气排出的冷却效应，对降低风温是有利的。③减少巷道中的湿源：研究资料表明，高温矿井中空气湿度降低1.7%，等于风温降低0.7℃。

14.4.2　循环通风

随着采深的增加，热负荷越来越大，需要对井下空气频繁进行冷却，或者增加采区供风量。利用小型冷却降温是一种昂贵的制冷分配方式，并且所需的设备操作与维护都存在实际的困难。假如换另一种方法从地面增加风量，则会大大增加扇风机动力，风量增加26%，扇风机动力就要增加100%。利用受控循环通风以提高采区风量，是替代地面供风的一种可供选择的方法。

所谓受控循环风，即是将采区废风经过净化冷却后再送回作业点的一种通风技术。如果开采过程中所产生的有毒有害气体都能得到有效的净化，则矿井生产中的通风可完全采用循环通风技术。可惜开采过程中所产生的一部分有毒有害气体无法有效净化。因而需要从地面引进新鲜空气以稀释这些有毒有害气体。另一方面，研究表明，在高温矿井中，从地面引进的风量越大，井巷岩石对空气的散热量也越大。尽管从井下排出的总热量加大，但计算表明，多排出的这部分热量不足以抵销空气从井巷多获得的热量。从降低高温矿井的风温角度考虑，应尽量减少从地面引进的风量。因此，利用循环通风技术减少矿井总进风量对改善高温矿井的热环境是有得的。

14.4.3　控制热源

(1)岩壁隔热

采用某些隔热材料喷涂岩壁，以减少围岩放热。前苏联曾采用锅炉渣，有些国家采用聚乙烯泡沫、硬质氨基甲酸泡沫、膨胀珍珠岩以及其他防水性能较好的隔热材料喷涂岩壁。一层10 mm厚的聚氨酯泡沫塑料，就能产生较好的隔热效果。岩壁隔热仅用在热害严重的局部地段，它作为一种辅助手段与其他降温措施配合使用。用时还必须注意安全(如防火)问题。岩壁隔热的费用较高，因此限制了这种方法在较大范围内的应用。而且，在散热最为强烈的回采工作面中，实行岩壁隔热是根本做不到的。

(2)热水及管道热的控制

主要方法有：超前疏放热水，并用隔热管道排到地表，或经有隔热盖板的水沟导入水仓；

将高温排水管设于回风道；热压风管设于回风道，或将压缩空气冷却后送入井下。

(3)机械热的控制

主要方法有机电硐室独立通风；注意辅扇安装位置；避免使用低效率机械。

(4)爆破热的控制

井下爆破所产生的热量，一般在爆破后不久即被气流排走。为避免其影响，可将爆破时间与采矿时间分开。

(5)特殊方法降温

①采用压气动力。采掘机械用压气来代替电力。由于压缩空气排出的膨胀冷却效应，对降低风温无疑是有利的。但是，由于这种方法效率低，费用高，只有在个别情况下才有意义。②减少巷道中的湿源。研究资料表明，在高温矿井中，空气中的相对湿度降低1.7%，等于风温降低0.7℃。因此，在巷道和采掘工作面中，由于各种原因出现的水，不要让它漫流，而要把水集中起来，用管道(或加盖水沟)排走。③冷却服个体防护。要设计一套制冷能力为200~250 W，持续时间为5~6 h，有自动制冷系统的冷却服，其重量与尺寸都比较大。将影响活动的自由，因此，必须减少冷却服工作的持续时间。当一套冷却服用完时，可更换一套新的，从而保证工作所需的时间。

14.5 我国矿井通风与空气调节的经验

多年来，我国在金属矿山矿井通风与空气调节积累了很多好经验。

(1)选择合理通风系统类型及构成要素，充分发挥主扇的通风作用

我国矿山大多数矿体埋藏不深，而且比较分散，适合采用分区式通风系统。因地制宜地创造了多种型式的分区通风系统，收到良好的技术经济效果。由于这种通风系统风路短，有效风量高，风压损失小，在许多开采浅部矿体的矿山得到广泛应用。

我国非煤矿山多采用对角式进、排风井布置方式。近年来，多路进风与多路排风的多井口、多扇风机布置方式有所发展，使进、排风井的布置方式更加灵活多样。

利用主扇不同的工作方式，在通风系统中形成不同的压力分布状况，用以控制气流的渗漏方向和烟流速度，是我国矿井通风技术上的一个发展。有些矿山，由于开采向深部发展或通风巷道受地压破坏，外部漏风比较严重，将地表主扇迁装地下，提高了有效风量，降低了通风阻力，节约了电能消耗。

(2)建立阶段通风网，防止风流串联污染

非煤矿山经常是多阶段同时作业，阶段之间、采场之间污风串联现象严重。为解决此问题，提出了多种型式的通风网路结构。其中有代表性的是：棋盘式、上下行间隔式；梳式；平行双巷式和阶梯式等。这些通风网路的共同点是把专用排风道一直引申到各作业面，每个作业面构成一个独立的排风网路，有效地控制风流串联污染。

(3)建立采区通风网路，改善采场通风方法

有电耙道底部结构采场的通风。关键在于建立合理的通风网路，使凿岩作业面与电耙道形成独立的通风网路。无底柱分段崩落法的采场进路，当利用局部通风方法时，除合理地安设局部通风装置外，还要建立采区通风网路，保证联络道内形成较强的主风流。

(4)防止矿井漏风，提高有效风量率

抽出式通风的矿井，采取留保护矿柱、封闭天井口、充填或密闭采空区等措施，在排风道与上部采空区之间建立隔离层，提高了通风效果，压入式通风的矿井，在进风石门与阶段沿脉巷道的交叉口处，安设引导风流的导风板，利用风流动压的方向性，使风流分配状况得到改善。最近研究成功的宽口大风量矿用空气幕，比已有的空气幕隔断风流的效果提高两倍多，为主要运输道的风流控制，提供了新的有效工具。

(5)利用地温预热，防止提升筒冰冻

利用已采的旧巷和采空区，必要时开凿少量专用巷道，构成入风预热系统，利用地层的调湿作用，夏季蓄热，冬季放势，解决进风井防冻。这是一项经济、可靠的预热方法，在东北金属矿山已广泛应用，收到良好效果。经过旧巷和采空区预热的风流，应不会受到有害气体和粉尘的污染，质量达到国家卫生标准的要求。夏季利用巷道的调温作用，降低入风风流的气温，也收到良好的效果。

(6)净化风源，控制尘源，防止进风污染

在些矿山由于天然风沙或地面工业污染，进风含尘浓度超过国家卫生标准。镜铁山铁矿采用湿式化学纤维过滤除尘技术，试验成功进风源净化装置，使进风含尘量稳定地达到卫生标准。

(7)排氡通风取得初步经验

非铀金属矿山也存在放射性危害。云南锡业公司查明，井下氡的污染源主要来自采空区，排氡通风的基本经验是采用均衡风压的通风方法，控制氡的渗流方向。通风方式以压入为主、压抽混合，使进风段及用风段均处于正压控制之下，抑制氡的析出。加强采空区的密闭和进风巷道壁面涂防护层也是防氡通风的重要措施。

(8)因地制宜地建立各种系统

建立分区系统，坚持湿式作业；加强局部通风；重视溜井综合防尘；健全通风防尘组织机构；坚持个体防护；认真执行通风防尘制度和卫生标准。

(9)在通风成本中电耗是主要因素

在通风节能方面，中低压系列矿用节能风机的性能较适合非煤矿山通风网路特性，有明显的节能效果。

(10)矿井通风自动化技术有所发展

我国一些新建矿山实现了通风系统集中自动控制，并对井下主要分支风路的风量及主扇风量、风压、电流、电压和轴承温度等进行遥测和风量调节，基本实现计算机风量实时控制，使自动化水平有所提高。

随着矿藏地下开采机械化水平的提高，采矿方法、巷道布置及支护的改革，电子和计算机技术的发展，我国矿井通风技术有了长足的进步，通风管理日益规范化、系列化、制度化，通风新技术和新装备愈来愈多地投入应用。以低耗、高效、安全为准则的通风系统优化改造在许多矿山得以实施，使其能够更好地为高产、高效、安全的集约化生产提供安全保障。同时，随着地表矿藏资源的日渐枯竭，从矿藏资源开采向纵深发展是必然的趋势。据统计，在未来的10~15年，我国将有近三分之一的有色矿山即将进入深井开采，很多煤矿已经进入了深部开采。目前我国地下矿山的最大开采深度已到1 070 m；南非金矿开采深度达3 800 m，设计深度达到4 800多米。据预测，南非在2010年，深度达3 000 m的矿井将占30%。因此，南非工程技术人员已开始了3 500~5 000 m深度区段的极深地下采矿工程的研究。在如此深的地层深部进行采矿开挖工程，人类尚无这方面的知识和经验。在高温环境下作业，矿工劳动生产率下降，身体健康将受到损害，同时严重威胁井下安全生产。未来矿山开采的主要特点包括：开采深度大，高温热害严重，开采的机械化、自动化程度高。因此，未来矿井通风与空气调节技术的发展要结合未来矿山开采的特征，只有处理好以上的问题，才可以确保未来地下开采的可持续发展。

本章练习

(1)在有关数据库里，检索近5年国内外有关矿井通风与空调的研究成果论文至少40篇，并撰写一篇综述论文。

(2)根据所学专业知识，讨论我国矿井通风与空气调节的发展趋势。

附录一　课程实验及大纲

实验1　矿井空气测定

（氧气浓度、一氧化碳浓度、相对湿度、卡它度的测定）

1.1　氧气浓度的测定

1.1.1　实验目的

掌握矿山常用的氧气浓度测定方法。

1.1.2　实验要求

根据所在学校实验室的条件，使用一种氧气检测仪测定氧气浓度，掌握仪器的原理、测定步骤和方法。

1.1.3　实验仪器与设备

氧气检测仪。

1.1.4　实验原理

由指导教师根据使用的有关氧气检测仪使用说明书内容介绍。

1.1.5　实验步骤

按照使用的有关氧气检测仪使用说明进行。

1.1.6 实验报告

包括：实验目的、实验仪器与设备、实验原理、实验步骤、实验条件、实验时间、实验现象、实验结果、结果分析、实验人员等描述。有关测定结果建议用列表方式表达。

1.2　一氧化碳测定

1.2.1　实验目的

掌握矿山常用的一氧化碳浓度测定方法。

1.2.2　实验要求

根据所在学校实验室的条件，使用一种一氧化碳检测仪测定一氧化碳浓度，掌握仪器的原理、步骤和方法。

1.2.3　实验仪器与设备

一种一氧化碳检测仪。

1.2.4　实验原理

由指导教师根据使用的有关一氧化碳检测仪使用说明书内容介绍。

1.2.5　实验步骤

按照使用的有关一氧化碳检测仪使用说明进行。

1.2.6　实验报告

包括：实验目的、实验仪器与设备、实验原理、实验步骤、实验条件、实验时间、实验现象、实验结果、结果分析、实验人员等描述。有关测定结果建议用列表方式表达。

1.3　空气相对湿度的测定

1.3.1　实验目的

掌握并熟悉空气湿度的测定方法。

1.3.2　实验要求

掌握使用湿度计测定空气相对和绝对湿度的原理、步骤和方法。

1.3.3　实验仪器与设备

吸风式湿度计、毛发湿度计或其他数字式湿度计。

1.3.4　实验原理

①吸风式湿度计。两支相同温度计，其中一支的水银球包上湿纱布。空气相对湿度越低，水分蒸发就越快，湿球湿度就下降越多，干球温度值与湿球温度值之差就越大。根据干湿球温度值之差，在有关表格中就可查出该空气的相对湿度。

②毛发湿度计。毛发的长度会随相对湿度的变化而伸缩。框架上的脱脂毛发由于相对湿度变化，带动连动机构，使指针移动，从而可直接读出相对湿度。

1.3.5　实验步骤

①吸风式湿度计。先湿润湿度计的纱布，再用钥匙上紧发条，待吸风1～2min后即可读出干、湿球温度计的读数，然后根据干、湿球温度值之差查出相对湿度，再计算出绝对湿度。

②毛发湿度计。从表头直接读出相对湿度。

1.3.6　实验报告

包括：实验目的、实验仪器与设备、实验原理、实验步骤、实验条件、实验时间、实验现象、实验结果、结果分析、数据处理、实验人员等描述。有关测定结果建议用列表方式表达，用吸风式湿度计测湿度记录可参见附表1－1。

附表1－1　吸风式湿度计测定空气湿度记录

干球温度 /℃	湿球温度 /℃	干、湿球温度差 /℃	相对湿度 φ /%	饱和水蒸气含量 $F_{饱}$ /$(g\cdot m^{-3})$	绝对湿度 $f-\varphi F_{饱}$ /$(g\cdot m^{-3})$

要求：在附表下面写出具体的计算过程。

1.4　卡它度测定

1.4.1　实验目的

熟悉并掌握卡它计的使用方法。

1.4.2　实验要求

掌握使用卡它计测量空气卡它度的原理、步骤和方法。

1.4.3　实验仪器与设备

卡它计、秒表、60～80℃的温水。

1.4.4 实验原理

如第1章的相关图示。卡它计下端是长圆形的贮液球，长约40 mm，直径16 mm，表面积22.6 cm^2，内贮酒精。上端也有长圆形的空间，以便在测定时容纳上升的酒精，全长约200 mm。其上刻有38℃和35℃，其平均值正好等于人体的温度。

卡它度表示空气的散热效果。在每支卡它计上都注明有一个常数，以F表示。它是指卡它计的容器中，当酒精的温度从38℃降到35℃时，在其容器表面一平方厘米的面积上，损失了多少毫卡的热量。

空气的散热条件越好，从38℃降到35℃所需的时间就越短。所以，当温度由38℃降低到35℃时，把卡它计酒精容器表面每平方厘米面积上每秒钟损失多少毫卡的热量称为卡它度。卡它度计算公式为：

$$H=\frac{F}{t_0} \qquad \text{（附 1-1）}$$

式中：H——卡它度，毫卡·cm^{-2}·s^{-1}；

t_0——温度从38℃降到35℃所需的时间，s。

卡它度有干、湿两种，分别以$H_{干}$和$H_{湿}$表示。测定湿卡它度时，仅需在卡它计的贮液球上包裹一层浸湿的棉纱布，测定方法与测定干卡它度相同。

1.4.5 实验步骤

把卡它计的酒精容器置于60～80℃的温水中，当酒精上升到上部扩大部分的1/3时，从温水中取出并擦干表面的水，记录从38℃降低到35℃的时间t。

1.4.6 实验报告

包括：实验目的、实验仪器与设备、实验原理、实验步骤、实验条件、实验时间、实验现象、实验结果、结果分析、数据处理、实验人员等描述。有关测定结果建议用列表方式表达，参见附表1-2。

表1-2 干卡它度$H_{干}$实测记录及计算

卡它计常数F	从38℃降到35℃时间t_0/s	干卡它度$H_{干}$	适合何种劳动

要求：在附表下面写出具体的计算过程。

实验2 矿井大气压力测定

（压差计使用，空气压力、管内外压差、动压的测定）

2.1 空气压力的测定

2.1.1 实验目的

熟悉并掌握空气压力的一般测定方法。

2.1.2 实验要求

掌握使用水银气压计、空盒气压计和数字气压计测定空气压力的原理、步骤和方法。

2.1.3 实验仪器与设备

水银气压计、空盒气压计、数字气压计、气温表。

2.1.4 实验原理

(1)水银气压计。如第1章的相关图示，玻璃管的一端封闭，装满水银后，倒插入水银槽内，水银柱的高度就是所测的大气压，以 Pa 或 mmHg 表示。

(2)空盒气压计。一个弹性金属薄片的空盒被抽成半真空状态，当大气压力变化时，则空盒变形。通过联动机构，指针在刻度盘上即显示出大气压力。

(3)数字气压计。以 BJ－1 型矿用精密数字气压计为例，该仪器是一种便携式本质安全型气压计。它既可测定矿井的绝对压力，也可测定相对压力或压差。测量标高范围为 －1 500～2 500 m，量程为基准气压 p_0 ±200 h Pa，相对压力或压差为 ±200 Pa(可扩量程 ±3 000 Pa)，绝对压力分辨率为 10 Pa，相对压力分辨率为 0.98 Pa。

仪器由气压探头组件、面板组件、电源和机壳、机箱等组成。其中气压感受装置是由真空波纹管和弹性元件构成，气压探头感受的气压及其变化量经机/电转换、放大和调节，最终以数字显示出来。面板组件包括信号调节、面板表等。

2.1.5 实验步骤

(1)水银气压计

先旋转水银杯下的调节螺丝，使水银杯内的水银面与象牙针尖恰好接触。再调整游标尺下的螺钉，使游标尺的零点与玻璃管内水银柱的凸面相齐，即可读出气压值。最后再根据温度进行校正。

水银气压计所表示气压的水银柱高度会随温度不同而有微小变化，所以要把 t℃时的水银柱换标为 0℃时的高度。

$$h_{汞}=\frac{h'_{汞}(1+\beta t)}{1+\alpha_0 t} \tag{附1－2}$$

式中：$h_{汞}$——0℃时的水银柱高度，mmHg；

$h'_{汞}$——t℃时的水银柱高度，mmHg；

β——刻度尺的膨胀系数，取 19×10^{-6}；

α_0——水银的膨胀系数，取 1.82×10^{-4}。

(2)空盒气压计

使用时，气压计水平放置在测点处，并轻轻敲击仪器外壳，以消除传动机构的摩擦误差；由于该仪器有滞后现象，因此在测压地点一般要放置 3～5 min(从一点移动到另一点，若两点间压差为 2 668～5 337 Pa，则需放置 20 min)方可读数；读数时，视线与刻度盘平面保持垂直。

为了提高测定精度，读数值应按厂方提供校正表(或曲线)进行刻度、温度和补充校正。每台仪器出厂检定书中均附有这三个校正值。其中温度校正值 P_t 用下式计算：

$$p_t=\Delta p_t\cdot t \tag{附1－3}$$

式中：p_t——温度校正值，Pa；

Δp_t——温度变化 1℃时的气压校正值，Pa/℃；

t——读数时仪器所在的环境温度，℃。

例如，空盒气压计的读数为 101 658 Pa，温度为 18.5℃。仪器检定证书内的刻度校正值表中给出，读数为 101 325 Pa 时，刻度校正值为 0，读数为 102 657 Pa 时，刻度校正值为 －10

Pa；仪器温度变化 1℃时的温度校正值 $\Delta p_t = +4$ Pa/℃；补充校正值为 −80Pa。则用内插法求得本次气压测量的刻度校正值为 −10 Pa，温度校正值 $p_t = +4 \times 18.5 = +74$ Pa，故得实际大气压力为 $p = 101\ 658 - 10 + 74 - 80 = 101\ 642$ Pa。

(3)数字气压计

①打开总开关，按下"电压"按键，显示 7 ~ 11 V 可正常工作，否则应充电；②测定之前，要先开机预热 30 min；③绝对压力测定：进入测点，按下面板上的"绝对"压力键，标高键置于"0"档，显示值稳定后，方可读数，绝对压力按下式计算：

$$p = p_0 \pm B \qquad (附 1-4)$$

式中：p_0——为仪器的基准气压值，由厂方调定，一般为 1 000 hPa，hPa；

B——为仪器显示数值，加或减由显示符号而定，hPa。

2.1.6　实验报告

包括：实验目的、实验仪器与设备、实验原理、实验步骤、实验条件、实验时间、实验现象、实验结果、结果分析、数据处理、实验人员等描述。有关测定结果建议用列表方式表达，参见附表 1 −3 至 1 −5。

附表 1 −3　水银气压计实测记录

气压读数/Pa	气温/℃	换算为 mmHg 的气压读数 /mmHg	换算为水银温度为 0℃时的气压值 /mmHg

要求：在附表下面写出具体的计算过程。

附表 1 −4　空盒气压计实测记录

气压计编号	气压读数/Pa	气温/℃	刻度校正值/Pa	温度校正值/Pa	补充校正值/Pa	实际气压/Pa

要求：在附表下面写出具体的计算过程。

附表 1 −5　数字气压计实测记录

气压计编号	仪器的基准气压值 p_0/Pa	气压读数 B/Pa	实际气压/Pa

要求：在附表下面写出具体的计算过程。

2.2　用 U 形压差计测定风流两点间的压差

2.2.1　实验目的

通过用垂直 U 形压差计测定风流两点间的压差，初步树立压差的概念。

2.2.2　实验要求

掌握使用垂直 U 形压差计测定风流两点间压差的原理、步骤和方法。

2.2.3　实验仪器与设备

垂直 U 形压差计、胶皮管、风筒、扇风机。

2.2.4 实验原理

参见第 2 章和第 3 章的相关图示以及附表 1－6，风流从 A 向 B，必然是 A 点空气能量大于 B 点，垂直 U 形压差计的水面差 h_{A-B} 即为 A、B 两点间的静压差。

2.2.5 实验步骤

结合所在实验室的条件，在风筒内无风流时，观察垂直 U 形压差计的水面是否等高，并检查与 U 形管相连接的胶管是否已接到所要测的测点，然后开动扇风机造成风流流动并测定压差。

2.2.6 实验报告

包括：实验目的、实验仪器与设备、实验原理、实验步骤、实验条件、实验时间、实验现象、实验结果、结果分析、数据处理、实验人员等描述。有关测定结果建议用列表方式表达，参见附表 1－6。

附表 1－6 静压差测定记录表

测段编号	示 意 图	两测点的静压差
例：$A-B$	A → B；30；20	$h_{A-B}=30-20=10\ mmH_2O$

注：要求仿照示例画出实验室风筒布置示意图。

2.3 风筒内风流两点间压差的测定

2.3.1 实验目的

用皮托管及倾斜压差计进一步测定风流两点间的压差，加深对压差测定方法及仪器原理的理解。

2.3.2 实验要求

掌握使用皮托管及倾斜压差计测定风流两点间压差的原理、步骤和方法。

2.3.3 实验仪器与设备

倾斜压差计、皮托管、胶皮管、风筒、扇风机。

2.3.4 实验原理

为了较精确地测定风流两点间的压差，使用倾斜压差计可使读数精度提高。可用实线布置方式表示所测的是风流两点（不是断面）间的全压，虚线布置方式表示所测的是风流两点（也是断面）间的静压。当两测点风筒断面大小和形状相同时，两测点间的全压差和静压差是相等的。

2.3.5 实验步骤

结合所在实验室的条件，参见第 2 章和第 3 章的相关图示。布置好仪器后，将仪器校正水平并消除测压管中的气泡，然后使倾斜压差计的开关置于校正位置，并将测压管调至所需的倾斜角度，液面调到 0 点。再将开关置于测压位置，读出测压管液面读数并进行计算。

2.3.6 实验报告

包括：实验目的、实验仪器与设备、实验原理、实验步骤、实验条件、实验时间、实验现象、实验结果、结果分析、数据处理、实验人员等描述。有关测定结果建议用列表方式表达，参见附表1－7。

附表1－7 用皮托管和倾斜压差计测风流两点间的压差

测段编号	示意图	两点间的压差	属何种压差
例：$A-B$ 倾斜系数 0.2	A B + −	$h_{A-B}=l\times0.2=$ （mmH_2O）	静压差
倾斜系数	+ −		

注：要求仿照示例画出实验测定布置示意图。

2.4 风筒内风流动压的测定

2.4.1 实验目的

通过对动压的测定，初步掌握动压的测定方法，进一步加深对动压的理解。

2.4.2 实验要求

掌握使用皮托管及微压计（或倾斜压差计）测定风流动压的原理、步骤和方法。

2.4.3 实验仪器与设备

皮托管、微压计（或倾斜压差计）、湿度计、气压计、胶皮管、风筒、扇风机。

2.4.4 实验原理

$$h_v=\frac{\rho v^2}{2} \tag{附1－5}$$

$$\rho=0.003484\,\frac{p}{T}\left(1-\frac{0.378\varphi p_{饱}}{p}\right) \tag{附1－6}$$

$$v=K_{速}\,v_{max} \tag{附1－7}$$

$$v_{max}=\sqrt{\frac{2h_{max}}{\rho}} \tag{附1－8}$$

式中：h_v——断面的风流动压，Pa；

ρ——空气密度，kg/m^3；

v——断面的平均风速，m/s；

p——断面的风流绝对静压，Pa；

T——绝对温度，$T=273+t$，K；

t——干球温度，℃；

φ——相对湿度，%；

$p_{饱}$——饱和水蒸气压力，Pa；

$K_{速}$——断面风流的速度场系数，由教师给出（具体测定见实验4）；

v_{max}——断面的最大风速，m/s；

h_{max}——断面最大风速点（即中心点）的动压（测定方法参见第2章和第3章的相关图示）。

2.4.5 实验步骤

1. 测空气密度 ρ

①用气压计测断面风流的绝对静压 p；②用湿度计读出干球温度 t 和湿球温度 t'，根据 $\Delta t=t-t'$ 和 t' 查表得出相对湿度 φ；根据 t 查表得出饱和水蒸气压力 $p_{饱}$；③按式(附 1－6)计算出 ρ。

2. 测断面风流的平均风速 v

按第 2 章和第 3 章的相关图示。布置并校正好仪器后，即可求出断面最大风速点(即中心点)的动压 h_{max}，按式(附 1－8)计算出 v_{max}，再根据式(附 1－7)计算出 v。

2.4.6 实验报告

包括：实验目的、实验仪器与设备、实验原理、实验步骤、实验条件、实验时间、实验现象、实验结果、结果分析、数据处理、实验人员等描述。有关测定结果建议用列表方式表达，参见附表 1－8。

附表 1－8　动压及风速的测定与计算

测点编号	空气密度 ρ /($kg\cdot m^{-3}$)	动压 h_{max} 读数 /mmH_2O	倾斜系数	实际动压 h_{max} /mmH_2O	实际动压 h_{max} /Pa	断面最大风速 v_{max} /($m\cdot s^{-1}$)	断面风流的速度场系数 $K_{速}$	断面平均风速 γ	断面风流动压 h_v

要求：在附表下面写出空气密度、风速及断面风流动压的具体计算过程。

2.5 风筒内外压差测定

2.5.1 实验目的

理解抽出式及压入式通风时，风筒内外全压差、静压差及动压的关系。

2.5.2 实验要求

理解并验证抽出式及压入式通风时，风筒内外全压差、静压差及动压的关系。即抽出式 $h_{全}=h_{静}-h_{动}$，压入式 $h_{全}=h_{静}+h_{动}$，$h_{全}$、$h_{静}$ 和 $h_{动}$ 分别为该点的相对全压、相对静压差和动压。

2.5.3 实验仪器与设备

皮托管、压差计、风筒、扇风机。

2.5.4 实验原理

利用皮托管和压差计分别测出 $h_{全}$、$h_{静}$ 和 $h_{动}$，然后验证 $h_{全}$、$h_{静}$ 和 $h_{动}$ 之间的关系。

2.5.5 实验步骤

按测量要求连接好皮托管及垂直 U 形压差计，开动扇风机进行测量。

2.5.6 实验报告

包括：实验目的、实验仪器与设备、实验原理、实验步骤、实验条件、实验时间、实验现象、实验结果、结果分析、数据处理、实验人员等描述。有关测定结果建议用列表方式表达。

要求：

①画出测定示意图，标注皮托管及垂直 U 形压差计的连接方式；

②实测的垂直 U 形压差计液面变化及具体数据标注在图中；

③指明每一个垂直 U 形压差计的读数表示什么；

④证明抽出式通风实验一点的全压、静压和动压的关系；

⑤ 证明压入式通风实验一点的全压、静压和动压的关系。

实验 3 阻力测定

（摩擦阻力、局部阻力的测定）

3.1 风筒或模拟巷道的摩擦阻力与摩擦阻力系数的测定

3.1.1 实验目的

初步掌握风筒摩擦阻力与摩擦阻力系数 α 值的实测方法，进一步理解摩擦阻力的各个影响因素。

3.1.2 实验要求

掌握使用皮托管和倾斜压差计（或微压计）测定风筒摩擦阻力与摩擦阻力系数的原理、步骤和方法。

3.1.3 实验仪器与设备

皮托管、倾斜压差计（或微压计）、胶皮管、风筒、扇风机、钢卷尺、皮尺、温度计、湿度计、气压计。

3.1.4 实验原理

参阅第 3 章和第 4 章的相关图示。当风筒水平放置、两测点之间风筒断面积相等、没有局部阻力且空气密度近似相等时，根据能量平衡方程可知两测点之间的摩擦阻力就是通风阻力，它等于两测点之间的绝对静压差，即 $h_{摩} = h_{阻A-B} = p_A - p_B$。

摩擦阻力的计算式为 $h_{摩} = \alpha \dfrac{pL}{S^3}Q^2$，其中 p、L、S 都可量出，所以只要实测出绝对静压差 $(p_A - p_B)$ 及风筒平均风量 Q，就可求出风筒摩擦阻力系数 $\alpha_{测} = \dfrac{h_{摩}S^3}{pLQ^2}$值；然后再换算为矿井标准条件下的摩擦阻力系数 $\alpha = \dfrac{1.2}{\rho_{测}}\alpha_{测}$。风筒平均风量 Q 按下式计算：

$$Q = vS \tag{附 1 -9}$$

式中：S——测点风筒的断面积，m^2。

风筒风流平均风速 v 根据式（附 1 -7）和（附 1 -8）测算。

3.1.5 实验步骤

①按测量要求布置和连接好仪器（参阅第 3 章和第 4 章的相关图示）后，测量 AB 的间距 L、风筒周边长 P 和风筒的断面积 S；②启动扇风机，待运转正常后，读出风流中心点的动压 h_{max}及绝对静压差 $(p_A - p_B)$，并同时记录气温 t、湿球温度 t'和大气压 p。

3.1.6 实验报告

包括：实验目的、实验仪器与设备、实验原理、实验步骤、实验条件、实验时间、实验现象、实验结果、结果分析、数据处理、实验人员等描述。有关测定结果建议用列表方式表达，参见附表 1－9 至附表 1－11。

要求：①画出实验示意图，在图中标注皮托管及倾斜压差计（或微压计）的连接方式；②在附表下面写出空气密度、风筒内平均风速及风筒摩擦阻力系数 α 的具体计算过程。

附表 1－9　空气密度计算表

气压/Pa	气温/℃	湿球温度/℃	干湿温差/℃	相对湿度/℃	饱和水蒸气压力/Pa	空气密度/$(kg \cdot m^{-3})$

附表 1－10　风速计算表

测动压仪器倾斜读数/mmH_2O	测动压仪器倾斜系数	动压 h_{max} /mmH_2O	动压 h_{max} /Pa	空气密度 /$(kg \cdot m^{-3})$	中心点风速 /$(m \cdot s^{-1})$	速度场系数（由教师给出）	平均风速 v /$(m \cdot s^{-1})$

附表 1－11　风筒摩擦阻力系数 α 的实测及计算

项目	数据
测 A，B 两点倾斜压差计的读数（mmH_2O）	
仪器的倾斜系数	
A，B 两点的实际压差 $h_{阻A-B}$（mmH_2O）	
A，B 两点的实际压差 $h_{阻A-B}$（Pa）	
风筒断面 S（m^2）	
A，B 两点的间距 L（m）	
风筒周长 P（m）	
平均风速 v（m/s）	
风量 Q（m^2/s）	
实测的风筒摩擦阻力系数	
空气密度 ρ（kg/m^3）	
换算为标准状态下的 α 值	

3.2　局部阻力系数测定

3.2.1　实验目的

初步掌握局部阻力系数的测定方法，加深对局部阻力的理解。

3.2.2　实验要求

掌握使用皮托管和倾斜压差计（或微压计）测定局部阻力系数的原理、步骤和方法。

3.2.3　实验仪器与设备

皮托管、倾斜压差计（或微压计）、胶皮管、风筒、扇风机、钢卷尺。

3.2.4 实验原理

测出局部阻力物前后一段风筒的阻力 h(它包括摩擦阻力及局部阻力两部分)，减去其中的摩擦阻力，所剩的就是局部阻力 $h_{局}$；再求出风筒内的平均风速 v 后，根据公式 $h_{局}=\xi\frac{\rho v^2}{2}$，即可求出风筒内该局部阻力物的局部阻力系数 $\xi=\frac{2h_{局}}{\rho v^2}$。

3.2.5 实验步骤

选定局部阻力物，例如直角转弯及圆弧转弯的风筒，布置仪器测出 h 及 $h_{动}$，根据表 1.8 所计算的空气密度 ρ，然后计算出 ξ 值。

3.2.5 实验报告

包括：实验目的、实验仪器与设备、实验原理、实验步骤、实验条件、实验时间、实验现象、实验结果、结果分析、数据处理、实验人员等描述。有关测定结果建议用列表方式表达，参见附表 1－12。

附表 1－12 局部阻力记录计算表

局部阻力的形式 / 实测及计算数据 / 项目			
两测点的压差倾斜读数/mmH$_2$O			
测压差仪器的倾斜系数			
两侧点的压差/mmH$_2$O			
两侧点的压差/Pa			
两测点的间距/m			
风筒每米长的摩擦阻力/Pa·m^{-1}			
两测点间的摩擦阻力/Pa			
局部阻力/Pa			
动压倾斜读数/mmH$_2$O			
测动压仪器的倾斜系数			
动压/mmH$_2$O			
动压/Pa			
空气密度/kg·m^{-3}			
风筒中心点风速/m·s^{-1}			
速度场系数			
局部阻力系数			
实测的示意图			

要求：作出实测的示意图并填入附表 1.12，并在附表下面写出局部阻力系数 ξ 的具体计算过程。

实验4　风筒断面的速度场系数测定与风表校正

（速度场系数的测定与计算，风表校正）

4.1　风筒断面的速度场系数测定

4.1.1　实验目的

树立风筒断面风流的速度场概念。

4.1.2　实验要求

掌握使用皮托管和微压计（或倾斜压差计）测定风筒断面速度场系数的原理、步骤和方法。

4.1.3　实验仪器与设备

皮托管、微压计（或倾斜压差计）、胶皮管、风筒、扇风机、钢卷尺、气压计、气温计、湿度计。

4.1.4　实验原理

在圆形风流的断面上，往往是中心风速大，边缘风速小，风速分布对称圆心。通风中，所指风筒或巷道的风速是指该断面上的平均风速，断面上平均风速与最大风速之比，成为断面风流的速度场系数。

对于圆形风筒，应将断面分成几个面积相等的同心圆环，在每个圆环内的平均风速点 1，2，3，…，n 测出动压，分别算出风速，再用这些风速求出整个断面的平均风速，它与中心点风速（0 点）的比值即为速度场系数。

参见第 2 章的相关图示，各个动压测点距圆心的位置可按下式计算：

$$r_i = r\sqrt{\frac{2i-1}{2n}} \qquad \text{（附 1-10）}$$

式中：r_i——从圆心距第 i 个测点的距离，m；

r——圆形风筒的半径，m；

i——从圆心算起的圆环序数（$i=1，2，3，\cdots，n$）；

n——所划分的圆环数。

例如：风筒半径为 160 mm，一般可分为 5 个圆环，按上式计算后，各测点距风筒边缘的距离如附图 1.13 所示。

按各测点动压分别计算出风速后，则平均风速为 $v=\frac{1}{5}\sum_{i=1}^{5}v_i$；根据中心点动压按式（附 1-8）求出中心点风速 v_{max}后，则速度场系数为 $K_{速}=\frac{v}{v_{max}}$。

4.1.5　实验步骤

按第 2 章至第 4 章的相关图示。布置好仪器后，启动扇风机，分别改变皮托管位置，读出各测点动压，同时记录气压、气温及湿球温度，求出空气密度，计算出各测点的风速，然后求出风筒断面风流的平均速度和速度场系数。

4.1.6　实验报告

包括：实验目的、实验仪器与设备、实验原理、实验步骤、实验条件、实验时间、实验现象、实验结果、结果分析、数据处理、实验人员等描述。有关测定结果建议用列表方式表达，参见附表 1－13 和表 1－14。

附表 1－13　实测风筒断面风流的速度场系数

项目	数据	项目	数据
所指定的风流断面编号		饱和水蒸气压力/Pa	
大气压/mmHg		空气密度/$kg \cdot m^{-3}$	
大气压/Pa		风筒半径/mm	
气温/℃		划分的同心圆环数	
湿球温度/℃		平均风速/$m \cdot s^{-1}$	
干、湿球温度差/℃		中心点风速/$m \cdot s^{-1}$	
相对湿度/%		速度场系数	

要求：在附表下面写出风筒断面风流速度场系数的具体计算过程。

附表 1－14　所指定的风流断面中各测点动压及风速

相对于圆心的测点号						
动压/mmH_2O						
动压/Pa						
风速/$m \cdot s^{-1}$						

要求：在附表下面写出风流断面中各测点风速的具体计算过程。

4.2　风表校正

4.2.1　实验目的

了解风速表的校正方法。

4.2.2　实验要求

掌握风速表校正的原理、步骤和方法。

4.2.3　实验仪器与设备

校正装置、被校风速表、秒表。

4.2.4　实验原理

各类风速表所指示的读数不是真实的风速，所以一般每一支风速表都附有风速校正曲线，以便根据风速表上的读数查出真实风速。而风速表经过一段时间使用后，性能会发生变化，所以应定期对风速表进行校正。对于机械传动的风速表，真实风速与表读风速之间应保持一线性关系。校正风速表是使不同的已知风速通过风表，得出相对应的真实风速与表读风速的坐标点。但这些点很难全部都落在一条直线上，为了求出误差最小的校正直线，应根据各对应点数据，按回归分析法求出直线方程，然后作出风速表校正曲线。

4.2.5 实验步骤

①把被校的风速表安装在风表校正装置上。

②以一定的已知风速通过风表，待风流稳定后，启动风表一定时间，记录表读风速与真实风速。又改变风速重复上述操作，从得出若干相对应的表读风速与真实风速，分别填于附表 1－15 中 x_i 及 y_i 中。

③计算校正曲线方程(word 和 excel 软件都具有该功能)。校正曲线方程为

$$y = a + bx \tag{附1－11}$$

$$\begin{cases} a = \dfrac{\sum\limits_{i=1}^{n} x_i \cdot \sum\limits_{i=1}^{n} x_i y_i - \sum\limits_{i=1}^{n} x_i^2 \cdot \sum\limits_{i=1}^{n} y_i}{\left(\sum\limits_{i=1}^{n} x_i\right)^2 - n \cdot \sum\limits_{i=1}^{n} x_i^2} \\ b = \dfrac{\sum\limits_{i=1}^{n} x_i \cdot \sum\limits_{i=1}^{n} y_i - n \cdot \sum\limits_{i=1}^{n} x_i y_i}{\left(\sum\limits_{i=1}^{n} x_i\right)^2 - n \cdot \sum\limits_{i=1}^{n} x_i^2} \end{cases} \tag{附1－12}$$

④计算线性相关系数 γ。γ 变化在 0 至 1 之间，可用来判断风速表性能的好坏；当 $\gamma = 1$ 时，说明各校正点都在一条直线上，表明风速表性能最好；当 $\gamma = 0$，各校正点都不在同一直线上，表明风速表性能最差。

$$\gamma = \frac{L_{xy}}{\sqrt{L_{xx} L_{yy}}} \tag{附1－13}$$

其中，$L_{xy} = \sum\limits_{i=1}^{n} x_i y_i - \dfrac{1}{n} \sum\limits_{i=1}^{n} x_i \cdot \sum\limits_{i=1}^{n} y_i$，$L_{xx} = \sum\limits_{i=1}^{n} x_i^2 - \dfrac{1}{n}\left(\sum\limits_{i=1}^{n} x_i\right)^2$，$L_{yy} = \sum\limits_{i=1}^{n} y_i^2 - \dfrac{1}{n}\left(\sum\limits_{i=1}^{n} y_i\right)^2$。

⑤在坐标网格图上，以 y 为横坐标，x 为纵坐标，根据式(附 1－11)作出风速表的校正曲线。

4.2.6 实验报告

包括：实验目的、实验仪器与设备、实验原理、实验步骤、实验条件、实验时间、实验现象、实验结果、结果分析、数据处理、实验人员等描述。有关测定结果建议用列表方式表达，参见附表 1－15。

表 1－15 风速表校正回归计算表

校正次数 / 计算内容	1	2	3	4	5	6	7	8	…	n	合计
x_i											
y_i											
x_i^2											
$x_i y_i$											
y_i^2											

写出式(附 1-11)校正曲线方程的具体确定过程，并作出风速表的校正曲线。

实验5 风筒风阻特性曲线的实测

5.1 实验目的

通过实测风筒的风阻特性曲线，加深对风筒风阻特性曲线的理解，并确定风筒内通风阻力与风量的函数关系。

5.2 实验要求

掌握使用皮托管和倾斜压差计(或微压计)测定风筒风阻特性曲线的原理、步骤和方法。

5.3 实验仪器与设备

皮托管、倾斜压差计(或微压计)、胶皮管、风筒、扇风机、气压计、湿度计。

5.4 实验原理

风筒风阻特性曲线是以风筒风量 Q 为横坐标，风筒通风阻力 h 为纵坐标来表示某一风筒中风量和通风阻力变化的一条关系曲线。在风筒断面积不变的风筒中选取 A、B 两点，待扇风机启动后，测出其静压差(风筒断面积相等时即为 A、B 两点间风筒的通风阻力 h)及风量。用不同断面的挡板遮盖入风口，改变风筒中的风量，即可分别求出很多工作点，这些工作点的连线即为风筒的风阻特性曲线。测量时必须注意，两测点间的风阻不能改变。根据通风阻力定律，有

$$h = RQ^x \tag{附 1-14}$$

式中：R——风筒的风阻，$N\cdot s^2\cdot m^{-8}$；

x——风量指数，层流时为 1，紊流时为 2，层流到紊流的过渡状态时为 1～2。

若在入风口无挡板时，实测出的静压差及风量分别为 h_0、Q_0，使用第 i 块挡板时，实测的静压差及风量分别为 h_i、Q_i。由于 A、B 间的风阻 R 为常数，由式(附 1-14)可得

$$\frac{h_0}{h_i} = \left(\frac{Q_0}{Q_i}\right)^x \tag{附 1-15}$$

对式(附 1-15)两边取对数后整理得

$$x = \frac{\lg h_0 - \lg h_i}{\lg Q_0 - \lg Q_i} \tag{附 1-16}$$

由式(附 1-16)求出 x 后，代入式(附 1-14)就可得出风筒通风阻力 h 与风量 Q 之间的函数关系。

5.5 实验步骤

布置好仪器后启动扇风机，记录无挡板及放置各块挡板时的静压差及动压读数，同时记录气温和气压并计算出空气密度。根据断面中心点动压求出断面中心点风速，再按所给的速度场系数求出风筒平均风速及风量。

5.6 实验报告

包括：实验目的、实验仪器与设备、实验原理、实验步骤、实验条件、实验时间、实验现象、实验结果、结果分析、数据处理、实验人员等描述。有关测定结果建议用列表方式表达，参见附表 1－16。

(1)空气密度按式(附 1－6)测算。

(2)作风筒风阻特性曲线。以附表 1－15 的压差 h 为纵坐标，风量 Q 为横坐标，作风筒的风阻特性曲线。

(3)求通风阻力与风量的函数关系。依据入风口无挡板时和使用第 i 块挡板时分别实测的压差及风量数据，用式(附 1－16)可求得风量指数 x 的实测计算值 x_{0-1}，x_{0-2}，…，x_{0-i}，…等。

(4)求 $n=0$ 及 8 时风筒中风流的雷诺数 R_{e0} 和 R_{e8}，据此判别其风流的流动状态，并讨论风量指数 x 测定结果的合理性。

附表 1－16　通风阻力及风量测定纪录

实测内容 \ 入风挡板序号 n	0	1	2	3	4	5	6	7	8	9
侧压差的倾斜读数/mmH_2O										
倾斜系数										
两测点压差 h/mmH_2O										
两测点压差 h/Pa										
动压倾斜读数/mmH_2O										
倾斜系数										
动压 h_{max}/mmH_2O										
动压 h_{max}/Pa										
中心点风速/($m \cdot s^{-1}$)										
速度场系数										
平均风速/($m \cdot s^{-1}$)										
风筒断面积/m^2										
风量 Q/($m^3 \cdot s^{-1}$)										

要求：在附表下面画出风筒及仪器布置图，写出风筒风量的具体计算过程。

实验 6 扇风机(装置)特性曲线的实测

6.1 实验目的

通过对扇风机(装置)特性曲线的实测，初步学会扇风机(装置)特性曲线的实测方法，并进一步理解扇风机的性能。

6.2 实验要求

掌握使用皮托管和压差计测定扇风机(装置)特性曲线的原理、步骤和方法。

6.3 实验仪器与设备

扇风机、风筒、皮托管、压差计、三用钳形表、气压计、湿度计。

6.4 实验原理

扇风机(装置)特性曲线是在扇风机转速一定时，以风量 Q 为横坐标，分别以扇风机(装置)的风压 H、输入功率 N 以及效率 η 为纵坐标作出的 $H-Q$、$N-Q$ 及 $\eta-Q$ 三条曲线。

参阅第 6 章的相关图示和实验室风机测定装置的具体布置方式。当进、出风测点风筒断面的大小和形状不变时，h 即为扇风机装置的全压 H_{td}；根据所测断面风速最大点动压 h_{vmax} 按式(附 1-8)、(附 1-7)和(附 1-9)可求出扇风机装置的风量。不断改变风筒的风阻，分别测出各工作点的扇风机装置全压 H_{td}、风量 Q 以及电流、电压和功率等各因数值，即可作图。

当进、出风测点风筒断面的大小和形状不同时，扇风机装置静压 H_{sd} 为

$$H_{sd}=h-h_v \qquad (附 1-17)$$

式中：h_v——扇风机(装置)进风侧测点断面的动压，可根据测点断面风速最大点动压 h_{vmax} 按式(附 1-8)、(附 1-7)和(附 1-5)计算，Pa。

当压入式通风时，h 即为扇风机装置的静压 H_S，其扇风机装置的风量可根据所测断面风速最大点动压 h_{vmax} 按式(附 1-8)、(附 1-7)和(附 1-9)计算出。

当抽出式通风时，此时扇风机(装置)静压 H_{sd} 仍然可用式(附 1-17)来测算。

一般抽出式通风是以静压为纵坐标做出扇风机(装置)的 $H-Q$ 曲线图的。

6.5 实验步骤

根据扇风机的工作方式布置皮托管及压差计，在没有改变扇风机转速的条件下，用挡板改变风筒风阻，分别测出无挡板及每块挡板使用时的压差 h、所测断面风速最大点动压 h_{vmax}、电流 A、电压 V 及功率因数 $\cos\varphi$，并同时记录气温、气压，根据这些数据计算出各个工作点时的扇风机(装置)静压 H_{sd}(或全压 H_{td})、风量 Q、实际功率 N、效率 η，并作出扇风机(装置)的特性曲线。

6.5.1 扇风机输入功率的测量

一般扇风机的电动机均采用三相三线制负载，可用“双表法”测出其任意两相功率之代数和即为电动机的实际消耗功率；但采用三用钳形表(即钳形相位伏安表)测量电动机实际消耗

功率更为方便。

1. 采用“双表法”测量

根据具体实验装置所示，如用瓦特表(功率表)测量，需断开电路，串入电流线圈，接线繁复。其电动机输入功率和扇风机输入功率可用第6章相关公式计算。

2. 采用三用钳形表测量

采用三用钳形表测量时可不必断开电路，接线及操作简便。

6.5.1 扇风机(装置)输出功率和效率的测量

扇风机(装置)静压输出功率 N'_{si} 和静压效率 η_s 可按第6章相关公式来计算。

6.6 实验报告

包括：实验目的、实验仪器与设备、实验原理、实验步骤、实验条件、实验时间、实验现象、实验结果、结果分析、数据处理、实验人员等描述。有关测定结果建议用列表方式表达，参见附表1-17。

附表1-17 扇风机(装置)特性曲线实测记录

日期		气压		$p=$ /Pa		气温	$t=$ /℃	测动压仪器倾斜系数				测压仪器倾斜系数			
扇风机类型			电机效率		风筒断面		$S=$ /m²			空气密度		/kg·m⁻³			
测板序号 i	速度场系数 K_i	动压倾斜读数 h_{vmax} /Pa	动压 h_{vmax} /Pa	中心点风速 v_{max} /m·s⁻¹	平均风速 v /m·s⁻¹	风量 /m³·s⁻¹	压差倾斜读数 h /Pa	压差 h /Pa	电压 /V	电流 /A	功率因素 $\cos\varphi$	扇风机(装置) 静压 H_sd /Pa	扇风机(装置) 输入功率 /kW	扇风机(装置) 静压输出功率 /kW	扇风机(装置) 静压效率
0															
…															

注：①在附表下面写出扇风机风量、风压、输入功率、输出功率和效率的具体计算过程；

②在附图1.18上作出扇风机 $H_{sd}-Q$、$N-Q$ 及 η_s-Q 三条特性曲线。

附录二　矿井通风网络计算与课程设计练习

附录 2.1　矿井通风网络计算机分析练习

2.1.1　练习一

如附图 2－1 所示的矿井通风系统，要求：①将该矿井通风系统画成闭合网络图。②对该网络图的节点和边进行编号。③算出该网络图的节点数、边数和独立网孔数。

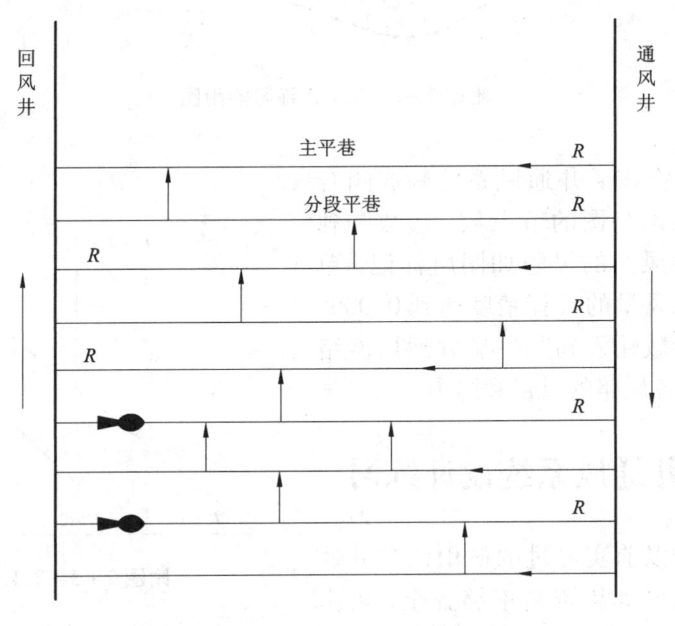

附图 2－1　2.1.1　练习的附图

2.1.2　练习二

附图 2－2 为阶段崩落法采法采场通风风路。要求：①将该矿井通风系统画成闭合网络图。②对该网络图的节点和边进行编号。③算出该网络图的节点数、边数和独立网孔数。④参考该采矿方法的特征，给定各风路的参数，包括各风路的长度、断面形状、断面积、支护情况。⑤算出各风路的风阻。

2.1.3　练习三

附图 2－3 是一个简化的矿井通风系统。假设风机的压力保持恒定为 2 000 Pa，没有自然

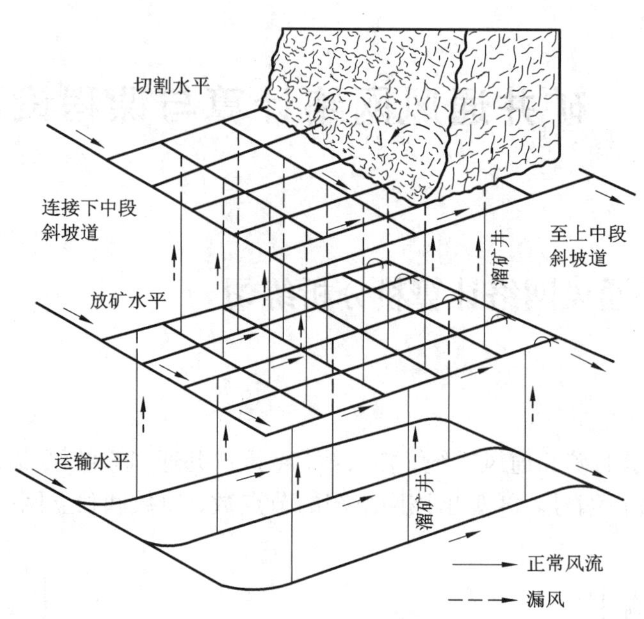

附图 2-2 2.1.2 练习的附图

风压存在。求：①将该矿井通风系统画成闭合网络图。②算出该网络图的节点数、边数和独立网孔数。③设各风路的风阻如图所标记，单位为 Ns^2/m^8，要求风量的计算精度达到 0.0005 m^3/s。请将有关参数输入到某一矿井通风网络分析软件中，算出各风路的风量和阻力。

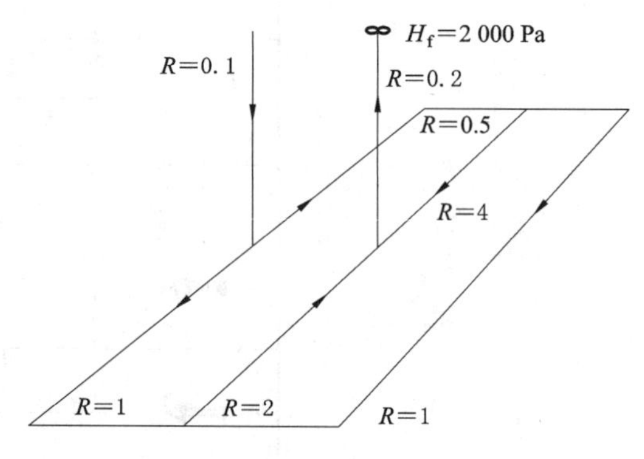

附图 2-3 2.1.3 练习的附图

附录 2.2 矿井通风系统设计练习

练习可以结合以前实习过的矿山的矿井通风系统为对象进行。如果资料不够齐全，可由指导教师根据情况假设给定。

2.2.1 矿井通风设计专题要求

1. 收集设计资料

矿井通风设计应收集下列资料：矿区长年气温及其变化，风向风速；设计区段的年产量；开拓系统(包括硐室分布状况)，采准系统，采矿方法，同时工作的工作面数(包括工作面的规格)，支护型式；地表地形图、各中段开拓平面图、采矿方法图等；矿井空气粉尘中游离二氧化硅的含量，是否存在氡或其他危害；同时爆破所用的炸药量；井下每班同时工作人员最多的数目；矿山通风制度等。

2. 矿井通风设计的方法

根据矿井通风设计任务书的主要解决问题，如有无排氡、降温等其他要求，提出几个具体通风方案，包括供风方式、风流线路、进出风井的布置、主扇风机的安装地点及通风构筑物等。再作初步的技术经济分析，删去哪些在技术、经济上明显不合理的方案，保留 2 ~ 3 个可行方案，然后进行最终经济比较，决定最优方案，具体按下鲁步骤开展设计工作。

3. 矿井各工作面所需风量计算。

分别按排烟、排尘、排氡及排除柴油机废气计算确定各工作面所需风量。

4. 计算各段井巷的摩擦风阻。

可按附表 2 – 1 进行计算。

附表 2 – 1　井巷摩擦风阻计算表

井巷		支护型式	摩擦阻力系数 α $(Ns^2 \cdot m^{-4})$	井巷周长 P/m	井巷长度 L/m	井巷断面		风阻 R /$(Ns^2 \cdot m^{-8})$
编号	名称					S/m^2	S^3	
1	2	3	4	5	6	7	8	9
总计								

5. 方案比较

分别对需要做技术经济比较的各方案进行计算，按下列几点展开：

(1) 通风系统的拟定。

要求对各方案通风系统作详细的论述，并用简要的系统图表示：①集中通风和分区通风的确定；②选择进风进巷和出风进巷的位置；③通风网路设计；④确定供风方式，抽出式、压入式还是混合式；⑤主扇风机位置的确定。

(2) 绘制通风系统示意图。

根据各方案通风网路绘制各方案的通风系统示意图，在图中应注明扇风机位置，各段井巷的风流方向、风阻及通风构筑物等。注明各工作面的所需风量。逆风流方向的应推算出扇风机的供风量。扇风机工作风量应为工作面所需风量乘以分风不均衡及漏风备用系数。

(3) 初步解算通风网路。

列出各扇风机的虚拟曲线方程，并用电算解算其风量自然分配值。若能满足工作面所需风量要求，即可按所选择扇风机；否则应确定风量调节措施，之后，再行解算，直至工作面风量符合要求。

(4) 选择扇风机。

根据虚拟曲线初步确定扇风机型号后，再按扇风机的曲线方程电算其工作点及风量分配是否符合要求，最后正式确定所用扇风机。

(5) 列出所需通风构筑物清单。

(6) 局部通风(有必要辅以局部通风时，才设计该部分内容)。

①局部通风系统的布置及作用；②局部通风方式选择及通风时间；③局部通风所需风量的计算；④风筒选择；⑤局部扇风机的选型。

(7)每吨矿石通风费用估算。

矿井年通风费用由年通风所需劳动力费用 N_1、年通风所需的动力费用 N_2、年通风所需的材料消耗费用 N_3、年主要通风设备折旧费用 N_4组成。

其中：年通风所需劳动力费用 N_1用附表 2－2 计算；年通风所需的动力费用 N_2用附表 2－3 计算。

附表 2－2　年通风所需的劳动力费用计算表

编号	工种名称	按定额配备人数	工资等级	年工资率	基本工资(元) 3 项×5 项	辅助工资(元) 6 项×20%	附加工资(元) (6 项＋7 项)×11%	年工资总费用(元) (6 项＋7 项＋8 项)	备注
	2	3	4	5	6	7	8	9	10
合计								N_1	

附表 2－3　年通风所需的动力费用计算表

编号	动力种类	扇风机类　型	同时工作面数	单位时间内动力消耗	全年工作时间	全年动力消耗	动力单价	全年动力费用(元)	备注
	2	3	4	5	6	7	8	9	10
	合 计							N_2	

6．附图、附表

包括：通风系统图；通风系统示意图；巷道风阻、风量计算分配表。

2.2.2　矿井通风设计说明书撰写提要

1．设计依据概述

(1)矿段地质、开拓生产情况(用小图介绍)；

(2)采矿方法及采场通风要求(用小图介绍)；

(3)生产布局及矿段通风要求(用附图介绍)。

2．矿井通风方案拟定

(1)系统进风方案；

(2)系统回风方案;

(3)用风部分自然分配方案;

(4)用风部分单元调控方案;

(5)矿井需风量计算(列表);

(6)系统供风量确定(列表);

(7)网路风阻计算(介绍计算方法,并用附表形式逐条列出)。

3. 矿井通风方案计算机分析

(1)通风网络解算数学模型。

①节点流量连续方程;②网孔风压平衡方程;③扇风机特性曲线数学表达式。

(2)通风系统计算机辅助设计软件的组成与功能。

(3)原始数据输入内容(各方案、各数据库分别列表)。

①通风系统参数:数据类别,矿山或系统名称,分支数,节点数,装机风道数,定流分支数,固定漏风分支数,总进风或总出风分支数,总进风或总出风标志,自然风压分支数,采场单元数,内部漏风分支数,其他工作面数,矿井需风量,电费单价,风机年运转小时数,年采掘矿石量,计算精度等。

②装机数据:机站编号,风道编号,风机风量,并联台数,串联级数。

③定流分支数据:风道编号,分支断面,定流风量。

④总进风或总出风分支数据:分支编号。

⑤网路基本参数:始节点,末节点,分支风阻。

(4)通风网络解算过程。

①处理原始数据;②自动圈网孔;③虚拟主扇;④调整主扇风量风压;⑤优选主扇;⑥迭代计算;⑦计算风窗面积;⑧选择辅扇。

(5)通风方案解析结果(打印成表,并将风阻、自然分风方案和单元调控方案的风量标注在网路结图上)

4. 技术经济分析

(1)有效风量率;

(2)风速(风量)合格率;

(3)风源风质合格率;

(4)风量供需比;

(5)主扇装置效率;

(6)综合指标。

5. 设计方案抉择

(1)介绍所方案及依据。

(2)论述所选方案的特点。

6. 附图

(1)通风网路结构示意图。

(2)通风系统立体示意图。

附录三　井巷摩擦阻力系数 α 值

（空气密度 $\rho = 1.2\ kg/m^3$）

1. 水平巷道

（1）不支护巷道 $\alpha \times 10^4$ 值。

附表 3-1　不支护巷道的 $\alpha \times 10^4$ 值

巷道壁的特征	$\alpha \times 10^4 / N \cdot s^2 \cdot m^{-4}$
在岩层里开掘的巷道	68.6～78.4
巷壁与底板粗糙程度相同的巷道	58.8～78.4
同上、在底板阻塞情况下	98～147

（2）混凝土、混凝土砖及砖、石砌碹的平巷 $\alpha \times 10^4$ 值。

附表 3-2　砌碹平巷的 $\alpha \times 10^4$ 值

类　　别	$\alpha \times 10^4$ 值$/N \cdot s^2 \cdot m^{-4}$
混凝土砌碹、外抹灰浆	29.4～39.2
混凝土砌碹、不抹灰浆	49～68.6
砖砌碹、外面抹灰浆	24.5～29.4
砖砌碹、不抹灰浆	29.4～30.2
料石砌碹	39.2～49

注：巷道断面小者取大值。

（3）圆木棚子支护的巷道 $\alpha \times 10^4$ 值（见附表 3-3）。

附表 3-3　圆木棚子支护的巷道 $\alpha \times 10^4$ 值

木柱直径 d_0/cm	支架纵口径 $\Delta = L/d_0$ 时的 $\alpha \times 10^4$ 值$/N \cdot s^2 \cdot m^{-4}$							按断面校正	
	1	2	3	4	5	6	7	断面/m^2	校正系数
15	88.2	115.2	137.2	155.8	174.4	164.6	158.8	1	1.2
16	90.16	118.6	141.1	161.7	180.3	167.6	159.7	2	1.1
17	92.12	121.5	141.1	165.6	185.2	169.5	162.7	3	1.0
18	94.03	123.5	148	169.5	190.1	171.5	164.6	4	0.93
20	96.04	127.4	154.8	177.4	198.9	175.4	168.6	5	0.89
22	99	133.3	156.8	185.2	208.7	178.4	171.5	6	0.80
24	102.9	138.2	167.6	193.1	217.6	192	174.4	8	0.82
26	104.9	143.1	174.4	199.9	225.4	198	180.3	10	0.78

注：表中 $\alpha \times 10^4$ 值适合于支架后净断面 $S = 3\ m^2$ 的巷道，对于其他断面的巷道应乘以校正系数。
支架纵口径 Δ 定义为相邻两根木柱距离 L 与木柱直径 d_0 之比值。

(4)金属支架的巷道 $\alpha \times 10^4$ 值。

工字梁拱形和梯形支架巷道 $\alpha \times 10^4$ 值(附表 3－4)

附表 3－4 工字梁拱形和梯形支架巷道 $\alpha \times 10^4$ 值

金属梁尺寸 d_0/cm	支架纵口径 $\Delta = L/d_0$ 时的 $\alpha \times 10^4$ 值/$N \cdot s^2 \cdot m^{-4}$					按断面校正	
	2	3	4	5	8	断面/m^2	校正系数
10	107.8	147	176.4	205.4	245	3	1.08
12	127.4	166.6	205.8	245	294	4	1.00
14	137.2	186.2	225.4	284.2	333.2	6	0.91
16	147	205.8	254.8	313.6	392	8	0.88
18	156.8	225.4	294	382.2	431.2	10	0.84

注：d_0 为金属梁截面的高度。

金属横梁和帮柱混合支护的平巷 $\alpha \times 10^4$ 值(见附表 3－5)。

附表 3－5 金属梁、柱支护平巷 $\alpha \times 10^4$ 值

边柱厚度 d_0/cm	支架纵口径 $\Delta = L/d_0$ 时的 $\alpha \times 10^4$ 值/$N \cdot s^2 \cdot m^{-4}$					按断面校正	
	2	3	4	5	6	断面/m^2	校正系数
40	156.8	176.4	205.8	215.6	235.2	3 4 6	1.08 1.00 0.91
50	166.6	196	215.6	245	264.6	8 10	0.88 0.84

注：“帮柱”是混凝土或砌碹的柱子，呈方形；顶梁是由工字钢或 16 号槽钢加工的。

(5)钢筋混凝土预制支架的巷道 $\alpha \times 10^4$ 值为 88.2～186.2 Ns^2/m^4(纵口径大，取值亦大)。

(6)锚杆或喷浆巷道的 $\alpha \times 10^4$ 值为 78.4～117.6 Ns^2/m^4。

2. 井筒

(1)无任何装备的清洁的混凝土和钢筋混凝土井筒 $\alpha \times 10^4$ 值(见附表 3－6)。

(2)砖和混凝土砖砌的无任何装备的井筒，其 $\alpha \times 10^4$ 值按附表 3－6 值增大一倍。

(3)有装备的井筒，井壁用混凝土、钢筋混凝土、混凝土砖及砖砌碹的 $\alpha \times 10^4$ 值为 343～490 Ns^2/m^4。选取时应考虑到罐道梁的间距，装备物纵口径以及有无梯子间和梯子间规格等。

3. 矿井巷道 $\alpha \times 10^4$ 值的实际资料

沈阳煤矿设计研究院根据在抚顺、徐州、新汶、阳泉、大同、梅田、鹤岗 7 个矿务局 14 个矿井的实测资料，编制的供通风设计参考的 α 值见附表 3－7。

附表 3-6　无装备混凝土井筒 $\alpha \times 10^4$ 值

井筒直径/m	井筒断面/m^2	$\alpha \times 10^4$/$N \cdot s^2 \cdot m^{-4}$	
		平滑的混凝土	不平滑的混凝土
4	12.6	33.3	39.2
5	19.6	31.4	37.2
6	28.3	31.4	37.2
7	38.5	29.4	35.3
8	50.3	29.4	35.3

附表 3-7　井巷摩擦阻力系数 α 值

序号	巷道支护形式	巷道类别	巷道壁面特征	$\alpha \times 10^4$ /$N \cdot s^2 \cdot m^{-4}$	选取参考
1	锚喷支护	轨道平巷	光面爆破，凸凹度 <150	50～77	断面大，巷道整洁凸凹度 <50，近似砌碹的取小值，新开采区巷道，断面较小的取大值。断面大而成型差，凸凹度大的取大值
			普通爆破，凸凹度 >150	83～103	巷道整洁，底板喷水泥抹面的取小值，无道碴和锚杆外露的取大值
		轨道斜巷（设有行人台阶）	光面爆破，凸凹度 <150	81～89	兼流水巷和无轨道的取小值
			普通爆破，凸凹度 >150	93～121	兼流水巷和无轨道的取小值；巷道成型不规整，底板不平的取大值
		通风行人巷（无轨道、台阶）	光面爆破，凸凹度 <150	68～75	底板不平，浮矸多的取大值；自然顶板层面光滑和底板积水的取小值
			普通爆破，凸凹度 >150	75～97	巷道平直，底板淤泥积水的取小值，四壁积尘，不整洁的老巷有少量杂物堆积取大值
		通风行人巷（无轨道、有台阶）	光面爆破，凸凹度 <150	72～84	兼流水巷的取小值
			普通爆破，凸凹度 >150	84～110	流水冲沟使底板严重不平的 α 值偏大
2	喷砂浆支护	轨道平巷	普通爆破，凸凹度 >150	78～81	喷砂浆支护与喷混凝土支护巷道的摩擦阻力系数相近，同种类别巷道可按锚喷的选
3	料石砌碹支护	轨道平巷	壁面粗糙	49～61	断面大的取小值；断面小的取大值。巷道洒水清扫的取小值
		轨道平巷	壁面平滑	38～44	断面大的取小值；断面小的取大值。巷道洒水清扫的取小值
4	毛石砌碹支护	轨道平巷	壁面粗糙	60～80	
5	混凝土棚支护	轨道平巷	断面 5～9，纵口径 4～5	100～190	依纵口径、断面选取 α 值。巷道整洁的完全棚，纵口径小的取小值

续附表 3 - 7

序号	巷道支护形式	巷道类别	巷道壁面特征	$\alpha \times 10^4$ /$N \cdot s^2 \cdot m^{-4}$	选 取 参 考
6	U 形钢支护	轨道平巷	断面 5 ~ 8，纵口径 4 ~ 8	135 ~ 181	按纵口径、断面选取，纵口径大的、完全棚支护的取小值。不完全棚大于完全棚的 α
		胶带输送机巷(铺轨)	断面 9 ~ 10，纵口径 4 ~ 8	209 ~ 226	落地式胶带宽为 800 ~ 1 000，包括工字钢梁"U"型钢腿的支架
7	工字钢、钢轨支护	轨道平巷	断面 4 ~ 6，纵口径 7 ~ 9	123 ~ 134	包括工字钢与钢轨的混合支架、不完全棚支护的 α 大于完全棚的，纵口径 = 9 取小值
		胶带输送机巷(铺轨)	断面 9 ~ 10，纵口径 4 ~ 8	209 ~ 226	工字钢与 U 形钢支架混合支护与第 7 项胶带输送机巷近似，单一种支护与混合支护 α 近似

附录四　井巷局部阻力系数ξ值

附表4-1　各种巷道突然扩大与突然缩小的ξ值(光滑管道)

S_1/S_2	1	0.9	0.8	0.7	0.6	0.5	0.4	0.3	0.2	0.1	0.01	0
突然扩大（S_1 → S_2，v_1）	0	0.01	0.04	0.09	0.16	0.25	0.36	0.49	0.64	0.81	0.98	1.0
突然缩小（S_2 → S_1，v_1）	0	0.05	0.10	0.15	0.20	0.25	0.30	0.35	0.40	0.45	0.50	

附表4-2　其他几种局部阻力的ξ值(光滑管道)

v_1	v_1，D，$0.1D$	v_1	b，v_1，b	b，R_1，v_1，b	b，R_1，R_2，v_1，b
0.6	0.1	0.2	有导风板0.2 无导风板1.4	0.75，当$R_1=\frac{1}{3}b$ 0.52，当$R_1=\frac{2}{3}b$	0.6，当$R_1=\frac{1}{3}b$ $R_2=\frac{3}{2}b$ 0.3，当$R_1=\frac{2}{3}b$ $R_2=\frac{17}{10}b$
S_1，S_3，v_1，v_3，S_2，v_2	v_1，v_3，v_2	v_1，v_2，v_3	v_3，v_1，v_2	v_1，v_3，v_2	v
3.6 当$S_2=S_3$ $v_2=v_3$时	2.0 当风速为v_2时	1.0 当$v_1=v_3$时	1.5 当风速为v_2时	1.5 当风速为v_2时	1.0 当风速为v时

附录五　矿井通风常用单位换算

1. 压力单位及其换算

附表 5-1　压力单位换算表

单位名称	帕斯卡 Pa	巴 bar	公斤力/米^2 mmH_2O	公斤力/厘米^2 (工程大气压)atm	毫米汞柱 mmHg	标准大气压 atm
帕斯卡	1	10^{-5}	0.101972	0.101972×10^{-4}	7.50062×10^{-3}	9.86923×10^{-6}
公斤力/米^2	9.80665	9.80665×10^{-5}	1	1×10^{-4}	7.35559×10^{-2}	9.67841×10^{-5}
毫米汞柱	133.322	1.33322×10^{-3}	13.593	1.3595×10^{-3}	1	1.31570×10^{-3}
标准大气压	101 325	1.01325	1 0332.3	1.03323	760	1

注：英制压力单位采用磅力/英寸^2(lbf/in^2)，1 lbf/in^2 =6894.7 Pa。1 kPa = 10^3 Pa；1 atm = 101.325 kPa；1 atm = 98.0665 kPa(千帕)；1 bar(巴) = 1 000 mbar(毫巴)。

2. 通风中常的国际单位制导出单位

附表 5-2　通风中常用的国际单位制导出单位

量的名称	单位名称	单位符号	其他表示式例
动力粘度	帕[斯卡]秒	Pa·s	$m^{-1}\cdot kg\cdot s^{-1}$
力矩	牛[顿]米	N·m	$m^2\cdot kg\cdot s^{-2}$
热流密度	瓦[特]每平方米	W/m^2	$kg\cdot s^{-3}$
热容、熵	焦[耳]每开[尔文]	J/K	$m^2\cdot kg\cdot s^{-2}\cdot k^{-1}$
比热、比焓	焦[耳]每千克开[尔文]	J/(kg·K)	$m^2\cdot s^{-2}\cdot k^{-1}$
比能、比焓	焦[耳]每千克	J/kg	$m^2\cdot s^{-2}$
导热系数	瓦[特]每米开[尔文]	W(m·K)	$m\cdot kg\cdot s^{-3}\cdot k^{-1}$
能量密度	焦[尔]每立方米	J/m^3	$m^{-1}\cdot kg\cdot s^{-2}$

3. 国际单位与其他单位制换算表

附表 1-3　功、能、热量单位换算表

单位名称	千焦 kJ	千卡 kcal	公斤力·米 kgf·m	千瓦·时(度) kW·h	马力·时 ps·h	英热单位 Btu
千焦	1	0.2388	101.972	2.777×10^{-4}	3.777×10^{-4}	0.9478
千卡	4.1868	1	426.94	1.163×10^{-3}	1.581×10^{-3}	3.9682
公斤力·米	9.807×10^{-3}	2.342×10^{-3}	1	2.724×10^{-6}	3.703×10^{-6}	9.294×10^{-3}
千瓦·时	3 600	860	367 098	1	1.3596	3412.14
马力·时	2 647.8	632.53	270 000	0.7355	1	2 509.63
英热单位	1.055 056	0.2520	107.5862	2.9307×10^{-4}	3.985×10^{-4}	1

功率单位换算：

1 马力≈735.5 瓦 =75 公斤力·米/秒 =0.7355 千焦/秒

1 千瓦 =102 公斤力·米/秒 =1千焦/秒；1 千卡/时 =1.163 瓦

附录六　由风扇湿度计读数查相对湿度

湿球示度/℃	干湿温度计示度差/℃														
	0	0.5	1	1.5	2.0	2.5	3.0	3.5	4.0	4.5	5.0	5.5	6.0	6.5	7.0
	相对湿度 φ/%														
0	100	91	83	75	67	61	54	48	42	37	31	27	22	18	14
1	100	91	83	76	69	62	56	50	44	39	34	30	25	21	17
2	100	92	84	77	70	64	58	52	47	42	37	33	28	24	21
3	100	92	85	78	72	65	60	54	49	44	39	35	31	27	23
4	100	93	86	79	73	67	61	56	51	46	42	37	33	30	26
5	100	93	86	80	74	68	63	57	53	48	44	40	36	32	29
6	100	93	87	81	75	69	64	59	54	50	46	4	38	34	31
7	100	93	87	81	76	70	65	60	56	52	48	44	40	37	33
8	100	94	88	82	76	71	66	62	57	53	49	46	42	39	35
9	100	94	88	82	77	72	68	63	59	55	51	47	44	40	37
10	100	94	88	83	78	73	69	64	60	56	52	49	45	42	39
11	100	94	89	84	79	74	69	65	61	57	54	50	47	44	41
12	100	94	89	84	79	75	70	66	62	59	55	52	48	45	42
13	100	95	90	85	80	76	71	67	63	60	56	53	50	47	44
14	100	95	90	85	81	76	72	68	64	61	57	54	51	48	45
15	100	95	90	85	81	77	73	69	65	62	59	55	52	50	47
16	100	95	90	86	82	78	74	70	66	63	60	57	54	51	48
17	100	95	91	86	82	78	74	71	67	64	61	58	55	52	49
18	100	95	91	87	83	79	75	71	68	65	62	59	56	53	50
19	100	95	91	87	83	79	76	72	69	65	62	59	57	54	51
20	100	96	91	87	83	80	76	73	69	66	63	60	58	55	52
21	100	96	92	88	84	80	77	73	70	67	64	61	58	56	53
22	100	96	92	88	84	81	77	74	71	68	65	62	59	57	54
23	100	96	92	88	84	81	78	74	71	68	65	63	60	58	55
24	100	96	92	88	85	81	78	75	72	69	66	63	61	58	56
25	100	96	92	89	85	82	78	75	72	69	67	64	62	59	57
26	100	96	92	89	85	82	79	76	73	70	67	65	62	60	57
27	100	96	93	89	86	82	79	76	73	71	68	65	63	60	58
28	100	96	93	89	86	83	80	77	74	71	68	66	63	61	59
29	100	96	93	89	86	83	80	77	74	72	69	66	64	62	60
30	100	96	93	90	86	83	80	77	75	72	69	67	65	62	60
31	100	96	93	90	87	84	81	78	75	73	70	68	65	63	61
32	100	97	93	90	87	84	81	78	76	73	71	68	66	63	61

附录七　不同温度下饱和水蒸气分压

（单位：$\times 10^2$ Pa）

℃	0	0.1	0.2	0.3	0.4	0.5	0.6	0.7	0.8	0.9
-4	4.37	4.33	4.29	4.27	4.23	4.20	4.16	4.12	4.08	4.05
-3	4.76	4.72	4.68	4.64	4.60	4.56	4.53	4.49	4.45	4.41
-2	5.17	5.13	5.09	5.05	5.01	4.96	4.92	4.88	4.84	4.80
-1	5.63	5.59	5.53	5.49	5.44	5.40	5.36	5.31	5.27	5.21
-0	6.11	6.05	6.01	5.96	5.92	5.87	5.81	5.77	5.72	5.68
0	6.11	6.16	6.20	6.25	6.29	6.35	6.39	6.44	6.48	6.52
1	6.57	6.63	6.67	6.72	6.76	6.81	6.87	6.91	6.96	7.00
2	7.05	7.13	7.16	7.21	7.27	7.32	7.36	7.41	7.47	7.52
3	7.57	7.63	7.68	7.75	7.80	7.85	7.91	7.96	8.03	8.08
4	8.13	8.19	8.25	8.31	8.37	8.43	8.48	8.55	8.60	8.67
5	8.72	8.79	8.84	8.91	8.97	9.03	9.09	9.16	9.23	9.28
6	9.35	9.41	9.48	9.55	9.61	9.68	9.75	9.81	9.88	9.95
7	10.01	10.08	10.16	10.23	10.29	10.37	10.44	10.51	10.57	10.65
8	10.72	10.80	10.87	10.95	11.03	11.09	11.17	11.25	11.33	11.40
9	11.48	11.56	11.64	11.72	11.80	11.88	11.96	12.04	12.12	12.20
10	12.28	12.36	12.45	12.53	12.61	12.69	12.79	12.87	12.95	13.04
11	13.12	13.21	13.29	13.39	13.48	13.57	13.65	13.75	14.44	13.92
12	14.01	14.11	14.20	14.31	14.40	14.49	14.59	14.68	14.79	14.88
13	14.97	15.08	15.17	15.28	15.37	15.48	15.57	15.68	15.77	15.88
14	15.97	16.08	16.19	16.29	16.40	16.51	16.61	16.72	16.82	16.93
15	17.04	17.14	17.26	17.37	17.48	17.60	17.70	17.81	17.83	18.04
16	18.14	18.26	18.38	18.52	18.64	18.76	18.88	19.00	19.13	19.25
17	19.37	19.49	19.62	19.74	19.88	20.00	20.12	20.25	20.37	20.50
18	20.62	20.76	20.89	21.02	21.16	21.29	21.42	21.56	21.69	21.82
19	21.96	22.10	22.24	22.38	22.52	22.66	22.81	22.94	23.09	23.22

续上表

℃	0	0.1	0.2	0.3	0.4	0.5	0.6	0.7	0.8	0.9
20	23.37	23.52	23.66	23.82	23.97	24.12	24.26	24.41	24.57	24.72
21	24.86	25.02	25.17	25.33	25.49	25.65	25.74	25.96	26.12	26.26
22	26.42	26.60	26.76	26.93	27.09	27.26	27.42	27.60	27.76	27.93
23	28.09	28.26	28.44	28.61	28.78	28.97	29.14	29.32	29.49	29.66
24	29.84	30.02	30.20	30.38	30.57	30.76	30.93	31.12	31.30	31.48
25	31.66	31.86	32.05	32.25	32.44	32.64	32.82	33.02	33.22	33.41
26	33.61	33.81	34.02	34.22	34.42	34.64	34.84	35.04	35.24	35.45
27	35.65	35.86	36.08	36.29	36.50	36.73	36.94	37.16	37.37	37.58
28	37.80	38.02	38.25	38.48	38.70	38.93	39.14	39.37	39.60	39.82
29	40.05	40.29	40.52	40.77	41.01	41.25	41.48	41.72	41.96	42.20
30	42.44	42.69	42.93	43.18	43.44	43.54	43.93	44.18	44.44	44.68
31	44.93	45.20	45.45	45.72	45.98	46.24	46.50	46.77	47.04	47.29
32	47.56	47.84	48.10	48.38	48.65	48.93	49.21	49.48	49.76	50.02
33	50.30	50.59	50.87	51.17	51.45	51.74	52.03	52.33	52.62	52.90
34	53.19	53.50	53.81	54.10	54.41	54.71	55.02	55.33	55.62	55.93
35	56.23	56.55	56.87	57.19	57.51	57.83	58.14	58.46	58.78	59.10
36	59.42	59.75	60.09	60.42	60.75	61.09	61.43	61.77	62.10	62.43
37	62.77	63.11	63.46	63.82	64.17	64.51	64.86	65.07	65.57	65.91
38	66.26	66.63	66.99	67.37	67.73	68.09	68.46	68.82	69.19	69.55
39	69.93	70.31	70.70	71.09	71.47	71.85	72.23	72.62	73.01	73.39
40	73.78	74.18	74.58	74.99	75.39	75.79	76.19	76.59	77.01	77.41
41	77.81	78.23	78.65	79.07	79.49	79.91	80.33	80.75	81.18	81.59
42	82.02	82.46	82.90	83.34	83.78	84.22	84.66	85.10	85.54	85.98
43	86.42	86.88	87.34	87.80	88.27	88.74	88.19	89.66	90.12	90.58
44	91.04	91.52	92.00	92.48	92.96	93.46	93.94	94.42	94.90	95.38
45	95.86	96.36	96.87	97.36	97.87	98.38	98.88	99.39	99.88	100.39

附录八　典型系列矿用风机特性曲线

本附录的 K 系列通风机为单级运转，配有不同转速的 Y 系列电动机。DK 系列通风机为两台风机对旋运转装置。K 系列通风机属非防爆型，适合于金属非金属矿井通风使用。

(1)通风机壳体均采用钢板、型钢焊接成型。叶片型线为机翼型扭曲式玻璃钢叶片或钢制空心叶片。

(2)采用新型节能电动机与工作轮直联传动，提高传动效率、简化了结构，不需“S”型流道，减少安装工程、提高装置效率。

(3)整机体积小、结构紧凑、运行平稳可靠、安装简单、检修方便。不需基础工程，只要将地表铲平放稳就可长期运行。

(4)最高效率点的风压较低。该风机高效范围宽广，叶片安装角可调。

(5)驼峰区较窄，且风压较平缓，喘振现象较微小，噪声较低，增加运行的稳定性。

(6)DK 系列在需风量小，风阻低时对旋风机可采用单机运转。

(7)根据用户需要可配带扩散器，或不带扩散器、带扩散器比不带扩散器效率可提高10%左右。

(8)通风机型号含义表示：

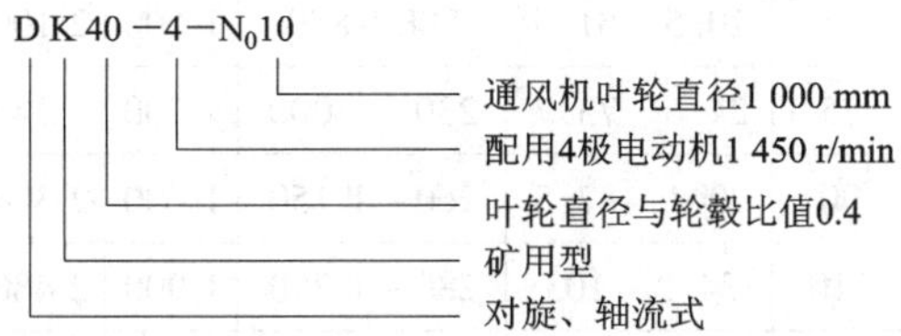

附表 8-1　各系列通风机主要技术性能及参数(主、辅通风机类)

系列	机号	配用电动机型号	功率/kW	风量范围/$m^3\cdot s^{-1}$	风压范围/Pa	外型尺寸					
						D	D_2	h	L	B	b
K35	9	$Y132M_1$—6	4	4.5～11	140～320	900	1 200	620	550	900	370
	11	Y160M—6	7.5	8.5～20	220～480	1 100	1 450	745	650	1 100	420
	13	$Y200L_2$—6	22	14～33	300～680	1 300	1 700	870	830	1 300	550
	15	Y280S—6	45	22～51	410～930	1 500	1 960	1 000	1 050	1 500	700
	17	Y315S—6	75	35～75	520～1 180	1 700	2 240	1 140	1 210	1 700	890

续附表 8-1

系列	机号	配用电动机型号	功率/kW	风量范围/$m^3 \cdot s^{-1}$	风压范围/Pa	外型尺寸					
						D	D_2	h	L	B	b
K40(A)	8	Y132S—4	5.5	4.6~11.6	120~480	800	1 080	560	470	800	330
	9	Y160M—4	11	6.5~16.5	146~608	900	1 200	620	600	900	400
	10	Y160L—4	15	9~22.6	180~750	1 000	1 330	685	670	1 000	470
	11	Y200L—4	30	12~30.1	210~908	1 100	1 450	745	760	1 100	530
	12	Y225M—4	45	15.6~39	250~1 080	1 200	1 580	810	830	1 200	550
	13	Y250M—4	55	19.8~49.6	300~1 270	1 300	1 700	870	900	1 300	630
	14	Y280M—4	90	24.7~62	350~1 470	1 400	1 840	940	1 020	1 400	750
K40(B)	8	Y112M—6	2.2	2.5~7.8	50~220	800	1 080	560	430	800	310
	9	Y132S—6	3	3.7~11.1	70~280	900	1 200	620	490	900	330
	10	$Y132M_2$—6	5.5	5~15	80~350	1 000	1 330	685	550	1 000	390
	11	Y160M—6	7.5	6.7~16.6	90~415	1 100	1 450	745	620	1 100	420
	12	Y180L—6	15	8.6~25.6	110~500	1 200	1 580	810	730	1 200	520
	13	$Y200L_1$—6	18.5	11~32.9	130~580	1 300	1 700	870	800	1 300	550
	14	Y225M—6	30	11.7~41.1	160~670	1 400	1 840	940	850	1 400	570
	15	Y250M—6	37	16.8~50.6	180~770	1 500	1 960	1 000	940	1 500	630
	16	Y280M—6	55	20.5~61.5	200~880	1 600	2 100	1 070	1 075	1 600	800
	17	Y315S—6	75	24.6~73.7	230~1 000	1 700	2 240	1 140	1 160	1 700	890
	18	$Y315M_1$—6	90	29.1~87.5	260~1 150	1 800	2 300	1 200	1 220	1 000	890
	19	$Y315M_2$—6	110	34.3~103	280~1 250	1 900	2 480	1 260	1 250	1 900	890
K45	8	Y132S—6	3	4~8	180~320	800	1 080	560	490	800	330
	10	Y160M—6	7.5	8~16	280~500	1 000	1 330	685	640	1 000	420
	12	$Y200L_1$—6	18.5	15~28	390~720	1 200	1 580	810	815	1 200	550
	14	Y280S—6	45	24~46	590~970	1 400	1 840	940	1 030	1 400	700
	16	Y315S—6	75	37~66	700~1 260	1 600	2 100	1 070	1 190	1 600	890
K54	8	Y132S—4	5.5	2.8~10	75~640	800	1 080	560	470	800	330
	9	Y160M—4	11	4~14.3	90~810	900	1 200	620	600	900	400
	10	Y160L—4	15	5.5~19.6	115~1 000	1 000	1 330	685	670	1 000	470
	11	Y200L—4	30	7.5~26	140~1 210	1 100	1 450	745	760	1 100	530
	12	Y225M—4	45	9.5~34	170~1 440	1 200	1 560	810	830	1 200	550
	13	Y250M—4	55	12~43	195~1 690	300	1 700	870	900	1 300	930

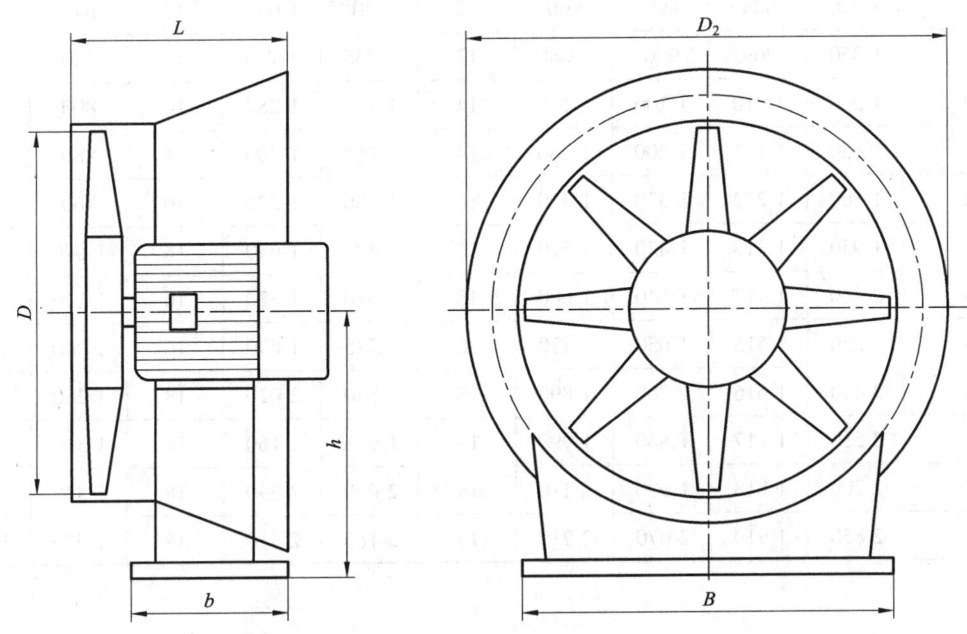

附图 8-1　K 系列通风机示意图

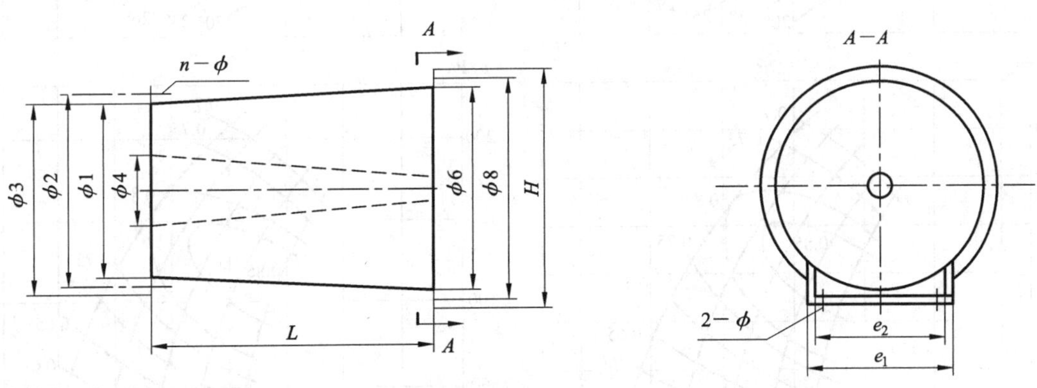

附图 8-2　扩散器结构示意图

附表 8－2　扩散器尺寸参数

机　号	L	ϕ_1	ϕ_2	ϕ_3	ϕ_5	ϕ_6	ϕ_8	ϕ_9	I	I
8	1 200	808	890	960	12	920	1 040	12	640	540
9	1 350	909	990	1 060	12	1 035	1 160	12	720	620
10	1 500	1 010	1 100	1 180	14	1 150	1 280	14	800	660
11	1 650	1 111	1 200	1 280	14	1 265	1 400	14	880	740
12	1 800	1 212	1 320	1 420	16	1 380	1 520	16	960	820
13	1 950	1 313	1 420	1 520	16	1 495	1 640	16	1 040	880
14	2 100	1 414	1 540	1 660	16	1 610	1 770	16	1 120	960
15	2 250	1 515	1 650	1 770	16	1 725	1 890	16	1 200	1 000
16	2 400	1 616	1 760	1 890	18	1 840	2 020	18	1 280	1 080
17	2 550	1 717	1 860	1 990	18	1 955	2 160	18	1 360	1 160
18	2 700	1 818	1 970	2 110	18	2 070	2 290	18	1 440	1 240
19	2 850	1 919	2 070	2 210	18	2 185	2 410	18	1 520	1 320

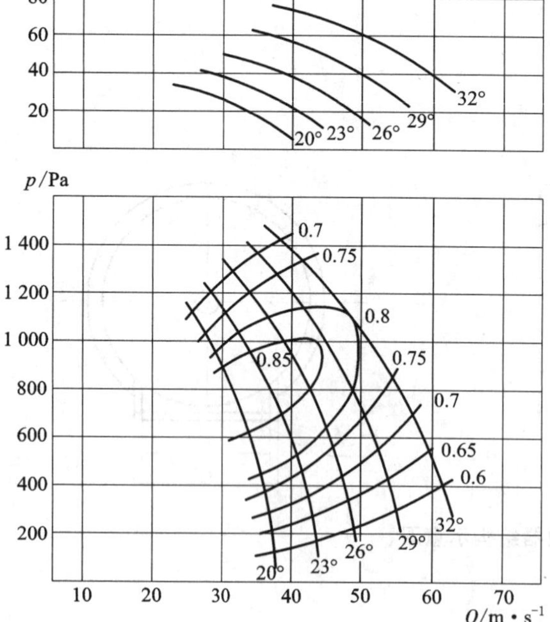

附图 8－3　K40－4－No. 14 风机性能曲线

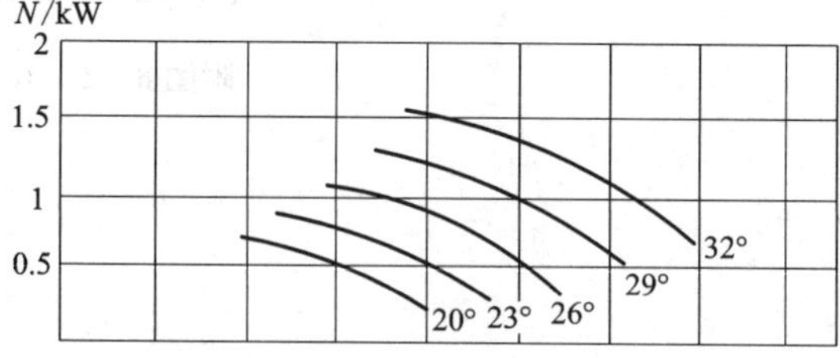

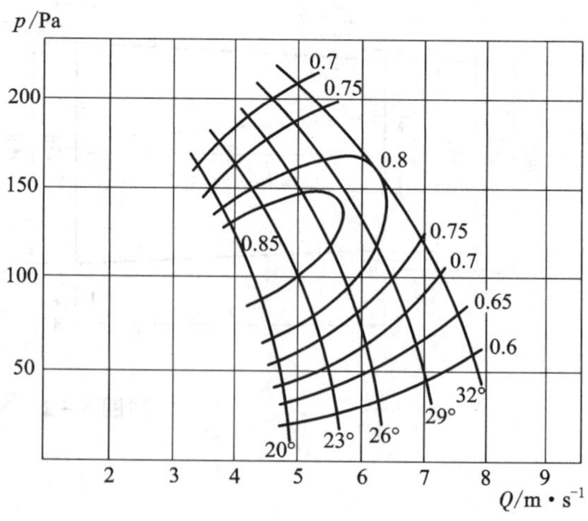

附图 8－4　K40－6－No. 8 风机性能曲线

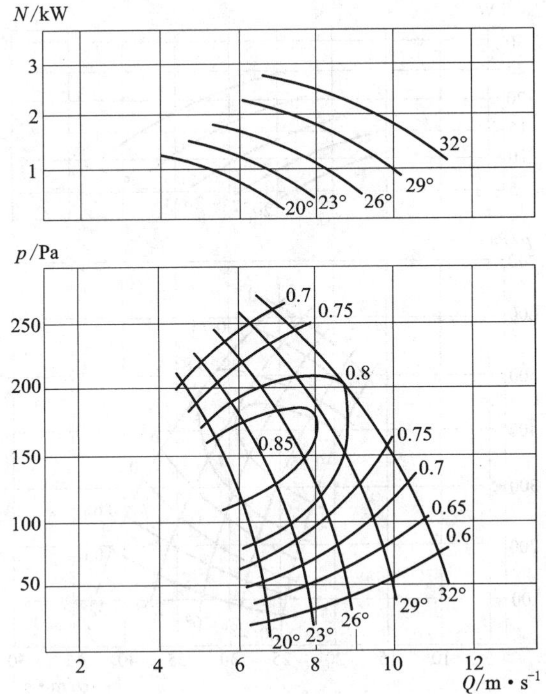

附图 8－5　K40－6－No.9 风机性能曲线

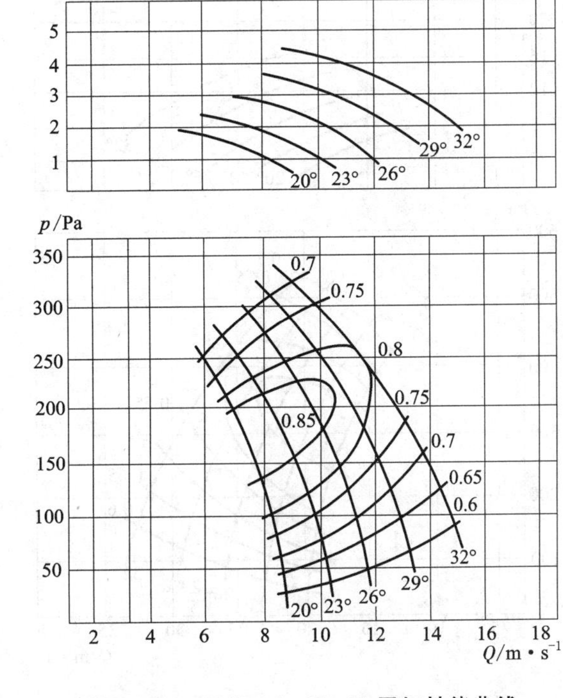

附图 8－6　K40－6－No.10 风机性能曲线

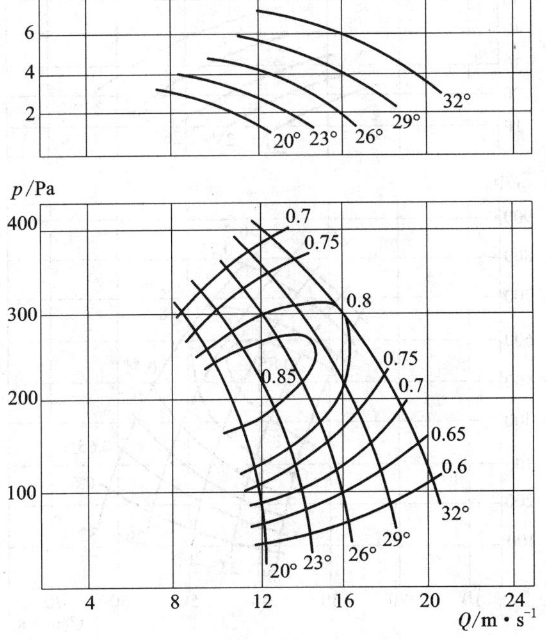

附图 8－7　K40－6－No.11 风机性能曲线

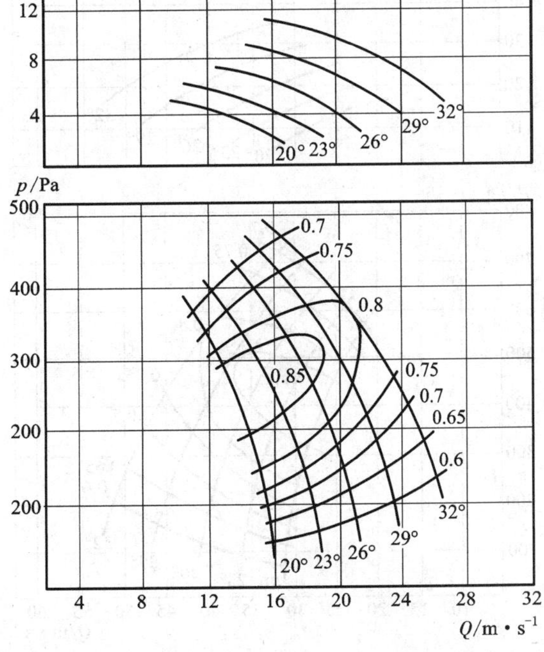

附图 8－8　K40－6－No.12 风机性能曲线

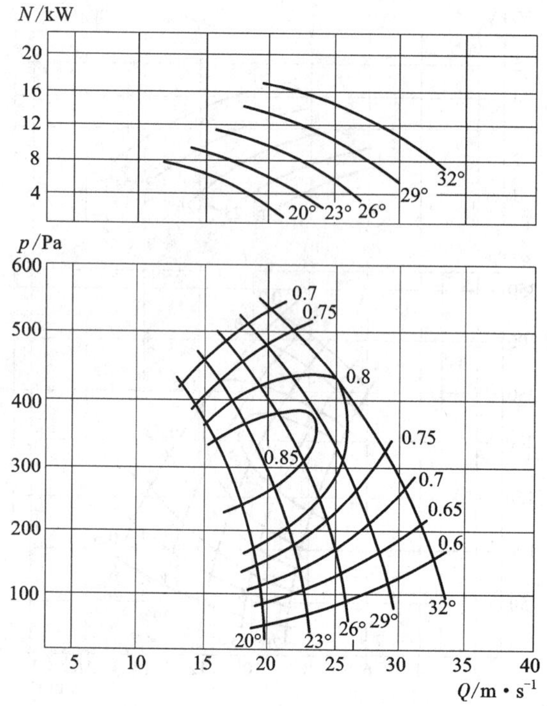

附图8-9 K40-6-No.13风机性能曲线

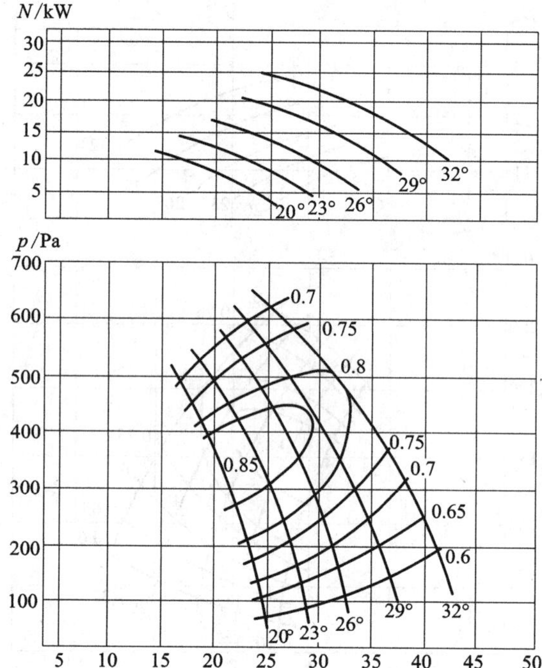

附图8-10 K40-6-No.14风机性能曲线

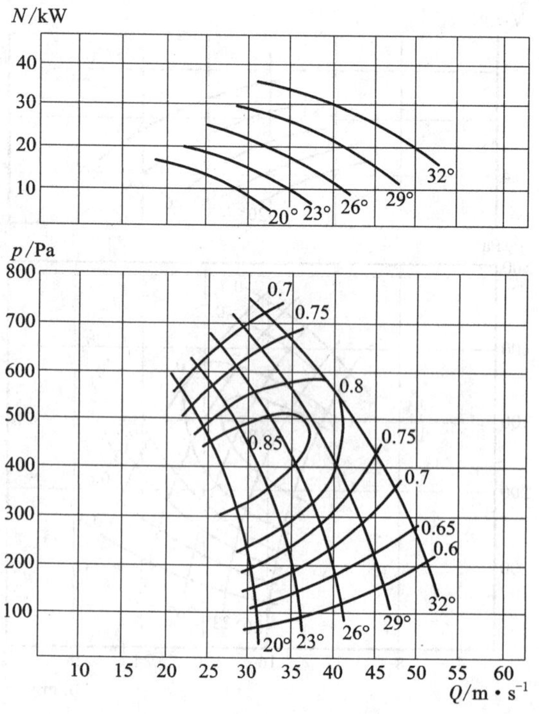

附图8-11 K40-6-No.15风机性能曲线

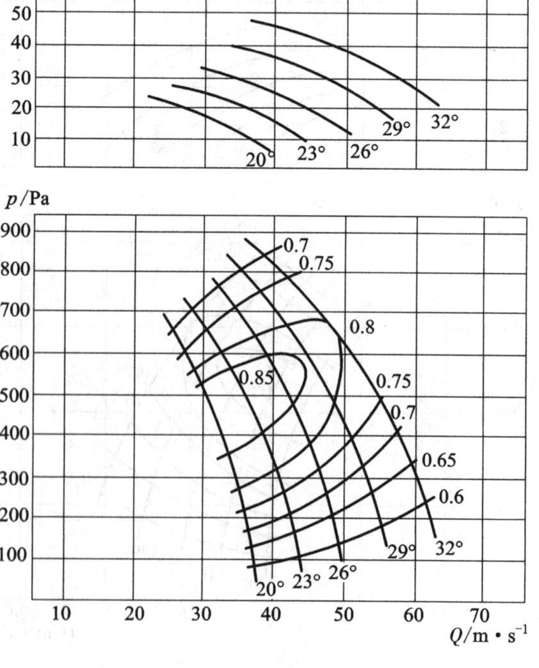

附图8-12 K40-6-No.16风机性能曲线

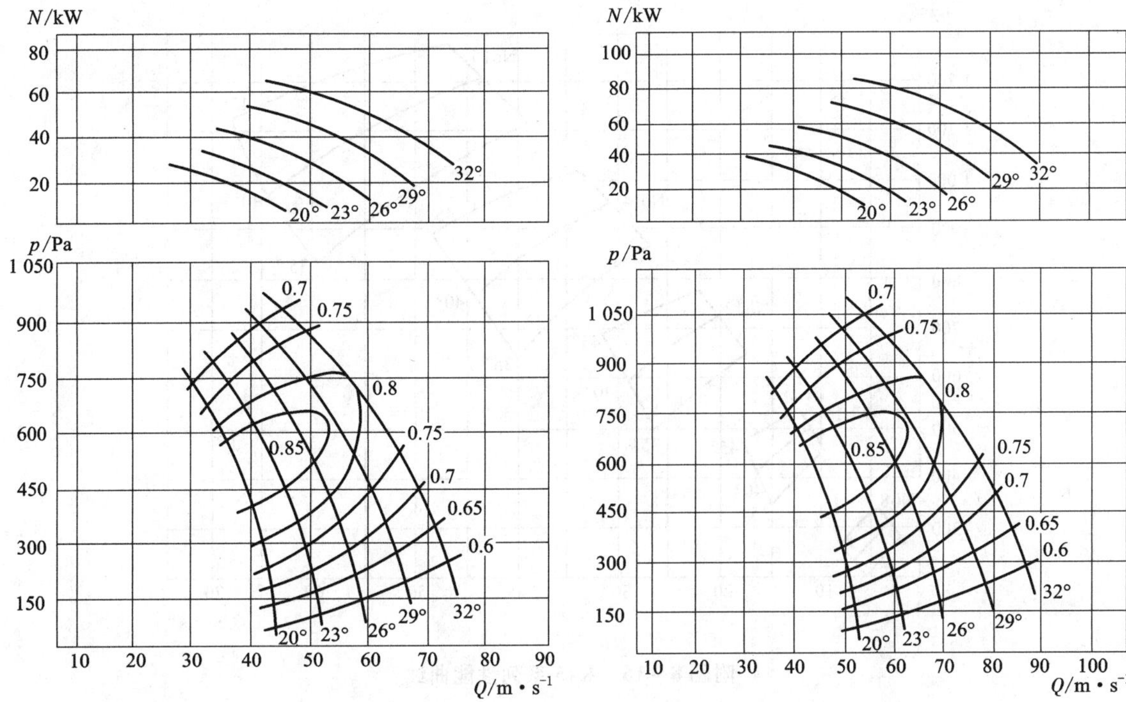

附图 8－13　K40－6－No. 17 风机性能曲线

附图 8－14　K40－6－No. 18 风机性能曲线

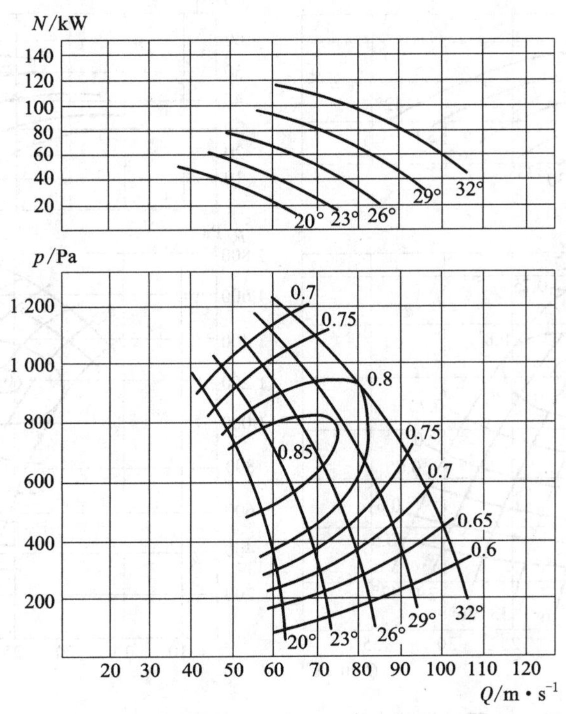

附图 8－15　K40－6－No. 19 风机性能曲线

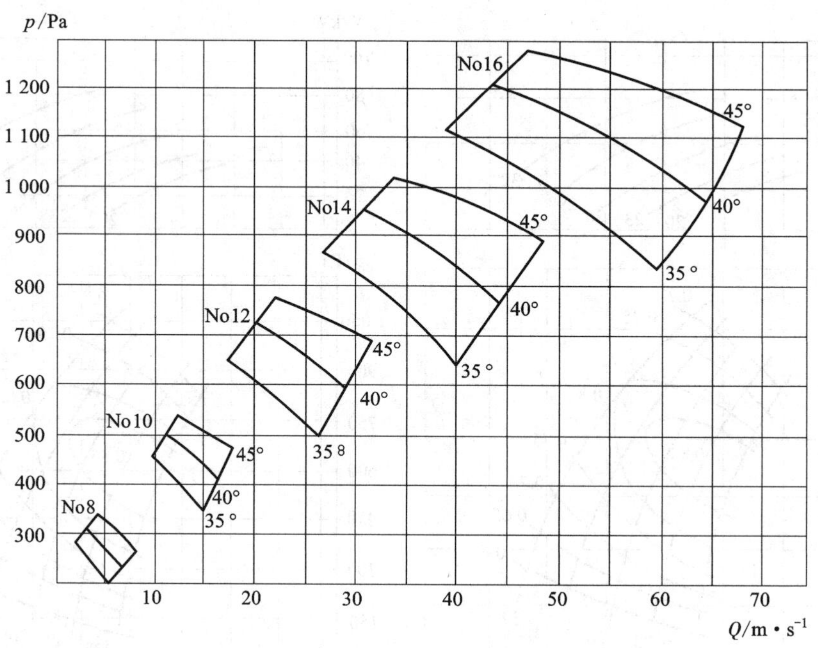

附图 8－16　K45 系列性能曲线

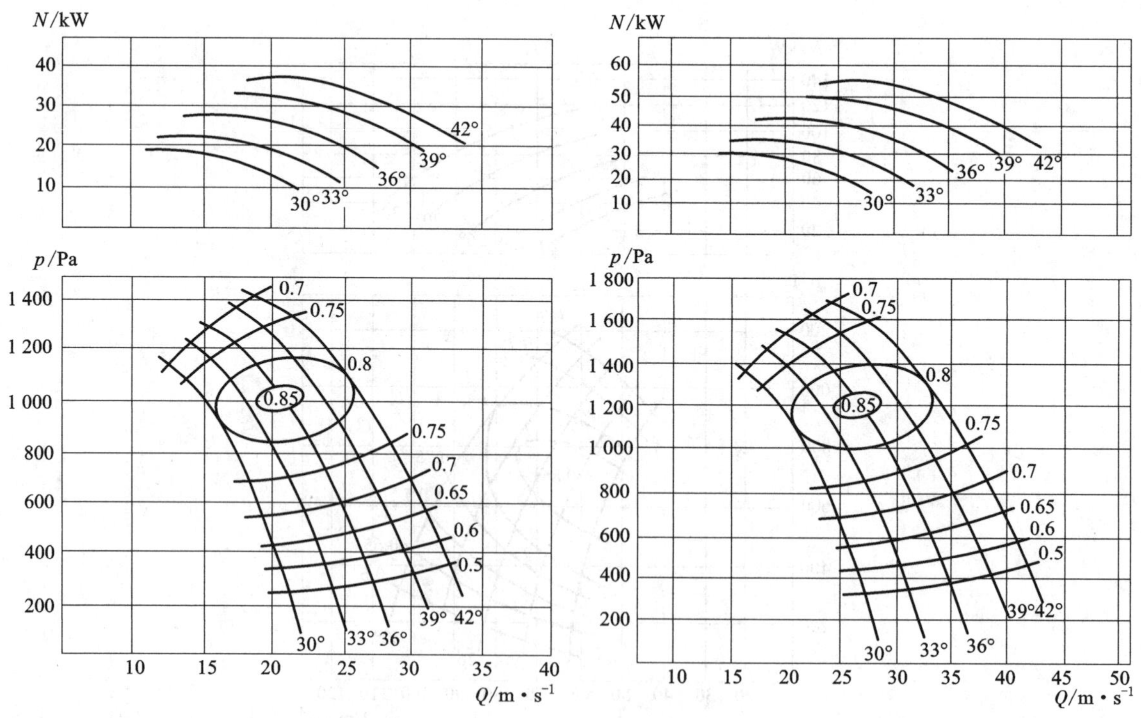

附图 8－17　K54－4－No. 12 风机性能曲线

附图 8－18　K54－4－No. 13 风机性能曲线

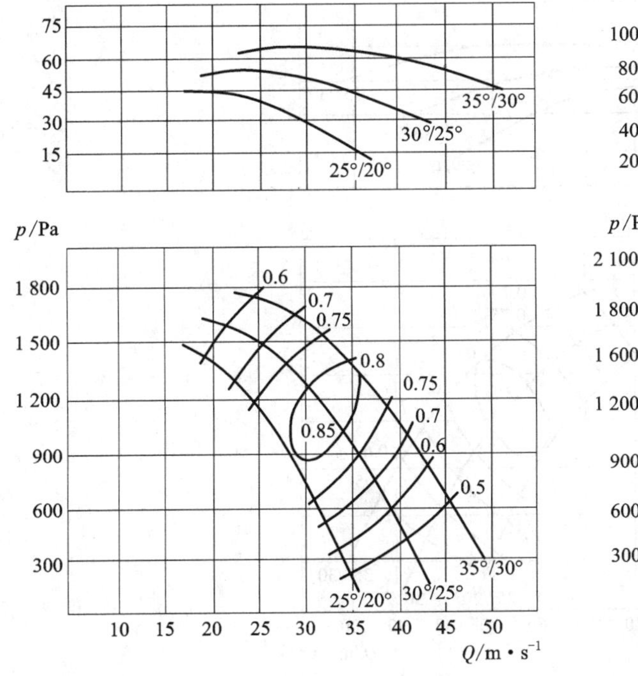

附图 8 – 19　DK40 – 6 – No. 15 风机性能曲线

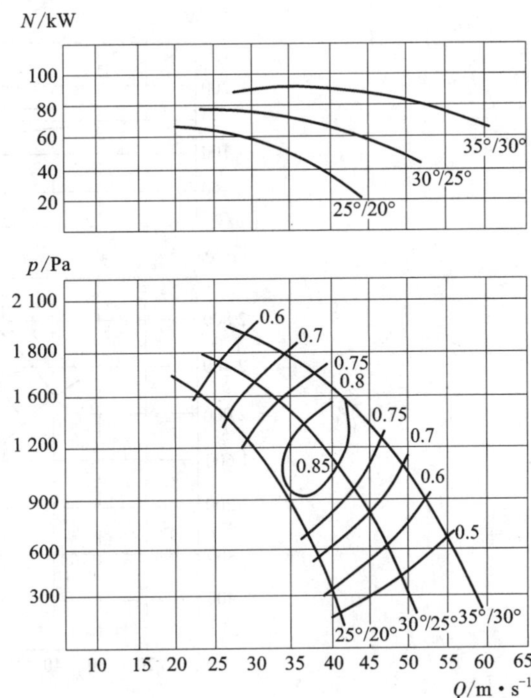

附图 8 – 20　DK40 – 6 – No. 16 风机性能曲线

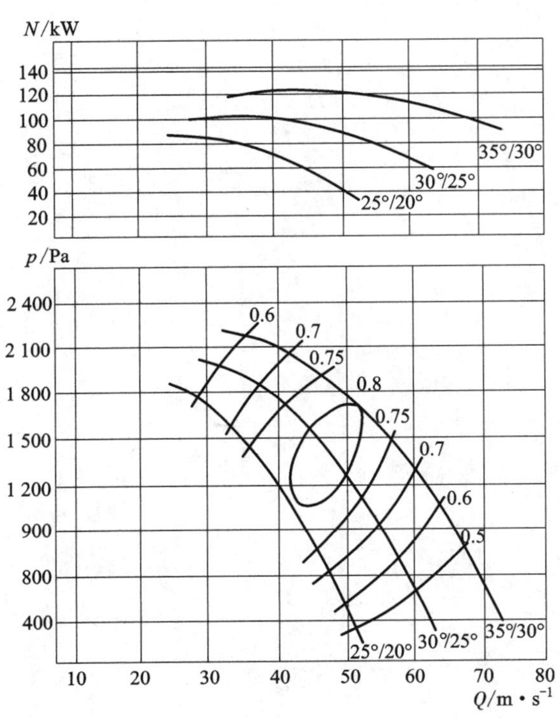

附图 8 – 21　DK40 – 6 – No. 17 风机性能曲线

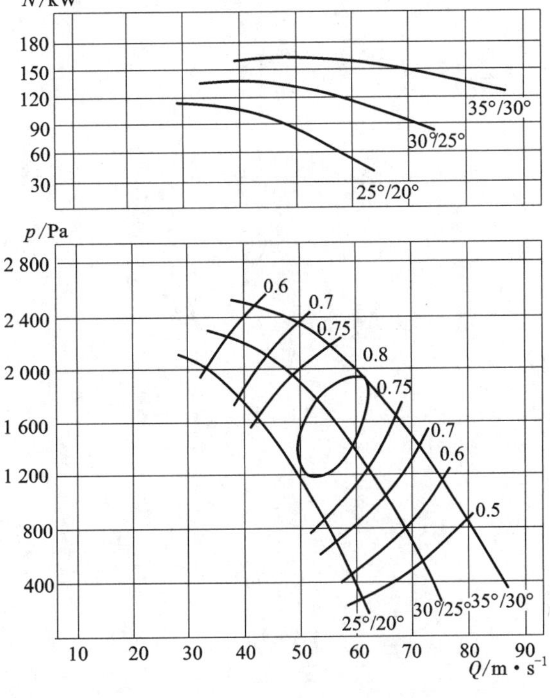

附图 8 – 22　DK40 – 6 – No. 18 风机性能曲线

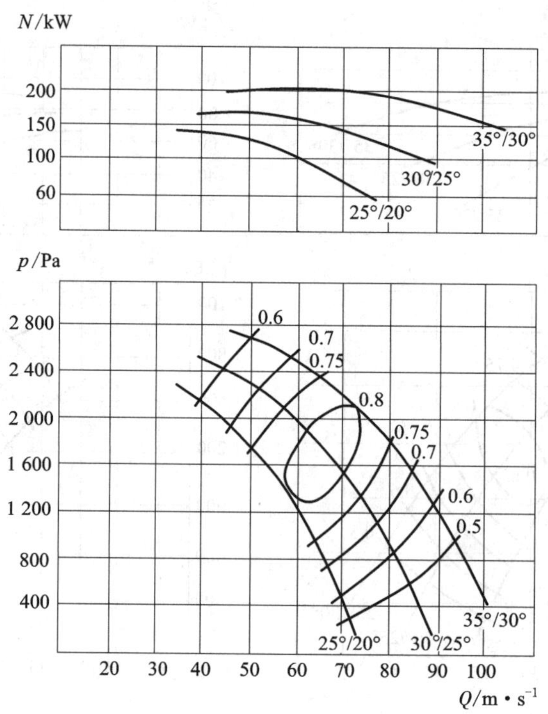

附图 8－23　DK40－6－No.19 风机性能曲线

附录九　常用矿井通风与空气调节英语词汇

为了便于同学们阅读一些矿井通风与空调方面的英文参考资料和为以后撰写英文论文发表，本附录给出了一些常见的矿井通风与空调英文词汇。

Abandoned workings 废弃坑道
Absolute pressure 绝对压力
Acceptable accuracy 允许精度
Active regulation 主动调节(增压调节)
Actual characteristic curves 实际特征曲线
Adiabatic and isentropic processes 等熵线绝热的过程
Adiabatic saturation process 绝热饱和过程
Aerofoils 风板
Aerosol particles 气溶胶粒子
Air crossings 风桥
Air mover 鼓风机
Air power 空气动力
Air pressure management 风压管理
Air quantity survey 空气质量调查
Air regulators 风窗
Airborne pollutants 空气污染物
Airflow measurements 风流测定
Airflow reversal 反向风流
Airlock 气闸
Airlocks 风门
Airway resistance curve 风路阻力曲线
Alpha, beta and gamma radiation 阿尔法、贝塔和伽玛辐射
Altimeters 高度计
Angular velocity 角速度
Asbestos 石棉
Atkinson equation 阿特金森方程式
Atmospheric conditions 大气状态
Atmospheric pressure 大气压力
Auxiliary ventilation 辅助通风
Axial fan 轴流风机
Axial impeller 轴向式叶轮
Backfill material 充填材料
Barometers 气压计
Barometric pressure at inlet 入口气压
Becquerel (Bq)贝克勒尔
Bernoulli's equation for ideal fluids 理想流体伯努力方程
Biot number 比奥数
Blackdamp 窒息气体
Blast fume 炮烟
Booster fans 局扇
Boreholes 钻孔
Branch resistance 分支阻力
Branch tree 分支树
Brattice curtain 风帘
Brattices 风帘
Bronchioles 细支气管
Brownian motion 布朗运动
Buoyancy (natural draft) effect 浮力作用
Burying the fire 掩埋火源
Cage and skip 罐笼和箕斗
Carbon dioxide produced 生成二氧化碳
Carbon dioxide 二氧化碳
Carbon monoxide 一氧化碳
Carcinogenic (cancer causing) dusts 致癌粉尘
Carnot cycle 卡诺循环
Centrifugal fan 离心风机
Centrifugal impeller 离心叶轮
Chemical absorption 化学吸收
Chézy - Darcy equation 谢兹 - 达西方程
Chilled water spray chamber 冷却液体喷雾室
Choke effect 瓶颈效应
Circular airway 循环风路
Closed loop 闭环
Closed path 回路
Coal workers' pneumoconiosis (CWP)煤工尘肺病
Coefficient of drag 阻力系数
Coefficient of dynamic viscosity 动力粘度系数
Coefficient of friction 摩擦系数
Compressed air - assisted sprays 压气助喷雾
Compressible flow 可压缩流
Computational fluid dynamics 计算流体力学
Condenser cooling tower 凝汽器降热塔
Condenser 冷凝器
Consolidation 固结

Contaminants 污染物
Continuity equation 连续方程
Controlled partial recirculation 受控开路循环通风
Controlled recirculation in headings 掘进面受控循环通风
Convected energy 扩散能
Convective heat transfer 对流换热
Conveyance 运输工具
Copper orebody 铜矿体
Cross section of a duct or airway 管道或风路断面
Curie, Ci 居里
Cylindrical cyclone 重力旋流器
Dealing with a spontaneous heating 处理自热
Degrees Celsius 摄氏度
Degrees Kelvin 绝对温度
Density of gases 气体密度
Desorption kinetics 解吸动力学
Dew point hygrometers 露点毛发湿度计
Diaphragm gauge 隔膜片仪表
Diesel emissions 柴油机排放物
Diesel exhaust fume 柴油机尾气
Diesel particulate matter 柴油机颗粒物质
Differential pressure instruments 微压差计
Dimensionless 无量刚
Disaster management 灾害管理
District systems 分区通风系统
Dose rates 剂量率
Downcast shaft 入风井
Droplet diameter 雾滴直径
Duct system 风管系统
Dust suppression 降尘
Dynamic behavior of molecules 分子运动特征
Electrochemical methods 电化学方法
Electrostatic precipitators 电除尘器
Emanation of radon 氡的辐射
Empirical method 经验方法
Energy recovery device 能量回收装置
Enthalpy of moist air 潮湿空气的焓
Enthalpy 焓
Entry and exit losses 入口和出口阻力损失
Environmental engineering 环境工程
Equivalent length 当量长度
Equivalent resistance 等效风阻
Equivalent resistance 等效阻力
Equivalent sand grain roughness 相当砂粒粗糙度
Escape way 逃生通道；安全通道
Euler's equation 欧拉方程
Evaporator 蒸发器
Excavating the fire 挖掘火源
Exhausting air 抽出空气
Exhausting system 抽出式通风系统
Explosive dusts 爆炸粉尘
Explosives 炸药
Fan characteristic curve 风机特征曲线
Fan maintenance 风机维护
Fan performance 风机性能
Fan static pressure 风机静压
Fan total pressure 风机全压
Fan velocity pressure 风机速度压
Fibrogenic dusts 矿渣粉尘
Filament and catalytic oxidation (pellistor) detectors 丝状催化氧化探测器
Fire triangle 火三角
Firedamp 甲烷
Firefighting with water 以水灭火
First law of thermodynamics 热力学第一定律
Fixed point measurement 固定点测量
Fixed quantity branch 固定风量分支
Flame safety lamps 灯具安全火焰
Flexible tubing 柔性风筒
Flooded orifice scrubber 水淹孔洗涤器
Flooding and sealing off 溢出和密封作用
Flow work 流动功
Fluid mechanics 流体力学
Fluid pressure 流体压力
Fog 雾
Fogged air 雾气
Forcing air 压入空气
Forcing or blowing system 压入式通风系统
Fourier number 傅里叶数
Fragmented rock 破碎岩石
Free crystalline silica (quartz, sand stones, flint)游离硅晶体
Friction factor 摩擦系数
Frictional flow 摩擦流动
Frictional losses 摩擦损失
Frictional pressure drop 摩擦压降
Frictional resistance 摩擦阻力
Frictionless manner 无摩擦状态
Gas adsorbents 气体吸收剂
Gas chromatography 气相色谱
Gas constants 气体常数

Gas drainage 瓦斯抽放
Gas laws 气体定律
Geothermic gradient 地热梯度
Gob drainage 采空区抽放气体
Grab samples 样品收集
Gravitational field 重力场
Gravitational settlement of particles 引力沉降颗粒
Gravitational settlement 重力沉降
Hair hygrometers 毛发湿度计
Hardy – Cross technique 哈代克劳斯技术
Haulage airways 运输风路
Haulage level 运输平巷
Heat capacity 热容
Heat cramps 中暑痉挛
Heat diffusivity 热扩散系数
Heat exchanger 换热器
Heat exchange 换热
Heat exhaustion 热量消耗
Heat fainting 热昏厥
Heat flux 热通量
Heat illness 中暑
Heat rash 热疹
Heat stroke 中暑
Heat tolerance 耐热性
Heat transfer coefficient 传热系数
High expansion foam 高倍数泡沫
High pressure tapping 高压测压孔
Hoisting shaft 提升竖井
Hot wire anemometer 热线风速仪
Hydraulic radius 水力半径
Hydrogen sulfide 硫化氢气
Hydrolift system 水力提升系统
Hydropower 水电
Ice system 冷却系统
Ideal gas 理想空气
Ideal isothermal compression 理想恒温压缩
Immediate response 应急反应
Induction 感应
Industrial Hygienists 工业卫生学家
Inhalation rate 吸入速度
Initiation of explosions 引发爆炸
Injection of inert gases 注射惰性气体
Inlet and outlet ducts 入口和出口管
In – situ measurement 现场测量
Intake airway 进风风路
Interception and electrostatic precipitation 截留和静电沉淀
Interference factor 干扰因素
Interferometers 干涉计
Internal Energy 内能
Ionization smoke detectors 离子感烟探测器
Iron pyrites 黄铁矿
Jet fan 射流风机
Junction 节点
Kata thermometer 卡它计
Kinetic energy 动能
Kirchhoff's Laws 基尔霍夫定律
Laminar and turbulent flow 层流和紊流
Laminar resistance 层流阻力
Laminar sublayer 层流次边界层
Laser spectroscopy 激光光谱学
Latent (or hidden) heat of the air 空气的潜热
Layout of mine 矿井布置
Leakage control 漏风控制
Legislation 法规
Level workings 阶段工作面
Loading station 装运站
Longitudinal fittings 纵向装备
Longwall 长壁开采法
Machine mounted gas monitors 悬挂式气体检测器
Main fans 主扇
Main haulage route 主运输道
Main return 主(总)回风道
Manometers 压差计
Mass flow 质量流量
Mass spectrometers 质谱仪
Mean free path 平均自由程
Mean velocity of air 平均风速
Mesh selection 网孔选择
Mesh 网
Metabolic heat balance 代谢热量平衡
Metabolic heat 代谢热
Metal mine fires 金属矿井火灾
Meteorology 气象
Methane drainage 瓦斯排放
Methane 甲烷
Method of mining 采矿方法
Mine climate 矿井气候
Mine resistance 矿井阻力
Mine ventilation 矿井通风
Mist eliminator 除雾器

Mist 雾
Moisture content (specific humidity) of air 空气的含湿量
Momentum 动量
Monitoring systems 监测系统
Moving traverses 运动线路
Natural ventilating effect 自然通风影响
Natural ventilation 自然通风
Neutral skin temperature 中性表皮温度
Nikuradse's curves 尼库拉则曲线
Nondispersive infra – red gas analyzer 非分散红外线气体分析仪
Nuisance dusts 粉尘污染
Numerical method 数值方法
Nusselt number 努塞尔数
Old workings 老工作面
One standard atmosphere 一个标准大气压
Open and concealed fires 明火和隐蔽火灾
Ore pass 放矿溜井
Ore production 矿石生产
Orebody deposit 矿体
Outbursts from roof and floor 顶板和底板瓦斯突出
Overlap systems of auxiliary ventilation 混合式局部通风
Oxides of nitrogen 氧化氮
Oxygen Consumption 耗氧量
Parallel network or circuit 并联网络或回路
Paramagnetic analyzer 顺磁分析仪
Passive regulator 可调风窗
Pellistor methanometers 瓦斯检定器
Peripheral velocity 圆周速度
Permanent environmental monitors 持久环境监控
Permeability 渗透率
Personal dosemeters 个人剂量计
Personal respirators 个体呼吸器
Phases of oxidation 氧化反应阶段
Photometric (light – scattering) methods 分光光度
Physical adsorption 物理吸附
Physical thermodynamics 物理热力学
Pick face flushing and jet – assisted cutting 锯齿面冲洗与喷气助推器切割
Piezoelectric instruments 压电仪器
Pitot – static tube 皮托静压管
Polyvinyl chloride (PVC) 聚氯乙烯
Potential energy 势能
Prandtl number 普兰特尔数
Precautions against spontaneous combustion 自燃预防
Pressure energy 压能
Pressure head 压头
Pressure surveys 压力调查
Pressure transducers 压力传感器
Pressure – volume surveys 压力容积测量
Profilometer 轮廓仪
Psychrometric chart 温湿图
Psychrometric measurements 干湿度测量
Push – pull system 压 – 抽混合式通风系统
Radial velocity 径向速度
Radiation 辐射
Radiative heat transfer 辐射传热
Radioactive decay and half – life 放射衰变和半衰期
Radon daughters 氡子体
Radon decay constant 氡的衰变常数
Radon, Rn 氡气
Ramp 斜坡道
Rates of heat production 生产率
Rates of oxygen consumption 氧气消耗率
Refrigerant fluid 制冷液
Refrigeration cycle 制冷循环
Refrigeration systems 制冷系统
Refuge chambers 避难洞室
Regulator 调节器
Relative humidity and percentage humidity 相对湿度和湿度率
Removal of dust from air 气体除尘
Re – opening a sealed area 重开封闭区
Respirable dust 呼吸性粉尘
Respiratory system 呼吸系统
Return airway 回风巷
Reynolds Number 雷诺数
Room and pillar 房柱式
Rotating vane anemometer 旋转叶片风速表
Rough pipes 粗管
Roughness 粗糙度
Safety and Health 安全卫生
Saturation vapor pressure 饱和蒸汽压
Sealants 密封剂
Seals 密闭
Second law of thermodynamics 热力学第二定律
Self – heating temperature (SHT) 自热温度
Self – rescuers 自救器
Sensible heat of the air 空气的显热
Series network or circuit 串连网络或回路
Shaft fittings 井筒装备

Shaft wall 井壁
Shear stress 剪切应力
Shock loss factor 冲击损耗系数
Shock losses 冲击损失
Short – Term Exposure Limit (STEL)短时间接触阈限值
SI system of units 国际标准单位体系
Sigma heat 西格玛热
Smoke tube 烟筒
Smoking and flame safety lamps 烟火安全灯
Smooth concrete lined 光滑混凝土内衬
Specific heat (thermal capacity)比热容
Specific heats 比热
Spontaneous combustion of sulfide ores 硫化矿自燃
Spontaneous combustion 自燃
Spontaneous heating 自热
Spot cooler 现场冷却器
Spray fan 喷雾风机
Steady flow energy equation 稳流能量方程
Steady flow physical thermodynamics 稳流物理热力学
Steady – flow thermodynamics 稳定流热力学
Stokes' diameter 斯托克斯粒径
Stoping areas 回采区
Stoppings 密闭
Subsurface openings 地下空间
Subsurface ventilation 地下通风
Sulfide dust explosions 硫化矿粉尘爆炸
Sulfur dioxide 二氧化硫
Sulfuric acid vapor 硫酸雾
Swinging vane anemometer 摆动叶片风速表
Tangential velocity at outlet 出口切向速度
Temperature – entropy diagram 温熵图
Temporary stopping 暂时停止
Terminal velocities 自由沉降速度
The square law 平方定律
Thermal conductivity of insulation 绝缘导电温度
Thermal conductivity 导热系数
Thermal equilibrium 热平衡
Thermodynamic state 热力学状态
Thermoluminescent dosemeters (TLD)热释光剂量计
Thermoregulation 体温调节
Threshold limit values (TLV)阈限值
Through – flow ventilation 贯穿通风
Time – Weighted Average (TWA)时间加权平均
Total energy balance 总能量守恒
Total shaft resistance 井筒总阻力
Tube bundle systems 管束系统
Turbulent resistance 紊流阻力
U tube manometers U 形压差计
U tube U 形管
Uncontrolled recirculation 无控循环通风
Underground ventilation system 地下通风系统
Unloading station 卸载站
Upcast shaft 出风井
Uranium mines 铀矿
Vasodilation 血管舒张
Velocity contour 等流速线
Velocity limit 速度限值
Velocity pressures 动压
Velometer 速度计
Ventilation circuit 通风回路
Ventilation door 风门
Ventilation engineers 通风工程师
Ventilation network analysis 通风网络分析
Ventilation planning 通风设计
Ventilation raise 通风天井
Ventilation survey team 通风测量术语
Ventilation survey 通风测量
Venturi scrubber 文丘里洗涤器
Vertex 顶点
Viscosity 粘度
Viscous drag 粘性阻力
Volume flow 体积流量
Volumetric efficiency 容积效率
Vortex – shedding anemometer 漩涡式风速表
Water gauge pressure 水柱压力
Water infusion 注水(水封孔)
Water mass flowrate 水质量流量
Water vapor content 水蒸气含量
Wet and dry bulb hygrometers (psychrometers)干湿球温度表
Wet bulb thermometer 湿球温度计
Wet Kata thermometer 湿球卡它温度表
Wet scrubbers 湿式除尘器
Wetting agents 润湿剂
Worked – out area 采空区
Working face 工作面
Working level month, WLM 工作水平月
Working Level 开采水平
Zinc blende 闪锌矿

附录十　多功能矿井通风网络分析软件源程序

本附录程序是矿井通风网络分析的核心(中间)部分，它可以独立运行和达到矿井通风网络分析的目的。如果有兴趣的同学，可以开发出与之配套的前后处理部分，使程序具有可视化的功能。该程序由 FORTRAN 语言编写，可以在 FROTRAN 90 平台上编译和运行。该程序适用于不可压缩通风网络分析，解算方法采用 Hardy Cross 原理。程序不同于其他程序的地方是可以考虑每条边的漏风问题，其漏风可以是正的也可以是负的。该程序的主要功能如下：

- 可以计算每条边的风量、压力、风阻、出入口的漏风、调节风阻、辅扇压力、主扇压力、矿井总漏风量等。
- 可以计算矩型和圆型断面风路的风阻，其他形状断面的风路需要直接用风阻值输入。
- 可以模拟风机曲线。
- 可以考虑自然通风压力、固定风量的边、漏风、局部阻力损失等。
- 可以自动检查输入数据和给出有关错误的信息。
- 可以做输入数据的前处理。

程序计算的主要原理如下：

- 网孔压力平衡迭代计算采用 Hardy - Cross 法。
- 模拟风机性能曲线采用两点直线插入法。
- 确定基本回路时采用图论的最小树法。
- 有关风阻的计算参考本教材有关章节内容。

程序设定的网络边树为 350，节点数 200，网孔数 151，固定压力源 350，主扇类型 5 种(但一种风机可以使用多台)。如果上述数量不够，使用者可以任意增大定义的数据矩阵。

程序中使用的变量定义如下：

- A/B/C——通常表示一条边的入口、中间和出口处；
- BRANCH——风路的编号数，为整数；
- CLFA/CLFB——在一条边 A 或 B 点的漏风系数，正数表示漏入，负数表示漏出；
- DA——矩型断面风路的宽度或圆型风路的直径；
- DB——矩型风路断面的高度；
- DHM——任意节点压头损失未平衡值；
- DQJ——任意节点风量未平衡值；
- DQM——任意回路的风量调节值；
- EPSQ——希望的风量解算精度，如果没有给定则 EPSQ = 0.005；
- FIX——固定风量的边的符号；
- FRCF——风路的摩擦阻力系数；
- H——风机压力；
- HA——一条边入口局部阻力损失；
- HB——一条边出口局部阻力损失；
- HC——一条边的摩擦阻力损失；
- HCP——自然通风压力，正表示其作用从 JA 到 JB，负则相反；

- HJB——一条边出口的压头损失；
- HSUM——一条边压头损失的和，HSUM = HA + HB + HC，但不含 H 和 HCP；
- HY(J, I)——对应 QX(J, I)点的风机压力；
- IFAN——风机的识别符号；
- IPOS——风机的位置识别符号；
- IR——风阻类型识别符号；
- ITRH——一个网孔压力平衡的最大迭代次数；
- JA/JB——一条边的入口和出口编号；
- LENG——风路长度；
- NB——网络的边的总数；
- NBFAN——含有风机的边数；
- NBFIXQ——风机的曲线数；
- NFRIC——由已知每米风路风阻计算风路摩擦风阻的边数；
- NJ——网络的节点总数；
- NJSUM——计算机设定的网络分析节点总数；
- NM——网孔总数；
- NPB——一条边有并联风路的识别数；
- NPF——一条风机曲线的点数，最大限 16 点；
- QA/QB/QC——一条边入口、出口和中间的风量；
- QX(J, I)——对应风机压力 HY(J, I)点的风量；
- RA/RB/RC——一条风路入口和出口的局部风阻和摩擦风阻；
- RES——每米风路的摩擦风阻；
- SHAPE——风路的风阻计算的形状符号；
- TITLE——标题，最大可以 40 个字符；
- DSCRP——规格描述，最大可以 20 个字符；
- TLKG——网络漏风总量；
- VLFA/VLFB——一条边的漏风计算变量，QC = (1 + VLFA) QA + CLFA，QB = (1 + VLFB) QC + CLFB。

程序运行时数据输入的如下：

'TITLE', NB, NJ, NFNCV, NFRIC, ITRH, ITRQ, EPSQ, NPF(I), 'DSCRP', QX(J, I), HY(J, I), FRCF, DA, DB, 'SHAPE', 'DSCRP', JA(I), JB(I), NPB(I), IPOS(I), IFAN(I), IR, LENG, RC(I), RA(I), RB(I), HCP(I), QA(I), 'FIX', VLFA(I), CLFA(I), VLFB(I), CLFB(I), 等。

程序运行时数据输出结果如下：

NB, NJ, NM, NFNCV, NFRIC, ITRH, ITRQ, EPSQ;

IR, FRCF, DA, DB, SHAPE, DESCRIPTION;

BRANCH, JA, JB, NPB, IFAN, IR, LENG, RC *, RA *, RB *, HCP, QA, VLFA, CLFA, VLFB, CLFB;

BRANCH, JA, JB, RC, RA, RB, QC, QA, QB, HC, HA, HB, HSUM, HCP, HJB, H (FAN OR REG.);

等等。

```
C          * * * * * * * * * * * * * * * * * * * * * * * * * * * * * * * * * * * *
C          * * * * * * * * * * * * * * * * * * * * * * * * * * * * * * * * * * * *
C          * * * * * A PROGRAM FOR MINE VENTILATION NETWORK ANALYSIS * * * * *
C          * * * * * * * * * * * * * * * * * * * * * * * * * * * * * * * * * * * *
C          * * * * * * * * * * * * * * * * * * * * * * * * * * * * * * * * * * * *
C
```

```
      LOGICAL ZFIXQ, ZC, ZJ, ZER, ZJZERO, ZMESH, ZZ
      INTEGER A, B
      REAL HJB(999), LENG
      DIMENSION RES(99), HCP(350), NBJ(999), NPB(350),
     1 HSUM(350), ZJ(999), HA(350), HB(350), HC(350)
      COMMON/QJ/EPSQ, QA(350), QB(350), QC(350), VLFA(350),
     1 VLFB(350), CLFA(350), CLFB(350), SFQ(200),
     2 DQJ, ITRQ, NJ, A(1200), MA(200)
      COMMON/MSH/NB, NM, NBFIXQ, NBFAN, JA(350), JB(350), JJ(200),
     1 IFAN(350), B(2000), MB(150), ZFIXQ(350), ZC(350)
      COMMON/CRV/QX(16, 5), HY(16, 5), SLP(16, 5), DHF, NPF(5)
      COMMON/HMS/HCPM(150), RA(350), RB(350), RC(350), DQM, DHM,
     1 ITRH, N1, NBFFQ, IPOS(350)
      CHARACTER * 18 FIX
      CHARACTER * 15 SHAPE
      CHARACTER * 32 DSCRP
      CHARACTER BLANK * 6
      CHARACTER AFIX * 6
      CHARACTER C * 6
      CHARACTER * 52 TITLE
      DATA BLANK/' N '/
      DATA AFIX/' FIX '/
      DATA C/' C '/
      DATA MAXNB, MAXNJ, MAXFCV, MAXFRC, MAXNM, MAXNPF, MAXA, MAXB
      1/350, 200, 5, 99, 150, 16, 1200, 2000/
C
      OPEN (5, FILE = 'DIN', STATUS = 'OLD')
      OPEN (6, FILE = 'DOUT', STATUS = 'NEW')
C
C - - - - - READ DATA AND CHECK ERRORS
C
C - - - - - TITLE
C
      READ(5, * )TITLE
C - - - - - NETWORK PARAMETERS
C
115   READ(5, * )NB, NJ, NFNCV, NFRIC, ITRH, ITRQ, EPSQ
      ZER = . FALSE.
      NM = NB - NJ + 1
      IF( ITRH. LE. 0) ITRH = 50
      IF( ITRQ. LE. 0) ITRQ = 30
      IF( EPSQ. LE. 0) EPSQ = 5. E - 3
      NPAGE = 1
```

```
      WRITE(6, 700)TITLE, NPAGE
C
      WRITE(6, 705)NB, NJ, NM, NFNCV, NFRIC
705   FORMAT(5X, '* 网络边数 NB =', I5//
     1 5X, '* 网络节点数 NJ =', I5//
     2 5X, '* 网孔数 NM =', I5//
     3 5X, '* 风机特性曲线数 NFNCV =', I5//
     4 5X, '* 风阻用单位长度乘以风路长度的边数 NFRIC =', I5/)
      WRITE(6, 1110)ITRH, ITRQ, EPSQ
1110  FORMAT(5X, '* 一个网孔压力平衡计算的最大迭代次数 ITRH =', I5//
     1 5X, '* 一个节点风量平衡计算的最大迭代次数 ITRQ =', I5//
     2 5X, '* 希望的风量计算精度 EPSQ =', E12.4
     3//)
      IF(NB.LE.MAXNB.AND.NJ.LE.MAXNJ.AND.NM.LE.MAXNM.AND.
     1 NFNCV.LE.MAXFCV.AND.NFRIC.LE.MAXFRC)GO TO 120
      WRITE(6, 850)
850   FORMAT(/1X, '**** NB, NJ, NM, NFANCV, OR NFRIC EXCEEDED LIMIT ****')
      GO TO 590
C
120   IF(NFNCV.LT.1)GO TO 150
      DO 140 I=1, NFNCV
C
C-----FAN CURVE--(NUMBER OF DATA POINTS)
      READ(5, *)NPF(I), DSCRP
C
      N=NPF(I)
      WRITE(6, 750)I, N, DSCRP
750   FORMAT(10X, 50('=')/11X, '风机曲线编号: 'I3, 3X, '(', I3, '点)',
     1 5X, A/10X, 50('=')//)
      IF(N.LE.MAXNPF)GO TO 130
      WRITE(6, 745)
745   FORMAT(/1X, '**** NPF EXCEEDED LIMIT ****')
      GO TO 590
C
C-----FAN CURVE--(QUANTITIES)
130   READ(5, *)(QX(J, I), J=1, N)
C
C-----FAN CURVE--(HEADS)
      READ(5, *)(HY(J, I), J=1, N)
C
      WRITE(6, 755)(QX(J, I), J=1, N)
755   FORMAT(1X, 71('-')/1X, 'QX: ', 8F8.2/1X, 71('-'))
      WRITE(6, 760)(HY(J, I), J=1, N)
```

```
760      FORMAT(1X, 71('-')/1X, 'HY: ', 8F8.2)
140      WRITE(6, 1300)
1300     FORMAT(1X, 71('-')/)
C
150      IF(NFRIC.LT.1)GO TO 200
C
         DO 190 I=1, NFRIC
C
C------FRICTION FACTORS
         READ(5, *)FRCF, DA, DB, SHAPE, DSCRP
C
         IF(I.NE.1.AND.I.NE.41)GO TO 160
         NPAGE=NPAGE+1
         WRITE(6, 700)TITLE, NPAGE
C
         WRITE(6, 725)
725      FORMAT(10X, 40('=')/11X, '单位长度风路风阻列表'/
         1 10X, 40('=')//)
         WRITE(6, 1010)
1010     FORMAT(5X, '* IR=风阻辨识数'/
         1 5X, '* FRCR=摩擦阻力系数'/
         2 5X, '* DA=矩形断面风路的宽度或圆形断面风路的直径'/
         3 5X, '* DB=矩形断面风路的高度，对于圆形段面 DB=0'/
         4 5X, '* SHAPE=风路的段面形状'/
         5 5X, '* DSCRP=描述'/
         6 5X, '* RES=单位长度的风阻'//)
         WRITE(6, 1020)
1020     FORMAT(1X, 71('-')/2X, 'IR', 6X, 'FRCF', 8X, 'DA', 8X, 'DB', 6X, 'SHAPE',
         1 9X, 'DSCRP', 7X, 'RES'/1X, 71('-'))
160      WRITE(6, 730)I, FRCF, DA, DB, SHAPE, DSCRP
730      FORMAT(1X, I3, 1X, F10.6, 2F10.4, 4X, A, A)
         IF(DA.LE.0..OR.(DB.LE.0..AND.SHAPE.NE.C))GO TO 180
         IF(SHAPE.EQ.C)RES(I)=FRCF*64.0/(9.8696*DA**5)
         IF(SHAPE.NE.C)RES(I)=FRCF*2.0*(DA+DB)/(DA*DB)**3
         WRITE(6, 735)RES(I)
735      FORMAT(60X, E12.4/1X, 71('-'))
         GO TO 190
180      WRITE(6, 845)
845      FORMAT(1X, '**** DA AND/OR DB LESS THAN OR EQUAL TO ZERO ****')
         ZER=.TRUE.
190      CONTINUE
C
200      KPG=41
```

```
      NBFAN = 0
      NBFIXQ = 0
      ZJZERO = . FALSE.
      DO 210 I = 1, 999
210   NBJ(I) = 0
C
      DO 280 I = 1, NB
C
C - - - - - BRANCHES
      READ(5, * )JA(I), JB(I), NPB(I), IPOS(I), IFAN(I), IR, LENG, RC(I),
     1 RA(I), RB(I), HCP(I), QA(I), FIX, VLFA(I), CLFA (I),
     2 VLFB(I), CLFB(I)
C
      IF(NPB(I). LT. 2)NPB(I) = 1
      IF(FIX. NE. BLANK)FIX = AFIX
      IF(IR. LE. 0)GO TO 230
      IF(IR. LE. NFRIC)GO TO 220
      ZER = . TRUE.
      GO TO 230
220   RC(I) = RES(IR) * LENG
230   IF(KPG. LT. 41)GO TO 240
      NPAGE = NPAGE + 1
      WRITE(6, 700)TITLE, NPAGE
C
      WRITE(6, 1030)
1030  FORMAT(10X, 30('=')/11X, '风网主要输入数据'/10X, 30('=')//)
      WRITE(6, 1035)
1035  FORMAT(5X, '* BRANCH = 边的辨识数'/
     1 5X, '* JA = 边的入端编号'/
     2 5X, '* JB = 边的出端编号'/
     3 5X, '* NPB = 一条边的平行风路数'/
     4 5X, '* IP = 风机在一条边上的位置'/
     5 5X, '0 = 入口; 1 = 中间; 2 = 出口'/
     6 5X, '* IFAN = 风机的辨识数')
      WRITE(6, 1040)
1040  FORMAT(5X, '* IR = 边的风阻用单位长度的风阻乘以长度的辨识数'/
     1 5X, '* LENG = 风路长度'/
     2 5X, '* RC = 边的摩擦风阻'/
     3 5X, '* RA = 边的入口局部风阻'/
     4 5X, '* RB = 边的出口局部风阻'/
     5 5X, '* HCP = 自然风压'/
     6 5X, '* QA = 初始给出的入口风路风量或固定风量')
      WRITE(6, 1050)
```

```
1050      FORMAT(5X, '* VLFA=风路入口漏风变化系数'/
          1 5X, '* VLFB=风路出口漏风变化系数'/
          2 5X, '* CLFA=风路入口漏风不变系数'/
          3 5X, '* CLFB=风路出口漏风不变系数'//)
          WRITE(6, 710)
710       FORMAT(1X, 76('-')/
          1 2X, 'BRANCH', 2X, 'JA', 9X, 'JB', 9X, 'NPB', 8X, 'IP', 9X, 'IFAN', 7X,
          2 'IR'/8X, 69('-')/
          3 10X, 'LENG', 7X, 'RC', 9X, 'RA', 9X, 'RB', 9X, 'HCP', 8X, 'QA')
          WRITE(6, 1500)
1500      FORMAT(8X, 69('-')/
          5 10X, 'VLFA', 7X, 'CLFA', 7X, 'VLFB', 7X, 'CLFB', 7X, '(FIXED OR NOT)'/
          6 1X, 76('-'))
          KPG=0
240       WRITE(6, 715)I, JA(I), JB(I), NPB(I), IPOS(I), IFAN(I), IR, LENG,
          1 RC(I), RA(I), RB(I), HCP(I), QA(I), VLFA(I), CLFA(I),
          2 VLFB(I), CLFB(I), FIX
715       FORMAT(1X, I4, I7, 5I11/8X, 69('-')/6X, 6E11.4/8X, 69('-')/
          1 2X, 4F11.4, 9X, A/1X, 76('-'))
          KPG=KPG+1
          IF(IR.GT.NFRIC)WRITE(6, 790)
790       FORMAT(1X, '* * * * IR GREATER THAN NFRIC * * * *')
          ZFIXQ(I)=.FALSE.
          IF(FIX.EQ.BLANK)GO TO 250
          ZFIXQ(I)=.TRUE.
          NBFIXQ=NBFIXQ+1
250       IF(IFAN(I).GT.0)NBFAN=NBFAN+1
          IF(IFAN(I).LE.NFNCV)GO TO 260
          ZER=.TRUE.
          WRITE(6, 720)
720       FORMAT(1X, '* * * * IFAN GREATER THAN NFNCV * * * *')
260       IF(JA(I).GT.0.AND.JB(I).GT.0)GO TO 270
          ZJZERO=.TRUE.
          WRITE(6, 840)
840       FORMAT(1X, '* * * * JA (OR JB)LESS THAN 1 * * * *')
          GO TO 280
270       NBJ(JA(I))=NBJ(JA(I))+1
          NBJ(JB(I))=NBJ(JB(I))+1
280       CONTINUE
C
          WRITE(6, 740)NBFIXQ, NBFAN
740       FORMAT(/5X, '* 有固定风量的边数 NBFIXQ=', I4
          1/5X, '* 风机数 NBFAN=', I4)
```

```
          IF(ZJZERO)GO TO 590
          NBFFQ = NBFAN + NBFIXQ
          N1 = NBFIXQ + 1
          IF(NM. GT. NBFFQ)GO TO 290
          ZER = . TRUE.
          WRITE(6, 780)
780       FORMAT(1X, '* * * * TOO MANY FIX Q AND/OR FAN BRANCHES * * * *')
290       NJSUM = 0
          DO 300 I = 1, 999
          IF(NBJ(I). EQ. 0)GO TO 300
          NJSUM = NJSUM + 1
          JJ(NJSUM) = I
          IF(NBJ(I). NE. 1)GO TO 300
          ZER = . TRUE.
          WRITE(6, 785)I
785       FORMAT(1X, '* * * * DEAD END - - JUNCTION', I4' * * * *')
300       CONTINUE
          IF(NJSUM. EQ. NJ)GO TO 310
          WRITE(6, 775)NJSUM, NJ
775       FORMAT(1X, '* * * NJSUM ( =', I3, ')NOT EQUAL TO NJ ( =', I3, ') * * * *')
          GO TO 590
310       IF(ZER)GO TO 590
C
C - - - - - SELECT MESHES
C
          CALL MESH(ZMESH)
          IF(ZMESH)GO TO 590
          IF(MB(NM). LE. MAXB)GO TO 320
          WRITE(6, 820)
820       FORMAT(1X, '* * * * NO. OF ELEMENTS IN ARRAY B EXCEEDED LIMIT * * * *')
          GO TO 590
C
C - - - - - COMPUTE THE SUM OF HEADS FOR CONSTANT PRESSURE SOURCES
C         IN EACH MESH
C
320       JE = 0
          DO 340 I = 1, NM
          JS = JE + 1
          JE = MB(I)
          HCPM(I) = 0.0
          DO 340 J = JS, JE
          K = B(J)
          IF(K. LT. 0)GO TO 330
```

```
      HCPM(I) = HCPM(I) + HCP(K)
      GO TO 340
330   K = -K
      HCPM(I) = HCPM(I) - HCP(K)
340   CONTINUE
C
C-----ADJUST LEAKAGE AND RESISTANT FACTORS
C     COMPUTE INITIAL VALUES FOR QB AND QC
C
      DO 370 I = 1, NB
      VLFA(I) = VLFA(I) + 1.0
      VLFB(I) = VLFB(I) + 1.0
      IF(NPB(I).EQ.1)GO TO 350
      T = NPB(I)
      QA(I) = QA(I) * T
      CLFA(I) = CLFA(I) * T
      CLFB(I) = CLFB(I) * T
      T = 1.0/(T * T)
      RC(I) = RC(I) * T
      RA(I) = RA(I) * T
      RB(I) = RB(I) * T
350   QC(I) = QA(I) * VLFA(I) + CLFA(I)
      QB(I) = QC(I) * VLFB(I) + CLFB(I)
370   CONTINUE
C
C-----IDENTIFY BRANCHES AT EACH JUNCTION
C     COMPUTE THE SUM OF QUANTITIES FOR FIXED QUANTITY BRANCH
C     AT EACH JUNCTION
C
      L = 0
      DO 430 I = 1, NJ
      K = JJ(I)
      SFQ(I) = 0.0
      DO 420 J = 1, NB
      IF(JA(J).NE.K)GO TO 390
      IF(.NOT.ZFIXQ(J))GO TO 380
      SFQ(I) = SFQ(I) + QA(J)
      GO TO 420
380   A(L + 1) = J
      GO TO 410
390   IF(JB(J).NE.K)GO TO 420
      IF(.NOT.ZFIXQ(J))GO TO 400
      SFQ(I) = SFQ(I) - QB(J)
```

```
      GO TO 420
400   A(L+1) = -J
410   L=L+1
420   CONTINUE
      MA(I) =L
430   CONTINUE
      IF(L.LE.MAXA)GO TO 440
      WRITE(6, 825)
825   FORMAT(1X, '**** NO. OF ELEMENTS IN ARRAY A EXCEEDED LIMIT ****')
      GO TO 590
C
C-----COMPUTE THE SLOPE FOR EACH SEGMENT OF FAN CURVES
C
440   IF(NFNCV.LT.1)GO TO 470
      DO 460 I=1, NFNCV
      N=NPF(I)
      DO 450 J=2, N
450   SLP(J, I) =(HY(J, I) -HY(J-1, I))/(QX(J, I) -QX(J-1, I))
460   SLP(1, I) =SLP(2, I)
C
C-----ITERATIONS
C
470   CALL QJUNC
      CALL HMESH(L)
C
C-----COMPUTE TOTAL LEAKAGE
C
      TLKG= -SFQ(1)
      JE=MA(1)
      DO 490 J=1, JE
      K=A(J)
      IF(K.LT.0)GO TO 480
      TLKG=TLKG-QA(K)
      GO TO 490
480   K= -K
      TLKG=TLKG+QB(K)
490   CONTINUE
C
C-----COMPUTE HEAD LOSSES
C
      DO 500 I=1, NB
      HA(I) =RA(I) *QA(I) *ABS(QA(I))
      HB(I) =RB(I) *QB(I) *ABS(QB(I))
```

```
          HC(I) = RC(I) * QC(I) * ABS(QC(I))
500       HSUM(I) = HA(I) + HB(I) + HC(I)
          DO 510 J = 1, 999
510       ZJ(J) = . FALSE.
          K = JJ(1)
          HJB(K) = 0.0
          ZJ(K) = . TRUE.
520       ZZ = . FALSE.
          DO 540 I = 1, NB
          IF(ZC(I))GO TO 540
          IF(ZJ(JA(I)). AND. ZJ(JB(I)))GO TO 540
          IF(. NOT. (ZJ(JA(I)). OR. ZJ(JB(I))))GO TO 540
          ZC(I) = . TRUE.
          ZZ = . TRUE.
          IF(ZJ(JA(I)))GO TO 530
          HJB(JA(I)) = HJB(JB(I)) - HSUM(I) + HCP(I)
          ZJ(JA(I)) = . TRUE.
          GO TO 540
530       HJB(JB(I)) = HJB(JA(I)) + HSUM(I) - HCP(I)
          ZJ(JB(I)) = . TRUE.
540       CONTINUE
          IF(ZZ)GO TO 520
C
C - - - - - WRITE THE SOLUTION
C
          KPG = 41
          DO 570 I = 1, NB
          IF(KPG. LT. 41)GO TO 550
          NPAGE = NPAGE + 1
          WRITE(6, 700)TITLE, NPAGE
C
          WRITE(6, 1070)
1070      FORMAT(10X, 28('=')/11X, '主要计算结果列表'/10X, 28('=')//)
          WRITE(6, 1080)
1080      FORMAT(5X, '* BRANCH = 边的辨识数'/
          1 5X, '* JA = 边的入口编号'/
          2 5X, '* JB = 边的出口编号'/
          3 5X, '* RC = 边的摩擦风阻'/
          4 5X, '* RA = 边的入口局部风阻'/
          5 5X, '* RB = 边的出口局部风阻'/
          6 5X, '* QC = 风路的风量'/
          7 5X, '* QA = 风路入口的风量'/
          8 5X, '* QB = 风路出口的风量')
```

```
      WRITE(6, 1090)
1090  FORMAT(5X, '* HC = 风路的摩擦阻力'/
     1 5X, '* HA = 风路入口的局部阻力'/
     2 5X, '* HB = 风路出口的局部阻力'/
     3 5X, '* HSUM = 风路的总阻力(HC + HA + HB)'/
     4 5X, '* HCP = 自然风压'/
     5 5X, '* HJB = 风路的总阻力, 包括摩擦阻力, 局部阻力, '/
     6 5X, '增阻阻力, 自然风压和风机风压')
      WRITE(6, 795)
795   FORMAT(1X, 74('-')/
     1 5X, 'BRANCH', 6X, 'JA', 10X, 'JB', 10X, 'RC', 10X, 'RA', 10X, 'RB')
      WRITE(6, 1610)
1610  FORMAT(1X, 74('-')/
     1 5X, 'QC', 10X, 'QA', 10X, 'QB', 10X, 'HC', 10X, 'HA', 10X, 'HB')
      WRITE(6, 1600)
1600  FORMAT(1X, 74('-')/
     1 5X, 'HSUM', 8X, 'HCP', 9X, 'HJB', 15X, 'H (FAN OR REG.)')
      WRITE(6, 1620)
1620  FORMAT(1X, 74('-'))
      KPG = 0
550   WRITE(6, 800)I, JA(I), JB(I), RC(I), RA(I), RB(I), QC(I), QA(I),
     1 QB(I), HC(I), HA(I), HB(I), HSUM(I), HCP(I), HJB(JB(I))
800   FORMAT(2X, I5, 4X, I8, I12, 5X, 3E12.4/6E12.4/3E12.4/1X, 74('-'))
      KPG = KPG + 1
      IF(.NOT. ZFIXQ(I))GO TO 560
      H = HSUM(I) - HCP(I) + HJB(JA(I)) - HJB(JB(I))
      WRITE(6, 805)H
805   FORMAT(38X, E12.4, ' FIXQ'/1X, 74('-'))
      GO TO 570
560   IF(IFAN(I).LT.1)GO TO 570
      K = IFAN(I)
      IF(IPOS(I).EQ.0)H = HFAN(K, QA(I))
      IF(IPOS(I).EQ.1)H = HFAN(K, QB(I))
      IF(IPOS(I).EQ.2)H = HFAN(K, QC(I))
      WRITE(6, 810)H, K
810   FORMAT(38X, E12.4, ' FAN', I3/1X, 74('-'))
570   CONTINUE
      NPAGE = NPAGE + 1
      WRITE(6, 700)TITLE, NPAGE
700   FORMAT(///5X, A, 10X, 'PAGE', I3/1X, 78('*')//)
      WRITE(6, 815)ITRH, L, EPSQ, DQJ, DQM, DHM, TLKG
815   FORMAT(6X, '* 希望的最大迭代次数 =', I5/
     1 6X, '* 实际的迭代次数 =', I5/
```

```
     2 6X, '* 希望的风量最大误差 =', E12.4/
     3 6X, '* 实际节点风量的最大误差 =', E12.4/
     4 6X, '* 实际网孔风量的最大误差 =', E12.4/
     5 6x, '* 实际网孔阻力的最大误差 =', E12.4/
     6 6X, '* 总漏风量 =', E12.4)
C
580   WRITE(6, 830)
830   FORMAT(//1X, '**** 正常结束 ****')
      GO TO 607
590   WRITE(6, 835)
835   FORMAT(/1X, '**** ABNORMAL END ****')
607   STOP
      END
C
C     ***************************************************
      SUBROUTINE MESH(ZMESH)
C     ***************************************************
C
      LOGICAL ZC, ZFIXQ, ZMESH, ZZ
      INTEGER B, A
      COMMON/QJ/EPSQ, QA(350), QB(350), QC(350), VLFA(350), VLFB(350),
     1 CLFA(350), CLFB(350), SFQ(200), DQJ, ITRQ, NJ, A(1200),
     2 MA(200)
      COMMON/MSH/NB, NM, NBFIXQ, NBFAN, JA(350), JB(350), JJ(200),
     1 IFAN(350), B(2000), MB(150), ZFIXQ(350), ZC(350)
      COMMON/HMS/HCPM(150), RA(350), RB(350), RC(350), DQM, DHM,
     1 ITRH, N1, NBFFQ, IPOS(350)
      DIMENSION JX(999), JM(150), KB(350), IB(350), RS(350)
C
      L = 0
      LFX = 0
      LFN = NBFIXQ
      DO 140 I = 1, NB
      IF(ZFIXQ(I))GO TO 120
      IF(IFAN(I).GT.0)GO TO 110
      ZC(I) = .FALSE.
      L = L + 1
      RS(L) = RA(I) + RB(I) + RC(I)
      IB(L) = I
      GO TO 140
110   LFN = LFN + 1
      JM(LFN) = I
      GO TO 130
```

```
120         LFX = LFX + 1
            JM(LFX) = I
130         ZC(I) = .TRUE.
140         CONTINUE
C
            JE = L
            DO 160 I = 2, L
            ZZ = .TRUE.
            JE = JE - 1
            DO 150 J = 1, JE
            IF(RS(J).LE.RS(J+1))GO TO 150
            ZZ = .FALSE.
            T = RS(J)
            RS(J) = RS(J+1)
            RS(J+1) = T
            K = IB(J)
            IB(J) = IB(J+1)
            IB(J+1) = K
150         CONTINUE
            IF(ZZ)GO TO 170
160         CONTINUE
C
170         LB = LFN
            LE = L
            L = 0
            ZMESH = .FALSE.
            DO 180 J = 1, 999
180         JX(J) = 0
C
            DO 250 LL = 1, LE
            I = IB(LL)
            IF(JX(JA(I)).EQ.JX(JB(I)))GO TO 210
            IF(JX(JA(I)).EQ.0.OR.JX(JB(I)).EQ.0)GO TO 200
            K2 = JX(JB(I))
            DO 190 J = 1, NJ
            K = JJ(J)
            IF(JX(K).EQ.K2)JX(K) = JX(JA(I))
190         CONTINUE
            GO TO 250
200         IF(JX(JA(I)).EQ.0)JX(JA(I)) = JX(JB(I))
            IF(JX(JB(I)).EQ.0)JX(JB(I)) = JX(JA(I))
            GO TO 250
210         IF(JX(JA(I)).NE.0)GO TO 220
```

```
            L = L + 1
            JX(JA(I)) = L
            JX(JB(I)) = L
            GO TO 250
220         LB = LB + 1
            JM(LB) = I
            ZC(I) = .TRUE.
250         CONTINUE
C
            K = JJ(1)
            K2 = JX(K)
            DO 270 J = 2, NJ
            K = JJ(J)
            IF(JX(K).EQ.K2)GO TO 270
            ZMESH = .TRUE.
            WRITE(6, 410)K
410         FORMAT(1X, '* * * * NO MESH SELECTED THROUGH JUNCTION', I4, '* * * *')
270         CONTINUE
            IF(ZMESH)RETURN
C
            DO 280 J = 1, NB
280         KB(J) = 0
            KM = 0
            K = 0
            DO 370 I = 1, NM
            L = JM(I)
            K = K + 1
            B(K) = L
            KS = JA(L)
            KE = JB(L)
290         ZZ = .FALSE.
300         DO 330 J = 1, NB
            IF(ZC(J))GO TO 330
            IF(KB(J).EQ.I)GO TO 330
            IF(JA(J).NE.KE)GO TO 310
            KE = JB(J)
            K = K + 1
            B(K) = J
            GO TO 320
310         IF(JB(J).NE.KE)GO TO 330
            KE = JA(J)
            K = K + 1
            B(K) = -J
```

```
320      KB(J) =I
         IF(KS. EQ. KE)GO TO 360
         ZZ =. TRUE.
330      CONTINUE
         IF(ZZ)GO TO 290
         K =K -1
         IF(K. GT. KM)GO TO 340
         ZMESH =. TRUE.
         WRITE(6, 420)JM(I)
420      FORMAT(1X, '* * * * NO MESH SELECTED THROUGH BRANCH', I4, '* * * *')
         RETURN
C
340      L =B(K)
         IF(L. LT. 0)GO TO 350
         KE =JB(L)
         GO TO 300
350      L = -L
         KE =JA(L)
         GO TO 300
360      MB(I) =K
370      KM =K
         RETURN
         END
C
C        * * * * * * * * * * * * * * * * * * * * * * * * * * * * * * * * * * * * * * * *
         * * * * * * * * *
         SUBROUTINE QJUNC
C        * * * * * * * * * * * * * * * * * * * * * * * * * * * * * * * * * * * * * * * *
         * * * * * * * * *
C
         INTEGER A
         COMMON/QJ/EPSQ, QA(350), QB(350), QC(350), VLFA(350), VLFB(350),
         1 CLFA(350), CLFB(350), SFQ(200), DQJ, ITRQ, NJ, A(1200),
         2 MA(200)
C
         DO 250 L =1, ITRQ
         DQJ =0.0
         JE =MA(1)
         DO 240 I =2, NJ
         SQI =0.0
         SQO =0.0
         JS =JE +1
         JE =MA(I)
```

```
      DO 150 J = JS, JE
      K = A(J)
      IF(K.LT.0)GO TO 130
      IF(QA(K).LT.0.0)GO TO 120
      SQO = SQO + QA(k)
      GO TO 150
120   SQI = SQI - QA(K)
      GO TO 150
130   K = -K
      IF(QB(K).LT.0.0)GO TO 140
      SQI = SQI + QB(K)
      GO TO 150
140   SQO = SQO - QB(K)
150   CONTINUE
C
      X = SQI - SQO - SFQ(I)
      XX = ABS(X)
      IF(XX.GT.DQJ)DQJ = XX
      IF(XX.LE.EPSQ)GO TO 240
      IF(SQO.EQ.0.0.OR.SQI.EQ.0.0)GO TO 190
      X = X/SQO
C
      DO 180 J = JS, JE
      K = A(J)
      IF(K.LT.0)GO TO 170
      IF(QA(K).LT.0.0)GO TO 180
      QA(K) = QA(K) + QA(K) * X
      QC(K) = QA(K) * VLFA(K) + CLFA(K)
      QB(K) = QC(K) * VLFB(K) + CLFB(K)
      GO TO 180
170   K = -K
      IF(QB(K).GE.0.0)GO TO 180
      QB(K) = QB(K) + QB(K) * X
      QC(K) = (QB(K) - CLFB(K))/VLFB(K)
      QA(K) = (QC(K) - CLFA(K))/VLFA(K)
180   CONTINUE
      GO TO 240
190   T = JE - JS + 1
      X = X/T
      DO 230 J = JS, JE
      K = A(J)
      IF(K.LT.O)GO TO 210
      QA(K) = QA(K) + X
```

```
          IF(QA(K).LT.0.0)GO TO 200
          QC(K)=QA(K)*VLFA(K)+CLFA(K)
          QB(K)=QC(K)*VLFB(K)+CLFB(K)
          GO TO 230
200       QC(K)=(QA(K)+CLFA(K))/VLFA(K)
          QB(K)=(QC(K)+CLFB(K))/VLFB(K)
          GO TO 230
210       K=-K
          QB(K)=QB(K)-X
          IF(QB(K).GT.0.0)GO TO 220
          QC(K)=QB(K)*VLFB(K)-CLFB(K)
          QA(K)=QC(K)*VLFA(K)-CLFA(K)
          GO TO 230
220       QC(K)=(QB(K)-CLFB(K))/VLFB(K)
          QA(K)=(QC(K)-CLFA(K))/VLFA(K)
230       CONTINUE
240       CONTINUE
  C
          IF(DQJ.LE.EPSQ)RETURN
250       CONTINUE
C
          RETURN
          END
C
C
C         ****************************************
          ********
          SUBROUTINE HMESH(L)
C         ****************************************
          ********
C
          LOGICAL ZC, ZFIXQ
          INTEGER A, B
          COMMON/QJ/EPSQ, QA(350), QB(350), QC(350), VLFA(350),
          1 VLFB(350), CLFA(350), CLFB(350), SFQ(200),
          2 DQJ, ITRQ, NJ, A(1200), MA(200)
          COMMON/MSH/NB, NM, NBFIXQ, NBFAN, JA(350), JB(350), JJ(200),
          1 IFAN(350), B(2000), MB(150), ZFIXQ(350), ZC(350)
          COMMON/CRV/QX(16, 5), HY(16, 5), SLP(16, 5), DHF, NPF(5)
          COMMON/HMS/HCPM(150), RA(350), RB(350), RC(350), DQM, DHM,
          1 ITRH, N1, NBFFQ, IPOS(350)
C
          DO 190 L=1, ITRH
```

```
      JE = 0
      IF (NBFIXQ. GT. 0) JE = MB(NBFIXQ)
      DQM = 0.0
      DHM = 0.0
      DO 180 I = N1, NM
      SUMH = -HCPM(I)
      SUMRQ = 0.0
      JS = JE + 1
      JE = MB(I)
      DO 120 J = JS, JE
      K = B(J)
      IF(K. LT. 0) K = -K
      RQA = RA(K) * ABS(QA(K))
      RQB = RB(K) * ABS(QB(K))
      RQC = RC(K) * ABS(QC(K))
      SUMRQ = SUMRQ + RQA + RQB + RQC
      RQS = RQA * QA(K) + RQB * QB(K) + RQC * QC(K)
      IF(B(J). LT. 0) RQS = -RQS
120   SUMH = SUMH + RQS
      SUMRQ = SUMRQ + SUMRQ
      IF(I. GT. NBFFQ) GO TO 130
      K = B(JS)
      KFAN = IFAN(K)
      IF(IPOS(K). EQ. 0) SUMH = SUMH - HFAN(KFAN, QA(K))
      IF(IPOS(K). EQ. 1) SUMH = SUMH - HFAN(KFAN, QB(K))
      IF(IPOS(K). EQ. 2) SUMH = SUMH - HFAN(KFAN, QC(K))
      SUMRQ = SUMRQ - DHF
130   DQ = -SUMH/SUMRQ
      XX = ABS(DQ)
      IF(XX. GT. DQM) DQM = XX
      IF(ABS(SUMH). GT. DHM) DHM = ABS(SUMH)
      IF(XX. LE. EPSQ) GO TO 180
      DO 170 J = JS, JE
      K = B(J)
      IF(K. LT. 0) GO TO 140
      QC(K) = QC(K) + DQ
      GO TO 150
140   K = -K
      QC(K) = QC(K) - DQ
150   QB(K) = QC(K) * VLFB(K) + CLFB(K)
      QA(K) = (QC(K) - CLFA(K))/VLFA(K)
      GO TO 170
160   QA(K) = QC(K) * VLFA(K) - CLFA(K)
```

```
            QB(K) = (QC(K) + CLFB(K))/VLFB(K)
170         CONTINUE
180         CONTINUE
C
            IF(DQM. LE. EPSQ)RETURN
            CALL QJUNC
            190 CONTINUE
            L = ITRH
            RETURN
            END
C
C           * * * * * * * * * * * * * * * * * * * * * * * * * * * * * * * * * * * * * * * * * * * *
            * *
            FUNCTION HFAN(I, Q)
C           * * * * * * * * * * * * * * * * * * * * * * * * * * * * * * * * * * * * * * * * * * * *
            * *
C
C
            COMMON/CRV/QX(16, 5), HY(16, 5), SLP(16, 5), DHF, NPF(5)
C
            N = NPF(I)
            DO 110 J = 1, N
            IF(Q. LT. QX(J, I))GO TO 120
110         CONTINUE
            J = N
120         DHF = SLP(J, I)
            HFAN = HY(J, I) - (QX(J, I) - Q) * DHF
            RETURN
            END
```

参考文献

（按拼音排序）

[1]《采矿设计手册》编委会编. 采矿设计手册(矿床开采卷·下)[M]. 北京：中国建筑工业出版社，1988

[2]《中国冶金百科全书》总编辑委员会《安全环保》卷编辑委员会编. 中国冶金百科全书·安全环保 [M]. 北京：冶金工业出版社，2000

[3] AQXXXX－2008. 金属非金属地下矿山通风安全技术规范(书中简称《地下矿通风规范》)[S](尚未频布)

[4] Chao WU. Mine ventilation network analysis and pollution simulation [R]. Lulea University of Technology, 1987

[5] Howard L. Hartman, Jan M. Mutmansky, Raja V. Ramani, Wang Y. J. Mine ventilation and air conditioning [M] (3rd Edition). New York: Wiley－Interscience, 1997

[6] McPherson J M. Subsurface ventilation and environmental engineering [M]. Chapman & Hall, London, 1993

[7] Rajive Ganguli, Bandopadhyay S. Mine ventilation [M]. London: Taylor & Francis, 2004

[8] Saxton, I. Coalmine ventilation－from Agricola to the 1980's [J]. Mining Engineer, 1985, 145(296): 490－503.

[9] The Mine Ventilation Society of South Africa editorial committee. The ventilation of South African gold mines [M]. Cape Town: Chamber of Mines of South Africa, 1974

[10] Vutukuri, V. S., Lama R. D. Environmental engineering in mines [M]. Cambridge: Cambridge University Press, 1986

[11] Wang Y J. Minimizing Power Consumption in Multiple－Fan Network by Equalizing Fan Pressure [J]. International Journal of Rock Mechanics and Mining Science, 1983, 20(4): 171～179

[12] Wang, Y. J. and Hartman, H. L. Computer solution of three－dimensional mine ventilation networks with multiple fans and natural ventilation [J]. Int. J. of Rock Mech. and Min. Sc., 1967, 2(2): 129－154

[13] 布德雷克，W.(Budryk, W.)著；王省身译. 矿井通风学[M]. 北京：中国工业出版社，1964

[14] 岑衍强，侯祺棕编著. 矿内热环境工程[M]. 武汉：武汉工业大学出版社，1989

[15] 常心坦，刘 剑，王德明主编. 矿井通风及热害防治[M]. 徐州：中国矿业大学出版社，2007

[16] 戴国权著. 矿井通风网络计算原理及其应用(上册)[M]. 北京：煤炭工业出版社，1979

[17] 窦贤. 六百年采矿史的辉煌重现——甘肃白银国家矿山公园见闻[J]. 国土资源，2007(1)：62－64

[18] 段永祥，王育军，普 义，周洵远. 单元式高效低耗通风系统的建立[J]. 矿业快报，2001，(13)：5－8

[19] 古德生，李夕兵等著. 现代金属矿床开采科学技术[M]. 北京：冶金工业出版社，2006

[20] 胡汉华，吴 超，李茂楠编著. 地下工程通风与空调[M]. 长沙：中南大学出版社，2005

[21] 胡汉华. 金属矿山矿井热害控制关键技术研究[D]. 长沙：中南大学博士学位论文，2008

[22] 黄虠，侯祺棕主编. 矿井通风与防尘技术[M]. 武汉：武汉工业大学出版社，1993

[23] 黄元平编. 矿井通风计算[M]. 天津：益智书店，1953

[24] 黄元平著. 矿井通风阻力测量[M]. 北京：煤炭工业出版社，1957

[25] 霍尔(Hall, C. J.)著；侯运广等译. 矿井通风工程[M]. 北京：煤炭工业出版社，1988

[26] 科瓦列夫 A. E.(A. E. Ковалев)，沃龙妮娜 Л. Д.(Л. Д. Воронина)著；南岳，王隆平译. 矿井通风[M]. 北京：燃料工业出版社，1955

[27] 李恕和，王义章编著. 矿井通风网络图论[M]. 北京：煤炭工业出版社，1984

[28] 刘何清，吴 超，王卫军. 矿井降温技术研究述评[J]. 金属矿山，2005，30(6)：43－46

[29] 卢本珊. 中国古代采矿工程技术史研究的几个问题[J]. 文物保护与考古科学，2003，15(4)：43－49

[30] 马云东. 矿井广义可靠性理论[M]. 北京：煤炭工业出版社，1995
[31] 欧远方. 铜陵古采矿遗址和中国文明史[J]. 江淮论坛，1997(3)：73－76
[32] 潘艺，杨一蔷. 试述竹材在古代采矿中的作用[J]. 江汉考古，2002(4)：80－87
[33] 平松良雄著. 通风学[M]. 北京：冶金工业出版社，1981
[34] 任洞天主编. 矿井通风与安全[M]. 北京：煤炭工业出版社，1993
[35] 舍尔巴尼 A. H.（А. Н. Щербань），O. A. 克列姆涅夫，B. Я. 茹拉夫连科著；黄翰文译. 矿井降温指南[M]. 北京：煤炭工业出版社，1982
[36] 沈斐敏. 矿井通风微机程序设计与应用[M]. 北京：煤炭工业出版社，1995. 213～224，289～291
[37] 斯阔成斯基 A. A.（А. А. Скочинский），阔马罗夫 B. Б.（В. Б. Комаров）著；北京矿业学院编译室翻译. 矿内通风学[M]. 北京：燃料工业出版社，1954
[38] 王从陆，吴 超著. 矿井通风及其系统可靠性[M]. 北京：化学工业出版社，2007
[39] 王从陆. 非灾变时期金属矿复杂矿井通风系统稳定性及数值模拟研究[D]. 长沙：中南大学博士学位论文，2007
[40] 王德明主编. 矿井通风安全理论与技术[M]. 徐州：中国矿业大学出版社，1999
[41] 王海宁，吴 超，古德生. 多机并联增阻空气幕的现场应用[J]. 中南大学学报，2005，36(2)：307－310
[42] 王海宁. 矿用空气幕理论及其应用研究[D]. 长沙：中南大学博士学位论文，2005
[43] 王海宁著. 矿井风流流动与控制[M]. 北京：冶金工业出版社，2007
[44] 王英敏. 矿井通风与防尘[M]. 北京：冶金工业出版社，1993. 160～171，212～254
[45] 王英敏主编. 矿井通风与防尘习题集[M]. 北京：冶金工业出版社，1993
[46] 王英敏著. 矿内空气动力学与矿井通风系统[M]. 北京：冶金工业出版社，1994
[47] 无作者. 中国采矿史最大惨案揭密[J]. 劳动保护杂志，1999(8)：21－24
[48] 吴超，孟廷让著. 高硫矿井内因火灾防治理论与技术[M]. 北京：冶金工业出版社，1995
[49] 吴超，王坪龙. 一种用于金属矿山独头掘进面通风降温的新设施[J]. 中国矿业，1998，7(2)：83－86
[50] 吴超. 化学抑尘[M]. 长沙：中南大学出版社，2003. 123～143
[51] 吴超. 金属矿井主扇风硐压力损失分析及其改造方案. 有色金属设计，1996，(1)：13－14
[52] 吴超. 局部通风应用大直径风筒的效果分析[J]. 工业安全与环保，2001，27(10)：1－3
[53] 吴向前. 矿井通风系统稳定性的研究[D]. 济南：山东科技大学，2002
[54] 吴中立主编. 矿井通风与安全[M]. 徐州：中国矿业大学出版社，1989
[55] 吴中立著. 独头巷道爆破后通风[M]. 北京：冶金工业出版社，1959
[56] 谢贤平，严春风. 矿井通风自动监控系统数学模型的研究与实现[J]. 金属矿山，1995，5：24～28
[57] 谢贤平，赵梓成. 矿井风流的稳定性分析[J]. 有色矿山，1992，5：22～27
[58] 谢贤平. 人工智能在矿井通风系统优化设计与控制中的应用[D]. 北京：北京科技大学博士学位论文，1997
[59] 严荣林，侯贤文主编. 矿井空调技术[M]. 北京：煤炭工业出版社，1994
[60] 阳昌明著. 矿井通风网路的风流状态与控制[M]. 北京：煤炭工业出版社，1982
[61] 余恒昌主编. 矿山地热与热害治理[M]. 北京：煤炭工业出版社，1991
[62] 札索豪夫 A. X.（А. Х. Дзасохов）著；中华人民共和国冶金工业部有色冶金设计院翻译科译. 矿井通风[M]. 北京：冶金工业出版社，1957
[63] 张国枢主编. 通风安全学[M]. 徐州：中国矿业大学出版社，2000
[64] 张惠忱编著. 计算机在矿井通风中的应用[M]. 徐州：中国矿业大学出版社，1992
[65] 赵以蕙主编. 矿井通风与空气调节[M]. 徐州：中国矿业大学出版社，1990
[66] 赵梓成，张 哲，周洵远，赵 鹏编. 非铀矿山排氡通风[M]. 北京：冶金工业出版社，1984
[67] 中央人民政府燃料工业部制订. 改善现有矿井通风的规程[M]. 北京：燃料工业出版社，1951

后 记

本人1981年考研时的专业考试课就是《矿井通风》，1983年开始兼任《矿井通风与安全》课的助教，而且连续4次为数位老教师助此课，当时几本《矿井通风习题集》的答案几乎都能记住。1986年本人到瑞典律勒欧工业大学做访问学者时，从事的研究课题是矿井通风网络分析与污染模拟。之后，本人开始讲授《矿井通风》课程并经常承担一些金属地下矿山的矿井通风优化改造项目，也指导了多名研究生开展过一些矿井通风领域的课题研究。在20多年主讲的10多门不同课程中，《矿井通风》是自己体会最深刻的，不过，等到3年前本人才决心编写一本《矿井通风与空气调节》教材，但由于工作繁忙，经过多位参编人员的共同努力下，迄今才成稿，不免觉得有些遗憾。

本人在着手编写本教材之前，检索了国家图书馆典藏目录的有关矿井通风类图书知：半个多世纪以来，正式出版的该类图书已有一百多种，通过归类分析，现有矿井通风类图书大部分为不同层次的安全培训教材、专著、手册，可作为本科生用的教材并不很多；而且，在已有的适用本科生教材中，大多数都是侧重于煤矿通风与安全的教材；适用于金属、非金属地下矿山通风的教材并不多，而且新教材更少。不论侧重于煤矿或非煤矿山的采矿工程专业，《矿井通风与空气调节》一直是该专业的主干必修课程。在当前我国采矿工程专业人才非常紧缺的情况下，矿井通风的人才更是稀少，而金属矿山矿井通风的人才更是寥寥无几。因此，新编一本适用于金属、非金属矿山的《矿井通风与空气调节》教材，对该领域的人才培养具有特别重要的意义。

教材是用于众多学生学习的，编写教材首先必须具有高度的责任感和使命感。如果一本教材错误百出，那会误人害事。教材的编写是一个组合创新过程，必须为教与学两方面的教材使用者着想。因此，在构思本教材时，在教材的科学性、系统性、新颖性和实用性，教材内容、知识层次，有利于学生学习、有利于教师教学、有利于学生在有限时间内学到更多的知识等方面做了周密的思考，期望从教材的内容到形式都是最好的。为此，本教材除了涵盖基本的知识外，还精心编写了教与学大纲、学习目标、学习方法、练习题、实验指导提纲、课程设计实践练习、矿井通风设计参考数据表、网络分析软件、学科发展动态与展望等内容，以期望除了对教师教学有一定的参考作用外，对学生提高学习效率和增强学习效果以及培养创新思维能力等有较大的帮助。

尽管本人和合作者做了最大的努力，但在本教材付梓时，仍然怀着一种非常矛盾的心理：既希望其早日出版，又希望缓些出版以便能有更多的时间进一步修改提高。是的，如果允许，本人还想再改它十遍。不过，再改它一百遍也不会觉得十全十美的。实践是检验真理的标准，本教材是否能够得到大家认可，还是让它在应用中检验吧。教材使用者的意见更加准确。本人期待着大家的批评，并在以后的再版中改进。

另外，本人计划待本教材出版后将其制作成网站和课件，以便使教与学更方便和发挥教材的更大作用。以后使用本教材的教师可以与出版社联系索取有关课件。中南大学出版社发行科联系电话：0731－8876770。

教材使用意见请发 E-mail：chaowu110@yahoo.com

吴　超

2008 年端午节写于中南大学

图书在版编目(CIP)数据

矿井通风与空气调节 / 吴超主编. —长沙：中南大学出版社，2008.7(2021.7 重印)
ISBN 978-7-81105-775-1

Ⅰ.矿… Ⅱ.吴… Ⅲ.矿山通风 Ⅳ.TD72

中国版本图书馆 CIP 数据核字(2008)第 119452 号

矿井通风与空气调节
主编 吴 超

□**责任编辑** 刘 辉
□**责任印制** 唐 曦
□**出版发行** 中南大学出版社
社址：长沙市麓山南路 邮编：410083
发行科电话：0731-88876770 传真：0731-88710482
□**印 装** 长沙印通印刷有限公司

□**开 本** 787 mm×1092 mm 1/16 □**印张** 24.75 □**字数** 628 千字
□**版 次** 2008 年 10 月第 1 版 □2021 年 7 月第 4 次印刷
□**书 号** ISBN 978-7-81105-775-1
□**定 价** 60.00 元

图书在版编目（CIP）数据